COMMUNICATION THEORY

알기 쉬운
통신이론

어 윤 지음

도서출판 한산

머리말

이 책은 아날로그 및 디지털 통신이론의 기초를 총 30개의 영역으로 분류하고 각 테마의 핵심을 일목요연하게 파악할 수 있도록 함으로서 공과대학 전기/전자/통신계열 학과의 교육 및 연구용, 산업현장 실무인력들의 참조용으로 활용하게끔 편찬되었다.

필자는 지난 10여년 통신이론을 강의해 오면서 많은 학생들이 인류문명의 경이로운 걸작인 전기통신의 진수를 미처 깨닫기도 전에 일방적인 수학적/물리학적 접근방식에 추종하느라 과목의 핵심을 놓치고 흥미를 잃어버리는 안타까움을 누차 경험하였다. 이 책은 이러한 배경을 바탕으로 공학저술에서 보편적으로 사용하는 수학 위주의 분석을 되도록 지양하고, 각 주제들의 물리적 의미에 대한 직관적인 이해에 보다 충실하고자 하였다. 즉 이 책의 역점은 공학적/수학적 기초가 약한 학생이나 나아가 타전공자들이 전반적인 통신시스템과의 상호연계성에 대한 통찰력을 기르는 한편, 전기통신에 대한 적극적인 학습동기를 불러일으키는데 있다.

본문의 구성은 신호해석이론의 기본도구인 푸리에변환, 시스템응답 등에 대한 포괄적인 설명으로 시작하여 샘플링이론, 기저대역전송, 변복조이론, 에러정정부호의 순서로 이어진다. 이것은 전통적인 아날로그통신, 디지털통신의 획일적인 구분 대신, 신호해석에 이어 디지털기저대역 전송을 곧바로 다룸으로서 이미 대다수의 통신매체로 친숙해진 디지털통신에 대해 먼저 이해하도록 배려한 것이다. 이러한 구성을 통하여 디지털 기저대역 전송 및 디지털변복조와 이동통신에의 연계에 보다 치중하는 한편, 에러정정부호까지 다룸으로서 현대 디지털통신시스템 전반에 대한 이해의 폭을 넓히고자 하였다.

학문에 왕도가 없다고 함은 만고의 진리이다. 무슨 일이든 각고의 노력과 변치 않는 정열이 필요하다. 다만 때때로 만나는 고비마다 충실한 길잡이를 만나는 행운 또한 모두가 고대하는 일일 것이다. 이런 맥락에서 천학비재를 무릅쓰고 내놓은 이 졸저가 통신공학에 뜻을 둔 많은 사람들에게 한줄기 빛이 되기를 감히 바라는 바이다. 아무쪼록 독자들이 이 책에서 다루는 통신이론에 대한 물리적 이해를 바탕으로 고도의 통계통신이론, 광대역통신시스템, 이동통신시스템, 등 관련분야로 순조롭게 이행해 갈 수 있기를 바라며, 실무를 통하여 단편적으로 알고 있던 지식들의 한 차원 높은 조직적 융합화에도 기여하기를 기대해 마지않는다.

2016. 창원에서 저자 씀

CONTENTS

차 례

1 부

신호해석

전기를 이용한 통신 제 1 강

무엇으로 통신을 할 것인가?

1-1 전기통신의 역사

영어의 "communication"을 통신(通信)이라고 번역한다. 믿을 신(信)을 통(通)한다는 뜻의 이 한자어는 그 속에 의미심장한 공학적 의미를 담고 있는 절묘한 조어(造語)라 아니할 수 없다. 이 communication이 이루어지는 집단을 "community"라고 부르는데 이는 인간사회, 지역사회를 의미한다. 즉 통신의 역사란 무리를 이루어나가는 인간사회 진화의 역사와 곧바로 상통한다는 의미로 볼 수 있을 것이다. 우리가 이러한 집단의 일상에서 경험하는 통신이란 오감을 이용하여 서로 정보를 주고받는 일이라고 할 수 있는데, 세부적으로 분류해보자면 다음과 같다.

1) 시각 : 봉화, 연기, 신호기, 몸짓, 편지, 윙크, ..
2) 청각 : 대화, 구령, 호각, 북과 징을 이용한 고대전투지휘, 각종 악기, ..
3) 미각/후각 : 통신수단으로의 쓰임새도 분명히 있음.
4) 촉각 : 시각장애인용 점자(點子), 옆구리 지르기, 스킨십, ..
5) 육감 : 예감, 이심전심, 텔레파시?

일반적인 의미에서 인간 상호간 통신의 주역은 "눈"과 "입"과 "귀"이며, 우리는 이 세 가지 기관에 의해 고도의 통신을 행하고 있는 것이다. 한편 이런 통신은 인간뿐만 아니라 동식물의 세계에서도 아주 초보적인 형태에서부터 상당수준의 의사소통까지 행하여지고 있음을 고려한다며, "눈" "입" "귀"만이 아닌, 무언가 밝혀지지 않은 또 다른 기관 또는 감각에 의한 통신형태도 분명히 존재한다는 점도 우리의 호기심을 자아내고 있다.

일례를 들면 고산지대에 서식하는 뇌조(雷鳥)는 [그림1-1]과 같이 여름에는 화려한 색깔의 깃털로, 겨울에는 흰색의 깃털로 바꾸는데 이것도 주위환경과의 일종의 통신으로 간주할 수 있을 것이다. 이와 같이 생명이 있는 존재들이 행하는 각양각색의 통신이라는 것은 생존과 진화와 결부되면서 매우 깊은 철학적 의미를 품고 있기도 하다. 또한 그 신비의 베일을 탐구하는 과정에서 텔레파시 등 좀 황당해 보이기도 하는 새로운 형태의 통신방법에 대한 연구도 일각에서 진지하게 이루어지고 있다.

[그림 1-1] 뇌조 깃털의 계절 색

우리 인간사이의 의사소통에 있어서 인체기관의 구조, 정보(음성)의 발생, 말(언어)의 구조, 눈이나 귀의 정보처리기능(뇌구조) 등에 대한 탐구는 아직까지도 상당부분 해명되지 못한 매력적인 연구대상이며, 우리의 도전을 기다리고 있다. 공학적 입장에서 볼 때, 생물학적 진화의 산물인 눈과 귀는 고등동물이 정보를 취하는 신비로 가득한 소중한 센서인 것이다. 다만 문제는 인간의 감각기관에 의해 직접적으로 통신이 가능한 범위가 아주 제한적이라는 점이다.

이와 같이 통신에 있어서 우리 인간의 오랜 숙원은 너무 멀어서 직접 눈으로 보거나 귀로 들을 수 없는 곳까지 신속정확하게 정보를 전달하는 것이었고, 이를 위해 인류는 장구한 세월에 걸쳐 수많은 통신방식을 고안해내었으며, 마침내 전기현상을 통신에 이용하는 이른바 "전기통신"을 발견하게 되면서 현대 정보통신 혁명의 문을 여는 획기적인 발전을 이루게 된다. 즉 인간의 입, 귀, 눈이라는 센서가 전기라는 수단과 결합(Interface)하여 통신을 수행하는 이른바 "전기통신시스템"과 이를 다루는 "통신공학"이 등장하게 된 것이다. 효과적인 에너지변환 수단으로서, 조명과 전열로서, 이루 헤아릴 수 없는 문명의 혜택을 인류에게 가져다준 전기는 사실상 최고의 통신수단과 정보처리수단으로서 원격통신에 대한 오랜 숙원을 근본적으로 해결해준 고마운 존재가 아닐 수 없는 것이다.

전기통신, 특히 무선통신은 여타 공학 분야에 비해 매우 짧은 역사를 가짐에도 불구하고 오늘날 IT라는 이름으로 대표되는 고도 정보화 사회의 근간을 이루면서, 이 순간에도 극적인 진화를 거듭하는 흥미진진한 분야이기도 하다. 이처럼 전기통신은 역동적인 학문이지만, 그 근저를 이루는 기본법칙들은 알고 보면 놀랍도록 단순하면서도 오묘하다. 공학자의 소명은 바로 이러한 자연현상을 탐구하여 인류에게 유익하게 쓰일 방법을 찾는 것이다. 이제 우리들은 이 점을 명심하고 자연현상을 멋지게 기술(記述)해 주는 수학이라는 언어를 통하여 통신시스템을 하나씩 살펴보기로 하자.

1-2 통신시스템

통신시스템이란 정보를 전기신호의 형태로 바꾸어 전송하고(송신), 통신로를 통하여 수신된 전기신호를 다시 사람이 인지할 수 있는 정보의 형태로 바꾸어주는 체계를 말하며, 일반적으로 [그림 1-2]와 같은 구성을 가진다.

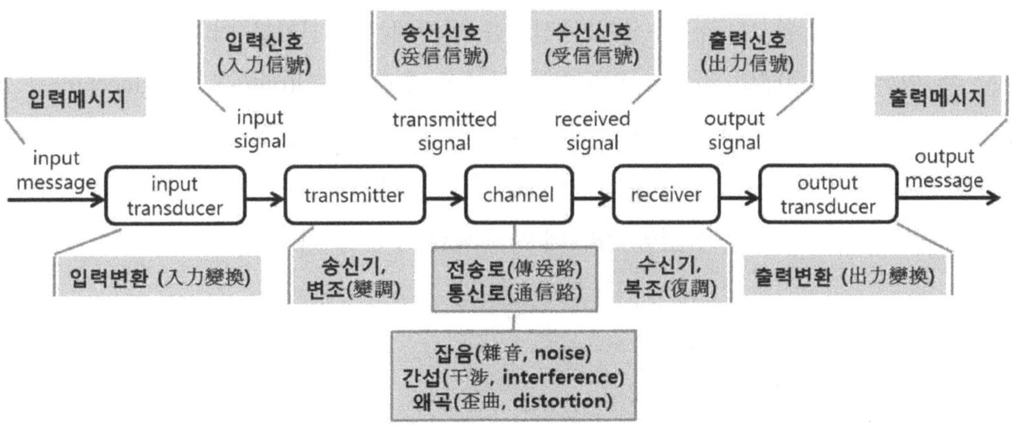

[그림 1-2] 통신시스템 블록도

[그림1-2]에서 입력메세지, 즉 정보원(情報源, source)이란 음성, 화상, 데이터 등 통신의 대상을 말한다. 그리고 입력된 정보의 변환기(transducer)란 transform과 produce의 합성어로서 음성, 화상, 텍스트 정보원을 전기의 강약으로 변환하는 부분이며, 이렇게 전기

의 형태로 바뀐 정보를 "신호"라 부른다. 구체적인 예로서 [그림1-3] (1)과 같이 음성을 변환하는 마이크로폰(마이크), [그림1-3] (2)와 같이 영상을 변환하는 TV카메라 등을 들 수 있다. 마이크의 경우, 음파가 마이크의 진동판을 흔들면 이에 연결된 코일 또는 콘덴서로부터 전압 또는 전류 형태의 신호가 유기된다. 또한 TV카메라의 경우, 촬상관(撮像管)에 모인 빛의 강약변화가 광전효과에 의해 전류신호의 형태로 바뀌는데, 현재는 보다 효율이 좋은 반도체소자 CCD로 대체되고 있다.

(1) 마이크로폰 (2) 텔레비전카메라 (3) 무선송신기

[그림 1-3] 입력변환기의 예

한편 이 신호를 전달하거나 저장하는 수단을 통신로 또는 전송로(channel)라 부르며, 통신로 상으로 신호를 보내는 송신기와 신호를 받아내는 수신기를 거쳐, 다시 인간이 인지할 수 있는 원래형태의 정보로 되돌리는 부분을 출력변환기(output transducer)라고 한다. 이때 송신기는 경우에 따라 [그림1-3] (3)의 무선송신기와 같이 주어지는 통신로의 특성을 고려하여 전기신호의 형태를 적절히 바꾸어 주기도 하는데 이 과정을 "변조(變調, modulation)"라고 하며 통신공학의 매우 중요한 부분을 차지하고 있다.

1-3 신호에 대하여

입력변환기로 입력되는 정보는 물리적으로 표현하면 파동(波動,wave)의 형태를 가진다. 파동이란 어떤 한 점에서 관찰하면 떨림 즉 진동(振動)으로 나타나는데, 이 물리적인 진동은 입력변환기라는 소자(素子,device)을 통해 전압 또는 전류의 진동, 즉 전기신호로 바뀐다. 이와 같이 정보원의 진동모양을 그대로 전기신호로 변환한 것을 아날로그

(Analog)신호라고 부른다.

우리는 아날로그(Analog)신호와 디지털(Digital)신호이라는 용어를 많이 쓰면서도 그 정확한 의미를 혼동하는 경우가 많은데, 그 이유는 연속(連續, Continuous)신호와 이산(離散, Discrete)신호의 개념을 혼동하기 때문이다. 각각의 의미를 구분해보면 다음과 같다.

- 아날로그신호 : 신호의 크기를 나타내는 값이 자연그대로의 값, 즉 어떤 정해진 몇 가지 수치로 대표할 수 없는 무수한 크기의 값을 가지는 신호.
- 디지털신호 : 신호의 크기를 나타내는 값이 미리 정해진 한정된 개수의 값만을 가지는 신호. 즉 한정된 수치로 표시가 가능함.
- 연속신호 : 시간적으로 신호의 크기가 끊임없이 이어지는 신호.
- 이산신호 : 시간간격을 두고 띄엄띄엄 표시되는 신호.

따라서 신호의 구분에 있어서는 [그림1-4]와 같이 아날로그와 디지털, 연속과 이산을 조합한 4가지 카테고리가 있음에 유의해야 한다.

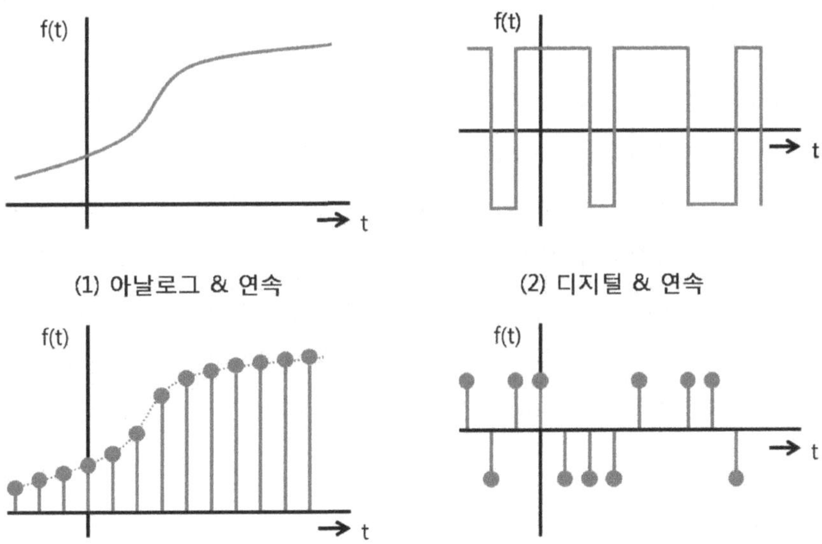

[그림 1-4] 신호의 분류

마이크나 카메라로부터의 신호, 즉 자연 그대로의 진동(振動)을 표현하는 아날로그 신호란 어떤 형태로 정보를 나타내고 있을까? 그것은 바로 전기신호의 강약 즉 "진폭(振幅)"과 극성의 바뀜의 정도 즉 "주파수(周波數)"이며, 이 두 가지 특성이 어우러져 해당 신호의 고유특성을 나타낸다. [그림1-5]에 음성신호 파형의 예와 그 청각특성의 관계를 보인다. 그림에서 음성의 크기는 진폭이, 음조의 높낮이는 주파수가 나타냄을 알 수 있다.

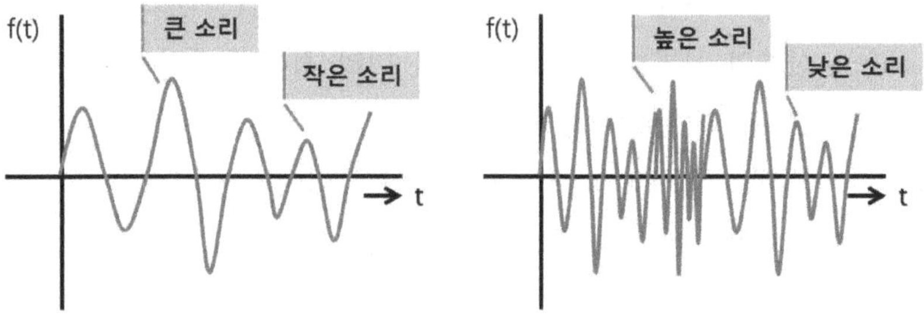

[그림 1-5] 음성신호의 파형과 그 특성

일정한도를 벗어나는 음성, 즉 주파수와 진폭이 너무 높거나 낮은 음성신호를 우리는 듣지 못한다. 즉 인간이 지각가능한 주파수범위가 존재하는데, 이처럼 감각기관의 작동능력이 입력신호의 주파수에 밀접하게 연관되어 있음을 알 수 있다. 또한 이러한 현상은 재미있게도 전기신호를 가공(증폭, 발진 등)하는 소자와 회로, 그리고 통신로에도 동일하게 적용되는데, 이를 "주파수응답(frequency response)"이라고 부른다.

따라서 전기통신의 탐구는 항상 대상 신호의 본질을 해석해내어 신호의 주파수특성을 세밀하게 따져보고 전자회로와 통신로에서의 신호의 거동을 예측하는 단계부터 출발하는 것이다. 그러므로 신호의 특성을 체계적으로 해석하기 위한 주파수 분석도구, 그리고 진동이라는 물리현상에 대한 심층적인 이해가 꼭 선행되어야 하며, 수학이라는 언어로 기술되는 체계적 신호해석 기법들이 필수적으로 요구된다.

1-4 통신의 방해요소

인간끼리의 의사소통이 주위환경에 따라 지장을 많이 받듯이, 전기신호를 이용하는 통신에서도 정상적인 신호의 전달을 방해하는 요인들이 통신로에 많이 존재한다. 전기통신으로 우리가 의도하는 통신목적을 달성하는 과정이란 바로 이런 방해요소들과의 싸움이라 할 수 있으며, 우리가 배우고자 하는 통신공학이란 이런 환경에서 얼마나 효과적으로 전기신호를 만들어내고, 전달하고, 재생할 지를 연구하는 학문인 것이다.

통신의 방해요소들을 흔히 한마디로 잡음이라고 부르곤 하지만, 통신공학에서는 구체적으로 다음과 같이 세 가지 카테고리로 분류한다. 이해를 돕기 위해 사람사이의 대화에 비유하여 설명하면 다음과 같다.

1) 잡음(雜音, Noise) : 바람소리, 빗소리, 기침소리..
   → 통신신호와 뒤섞여 신호의 질을 떨어뜨리는 모든 자연적 인위적 전기진동
2) 간섭(干涉, Interference) : 나를 제외한 옆 사람들의 대화, 노점상의 외침소리..
   → 당사자에게는 버젓한 신호이지만 나의 통신에는 엄연한 방해. 상대적 개념
3) 왜곡(歪曲, Distortion) : 코 막힘, 목쉼으로 인한 발성기관의 변형..
   → 통신로 및 통신용 전자기기들의 비선형성에 기인하는 신호파형의 뒤틀림

이렇게 번잡한 환경에서 전기통신이 겪어야 하는 여정은 험난하기 이를 데 없을 것이다. 암튼 전기통신의 성공여부를 가늠하는 가장 대표적인 척도로서 "신호대잡음비(SNR, Signal to Noise Ratio)"라는 지표가 요긴하게 사용된다. 어떻든 이러한 방해와의 싸움을 이겨내기 위한 강한 신호 만들기와 잡음제거기술, 그리고 정보보호기술 등의 연구가 바로 통신공학의 역사이며, 이에 수반되는 데이타처리기술, 대용량전송기술, 전송네크워크 구성기술, 정보시각화기술 등과 함께 통신공학은 지금도 끝없는 진화를 거듭하며 그 무한한 영역을 넓혀가고 있다.

돌고 도는 신호 제2강

대자연을 움직이는 기본, 원운동을 알아보자.

2-1 개요

전기통신의 핵심은 전기로 만들어진 신호를 어떻게 하면 보다 멀리, 보다 빨리, 보다 많이 보낼까를 고민하는 것이다. 그리고 이를 위해 무엇보다도 먼저 우리는 이러한 신호를 관찰하고 표현하는 적절한 방법을 찾아야 한다. 여기서는 신호를 관찰하는 첫 발자국으로서 대자연의 기본운동인 원운동을 자세히 살펴보고, 이를 신호로 표현하는 수학적 테크닉을 익히는 것으로부터 시작하여 보기로 하자.

2-2 원운동과 정현파

우주를 구성하는 기본 힘인 전자기력과 중력은 원자핵에서부터 우주공간의 숱한 별들에 이르기까지 큰 물체가 작을 물체 주위를 도는 공전(空轉), 그리고 스스로 도는 자전(自轉)이라는 원운동을 하도록 작용한다. 따라서 우리가 이러한 원운동을 자연계에서 가장 보편적이고 기본적인 운동으로 이해하는 것은 지극히 당연한 일이라 하겠다. 우리가 지구상에서 태양의 운동을 관찰하면 지구의 자전에 의해 태양이 마치 동쪽에서 떠올라 우리 머리 위를 지나 서쪽을 지는 것처럼 보인다. 이 운동을 일목요연하게 표현하기 위해 일출부터 일몰까지의 태양 고도를 시간별로 그려본 것이 [그림2-1]이다. 물론 태양이 지구반대편으로 돌아 눈에 보이지 않는 동안은 음의 고도로 표현한다.

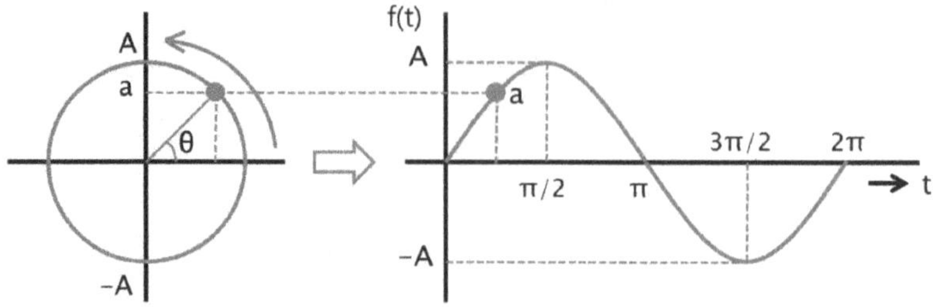

[그림 2-1] 지구의 자전과 태양 고도의 관측

고도의 변화를 보면, 일출순간 태양은 힘차게 떠오르며 최대변화율을 보이고 이후 차차 변화율이 둔화되다가 정오에 이르러 변화율이 제로가 되면서 이번에는 감소방향으로 전환하여 변화율이 차차 커지다가 일몰순간 다시 최대변화율을 보인다. 이는 태양의 원운동을 오로지 고도로만 관찰한 겉보기운동의 결과일 뿐, 실제 태양의 원운동 속도는 당연히 일정하다. 그러므로 [그림2-1]의 곡선은 사실은 지구의 자전이라는 원운동의 또 다른 표현이다. 즉 좌측의 원운동과 우측의 곡선은 본질적으로 동일하다는 것이며, 원운동의 다른 표현인 이 곡선을 수학에서는 "정현파(正弦波, sinusoidal wave)"라 부른다.

이 정현파 형태의 공기압력이 고막을 흔든다면 그 진폭과 주파수에 따라 우리는 일정 높이와 크기의 소리를 듣게 될 것이며, 정현파 형태의 광파(光波)가 시신경(視神經)에 들어온다면 그 역시 진폭과 주파수에 따른 일정 밝기와 색깔의 영상을 뇌가 인식하게 될 것이다. 다시 강조하지만, 우리가 보고 듣는 자연의 신호란 사실은 원운동이 그 본질인 것이다.

어쩐지 편안하고 기막힌 곡선의 아름다움을 보여주는 정현파가 다름 아닌 원운동을 시간경과별로 표현한 자연의 기본운동이라는 것은 역시 인간의 정서와 자연이 상통하는 것임을 새삼 깨닫게 해준다. 원운동 말고도 진자(振子, pendulum)나 용수철(龍鬚鐵, spring)의 단진동(單振動)운동에서도 동일한 정현파를 관찰할 수 있다. 원운동과 정현파 곡선과 관련되는 몇 가지 수학적 용어를 정리하면 다음과 같다.

1) 진폭(振幅, amplitude)
   - 원운동의 회전반경. 즉 정현파 곡선의 최대점 또는 최저점의 크기.
2) 위상(位相, phase)
   - 원 궤도에서의 태양의 위치, 즉 지구중심과 태양을 이어주는 직선과 수평선이 이

루는 각도.

- 위상각에 해당하는 정현파상의 지점이 바로 태양의 고도.

3) 주기(週期, period)
   - 태양이 한 바퀴(cycle) 도는데 걸리는 시간. 단위는 초[sec].
   - 원운동은 항상 원위치로 되돌아오는 주기운동이므로 정현파 역시 주기함수.

4) 주파수(周波數, frequency)
   - 태양이 1초 동안 도는 횟수, 즉 1초 동안 되풀이되는 정현파의 개수.
   - 헤르츠(hertz, Hz)라는 단위를 쓰며, 주기와는 역수관계.

정현파의 일반적인 수식표현을 알아보면 (식2-1)과 같다. "사인(sine)" 이라는 함수가 정의되고 진폭 A, 주파수 f_0가 들어가는 시간함수로 깔끔하게 표현되었다. 그리고 관측이 시작되는 순간의 초기위상 Θ_0가 포함되는데, 특별한 경우가 아니면 통상 영을 기준으로 취한다. 원운동에서 한 바퀴(cycle)는 각도로 360도(度, degree)이므로 주파수 f_0에 360을 곱해주어야 f_0 바퀴 돌았음을 표시할 수 있는데, 수학적으로 원주율(圓周率) π를 이용하는 라디안(radian) 표기가 훨씬 편리하므로 통상 $2\pi f_0$로 표기한다.

$$1\ cycle\ per\ 1\ second\ =\ 2\pi[radian] = \sin 2\pi t,\ \ period(T) = 1\ second$$

$$2\ cycles\ per\ 1\ second\ =\ 2\times 2\pi[radian] = \sin(2\times 2\pi t),\ \ period(T) = \frac{1}{2}\ second$$

$$\cdots \qquad \cdots \qquad \cdots \qquad \cdots$$

$$f_0\ cycles\ per\ 1\ second\ =\ f_0\times 2\pi[radian] = \sin(f_0\times 2\pi t),\ \ period(T) = \frac{1}{f_0}\ second$$

$$\Rightarrow \underline{\underline{A\sin(2\pi f_0 t+\theta_0)\ =\ A\sin(\omega_0 t+\theta_0)}}$$

$$\begin{cases} f_0 : frequency\ \ [Hz],\ [herz],\ [cycle/sec] \\ \omega_0 : angular\ frequency:\ \ \omega_0 = 2\pi f_0\ [radian/sec],\ \ T = \dfrac{1}{f_0} = \dfrac{2\pi}{\omega_0} \\ \theta_0 : initial\ phase \end{cases} \qquad \text{(식2-1)}$$

정현파 수식에서 2π를 항상 달고 다니는 것이 좀 거추장스러워 보이지 않는가? 이럴 때는 f[Hz]로 표시되는 주파수 대신 2π를 포함하는 개념인 "각주파수(角周波數, angular frequency)" ω[rad/sec]를 즐겨 쓰는데 1초에 몇 라디안을 돌았는가를 의미한다. 각주파수를 "각속도(角速度, angular velocity)"로 부르기도 하는데, 각주파수는 물리적으로 스칼라량임에 비해 각속도는 크기와 방향을 가지는 벡터량임을 주의해야 한다.

정현파의 수식표기와 계산에 있어서 경우에 따라 주파수 또는 각주파수를 적절히 잘 사용하면 편리하다. 같은 맥락에서 정현파 수식속의 숫자가 주파수인지 각주파수인지를 주의해서 잘 구별하여야 할 것이다. 통신공학의 문헌에 따라 주파수 f의 표기를 즐겨 쓰는 저자도 있고, 각주파수 ω 표기를 즐겨 사용하는 저자도 있다. 이 책에서는 특별한 경우를 제외하고는 각주파수 ω로 통일하여 기술하고자 한다.

2-3 정현파와 삼각함수

정현파를 나타내는 방법에는 또 하나가 더 있다. [그림2-2] (2)와 같이 태양의 고도가 최대점인 시점부터 관측을 시작한다면 최대값에서 출발하는 곡선을 그릴 수 있는데, 두 곡선을 구별하기 위하여 [그림2-2] (1)을 "정현파(正弦波, sine wave)", [그림2-2] (2)를 "여현파(餘弦波, cosine wave)"라 부른다. 여현파는 정현파를 시간축으로 위상 90도만큼 당겨놓은 것과 동일한 모양이므로 (식2-2)와 같이 위상 90도를 넣은 등식으로 표현할 수 있다. 이하에서는 한자어인 정현파/여현파 대신 영문원어대로 사인파/코사인파 또는 사인함수/코사인함수로 부르기로 하며, 정현파라는 단어는 사인파와 코사인파를 통칭하는 용어로 쓰기로 한다.

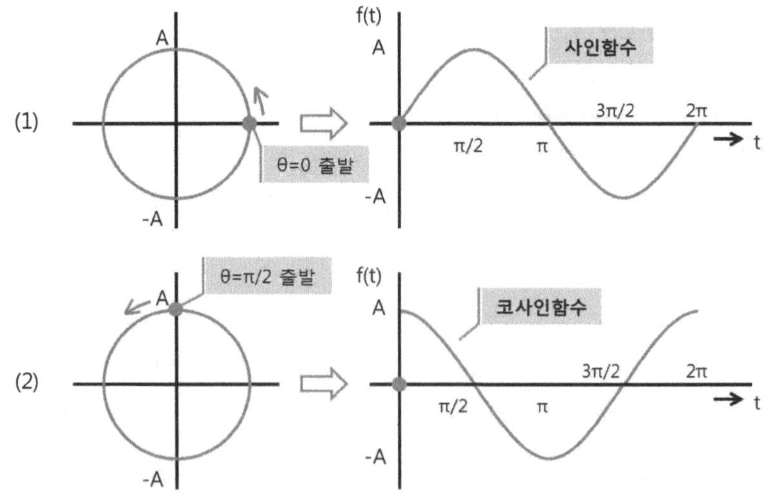

[그림 2-2] 사인파와 코사인파의 관계

$$A\cos\omega t = A\sin(\omega t + 90°) \qquad \text{(식 2-2)}$$

사인함수가 기함수(基函數, odd function) 임에 반해 코사인함수는 우함수(偶函數, even function) 형태로서 계산상 편리한 점이 많아 사인함수보다는 코사인함수가 즐겨 사용된다. 여기서 주목해야 할 것은 사인함수의 시간변화율(기울기), 즉 시간축에 대한 미분값을 그려보면 코사인함수가 된다는 것이다. 그러므로 정현파는 아무리 미분해도 위상만 변할 뿐, 그 형태는 전혀 변하지 않는 재미있는 특성을 가지게 되는데, 이는 일정속도로 둥글게 도는 원운동의 기본속성 때문이며 수학적으로도 다루기에 더 할 나위 없이 심플하다. 상용교류전기시스템이 발전기의 회전운동을 기본으로 하는 60Hz 사인파를 사용하고 있다는 점은 시사 하는 바가 크지 않은가?

원운동을 표현하는 사인함수와 코사인함수를 통털어 "삼각함수(三角函數, trigonometric function)"라 부르는데, 삼각함수라는 명칭은 [그림2-3]과 같이 원운동의 반지름을 단위길이 1로 정규화(正規化, normalization) 하고 반지름을 빗면으로 하는 직각삼각형을 그렸을 때, 세로변이 그 위상에 해당하는 사인함수 값, 가로변이 코사인함수 값을 나타낸다는 점에서 유래한다. 그림의 제1사분면에서 위상각이 증가함에 따라 0에서 1까지 증가하는 사인함수와 1에서 0으로 감소하는 코사인함수를 한눈에 파악할 수 있다.

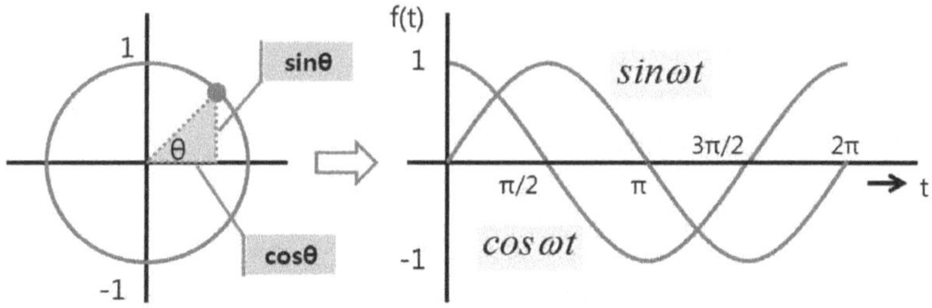

[그림 2-3] 삼각함수의 유래

삼각함수와 연계되는 흥미로운 공식중의 하나로서 "지수함수(指數函數, exponential function)"와의 관계를 정의해주는 "오일러공식(Euler's formula)"이 있다. 삼각함수와 지수함수는 얼핏 보아 그 관련성을 전혀 발견할 수 없지만 실은 밀접한 관계가 있는데, [그림2-4]와 같이 삼각함수가 정의되는 직각삼각형에 피타고라스정리를 적용하면 두 함수 사이의 기본관계식인 (식2-3), (식2-4)가 유도된다. 이를 오일러공식이라 부르며, 삼각함수를 다루는 연산에서 절묘하게 써먹을 수 있는 수학적 트릭으로 활용된다.

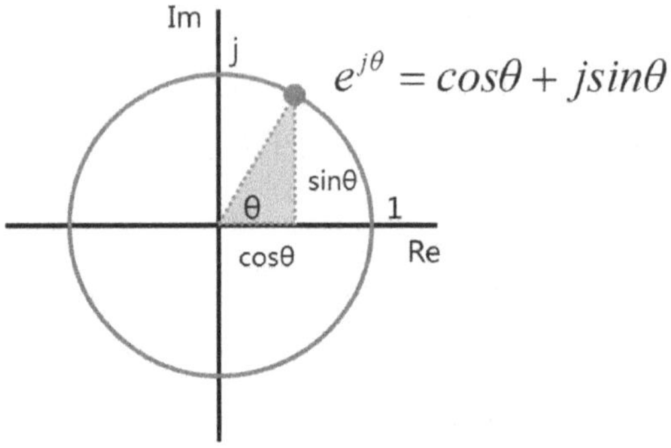

[그림 2-4] 복소평면과 오일러공식

$$cos^2\theta + sin^2\theta = 1^2 = 1$$
$$(cos\theta + j\,sin\theta)\cdot(cos\theta - j\,sin\theta) = 1$$
$$exp(j\theta)\cdot exp(-j\theta) = exp(j\theta)\cdot exp(j\theta)^* = 1 \qquad \text{(식2-3)}$$

$$exp(j\theta) = cos\theta + j\,sin\theta$$
$$exp(-j\theta) = cos\theta - j\,sin\theta$$
$$cos\theta = \frac{1}{2}\{exp(j\theta) + exp(-j\theta)\}$$
$$sin\theta = \frac{1}{2j}\{exp(j\theta) - exp(-j\theta)\} \qquad \text{(식2-4)}$$

(식2-3)에서 삼각함수가 포함된 피타고라스정리 수식을 복소수영역까지 인수분해하고 극성이 다른 지수함수끼리의 곱과의 등식을 세우면 (식2-4)와 같이 삼각함수를 지수함수로, 또는 지수함수를 삼각함수로 변환하는 수식들을 정의 할 수 있다.

위 식들은 허수가 개입되는 난해한 공식처럼 보이지만, 원운동을 표현하는 2차원 평면이 세로축을 실수(實數, real number)축으로 가로축을 허수(虛數, imaginary number)축으로 하는 "복소평면(複素平面, complex plain)"으로 표시됨으로서 원운동의 모든 특성을 한눈에 표시할 수 있는 매우 편리한 분석틀을 얻을 수 있다. 이런 계산 기법은 복소수라는 개념을 단순히 이용하는 것일 뿐, 허수의 물리적인 실체에 대하여 너무 고민할 필요는 없다. 다만 삼각함수의 기하학적 해석기법으로서 능숙하게 사용하면 그만이다.

오일러공식과 복소평면을 이용한 재미있는 연산결과를 소개하면,

- 복소평면에서 위상 90도(π/2 라디안) 되는 점의 값은?

  → $\exp(j\pi/2) = \cos(\pi/2) + j\sin(\pi/2) = j$

- 복소평면에서 위상 180도(π 라디안) 되는 점의 값은?

  → $\exp(j\pi) = \cos(\pi) + j\sin(\pi) = -1$

- 복소평면에서 위상 270도(3π/2 라디안) 되는 점의 값은?

  → $\exp(j3\pi/2) = \cos(3\pi/2) + j\sin(3\pi/2) = -j$

2-4 에너지와 전력

전기신호의 세기는 어떤 척도로 정의(定義, definition)하면 좋을까? 우리는 여기서 에너지와 전력이라는 용어의 정의에 대하여 분명히 알아두도록 하자. 전기신호의 세기는 물론 파동의 진폭이 클수록 당연히 더 셀 것이므로 [그림2-5] (1)과 같이 신호함수의 면적으로 정의하면 될 것이고, 수학적으로는 (식2-5)와 같이 신호구간의 파형을 적분함으로서 손쉽게 구할 수 있을 것이다.

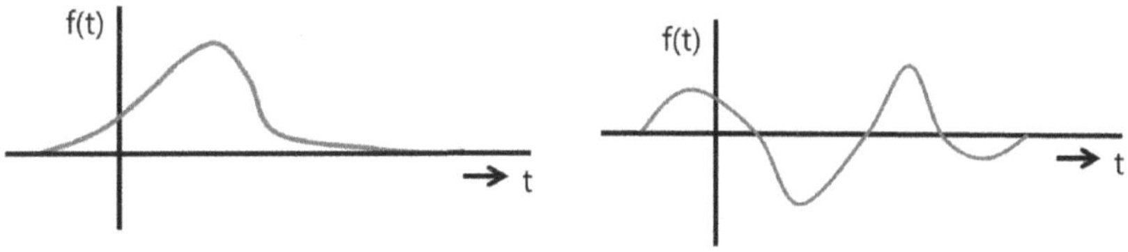

(1) 에너지 신호 1　　　(2) 에너지 신호 2

[그림 2-5] 에너지에 의한 신호함수의 정의

$$E=\int_{-\infty}^{\infty} f(t)\,dt$$ (식2-5)

하지만 이 방법에는 문제가 있다. 즉 [그림2-5] (2)와 같이 신호의 진폭이 양과 음의 값으로 진동한다면 (식2-5)의 적분식을 곧이곧대로 적용할 경우 적분 값은 음양이 서로 상쇄되어 신호함수의 면적보다 턱없이 적은 값이 나오거나 제로가 되고 만다. 신호함수의 적분식 적용에 따르는 이러한 모순을 피하기 위해 생각해낸 방법이 바로 (식2-6)과 같이 신호의 진폭을 제곱하여 파형을 모두 양의 값으로 만든 후 적분식을 적용하는 것이다. 이렇게 계산된 값을 물리학적으로 "에너지(Energy)"라고 정의하며 단위는 Joule[J]을 사용한다.

$$E=\int_{-\infty}^{\infty} |f(t)|^2\,dt$$ (식2-6)

그런데 신호함수가 [그림2-6] (1)과 같이 시간적으로 무한히 계속되는 파형이라면 에너지값은 무한대로 계산되어 유효한 척도로 사용하기가 불가능해지고 만다. 이럴 경우에는 (식2-7)과 같이 신호함수의 1주기분의 에너지만 계산하고 이를 다시 주기로 나눈 값을 척도로 사용하는데, 이를 "전력(電力, Power)"이라고 정의하며 단위는 Watt[W]를 사용한다. 수식으로부터 알 수 있듯이 전력이란 한주기동안의 신호의 평균적 변화량을 보는 것이고, 이것을 수학적으로 표현하자면 신호함수의 "제곱평균(mean square)"에 해당함을 알 수 있다.

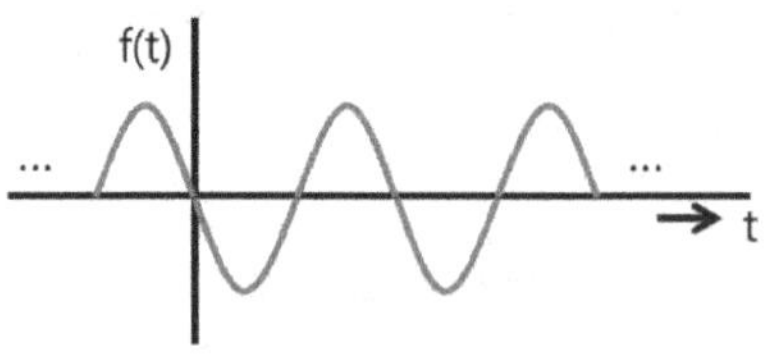

(1) 전력신호 1

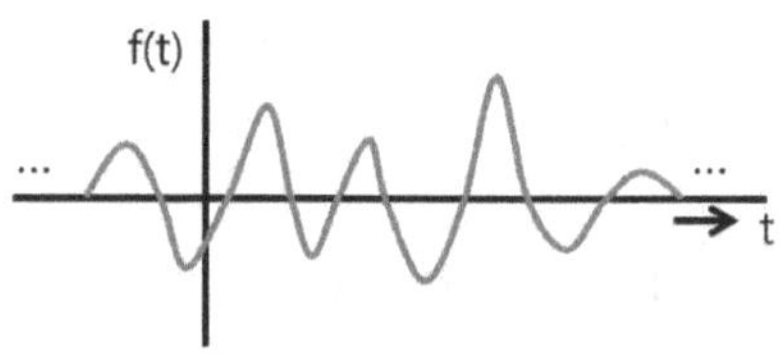

(2) 전력신호 2

[그림 2-6] 전력에 의한 신호함수의 정의

$$P = \overline{|f(t)|^2} = \frac{1}{T}\int_0^T |f(t)|^2\, dt$$

(식2-7)

하지만 우리가 관측하는 대부분의 신호함수는 [그림2-6] (2)와 같이 주기가 없는 랜덤 신호인데 이런 함수에 어떻게 전력의 정의를 적용한다는 말인가? 걱정할 것 없다. 이때는 랜덤신호를 주기가 무한대인 주기신호로 취급하는 꼼수를 사용함으로서 (식2-8)과 같이 멋지게 전력값을 계산해 낼 수 있다.

$$P = \overline{|f(t)|^2} = \lim_{T\to\infty}\frac{1}{2T}\int_{-T}^{T} |f(t)|^2\, dt$$

(식2-8)

위에서 살펴 본대로 신호함수의 세기가 에너지로 계산될 경우에는 그 신호를 "에너지 신호"로, 전력으로 계산될 경우에는 "전력신호"로 부른다. [예제2-1]에 몇 가지 계산 예를 보인다.

예제 2-1 [그림2-7]의 각 신호에 대하여 에너지와 전력을 구하고 에너지신호와 전력신호를 구분하시오.

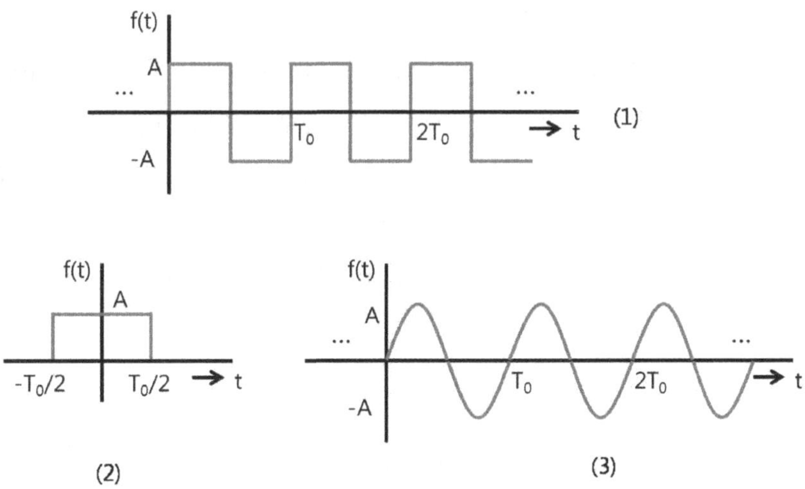

[그림 2-7] 예제2-1

| 풀이 |

(1)

$$E=\int_{-\infty}^{\infty}A^2\,dt=\infty$$

$$P=\frac{1}{T_0}\int_0^{T_0}A^2\,dt=A^2$$

(2)

$$E=\int_{-T_0/2}^{T_0/2}A^2\,dt=A^2T_0$$

$$P=\lim_{T\to\infty}\frac{1}{T}\int_{-T_0/2}^{T_0/2}A^2\,dt=\lim_{T\to\infty}\frac{A^2T_0}{T}=0$$

(3)

$$E=\int_{-\infty}^{\infty}A^2\sin^2\left(\frac{2\pi}{T_0}t\right)dt=\infty$$

$$P=\frac{1}{T_0}\int_0^{T_0}A^2\sin^2\left(\frac{2\pi}{T_0}t\right)dt=\frac{A^2}{2T_0}\left[\int_0^{T_0}dt-\underbrace{\int_0^{T_0}\cos\left(\frac{4\pi}{T_0}t\right)dt}_{always\ zero}\right]=\frac{A^2}{2}$$

※ 정현파의 1주기분 적분은 언제나 영.

이제 에너지와 전력의 개념을 실제 전기회로에 적용해서 그 물리적 의미를 생각해보기로 하자. 전원이 공급하는 전압과 전류에 의해 부하(負荷)저항에서 이루어지는 일(work)을 구하면 그것은 바로 그 전원이 공급하는 에너지가 될 것이다. 지금 R[Ω]의 부하저항에 시간함수 v(t)로 표시되는 전압이 걸린다면 전류 i(t)는 v(t)/R로 되고, 이때 행해지는 일은 당연히 전압과 전류에 비례할 것이므로 일은 (식2-9)와 같이 전압과 전류의 곱으로 정의된다.

$$work=\int_{-\infty}^{\infty}v(t)\cdot i(t)dt=\int_{-\infty}^{\infty}\frac{|v(t)|^2}{R}dt=\int_{-\infty}^{\infty}|i(t)|^2Rdt$$

$$if\ R=1\Omega,\quad work=\int_{-\infty}^{\infty}|v(t)|^2dt=\int_{-\infty}^{\infty}|i(t)|^2dt=E \qquad \text{(식2-9)}$$

그런데 (식2-9)에서 저항 R을 1Ω으로 놓으면 (식2-6)의 에너지 정의식과 꼭 같지 않은가? 즉, 전기회로에서 에너지란 부하저항을 1Ω으로 했을 때, 부하저항에 흐르는 전압과 전류의 곱으로 정의되는 것이다. 부하저항이 1Ω이므로 에너지식은 부하저항에 흐르는 전류의 제곱으로도 부하저항에 걸리는 전압의 제곱으로도 나타낼 수 있다. 물론 연속되는 주기신호에 대하여는 (식2-10)과 같이 전력의 정의식이 적용된다.

$$P = \frac{1}{T}\int_0^T |v(t)|^2 dt = \frac{1}{T}\int_0^T |i(t)|^2 dt \qquad \text{(식2-10)}$$

위에서 살펴본 전력의 정의를 이용하여, 가정용 전원으로 사용하는 60Hz 사인함수 교류전기의 전력을 구해보자. 수식전개에 앞서 [그림2-8]과 같이 전압과 전류의 곱을 그림으로 구해보면, 전력은 항상 양의 영역에 있는 120Hz 사인함수가 됨을 알 수 있다. 그러면 전력의 평균값은 얼마일까? 평균전력은 (식2-11)과 같이 적분을 해서 구해도 되지만, 120Hz 전력파형의 그림에서 사인함수의 봉우리 부분을 잘라 골짜기 부분을 메꿈으로서 최대진폭 A^2의 딱 절반인 $A^2/2$이라는 평균값을 한방에 얻을 수 있다.

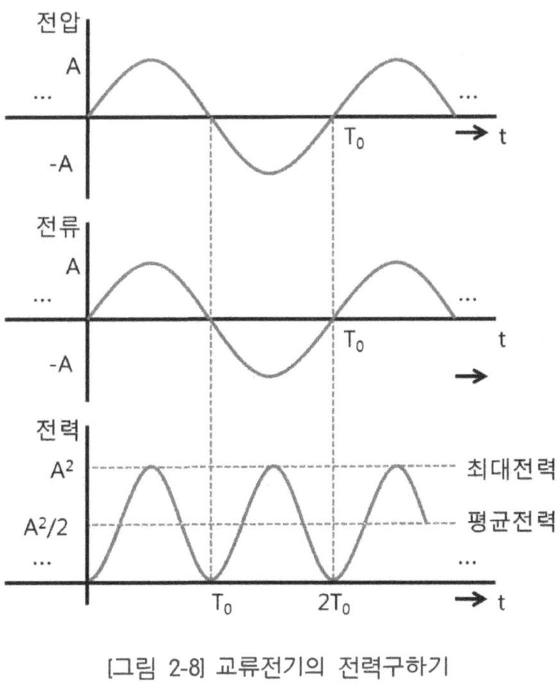

[그림 2-8] 교류전기의 전력구하기

$$v(t)=i(t)=A\cos(\omega_0 t+\theta)$$

$$\begin{aligned} P &= \frac{1}{T}\int_0^T |v(t)|^2 dt = \frac{1}{T}\int_0^T |i(t)|^2 dt \\ &= \frac{1}{T}\int_0^T A^2\cos^2(\omega_0 t+\theta)dt \\ &= \frac{1}{T}\int_0^T \frac{A^2}{2}\left[1+\cos(2\omega_0 t+2\theta)\right]dt \\ &= \frac{A^2}{2T}\int_0^T dt + \frac{A^2}{2T}\int_0^T \cos(2\omega_0 t+2\theta)\,dt \\ &= \frac{A^2}{2} \end{aligned} \quad \text{(식2-11)}$$

어떻든 진폭 A인 사인함수 교류전기의 전력은 사실상 주파수와 상관없이 진폭의 제곱의 정확한 절반이 되는데, 이 값은 교류가 아닌 직류전압과 전류로부터도 간단히 계산되지 않는가? 즉 전력의 정의에 따라 부하저항은 1Ω이므로 전력값 $A^2/2$[W]는 (식2-12)와 같이 정확히 제곱근끼리 곱해지는 형태로 나누어지는데 이놈은 바로 교류와 동일한 일을 해내는 직류전압과 직류전류를 나타내는 것이다!

$$P=\frac{A^2}{2}=\frac{A}{\sqrt{2}}\cdot\frac{A}{\sqrt{2}}=V_{rms}\cdot I_{rms} \quad \text{(식2-12)}$$

(식2-12)로부터 우리는 교류와 동일한 전력을 가지는 직류의 전압과 전류를 얻었는데, 이런 의미에서 교류의 진폭 A을 2의 제곱근으로 나눈 이 값을 교류전압의 "실효치(實效値)" 또는 "rms(root mean square) value"라 부른다. 그렇다면 우리가 전력회사에 지불해야 하는 전기료는 어디를 기준으로 해야 할까? 분명히 일을 $A^2/2$[W]만큼 했으니 전압과 전류의 실효치에 해당하는 요금을 징수할 것이다.

즉 우리 집에 공급되는 220V AC라는 표기에서 정격전압 220V라는 수치는 rms전압을 나타내며, 실제로 전선에 걸리는 교류전압의 최대치는 여기에 $\sqrt{2}$를 곱한 약311V에 달한다. 따라서 전선피복의 절연성은 이를 고려하여 정격전압보다 충분히 높은 전압에 견딜 수 있게 설정하여야 할 것이다. 사인함수 신호의 실효치 개념은 비단 교류전기 뿐만 아니라 앞으로 다루게 되는 통신용 신호와 잡음의 해석에서도 중요하게 쓰이므로 잘

숙지하기를 바란다.

2-5 신호해석을 위한 기본신호

자연의 신호인 정현파와 별개로 신호의 해석을 위해 고안된 몇 가지 인위적인 신호에 대하여 알아보자. 이 신호들의 특징은 이들이 자연계에서는 존재할 수 없는 완전한 디지털신호라는 것이다. 자연을 해석하기 위해 자연에 없는 것들을 도입하는 아이러니가 있지만, 인류에게 헤아릴 수 없는 혜택을 준 디지털통신의 핵심개념으로서 이에 대한 충분한 이해가 필요하다.

가장 기본이 되는 신호로서 "단위계단함수(unit step function)"가 있으며, 이를 응용한 "시그넘함수(signum function)" 및 "사각파함수(rectangular function)"를 [그림2-9]에 보인다. 신호의 형상에 따른 명칭으로 각각 u(t), sgn(t), rect(t)라는 수학기호로 표기한다.

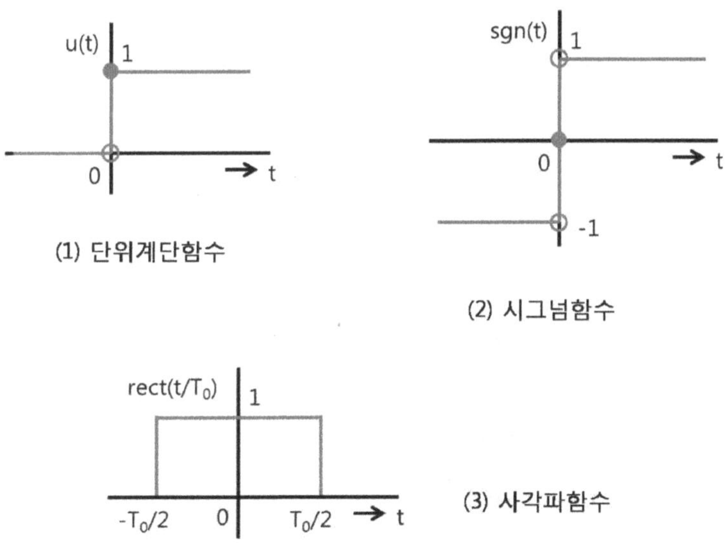

(1) 단위계단함수

(2) 시그넘함수

(3) 사각파함수

[그림2-9] 디지털통신을 위한 기본신호

단위계단함수란 이상적인 스위치를 나타내는 형상으로서 (식2-13)과 같이 t=0인 순간 0에서 1로 진폭이 순간이동(瞬間移動)하는 불연속선을 포함한다. 따라서 이 신호는 t=0에서 순간변화율(미분)이 무한대가 되므로 완벽한 물리적 실현이 절대 불가능한 이상적인 신호이다. 심플한 외모와는 달리 다루기 매우 거북하지만 디지털통신을 위해서는 운명적으로 함께 하여야 할 친구이기도 하다.

$$u(t)=\begin{cases}1, & t\geq 0\\ 0, & t<0.\end{cases}\tag{식2-13}$$

단위계단함수와 형상은 같지만 t=0를 중심으로 음에서 양의 값으로 진폭이 변하는 파형을 가지는 시그넘함수를 (식2-14)와 같이 정의한다.

$$sgn(t)=\begin{cases}-1, & t<0\\ 0, & t=0\\ 1, & t>0\end{cases}$$

$$sgn(t)=-1+2u(t)\tag{식2-14}$$

단위계단함수 두 개를 조합하면 (식2-15)와 같이 사각파함수를 정의할 수 있다. 사각파함수는 게이트함수라 부르기도 하며, 좀 고풍스런 용어로 "구형파(矩形波)"로 부르기도 한다. 또는 지속시간이 아주 짧은 구형파를 "펄스(pulse)"라고 부른다.

$$rect(t/T)=\begin{cases}1, & -T/2\leq t<T/2\\ 0, & |t|>T/2\end{cases}$$

$$rect(t/T)=u(t+T/2)-u(t-T/2)\tag{식2-15}$$

매우 흥미로우면서도 통신공학에서 요긴하게 쓰이는 신호로서 [그림2-10]와 같은 "단위충격함수(unit impulse function)"가 있다. 이 신호는 밑변이 Δ, 높이가 1/Δ인 사각파로서 면적 1을 유지하면서 Δ를 제로로 수렴시키면 t=0에서 이론적으로는 무한대의 진폭을 가지게 된다. (식2-16)에 단위충격함수의 수학적 표현을 보인다.

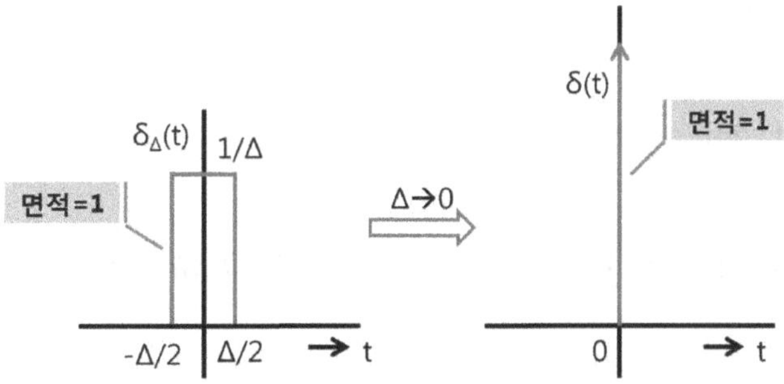

[그림 2-10] 단위충격함수

$$\delta(t)=\begin{cases}\infty, & t=0\\ 0, & t\neq 0\end{cases} \qquad \int_{-\infty}^{\infty}\delta(t)dt=1$$ (식2-16)

재미있는 것은 단위충격함수의 적분인데 (식2-17)과 같이 t=0인 순간이후의 적분치가 1이 된다는 점이다. 그러데 이것은 단위계단함수의 정의와 동일하다! 즉 단위충격함수의 적분은 단위계단함수이고 단위계단함수의 미분은 단위충격함수라는 결론에 이른다. 이 두 함수는 앞으로 신호해석학에서 매우 의미 있는 함수로 사용된다.

$$\int_{-\infty}^{t}\delta(t)dt=\begin{cases}0, & t<0\\ 1, & t\geq 0\end{cases}=u(t) \qquad \delta(t)=\frac{du(t)}{dt}$$ (식2-17)

단위충격함수가 포함되는 흥미 있는 연산의 예를 (식2-18)에 보인다. 헷갈리게 보이지만 의미는 무척 단순하다. 즉 어떤 함수가 어느 시점(時點) T에서 단위충격함수와 곱해지면, 단위충격함수가 그 값 1을 가지는 시점에서의 함수 값만이 유효하다는 것이다. 이것을 달리 말하자면 어느 시점 T에서 단위충격함수를 곱한다는 것은 그 시점의 함수값을 감쪽같이 잡아낸다는 뜻이다! 이 방법을 통신공학에서는 "샘플링(sampling, 표본화)"라 부르며 디지털전송 신호처리의 기본 기법으로 요긴하게 사용된다.

$$f(t)\delta(t) = f(0)\delta(0)$$

$$f(t)\delta(t-T) = f(T)\delta(t-T)$$

$$\int_{-\infty}^{\infty} f(t)\delta(t-T)dt = \int_{-\infty}^{\infty} f(T)\delta(t-T)dt = f(T)\int_{-\infty}^{\infty} \delta(t-T)dt = f(T) \tag{식2-18}$$

신호 쪼개보기 제3강

지피지기(知彼知己)면 백전백승, 통신의 시작은 신호를 아는 것

3-1 개요

신호란 시간에 따른 어떤 변화를 말한다. 시간에 따른 아무런 변화가 없다면 무슨 수로 의미를 전달할 수 있겠는가? 우리는 이러한 변화를 시간의 함수라는 수학적 수단으로 표현하고 그 파형(波形, waveform)을 분석하여 신호의 정체를 파악하고자 한다. 과연 우리의 귀를 울리는 음향신호의 파형은 어떤 모양일까? 우리의 눈에 보이는 총천연색 영상신호의 파형은 또한 어떤 모양일까?

예를 들어 피아노의 A(라)음이나, 원색의 빨강색(red)의 파형은 놀랍게도 단일 정현파이다. 기타의 오묘한 화음(和音, chord)이나, 비단 옷감에 비치는 은은한 중간색들은 자세히 분석해 보면 수많은 정현파들의 합성파임을 알 수 있다! 아무리 복잡한 신호라도 궁극적으로는 지극히 단순한 원운동인 정현파로 하나하나 분리하여 다룰 수 있다는 놀라운 자연의 섭리는 "신호분석"이라는 이름의 기막힌 공학도구를 우리에게 제공해 주었다.

3-2 정현파를 이용한 신호분석

진폭과 주파수가 서로 다른 정현파의 합성파가 어떤 모양을 가지는지 [그림3-1]에서 살펴보자. 그림은 주파수 200Hz인 사인함수와 300Hz인 사인함수의 합성파를 보이고 있다. 두 개의 정현파가 합쳐진 것에 불과하지만, 제법 변화가 풍부하면서도 보기에도 좋은 파형이 만들어지지 않았는가? 이와 같이 주파수의 비율이 3:2인 두 정현파의 합성파를 "완전5도(perfect fifth)" 화음이라고 한다.

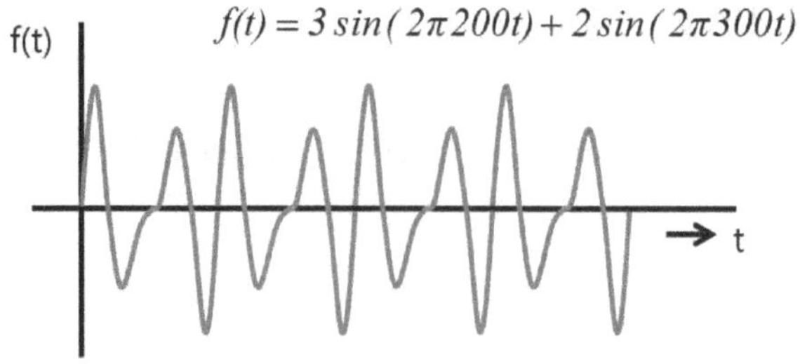

[그림 3-1] 두 정현파의 합성 예 : 완전5도

완전5도 화음에 적절한 비율에 따른 또 하나의 정현파를 추가하면 [그림3-2]와 같이 "3화음(triad)"이 된다. 이것은 수학적 황금비율을 음향에 적용하여 최상의 화음을 만드는 주파수를 찾아내는 것으로서, 이런 식으로 조합해 나가면 3개의 순수 정현파인 "순음(pure tone)"의 합만으로도 제법 복잡해 보이는 "복합음(complex tone)"을 만들 수 있다. 어떤가? 교묘하게 어울리면서 감미롭게, 웅장하게, 때로는 가슴 에이게 애절한 가지각색의 화음을 만들어 내는 주파수의 조합, 즉 화성학(和聲學)은 인류가 유구한 세월에 걸쳐 찾아낸 참으로 놀라운 예술적 성취가 아니겠는가.

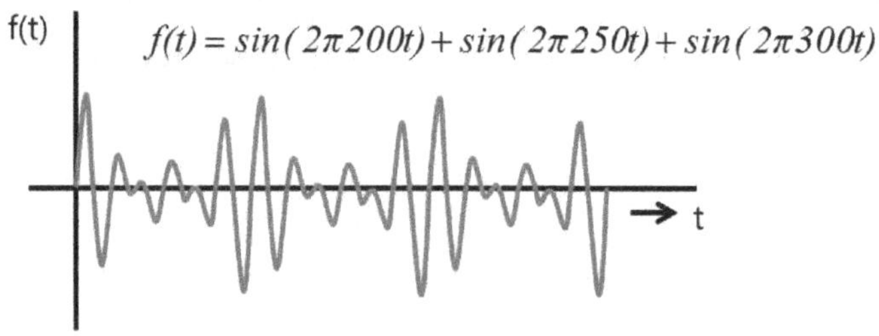

[그림 3-2] 세 정현파의 합성 예 : 3화음(triad)

[그림3-3]에 현대음악에서 보편적으로 쓰이는 12음계 피아노건반의 주파수배치를 보인다. 12음계란 기준이 되는 A(라) 음으로부터 그보다 주파수가 2배인 다음 A(라)음 사이, 즉 1옥타브(octave)를 황금율에 따라 12개로 분할한 음 체계이다. 실제로 곡을 만드는 음계는 특정 음을 기준으로 온음 5개, 반음 2개로 구성한 7개의 음을 사용하는데, 각 사람의 음성별, 악기별로 다양한 조합의 음계가 존재하며 이로부터 풍성한 음악의 세계를 만들어진다. 그림에서 정중앙에 위치한 건반(鍵盤, key board)의 주파수는 261.6Hz로서

"middle C"로 불린다. 악기들의 조율(調律, tuning) 기준으로 쓰이는 49번 건반 440Hz A음의 위치도 알아두자.

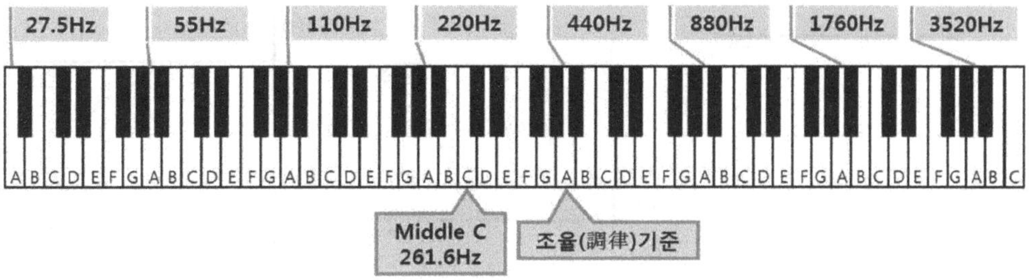

[그림 3-3] 88건반 표준 피아노건반과 12음계 주파수 배치

다시 본론으로 돌아와서 정현파들의 합성에 의한 일반적인 신호의 생성을 생각해보자. 위에서 예로 든 서로 다른 주파수의 정현파 합성뿐만 아니라, 위상과 진폭까지 모두 다른 정현파들을 합성한다면 얼마나 다양한 파형이 만들어질지 짐작이 갈 것이다. 이 사실을 역으로 생각해 보면 상당히 심오한 결론에 이르게 되는데, 그것은 바로 그 어떤 모양의 신호파형이든 궁극적으로는 서로 다른 진폭, 주파수, 위상을 가진 정현파들로 분해될 수 있다는 뜻이 아니겠는가!

사실 확인을 위해 이야기를 단숨에 디지털파형으로 옮겨서 [그림3-4]의 사각파의 열, 즉 펄스열(pulse train) 신호가 정말로 정현파들의 합으로 구성되어 있는지 살펴보자. 심플한 생김새와는 달리 무한대의 파형변화율을 강요하는 이 신호는 도대체 어떤 정현파 성분들을 가질까? 또한 어떻게 비위를 맞추어야 파형의 왜곡 없이 무사히 전송할 수 있을까?

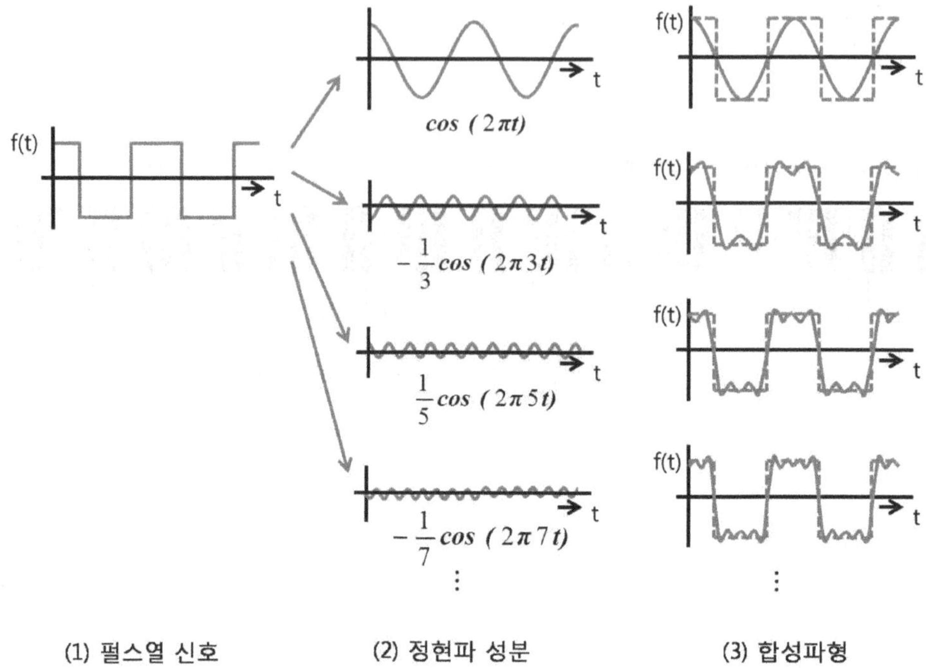

[그림 3-4] 펄스열 신호의 분석

분석의 절차는 이렇다. 우선 펄스열의 주기와 꼭 같은 주기를 가지는 정현파 하나를 찾아내고, 이놈을 "기본파(fundamental frequency)"라 부른다. 이어서 이 기본파에 더해져서 좀 더 사각형에 가까운 모양을 가지도록 만들어 주는 조금 높은 주파수의 두번째 정현파를 찾는다. 물론 그 합성파가 최대한 사각형에 근사하게 보이도록 두번째 정현파의 위상과 진폭을 세심하게 선택해야 한다. 동일한 순서로 주파수를 조금씩 올리면서 완벽한 펄스열이 합성될 때까지 이 과정을 반복한다.

[그림3-4]의 펄스열신호 분석 결과, 사인함수는 아예 없고, 코사인함수는 기본주파수 f_0와 기본주파수의 3배, 5배, 7배, ...로 무한히 증가하는 주파수만 출현하고 있음을 알 수 있다. 이와 같이 펄스열을 분석하는데 어울리는 정현파들을 궁합이 맞는 높은 주파수들이라는 뜻으로 "고조파(高調波, harmonics)"라 부른다. 이와 같이 펄스열을 정현파들로 분해하기 위해서는 무한대개의 고조파를 필요로 한다는 점에서, 역시 펄스열이 만만한 신호가 아님을 잘 알 수 있다. (식3-1)은 이 정현파들의 집합을 정수배 주파수의 무한급수(無限級數, infinite series) 형태로 표시한 것이다.

$$f(t) = cos(2\pi f_0 t) - \frac{1}{3}cos(2\pi\ 3f_0\ t) + \frac{1}{5}cos(2\pi\ 5f_0\ t) - \cdots \quad \text{(식3-1)}$$

아무튼 결론은 적절한 개수의 고조파만 있다면 어떤 신호든 정현파들의 합으로 완벽하게 분석이 가능하다는 것이다. 그런데 우리는 왜 정현파에 이렇게 목을 매는가? 그것은 바로 정현파가 다음과 같은 특성을 가지기 때문이다.

1) 정현파의 정체가 사실은 원운동이나 단진동 같은 가장 단순한 자연의 기본운동이므로 전송이나 신호처리 과정 중에도 그 모양이 그대로 유지된다. 정현파를 천 번을 미분하거나 적분해도 동일한 주파수의 정현파임에는 변함이 없다. 즉 매끈한 원운동은 아무리 주물러도 원운동 형태를 바꾸지 않는다.
2) 정현파를 나타내는 삼각함수는 오일러공식에 의해 지수함수로도 표현이 가능하므로 복소평면을 이용하는 매우 편리한 수학적 연산이 가능하다.

이런 고마운 신호분석법을 창안하신 분은 누구일까? 애초부터 통신을 염두에 둔 것은 아니지만 열전달현상의 물리적 분석에 골몰하던 나폴레옹시절 프랑스의 수학자이자 물리학자인 푸리에(Joseph Fourier) 선생이 불연속성을 무한급수를 이용하여 해석해낸 것이 그 시초이다. 불연속성이라... 그렇지! 이 방법은 펄스열 신호와 같은 디지털신호 해석과 딱 맞아 떨어진다. 선생의 공적을 기념하여 이러한 신호분석법을 "푸리에분석", "푸리에급수", 그리고 "푸리에변환"이라 이름 짓게 되었다.

펄스열 신호의 푸리에분석으로 되돌아가 보자. 이름 하여 푸리에급수로 불리는 (식 3-1)의 수식을 일목요연(一目瞭然)하게 볼 수 없을까? 그렇다면 그림이 정답이다. 아무튼 이러한 신호분석의 척도는 각 고조파의 주파수와 진폭이므로 그래프의 가로축을 주파수로 놓고, 각 주파수성분의 진폭을 세로축으로 그리면 [그림3-5] (2)와 같이 된다. 이 그림은 신호를 보는 또 하나의 관점(觀點)인 "스펙트럼(spectrum)"으로서 "주파수영역(frequency domain)"의 표현방법이다. 이에 반하여 우리가 통상적으로 익숙한 [그림3-5] (1)과 같은 시간축 "파형(waveform)" 그림을 "시간영역(time domain)" 표현법 이라고 한다.

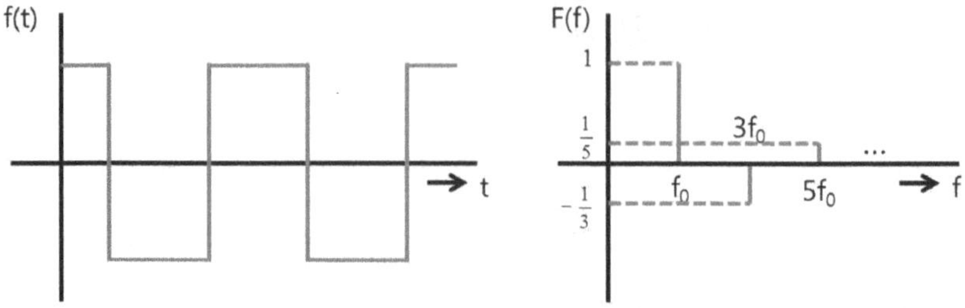

(1) 시간영역 파형　　　　(2) 주파수영역 스펙트럼

[그림 3-5] 펄스열 신호의 시간영역 및 주파수영역 표현

세상 모든 일에는 자신과 전혀 다른 관점에서 보는 시각이 존재하며, 이런 타인의 관점이 나의 그것과 매우 배타적인 것으로 보이기도 하지만, 한편으로는 그 일의 감추어진 부분을 비추어 볼 수 있는 훌륭한 거울이 되기도 한다. 신호의 관찰에 있어서도 마찬가지로 시간영역과 주파수영역이라는 두 관점에서 들여다보는, 전혀 다른 그림으로부터 진정으로 깊은 통찰을 얻을 수 있다. 이제부터 우리 통신공학도들은 신호를 읽을 때 항상 시간영역과 주파수영역을 함께 생각하는 버릇을 들이자.

언뜻 보기에 생소해 보이는 주파수영역의 신호분석이란 사실은 우리 인간의 청각신경이 소리를 인지하는 방법이다! 인간의 청각은 실시간 푸리에분석기로서 소리의 주파수성분을 분석하여 그 스펙트럼을 뇌에 전달하고, 뇌는 그동안 학습해둔 자신의 소리DB를 검색하여 그 소리의 정체를 알아낸다. 재미있는 것은 이때 각 고조파 성분의 위상정보에 대해서는 별로 따지지 않는다는 것이다. 그런데 영상을 인지하는 시각신경의 경우 이와는 정반대로 각 고조파의 위상정보에 매우 민감하다. 따라서 오디오신호와 비디오신호의 처리와 전송에 있어서 이러한 차이점 잘 헤아리고 주의하여야 할 것이다.

푸리에분석이라는 훌륭한 도구를 마련했지만 "고양이 목에 방울 달기"라는 과제가 남아있다. 그 수많은 고조파들을 위상과 진폭까지 감안하여 어떻게 찾아낼 것이냐는 말이다. 구체적으로 여기에는 두 가지 세부과제를 내포하고 있다. 첫째는 고조파들을 어떻게 찾아내느냐는 방법상의 문제이고, 둘째는 어떤 주파수의 고조파를 찾느냐는 대상의 문제이다. 사실 많은 텍스트에서 다짜고짜 수식부터 들이대는 바람에 우리를 골치 아프게 만들곤 하는 이 이야기는, 알고 보면 우리 일상 속에서 늘 써먹는 지극히 자연스런 인식수법임을 미리 말해둔다. 알고 보면 수학이란 자연의 법칙을 말해주는 위대한 언어이며,

오묘한 수학적 사고는 또 다른 자연법칙 발견의 초석이 되기도 한다. 이제부터 이런 수학의 진면목에 주목하고 그 매혹적인 속삭임에 진지하게 귀를 기울여 보자.

3-3 과제1. 어떻게 찾을 것인가? : 상관

우선 첫 번째 문제를 생각해보자. 우리가 무엇을 찾는다는 것의 의미는 무엇일까? 그것은 바로 내가 머릿속으로 생각하고 있는 모양과 눈에 보이는 실제 모양을 맞춰보고 얼마나 닮았는지를 알아보는 과정이 아니겠는가. 운동장을 빽빽이 메운 아이들 속에서 자신의 아이를 찾아내는 엄마의 시각인식과정을 상상해보라. 퍼즐그림을 하나하나 맞춰나가며 지새던 그 밤을 생각해보라. 통신공학적으로 말하자면 이 과정을 일컬어 "상관(相關, correlation)"이라고 하며, 이를 기계적으로 수행하는 장치를 "상관기(correlator)"라 부른다.

인간처럼 눈이 달리지 않은 상관검출기가 작동하는 방법은 마치 장님 코끼리 만지기 비슷할 것이다. 검출하고자 하는 주파수의 정현파와 분석대상 신호를 겹쳐놓고 좌우로 조금씩 미끄러트리면서 최대로 겹치는 값을 찾아내면 그것이 바로 그 신호에 포함된 해당 주파수의 분량이 될 것이다. 예를 들어 [그림3-4]의 펄스열 신호분석에 대하여 상관을 적용해보자. 우선 펄스열의 주기로부터 기본주파수는 f_0임을 알 수 있다. 이 기본주파수의 정현파가 펄스열 신호에서 차지하는 비율을 구하는 과정을 형상화하면 [그림3-6]과 같다. 그림에서 (2)가 기본주파수 정현파의 위상이 펄스열과 최대로 일치하여 최대의 상관값을 가지는 순간이다.

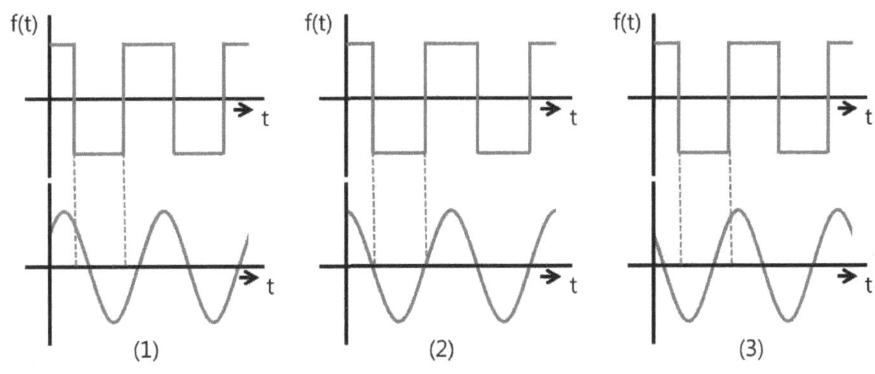

[그림 3-6] 펄스열 신호와 기본주파수의 상관

그런데 "두 도형을 겹쳐놓고 공통되는 부분의 면적을 구하는 것"이란 수학적 표현을 빌리자면 바로 두 함수의 "곱(product) & 적분(integration)"이 아닌가? 따라서 분석하고자 하는 신호함수를 g(t)로, g(t)속에서 찾아내고자 하는 신호함수를 f(t)로 놓을 때 상관을 구하는 식은 (식3-2)과 같이 쓸 수 있을 것이다. 또한 이렇게 구한 값은 g(t)속에 포함된 f(t)의 비율을 나타내며 이를 "상관계수(correlation coefficient)" c로 정의한다.

$$correlation\ of\ f(t)\ and\ g(t) = \int_{t_1}^{t_2} f(t)g(t)dt$$ (식3-2)

그런데 식을 살펴보면 동일한 최대상관의 상황이라도 함수 g(t)와 f(t)의 절대크기에 따라 상관값이 제각각으로 다르게 나오는 모순이 있음을 알 수 있다. 말하자면 어떠한 상황에서도 변하지 않는 공정한 경쟁기준이 있어야할 것 아닌가? 이를 위하여 크기와는 관계없이 두 파형이 100% 일치할 때 상관계수는 "1"이 되고 전혀 일치하지 않을 때 "0"이 되게끔 수식을 조정한다. 어떻게? (식3-3)과 같이 g(t)끼리의 상관, 즉 g(t)의 에너지 값으로 (식3-2)를 나누어주면 서로 다른 파형끼리의 상관인 분자가 동일파형의 상관인 분모보다는 절대로 클 수가 없으므로 상관계수는 0과 1사이의 값을 가지게 된다. 이러한 기법을 정규화(正規化, normalization)라고 한다.

$$c = \frac{\int_{t_1}^{t_2} f(t)g(t)dt}{\int_{t_1}^{t_2} g(t)^2 dt} = \frac{1}{E_g}\int_{t_1}^{t_2} f(t)g(t)dt$$ (식3-3)

(식3-3)의 분모와 같이 g(t) 자신과의 상관을 "자기상관(自己相關, autocorrelation)"이라고 하며, 이와 대비되는 개념으로 (식3-3)의 분자를 "상호상관(相互相關, crosscorrelation)"이라고 한다. 상관계수는 이와 같이 자기상관함수와 상호상관함수의 비로 표시된다. 실제로 상관을 구하는 과정은 두 함수를 시간축 상에서 이리저리 움직이면서 상관값이 최대로 되는 곳을 찾는 과정을 거쳐야 하는데, 이런 미끄러트리기(sliding) 표현을 위하여 시간변수 τ를 도입하여 (식3-3)을 다시 정리하면 (식3-4)와 같다. 수식의 극한표시는 미끄러트리는 구간이 주기함수라면 한 주기이내가 되겠지만 비주기함수라면 무한대의 구

간이 될 것이라는 뜻이다.

$$c = \frac{R_{fg}(\tau) = \lim_{T\to\infty} \frac{1}{2T}\int_{-T}^{T} f(t)g(t+\tau)dt}{R_f(\tau) = \lim_{T\to\infty} \frac{1}{2T}\int_{-T}^{T} g(t)g(t+\tau)dt} = \frac{R_{fg}(\tau)}{R_g(\tau)}$$

(식3-4)

상관은 디지털통신에서 핵심적으로 사용되는 기법이다. 통신이란 통신로를 사이에 두고 신호를 주고받는 일다. 그렇다면 내가 받은 어떤 "전기적 파형의 흔들림"이 누가 보낸 어떤 의미의 신호라는 걸 어떻게 아나? 예를 들면 수화기에서 개 짖는 소리가 난다면 사람이 보낸 송신신호라고 인정할 수 없을 것이다. 따라서 유효한 정보의 수신이란 내가 아는 통신상대의 특징들과 동일하거나 적어도 비슷해야만 상대방이 보낸 정당한 신호로 인정할 수 있는 것이다. 이런 의미에서 정보의 수신이란 "잡음 섞인 수신신호와 내가 알고 있는 신호들의 모양과의 닮은 정도를 시간영역에서 따져보기"가 될 것이다. 상관을 통신에서 효과적으로 써먹은 예를 [그림3-7]에 보인다.

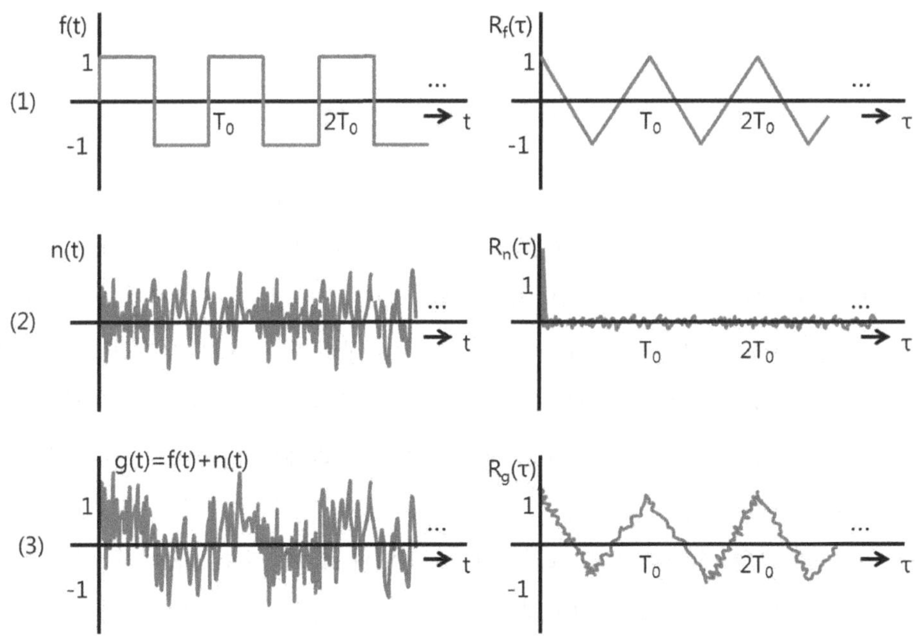

[그림 3-7] 통신로잡음 속에 섞인 펄스열 신호의 상관검출

[그림3-7] (1)과 같이 순수한 펄스열 신호의 자기상관함수는 서로 정확히 일치했을 때 최대값 1, 서로 반주기 어긋날 때 음으로 최대값 -1을 가지며, 나머지 구간에서 중간값을 가지는 톱니파 모양으로 계산된다. 이에 반해 (2)의 통신로잡음의 경우 전혀 규칙성이 없는 비주기신호이므로 완벽하게 겹치는 딱 한번을 제외하고는 거의 모든 경우 자기상관값이 영에 가깝게 나온다.

그렇다면 신호와 잡음이 뒤섞인 수신신호 (3)의 파형에 대하여 자기상관을 구하면 어떻게 될까? 결과는 (1)과 (2)의 합이므로 (1)의 그것과 거의 동일한 톱니파 모양이 나올 것이다. 즉 수신측에서 (3)의 시간영역 파형만 보아서는 잡음 탓에 펄스열인지 아닌지조차도 알아보기 힘든 파형이지만, 자기상관함수는 (1)의 그것과 거의 동일한 톱니파 모양이므로 이 신호가 원래 펄스열이었음을 쉽게 알 수 있는 것이다. 즉, 자기상관으로 통신로잡음을 제거해버린 것이다!

잡음투성이 수신신호로부터 원래의 신호를 깨끗하게 찾아내는 이런 신통한 일은 보낸 신호가 펄스형태임을 미리 알고 있는 디지털통신이기 때문에 가능한 일로서, 잡음의 제거가 원천적으로 불가능한 아날로그통신과 대비되는 디지털통신의 놀라운 내잡음능력(耐雜音能力)을 보여주고 있다. 이에 대해서는 제3부에서 상세히 살펴보도록 한다.

3-4 과제2. 무엇을 찾을 것인가? : 직교벡터공간

기본주파수가 구해졌다면 그 다음 고조파는 얼마일까? 예를 들어 기본고조파가 100Hz 라면 그 다음 고조파는 101Hz일까? 100.1Hz일까? 아니면 더 잘게 보아야 하나? 사인인가? 코사인인가? 아무튼 이렇게 하다가는 한이 없을 것 같지만 걱정 마시라! 여기에는 또다시 기막힌 자연의 섭리가 있다. 이 작업에서는 정현파 신호의 시간함수를 간편한 벡터로 바꾸어 취급하는 수법이 교묘하게 쓰이는데 이게 무슨 이야기인지 우선 알아보자.

이를 위하여 우선 정현파 시간함수와 벡터와의 등가관계를 알아보자. 시간함수의 파형으로 상관을 구하는 절차는 앞에서 수식으로 보다시피 꽤나 성가시다. 그런데 만약 대상신호가 일정주파수의 정현파라면 그것은 [그림3-8]과 같이 복소평면에서 일정속도로 도는 원운동과 동격(同格)이며, 정현파의 순간위상과 진폭은 복소평면 원점으로부터의 벡터로 표시된다. 그런데 정현파의 주파수는 어느 상황이든 불변이므로 연산과정에서 배제

해도 상관없다. 따라서 우리는 시간축에서 주기적으로 변동하는 정현파 대신, 특정 시점의 복소평면에서 크기(진폭)와 방향(위상)만 다루는 벡터를 사용하더라도 동일한 연산 결과를 얻을 수 있다. 즉 상관을 구함에 있어서, 우리는 적분이 포함되는 복잡한 연산 대신, 벡터라는 간편하고 시각적인 기하학적 접근을 할 수 있다는 뜻이다!

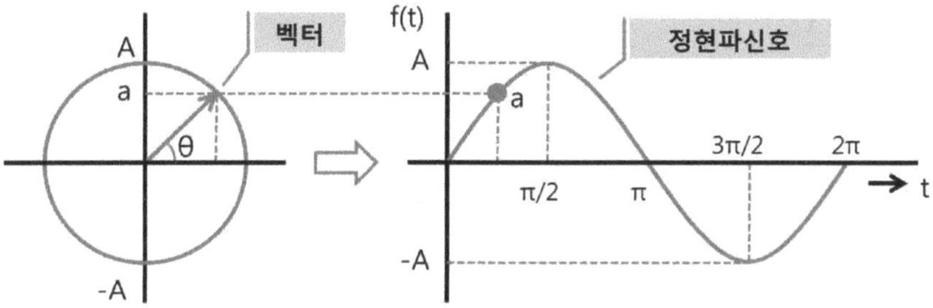

[그림 3-8] 벡터와 정현파 신호의 관계

자 그러면 이제부터 정현파 신호를 벡터로 변환한 후 닮은 정도, 즉 상관을 구해보자. [그림3-9]와 같이 복소평면상의 동일한 원에서 사이각 Θ를 두고 배치된 벡터 **g**와 **x**를 생각해보자. **g**와 **x**는 동일한 크기의 진폭을 가지고 위상이 상이한 정현파를 가리킨다. 두 벡터간의 닮은 정도를 따진다는 것은 다름 아닌 두 벡터의 방향이 얼마나 일치하는가를 보는 것이고, 기하학적으로 생각하면 벡터 **x**에 포함된 벡터 **g**의 성분을 구하는 것인데 그것은 바로 코사인이 아닌가! 즉 cosΘ가 바로 상관계수 c이다. 이러한 관계를 수학적으로 정의한 것이 (식3-5)의 벡터의 "내적(內積, inner product)"이다. 일련의 수식전개에 의해 구해진 (식3-6)의 상관계수 계산식과 (식3-3)을 비교해보면 시간영역 신호연산과 복소평면 벡터연산의 상사성(相似性)을 잘 알 수 있을 것이다.

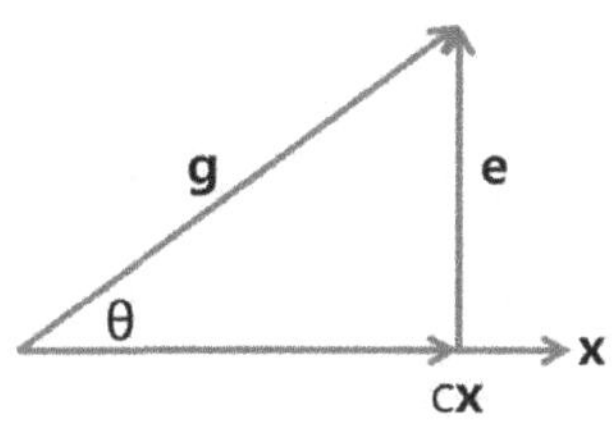

[그림 3-9] 벡터의 상관, 내적

$$\boldsymbol{g}\cdot\boldsymbol{x}=|\boldsymbol{g}||\boldsymbol{x}|\cos\theta$$

$$\boldsymbol{g}=c\boldsymbol{x}+\boldsymbol{e}\quad c=\cos\theta \tag{식3-5}$$

$$c|\boldsymbol{x}|=|\boldsymbol{g}|\cos\theta$$

$$c|\boldsymbol{x}|^2=|\boldsymbol{g}||\boldsymbol{x}|\cos\theta=\boldsymbol{g}\cdot\boldsymbol{x}$$

$$\boldsymbol{x}\cdot\boldsymbol{x}=|\boldsymbol{x}||\boldsymbol{x}|\cos 0=|\boldsymbol{x}|^2$$

$$\therefore c=\frac{\boldsymbol{g}\cdot\boldsymbol{x}}{|\boldsymbol{x}|^2}=\frac{\boldsymbol{g}\cdot\boldsymbol{x}}{\boldsymbol{x}\cdot\boldsymbol{x}} \tag{식3-6}$$

두 벡터의 위치에 따라 상관계수 c는 -1부터 1사이의 값을 가진다. 그런데 그중에서 상관계수 1, 0, -1는 다음과 같은 독특한 물리적 의미를 가진다.

1) Θ=0 → 상관계수 1 → 내적 1 → 완전히 일치하는 벡터 → 친구
2) Θ=π/2 → 상관계수 0 → 내적 0 → 직교(直交, orthogonal)하는 벡터 → 남남
3) Θ=π → 상관계수 -1 → 내적 -1 → 대척(對蹠, antipodal)하는 벡터 → 원수

완전히 다르다는 의미는 상관계수 0 일까? 상관계수 -1 일까? 남남과 원수의 차이란 무엇일까? 원수란 방향이 정반대 일뿐 나와 너무나 닮았다는 아이러니가 있다. 그러기에 사사건건 나와 부딪치는 그야말로 상극(相剋)이 된다. 이에 비해 남남이란 서로 무엇을 하든 전혀 영향을 미치지도 않고 간섭할 필요도 없는 관계이다. 정말로 다르다는 것은 원수일까? 남남일까? 어쩌면 철학적이기도 한 이 물음은 앞으로 딱 두개의 신호 0과 1만 사용하는 이진디지털(binary digital)통신의 관점에서 흥미진진하게 따져보게 될 것이다. 그전에 우선 신호해석학의 핵심개념인 직교벡터에 대하여 알아보자.

우리가 무엇을 해석한다는 것은 그 대상의 성격을 판단할 수 있는 몇 가지 특징들을 정의해놓고 그 각각의 특징을 얼마만큼씩 가지고 있는지를 알아내는 것과 같다. 미인대회나 피겨스케이팅에서의 채점기준을 생각해보라. 채점을 위해 정의되는 기준들과 심판진의 구성은 얼마나 조심스러운 것이며 두고두고 논란이 되었던가. 예를 들어 사람을 해석(?)하는 경우, 다음 두 가지 기준 가운데 어느 것이 더 타당한지 생각해보자.

1) 기준 1 : 키, 혈액형, 주소, 얼굴크기, 토익성적 !!!

2) 기준 2 : 눈 색깔, 피부 색깔, 체모(體毛)의 양, 쌍꺼풀여부 ???

기준1)의 항목들끼리 비교해보면 "그게 서로 무슨 상관이야?" 라는 생각이 들겠지만, 기준2)로는 항목간의 강한 상관관계로 인해 백인종과 유색인종 정도의 구분 외에는 할 수 있는 것이 별로 없을 것이다. 당연히 우리의 이력서 작성에 쓰이는 항목들이 기준1)이 될 수밖에 없음을 공감할 것이다. 이와 같이 완벽하게 공정하고 객관적인 기준의 조건을 수학적으로 표현하자면 대상을 특징짓는 요소끼리 직교하여야 한다는 것, 즉 상관계수가 제로여야 한다는 것이다. 그러고 보면 보도기사 작성의 육하원칙(六何原則, 5W1H)은 직교의 관점 6개를 얼마나 절묘하게 모아놓았는가!

다시 이야기를 벡터로 돌려보자. 우리는 3차원 공간에서의 특정위치를 표시할 때, [그림3-10] (1)과 같이 3축의 직각좌표계를 사용한다. 이것을 상관의 측면에서 말하자면, 공간에서 어떤 위치는 서로 직교하는 3개의 축, 즉 상관이 서로 제로인 3개의 기준으로 결정되는 좌표 (Ax,Ay,Az)로 완벽하게 표현할 수 있다는 것이다. 그러고 보니 3차원공간이라는 말이 이런 뜻이구나.

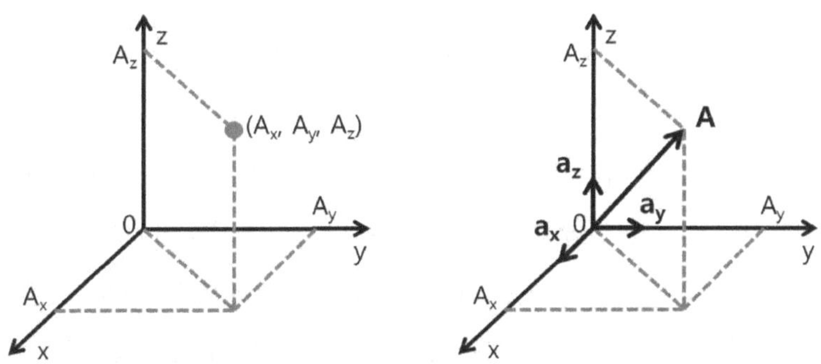

(1) 좌표 표시 (2) 벡터 표시

[그림 3-10] 3차원 공간의 직각좌표계 표시

그렇다면 3차원공간상에서 어떤 점 A가 주어질 때 그 좌표는 어떻게 알아내면 될까? 우선 원점과 점 A를 잇는 직선을 "위치벡터 OA"라는 벡터로 취급한다. 즉 좌표라는 개념을 벡터로 바꾸어 생각하자는 것이다. 따라서 좌표를 알아낸다는 것은 위치벡터 OA가

3개의 직교하는 좌표축에 대하여 각각 얼마만큼씩 관련을 가지는지를 알아내는 것이고, 그것은 바로 세 직교좌표축 단위벡터와의 상관, 즉 내적이 아니던가! (식3-7)과 (식3-8)에 이 과정을 수식으로 나타낸다.

$$\overline{OA} = A_x\boldsymbol{a}_x + A_y\boldsymbol{a}_y + A_z\boldsymbol{a}_z$$
$$\boldsymbol{a}_x \cdot \boldsymbol{a}_y = \boldsymbol{a}_y \cdot \boldsymbol{a}_z = \boldsymbol{a}_z \cdot \boldsymbol{a}_x = 0$$
$$|\boldsymbol{a}_x| = |\boldsymbol{a}_y| = |\boldsymbol{a}_z| = 1 \qquad \text{(식3-7)}$$

$$\overline{OA}\cdot\boldsymbol{a}_x = A_x\boldsymbol{a}_x\cdot\boldsymbol{a}_x + A_y\boldsymbol{a}_y\cdot\boldsymbol{a}_x + A_z\boldsymbol{a}_z\cdot\boldsymbol{a}_x = A_x$$
$$\overline{OA}\cdot\boldsymbol{a}_y = A_x\boldsymbol{a}_x\cdot\boldsymbol{a}_y + A_y\boldsymbol{a}_y\cdot\boldsymbol{a}_y + A_z\boldsymbol{a}_z\cdot\boldsymbol{a}_y = A_y$$
$$\overline{OA}\cdot\boldsymbol{a}_z = A_x\boldsymbol{a}_x\cdot\boldsymbol{a}_z + A_y\boldsymbol{a}_y\cdot\boldsymbol{a}_z + A_z\boldsymbol{a}_z\cdot\boldsymbol{a}_z = A_z \qquad \text{(식3-8)}$$

직교벡터의 집합과 내적을 이용한 3차원공간의 해석은 참으로 명쾌하지 않은가. 그렇다면 여기에 시간축 상의 연속적 변화를 포함하는 좀 더 복잡한 분석대상, 예를 들면 열의 전달, 시변전자장, 그리고 우리의 관심대상인 통신신호의 경우라면 3개의 직교벡터 정도로는 어림도 없으리라는 짐작이 갈 것이다. 그런데 3차원의 세계를 살아가는 우리가 지각(知覺)할 수 있는 직교벡터란 단 3개가 고작이 아닌가.

하지만 걱정 마시라. 물론 인간의 지각범위를 벗어나기는 하지만 4개, 5개 ...n개의 직교벡터가 존재하는 4차원, 5차원 ...n차원을 수학적으로 얼마든지 정의할 수 있다. 즉 경우에 따라 무한개의 직교벡터를 사용하는 신호해석이 가능하다는 이야기다! 좀 빙빙 돌아왔지만 [그림3-4]에서 다룬 "무한급수를 이용한 펄스열신호의 분석"의 이론적 배경이 바로 이것이다. 또한 이 작업을 수행함에 있어서 [그림3-8]에서 다룬 정현파신호의 벡터표시, 그리고 삼각함수와 지수함수는 이 분석법의 완벽한 무기로 쓰인다. 그러면 이제부터 일반적인 신호파형을 분석할 수 있는 직교벡터의 집합을 찾아보기로 하자.

3-5 푸리에급수

정현파 신호를 복소평면상의 벡터로 표시하면 그런대로 직교의 개념이 눈에 들어온다(예를 들어 사인함수와 코사인함수). 하지만 시간함수인 두 정현파에 직교한다는 용어를 쓰는 것이 선뜻 납득이 가지 않는 것도 사실이다. 이렇게 직교에 대한 직관적인 이해가 어려울 때는 직교와 동일한 개념인 제로상관을 떠올리자. (식3-6) 벡터의 내적 정의식은 (식3-3)의 시간영역 상관식과 동격이므로, 시간영역 수식연산을 통하여 두 정현파의 상관을 살펴보면 직교여부가 확인 될 것이다. 이제 이 방법을 이용하여 (식3-9)와 같이 직교 벡터공간에 해당하는 직교 정현파함수의 집합을 모조리 찾아보자.

$$\int_{t_o}^{t_o+T} \sin m\omega_o t \sin n\omega_o t\, dt = \frac{1}{2}\int_{t_o}^{t_o+T} \cos(m-n)\omega_o t\, dt$$
$$-\frac{1}{2}\int_{t_o}^{t_o+T} \cos(m+n)\omega_o t\, dt = \begin{cases} \frac{T}{2}, & m=n \\ 0, & m\neq n \end{cases}$$
$$\int_{t_o}^{t_o+T} \cos m\omega_o t \cos n\omega_o t\, dt = \frac{1}{2}\int_{t_o}^{t_o+T} \cos(m-n)\omega_o t\, dt$$
$$+\frac{1}{2}\int_{t_o}^{t_o+T} \cos(m+n)\omega_o t\, dt = \begin{cases} \frac{T}{2}, & m=n \\ 0, & m\neq n \end{cases}$$
$$\int_{t_o}^{t_o+T} \sin m\omega_o t \cos n\omega_o t\, dt = \frac{1}{2}\int_{t_o}^{t_o+T} \sin(m-n)\omega_o t\, dt$$
$$+\frac{1}{2}\int_{t_o}^{t_o+T} \sin(m+n)\omega_o t\, dt = 0 \qquad \text{(식3-9)}$$

위의 적분식들은 1주기분 정현파의 적분은 정확히 0이 되므로 간단히 증명이 된다. 구하고 보니 기본주파수의 정수배 주파수로 구성되는 모든 사인함수, 코사인함수 집합이 모두 서로 직교하는 것이 아닌가? 즉 (식3-10)과 같은 무한대 차원의 직교벡터집합을 발견한 것이다! 그리고 이것은 다름 아닌 (식3-1)에서 보았던 무한대개의 정현파를 이용한 펄스열 신호분석이 아닌가! 재미있는 것은 주파수가 제로인 경우, 즉 직류도 집합에 포함된다는 것을 수식으로부터 알 수 있다.

$$\{\cos 0t, \cos\omega_o t, \cos 2\omega_o t, \ldots, \cos n\omega_o t, \ldots, \sin 0t, \sin\omega_o t, \sin 2\omega_o t, \ldots, \sin n\omega_o t, \ldots\}$$
$$= \{1, \cos\omega_o t, \cos 2\omega_o t, \ldots, \cos n\omega_o t, \ldots, \sin\omega_o t, \sin 2\omega_o t, \ldots, \sin n\omega_o t, \ldots\} \qquad \text{(식3-10)}$$

이제 삼각함수를 이용한 신호분석을 정리해보자. 신호분석 과정은 지루하긴 하지만 간단하다. 무한대에 이르는 코사인함수와 사인함수의 고조파들과 분석대상 신호함수 f(t) 사이에 하나하나 상관계수를 구하면 되는 것이다. 이때 상관을 구하는 두 함수의 절대크기를 맞추어 -1부터 1사이의 상관계수를 만들기 위해 (식3-11)과 같이 정규화된 정의식을 사용한다. (식3-12)는 f(t)와 n번째 코사인함수 고조파와의 상관식을, (식3-13)은 f(t)와 n번째 사인함수 고조파와의 상관식을 각각 나타내는데, 구분을 위해 코사인함수와의 상관계수는 a_n으로, 사인함수와의 상관계수는 b_n으로 표시한다.

$$c = \frac{\int_{t_1}^{t_2} g(t)x(t)dt}{\int_{t_1}^{t_2} x(t)^2 dt} \Rightarrow a_n = \frac{\int_{t_1}^{t_1+T_0} f(t)\cos n\omega_0 t\, dt}{\int_{t_1}^{t_1+T} \cos^2 n\omega_0 t dt}, b_n = \frac{\int_{t_1}^{t_1+T_0} f(t)\sin n\omega_0 t\, dt}{\int_{t_1}^{t_1+T} \sin^2 n\omega_0 t dt} \quad \text{(식3-11)}$$

$$a_n = \frac{2}{T_0}\int_{t_1}^{t_1+T_0} f(t)\cos n\omega_0 t\, dt \qquad n = 0,1,2,3,\cdots$$

$$\int_{t_1}^{t_1+T_0} \cos^2 n\omega_0 t dt = \int_{t_1}^{t_1+T_0} \frac{1}{2}(1+\cos 2n\omega_0 t)dt = \frac{T_0}{2} \quad \text{(식3-12)}$$

$$b_n = \frac{2}{T_0}\int_{t_1}^{t_1+T_0} f(t)\sin n\omega_0 t\, dt \qquad n = 1,2,3,\cdots$$

$$\int_{t_1}^{t_1+T_0} \sin^2 n\omega_0 t dt = \int_{t_1}^{t_1+T_0} \frac{1}{2}(1-\cos 2n\omega_0 t)dt = \frac{T_0}{2} \quad \text{(식3-13)}$$

특별히 n=0인 경우, a_0가 (식3-14)과 같이 유도되는데 이 값은 주파수 제로의 직류성분으로서 바로 그 신호함수의 평균값을 나타내게 된다. b_0는 항상 제로가 되므로 고려할 필요 없다.

$$a_0 = \frac{\int_{t_1}^{t_1+T_0} f(t)\cos 0t\, dt}{\int_{t_1}^{t_1+T} \cos^2 0t dt} = \frac{1}{T_0}\int_{t_1}^{t_1+T_0} f(t)dt \quad \text{(식3-14)}$$

이제 정리해보자. 삼각함수를 이용한 푸리에분석의 과정을 단계별로 설명하면 다음과 같다.

1) 주파수 제로의 직류성분이 있는가? : 평균값 a_0
2) 분석대상 신호의 주기, 즉 기본주파수 ω_0 찾기
3) 코사인함수 성분이 있는가? $\cos n\omega_0 t$ 파형들과의 상관계수 : a_0 a_1 a_2...
4) 사인함수 성분이 있는가? $\sin n\omega_0 t$ 파형들과의 상관계수 : b_1 b_2..,

이렇게 구한 상관계수값을 이용하면 신호함수 f(t)가 어떤 모양이든 제한 없이 (식 3-15)과 같이 무한히 많은 정현파들의 합으로 표시할 수 있는데, 이것을 "푸리에급수(Fourier series)"라 한다. 식을 보고 있으면 가지각색의 진폭과 위상을 가진 수많은 정현파들이 시간축으로 질서정연하게 입장하여 마치 매스게임을 하듯 하나로 뭉쳐 신호 f(t)를 만드는 것이 보이지 않는가? 이로써 우리는 어떤 신호든 우주에서 가장 단순한 신호인 정현파들로 산산이 분해하여 어떤 형태로든 가공, 변형, 추출하는 기가 막힌 신호처리 도구를 가지게 되었다.

$$
\begin{aligned}
f(t) &= a_0 + a_1 \cos\omega_o t + a_2 \cos 2\omega_o t + \dots \\
&\quad + b_1 \sin\omega_o t + b_2 \sin 2\omega_o t + \dots \\
f(t) &= a_0 + \sum_{n=1}^{\infty}\left[a_n \cos n\omega_o t + b_n \sin n\omega_o t\right]
\end{aligned}
\qquad \text{(식3-15)}
$$

오케이! 그러면 [그림3-4]에서 주먹구구로 살펴보았던 펄스열신호에 대하여 정식으로 푸리에분석 해보자. [그림3-11]는 주기가 2π이고 펄스폭이 주기의 절반인 펄스열신호 w(t)이다. 그림을 보아하니 기본적으로 직류성분, 즉 평균값 a_0가 포함되어 있음을 알 수 있고, 주기 2π로부터 기본주파수는 1[rad/sec]로 금방 계산된다. 또한 기본파는 코사인함수이며, 사인함수는 어디에도 발붙일 데가 없을 것 같은 예감이 든다. (식3-16)의 예쁜 수학을 통해 상관계수들을 단칼에 구해보자.

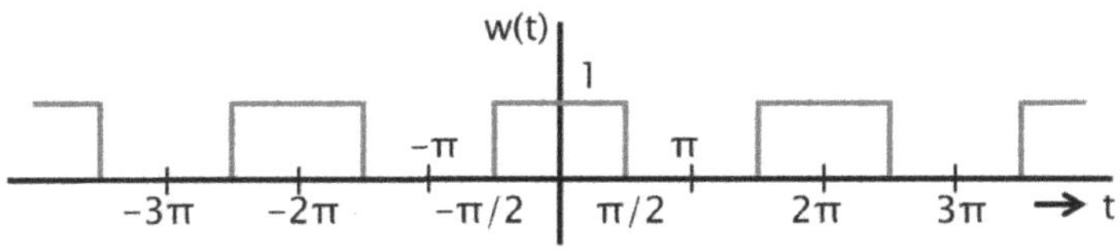

[그림 3-11] 주기 2π, 펄스폭 π의 펄스열 신호

$$a_0=\frac{1}{T_0}\int_{t_1}^{t_1+T_0} w(t)\,dt=\frac{1}{T_0}\int_{-T_0/4}^{T_0/4} dt=\frac{1}{2}\qquad \omega_0=\frac{2\pi}{T_0}=1$$

$$a_n=\frac{2}{T_0}\int_{-T_0/4}^{T_0/4} \cos n\omega_0 t\,dt=\frac{2}{T_0}\left[\frac{\sin nt}{n}\right]_{-\pi/2}^{\pi/2}=\frac{1}{n\pi}\left[\sin\frac{n\pi}{2}-\left(-\sin\frac{n\pi}{2}\right)\right]$$

$$=\frac{2}{n\pi}\sin\frac{n\pi}{2}=\begin{cases}0 & n=even\\ \dfrac{2}{n\pi} & n=1,5,9,13,\cdots\\ -\dfrac{2}{n\pi} & n=3,7,11,15,\cdots\end{cases}$$

$$b_n=\frac{2}{T_0}\int_{-T_0/4}^{T_0/4} \sin n\omega_0 t\,dt=\frac{2}{T_0}\left[\frac{\cos nt}{n}\right]_{-\pi/2}^{\pi/2}=0$$ (식3-16)

$$w(t)=a_0+\sum_{n=1}^{\infty}\left[a_n\cos n\omega_o t+b_n\sin n\omega_o t\right]$$

$$=\frac{1}{2}+\frac{2}{\pi}\left(\cos\omega_o t-\frac{1}{3}\cos 3\omega_o t+\frac{1}{5}\cos 5\omega_o t-\frac{1}{7}\cos 7\omega_o t+\cdots\right)$$ (식3-17)

역시 예상대로 홀수항의 고조파만 가지는 코사인함수와의 상관만이 존재하고, 사인함수 항은 모조리 무상관으로 나왔다. 보다 이해하기 쉬운 시각표현으로 주파수영역 표시, 즉 스펙트럼을 [그림3-12]에 보인다. 그림에서와 같이 주기함수를 푸리에분석하면 주파수가 띄엄띄엄 나타나는 이산형(離散形, discrete) 스펙트럼이 구해지는데, 이를 "선스펙트럼(line spectrum)"이라 한다.

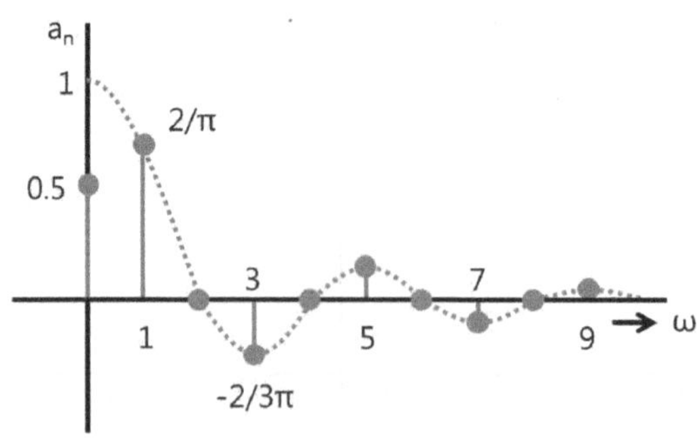

[그림 3-12] 주기 2π, 펄스폭 π 펄스열신호의 삼각함수 푸리에급수 스펙트럼

[그림3-12]의 선스펙트럼은 상관계수 b_n이 모두 제로이므로 상관계수 a_n만을 표시한 것이다. 그런데 만일 어떤 신호의 분석에서 a_n과 b_n이 모두 구해진다면 그림을 두 장 그려야한다는 이야기인데 무언가 산뜻하지 못하다는 생각이 들지 않는가? 이런 문제는 코사인함수와의 상관과 사인함수와의 상관을 따로 구했기 때문인데 이 일을 하나의 수식으로 한꺼번에 해치울 수는 없을까?

우리는 이런 경우를 대비하여 오일러공식이라는 멋진 아이디어를 이용하여 코사인함수와 사인함수를 복소평면에 벡터로 배치하고 지수함수로 표시하는 방법을 알고 있다. 그렇다면 과연 삼각함수와 마찬가지로 지수함수로도 직교함수집합이 만들어질까? 당연한 이야기지만 확인삼아 (식3-18)과 같이 지수함수끼리의 상관에 대하여 알아보자.

$$e^{j\omega_0 t} \cdot e^{j\omega_0 t} = (e^{j\omega_0 t})^2 = e^{j2\omega_0 t} = ?? \qquad \text{(식3-18)}$$

$$e^{j\omega_0 t} \cdot (e^{j\omega_0 t})^* = e^{j\omega_0 t} \cdot e^{-j\omega_0 t} = e^0 = 1 \qquad \text{(식3-19)}$$

자기상관의 상관계수는 당연히 1이다. 그런데 어찌 된 일인가? (식3-18)로는 이 사실을 확인할 수 없다. 자기상관이 1이 되기 위해서는 (식3-19)와 같이 허수항의 극성이 반대가 되는 켤레복소수(conjugate)가 동원되어야 한다. 그렇다. 지수함수의 상관계산에서 한쪽은 다른 쪽의 켤레가 되어야 한다는 점을 주의해야 한다. 동일 요령으로 상호상관을 구해보면 (식3-20)과 같이 자신을 제외한 모든 경우에 0이 됨을 알 수 있다. 지수함수에 의한 직교함수 집합이 존재하는 것이다!

$$R_{mn} = \int_T e^{jm\omega_0 t} \cdot (e^{jn\omega_0 t})^* dt = \int_T e^{j(m-n)\omega_0 t} dt$$

$$\begin{cases} (m \neq n) & R_{mn} = \int_T [\cos(m-n)\omega_0 t + j\sin(m-n)\omega_0 t] dt = 0 \\ (m = n) & R_{mn} = \int_T dt = T \end{cases} \qquad \text{(식3-20)}$$

지수함수의 직교함수 집합은 이처럼 켤레복소수가 포함됨으로 인하여 (식3-21)과 같이 양의 영역만으로는 정의할 수 없으며, (식3-22)와 같이 음의 영역까지 포함하는 집합이 된다. 그런데 여기에서 언뜻 이해하기 어려운 일이 발생한다. 바로 마이너스주파수이다. 이를테면 -100Hz가 무슨 의미란 말인가? 언뜻 신비하게도 보이기도 하지만 이것은 복소평면을 다루는 수학적 기법의 산물일 뿐 물리적 의미에 대하여 고민할 필요는 없다는 점을 주의하자.

$$\{e^{j0\omega_0 t} = e^0 = 1, e^{j\omega_0 t}, e^{j2\omega_0 t}, e^{j3\omega_0 t}, ..., e^{jn\omega_0 t}, ...\}?? \qquad \text{(식3-21)}$$

$$\{..., e^{-jn\omega_0 t}, ..., e^{-j2\omega_0 t}, e^{-j\omega_0 t}, 1, e^{j\omega_0 t}, e^{j2\omega_0 t}, e^{j3\omega_0 t}, ..., e^{jn\omega_0 t}, ...\}!! \qquad \text{(식3-22)}$$

이제 슬슬 지수함수로 푸리에분석을 해보자. 삼각함수 푸리에급수와 구분하기 위하여 상관계수는 c_n으로 표시한다. 상관계수 계산에서 켤레복소수가 쓰임에 주의하여 (식3-23)처럼 계산하지 않도록 조심하자. (식3-24), (식3-25)로 정의되는 지수함수 푸리에급수는 삼각함수 푸리에급수에 비해 훨씬 일목요연해 보이지 않은가?

$$c_n = \frac{\int_T f(t)\cdot e^{jn\omega_0 t}dt}{\int_T e^{jn\omega_0 t}\cdot e^{jn\omega_0 t}dt} \;?? \qquad \text{(식3-23)}$$

$$c_n = \frac{\int_T f(t)\cdot e^{-jn\omega_0 t}dt}{\int_T e^{jn\omega_0 t}\cdot e^{-jn\omega_0 t}dt} = \frac{1}{T}\int_T f(t)\cdot e^{-jn\omega_0 t}dt \qquad \text{(식3-24)}$$

$$f(t) = \sum_{n=-\infty}^{\infty} c_n e^{jn\omega_0 t} = \sum_{n=-\infty}^{\infty} c_n e^{j2\pi n f_0 t} \quad (-\infty \le n \le \infty) \qquad \text{(식3-25)}$$

[그림3-11]의 펄스열신호를 이번에는 지수함수 푸리에급수로 나타내 보자. (식3-26)으로 계산되는 상관계수는 (식3-16)의 삼각함수 푸리에급수의 그것과 당연히 꼭 같은 형태이다. 하지만 n의 범위가 양과 음의 영역을 모두 포함하므로 주파수영역 표시는 [그림3-13]과 같이 좌우대칭의 예쁜 선스펙트럼이 되어 [그림3-12]의 뭔가 부자연스런 반쪽그림과 좋은 대비가 된다.

$$
\begin{aligned}
c_n &= \frac{1}{T_0}\int_{T_0} w(t)exp(-jn\omega_0 t)dt \\
&= \frac{1}{T_0}\int_{-T_0/4}^{T_0/4} exp(-jn\omega_0 t)dt \\
&= \frac{1}{-jn\omega_0 T_0}\left(exp\left(-jn\omega_0 \frac{T_0}{4}\right) - exp\left(jn\omega_0 \frac{T_0}{4}\right)\right) \\
& where,\ \ sin\,\omega t = \frac{1}{2j}\{exp(j\omega t) - exp(-j\omega t)\} \\
\Rightarrow c_n &= \frac{2}{n\omega_0 T_0} sin\left(\frac{n\omega_0 T_0}{4}\right) = \frac{1}{n\pi} sin\left(\frac{n\pi}{2}\right) \\
\Rightarrow c_0 &= \frac{1}{T_0}\int_{-T_0/4}^{T_0/4} dt = 0.5
\end{aligned}
\quad (식3\text{-}26)
$$

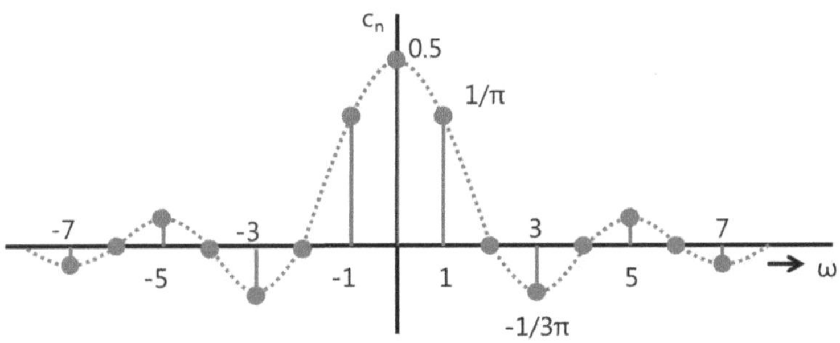

[그림 3-13] 주기 2π, 펄스폭 π 펄스열신호의 지수함수 푸리에급수 스펙트럼

[그림3-13]의 포락선은 수식으로도 알 수 있듯이 좌우 끝으로 가면서 감쇠되는 사인함수 모양인데 이런 파형을 "sinc함수"라고 한다. 이렇듯 지수함수 푸리에급수는 상관계수 a_n과 b_n을 따로따로 계산해야 하는 삼각함수 푸리에급수의 불편함을 멋지게 해결하였고, 그 스펙트럼도 삼빡하게 보기에 좋다보니 당연히 통신공학에서는 지수함수를 이용한 푸리에분석을 즐겨 사용한다. 다만 지수함수 푸리에급수의 상관계수 c_n은 복소평면상의 복소수로 계산되므로, "원운동의 반지름을 나타내는 진폭"과 "신호점이 원주상의 어디냐를 나타내는 위상"을 따로 따져야하는데, 각각을 "진폭스펙트럼", "위상스펙트럼"이라고 부른다.

푸리에분석은 통신공학에 입문하는 많은 사람들에게 본격적인 통신의 맛도 보기 전에 난해한 수식으로 좌절을 느끼게 하는 개념이기도 하지만, 이렇게 알고 보면 얼마나 대단한 인류지성의 산물인지 알 수 있을 것이다. 또한 몇 줄의 수식으로 명쾌하게 이 모든 개념을 표현하고 계산해주는 수학이라는 언어는 그 얼마나 아름다운지!

푸리에변환 제4강

주파수영역의 신비, 이 마법의 손으로 무엇을 할 것인가?

4-1 개요

푸리에급수는 주기를 가진 신호를 정현파들의 집합으로 표현함으로서 주파수영역으로 보여주는 기발한 신호분석 기법이다. 하지만 규칙적으로 반복되는 주기신호, 즉 예측이 가능한 신호가 무슨 정보를 전할 수 있겠는가? 예측이 불가능해야 정보가 아닌가? 따라서 통신공학에서 다루는 신호들은 극히 일부를 제외하고는 주기가 없는 랜덤신호가 되는데, 이런 비주기신호에도 과연 푸리에분석 기법을 적용할 수 있을까? 이거 안되면 아주 곤란해지는데...

4-2 푸리에급수에서 푸리에변환으로

과학에서 새로운 사실을 확인하기 위해 쓰이는 가장 보편적인 방법은 이미 알고 있는 사실을 논리정연하게 조금씩 확장해 나가는 것이다. 우리는 앞에서 [그림3-11]의 펄스열 신호를 푸리에급수로 분석하였다. 이 펄스열 신호가 마치 비주기신호처럼 보이도록 변형할 수 있다면 주기신호에서 유도한 결과를 비주기신호에도 적용할 수 있지 않을까? 우선 펄스폭에 비해 주기가 좀 더 큰 [그림4-1]의 일반적인 펄스열 신호를 푸리에분석 해보자.

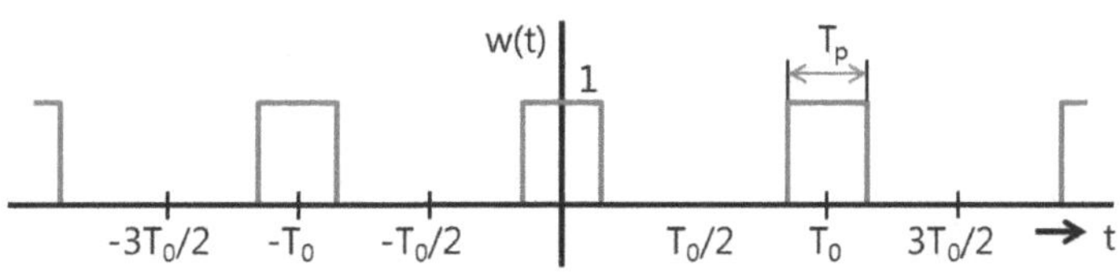

[그림 4-1] 일반적인 펄스열 신호

일반적인 펄스열 신호에 대한 지수함수 푸리에급수는 (식4-1)처럼 (식3-26)과 동일한 형태이긴 하지만, (식4-2)에서 보이듯 스펙트럼의 첫 번째 제로크로싱(zero crossing, 크기가 영으로 계산되는 주파수) 위치가 펄스폭 T_p와 펄스주기 T_o의 비율에 따라 결정되는 점에 주목하자. 따라서 구해진 상관계수로 스펙트럼을 그려보면 [그림4-2]와 같이 펄스폭에 비해 주기가 커질수록 선스펙트럼의 간격은 점점 더 빽빽해지는 반면, 각 주파수 성분에 대한 상관계수의 절대크기는 점점 더 작아지는 것을 알 수 있다.

$$
\begin{aligned}
c_n &= \frac{1}{T_0}\int_{T_0} w(t)\exp(-jn\omega_0 t)dt \\
&= \frac{1}{T_0}\int_{-T_p/2}^{T_p/2} \exp(-jn\omega_0 t)dt = \frac{1}{n\pi}\sin\left(\frac{n\omega_0 T_p}{2}\right) \\
c_0 &= \frac{1}{T_0}\int_{-T_p/2}^{T_p/2} dt = \frac{T_p}{T_0}, \quad \omega_0 = \frac{2\pi}{T_0}
\end{aligned}
\qquad \text{(식4-1)}
$$

$$
\frac{1}{n\pi}\sin\left(\frac{n\omega_0 T_p}{2}\right) = 0 \Rightarrow \frac{n\omega_0 T_p}{2} = \pi,\ n = \frac{2\pi}{\omega_0 T_p} = \frac{T_0}{T_p} \qquad \text{(식4-2)}
$$

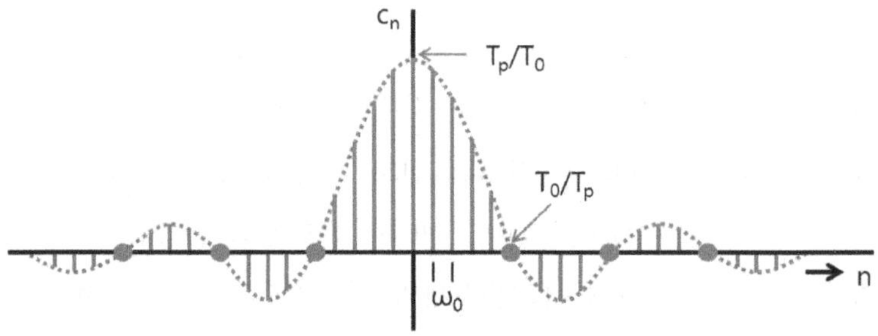

[그림 4-2] 일반적인 펄스열 신호의 스펙트럼

그렇다면 [그림4-1]의 펄스열 신호에서 펄스폭은 그대로 두고 주기를 2배로 늘린다면 그 스펙트럼은 어떻게 될까? [그림4-3]은 이러한 펄스열 신호의 주기와 스펙트럼의 상관관계를 나타내고 있다. 절반으로 감소하는 기본주파수와 2배로 멀어지는 제로크로싱에 유의해서 살펴보자.

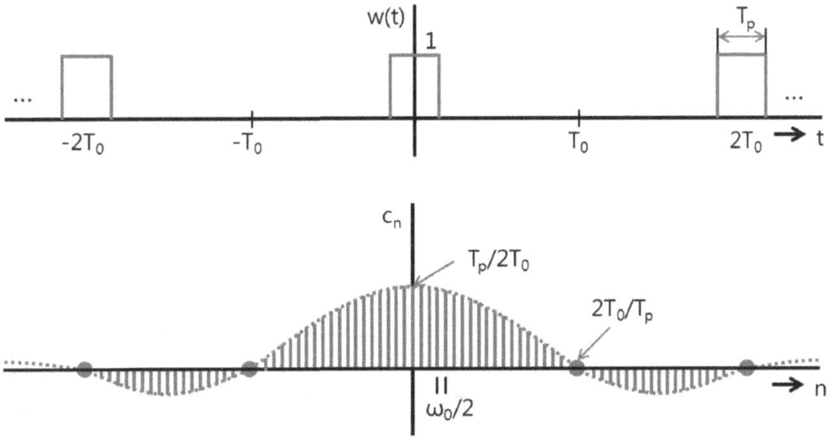

[그림 4-3] 펄스열 신호의 주기와 선스펙트럼의 관계

내친김에 펄스폭에 비해 펄스의 주기를 자꾸 늘려나간다면 어떨까? 언젠가는 주기가 무한대인 펄스열이 될 것이고, 이것은 마치 주기가 없는 단일펄스신호처럼 보일 것이다. 감이 잡히는가? 단일펄스신호의 스펙트럼을 이러한 사고의 연장선에서 유추해보면 아래와 같을 것이다.

1) 기본주파수 ω_0가 영으로 수렴하므로 선스펙트럼 간격도 영으로 수렴
2) 첫 번째 제로크로싱 위치가 무한대로 이동
3) 상관계수의 크기는 전체적으로 감소하여 결국 영으로 수렴

이런! 이게 뭐야? 뭔가 그림으로 나타내고 싶어도 그릴 것이 없는 기묘한 상태가 되어버리고 말았다. 뭔가 분명히 있는데 그 크기가 영이라니 이게 무슨 변괴(變怪)란 말인가.. 이쯤 되면 더 이상 급수형태의 표기는 무의미해지고, 비주기신호에 대한 푸리에분석은 물 건너간 것 아닌가? 이 딜레마를 극복하자면, 극단적으로 밀착된 이산스펙트럼이 더 이상 하나하나의 주파수성분으로 구분이 불가능한 연속스펙트럼으로 바뀌었다는 사실에 주목하여야 한다. 이것이 무슨 말인지 잠깐 다른 예를 들어 생각해보자.

[그림4-4]는 두 받침점 사이에 놓인 교량 상판(床板)에 관한 것이다. 상판의 콘크리트 빔에 미치는 하중(荷重), 즉 콘크리트자체의 무게로 인한 중력(重力)에 관한 그림인데, 콘크리트 빔을 짓누르는 중력이 (1)번 그림처럼 띄엄띄엄 작용하며 작용점 이외의 장소

에서는 전혀 힘이 미치지 않는다고 생각할 사람은 없을 것이다. 중력은 콘크리트 빔의 어느 곳 하나 빠짐없이 골고루 작용한다. 즉 하중은 (2)번 그림처럼 연속분포 하는 것이며, 위에서 우리를 골치 아프게 했던 연속스펙트럼과 완전히 동일한 현상으로 해석할 수 있다.

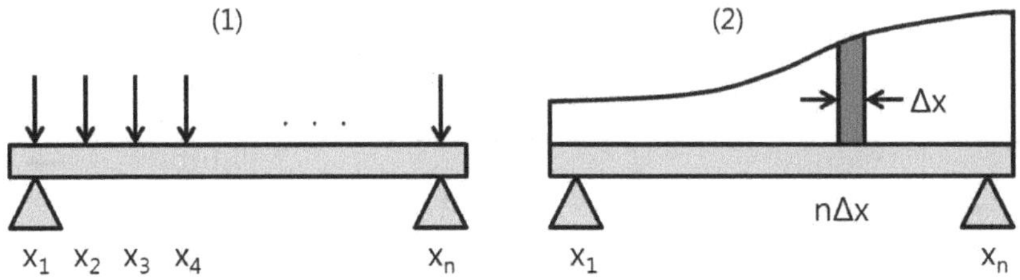

[그림 4-4] 교량상판에 미치는 하중의 해석

그렇다면 연속분포 하중에서 어떤 특정(特定)한 점에 미치는 하중은 얼마로 보면 될까? 대답은 "영(零)"이다. 왜냐하면 연속선상에 존재하는 모든 점의 개수는 무한대가 되므로, 하중을 무한대로 나누면 영이 될 수밖에 없는 것이다. 비유하자면 10억원을 10명에게 나누어주면 1억원이 되지만, 지구상의 모든 사람에게 나누어준다면 1원도 안되니 분명히 받긴 했지만 없는 거나 마찬가지인 것이다.

이처럼 하중이 미치는 어떤 점을 특정(特定)할 수 없다는 사실을 수학적으로 다루는 방법은, 어떤 점에 작용하는 하중을 영으로 취급하되, 어떤 구간에 걸쳐서 연속으로 존재하는 하중을 분석하여 하중의 밀도(density)로 정의하는 것이다. 다시 말하자면 하중이란 어떤 점이 아닌 어떤 영역에 걸친 하중밀도의 적분형태로 나타내어지는 것이다. 실로 기발하지 않은가? 이것은 연속스펙트럼에서 특정 주파수성분이 제로가 되어 버린 딜레마를 멋지게 설명해준다.

이로서 우리는 단일펄스신호의 연속스펙트럼을 다룰 수 있게 되었다. 즉 고조파 각각에 대하여 하나하나 상관계수를 구하는 푸리에급수와 달리, 주파수의 함수로 표시되는 "스펙트럼밀도(spectral density)"를 계산하는 것이다. (식4-3)에서 선스펙트럼 간격 $\Delta\omega$가 영으로 수렴함에 따라 급수표시가 적분표시로 바뀌는 수학적 연산을 통해 시간함수로의 신호를 주파수함수로서의 스펙트럼밀도로 교묘하게 유도하였다. 물리적 현상과 수학의 환상적인 궁합에 그저 감탄할 따름이다.

$$f(t)=\sum_{n=-\infty}^{\infty}c_n e^{jn\omega_0 t},\ c_n=\frac{1}{T_0}\int_{T_0}f(t)\cdot e^{-jn\omega_0 t}dt,\ \ \omega_0=\frac{2\pi}{T_0}$$

$$f(t)=\sum_{n=-\infty}^{\infty}\left[\frac{1}{T_0}\int_{T_0}f(t)\cdot e^{-jn\omega_0 t}dt\right]e^{jn\omega_0 t}$$

$$T_0\rightarrow\infty,\ \ \frac{1}{T_0}=\frac{\omega_0}{2\pi}\rightarrow\frac{\Delta\omega}{2\pi}\rightarrow 0$$

펄스열 아닌 단일펄스신호로 근사
선스펙트럼 간격은 제로로 수렴

$$f(t)=\sum_{n=-\infty}^{\infty}\left[\frac{1}{2\pi}\int_{T_0}f(t)\cdot e^{-jn\Delta\omega t}dt\right]e^{jn\Delta\omega t}\Delta\omega$$

$$\Rightarrow f(t)=\frac{1}{2\pi}\int_{-\infty}^{\infty}\left[\int_{-\infty}^{\infty}f(t)\cdot e^{-j\omega t}dt\right]e^{j\omega t}d\omega$$

극한의 이산스펙트럼 집합을
연속스펙트럼의 적분으로 대치

$$\Rightarrow f(t)=\frac{1}{2\pi}\int_{-\infty}^{\infty}F(\omega)\cdot e^{j\omega t}d\omega,\quad F(\omega)=\int_{-\infty}^{\infty}f(t)\cdot e^{-j\omega t}dt \qquad \text{(식4-3)}$$

스펙트럼 밀도로 파형 유도
→ 푸리에역변환 식

파형으로 스펙트럼 밀도 유도
→ 푸리에변환 식

(식4-3)으로 찾아낸 한 쌍의 적분식은 과거와 미래에 걸친 무한의 시간을 다루는 "시간영역(time domain)"과 음과 양으로 걸친 무한의 주파수를 다루는 "주파수영역(frequency domain)"을 연결하는 신비의 수식이다. 구분을 위하여 신호의 시간함수 f(t)로부터 신호의 스펙트럼밀도 F(ω)를 구하는 식을 "푸리에변환(Fourier Transform)", 스펙트럼밀도 F(ω)로부터 시간함수 f(t)를 구하는 식을 "푸리에역변환(Inverse Fourier Transform)"이라 부른다.

비록 무한이라는 개념이 실제 세계에서는 100% 구현이 불가능 하다는 전제를 안고 있지만, 이론적으로는 시간함수 f(t)와 주파수함수 F(ω)중 하나를 알면 다른 하나를 완벽하게 유도할 수 있다는 특성을 (식4-3)이 보여주고 있는데, 이러한 관계를 수학에서는 "직교변환(直交變換, Orthogonal Transform)"이라고 부른다. 우리는 앞으로 필요에 따라 푸리에변환과 푸리에역변환을 통해 시간과 주파수 영역을 오가며 신호를 다루게 된다. 통신이론의 알파요 오메가인 푸리에변환을 수식을 통해서가 아닌 그 물리적 의미의 깊은 사유(思惟)를 통해 꼭 깨닫기를 바란다. [표4-1]에 푸리에급수와 푸리에변환의 비교표를 보인다.

[표 4-1] 푸리에급수와 푸리에변환의 비교표

	시간영역	주파수영역
푸리에급수 (주기신호)	$f(t)=\sum_{n=-\infty}^{\infty} c_n e^{jn\omega_0 t}$	$c_n=\frac{1}{T}\int_T f(t)\cdot e^{-jn\omega_0 t}dt$
푸리에변환 (비주기신호)	$f(t)=\frac{1}{2\pi}\int_{-\infty}^{\infty} F(\omega)\cdot e^{j\omega t}d\omega$	$F(\omega)=\int_{-\infty}^{\infty} f(t)\cdot e^{-j\omega t}dt$

이리하여 푸리에급수로 표시가 불가능하던 단일펄스신호의 스펙트럼을 마침내 (식4-4)로 구하여 [그림4-5]와 같이 그려낼 수 있게 되었다. 푸리에변환의 수학기호는 필기체 대문자 F를 사용한다. 그림처럼 어떤 신호의 시간함수 f(t)와 주파수함수 F(ω)를 묶어 놓은 것을 "푸리에변환쌍"이라 부른다. [그림4-5]에서 보인 펄스폭 T_0[sec]인 단일펄스신호의 스펙트럼은 그 첫 번째 제로크로싱 점이 정확히 T_0의 역수 $\pm 1/T_0$[Hz]인 sinc함수임을 잘 기억하기 바란다(각주파수라면 $\pm 2\pi/T_0$[rad/sec]).

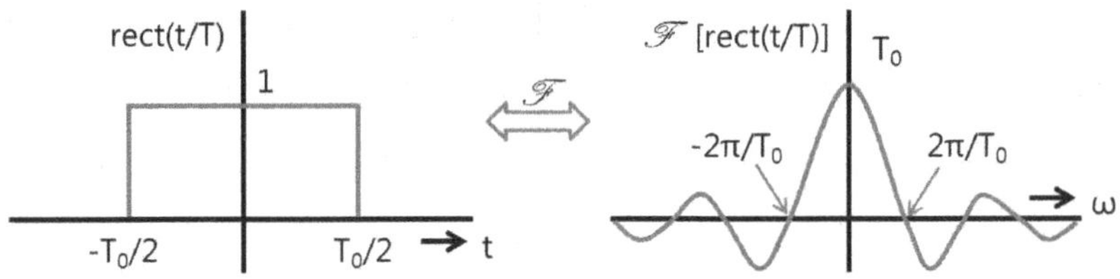

[그림 4-5] 단일펄스신호의 푸리에변환쌍

$$f(t)=rect\left(\frac{t}{T}\right)$$

$$F(\omega)=\int_{-\infty}^{\infty} rect\left(\frac{t}{T}\right)\cdot e^{-j\omega t}dt=\int_{-T/2}^{T/2} e^{-j\omega t}dt$$

$$=\frac{1}{j\omega}\left[e^{\frac{j\omega T}{2}}-e^{-\frac{j\omega T}{2}}\right]=\frac{2}{\omega}sin\frac{\omega T}{2}=T\frac{sin\frac{\omega T}{2}}{\frac{\omega T}{2}}=Tsinc\left(\frac{\omega T}{2}\right) \quad \text{(식4-4)}$$

주의할 점은 이 sinc함수 그림과 [그림3-13]에서 보인 펄스열신호의 선스펙트럼의 sinc

함수 모양의 포락선을 동일한 시각으로 보지는 말아야 한다는 것이다. 주기함수 푸리에급수의 이산스펙트럼은 주파수 하나하나의 크기를 나타내지만, 비주기함수 푸리에변환의 연속스펙트럼은 주파수성분의 밀도를 나타낼 뿐 개별 주파수의 크기란 존재하지 않는 전혀 차원이 다른 그림인 것이다.

예쁜 좌우대칭의 sinc함수는 무척 깔끔해 보이지만, 주파수축 좌우로 무한대까지 연속되는 스펙트럼을 가진다는 점에서, 그지없이 심플해 보이는 단일펄스신호라는 것이 사실은 결코 만만한 놈이 아니라는 것을 말해주고 있다. 생각해보라! [그림4-5]에 따르면 각양각색의 크기와 위상을 가지면서 무한한 과거로부터 무한한 미래까지 영원히 존재하는 무한개의 정현파들을 긁어모아 합치면, 그것들이 서로 더해지기도 하고 상쇄(相殺)되기도 하면서 어느 정해진 시간동안만 크기가 정확히 1이 되고, 음과 양의 시간대로 무한히 이어지는 나머지 구간에서는 정확히 0이 되는 단일펄스가 만들어진다는 것이다! 이 놀라운 이야기는 과연 실현이 가능할까? 푸리에변환이라는 수학적 연산에 매몰되어 그저 그러려니 하다가 이런 놀라운 상상력의 세계를 간과해버리는 것은 정말이지 아까운 일이 아닐까?

푸리에변환은 그 적분식에 포함되는 지수함수나 복소수개념으로 인해 사실 풀어내기가 그리 만만하지 않다. 또한 식에 의한 풀이보다는 신호와 스펙트럼에 관한 직관적 인식이 더 중요하기도 하므로, 푸리에변환의 재미있는 특성들을 이용하여 복잡한 연산을 대신하는 방법들을 알아보자. 푸리에변환에는 아래와 같은 5가지 특성이 있다.

1) 비례성(scaling property)
2) 쌍대성(duality property)
3) 주파수천이(frequency shift property)
4) 콘볼루션(convolution)
5) 시간천이(time shift property)

4-3 푸리에변환의 특성 1 : 비례성

푸리에변환의 대표적 특성으로서, 우리는 [그림4-6]과 같이 펄스의 폭(시간영역)과 그

스펙트럼의 폭(주파수영역) 사이에 반비례관계가 있음을 알 수 있는데, 이를 "비례성(scaling)"이라고 한다. 초고속통신을 위해 펄스폭을 좁히면 좁힐수록 더 많은 주파수영역을 점유하는 광대역통신이 됨은 이 특성에서 연유한다. 대역폭의 정의는 4-5절에서 자세히 살펴보기로 한다.

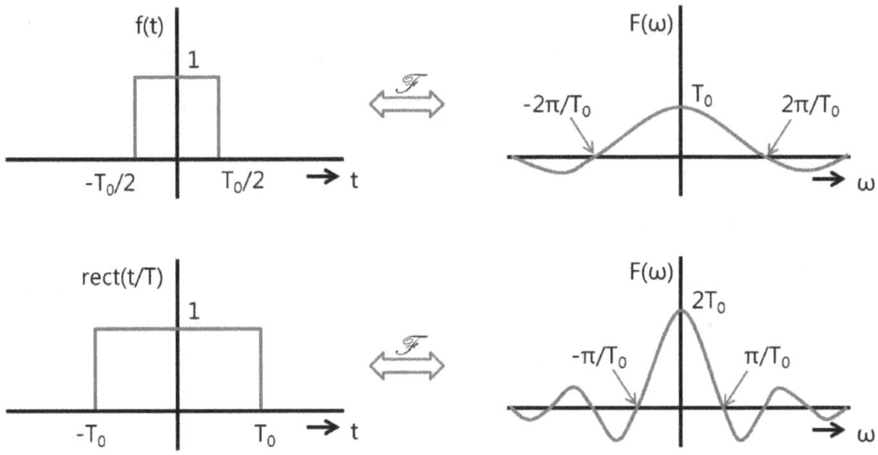

[그림 4-6] 푸리에변환의 특성 1 : 비례성

비례성을 이용하는 예로서 "단위충격함수(unit impulse function, 그냥 임펄스신호로 부르기로 하자)" 신호의 푸리에변환을 생각해 보자. 임펄스신호를 펄스의 폭이 극단적으로 좁은 단일펄스신호로 본다면, 그 스펙트럼은 비례성특성에 의해서 첫 번째 제로크로싱 점이 좌우 무한대로 이동한 sinc함수가 되므로 [그림4-7]처럼 수평선으로 보일 것이다. 물론 푸리에변환식으로도 (식4-5)처럼 간단하게 연산이 가능하지만, 임펄스신호를 만들기 위해서는 무한대의 주파수대에 걸쳐, 무한대의 시간상에 존재하는, 동일크기의 정현파들이 필요하다는 막막한 상상을 해보는 것은 연산결과를 단순암기 하는 것 보다 얼마나 도전적인가?

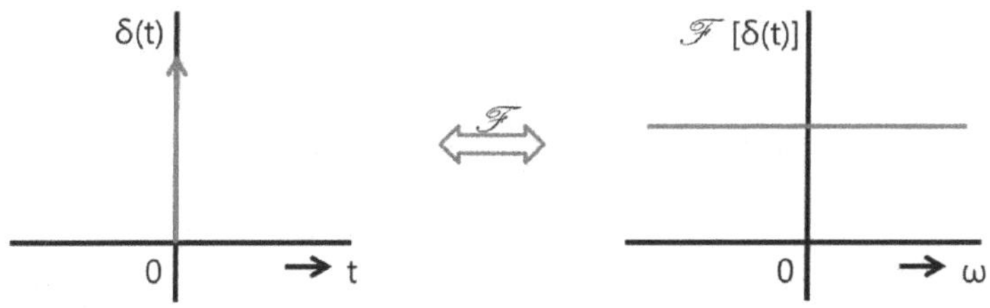

[그림 4-7] 단위충격함수 신호의 푸리에변환쌍

$$f(t)=\delta(t),$$
$$F(\omega)=\int_{-\infty}^{\infty}\delta(t)\cdot exp(-j\omega t)dt=exp(0)\int_{-\infty}^{\infty}\delta(t)dt=1 \qquad \text{(식4-5)}$$

또 하나의 보기로 "임펄스열(impulse train)" 신호의 푸리에변환이 있다. 물론 이 신호는 주기신호이므로 푸리에급수에서 다루어야겠지만 푸리에변환에 포괄적으로 적용해도 전혀 문제는 없다. 임펄스열신호는 [그림4-8]과 같이 펄스열신호의 펄스폭을 무지 줍혀 놓은 것으로 볼 수 있다. 따라서 그 스펙트럼은 비례성에 의해 펄스열 신호의 선스펙트럼 첫 번째 제로크로싱 점을 좌우 무한대로 이동시킨 것으로 유추할 수 있다. 해놓고 보니 "시간영역 임펄스열의 푸리에변환은 주파수영역 임펄스열"이 아닌가! 이 재미있는 푸리에변환쌍은 앞으로 표본화정리에서 핵심적으로 쓰일 것이다.

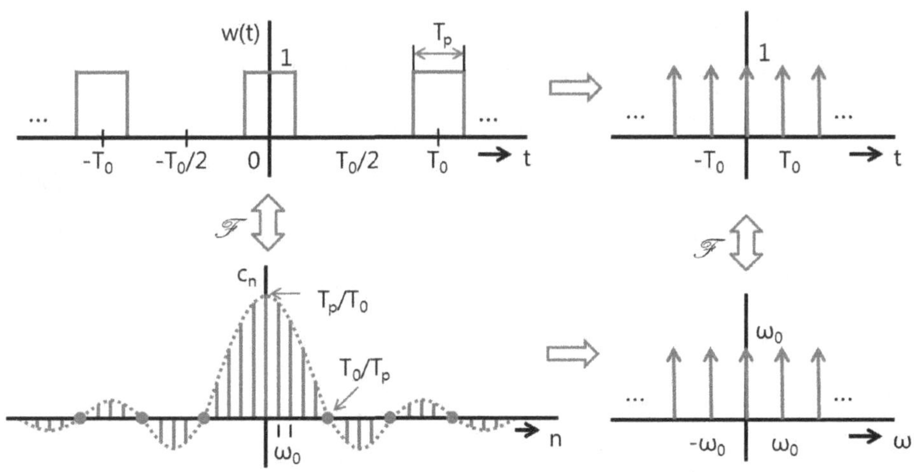

[그림 4-8] 임펄스열신호의 푸리에변환쌍

여기서 또 하나 주목할 것은 시간영역 임펄스 간격과 주파수영역의 임펄스 간격이 서로 반비례한다는 것인데, 이는 임펄스열 주기의 역수가 바로 선스펙트럼의 간격인 기본주파수가 되기 때문이다. 재미삼아 임펄스열신호의 주기를 극단적으로 좁혀보자. 그러면 결국은 모든 임펄스가 붙어버려 [그림4-9]와 같이 직류신호가 될 것인데, 이때 주파수영역 임펄스열은 무한대의 간격으로 벌어지고 결국 주파수 제로 지점의 단 한 개의 임펄스만 남을 것이다. 즉 이것은 "직류의 푸리에변환은 주파수 제로 성분만 존재함"을 뜻하는 푸리에변환쌍인데, 그러고 보니 시간변동 없는 직류신호가 무슨 주파수가 있겠는가. 그런데 그 크기가 2π라는 것은 어떻게 알아낸 것일까? 다음 절에서 알아보자.

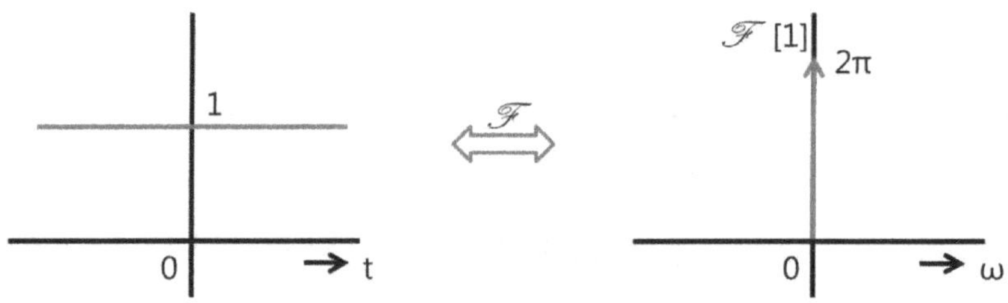

[그림 4-9] 직류신호의 푸리에변환쌍

4-4 푸리에변환의 특성 2 : 쌍대성

(식4-6)에서 보이는 푸리에변환의 두 수식, 즉 푸리에변환식과 푸리에역변환식은 양과 음의 무한대 적분구간에서 사실상 동일한 형태이다. 따라서 시간영역의 파형과 주파수영역의 스펙트럼 그림을 서로 바꾸어 놓고 변환하더라도 완벽하게 대칭이 성립하는데, 이를 "쌍대성(duality)"이라고 한다. 다만 푸리에변환식과 역변환식 사이에 상수 2π가 개입됨에 주의하자. [그림4-10]은 단일임펄스신호에 대한 쌍대성의 예를 보인 것인데, 그러려니 생각할 수도 있겠지만 그림이 품고 있는 의미심장한 물리적 의미에 주목하자.

$$\left.\begin{aligned} f(t) &= \frac{1}{2\pi}\int_{-\infty}^{\infty} F(\omega)\cdot e^{j\omega t}d\omega \\ F(\omega) &= \int_{-\infty}^{\infty} f(t)\cdot e^{-j\omega t}dt \end{aligned}\right\} \Rightarrow \begin{cases} f(t) \xleftrightarrow{\mathscr{F}} F(\omega) \\ F(t) \xleftrightarrow{\mathscr{F}} 2\pi f(-\omega) \end{cases} \qquad \text{(식4-6)}$$

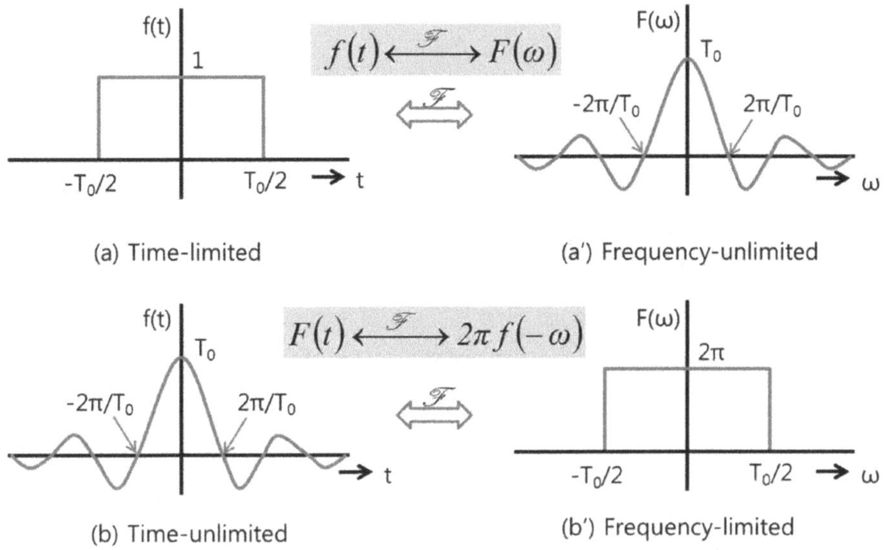

[그림 4-10] 단일펄스신호 푸리에변환의 쌍대성

우리는 [그림4-10] (a)그림과 같은 단일펄스를 만들어내기 위해서는 (a')그림의 스펙트럼이 의미하는 바와 같이 무한대개의 정현파가 필요함을 알고 있다. 즉 "시간제한(time-limited) 파형은 주파수무제한(frequency-unlimited) 스펙트럼이 필요" 함을 나타낸다. 또한 (b')그림 및 (b)그림과 같이 "신호의 스펙트럼을 엄격히 주파수제한(frequency-limited)하려면 시간무제한(time-unlimited)의 파형이 필요" 하다. 이것은 "시간과 주파수의 불확정성"이라 불리기도 하는데, 물리적으로 도대체 무슨 뜻일까?

그것은 시간영역 파형이든 주파수영역 스펙트럼이든 강제적인 제한으로 깔끔하게 다듬으려고 나서면, 다른 영역에서 무한대에 이르는 엄청나게 지저분한 왜곡이 야기(惹起)됨을 잊어서는 안된다는 뜻이다. 왜곡도 그렇지만 마이너스 시간으로 무한히 파형이 퍼진다는 사실이 실감이 되는가? 이런 기묘한 현상을 공학적으로 어떻게 구현한다는 말인가? 엔지니어의 역할이란 이처럼 철학의 영역도 포괄하는 것이다. 이 이야기는 5-4절 필터에서 다시 다루도록 한다.

쌍대성 특성을 이용하는 보기로서 [그림4-9]에서 유도한 직류신호의 푸리에변환을 다시 들 수 있는데, 이는 [그림4-7]의 단위충격함수의 푸리에변환쌍에 쌍대성을 적용하면 식(4-7)에 의해 단번에 알아낼 수 있다. 더불어 직류신호의 푸리에변환 결과는 크기가 2π인 단위충격함수 임도 알 수 있다. 이 결과를 (식4-8)과 같이 곧이곧대로 푸리에변환

연산식에 적용하여 얻기에는 상당히 골치가 아파보이지 않는가?

$$\left.\begin{array}{lcl} f(t) & \stackrel{\mathscr{F}}{\longleftrightarrow} & F(\omega) \\ F(t) & \stackrel{\mathscr{F}}{\longleftrightarrow} & 2\pi f(-\omega) \end{array}\right\} \Rightarrow \left\{\begin{array}{lcl} \delta(t) & \stackrel{\mathscr{F}}{\longleftrightarrow} & 1 \\ 1 & \stackrel{\mathscr{F}}{\longleftrightarrow} & 2\pi\delta(-\omega) \end{array}\right. \qquad \text{(식4-7)}$$

$$f(t)=1, \quad F(\omega)=\int_{-\infty}^{\infty} e^{-jn\omega t}\,dt = 2\pi\delta(\omega) \qquad \text{(식4-8)}$$

이와 같이 통신에 자주 사용되는 몇몇 대표적 신호의 푸리에변환쌍을 기억해두면 비례성과 대칭성을 이용하여 번거로운 계산 없이 그때그때 직관적으로 감을 잡을 수 있는 매우 편리한 도구가 된다.

4-5 푸리에변환의 특성 3 : 주파수천이

푸리에변환이 전기통신의 발전에 끼친 은혜는 이루 헤아릴 수 없겠지만, 그중에서도 백미(白眉)는 바로 "주파수천이(周波數遷移, frequency shifting)" 특성일 것이다. 이는 문자 그대로 어떤 신호의 스펙트럼을, 그 모양에 조금도 손상을 주지 않으면서, 주파수축상에서 마음대로 이리저리 옮길 수 있다는 것이다. 그게 뭐 그리 대단하냐고? 다음 문제를 생각해보자.

유선이든 무선이든 전기통신에서 부딪치는 근본적인 문제가 하나 있다. 비유를 위해 좁은 교실에서 수십 명의 학생들이 떠드는 광경을 상상해보자. 수많은 목소리가 뒤섞이면서 정상적인 대화가 불가능할 것이다. 이를 통신공학적으로 표현하면 "동일한 음성스펙트럼을 가진 수십 개의 신호가 한 공간에서 뒤엉킨 상태", 즉 "혼신(混信, crosstalk)"이라고 한다. 그렇다면 이처럼 수많은 이용자가 무선 또는 유선의 매체를 공유하면서도 서로 간섭받지 않는 통신을 하려면 어떻게 해야 할까?

답은 간단하다. 스펙트럼들을 주파수축상에서 뚝뚝 띄어놓는 것이다. 통신공학에서는 이것을 "주파수분할다중화(周波數分割多重化, frequency division multiplexing, FDM)"이라고 한다. [그림4-11]에 주파수분할다중화(FDM)를 이용한 AM방송의 예를 보인다. 10kHz의 주파수간격으로 각 방송국의 주파수를 할당함으로서, 이용자들은 혼신 없이 원하는 방송을 청취할 수 있다. 광섬유 또는 동축선을 사용하는 케이블TV 역시 동일한 개념의 FDM을 기본으로 한다.

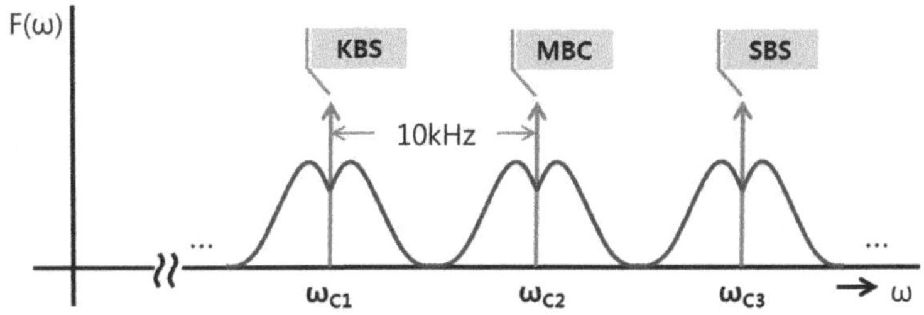

[그림 4-11] 주파수분할다중화(FDM)를 이용한 AM방송

그런데 정말 스펙트럼의 모양은 그대로 두되, 그 알맹이 주파수만을 싹 갈아치울 수 있다는 말인가? 우리의 해결사 푸리에변환은 이것을 단칼에 설명해준다. 먼저 이렇게 한번 생각해보자. 푸리에변환의 목적이 신호의 스펙트럼 F(ω)를 구하는 것이 아니라, 모양은 F(ω)와 꼭 같되 특정주파수 ω_0에 위치하는 스펙트럼 $F(\omega-\omega_0)$를 구하는 것이라면 푸리에변환식을 어떻게 주무르면 될까? (식4-9)을 보자.

$$
\begin{aligned}
F(\omega) &= \int_{-\infty}^{\infty} f(t)\cdot exp(-j\omega t)dt \\
F(\omega-\omega_0) &= \int_{-\infty}^{\infty} f(t)exp[-j(\omega-\omega_0)t]dt \\
&= \int_{-\infty}^{\infty} f(t)\cdot exp(j\omega_0 t)\cdot exp(-j\omega t)dt \\
&= \int_{-\infty}^{\infty} [f(t)\cdot exp(j\omega_0 t)]\cdot exp(-j\omega t)dt
\end{aligned}
\qquad \text{(식4-9)}
$$

감이 잡히는가? 신호 f(t)에 $exp(j\omega_0 t)$를 곱한 다음 푸리에변환 하면 된다는 것이다! 내친김에 f(t)에 $exp(-j\omega_0 t)$를 곱하고 푸리에변환 하면 어떻게 될까? 당근 주파수축 $-\omega_0$로 천이한 스펙트럼 $F(\omega+\omega_0)$가 얻어진다. 아니 마이너스 주파수로 보내다니! 이걸 어디다 쓸려고? 라는 생각이 들기는 하지만 음과 양의 주파수가 다 필요한 지수함수 푸리에변환의 본질을 잘 이해하기 바란다. 어쩐지 $F(\omega-\omega_0)$와 $F(\omega+\omega_0)$가 항상 함께 다닐듯한 예감이 든다. 주파수천이특성의 일반적 수식표현을 (식4-10)에 보인다.

$$exp(\pm j\omega_o t)f(t) \xleftrightarrow{\mathscr{F}} F(\omega \mp \omega_o) \quad \text{(식4-10)}$$

그런데 한 가지 곤란한 문제가 또 남아있으니 그것은 $\exp(\pm j\omega_0 t)$라는 함수를 물리적으로 만들어낼 수 있느냐는 것이다. $\exp(\pm j\omega_0 t)$라는 함수는 알다시피 복소평면을 이용한 삼각함수와 지수함수의 관계를 정의하는 오일러공식의 개념적 표기이다. 즉 이 함수를 실제로 구현하고자 할 때는 전자회로로 생성이 가능한 코사인함수나 사인함수를 사용하는 수밖에 없다. (식4-11)를 보자.

$$\cos\omega t = \frac{1}{2}\{exp(j\omega t) + exp(-j\omega t)\}$$
$$\sin\omega t = \frac{1}{2j}\{exp(j\omega t) - exp(-j\omega t)\} \quad \text{(식4-11)}$$

주파수천이를 위해 발진기로 만들어낸 코사인함수를 사용하도록 해보자. 그런데 (식4-11)에 의하면 코사인함수는 $\exp(j\omega_0 t)$와 $\exp(-j\omega_0 t)$를 모두 포함하고 있다. 그렇다. 물리적으로 가능한 주파수천이란 바늘 가는 곳에 실 따라가듯 항상 양의 주파수만큼 음의 주파수로도 스펙트럼이 이동함을 의미하는 것이다! 그렇다면 주파수영역에서 본 주파수천이를 시간영역에서 본다면 어떤 의미를 가질까? [그림4-12]와 (식4-12)은 어떤 신호 f(t)와 그 스펙트럼 F(ω), 그리고 이 신호에 주파수 ω_0의 코사인함수을 곱했을 때의 파형 및 주파수천이 된 스펙트럼의 관계를 보인다. 주파수천이 전후의 스펙트럼을 구분하기 위해 (1)의 F(ω)를 "기저대역(基底帶域, baseband)" 스펙트럼, (2)의 $F(\omega\pm\omega_0)$를 "통과대역(通過帶域, passband)" 스펙트럼으로 구분한다.

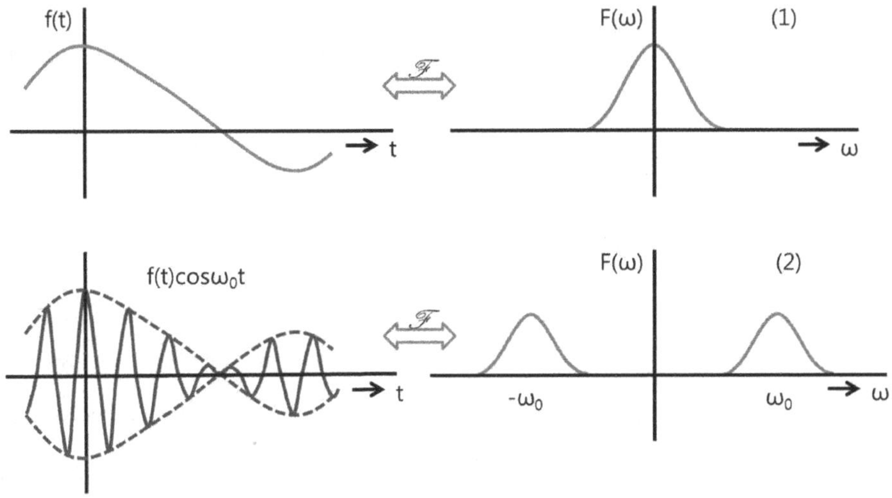

[그림 4-12] 코사인함수를 이용한 주파수천이

$$f(t)\cos\omega_0 t = \frac{1}{2}\left[f(t)\exp(j\omega_0 t) + f(t)\exp(-j\omega_0 t)\right]$$

$$f(t)\cos\omega_0 t \xleftrightarrow{\mathscr{F}} \frac{1}{2}\{F(\omega-\omega_0)+F(\omega+\omega_0)\} \quad \text{(식4-12)}$$

시간영역에 나타난 주파수천이의 효과가 보이는가? 자세히 보면 주파수천이 된 신호 f(t)의 파형은 코사인함수를 f(t)의 파형이 아래위로 감싼 비엔나소세지 모양이다. 즉 신호가 주파수천이 되면 전혀 다른 파형처럼 보이지만, 실은 주파수 ω_0의 정현파를 감싸는 포락선이라는 형태로 신호가 고스란히 보존됨을 알 수 있다. 이는 마치 신호함수 f(t)라는 틀(module)에 주파수 ω_0의 정현파를 끼워 넣은 모양새인데, 이를 영어로는 "amplitude modulation"이라고 한다. 우리말로는 "진폭변조(振幅變調)"로 번역되는데 그 뜻을 좀 더 깊이 살펴보자.

주파수천이를 알기 쉽게 가청주파수 대역에 국한하여 생각한다면, 어떤 신호의 중심주파수가 통째로 바뀐다는 이야기는 키(key), 또는 음조(音調)가 변(變)한다는 뜻이다. (같은 노래를 남자키와 여자키로 불렀을 때의 파형을 비교해보라!) 우리말의 "진폭변조(振幅變調)"는 "amplitude modulation"에 대한 참으로 멋진 번역이 아닌가 한다. 물론 통신공학에서 변조의 목적은 가청주파수가 아닌 무선주파수대역으로의 주파수천이임을 명심하자. 진폭변조에 관해서는 제4부에서 자세히 다루도록 한다.

그런데 주파수천이에 코사인함수 대신 사인함수를 사용하는 것은 어떨까? 사인함수는 90도의 위상차 말고는 코사인함수와 다를 게 하나도 없는 파형이지만, (식4-11)에서 보듯 수식에 따라다니는 허수표시 j가 두고두고 거슬릴 듯하다. 그래서 그런지 통신공학에서는 산뜻한 실수만을 다루는 깔끔한 우함수인 코사인함수를 주파수천이의 구현에 주로 사용한다.

한편으로 푸리에변환의 주파수천이 특성을 재미있게 응용하는 예로서 주파수 ω_0인 코사인함수의 푸리에변환을 생각해보자. (식4-13)과 같이 코사인함수를 지수함수 형태로 표시하면 이것은 바로 (식4-12)에서 신호 f(t)를 크기가 1인 직류신호로 놓은 식과 동일하다. 그런데 직류신호의 스펙트럼은 [그림4-9]에서 살펴 본대로 주파수 제로에서의 단일임펄스로 표시된다. 따라서 코사인함수의 푸리에변환이란 직류신호의 스펙트럼인 주파수 제로의 단일임펄스를 [그림4-13]와 같이 $\pm\omega_0$로 주파수천이 시킨 것과 꼭 같지 않은가! 임펄스의 크기에 대해서는 (식4-8)을 참조하자.

$$f(t) = cos\omega_0 t = \frac{1}{2}\left[exp(j\omega_0 t) + exp(-j\omega_0 t)\right]$$

$$cos\omega_o t \xleftrightarrow{\mathscr{F}} \pi\delta(\omega - \omega_o) + \pi\delta(\omega + \omega_o) \qquad \text{(식4-13)}$$

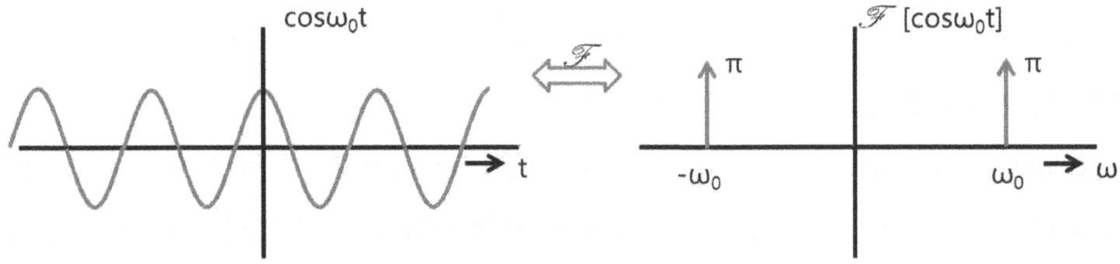

[그림 4-13] 코사인함수의 푸리에변환

물론 사인함수에 대해서도 같은 요령으로 스펙트럼을 구할 수 있다. (식4-14)와 [그림4-14]에서 보이듯 직류신호 j에 해당하는 스펙트럼은 음의 주파수축으로 천이되지만 양의 주파수축으로 천이되는 스펙트럼은 직류신호 -j에 해당하는 것이므로 음으로 튀는 임펄스로 표시된다. 그러고 보니 졸졸 따라다니는 허수 j와 함께 어쩐지 써먹기가 거북해 보인다. 역시 통신공학에서는 사인보다는 코사인이 궁합이 잘 맞는 듯 하다.

$$f(t) = sin\omega_0 t = \frac{1}{2j}\left[exp(j\omega_0 t) - exp(-j\omega_0 t)\right]$$
$$= \frac{1}{2}\left[-jexp(j\omega_0 t) + jexp(-j\omega_0 t)\right]$$
$$sin\omega_o t \xleftrightarrow{\mathscr{F}} -j\pi\,\delta(\omega-\omega_o) + j\pi\,\delta(\omega+\omega_o) \quad \text{(식4-14)}$$

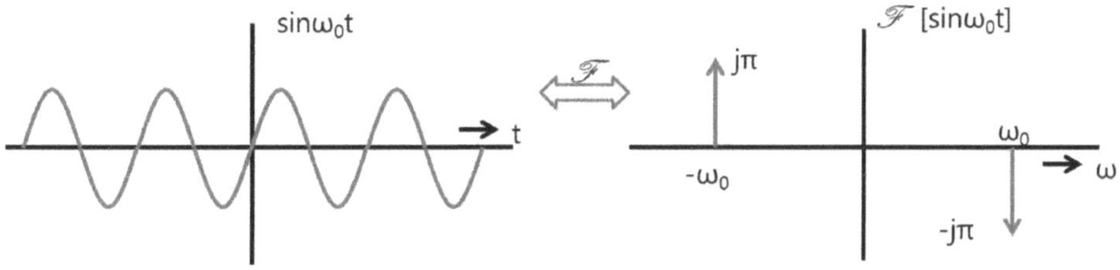

[그림 4-14] 사인함수의 푸리에변환

4-6 푸리에변환의 특성 4 : 콘볼루션

이쯤에서 우리는 시간영역 신호끼리의 곱과, 주파수영역 스펙트럼의 주파수천이와의 사이에서 재미있는 연관성을 발견할 수 있다. 좀 더 자세히 살펴보기 위해 [그림4-15]와 같이 사각파 f(t)에 코사인함수인 h(t)를 곱하는 경우를 생각해보자. 시간영역 곱셈의 결과로서 (5)와 같이 좌우가 잘린 정현파가 달랑 남는다. 이제 이 "잘린 정현파"의 스펙트럼을 푸리에변환식으로 풀어낸다고 해보자. 식을 곧이곧대로 풀어보자니 좀 난감하지 않은가? 그런데 이런 미련한 짓은 그만두고 이렇게 한번 생각해보자. f(t)에 코사인함수를 곱한다 함은 바로 주파수천이를 말하는 것이고, 이는 f(t)의 스펙트럼을 코사인함수의 주파수 $\pm\omega_0$자리로 이동한 것이다! 즉 잘린 정현파의 스펙트럼은 (6)과 같이 직관적으로 단번에 구할 수 있다.

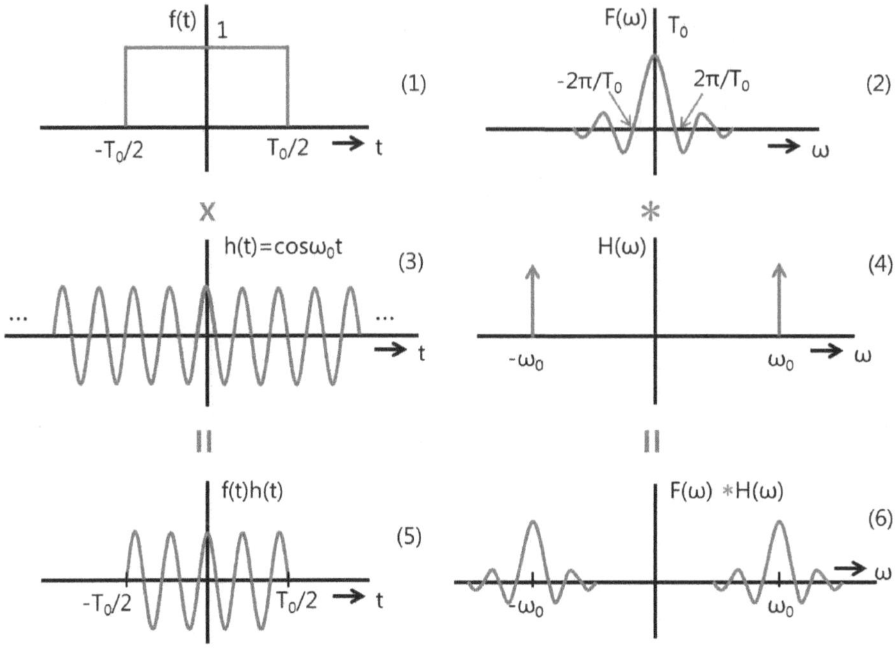

[그림 4-15] 사각파의 주파수천이와 콘볼루션

시간영역에서의 곱이라는 연산을 주파수영역에서 관찰할 때 보이는 이 특이한 관계를 수학적으로 "콘볼루션(convolution)"이라고 부른다. 이를 굳이 수식화하면 (식4-15)와 같이 적분식으로 표기되며, 콘볼루션을 뜻하는 연산기호 "*"를 사용한다. [그림4-15]에 보인 주파수영역 콘볼루션의 수행과정은 아래와 같이 설명할 수 있다. 머릿속으로 그림을 그리면서 (식4-15)의 연산과정을 한 단계씩 따라가 보자.

1) 적분의 결과를 주파수 ω의 함수로 표시하기 위해 두 스펙트럼함수 F(ω), H(ω)는 편의상 임의의 변수 τ의 함수 F(τ), H(τ)로 치환.
2) H(ω-τ)란 스펙트럼 H(τ)를 세로축을 중심으로 뒤집고, 변수 ω를 매개로 주파수축 상에서 이동한다는 뜻. 여기서 H(τ)는 뒤집어도 같은 모양.
3) 두 함수의 곱이란 둘을 겹친다는 의미이고, 적분이란 그 겹친 면적을 싸그리 구한다는 의미임. 그러고 보니 이거 "상관(correlation)"이 아닌가?
4) 일단 ω=0에서 출발하자. 겹치는 곳이 별로 안보이는데...
5) H(τ)를 ω축 우측으로 슬슬 미끄러트리면(sliding), H(τ)의 왼쪽 임펄스가 F(τ)와 겹

치기 시작

6) 임펄스는 그 면적이 "1"이므로 겹친 면적은 바로 그 위치의 F(τ) 크기와 같음.
7) 그대로 계속 미끄러트리면서 겹친 면적을 구하여 표시하면 $\omega=+\omega_0$자리를 중심으로 F(τ)가 그대로 복사됨.
8) 이번에는 H(τ)를 좌측으로 슬슬 미끄러트리면서 동일과정 반복하면 $\omega=-\omega_0$자리를 중심으로 F(τ)가 또 하나 복사됨.

이러한 과정이 좀 번거로워 보이기는 하지만, 푸리에변환식으로 처리하기 난감한 상황을 시각적 수법으로 멋지게 해결해주고 있지 않은가? (식4-15)는 이 만만치 않은 과정을 딱 한 줄의 수식으로 표현한 것이다. 자연을 서술하는 수학이라는 언어는 정말 대단하지 않은가?

$$F(\omega)*H(\omega)=\int_{-\infty}^{\infty}F(\tau)H(\omega-\tau)\,d\tau$$ (식4-15)

이 과정은 H(ω) 대신 F(ω)를 뒤집어 수행하더라도 마찬가지 결과를 얻는다. 즉 교환법칙이 성립하므로 다루기 편한 쪽으로 선택해서 콘볼루션 할 수도 있다. 또한 (식4-16)과 같이 "시간영역 곱셈과 주파수영역 콘볼루션"의 관계는 역(逆)으로 "주파수영역 곱셈과 시간영역 콘볼루션"의 관계에 대해서도 동일하게 성립한다. 이처럼 두 영역을 넘나드는 관계식을 이용하면 임의의 신호에 대한 푸리에변환쌍을 편리하게 구하는데 큰 도움이 될뿐더러, 전자회로 대신 연산프로세서를 이용한 실시간 신호처리에도 널리 응용된다 (digital signal processing).

$$f(t)h(t)\overset{\mathscr{F}}{\longleftrightarrow}\frac{1}{2\pi}F(\omega)*H(\omega)$$
$$f(t)*h(t)\overset{\mathscr{F}}{\longleftrightarrow}F(\omega)H(\omega)$$ (식4-16)

[그림4-15]에 보인 콘볼루션의 예는 한쪽이 코사인함수인 특별한 경우로서, 신호 f(t)의 스펙트럼이 코사인함수 스펙트럼인 단일임펄스가 있는 장소에 그야말로 복사되는 형태로 나타나는 매우 심플한 예이다. 하지만 임의의 파형을 가지는 일반적인 두 신호에

대한 콘볼루션 연산은 그리 호락호락하지 않다. 그렇더라도 식 자체의 풀이에 매달리기 보다는 이와 같이 도식적인 이해를 하는 것이 더 유용함을 기억해두자. [그림4-16]에서 우리는 삼각파의 푸리에변환쌍을 콘볼루션을 통해 도식적으로 해결한 예를 볼 수 있다. 여기서는 사각파끼리 콘볼루션 하면 삼각파가 얻어짐을 이용하여, 사각파의 스펙트럼인 sinc함수의 제곱으로 삼각파의 스펙트럼을 간단히 구하고 있다.

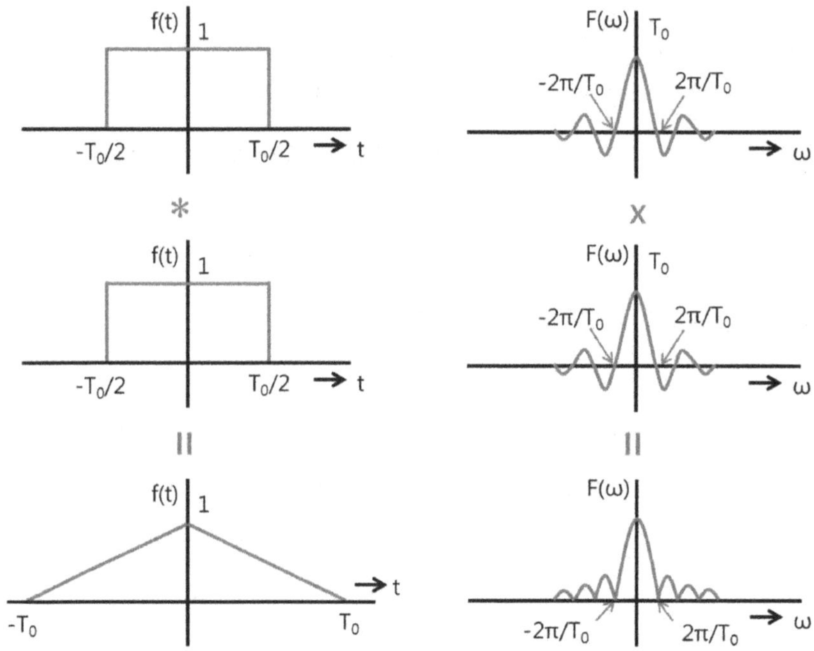

[그림 4-16] 콘볼루션을 이용한 삼각파의 푸리에변환

이쯤에서 푸리에변환으로 대표되는 소위 직교변환의 본질에 대해 다시 한 번 생각해 보자. 직교변환이란 어떤 함수가 변환된 후 다시 역변환 했을 때 어떠한 변형도 없이 완벽하게 원래의 모습으로 복원되는 변환을 말한다. 마치 두 가지 인생을 감쪽같이 살아가는 “지킬과 하이드”의 변신과 같이, 푸리에변환은 우리로 하여금 시간영역이라는 세계와 주파수영역이라는 전혀 별개의 세계 사이를 자유로이 오가면서 신호에 대한 깊은 통찰력을 가지게 해준다.

그뿐만 아니라 이 특성은 한편으로 매우 편리한 수학적 도구를 제공하는데, 이를테면 어느 영역에서 해석이나 연산이 힘든 신호를 푸리에변환을 통해 다른 영역으로 변환하여 편하고 깨끗하게 처리한 후, 푸리에역변환을 통해 다시 원래영역의 신호로 복원하여 사용하는 것이다. 이처럼 콘볼루션은 시간과 주파수의 가교(架橋)로서 푸리에변환에 항상 따라다니는 소중한 기법이며, 디지털필터를 비롯한 디지털신호처리의 핵심도구로도 요긴하게 쓰인다.

직교변환의 개념에 따르자면, 어느 한쪽 영역에서 계산된 물리량은 다른 영역에서 계산된 물리량과도 당연히 같아야할 것이다. 신호의 에너지와 전력에 관하여도 이러한 관계가 성립하는데, 이를 "파스발의 정리(Parseval's Theorem)"라 한다. 즉 (식4-17)과 같이 어떤 신호의 에너지 또는 전력을 주파수영역 스펙트럼함수의 제곱평균으로도 구할 수 있는데, 이런 의미에서 스펙트럼함수의 제곱을 각각 "에너지스펙트럼밀도(Energy Spectral Density, ESD)", 또는 "전력스펙트럼밀도(power spectral density, PSD)"라 부르기도 한다.

$$E=\int_{-\infty}^{\infty}|f(t)|^2dt=\frac{1}{2\pi}\int_{-\infty}^{\infty}|F(\omega)|^2d\omega=\frac{1}{2\pi}\int_{-\infty}^{\infty}\Psi_x(\omega)d\omega$$

$$\Psi_x(\omega): energy\ spectral\ density, ESD$$

$$P=\lim_{T\to\infty}\frac{1}{T}\int_{-T/2}^{T/2}|f(t)|^2dt=\lim_{T\to\infty}\frac{1}{T}\left[\frac{1}{2\pi}\int_{-\infty}^{\infty}|F(\omega)|^2d\omega\right]=\frac{1}{2\pi}\int_{-\infty}^{\infty}S_x(\omega)d\omega$$

$$S_x(\omega): power\ spectral\ density, PSD \qquad \text{(식4-17)}$$

이와 같이 어떤 신호의 스펙트럼이 존재하는 주파수구간, 즉 전력이 존재하는 주파수영역을 "점유주파수대역폭(占有周波數帶域幅, occupied frequency bandwidth)", 줄여서 "대역폭"으로 정의한다. 한편 신호가 지나가는 전자회로나 소자, 전송로 등도 각자 제대로 응답하는 고유의 주파수영역이 있는데, 이 주파수영역을 그 시스템의 "통과주파수대역폭"으로 정의한다. 신호의 점유주파수대역폭과 시스템의 통과주파수대역폭은 동일하게 대역폭이라는 용어를 쓰기는 하였지만 그 물리적인 의미를 잘 구분하여야 할 것이다.

모든 신호는 당연히 점유주파수대역폭을 가지지만, 실제 상황에서 그것이 똑 부러지게 정의되기 어려울 때가 많다. 그것은 [그림4-10]에서 언급(言及)한 "시간과 주파수의 불확정성 원리"에 기인하기도 하거니와, 신호의 섬세한 파형을 구성하는 고조파성분들이 대개 크기는 미약하면서도 주파수축 상에서 끝없이 이어지는 경우가 많기 때문이다. 따라서 신호처리의 효율상, 신호의 실용적인 속성을 잃지 않는 적당한 선에서 "대역제한(band-limit)"을 하여 적절한 유효 점유주파수대역폭을 정의하여야 한다.

예를 들어, 펄스신호의 점유주파수대역폭은 어떻게 정의될까? 그 PSD가 좌우로 무한히 이어진다고 해서 무한대로 대역폭을 정의해서야 일이 되겠는가? 제3장에서 자세히 다루겠지만, 디지털통신의 신호파형은 불규칙하게 이어지는 펄스신호의 연속이며, 수많은 사용자가 시간적으로 전송로를 공유하는 "시분할다중화(TDM, time division multiplexing)"를 사용하고 있다. 따라서 펄스신호의 명확한 유효대역폭을 정의하는 일은 매우 중요하다.

[그림4-17]은 제곱된 sinc함수로서 펄스신호의 PSD를 나타낸다. 그림에서는 이 펄스신호의 유효대역폭에 대한 다양한 정의를 보여주고 있다. 그중 가장 일반적으로 사용되는 것이 PSD의 첫 번째 제로크로싱 사이, 즉 메인로브(main lobe)를 가리키는 "null-to-null" 대역폭이다. 비록 메인로브를 제외한 나머지, 즉 사이드로브(side lobe)쪽 고조파성분 손실이 걱정되기는 하지만, 신호에너지의 90%이상이 메인로브에 포함되고, 한눈에 파악하기도 용이하므로 일반적으로 많이 쓰이고 있다. 그리고 스펙트럼은 양과 음의 영역에 대칭적으로 분포하지만, 대역폭은 물리적으로 의미를 가지는 양의 주파수만 고려한다. 따라서 펄스폭이 T[sec]인 펄스라면 그 null-to-null 대역폭은 1/T[Hz]가 된다.

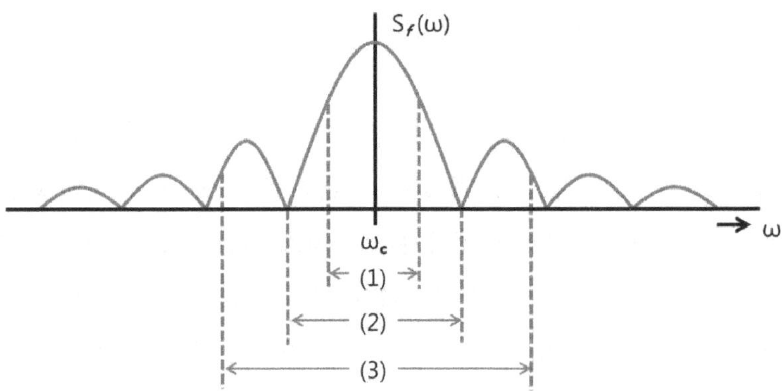

[그림 4-17] 펄스신호의 점유주파수대역폭 정의

(1) Half-power (2) Null-to-null (3) 99% power

4-7 푸리에변환의 특성 5 : 시간천이

위에서 살펴본 바와 같이, 신호함수에 지수함수를 곱하고 푸리에변환 함으로서 스펙트럼의 주파수대역을 이동시킬 수 있다면, 역으로 스펙트럼에 지수함수를 곱하고 푸리에역변환 하면 시간대를 이동시킬 수 있지 않을까? "시간천이(time-shifting)"에 대한 이러한 수학적 직관은 (식4-18)에서 간단한 치환으로 증명이 된다. 그런데 수식표현으로 보듯 신호를 시간 t_0만큼 지연시킨다는 것은 스펙트럼에 $exp(-j\omega t_0)$를 곱한다는 것인데, $exp(-j\omega t_0)$가 스펙트럼에 도대체 무슨 짓을 했다는 말인가? 신호를 시간영역에서 조금 옮기는 행위가 주파수영역에 초래하는 대소동을 알아보자.

$$
\begin{aligned}
&f(t-t_0) \xleftrightarrow{\mathscr{F}} F(\omega)exp(-j\omega t_0) \\
&\quad \mathscr{F}[f(t-t_0)] = \int_{-\infty}^{\infty} f(t-t_0)exp(-j\omega t)dt \\
&\quad = \int_{-\infty}^{\infty} f(\tau)exp[-j\omega(\tau+t_0)]dt \\
&\quad = exp(-j\omega t_0)\int_{-\infty}^{\infty} f(\tau)exp(-j\omega\tau)d\tau \\
&\quad = exp(-j\omega t_0)F(\omega)
\end{aligned}
\qquad \text{(식4-18)}
$$

$exp(-j\omega t_0)$란 알다시피 [그림2-4]에서 소개된 반지름 1인 단위원운동을 복소평면상에 나타내는 수학적 표현이다. 그렇다는 이야기는 시간천이로 인해 스펙트럼에 부가된 $exp(-j\omega t_0)$의 역할이란 스펙트럼을 이루는 각 주파수성분의 진폭과 위상을 지정해주기 위한 표시라는 것이다. $exp(-j\omega t_0)$의 진폭은 항상 1이니까 스펙트럼의 크기에는 아무런 영향도 없어 보이지만, 문제는 "ωt_0"라는 위상성분에 있다. 즉 스펙트럼상에 존재하는 각 주파수성분들의 위상이 t_0라는 비례상수를 가지는 변수 ω의 함수로 결정된다는 것이다! 아이구 이게 무슨 소린가.. 이해를 위해 [그림4-18]과 같이 기본파와 2차고조파의 단 2개의 주파수로만 구성되는 신호의 시간천이를 생각해보자.

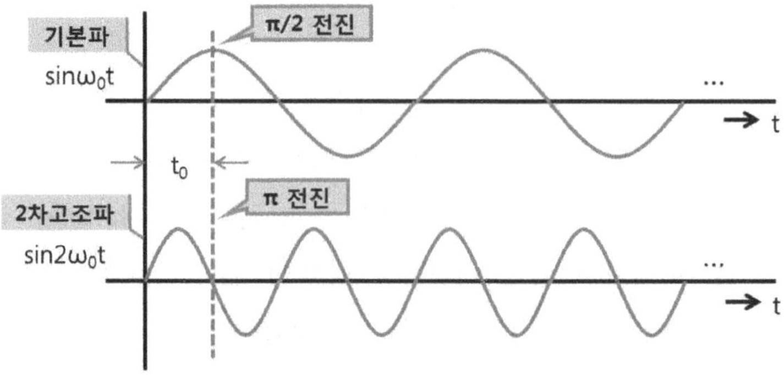

$$\sin\omega_0(t-t_d)=\sin(\omega_0 t-\omega_0 t_d)$$
$$\sin 2\omega_0(t-t_d)=\sin(2\omega_0 t-2\omega_0 t_d)$$

[그림 4-18] 신호의 시간지연과 고조파 위상변동의 관계

실제 전송되는 신호는 그림의 두 정현파의 합성파지만, 두 정현파를 따로따로 보내서 합성하더라도 상관없으므로 그림처럼 정현파 각각의 시간천이를 살펴보자. 그림에서 신호를 t_0만큼 지연시킨다는 것을 각 정현파의 위상관점에서 본다면 기본파는 90도만큼 옮겨져야 되는 반면, 2차고조파는 그 2배인 180도만큼 옮겨져야 함을 알 수 있다. 만약 조금이라도 오차가 생긴다면? 두 정현파의 합성파는 당초의 파형으로부터 상당히 왜곡되고 말 것이다.

이와 같이 최초의 파형을 고스란히 유지하면서 시간지연효과를 얻으려면 높은 주파수의 정현파 성분일수록 그에 정확히 비례하여 더 큰 위상변화를 하여야 한다는 것이다. 이와 같이 주파수에 따른 위상변화량이 1차함수관계, 다른 말로 선형(線形, linear)관계를 가지는 시스템을 "선형시스템(Linear System)"이라고 한다.

그런데 여기서 전기통신시스템의 상황을 한번 생각해보자. 전기신호가 통과하는 길에는 저항, 캐패시터, 인덕터 등의 수동소자와 각종 반도체 능동소자들이 깔려있는데, 저마다 독특한 위상응답(phase response) 특성을 가진다. 위의 예처럼 두 개의 주파수만 가지는 신호의 시간지연이라면 뭐 어떻게 될 듯도 하지만, 만일 연속스펙트럼을 가지는 신호라면 이거 보통일이 아니다. 상상 해보라. 저마다 나름대로의 고집(주파수응답)을 가지는 전자소자들의 비위를 맞추면서, 그 수도 없이 많은 주파수성분들을 하나하나 한 치의 오차도 없이 선형조건에 맞추어 위상지연을 준다는 것이 과연 가능이나 하겠는가!

이 소동을 한마디로 말하면 시간영역의 작은 몸짓이 주파수영역에 생난리를 일으킨

꼴이다. 뭐 그렇게 시간천이가 골치 아프다면 신호를 처리하거나 전송할 때 시간지연 따위 주지 않으면 그만 아니냐고 생각하겠지만, 이게 그리 마음대로 되는 일이겠는가? 전기신호가 지나가는 회로나 통신채널은 필연적으로 저마다 고유의 시간지연특성을 가지게 되어 있으며, 형편상 고의로 신호를 지연시켜야 할 경우조차도 있다. 결론적으로 모든 자연법칙이 다 그렇듯, 이 세상에 완벽한 선형시스템이라는 것은 존재할 수 없다는 것이다. 전기회로든, 전송로든, 저장매체든 항상 졸졸 따라다니며 우리를 괴롭히는 선형시스템 이야기를 5강에서 상세히 알아보자.

선형시스템 제5강

과연 신호파형은 그 모양 그대로 전달될 수 있을까?

5-1 개요

시스템의 전달특성을 정의하는 전달함수와 임펄스응답에 대하여 정의하고 신호를 왜곡 없이 전송할 수 있는 선형시스템의 조건을 고찰한다. 여기에는 신호를 관찰하는 두 관점, 즉 시간영역과 주파수영역에서의 시스템의 거동에 대한 유연한 통찰력이 필수적으로 요구된다. 왜냐하면 자연은 시간영역과 주파수영역 사이에서 기막히게 균형을 유지하고자 하기 때문이다. 한 영역에서 너무 쉽게 처리되는 일은 다른 영역에서 틀림없이 대단한 대가(代價)를 치르게 된다. 말하자면 우리가 고대하는 선형시스템이라는 것이 얼마나 무리한 일인지 그 내막을 알아보자.

5-2 전달함수와 임펄스응답

시스템을 거치는 전기신호는 기본적으로 어떤 형태로든 파형의 변화, 소위 감쇠와 왜곡을 겪을 것이다. 이러한 파형변화는 시간영역으로 관찰되는 한편, 신호를 구성하는 각 주파수성분에도 개별적으로 영향을 미쳐 스펙트럼의 형태 또한 변하게 된다. 앞에서 다룬 바와 같이 시스템은 필연적으로 시간지연을 포함하므로 스펙트럼의 변형은 그 크기와 함께 위상특성도 건드린다. 게다가 이것들이 전부 서로서로 관련되어 있다! 아이구.. 시스템의 분석, 나아가 시스템설계란 이처럼 호락호락한 일이 아니다. 따라서 일반적인 시스템의 표기에서는 [그림5-1]과 같이 시간영역 함수와 주파수영역 함수가 항상 함께 다루어지면서 신호가 어떤 변화를 겪는지 종합적으로 설명하고자 애쓰지만, 100% 완벽한 설명이 불가능한 자연의 오묘함은 두고두고 우리를 감탄하게도 하고 좌절하게도 한다.

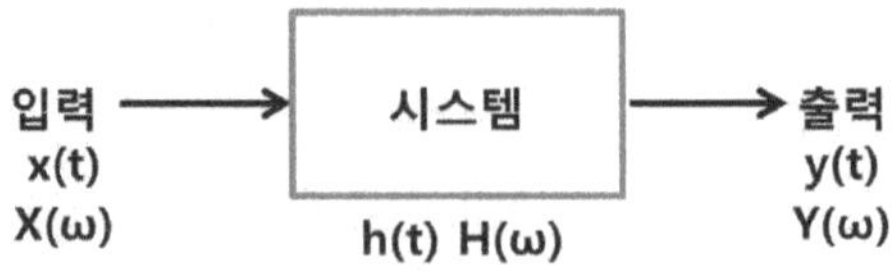

[그림 5-1] 시스템과 시스템응답

입력 신호에 대하여 시스템이 내놓는 출력을 시스템의 응답(response)라고 하는데, 특별히 주파수영역에서의 응답특성을 뜻하는 "주파수응답(frequency response)"이라는 표현을 즐겨 쓴다. 주파수응답은 일명 "전달함수(transfer function)"라고 하기도 하며, H(ω)로 표시한다(라디안으로 표시되는 각주파수가 아닌, Hz로 표시되는 주파수를 즐겨 쓰는 문헌에서는 H(f)로 쓴다). 당연히 전달함수는 각 주파수성분의 크기뿐만 아니라 위상특성까지도 나타내야하므로 복소평면의 함수가 될 것이다. 일반적인 전달함수 표기법을 (식 5-1)에 보인다.

$$
\begin{aligned}
H(\omega) &= |H(\omega)| exp(-j\omega t_0) \\
&= |H(\omega)| \angle \theta(\omega), \quad \theta(\omega) = -\omega t_0
\end{aligned}
\qquad \text{(식5-1)}
$$

식에서 두 번째 표기의 독특한 모양은 주파수를 제외하고 복소평면상에서 주파수응답의 크기(Magnitude)와 위상(Phase)천이만을 간편하게 표시하는 방법으로 "페이저(phasor)"라 부르며, 교류전기의 연산에 편리하게 쓰인다. 페이저는 시스템을 통과하는 정현파는 크기와 위상이 변할 뿐 그 주파수는 변하지 않는다는 점을 이용하여 주파수를 연산에서 제외하고 최종 결과에 삽입하는 수법이다.

그런데 왜 전달함수라는 일반적 표현이 시간영역이 아닌 주파수영역의 응답을 의미하는 것일까? 그것은 (식5-2)와 같이 시스템출력 스펙트럼이 입력신호의 스펙트럼과 주파수응답과의 단순한 "곱셈(multiplication)"의 형태로 나타나기 때문이다. 마치 창문을 통과한 햇빛이 창문의 모양대로 비추는 것처럼, 신호의 스펙트럼도 주파수응답이라는 창문의 모양 그대로 주파수성분들이 제한 당하므로 주파수응답이 주어지면 시스템의 입출력 관계를 시각적으로 단숨에 파악할 수 있다. 이에 반해 시시각각 변화하는 시간영역에서 신호파형의 입출력을 일일이 그려본다는 것은 얼핏 보기에도 좀 황당한 일이다보니 시스템의 전달함수라면 의례히 주파수응답을 의미하는 것으로 통한다.

$$Y(\omega)=X(\omega)\cdot H(\omega) \tag{식5-2}$$

그러면 슬슬 주파수응답을 알아내는 방법을 생각해보자. 당장 필요한 것은 제로부터 무한대에 이르는 모든 주파수의 정현파를 하나씩 시스템에 넣어보는 일이다. 그런데 말이 쉽지 이거 끔찍하게 손이 많이 가는 일이 아닌가? 물론 sweep generator라는 값비싼 계측기를 만들어 이 일을 해내기는 하지만, 단칼에 해결할 수 있는 비법이 하나 있다! 우리는 [그림4-7]에서 모든 주파수성분을 꼭 같은 크기로 유지하면서 연속스펙트럼을 가지는 신호로서 단위충격함수가 있음을 알고 있다. 물론 이상적인 단위충격함수를 만들 수는 없지만, 거의 임펄스에 가까운 단일 펄스신호를 만들어 시스템에 집어넣고 출력을 관찰하면 뭔가 될 듯하지 않은가?

그렇다. 이처럼 단일임펄스신호의 입력에 대하여 시스템이 내놓는 시간영역 출력을 "임펄스응답(impulse response)" h(t)라고 하는데, 이놈을 푸리에변환하면 바로 주파수응답 H(ω)가 되는 것이다! 임펄스라는 충격에 대한 거동을 살펴봄으로서 시스템의 응답을 알아본다는 것은 비단 통신공학의 세계만이 아닌 인간이나 사회의 본성을 알아보는 좋은 방법이기도 하지 않을까? 자연과학에 쓰이는 방법론들이 결국 인간사회와도 상통하는 좋은 예를 여기서도 발견할 수 있어 흥미롭다.

그런데 주파수응답 H(ω)가 시스템에서 곱셈으로 전달된다면 시간영역에서 임펄스응답 h(t)는 시스템에 어떤 형태로 작용할까? 이에 대하여 우리는 (식4-16)에서 시간과 주파수의 가교(架橋)로서 콘볼루션을 정의하였다. 즉 시간영역 시스템응답은 (식5-3)과 같이 입력신호와 임펄스응답의 콘볼루션으로 표시되는 것이다. 이쯤에서 일반적으로 시간영역 표기는 알파벳 소문자로, 주파수영역표기는 대문자로 한다는 것은 눈치 챘을 터이고...

$$y(t)=x(t)*h(t)=\int_{-\infty}^{\infty}x(\tau)h(t-\tau)\,d\tau \tag{식5-3}$$

전통적인 아날로그 전자회로의 경우, 주파수응답에 기초한 회로설계가 일반적이지만 각 전기소자의 성능한계와 독특한 주파수응답특성 등으로 인해 왜곡 없는 정밀한 응답을 얻기 어려웠다. 이에 반해 신호처리용 디지털프로세서의 막강한 연산능력 도움을 빌어, 임펄스응답에 기초한 엄청 번거로운 콘볼루션 계산을 통해 시간영역 시스템출력을 실시간으로 곧장 얻어내는 방법도 있는데, 대표적인 예로서 디지털필터가 있다.

5-3 무왜곡 전송

주파수응답에 대한 전기회로적 소양과 통찰력은 비단 통신기기뿐만 아니라 통신시스템 설계와 운용 전반에 걸쳐 요긴하게 응용되는 점을 명심하자. 이런 관점에서 통신의 궁극적 목적인 왜곡 없는 신호의 전송을 고찰해 본다. 신호의 전송에 있어서 이상적인 전송로란 다음과 같은 "선형시불변(線形時不變, Linear Time Invariant, LTI)" 조건을 가정한다.

1) 중첩원리(Superposition Principle) :

"콩 심은데 콩 나고 팥 심은데 팥 난다."

→ 시스템에 함께 들어온 신호들은 서로에게 전혀 영향을 주지 않는다.

$$x_1(t)+x_2(t) \quad \rightarrow \quad y_1(t)+y_2(t) \tag{식5-4}$$

2) 선형시스템(Linear System) :

"심은 만큼 거둔다."

→ 입력과 출력은 철저히 정비례하는 1차함수의 관계를 가진다.

$$ax_1(t)+bx_2(t) \quad \rightarrow \quad ay_1(t)+by_2(t) \tag{식5-5}$$

3) 시불변시스템(Time Invariant System) :

"동해물과 백두산이 마르고 닳도록..."

→ 입력에 대한 출력의 크기는 시간의 경과와 무관하다.

$$x(t-t_0) \quad \rightarrow \quad y(t-t_0) \tag{식5-6}$$

사실을 말하자면, 이 세 가지 조건을 만족하는 소위 LTI시스템은 이 세상 어디에도 존재하지 않는다. 특히 조건 1), 3)은 그런대로 어느 정도 너그럽게 봐 줄 수도 있지만, 조건 2)를 비슷하게라도 충족시키는 일이 얼마나 어려운지는 우리의 일상생활에서도 숱하게 경험하지 않는가? 선형성이 충족되지 못함으로 인해 생기는 신호의 왜곡은 어떤 양상을 보일까? 신호에 어떠한 왜곡도 생기지 않도록 하려면, 즉 "무왜곡전송(無歪曲傳送)"을 하려면 시스템의 전달함수는 어떤 조건을 만족해야 할까? 전달함수 H(ω)를 자세히 살펴보도록 하자.

전달함수란 (식5-1)과 같이 주파수영역에서의 진폭응답과 위상응답을 나타내므로, 그 각각에 대한 무왜곡전송 조건을 따져보면 다음과 같을 것이다.

1) 진폭응답의 조건 : 스펙트럼상의 어떠한 주파수성분에 대해서도 동일한 감쇠율 혹은 증폭율이 보장될 것.
2) 위상응답의 조건 : 푸리에변환의 시간천이 특성에 따라 주파수에 선형으로 비례하는 위상지연이 보장될 것.

잘 정렬된 군악대의 대형이 퍼레이드를 벌이며 방향전환을 하는 광경을 한번 상상해 보라. 방향전환축 제일 안쪽을 도는 병사와 제일 바깥쪽을 도는 병사의 보폭과 스피드의 미묘한 호흡이 느껴지는가? 병사 하나하나를 스펙트럼을 구성하는 주파수로, 발맞추기를 각각의 위상으로 보면 그림이 떠오를 것이다. 무왜곡전송을 위한 진폭 및 위상응답 조건을 시각적으로 살펴보면 [그림5-2]와 같다.

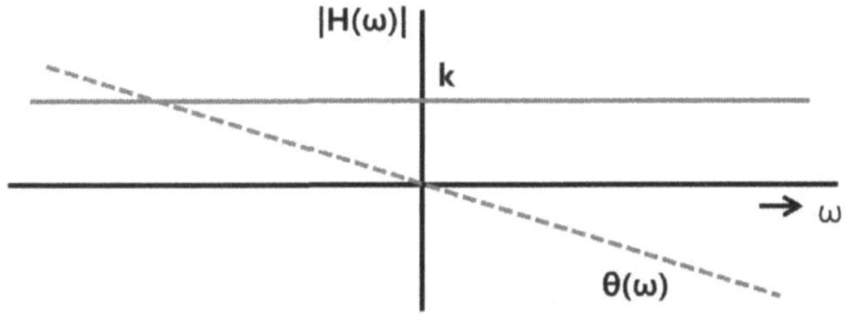

[그림 5-2] 무왜곡전송을 위한 전달함수의 조건

(식5-7)과 같이 복소수인 전달함수의 절대치로 표시되는 진폭응답 $|H(\omega)|$는 주파수와 무관한 상수여야 하므로 그림에서 주파수축에 평행한 선으로 나타난다. 따라서 진폭응답 k, 시간지연 t_0인 시스템의 시간영역 출력은 (식5-8)로 표현되는데, 이를 푸리에변환하면 (식4-18)의 푸리에변환 시간천이특성에 따라 (식5-9)와같이 무왜곡전송의 주파수영역 전달함수로 유도된다.

$$|H(\omega)| = k \quad \text{(식5-7)}$$

$$y(t) = kx(t - t_0) \quad \text{(식5-8)}$$

$$Y(\omega) = kX(\omega)exp(-j\omega t_0)$$
$$H(\omega) = k\,exp(-j\omega t_0) \quad \text{(식5-9)}$$

무왜곡전송의 전달함수를 보면 진폭응답 k는 주파수 ω와는 전혀 무관하지만, 위상각은 (식5-10)과 같이 비례상수를 t_0로 하는 주파수 ω의 1차함수로 지연됨을 확인할 수 있다. [그림5-2]의 점선 표시는 이 위상응답을 주파수에 따른 위상각의 함수 Θ(ω)로 표시한 것이다. 그러고 보니 시간지연 t_0는 Θ(ω)의 기울기가 되는데, 이것은 어디까지나 이상적인 이야기임을 명심하자. 엄밀한 선형성이 보장되지 않는 실제회로의 위상응답을 적절히 표시하기 위해서는 아주 미세한 구간별로 변화율을 일일이 조사해야 하는데, 이럴 때 즐겨 쓰는 수학적 표현이 바로 (식5-11)과 같은 미분형 표기이다. 즉 시간지연 t_0는 더 이상 상수가 아닌 주파수의 함수로 취급되는 것이다. 한편 이렇게 표시되는 주파수에 따른 위상응답특성을 "군지연(群遲延, group delay)"특성이라고 부르며, 시스템성능의 중요한 척도로 사용한다.

$$\theta(\omega) = -t_0\omega \quad \text{(식5-10)}$$

$$t_0(\omega) = -\frac{d\theta(\omega)}{d\omega} \quad \text{(식5-11)}$$

우리가 아무리 정교한 시스템을 만들어도 전달함수의 진폭과 위상응답의 왜곡을 피할 도리는 없다는 것은 대자연의 섭리이다. 이러한 주파수영역에서의 진폭왜곡(amplitude distortion)과 위상왜곡(phase didtortion)이 어울려 원래파형과는 다른 왜곡된 파형이 합성되는 것을 "선형왜곡(線形歪曲, Linear Distortion)"이라고 한다. 그런데 이놈이 비록 골치 아프기는 하지만, 취급하는 신호의 종류에 따라 진폭왜곡과 위상왜곡에 민감한 정도가 상당히 다르다는 것을 알아 두면 시스템 설계에 도움이 될 것이다. 그런 의미에서 통신에 사용되는 대표적인 신호인 오디오신호와 비디오신호의 차이를 알아보자.

인간의 청각(聽覺)은 실시간(實時間) 푸리에분석기로서 시간영역이 아닌 주파수영역에서 소리를 인지한다! 즉 소리의 주파수성분 분석하여 스펙트럼을 뇌에 전달하고 뇌에 기억된 소리DB를 검색하여 그 소리의 정체를 알아낸다. 따라서 각 주파수성분의 위상왜곡은 별로 문제가 되지 않는 대신, 진폭왜곡에는 상대적으로 민감하다. 그러고 보니 오디오장비 메이커가 달성하기 위해 애쓰는 성능지표는 그 장비의 진폭응답이 얼마나 평탄한지를 따지는 데 초점이 있다.

반면 비디오신호는 위상왜곡에 매우 민감한 대신 진폭왜곡에는 비교적 너그럽다. 이를테면 TV신호에 대한 진폭왜곡이 화소에 미치는 영향은 색조가 조금 깨지는 정도로 그리 거슬리지 않는다. 하지만 위상왜곡은 수많은 정현파가 정확한 시점에서 합성되어야만 만들어지는 예리한 윤곽선을 흐트러뜨려 화질이 뚝 떨어지고 만다. 그야말로 화면의 엣지(edge)가 죽어버리는 것이다! 이 특성은 펄스를 사용하는 디지털통신에도 그대로 적용이 되는데, 흐트러진 윤곽선은 펄스를 좌우로 퍼지게 만들어 인접한 펄스끼리 간섭을 일으키는 소위 "부호간간섭"이라는 골치 아픈 문제를 일으킨다. 결론적으로 "눈은 위상차를 보고, 귀는 주파수를 듣는다."를 기억하자.

5-4 필터에 대하여

신호는 그 처리 및 전송과정에서 필요한 주파수성분만을 모으거나 불필요한 주파수성분을 배제할 필요가 있는데, 이때 사용하는 소자가 필터(filter)이다. 따라서 필터의 전달함수란 어떤 신호를 구성하고 있는 주파수성분 가운데서 통과가능한 주파수의 영역, 즉 시스템의 통과대역폭을 의미한다. 여파기(濾波器)로도 번역되는 필터는 다음과 같이 분류된다.

1) 저역통과여파기(低域通過, Low Pass Filter, LPF)
2) 고역통과여파기(高域通過, High Pass Filter, HPF)
3) 대역통과여파기(帶域通過, Band Pass Filter, BPF)
4) 대역차단여파기(帶域遮斷, Band Stop Filter, Notch Filter)

여기서는 낮은 주파수만 통과시키는 LPF의 예를 들어 위에서 살펴본 선형응답이 얼마나 어려운 일인지 알아보기로 한다. [그림5-3]에 이상적인 LPF의 전달함수와 임펄스응답을 보인다. 대역폭주파수 W[rad/sec]를 경계로 칼같이 잘리는 벽돌담(brick-wall) 모양의 함수표현과 그 푸리에역변환인 임펄스응답은 (식5-12)와 같다.

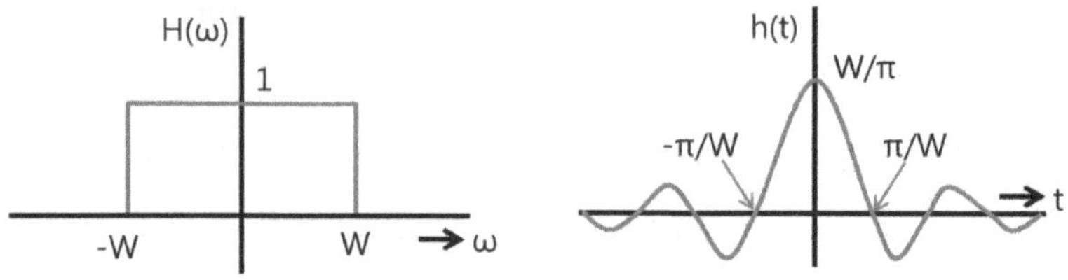

[그림 5-3] 이상적인 저역통과여파기의 전달특성

$$H(\omega) = rect\left(\frac{\omega}{2W}\right)$$

$$h(t) = \mathscr{F}^{-1}\left[rect\left(\frac{\omega}{2W}\right)\right] = \frac{W}{\pi} sinc\left(\frac{Wt}{2\pi}\right) \quad \text{(식5-12)}$$

그런데 시간영역 임펄스응답특성의 그림에서 매우 이해하기 힘든 사실이 있다는 것을 눈치 챘는가? 그림에서 t=0점이란 신호가 필터에 입력되는 시점을 말하는데, 어라? 그 응답은 이미 마이너스 무한대 시점부터 존재하고 있었다는 이야기다. 이게 무슨 해괴한 소리란 말인가? 이를테면 깜깜한 방에 들어가 전등스위치를 넣는 순간 조명은 이미 오래전부터 들어와 있었다나.. 이런 말이 되지 않는, 즉 인과관계가 성립하지 않는 시스템을 "비인과시스템(非因果, non-causal system)"이라고 한다.

사실을 말하자면 이상적인 LPF의 임펄스응답에서 실현가능한 부분이란 t=0시점 이후의 절반뿐으로 그림의 sinc파형 왼쪽절반은 물리적으로 존재할 수 없고, 따라서 주파수영역 전달함수 또한 벽돌모양이 아닌 뭔가 기묘한 형태로 변할 것이다. 게다가 시간축으로 무한히 이어지는 임펄스응답은 어쩔 것인가? 그렇다. 이상적인 필터란 이 세상에서는 절대로 만들 수 없는 물건이다. 그런데도 실제로 사용되고 있는 수많은 필터들은 도대체 무엇이란 말인가?

이상적인 필터의 실현이란 어차피 포기할 수밖에 없겠지만, 사라진 마이너스 시간의 응답을 조금이라도 살려낼 방법은 없을까? 해답은 간단하다. 임펄스응답곡선을 t=0시점 이후, 즉 시간축 우측으로 당겨내면 된다. 무슨 말인가? 시스템에 [그림5-4]와 같이 "시간지연(time delay)"를 준다면 non-causal 부분이 causal의 영역으로 일부 끌려나오면서 완벽하지는 않지만 상당부분의 임펄스응답을 건져낼 수 있다. "이렇게 간단한 수가 있을 줄이야" 하고 좋아할지 모르겠지만 이에 상응하는 대가를 톡톡히 치러야 한다. 푸리에변환의 시간천이특성을 기억하는가? 이번에는 [그림5-4]와 (식5-13)에서 보인대로 시간지연이 주파수영역에서 일으키는 선형위상의 보장이라는 대소동을 처리해야 하는 것이다.

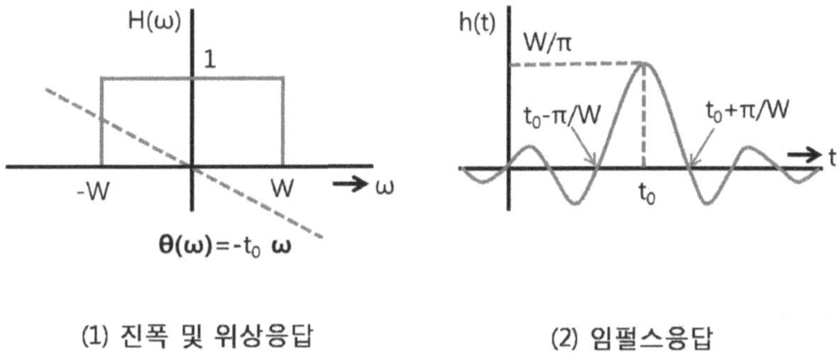

[그림 5-4] 시간지연을 고려한 저역통과여파기의 전달특성

$$h(t)=\frac{W}{\pi}sinc\left[\frac{W(t-t_0)}{\pi}\right]$$

$$H(\omega)=\mathscr{F}\left(\frac{W}{\pi}sinc\left[\frac{W(t-t_0)}{\pi}\right]\right)=rect(\frac{\omega}{2W})exp(-j\omega t_0) \qquad \text{(식5-13)}$$

게다가 실시간 시스템에서 시간지연을 무한정 허용할 수도 없는 노릇이므로, [그림 5-4]의 주파수영역 전달함수 그림이 사실상 이렇게 벽돌모양으로 나올 턱이 없다. 왜냐하면 꼬리가 잘린 임펄스응답이란 신호를 구성하는 일부 정현파성분이 사라졌음을 의미하는 바, 이는 벽돌모양의 진폭응답 H(ω)에 왜곡을 초래할 수밖에 없다. 그렇다면 이왕이렇게 왜곡될 바에야 아예 벽돌모양을 포기하고 모서리를 일부러 쳐내어 매끄러운 진폭응답을 만들면 어떨까? [그림5-5]는 한 예로서 버터워스(Butterworth)의 근사식에 의한 필터설계이다. 흥미로운 점은 진폭응답을 상당히 부드럽게 변형하더라도 그 임펄스응답은 그다지 크게 변형되지 않을뿐더러 사이드로브의 감쇠(ringing)가 더 빨라진다는 부가적인 이점도 있다는 것이다. 다만 이로 인한 위상왜곡이 만만치 않으니 주의가 필요할 것이다.

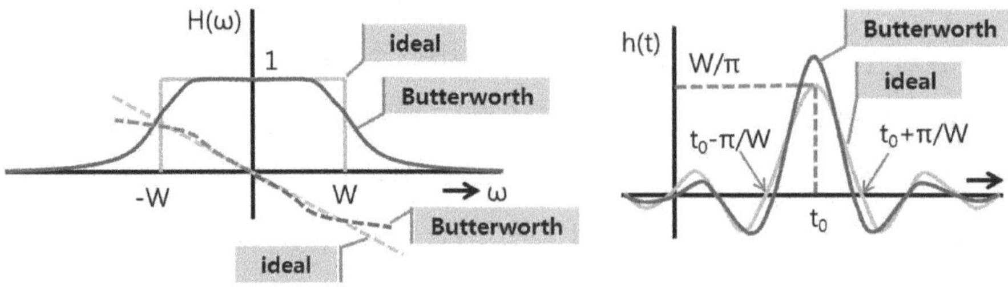

[그림 5-5] 버터워스필터의 전달함수와 임펄스응답 예

결론적으로 말하자면 실제로 필터를 설계한다 함은, 한쪽을 세우면 다른 쪽이 무너지는 전달함수의 진폭응답과 위상응답, 그리고 한정된 지연시간과 임펄스응답의 변형 사이에서 타협점을 찾아내는 예술에 가까운 작업이다. 이처럼 필터의 설계에는 시간영역과 주파수영역을 오가는 설계자의 고뇌가 담겨있으며, 완벽한 필터란 존재하지 않는다. 다만 사용목적에 따라 보다 더 민감한 부분에 치중하여 최적의 필터를 선택할 뿐이다. 전송로와 송수신기, 신호의 종류, 비용 등을 종합적으로 고려해야 하는 통신시스템의 설계는 진실로 솔로몬의 지혜가 필요할 것이다.

HPF와 LPF는 종종 미분기(differentiator)와 적분기(integrator)로 불리기도 하는데, 이는 필터가 시간영역에서 파형의 변화에 미치는 영향을 물리적으로 이해하는데 편리하다. [그림5-6]의 가장 간단한 RC HPF와 LPF에 대하여, 우리가 즐겨 쓰는 펄스신호를 예로 들어 HPF의 미분효과와 LPF의 적분효과를 보자. 캐패시터가 고주파에서는 단락(短絡, short)으로, 저주파에서는 개방(開放, open)으로 작용하면서 고주파 또는 저주파에 대하여 필터작용을 함을 알 수 있다. 이 효과는 앞으로 통신회로에서도 많이 쓰이는 개념이므로 잘 기억해 두기 바란다.

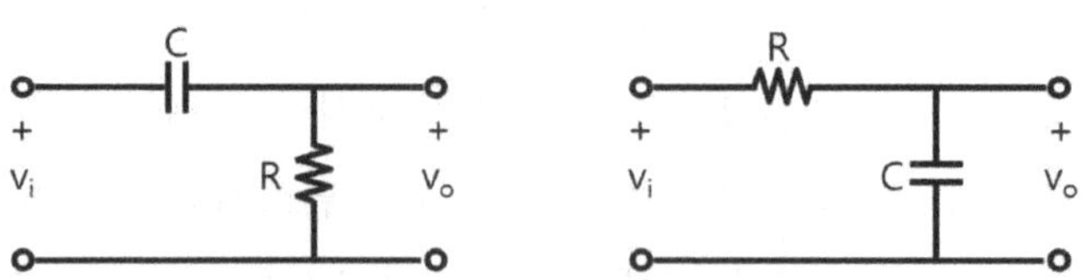

(1) HPF (2) LPF

[그림 5-6] RC HPF & LPF

푸리에분석에 의하면, 펄스의 상승부(rising edge)와 하강부(falling edge)처럼 파형이 무한대의 변화율을 보이는 부분은 매우 높은 고주파성분들이 교묘하게 모여 있다. 반면 펄스의 평탄부는 보다 적은 개수의 큼직한 저주파성분으로 만들어진다. 따라서 HPF(미분기)를 거친 펄스는 [그림5-7] (1)과 같이 저주파성분이 모두 차단되어 펄스평탄부가 사라지고 edge부분만 남은 두 개의 임펄스를 출력한다. 그러면 LPF(적분기)를 거친 펄스는? [그림5-7] (2)와 같이 edge가 사라지고 전체적으로 두루뭉실한 평탄부만 남을 것이다.

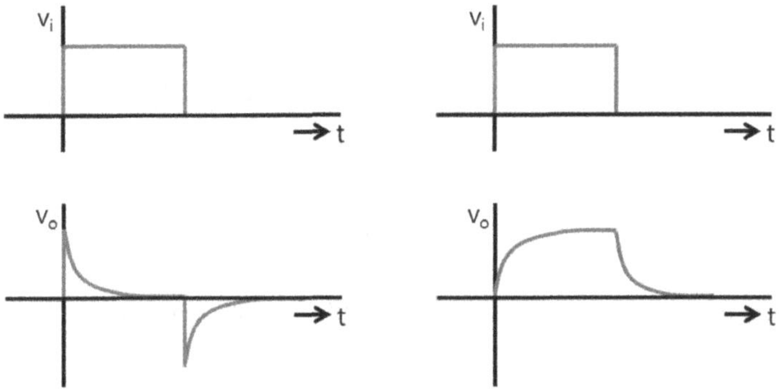

(1) 미분기(HPF) 입출력특성　　(2) 적분기(LPF) 입출력특성

[그림 5-7] 펄스신호에 대한 미분기와 적분기의 응답

연습 문제

알기 쉬운 통신이론

1. 복소평면, 삼각함수, 지수함수 사이의 관계를 그림으로 나타내어 하나의 공식으로 유도하고, 이와 관련되는 페이저의 개념과 사용법에 대하여 설명하시오.

2. 푸리에분석을 한마디로 말하자면 무엇인가? 그리고 푸리에분석의 2가지 핵심과제와 이를 해결하기 위한 수학적 기법을 자세히 설명하시오.

3. 정현파 전압 $v(t) = Acos(\omega_0 t + \theta)$에 대하여 전력과 rms 전압 및 전류를 구하고, 그림으로 표시하시오.

4. 두 시간함수 $f(t), g(t)$의 상관계수를, 1) 시간함수를 그대로 사용하는 방법과, 2) 벡터를 사용하는 방법으로 각각 유도하시오.

5. 어떤 기본주파수의 정수배로 표현되는 모든 삼각함수가 무한대차원의 직교벡터공간을 형성함을 증명하시오.

6. 주기 T_0, 펄스폭 T_p, 진폭 1인 pulse train 함수를 지수함수로 푸리에분석 하고, 그 스펙트럼을 그리시오.

7. 주기가 T_0인 주기신호의 지수함수 푸리에급수로부터, 연속스펙트럼을 가지는 비주기신호에 대한 푸리에변환식을 유도하시오.

8. 단일펄스 신호 $f(t) = rect(t/T_0)$의 푸리에변환쌍을 수식으로 구하고, 그림으로 표시하시오.

9. 푸리에변환의 5가지 특성에 대하여 각각 간략하게 설명하시오.

10. 신호에 있어서 "time-limited = frequency-unlimited"의 개념과 "frequency-limited = time-unlimited"의 개념을 설명하고 그림으로 표시하시오.

11. 사각파의 푸리에변환쌍으로부터 삼각파의 푸리에변환을 얻어내는 과정을 그림으로 설명하시오.

12. 무왜곡전송을 위한 전달함수의 조건을 그림과 수식으로 설명하시오.

13. ideal LPF가 실제로는 존재할 수 없는 이유를 설명하고, 이 문제를 회피하여 구현하는 practical LPF는 어떤 특성을 가지게 되는지 그림으로 자세히 설명하시오.

14. 정현파 $f(t) = 2\sin t$ 에 대하여 파스발의 정리를 증명하시오.

2부

샘플링과 펄스통신

다중통신과 샘플링

제6강

신호를 띄엄띄엄 보내고도 완벽하게 복원이 된다고?

6-1 개요

연속되는 전기신호를 구리선을 통해 주고받는 전기통신. 그 대명사는 역시 전신/전화가 아니겠는가? 이제는 광선로와 광대역무선망에 그 자리를 내주고 역사의 뒤안길로 사라지고 있지만, 인류의 역사를 영원히 바꾼 놀라운 발명임에 틀림없다. 전신/전화망은 19세기말 처음 등장한 이후 그 수요가 폭증하면서 값비싼 구리통신선 공급문제, 감당하기 어려울 정도로 도시를 뒤덮는 전신주와 통신선, 장거리 회선교환문제 등의 난관에 봉착하게 된다. 그리고 이에 대한 돌파구로서 "펄스통신"이라는 또 하나의 기술혁신이 20세기 중반 혜성처럼 나타난다. 통신의 패러다임을 바꾼 그 이야기를 이제부터 알아보자.

6-2 다중통신

한정된 통신로로 폭증하는 통화수요를 따라가는 길은 딱 하나밖에 없다. 다수의 이용자가 하나의 통신로를 공유하는 것, 즉 "다중화(多重化, multiplexing)"가 그것이다. 통신로를 나누어 쓰다니, 무엇을 나눈다는 말인가? 여기서 제1부에서 다룬 신호분석의 관점을 떠올린다면, 다중화 역시 신호를 보는 두 개의 창, 즉 시간영역과 주파수영역으로 구분하여 고찰하여야 함을 알 수 있을 것이다. [그림6-1]에 시간을 나누는 다중화와 주파수를 나누는 다중화를 도식적으로 보인다.

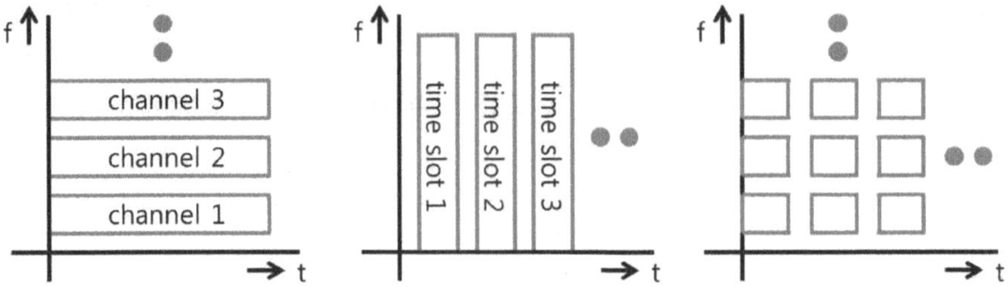

(1) FDM (2) TDM (3) FDM+TDM

[그림 6-1] 다중화의 도식적 표현

두 다중화 방식은 각각 "주파수분할다중화(Frequency Division Multiplexing, FDM)"와 "시간분할다중화(Time Division Multiplexing, TDM)"로 명명되며, 때로는 두 다중화방식을 함께 쓰기도 한다. 각 방식의 특징을 비교하면 아래와 같다.

1) 주파수분할다중화(FDM)

- 통신로의 주파수축을 다중화 개수만큼 분할
- 각 사용자에게 전용의 주파수대역폭, 즉 "채널(channel)"을 할당하여 통신로 공유
- 기저대역의 신호를 할당된 주파수대역으로 주파수천이 하는 과정 필요 (진폭변조)
- 주파수대역 사이의 간섭회피를 위해 보호대역(guard band) 삽입
- 채널별 최소한의 대역폭 보장을 고려할 때 다중화의 한계가 있음

FDM에 대해서는 4-4절 푸리에변환의 주파수천이특성을 떠올리기 바란다. FDM기술은 고유의 주파수대역으로 엄격히 통제되는 무선 또는 유선 채널운용의 기본방식으로서, 공통의 통신로를 다수의 이용자들이 서로 간섭 없이 공유할 수 있도록 보장한다. FDM은 마이크로웨이브 장거리전화중계의 다중화방식으로도 연구되어 일찍이 상용화되었다. 이에 대해서는 제4부 진폭변조에서 다시 다룰 것이다. 그렇지만 너무나 한정된 주파수자원과 복잡한 아날로그 변복조과정이라는 비효율성 그리고 폭증하는 전화수요를 감당하기 어려워지면서 TDM이 본격적인 대안으로 떠오르게 된다.

2) 시분할다중화(TDM)

- 시간축을 다중화 개수만큼 분할
- 각 사용자에게 전용의 시간대, 즉 "타임슬롯(time slot)"을 할당하여 통신로 공유
- 타임슬롯에 맞추기 위해 연속신호를 샘플링(sampling) 함으로서 일정간격의 펄스열 이산신호로 변환
- 타임슬롯 사이의 간섭회피를 위해 보호시간(guard time)을 삽입
- 펄스폭을 극한으로 줄일 수만 있다면 이론적으로 무한대의 다중화 가능

[그림6-2]에 두 개의 타임슬롯으로 하나의 통신로를 공유하는 2채널 TDM의 예를 보인다. 물론 송수신간 타이밍이 딱 맞추어져 있다는 가정이 전제된다. 그림에서 보듯 샘플펄스의 폭을 극한으로 좁힐 수 있다면(time-limited), 얼마든지 많은 타임슬롯으로 다중화 할 수 있을 것으로 보인다. 하지만 그럴수록 펄스폭과 반비례하여 주파수영역에서 무한대로 넓은 대역폭(band-unlimited)이 요구된다는 점에 주의해야 한다. 즉 TDM의 다중화능력 역시 FDM처럼 통신로의 물리적인 대역폭에 좌우되는 것이다. 이 문제는 제3부 기저대역전송에서 상세히 다룰 것이다.

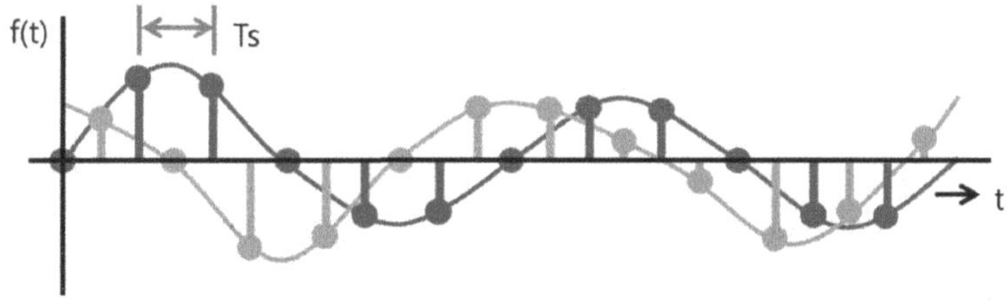

[그림 6-2] 2채널 시분할다중통신의 예

TDM에 있어서 원론적인 의문은, 일정 간격을 두고 띄엄띄엄 보낸 샘플만으로도 각각의 수신단에서 완벽한 원래의 아날로그 연속파형을 복원할 수 있느냐는 것이다. 과연 이 일이 가능할까? 이에 대한 논의는 우리 실생활에서의 예로서 영화를 들어 생각해보자. 영화카메라는 1초당 24장면을 필름으로 촬영한다. 그리고 영사기에서는 이 필름 한 장을 광원(光源)에 노출하여 화면에 비춰주고, 이어서 셔터(shutter)로 광원의 빛을 차단한 상태에서 다음 필름 위치로 릴을 감고, 다시 셔터를 열어 바꾼 필름을 비춰주고, 다시 셔터를 닫고...의 과정을 반복한다. 그렇지만 우리의 눈은 밝은 화면의 잔상으로 인해 셔

터로 가려지는 캄캄한 화면을 인식하지 못한 채 다음 화면을 봄으로서 마치 연속화상을 보는 듯한 착각에 빠진다.

그런데 1초당 24회 정도로는 셔터가 열리고 닫히면서 명암이 바뀌는 화면의 번쩍거림, 즉 "플리커(flicker)"가 너무 거슬리므로, 한 장의 필름을 두 번씩 또는 세 번씩 비추는 편법으로 1초당 총 48장 또는 72장의 그림을 영사함으로서 플리커를 줄인다. 이것은 1초당 48장, 72장의 필름을 촬영하자니 필름비용이 감당이 안되는 현실적인 문제에서 나온 고육지책(苦肉之策)이기도 하다. 한편 TV의 경우, 1초당 30장(frame)의 그림을 교묘하게 1초당 60장으로 나누어 보내는 "비월주사(飛越走査, interlaced scanning)"라는 방법으로 그럴듯한 동영상 효과가 나게 만든다. 아무튼 이런 예에서 보듯 띄엄띄엄 송신한 신호샘플도 그 간격이 적절하다면 수신단에서 다시 연속신호로 복원될 수 있을 것 같은 생각이 들지 않는가?

적절한 샘플의 간격, 즉 "샘플링주기(sampling interval)"라는 명제를 체계적으로 살펴보기 위해, 제1부에서 익힌 신호분석의 견지에서 이를 고찰해보자. 우리는 모든 신호가 무수한 정현파들의 합으로 이루어짐을 알고 있다. 그렇다면 가장 기본적인 신호인 정현파의 샘플링을 먼저 생각해 보는 것이 순서일 것이다. [그림6-3]에서 단일정현파신호에 대한 샘플링주기와 파형복원의 관계를 따져보자. 오로지 정현파만 대상으로 한다는 단서가 붙는다면, 정현파 1주기당 몇 개의 샘플이 있다면 원래의 정현파를 똑같이 복원할 수 있을까?

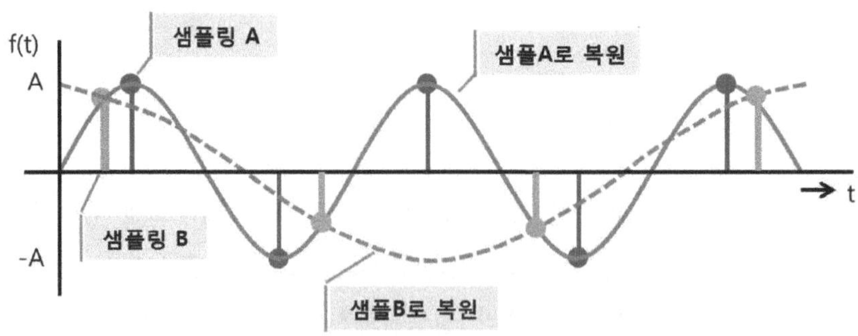

[그림 6-3] 단일정현파 신호의 샘플링

그렇다. 1주기당 2개의 샘플이면 될 듯 하지 않은가? 그림의 "샘플링A"와 같이 샘플링 타이밍이 정현파의 위아래 피크점에서 잡히도록 설정한다면, 두 샘플을 연결하는 정현파는 유일하게 하나밖에 없으므로 샘플만으로도 원래 정현파 파형을 깨끗이 그려낼 수 있다. 예를 들어 10Hz의 정현파라면 20Hz의 빈도로 샘플링하면 된다. 그렇다면 정현파가 아닌 일반적인 신호라면? 간단하다. 그 신호를 이루는 최고주파수 성분의 고조파에 대하여 1주기당 2개의 샘플이 잡히도록 하면, 그보다 낮은 주파수성분의 고조파는 1주기당 더 많은 수의 샘플을 잡게 되므로 파형복원에 전혀 문제가 없다. 그러므로 샘플링의 필요충분조건은 "대역폭 B[Hz]의 신호라면 샘플링의 빈도는 2B[Hz]"라고 할 수 있다.

그런데 만일 샘플링의 빈도가 충분치 못하다면 어떤 부작용을 초래할까? [그림6-3]의 "샘플링B"는 1주기당 2회 이하의 샘플을 송신하는 경우이다. 수신단에서 이 샘플들을 토대로 제일 비스무리한 정현파를 만들어 보면 엉뚱하게도 점선과 같이 훨씬 낮은 주파수의 파형이 만들어지고 마는데, 이런 현상을 "에일리어싱(Aliasing)"이라고 한다. 이 정현파가 만일 가청주파수라면 소프라노 목소리가 마치 기괴한 베이스 목소리처럼 들리지 않겠는가? 이 현상에 관해서는 다음 절에서 주파수영역에서도 고찰을 할 것이다.

이것이 대략 주먹구구로 살펴본 시분할다중화와 샘플링에 관한 이야기이다. 감이 잡히는가? 물론 우리가 신호의 샘플링을 공학적으로 적용하기 위해서는 정연한 수학적 논증이 필요하다. 아래에서 디지털통신 선구자들의 가르침을 들어보자.

6-3 샘플링정리

샘플링에 관해서는 Harry Nyquist와 Claude Shannon에 의해 수학적으로 체계화 되면서, "Nyquist-Shannon Sampling Theorem"이라는 이름으로 정리된다. 특히 1928년 Nyquist가 최초로 아이디어를 제시한 공로로 그냥 "Nyquist's Sampling Theorem"으로 통칭되기도 한다. 우리말로는 "샘플링정리" 또는 "표본화정리"로 번역 되는데, 연속신호를 이산수치의 열(sequence)로 바꾸어주는 이 고마운 이론 덕분에 디지털 신호처리기술과 디지털 메모리 등이 등장하면서 정보처리와 통신의 패러다임이 바뀌게 된다.

[그림6-4]에 나이퀴스트 샘플링정리를 도식적으로 표현하였다. 좌우로 나누어진 시간영역과 주파수영역 그림을 보면서, 두 영역에서 샘플링이 가지는 의미를 종합적으로 파악하기 바란다. 우선 시간영역에서 본 샘플링이란 신호파형 (a)에 임펄스열(impulse train) (b)를 곱하는 의미로 볼 수 있다. 그렇다면 주파수영역에서 본 샘플링이란 어떤

의미일까? 시간영역과 주파수영역의 가교 콘볼루션 연산을 기억하는가? 그렇다. 결과는 신호의 스펙트럼 (a')와 임펄스열의 스펙트럼과 (b')의 콘볼루션이 될 것이다.

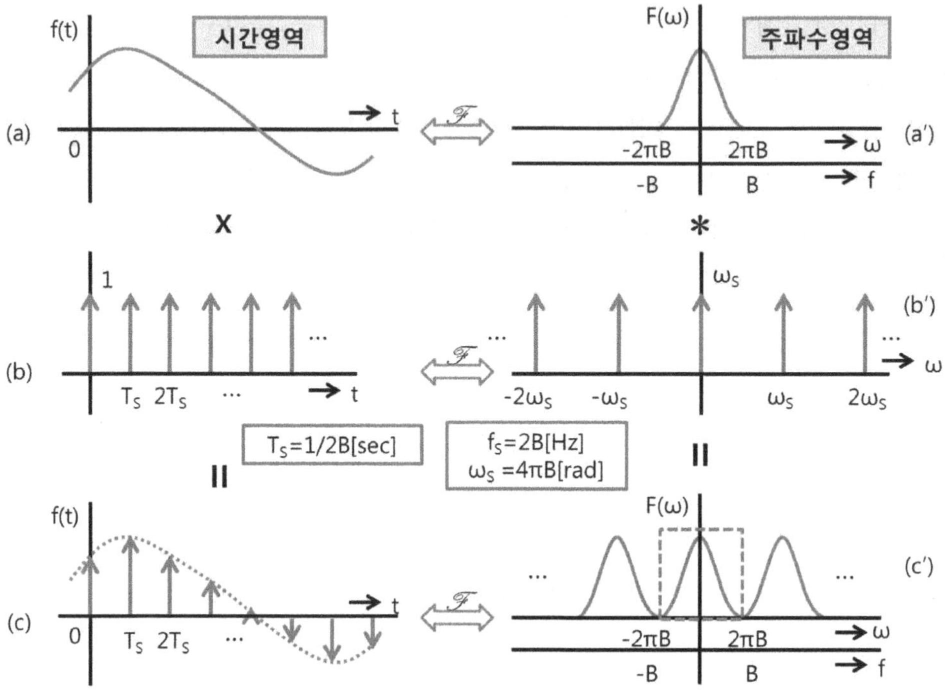

[그림 6-4] 나이퀴스트 샘플링정리의 도식적 표현

신호의 스펙트럼을 [그림6-4] (a')와 같이 B[Hz]로 대역제한(band-limited)된 모양으로 가정하자. 그리고 임펄스열의 푸리에변환은 [그림6-4] (b')와 같이 동일한 임펄스열로 표시된다. 다만 시간영역 임펄스의 간격이 촘촘할수록 주파수영역 임펄스의 간격은 넓어짐에 주의하자. 자! 두 스펙트럼의 콘볼루션 결과는? 간단하다. 신호의 스펙트럼이 임펄스 자리마다 빽빽이 복사되어 나오게 된다. 놀랍지 않은가? 시간영역에서 듬성듬성 신호의 샘플만을 취하고 나머지는 버렸는데, 이걸 주파수영역으로 보았더니, 어랍쇼! 무한대의 주파수범위에 걸쳐 복사된 쌍둥이 스펙트럼의 열이 만들어진 것이다.

이처럼 샘플링에 대한 주파수영역에서의 이해를 통해 우리는 또 하나의 부산물을 얻게 되는데, 그것은 바로 샘플링 된 신호로부터 원래신호의 파형을 복원하는 방법이다. 시간영역에서 보면 파형복원이란 샘플들의 꼭대기를 하나씩 이어나감으로서 그 포락선(envelope)을 찾아가는 과정이 될 터인데, 샘플링으로 사라진 부분을 대충대충 어림짐작으로 이어간다는 것이 어째 좀 찜찜하지 않은가? 하지만 이 문제는 주파수영역에서라면 단칼에 해결된다. [그림6-4] (c')그림의 쌍둥이 스펙트럼 중에서 기저대역 부분이 바로 원래 신호의 스펙트럼이 아닌가! 따라서 파형복원이란 이 기저대역부분만 필터로 빼내는 일, 즉 LPF를 말하는 것이다. 이런 의미에서 이 LPF를 "복원필터(reconstruction filter)"라 부른다. 거듭 말하지만 샘플링 된 신호를 시간영역으로만 관찰하면서 이런 방법을 생각해내기란 쉽지 않을 것이다.

LPF로 파형이 복원되는 모양을 시간영역에서 살펴보는 것도 흥미로울 것이다. [그림6-5]를 통해 그 과정을 살펴보도록 하자. 파형복원이 주파수영역에서는 LPF라는 전달함수를 곱하는 과정이므로, 시간영역에서는 샘플링 된 신호에 LPF의 임펄스응답을 콘볼루션 하는 과정이 될 것이다. 조금 어지럽지만 LPF의 임펄스응답인 sinc파형이 샘플이 있는 자리마다 하나씩 복사되어 서로 합쳐지면서 원래의 파형이 합성되어 가는 모습이 [그림6-5] (c')에 잘 나타나고 있다. 이런 식으로 샘플사이의 빈 공간을 메워나가는 것을 "보간(補間, interpolation)"이라고 하며, 이런 의미에서 복원필터를 "보간필터"라 부르기도 한다. 그런데 이 깔끔한 그림이 정말일까? 이 일이 그리 호락호락하지 않다는 것은 5-4절에서 이미 알아보았다. [그림6-5]는 파형복원에 대한 시각적 이해정도로 알아두자.

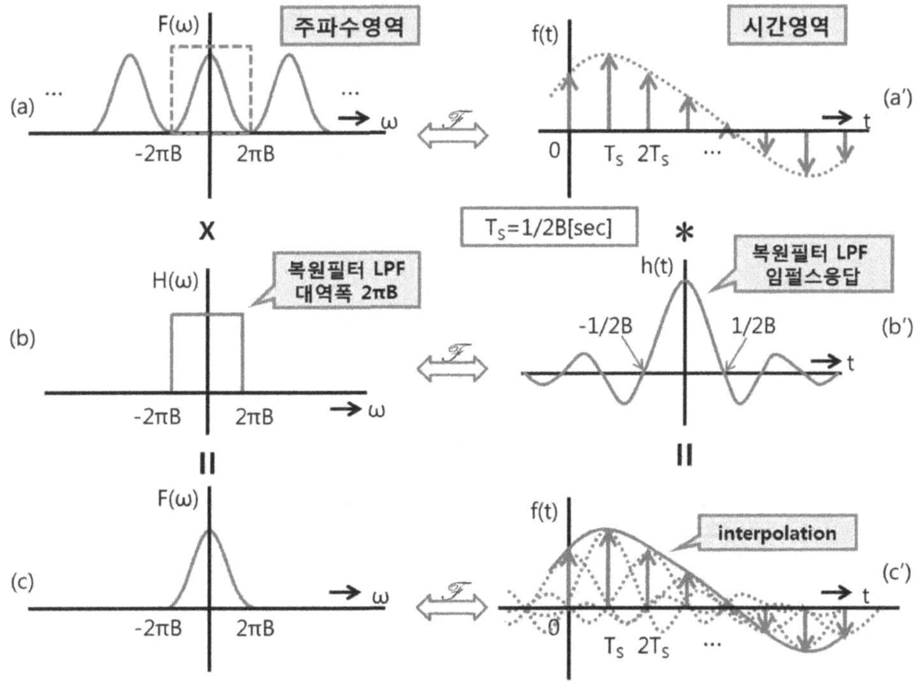

[그림 6-5] 복원필터에 의한 파형복원

간단히 LPF라고는 했지만 완벽한 파형복원을 위한 전제조건이 있는데, 그것은 바로 [그림6-4] (c')그림의 쌍둥이 스펙트럼들이 서로 조금이라도 겹친다면 LPF 된 스펙트럼이 손상된다는 것이다. 그러면 최소한 얼마의 간격으로 떨어져야 할까? 말할 것도 없이 신호대역폭의 2배인 2B[Hz], 각주파수로 4πB[rad/sec]로 되어야 할 것이다. 이 값을 "샘플링주파수"라 부르며, 6-2절에서 주먹구구로 살펴보았던 결과와도 일치한다. 또한 이것을 수학적으로 정연하게 입증한 나이퀴스트를 기념하여 "나이퀴스트주파수"라 부르기도 한다. 그렇다면 시간영역에서 나이퀴스트주파수의 의미는 무엇일까? [그림6-4] (b)그림과 (b')그림의 관계로부터, 시간축 임펄스의 간격은 나이퀴스트주파수의 역수인 1/2B[sec]로 되는데, 이 값을 "샘플링주기", 또는 "나이퀴스트주기"라 부른다. 이와 같이 샘플링은 시간영역에서 촘촘하게 하면 할수록 주파수영역에서 쌍둥이 스펙트럼의 간격이 넓어지는 재미있는 관계를 가지게 된다.

만약 샘플링주파수 이하로 샘플링을 한다면 [그림6-6]과 같이 쌍둥이 스펙트럼들이 겹치고 서로 더해지면서 스펙트럼이 왜곡되어 버리고 마는데, 이를 "에일리어싱(Aliasing)"이라고 부른다. 그런데 이거 [그림6-3] 샘플링B에서 나왔던 이야기 아닌가? 그렇다. 우리는 에일리어싱이라는 현상을 시간영역과 주파수영역에서 각기 관찰한 것이다! 어떻든 에일리어싱은 두 영역에서 모두 심각한 문제를 일으키므로 샘플링 이전에 신호를 꼭 손봐놓아야 한다. 어떻게? 신호를 샘플링하기 직전 적절히 LPF하여 대역폭을 제한해야 하는데, 이를 "에일리어싱방지필터(anti-aliasing filter)"라고 부른다. 흠... 일반적으로 유한한 대역폭을 가진 신호라면 이런게 굳이 필요 없을듯한데 이거 꼭 해야 하나? 이게 무슨 소리인지 다음 절에서 알아보자.

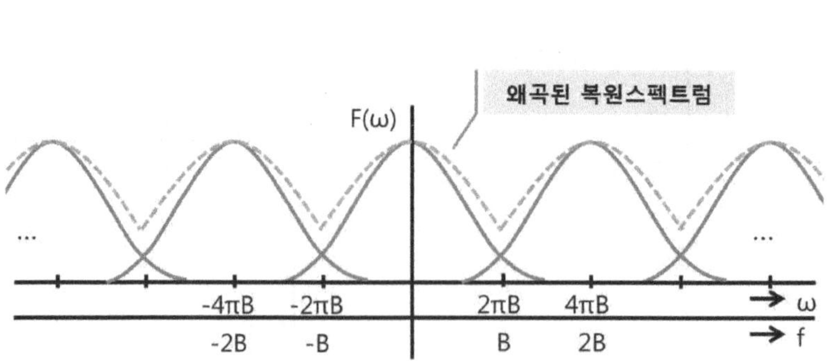

[그림 6-6] 에일리어싱의 주파수영역 해석

6-4 이상적인 샘플링에 관한 고찰

샘플링과 시분할다중화를 쓰는 통신에서 신호처리는 LPF와 함께 시작하고 LPF로 끝난다. 선형시스템에서 살펴보았듯이, 이 깔끔해 보이는 LPF라는 것이 사실은 비인과시스템(non-causal system)이 아니던가? 따라서 아무리 애를 쓰더라도 진폭과 위상 선형성의 실현에는 한계가 있으며, 이런 상황에서 복원되는 신호란 원래신호를 상당히 닮기는 하지만 완전히 같을 리가 없음을 기억하자. 즉 신호는 샘플링 되는 순간 이미 "돌아오지 않는 다리"를 건너가는 셈이다. 싱거운 반전이 좀 아쉽기는 하지만 사실 당연한 이야기가 아니겠는가? 아래에서 이상적인 샘플링에 따르는 이런 문제점들과 그 대책을 구체적으로 살펴보자.

1) 이상적 샘플링의 문제점 1 :

"샘플링대상 신호는 대역폭이 B[Hz]로 엄밀하게 제한되어 있다."

샘플링주파수를 결정하기 위해서는 신호의 대역폭을 정확히 알아야 한다. 그런데 이걸 똑 부러지게 정하기가 힘들다. 왜 그럴까? 4-3절에서 보았던 단일펄스신호와 그 스펙트럼의 쌍대성 특성을 기억하는가? 철학적이기까지 했던 [그림4-10]의 이야기를 다시 참조하면서 샘플링을 고찰해보자.

우리가 신호의 대역폭을 정확히 결정하려면, 즉 주파수제한(frequency-limited)으로 만들려면 시간무제한(time-unlimited), 즉 무한대의 시간에 걸친 신호의 관찰이 필요하다! 하지만 하드웨어의 한계와 실시간 신호처리를 고려하면 현실적으로 신호처리는 짧은 시간프레임 단위로 토막토막 해치울 수밖에 없다. 따라서 현실상의 신호는 시간제한(time-limited)이 될 수밖에 없고, 그 스펙트럼은 이제 주파수무제한(frequency-unlimited)이 되는 것이다. 한마디로 말해서 "주파수제한과 시간제한을 동시에 얻을 수는 절대로 없다"는 뜻이며, 이는 우리가 소망하는 "똑 부러지는 대역폭의 파악이란 현실세계에서는 불가능하다"는 것이다! 이것을 "시간과 대역폭의 불확정성 원리"라고 이해하자. (이 이야기는 몇 번이고 곱씹어 꼭 이해하기 바란다.^^)

이 딜레마의 해결책은 자명(自明)하다. 시간무제한이란 그야말로 불가능하니 적절한 차단주파수에서 신호의 스펙트럼을 미리 LPF 하여 주파수제한으로 만드는 수밖에 없다. 오잉? 그러고 보니 이것이 바로 에일리어싱방지필터가 아니었던가? 그렇다. 에일리어싱방지필터는 "선택이 아니라 필수"로 쓰이는 것이며, 샘플링주파수란 적절한 다중화효율과 최소한의 신호손상 사이에서 타협(trade-off) 한 에일리어싱방지필터의 차단주파수에 의해 결정되는 것이다.

2) 이상적 샘플링의 문제점 2

"샘플을 취하기 위한 이상적인 임펄스열(impulse train)이 필요하다."

이상적인 임펄스신호(단위충격함수)란 무한대의 대역폭을 가지는 물리적으로 실현이 불가능한 신호이다. 우리가 최선을 다해 만들 수 있는 한계는 최소한의 폭을 가지는 펄스열신호일 뿐이다. 과연 이상적인 임펄스열신호가 아닌 일정한 두께를 가지는 펄스열신호로도 샘플링이 가능할까? [그림6-7]에서 생각해보자.

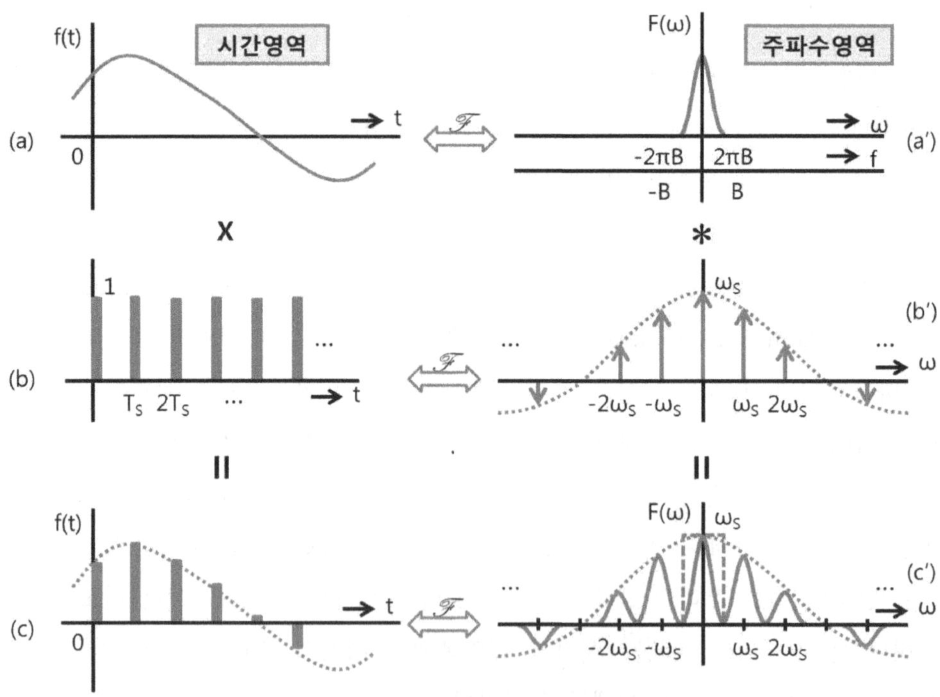

[그림 6-7] 펄스열신호에 의한 샘플링

일정한 폭을 가지는 펄스열신호의 스펙트럼은 푸리에급수에서 살펴 본대로 (b')그림처럼 포락선이 sinc함수 모양이 된다. 따라서 주파수영역 콘볼루션의 결과는 그림(c')와 같이 크고 작은 쌍둥이 스펙트럼으로 나타난다. 물론 이상적인 임펄스열신호를 사용하는 [그림6-4] (c')의 스펙트럼처럼 균일한 크기는 아니지만 그게 무슨 상관인가? 복원필터로 기저대역의 스펙트럼만 취하면 완벽한 신호스펙트럼을 건져낼 수 있지 않은가! 이처럼 이상적인 임펄스열 대신 펄스열을 사용하여도 신호의 샘플링에는 큰 문제가 없다. 다만 펄스의 폭이 너무 넓어지면 시분할다중화에 불리하다는 점에 주의해야 할 것이다.

3) 이상적 샘플링의 문제점 3

"에일리어싱방지필터와 복원필터는 이상적인 저역통과필터(ideal LPF)를 가정한다."

벽돌모양의 이상적인 필터란 비인과시스템으로서 물리적 실현이 불가능하다. 따라서 5-4절에서 살펴 본대로 실제로는 비스듬한(gradual cut-off) 진폭응답특성을 가지는 필터를 쓰는 수밖에 없다. 복원필터의 경우 이런 필터로 안정된 필터링영역 확보를 위해서는 [그림6-8] (2)와 같이 쌍둥이 스펙트럼들이 서로 어느 정도 떨어져 있어야 한다. 그런데 주파수영역이 간격이 벌어진다는 것은 시간영역에서의 보다 촘촘한 샘플링을 의미하지 않는가? 즉 실제 상황에서는 나이퀴스트주파수보다 조금 더 높은 샘플링주파수로 샘플링이 이루어져야 하는데, 이를 "over-sampling"이라 부른다.

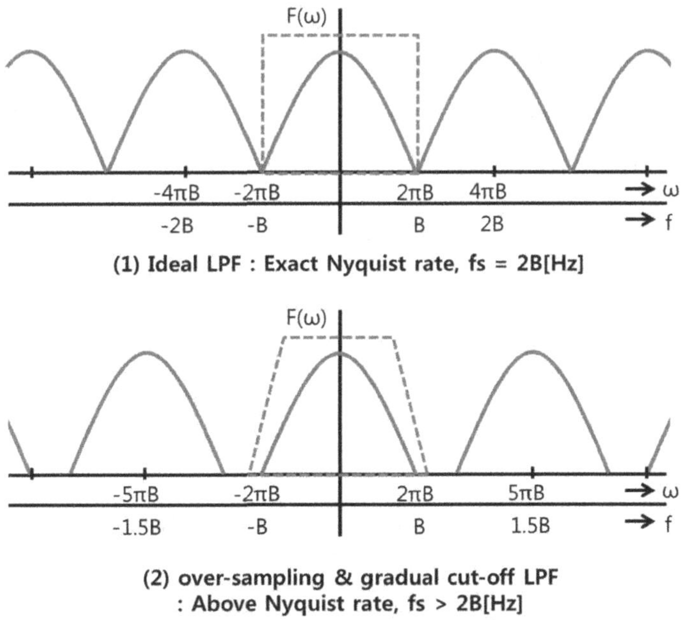

[그림 6-8] 이상적인 LPF와 실제 LPF의 설계

이제 위에서 살펴본 문제점들을 고려하여 음성신호를 샘플링 해보자. [그림6-9]에 보인 음성신호의 전력스펙트럼은 사실은 20kHz에 이르는 영역까지 뻗어있다. CD용 고품질 오디오의 경우에는 over-sampling의 여유 등을 고려하여 44.1kHz로 샘플링하여 전대역을 충실히 재생해내도록 한다. 한편 전화의 경우에는 화자인식(話者認識)이 가능한 정도라면 충분하므로 고주파영역을 대부분 포기하더라도 통화음질에 큰 지장을 주지는 않을 것이다. 다행스럽게도 음성신호의 전력은 주로 저주파부분에 몰려있으므로 차단주파수 3.4kHz로 대폭 대역제한 LPF하고 샘플링주파수 8kHz로 over-sampling 하여 처리한다.

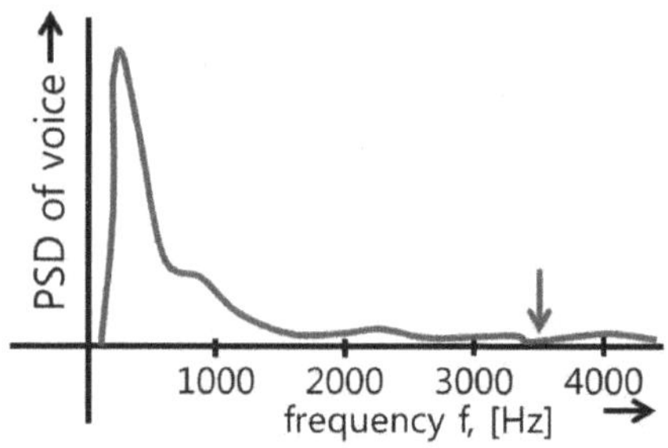

[그림 6-9] 음성신호의 전력스펙트럼밀도

샘플링이란 신호에 펄스열신호를 곱하는 것이고, 전기회로에서 이 일을 하는 소자는 다름 아닌 스위치이다. 이상적인 임펄스 대신 유한한 폭을 가지는 펄스를 적용하다 보니, 스위칭회로 구성에 따라 실제 샘플의 모양에는 차이가 날 수 있다. 대표적인 고속반도체스위치인 CMOS 아날로그스위치로 구현된 샘플링회로의 예를 [그림6-10]에 보인다.

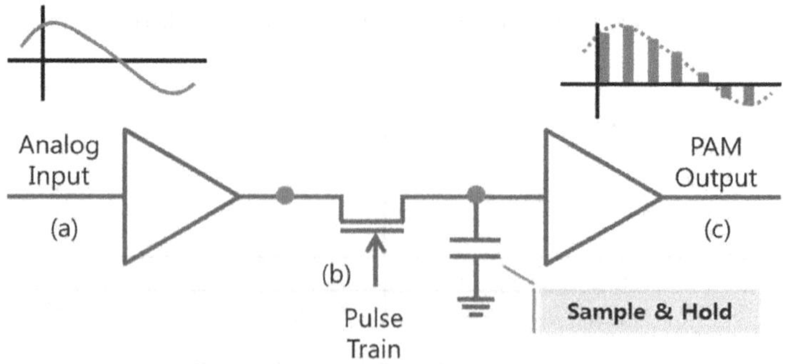

[그림 6-10] 아날로그스위치를 사용한 샘플링회로

샘플링 회로의 출력을 보면 샘플이 지속되는 동안 펄스의 진폭이 일정한 값으로 유지되고 있다. 샘플의 머리 부분이 평평하다는 뜻에서 이 방식을 “평탄샘플링 (平坦標本化, Flat-Top Sampling)”이라 부르며, 그 회로를 “표본/유지(Sample & Hold) 회로”라 부른다. 그림에서 보이듯 샘플구간동안은 원래의 매끄러운 파형이 아니므로 신호의 스펙트럼에 약간의 변형이 발생하지만, 큰 문제가 없고 다루기에도 편하므로 대부분의 디지털회로에서 주로 쓰인다. 이에 비해 샘플구간동안에도 원래의 매끄러운 파형을 충실히 유지하도록 만든 샘플링방식을 “자연샘플링 (自然標本化, Natural Sampling)” 이라 부른다.

펄스변조 제7강

펄스도 가지가지, 쓸모 많은 펄스 주무르기

7-1 개요

샘플링 된 신호, 즉 펄스파(pulse wave)를 통신에 사용하는 방식을 일컬어 "펄스변조(pulse modulation)"이라고 한다. 그런데 변조라 함은 4-4절에서 다룬 주파수천이의 개념이므로 엄밀한 의미에서 펄스변조라는 명칭이 좀 어울리지는 않지만 아날로그신호를 펄스라는 다른 형태로 바꾼다는 의미로 이해하도록 하자. 그건 그렇다 치고, 펄스변조에서 펄스를 좀 더 가공하여 통신품질을 올릴 수는 없을까? 비단 통신분야 말고도 펄스기술을 응용할 곳은 없을까? 반도체소자의 발전과 함께 디지털통신이라는 이름으로 전기통신의 차원을 바꾸어 놓은 펄스이야기를 이제부터 살펴보자.

7-2 펄스변조의 종류

펄스변조라는 명칭은 균일한 펄스열에 입력신호를 곱하여 펄스열의 크기가 입력신호의 크기에 따라 변했다는 뜻에서 유래한다. 이에 비해 우리가 4-4절에서 살펴 본 진폭변조는 이산신호인 펄스열 대신 연속신호인 정현파를 입력신호에 곱한다는 점이 다르다. 이런 의미에서 펄스변조와의 구분을 위해 진폭변조를 "연속파형변조(continuous wave modulation, CW)"라 부른다. 또한 펄스변조가 당초 시분할다중화(TDM)가 목적임에 비해, 진폭변조는 주파수천이에 의한 FDM이 목적이라는 점도 잘 기억해두자.

균일한 펄스열에 입력신호를 곱한다는 것은 바로 샘플링이 아닌가? 즉 샘플링 된 신호의 샘플값을 그대로 사용하면 그게 바로 펄스변조가 되는데, 이 방법을 특별히 "펄스진폭변조(Pulse Amplitude Modulation, PAM)"라고 부른다. [그림7-1] (b)에서 보이듯 이름 그대로 신호의 정보가 펄스의 진폭에 나타나 있다는 뜻이다.

그런데 통신로에 존재하는 잡음은 대개 신호의 진폭에 더해지는 형태로 작용하는 "상가성(相加性, additive)"이다. 따라서 펄스의 진폭에 신호의 정보를 싣는 PAM은 이러한 상가성잡음의 영향을 직접적으로 받는다는 문제점이 있다. 상가성잡음이 펄스에 주는 영향을 줄이려면 펄스변조에서 펄스의 진폭이 아닌 다른 어딘가에 정보를 실었으면 좋겠다는 이야긴데 그렇다면 어디가 좋을까? [그림7-1] (c), (d)에 보인 두 가지 변형 펄스변조방식에 대하여 생각해 보자.

1) 펄스폭변조 (Pulse Width Modulation, PWM)

- 샘플의 진폭 대신 펄스의 폭을 증감

2) 펄스위치변조 (Pulse Position Modulation, PPM)

- 샘플의 진폭 대신 펄스의 위치를 변화

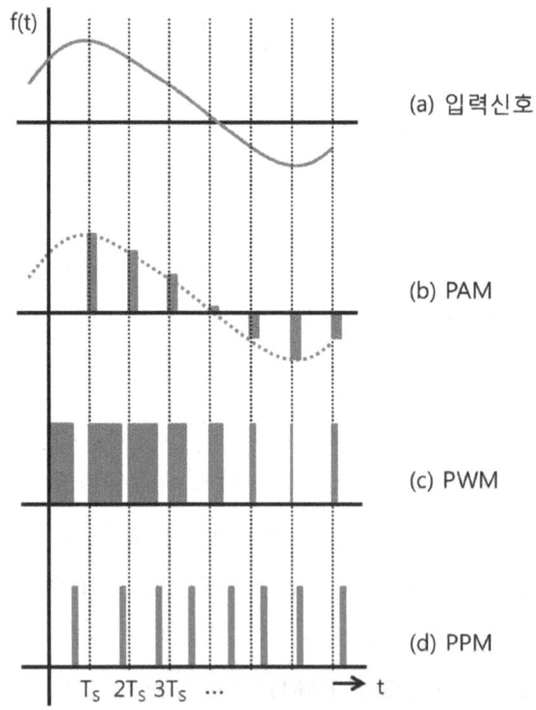

[그림 7-1] 펄스변조의 종류

위의 두 방식은 펄스의 진폭이 전혀 변하지 않는 소위 "정포락선(定包洛線, constant envelope)" 변조방식으로서, 잡음이 올라 탈 여지를 아예 없애버림으로서 내잡음성(耐雜音性, noise immunity)을 획기적으로 개선하였다. 또한 진폭과 정보는 무관하므로 통신 시스템의 비선형성으로 인한 진폭왜곡 등에도 매우 강하다. 이처럼 탁월한 내잡음성을 가지는 정포락선변조에 대해서는 5장 주파수변조에서 다시 상세히 고찰 할 것이다.

PWM과 PPM 만드는 과정은 [그림7-2]과 같으며, [그림7-3]에 PWM 발생용 회로의 예를 보인다.

1) PWM 만들기

- 표본/유지회로(sample & hold) 방식으로 샘플링 (b)
- 샘플링주기와 꼭 같은 램프신호(톱니파)와 더함 (d)
- 비교기의 기준전압보다 큰 경우에만 출력 (e)

2) PPM 만들기

- PWM 신호를 미분 (f)
- 미분된 파형 중 하강면(falling edge)만 사용하여 단안정멀티바이브레이터(monostable multivibrator)를 구동함으로서 일정폭의 펄스열 출력 (g)

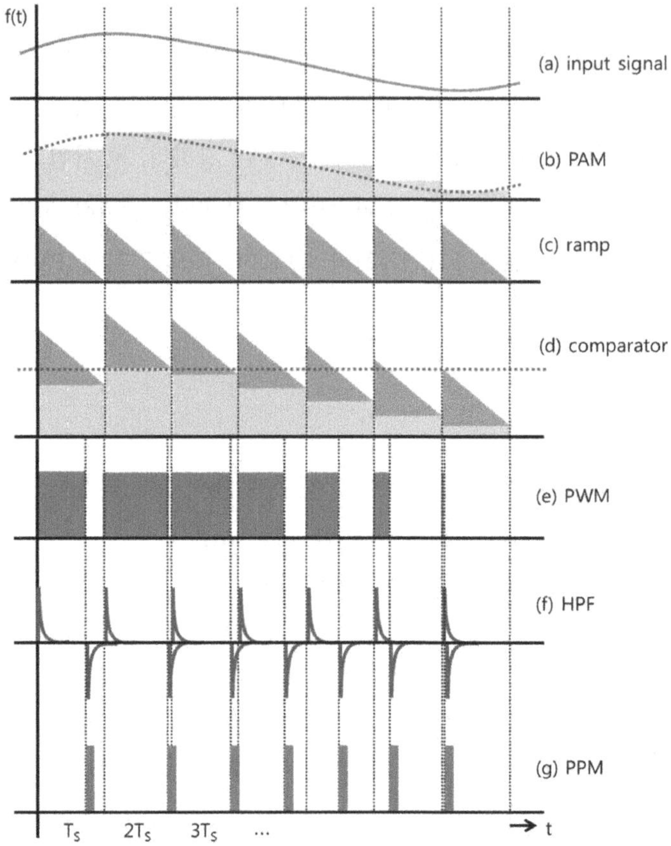

[그림 7-2] PWM, PPM 만들기

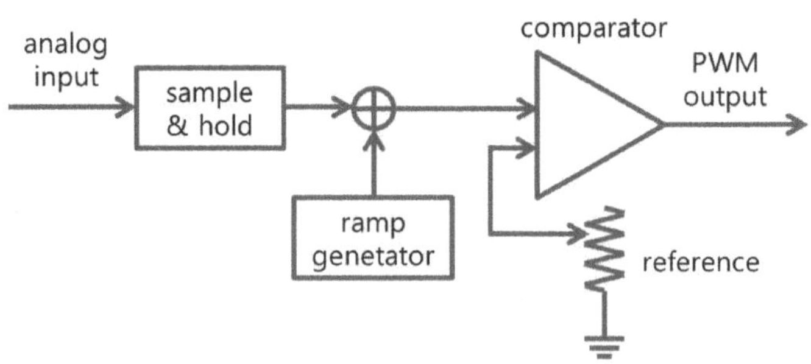

[그림7-3] PWM 발생 회로

이제 펄스변조 된 신호로부터 원래의 신호를 복원하는 방법을 생각해보자. PAM파형은 앞에서 살펴 본대로 복원필터를 통해 원래의 아날로그신호로 변환되는데, 이 복원필터라는 것이 바로 LPF, 즉 적분기가 아니었던가? 그렇다면 PWM파형으로부터 원신호의 복원은 어떻게 해야 할까? PWM이라는 것이 원래 PAM으로부터 만들어졌으니까 PWM을 다시 PAM으로 되돌려서 LPF해야 하나? 하지만 그럴 필요 없다. 적분이라는 연산의 눈으로 보면 [그림7-1] (b)의 PAM 펄스(일정 폭, 가변 높이)를 적분하는 것과 [그림7-1] (c)의 PWM 펄스(일정 높이, 가변 폭)를 적분하는 것은 완전히 동일한 개념(면적)이 아닌가! 그렇다. PWM 역시 PAM과 마찬가지로 적분기(LPF)로 파형복원을 해낼 수 있는 것이다.

7-3 PWM의 응용

PWM, PPM이 잡음과 왜곡에 강한 특성을 가지기는 하지만, 펄스의 폭이 두꺼워진다거나, 펄스의 위치가 수시로 바뀐다는 것은 펄스변조의 당초목적인 TDM의 입장에서 보면 이들이 그리 쓸 만한 물건이 못됨을 의미한다. 그런데 그 대신 통신이 아닌 분야에서 PWM이 요긴하게 응용되는 예가 있는데, 아래에서 몇 가지 예를 살펴보기로 한다.

1) D급 증폭기

지금도 전자회로에 의한 고급 오디오기기의 선형증폭은 대단한 도전이다. A급 선형증폭의 경우, 균일한 선형동작영역을 확보하기 위한 다이나믹레인지의 축소와 다단증폭 등으로 인해 상당한 효율저하가 불가피하다. 즉 복잡한 보상회로와 열로 낭비되는 전력, 번거롭고 부피 큰 방열장치, 각종 필터 등 소자의 삽입손실과 선형왜곡 등 큰 대가가 따른다.

그런데 만약 신호가 일정한 크기의 이산펄스라면 어떨까? 이를테면 [그림7-1] (c)의 PWM 파형이라면 증폭기는 단순한 on-off 동작, 즉 switching을 반복할 뿐이므로 증폭기의 비선형성에 의한 파형왜곡을 걱정할 필요가 없다! [그림7-4]은 아날로그신호를 PWM으로 바꾼 다음, 부담 없이 비선형증폭하고, LPF로 원래의 신호를 복원/출력하는 고효율 선형증폭기의 예를 보인다. 회로는 좌측의 램프신호 발진기와 버퍼, 중간의 비교기를 통한 PWM 생성부, 우측의 2단 push-pull 증폭기, 그리고 마지막 LC필터을 통한 아날로그 신호 복원부로 이루어진다.

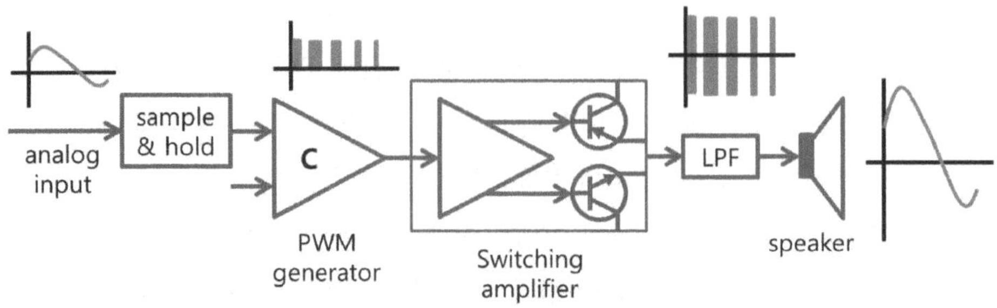

[그림 7-4] PWM의 응용, D급 증폭기

이론상 거의 100%의 전력효율이 가능한 이런 신통한 증폭기를 "D급 증폭기(class D amplifier)" 또는 "switching amplifier"라고 한다. 이 증폭기는 입력신호의 진폭이 항상 일정하므로 회로의 비선형성으로 인한 왜곡을 전혀 신경 쓸 필요 없고, 놀라운 전력효율에 따른 장치의 소형경량화와 비용절감 효과로 인해 오디오시스템은 물론 소형모바일기기의 내장앰프용으로도 많이 쓰인다. 여기서 D를 digital로 오해하지는 말자. D급 증폭에서 쓰이는 실제 신호는 어디까지나 아날로그 값이다. 즉 PAM, PWM, PPM의 펄스진폭은 어디까지나 아날로그 신호를 샘플링 한 그대로의 값이므로 아직 디지털이 아니다!

모든 것이 다 좋기만 할 수는 없는 것이 세상사라고 했던가. D급 증폭 역시 나름의 치명적인 약점이 있으니 바로 최종단에 붙는 LPF이다. 간단히 말하자면 애써 증폭한 신호의 고주파부분이 잘못하면 LPF에서 싹 날아가고 마는 것이다! 결국 무사한 부분은 저주파부분밖에는 없다보니 D급 앰프는 통상 저음용 앰프, 즉 subwooper 전용으로 주로 실용화되고 있다.

2) 음향발생기

[그림7-5]은 양극(biplor)신호로 생성한 PWM과 그 적분에 의한 정현파 파형 생성의 예를 보여주고 있다. 그림의 PWM 신호는 프로세서의 내장프로그램으로도 간단히 생성이 가능하다. 그림은 이렇게 만든 PWM 펄스열이 LPF를 통과하면서 깔끔한 정현파가 만들어지는 과정을 보여주고 있는데, 이거 그러고 보니 정현파발생기가 아닌가? 그렇다. 이를 이용하면 아래와 같은 방법으로 가전제품이나 모바일통신기기에서 사용하는 각종 신호음 및 효과음의 멜로디를 장치의 내장 프로그램으로 손쉽게 만들어낼 수 있다.

a) 원하는 음향신호의 음정에 맞추어 적절한 폭의 PWM 펄스열 생성
b) 하드웨어 출력포트를 통해 적분기에 입력하여 아날로그 신호로 변환
c) 오디오앰프로 증폭하여 스피커 출력
d) 여러 개의 파형을 조합하면 멋진 화음(和音)도 생성 가능

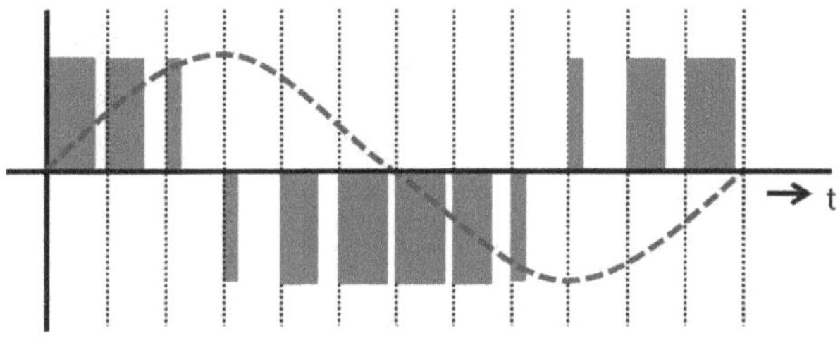

[그림 7-5] PWM으로부터 아날로그 파형의 복원

3) 전동기 제어

회전과 정지가 반복되는 제어용 스텝모터 및 서보모터의 구동신호의 모양은 바로 PWM 파형이 아닌가? 스텝모터의 회전각도와 속도 등의 미세조정은 프로세서의 프로그램에 따라 출력되는 PWM 파형으로 제어되는 전원에 따른다. PWM 파형을 LPF하여 정현파형태로 만들면 동기식 교류전동기의 회전수를 정밀하게 제어하는 일도 가능하다.

펄스부호변조

제 8 강

드디어 아날로그에서 디지털로, 펄스통신의 왕자 PCM이야기

8-1 개요

1937년, 샘플링 된 아날로그신호를 디지털코드로 바꾸는 방식이 발명되어 디지털전화 시스템의 문을 연다. "펄스부호변조(Pulse Code Modulation, PCM)"로 명명되는 이 펄스 변조방식은, 원래 제2차세계대전중 미군-영국군 수뇌부간 전화회선의 비화(秘話, encryption) 통신방식으로 비밀리에 연구되다가, 종전 후 AT&T 벨연구소(Bell Lab.)에서 공중교환전화망(Public Switched Telephone Network, PSTN)을 위한 PCM방식으로 완성된다. PCM의 획기적인 특징은 첫째, 잡음으로부터 거의 완전히 자유롭다는 것이고, 둘째, 심플한 고도의 시분할다중화(TDM)를 가능하게 하였다는 것, 그리고 셋째, 아날로그 암호에 비해 획기적으로 비화도가 높은 디지털 암호화가 가능하다는 것이다. 일찍이 기본개념이 제안되고 연구되었지만, 상용화되기까지는 저렴하고 신뢰성 높은 고속반도체스위치의 출현을 오랫동안 기다려야 했던 PCM. 이 놀라운 아이디어는 오늘날 PSTN뿐만 아니라 CD, Blu-ray DVD 등 디지털오디오와 디지털비디오 신호처리의 기본이 되고 있다. 이제부터 그 이야기를 알아보자.

8-2 부호화와 양자화

PCM의 핵심아이디어는 신호샘플 하나를 여러 개의 비트로 구성되는 이진부호(二進符號, binary code)로 표시하여 전송하거나 저장하는 것이다. 이진부호에 의한 전송이란 펄스의 유무, 혹은 펄스의 극성으로 1과 0이라는 딱 두 가지의 상태를 구분하는 가장 간단한 디지털통신이다. 이런 방식에서는 채널잡음으로 인해 펄스의 모양이나 크기가 다소 변하더라도 0과 1의 구분에는 별로 문제가 없다. 즉 채널잡음으로 펄스가 비록 손상되더라도 그것이 과도하게 누적되기 전에는 언제든 쌩쌩한 원래의 펄스로 부활이 가능하

다는 것이다!

아날로그 전송이라면 상상도 못할 이 일은 무엇을 뜻하는가? 그것은 통신로 중간중간 펄스로부터 잡음을 깨끗이 털어내는 과정을 되풀이함으로서 아무리 먼 거리라도 에러 없이 전송이 된다는 신통방통한 이야기인 것이다! 이렇게 적절한 간격을 두고 펄스를 재생하는 장치를 "재생중계기(regenerative repeater, 이하 리피터로 통칭함)"라 하며, PCM 디지털전화망의 핵심역할을 한다. 기저대역 펄스의 전송과 채널잡음에 대한 강인성(robustness)에 관한 상세한 성능분석은 제3부에서 상세히 알아본다. 그렇지만 모든 좋은 일에는 대가를 치러야 하는 법. 이러한 혜택을 누리기 위해 우리는 회복 불가능한 정보의 손실(loss)도 일부 감수(甘受)해야 하는데, 이러한 이해득실(利害得失)을 냉정하게 따져보아야 할 것이다.

샘플 값을 부호로 나타낸다는 것, 즉 "부호화(encoding)"란 무엇인가? 그것은 바로 신호샘플의 아날로그 값이 몇 개의 한정된 디지털 값으로 변환된다는 것이다. [그림8-1]에서 하나의 신호샘플을 3비트의 이진부호로 부호화하는 경우를 생각해보자.

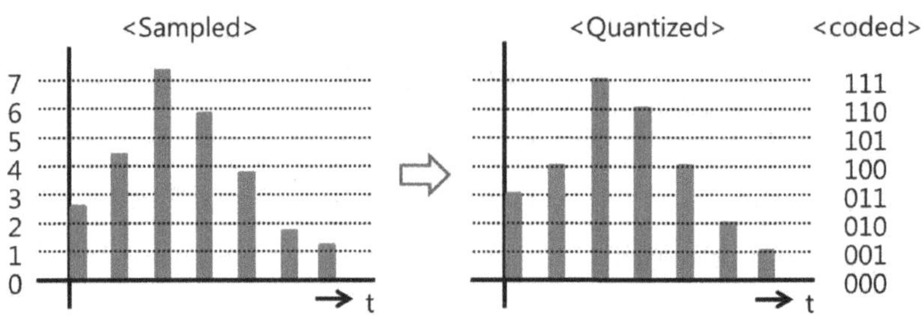

[그림 8-1] 신호 샘플의 3비트 이진부호화

여기서 우리가 봉착하는 문제는 3비트로 표시가 가능한 경우의 수는 2^3=8개 밖에 없는 반면, 이에 맞추어야 하는 샘플신호는 어떤 값이든 가질 수 있는 아날로그 값이라는 것이다. 따라서 신호샘플이 3비트 이진부호로 표시되기 위해서는 신호샘플을 8가지 준위(準位, level) 가운데 가장 비스무리한 하나의 준위로 억지로 대응시키는 과정을 거쳐야 한다. 신호샘플을 몇 가지로 정해진 디지털 값에 대응시키는 이 과정을 "양자화(量子化, Quantization)"라 부른다. 이 과정을 거침으로서 비로소 신호샘플은 아날로그에서 디지털로 바뀌는 것이다. 이런 의미에서 양자화를 "아날로그/디지털변환(Analog to Digital

Conversion, ADC)"이라 부르기도 한다.

양자(量子, quantum)란 원래 현대물리학에서 정의된 용어로서, 소립자(素粒子)의 세계에서 물질이 주고받는 에너지의 준위는 연속값이 아닌 띄엄띄엄 떨어진 디지털값을 가진다는 사실에 기초한다. 광양자이론으로 시작하여 물질과 에너지의 등가성(等價性), 그리고 원자력과 반도체이론 등을 밝혀낸 양자역학의 세계는 또 얼마나 놀라운가! 그러고 보니 디지털의 개념이란 인간이 인위적으로 만든 것이 아닌 대자연에 기본적으로 내재된 개념이 아닌가. 아무튼 양자라는 개념으로 디지털통신을 정의한 일은 참으로 기발하다 할 것이다.

이제 PCM 시스템을 정리해보자. PCM이란 앞에서 살펴 본바와 같이 신호의 표본화(sampling), 양자화(quantization), 부호화(encoding)라는 세 가지 주요 단계를 거쳐 이루어지며, 샘플링이론과 디지털통신의 정수(精髓)가 모두 모여 있다. [그림8-2]에 PCM통신의 전 과정을 그림으로 보인다. 그림에서 수신된 부호로부터 원래의 아날로그파형을 복원하는 복호기(decoder)는 ADC에 대응되는 "디지털/아날로그변환(Digital to Analog Conversion, DAC)"으로도 불린다.

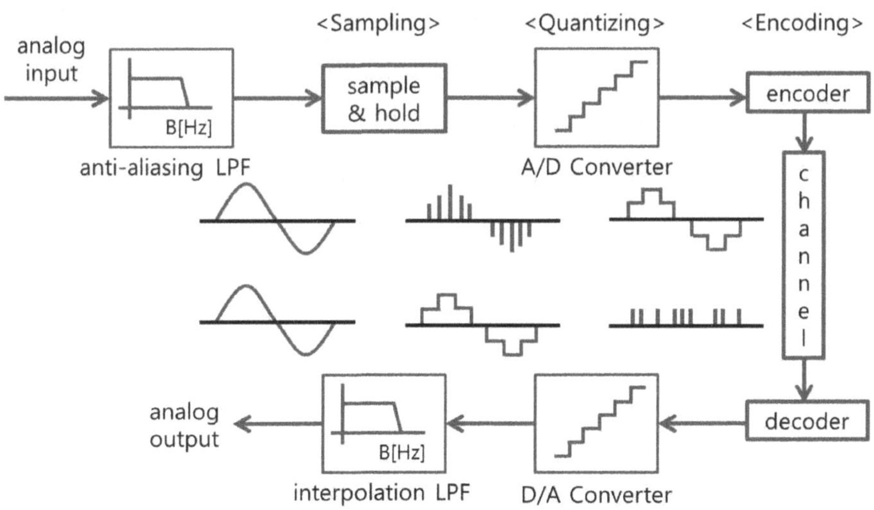

[그림 8-2] 펄스부호변조(PCM) 통신시스템

공중전화망에 쓰이는 PCM을 정리해보자. 음성입력신호는 6-4절에서 살펴 본대로 우선 차단주파수 3.4kHz로 LPF되어 대역제한 되고, 샘플링주파수 8kHz로 살짝 over-sampling 된다. 이는 최소한의 통화음질을 유지하면서 TDM을 위한 보다 넓은(?) 샘플간격을 보장하기 위해 치밀하게 선택된 값이다. 샘플 하나당 할당되는 이진부호 비트수는 8개로 낙찰되어 양자화준위는 2^8=256레벨, 전송비트율은 8000sample/sec × 8bit/sample = 64kbps에 이른다. 오잉? 단 하나의 음성통화채널을 위해 1초에 64,000개의 비트라니! 여기에 몇 겹에 걸친 TDM까지 하다보면 전송율은 기가비트 내지 테라비트에 이른다. 이 까마득한 펄스의 열을 만들어내고 또 판독해 내는 통신기기들의 능력은 언뜻 비현실적일 정도로 놀랍지 않은가?

그런데 양자화가 초래하는 결과는 어떤가? 일단 양자화 되고나면 원래의 아날로그 값은 영원히 사라지고 다시는 알아낼 수 없다는 것이다. [그림8-3]은 3비트 PCM의 실제 부호화 예이다. 그림에서 1.2이라는 샘플값은 가장 가까운 양자화준위 1.5로 대치되고 0.3에 해당하는 정보손실은 다시는 회복할 길이 없다. 이런 상황은 비유하자면 우리가 신발을 고를 때 5mm간격으로 제조되는 신발중 하나에 내 발을 맞추는 것과 비슷하다. 우리는 싫든 좋든 실제 발 크기보다 조금 크거나 작은 신발을 선택하는 것 외에는 달리 도리가 없다. 이렇게 양자화로 인해 발생하는 어쩔 수 없는 오차는 신호에 올라타는 일종의 상가성(additive) 잡음으로 간주되어 "양자화잡음(量子化雜音, Quantization Noise)"이라 부른다. 통신신호를 보내기도 전에 오로지 부호화만을 위해 감수해야하는 양자화잡음은 계산에 의하면 생각보다 훨씬 심각한 SNR손실을 초래한다. 이런 무리를 하고서도 디지털화를 꼭 해야 할까?

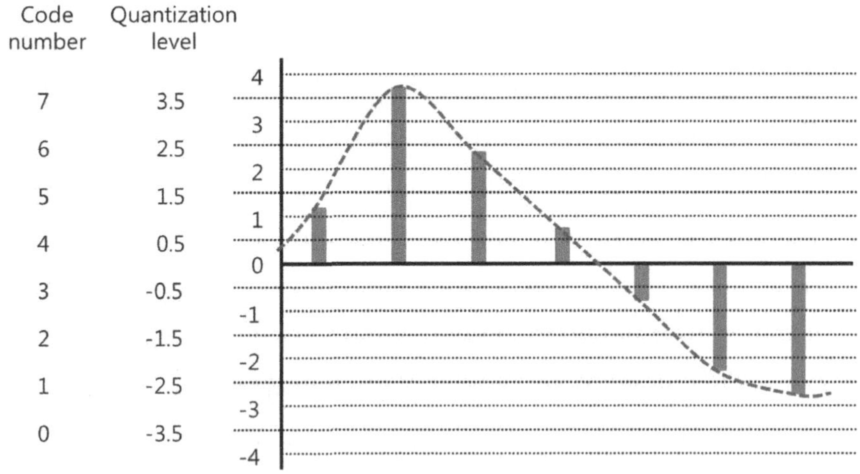

Natural sample value	1.2	3.7	2.4	0.7	-0.8	-2.3	-3.3
Quantized sample value	1.5	3.5	2.5	0.5	-0.5	-2.5	-3.5
Code number	5	7	6	4	3	1	0
PCM sequence	101	111	110	100	011	001	000

[그림 8-3] 3비트 PCM의 부호화 예

다시 신발의 예를 생각해보자. 몇 가지 정해진 사이즈의 신발에 맞추어야 하는 "디지털화"의 불편은 그러나 수많은 신발이 뒤섞여 있을 때 내 신발을 쉽게 찾아내는데 큰 도움이 된다. 모두가 정확한 맞춤신발을 신는다고 할 때 내 신발사이즈 찾기의 어려움을 상상해보라. 정해진 개수의 통신심볼 만을 사용하는 디지털통신, 그리고 그로인한 탁월한 내잡음성(耐雜音性)이 이런 맥락에서 이해되는가? 아무튼 디지털의 위력을 생각하면 이정도 대가는 치를만할 것이다. 다만, 양자화잡음을 허용가능한 범위내로 최소화할 필요는 있다.

양자화잡음을 최소화하는 길은 무엇일까? 당연히 부호화에 할당되는 비트수를 늘려 양자화준위 사이의 간격, 즉 계단크기(step size)를 줄여야 할 것이다. 비트가 하나 늘 때마다 양자화준위는 곱절로 증가하고 계단크기는 절반으로 감소하므로 양자화잡음은 확 줄어들겠지만, 그렇다고 비트수를 한없이 늘일 수는 없는 노릇이다(bit depth라는 용어를 쓴다). 왜냐하면 샘플링의 당초목표였던 TDM을 위한 여유공간이 줄어 다중화효율이 급격히 줄어드는데다가 프로세서와 비트메모리의 부담 또한 감당하기 어려울 것이기 때문이다. 비트를 절약하면서도 양자화잡음을 줄이는 무슨 좋은 수가 없을까? 다음 절에서 살펴보자.

8-3 양자화잡음과 비균일양자화

“지피지기(知彼知己)면 백전불태(百戰不殆)”라. 우선 우리가 다루는 음성신호가 청각신경에서는 어떤 메카니즘으로 받아들여지는지 한번 살펴보기로 하자. 인간의 귀는 공기라는 매체(媒體)가 진동하는 정도를 센싱(sensing)하여 뇌가 이를 신호로 인지(認知)하도록 한다. 그렇다면 우리의 귀는 얼마나 작은 소리까지 민감해야 할까? 그리고 반대로 얼마나 큰 소리까지 망가지지 않고 받아들일 수 있어야 할까? 겨울밤 창밖에 눈 쌓이는 소리로부터 hard rock 콘서트공연의 굉음까지 커버하는 귀라는 기관은 정말이지 조물주의 걸작(傑作)이 아닐 수 없다. 청각의 이런 극단적인 동작범위(dynamic range)를 편리하게 해석하기 위해 먼저 데시벨(dB)이라는 단위에 대하여 살펴보자.

사람의 귀가 겨울밤의 속삭임을 구분하는 민감도를 그대로 유지한 채 천둥소리를 듣는다면 아마도 고막과 청신경이 당해낼 재주가 없을 것이다. 하지만 자연의 섭리로 우리 귀의 감도는 큰 소리일수록 이에 반비례하여 둔감해지도록 만들어져 있다. 관찰결과, 고막을 흔드는 음압(音壓)이 10배 100배..로 커지더라도 실제인식은 로그함수(logarithm)적으로 2배 3배..의 비율로 느낀다는 것이다. 이러한 현상을 수학적으로 표시하면 (식8-1)와 같이 밑이 10인 상용로그가 가장 적당한데, 이를 “벨(bel, B)”이라는 단위로 부른다. 다만 이대로는 수치가 너무 작아지므로 여기에 다시 10을 곱하여 (식8-2)과 같이 납득할 만한 크기로 만든다. 여기서 10을 뜻하는 접두사가 “deci”이므로 이 단위는 “데시벨(decibel, dB)”이라는 명칭으로 불린다.

$$x[B] = \log_{10}\frac{P_1}{P_0} \qquad \begin{aligned} x &= \log_{10} 10 = 1 \\ x &= \log_{10} 100 = \log_{10} 10^2 = 2 \\ x &= \log_{10} 1000 = \log_{10} 10^3 = 3 \end{aligned} \tag{식8-1}$$

$$x[dB] = 10\log_{10}\frac{P_1}{P_0} \qquad \begin{aligned} x &= 10\log_{10} 10 = 10 \\ x &= 10\log_{10} 100 = 10\log_{10} 10^2 = 20 \\ x &= 10\log_{10} 1000 = 10\log_{10} 10^3 = 30 \end{aligned} \tag{식8-2}$$

데시벨이란 이처럼 두 물리량의 비율을 나타내므로, 기본적으로 어떤 물리적인 의미를 지니지 않는 단순한 수치로서 무차원(無次元, dimensionless) 단위이다. 그런데 경우에 따라 Watt[W] 단위를 쓰는 전력을 데시벨로 표현하는 경우도 있다. 이것은 1W 또는 1mW를 기준으로 그보다 몇 배 크냐 또는 적으냐를 나타낼 때 편리하게 사용하는데, 원래의 dB와 구분하기 위해 dBW 또는 dBm으로 표기한다. (식8-3)에 100W에 대한 dBW, dBm 표기를 보인다. 이 표기법은 수치상 아주 적거나 아주 큰 전력의 경우, dB로 나타내면 직감적으로 감을 잡기도 편하고 표기 또한 산뜻해서 현장에서 많이 사용된다. 예를 들어 휴대전화 단말기의 감도는 -100dBm 이하까지 미치는데, 이 수치를 Watt로 환산하면 10^{-13}, 즉 "백억분의1[mW]"가 된다. 매우 큰 수치를 간단히 부를 수 있는 dBm이 애용되는 이유를 알 것 같다.

$$P_{dBW} = 10\log_{10}\frac{100W}{1W} = 10\log_{10}100 = 20\,dBW$$

$$P_{dBm} = 10\log_{10}\frac{100W}{1mW} = 50\,dBm \qquad \text{(식8-3)}$$

다시 본론으로 돌아가 양자화준위를 늘리지 않고도 양자화잡음을 줄이는 방법을 생각해보자. 위에서 살펴 본대로 인간 청각의 로그함수특성으로부터 뭔가 필이 오지 않는가? 즉 큰 소리에서 생기는 오차는 작은 소리에서 생기는 오차보다 훨씬 둔감하게 느껴질 것이다. 그렇다. 양자화준위 사이의 계단크기는 모두 균일할 필요가 없다는 말이다! 게다가 우군(友軍)이 또 하나 있다. 그것은 인간의 청각범위(dynamic range)인데 통상 약 40dB 정도로 알려져 있다. 즉 가장 작은 소리로부터 가장 큰 소리까지의 비율이 10,000배정도라는 것인데, 사실 일상적인 회화에서 그렇게 큰 소리를 들을 일이 그리 많을 것 같지는 않다. 통계적으로 음성의 평균레벨을 넘어서는 큰 소리가 발생할 확률은 약 15% 정도라고 한다.

이 두 가지 사실에 기초하면 다음과 같은 꼼수가 가능하다. 즉 상대적으로 발생확률이 낮은데다 청각적으로도 둔감한 큰 소리에 대해서는 양자화준위 간격을 넓게 배치하고, 발생확률이 높은 작은 소리에 대해서는 양자화준위간격을 촘촘하게 배치하는 것이다. 큰 소리에 대한 양자화잡음이 비록 증가하지만, 발생확률이 훨씬 높은 작은 소리에 대한 양자화잡음이 대폭 감소되면서 전체적으로 볼 때 양자화잡음을 확 줄일 수 있지는 않을까? 이런 기발한 생각을 "비균일양자화(非均一量子化, nonuniform quantization)"라고 한다. [그림8-4]는 진폭 ±0.5정도의 약한 정현파와 진폭 ±4정도의 강한 정현파에 대하여 양자화준위 L=8, 3비트/샘플로 균일양자화 한 경우와 비균일양자화 한 경우를 비교한 것이다.

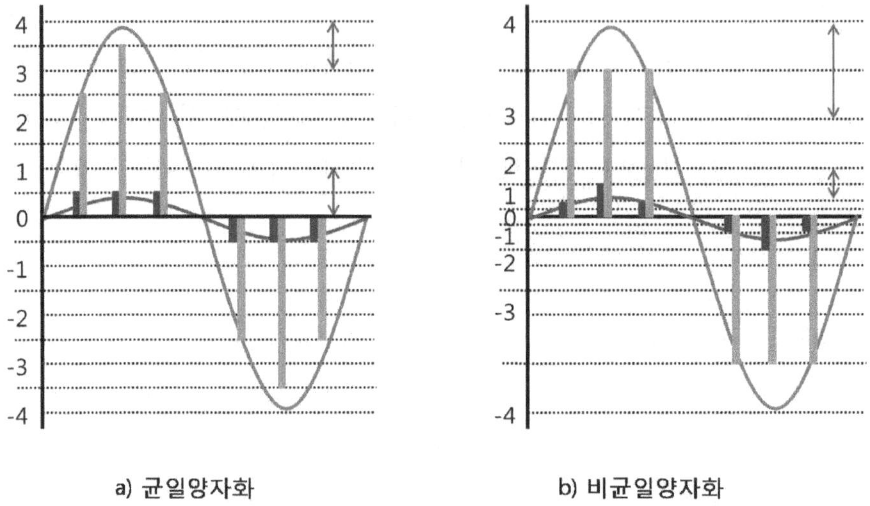

[그림 8-4] 균일양자화와 비균일양자화의 비교

그림으로부터 약한 신호에 대한 균일양자화는 신호변화에 둔감한 반면, 비균일양자화는 비교적 민감한 해상도, 즉 낮은 양자화잡음을 보임을 알 수 있다. 한편 강한 신호의 경우 비균일양자화로 인한 양자화잡음이 매우 커지기는 하지만, 강한신호의 출현확률이 매우 낮으므로 전체적으로는 비균일양자화를 통해 양자화잡음을 낮출 수 있게 된다.

음성신호 양자화의 경우, 전화망의 통화품질 유지를 위하여 요구되는 최소한의 SNR을 만족하려면 양자화준위의 개수가 약 2,000개 정도는 되어야 하는 것으로 계산된다. 그렇다면 샘플당 11비트가 할당되어야 한다는 것인데 이건 좀 심하지 않은가? 그런데 적절한 비균일양자화를 적용할 경우, "256레벨의 비균일양자화"의 양자화잡음이 "2,000레벨의 균일양자화"와 거의 비슷함이 밝혀졌다. 이것은 무엇을 뜻하는가? 그것은 바로 샘플당 11비트 부호화로 얻는 성능을 8비트 부호화로도 얻을 수 있다는 뜻이다!

이는 청각의 인지특성(perceptual property)을 이용한 일종의 데이터압축 기법으로서 최신 음성처리기술에서 광범위하게 실용화되어 있다. 더불어 바이트단위의 데이터처리에도 안성맞춤이라, "비균일양자화를 포함하는 8비트 부호화" PCM은 즉각 디지털 공중교환전화망의 표준방식으로 채용된다.

한편, 256개의 가지각색 비균일양자화준위를 [그림8-4]와 같이 곧이곧대로 장치화(implementation) 한다는 것은 꽤나 성가신 일이 될 것이다. 이 일을 깔끔하게 해치우는 좋은 수가 없을까? 간단하다. [그림8-5]와 같이 입력신호의 진폭을 그 크기에 비례하여 로그함수 모양으로 "압축(壓縮, compress)" 왜곡시킨 후, 균일양자화 한다면 비균일양자화와 동일한 효과가 나지 않겠는가? 왜곡되어 전송된 신호는 수신단에서 복호된 후 압축과 정반대 모양의 "신장(伸張, expand)"을 거쳐 원래 파형으로 복원된다. 통상 이 두 과정을 합하여 "압신(壓伸, compading)", 또는 "압신기(compander)"라고 부른다. [그림8-5]에 압신의 개념도를, [그림8-6]에 압축파형의 예를 보인다.

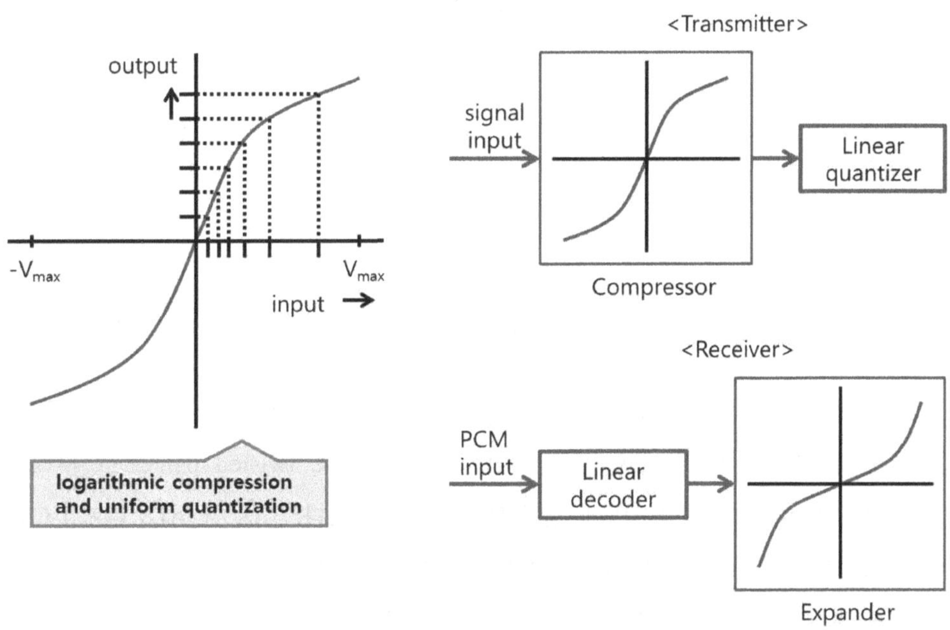

[그림 8-5] 비균일양자화를 위한 압축과 신장

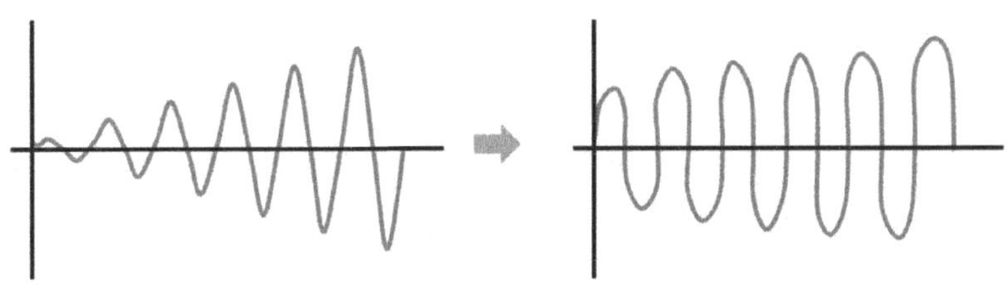

[그림 8-6] 입력파형 압축결과의 예

당초 압신기는 1927년 AT&T의 아날로그전송에 관한 특허로 등장하여, 50년대 PCM 시스템에 응용되면서 실용화되었다. PCM압신기의 장치구현을 위한 수학적 알고리즘은 북미와 일본, 그리고 우리나라에서만 쓰이는 "뮤법칙(μ-law)"과 유럽을 중심으로 거의 모든 국가가 사용하는 "에이법칙(A-law)"으로 나뉘는데, 에이법칙은 ITU(국제전기통신연합)가 지정한 세계표준방식이다. 따라서 국제전화 전송 중 두 방식이 충돌할 경우에는 에이법칙을 따르도록 권고되어 있다. 두 방식은 개념상 동일하지만 뮤법칙의 동작범위(dynamic range)가 에이법칙보다 조금 넓다는 차이가 있다.

이제 부호화가 끝난 비트열을 TDM으로 다중화 하는 방식을 알아보자. 압신기의 구현에서 보듯, 원조격인 미국진영과 세계공통표준을 주장하는 유럽진영의 미묘한 입장차이는 다중화방식에서도 이어진다. 물론 여태껏 만국공통규격인 미터법을 무시하고 인치법을 고수하는 미국의 국가적 자존심도 있겠지만, 어쩔 수 없이 미국을 따라야했던 우리나라와 일본도 딱할 노릇이기는 하다. 아무튼 세계적으로 통용되고 있는 두 가지 다중전화 전송방식에 대하여 아래에서 살펴본다.

8-4 다중전화전송방식 1 : T-Carrier

AT&T 벨연구소는 1950년대 말 PCM을 이용한 TDM시스템인 T1을 실용화한다. 당시 가입자회선(加入者回線)으로 쓰이던 한 가닥의 연선(撚線, twisted pair)으로 무려 24 가입자분의 PCM 데이터를 한꺼번에 송수신하게 된 것이다. 이로써 AT&T는 T-Carrier라는 이름으로 대용량전송의 새 패러다임을 만들게 된다. 여기에서 T는 여러 물건을 한꺼번에 담는 대형가방 Trunk에서 따 온 것으로 알려져 있다. 이와 같이 하나의 전송선에 여러 신호를 몰아서 보내는 새로운 대용량 전송방식을 캐리어(Carrier)라고 불렀는데, 이에 연유하여 이 명칭은 통신망을 소유한 대형통신회사들을 지칭하는 별명으로도 쓰이게 된다.

PCM으로 디지털화된 데이터의 기저대역전송은 8-2절에서 설명한대로 당연히 리피터의 사용을 전제로 한다. 따라서 AT&T는 기존 전송선설비, 즉 장하코일(裝荷, loading coil, 전송선 임피던스의 밸런스를 맞추기 위해 삽입되는 코일)과 정비용 맨홀의 간격 등을 고려하여 가장 경제적인 간격으로 리피터를 추가하게 되는데, 물론 철저한 인치법 단위체계를 따른다. 24개의 전화회선을 한 단위로 묶는 T1의 다중화수치는 이러한 조건하에서 최대한의 디지털비트 전송한계를 실험적으로 구한 결과이다.

한편 T1 이라는 물리적 전송선에 실리는 비트들의 논리적인 구성방법을 "DS1(Digital Signal 1)" 이라고 하는데, 이 두 용어 T1과 DS1은 동일한 의미로 구분 없이 쓰이고 있다. 이런 의미에서 가입자전화회선 1개분의 64kbps PCM 데이터를 DS0라고도 부른다. 그렇다면 DS0 24개를 모은 DS1 데이터비트의 최소처리단위는 얼마로 잡아야 할까? 다중화결과, PCM 음성샘플 1개의 간격, 즉 1sec/8000sample= 125μsec 동안 24개의 음성샘플이 바글거리게 되는데, 바로 이 125μsec 구간을 DS1 데이터비트의 최소처리단위로 잡아 "프레임(frame)"이라고 부른다. DS1 프레임의 구성에는 다음 두 가지 과제가 고려되었다.

1) 프레임 동기(同期, frame synchronization)

송신측의 다중화와 수신측의 역다중화의 시점을 딱 맞추기 위해 프레임의 시작점을 알리는 표시가 필요하다. 그래서 프레임이 시작되는 제일 첫머리에 여분의 비트 하나를 집어넣어 "프레임동기비트(framing bit)"로 배치하였다 (이후에 동기비트를 프레임 제일 꼬리부분으로 이동시키는 개량이 이루어짐). 이 동기비트를 포함한 T1의 전송율을 계산하면 (식8-4)와 같다. 전송율은 통상 1초 동안 전송되는 비트의 개수, 즉 비트/초(bits per sec, bps)로 표시된다. 디지털전송의 가장 기초가 되는 T1의 전송율 1.544Mbps를 잘 기억해두자.

$$8\frac{\text{bits}}{\text{sample}}\times 24\frac{\text{samples}}{\text{frame}}+1\frac{\text{framing bit}}{\text{frame}}=193\frac{\text{bits}}{\text{frame}}$$
$$193\frac{\text{bits}}{\text{frame}}\times 8{,}000\frac{\text{frames}}{\text{second}}=1{,}544{,}000\frac{\text{bits}}{\text{second}}=1.544\text{M}\frac{\text{bits}}{\text{second}} \qquad \text{(식8-4)}$$

하지만 한번 생각해보자. 동기가 전혀 잡히지 않은 수신측의 역다중화기는 장님이나 마찬가지다. 이 상태에서 달랑 한 비트만 가지고 무슨 수로 프레임의 시작점을 찾아낼 수 있겠는가? 따라서 "동기획득(sync acquisition)"을 위해서는 프레임간 연합작전이 필요한데, 이를 위해 12프레임분의 동기비트 12개를 모아 특정한 동기패턴 (1 0 0 0 1 1 0 1 1 1 0 0)을 가지도록 한다. 이 12프레임 단위를 "슈퍼프레임(super frame, SF)"이라 부른다.

수신측 동기획득회로는 수신비트열(received bit sequence)의 임의의 점에서부터 시작하여 매 193비트마다 한 비트씩 총 12개의 비트를 모아 슈퍼프레임 동기패턴과 일치하는지 조사한다. 임의의 비트가 동기비트라는 보장이 없으므로 이 과정은 동기비트를 잡아낼 때 까지 다음 비트로 또 다음 비트로 전진하면서 되풀이하는 수 밖에 없다. 매우 지루하고 미련한 방법이지만 뭐 별 수 없지 않은가? 이렇게 초기동기가 잡혀 정상적인 다중화가 이루어지더라도 여러 가지 요인으로 인해 중간중간 동기가 흐트러질 수도 있는데, 이렇게 "동기실패(sync loss)"가 일어나면 통신을 멈추고 다시 동기획득 수순으로 돌아간다. 80년대에 이르러 슈퍼프레임은 "확장슈퍼프레임(Extended super frame, ESF)"으로 업그레이드되어 동기패턴 이외에도 데이터링크나 에러검출용 CRC 기능까지 지원되는 온라인 테스트 기능까지 가지게 되었다.

2) 신호비트(signalling bit)의 할당

다중화 된 전화망에서는 특정채널의 사용여부(on/off-hook), 전화걸기 및 끊기(call setup & teardown), 각종 신호음 제공 등 통화목적 이외의 제어용 신호도 필요하다. 이것을 "signalling" 이라고 하며 우리말로 그냥 "신호"라고 번역하기도 하는데 뜻이 좀 모호해지므로 그냥 "시그날링"이라고 부르기도 한다. T1 초기버전의 경우, 양자화준위 L=128, 7비트/샘플로 하고, 남는 8번째 비트를 신호용으로 할당하여 프레임당 24비트를 확보하였다. 그러나, 시원찮은 통화품질에 대한 불만으로 인해 양자화준위 L=256, 8비트/샘플로 업그레이드 되었는데, 그러다 보니 신호비트 자리마련을 위해 할 수 없이 생살 떼먹기 방법을 고안하게 된다. 즉, 매 6개 프레임마다 5개 프레임은 정상적으로 채널당 8비트를 할당하되, 1개 프레임은 종전과 같이 채널당 7비트만 할당하고 1비트를 신호용으로 빼앗는 "비트강탈신호방식(robbed-bit signalling, RBS)"이 그것이다. [그림8-7]에 T1 프레임의 구성과 동기비트와 신호비트의 배치를 보인다. T-Carrier에서는 각 타임슬롯을 "채널"이라 부르는데, 채널1부터 채널24까지로 구분된다.

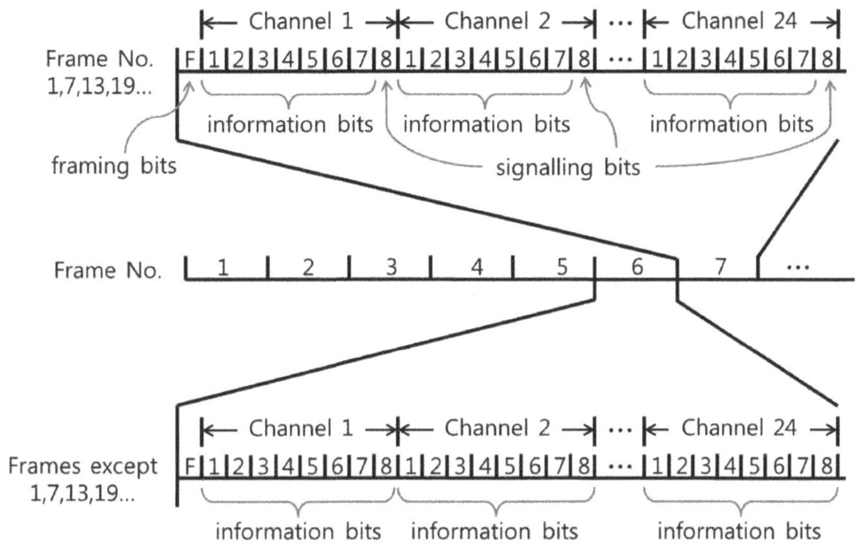

[그림 8-7] T1(DS1) 프레임 구성도

신호비트의 위치는 양자화잡음이 커지는 것을 방지하기 위해 8비트 부호의 LSB(Least Significant Bit) 자리에 배치하므로 해당 채널의 품질에 대한 영향은 그리 크지 않다고도 볼 수 있다. 그러나, 장거리전화망에서 다중화와 역다중화가 되풀이되면서 운 나쁘게 동일 채널에서 RBS가 발생할 경우, 7비트 양자화로 인한 SNR악화의 누적으로 유난히 통화품질이 나쁜 회선이 나올 수도 있다. 게다가 음성통화가 아닌 64kbps 데이터전송이 할당되면 전송에러는 치명적이 되므로 이때는 RBS을 할 수도 없다.

아무튼 이렇게 마련한 신호비트는 슈퍼프레임당 고작 48개로서 기본적인 신호목적 이외에도 채널의 운용(operation), 유지(administration), 보수(maintenance)를 위한 여러 가지 소요에 추가적으로 대응하기는 무리가 많다. T-Carrier시스템 운용초기, 기술자들은 뒤늦게 신호문제의 심각성을 깨닫고 24개 통화채널에 신호전용채널 1개을 추가하는 25채널 200비트/프레임 방식으로의 개량을 주장한다. 하지만 이러한 충고는 당장의 운용에 큰 문제가 없어 보이는데다 채널 하나를 통째로 신호용으로 쓰기를 아까워한 경영진의 반대로 받아들여지지 못하고, 결국은 두고두고 T-Carrier시스템을 괴롭히게 된다. 물론 이 시행착오는 나중에 개발되는 E-Carrier 시스템에 고스란히 반영된다.

8-5 다중전화전송방식 2 : E-Carrier

완전한 미터법 단위체계 위에서 TDM다중화시스템을 최대한 합리적으로 설계한 것이 E-Carrier이다. 이 방식은 [그림8-8]과 같이 프레임동기채널 1개와 신호채널 1개를 전용으로 채용하고, 여기에 통화채널 30개를 다중화 함으로서 T-Carrier와 달리 온전한 8비트 PCM의 음질유지와 여유 있는 동기와 신호기능을 보장하였다. 프레임의 첫머리인 타임슬롯0(TS0) 자리에 배치된 동기채널은 정해진 동기패턴을 교대로 내보내는데 경우에 따라 에러검출용 CRC를 넣는 경우도 있다. 타임슬롯16(TS16) 자리에 들어가는 신호채널은 넉넉한 비트수를 이용해 기초적인 신호뿐만 아니라 SS7(Signalling System 7)등 각종 통신프로토콜도 수용가능한데, 그러고도 여유가 있을 경우 통화채널로 전용(轉用)되기도 한다. E1의 전송율을 계산하면 (식8-5)와 같다. T1과 비교되는 E1의 전송율 2.048Mbps를 잘 기억해두자.

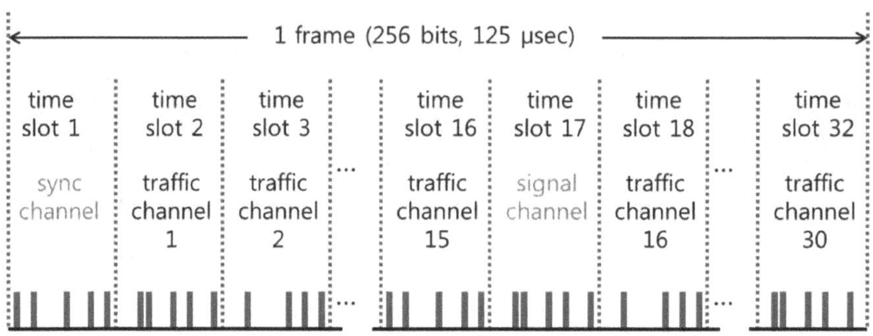

[그림 8-8] E1 프레임 구성도

$$8\frac{\text{bits}}{\text{sample}}\times 30\frac{\text{samples}}{\text{frame}}+8\frac{\text{bits}}{\text{channel}}\times 2\frac{\text{channels}}{\text{frame}}=256\frac{\text{bits}}{\text{frame}}$$

$$256\frac{\text{bits}}{\text{frame}}\times 8000\frac{\text{frames}}{\text{second}}=2{,}048{,}000\frac{\text{bits}}{\text{second}}=2.048\text{M}\frac{\text{bits}}{\text{second}} \qquad \text{(식8-5)}$$

8-6 디지털계위

T1 또는 E1으로 다중화 된 신호는 다시 몇 개씩 모여 더 높은 전송율을 가지는 캐리

어로 만들 수 있는데, 이렇게 계층구조(hierarchical structure)로 다중화를 거듭하여 대용량전송의 단위를 구분하는 것을 "디지털계위(階位, digital hierarchy)"라고 한다. [그림 8-9]에 T-Carrier와 E-Carrier의 디지털계위를 비교하였다. 4의 배수로 정연하게 계위를 이루는 E-Carrier와 좀 들쭉날쭉한 T-Carrier가 재미있는 대비를 이룬다. 이 디지털계위는 이후 본격적인 동기식전송망 표준의 기초가 되어 오늘에 이르고 있다.

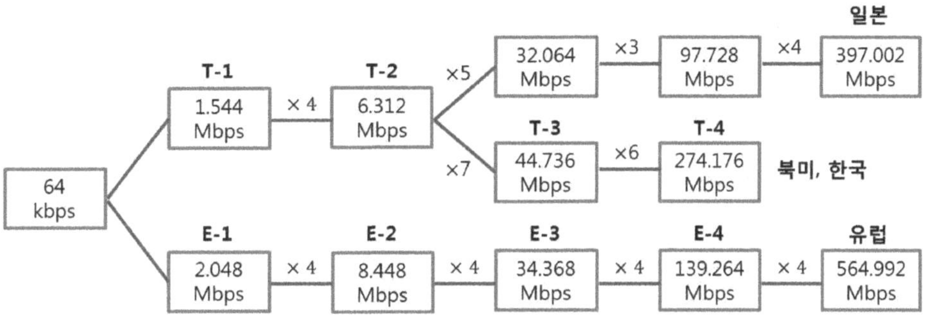

[그림 8-9] T-Carrier와 E-Carrier의 디지털계위

캐리어의 다중화 정도가 높아질수록 전송율이 급증하므로 하나하나의 펄스폭은 점점 더 좁아지고 점유대역폭은 점점 더 넓어진다. ([그림4-6] 참조). T1정도는 연선(UTP cable)의 대역폭정도로 수용이 가능했지만, T2쯤 되면 연선에 유전체를 보강하여 유효대역폭을 늘린 특수한 연선이 쓰인다. T3부터는 동축선(同軸線, coaxial cable)이 등장하며, 그 외 FM변조를 통한 마이크로파 중계나 광섬유를 이용하는 방식 등이 속속 개발되었다. 초고속 백본망과 광대역 이동무선이 범람하는 현대이지만, 이 모든 것들을 가능하게 했던 위대한 선각자들의 자취를 기억하는 것도 의미 있는 일임을 명심하자.

디지털전송에 있어서 1초 동안 전송되는 비트의 개수를 "전송율" 또는 "전송속도"라고 기술(記述)해 왔는데, 학계와 업계에서 실제로 통용되는 용어로는 그 외에도 상당히 많다. 나열하자면 크게 두 부류로 나뉜다.

1) 전송율과 동일한 개념의 용어
   비트율(bit rate), 전송로용량(channel capacity), throughput(번역하기가...)
2) 대역폭(bandwidth)으로 부르는 경우
   network bandwidth, data bandwidth, digital bandwidth

2)는 컴퓨터네트워킹이나 전산학 계통에서 즐겨 쓰는 표현이지만, 엄격하게 말해서 통신공학에서 말하는 [Hz]로 표시되는 주파수영역의 점유대역폭 개념과는 배치되는 것으로서, 혼동을 피하기 위해서는 1)의 표현을 쓰는 것이 나을 듯하다.

비트절약 부호화

제 9 강

PCM으로 만들어지는 어마어마한 비트수, 곧이곧대로 다 보내야하남?

9-1 개요

PCM은 원래 전화망의 다중화를 위한 기술로 출발하였지만, 오디오 및 비디오신호의 "파형부호화(waveform coding)" 방식으로서도 매우 중요한 기여를 하였다. 고급 오디오나 비디오의 경우, 충실한 파형재생을 위해 대부분 압신기를 사용하지 않는데, 이 방식을 특별히 "LPCM(Linear PCM)"이라 부른다. DVD용 오디오의 경우, 샘플링주파수 48kHz, 16비트/샘플로서, 7.1 서라운드채널이라면 전송율은 무려 6.144Mbps에 달한다. 아무리 전송매체가 초고속광대역시대라지만 이런 전송은 좀 무리가 아닌가? 이런저런 이유로 PCM과 동일한 성능이면서도 보다 적은 비트로 부호화를 하는 방법을 찾게 되었는데, 그 몇 가지 수법을 아래에서 알아보자.

9-2 차동부호화

모든 자연의 파동은 갑작스런 변화를 매우 싫어한다. 음성신호도 이와 마찬가지로 인접한 신호샘플끼리는 대개 큰 변화가 없다. 공학적 표현을 빌리자면 큰 "상관값"을 가진다고 말한다. 그렇다면 현재 샘플과 바로직전 샘플과의 차이값(difference)은 실제 샘플의 최대진폭에 비해 상당히 좁은 범위 안에 머무를 것이다. 뭔가 좋은 수가 떠오르지 않는가? 샘플을 곧이곧대로 부호화 할 것이 아니라, 샘플간 차이값만 부호화한다면 보다 적은 비트수로도 정통PCM과 동일한 품질의 전송이 가능할 것이 아닌가? 수신단에서의 신호복원은 이렇게 받은 차이값을 직전 샘플값에 더하기만 하면 오케이! 이처럼 샘플간 차이(差異)에 따라 움직이는(動) 부호화를 "차동부호화(差動, Differential Encoding)"라고 한다. 차동부호화의 적용 예를 [그림9-1]에서 생각해보자.

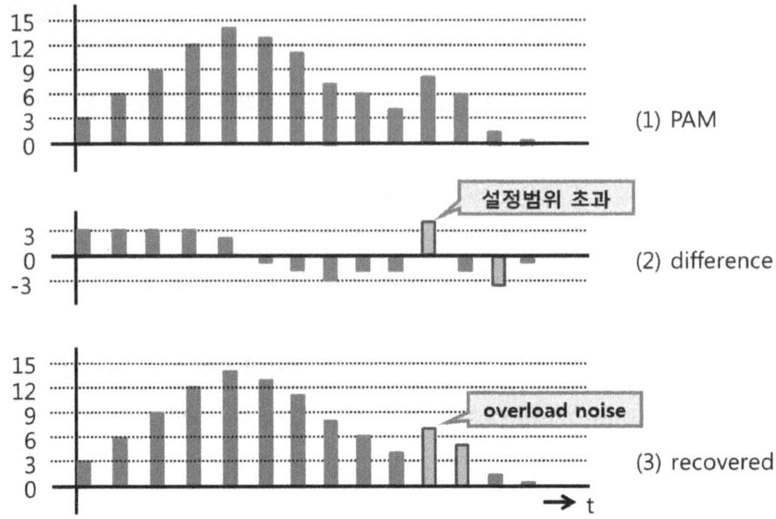

[그림 9-1] 차동부호화의 적용 예와 과부하잡음

[그림9-1] (1)에서는 부드러운 곡선을 이루는 신호를 샘플링 한 PAM 펄스열을 보여주고 있다. 편의상 샘플값은 정수라고 가정한다. 그림에서 샘플은 0~14사이의 값을 가지지만, 인접샘플의 차이값은 (2)와 같이 대체로 -3~3의 범위로서 그 변동폭이 샘플값 변동폭의 절반정도이다. 정통파 PCM으로 부호화한다면 샘플당 4비트는 할당해야겠지만, 차이값만을 부호화한다면 3비트로도 가능할 것이다. 즉 동일성능에서 비트율을 3/4으로 줄일 수 있다. 하지만 문제가 없는 것도 아니다. 예에서 차이값의 출현범위를 대략 -3~3으로 설정하였지만, 그림의 우측과 같이 예상을 깨고 4라는 값이 나온다면 1만큼의 오차를 피할 도리가 없다. 이를 "과부하잡음(overload noise)"이라 하는데, 그렇다고 이를 커버하기 위해 차이값 부호화에 4비트를 할당한다면 차동부호화의 비트절약 의미가 없어지고 만다. 그러고 보니 직전비트와의 단순비교 정도로는 그리 대단한 효과는 보기 어려운 듯하다. 무슨 좋은 수가 없을까?

9-3 선형예측

인접한 샘플간의 상관관계가 큰 신호의 경우, 몇몇 과거샘플의 거동을 잘 관찰하다보면 다음 샘플값을 어느 정도 예측할 수 있지 않을까? 족집게까지는 아니더라도 상당한 정확도로 예측값(prediction)을 찍을 수 있을 것이다. 그리고 이 예측값과 실제 샘플값의 차이는 단순한 두 샘플값의 차이보다 훨씬 작을 것이다. 따라서 이 예측값과 실제 샘플값의 차이, 즉 오차값(prediction error)을 부호화한다면 샘플값을 그대로 부호화 하는 것보다 훨씬 적은 비트로도 전송이 가능할 것이다. 그러면 복호는? 문제없다. 수신단에서도 송신단과 똑같은 구조의 예측기를 두어 다음 샘플값을 예측하고, 여기에 수신된 오차값을 더하면 되지 않겠는가?

[그림9-2]는 [그림9-1]의 예에 예측부호화를 적용한 경우이다. 시작부터 3번째까지의 샘플값 3,6,9를 보면 4번째 샘플값은 12가 되리라는 짐작이 갈 것이다. 적중! 오차값 제로. 단순 차동부호화라면 3을 송신해야 할 상황이지만 여기서는 오차값을 송신할 필요도 없다. (물론 [그림9-1]의 예는 샘플이 정수로 표시되는 특수한 경우이므로 실제로는 얼마간의 오차는 항상 나겠지만...) 이어서 5번째 샘플값을 동일방식으로 예측해보면 15가 되겠지만, 이번에는 실제 샘플값과 -1의 오차가 난다. 그래도 단순 차동부호화보다는 절반값이다. 비록 예측이 약간 빗나가기는 했지만, 이 상황으로부터 그동안 단조롭게 증가하던 샘플패턴에 감소방향으로의 변화가 있음을 눈치 챈다면, 다음 예측값은 줄여나가야 할 듯 하다.

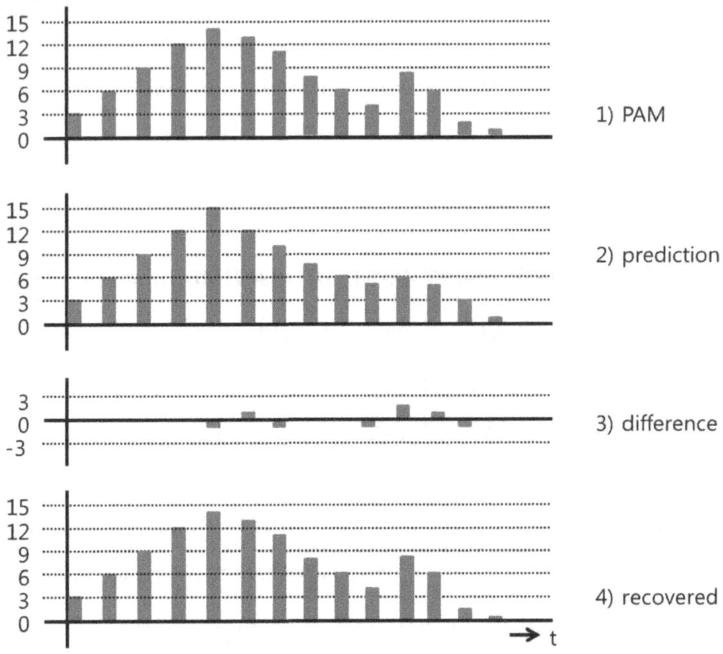

[그림 9-2] 선형예측이 포함된 차동부호화의 적용 예

이런 식으로 이전에 들어온 샘플들의 거동으로부터 다음 샘플의 변화를 예측하는 것을 "선형예측(線形豫測, Linear Prediction)"이라고 한다. 대표적인 "선형예측기(linear predictor)"의 예를 [그림9-3]에 보인다. 현재 입력된 샘플은 N개의 메모리를 차례로 거치면서 이후 N개의 예측값 결정에 영향을 미치게 된다. 이처럼 샘플의 입력될 때마다 하나씩 밀려가는(지연되는) 메모리연결을 지연선(delay line)이라고 한다. 또한 메모리에 저장된 각각의 샘플값들이 예측값 결정에 미치는 영향은 서로 다를 것이므로, 그 정도에 따라 가중치를 각 샘플값에 곱하는데 이를 "예측계수(prediction coefficient)"라고 한다. 이런 식으로 이전 샘플값들의 "선형결합(linear combination)"으로 예측한다고 해서 "선형예측"이라는 용어를 사용한다. 단순해 보이는 그림이지만 적정한 메모리 개수와 예측계수의 결정 등은 사실 그리 만만한 일이 아닐 듯하다.

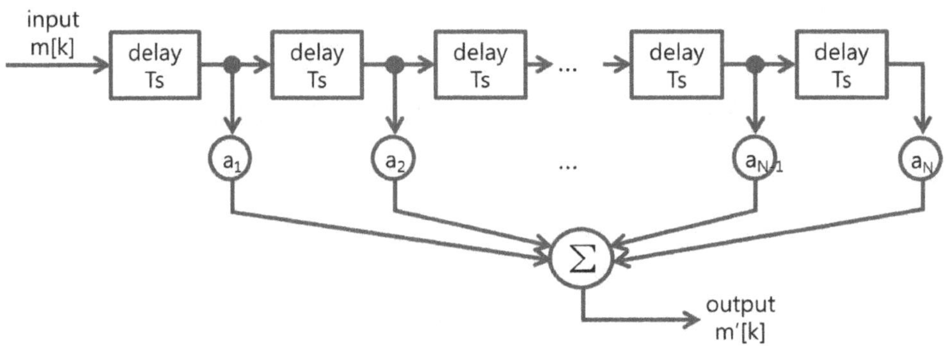

$$m'[k] \cong a_1[k-1] + a_2[k-2] + \cdots + a_N[k-N]$$

[그림 9-3] 선형예측기 (linear predictor)

이제 선형예측과 차동부호화를 적용한 PCM, 즉 "DPCM(differential PCM)"에 대하여 알아보자. 여기에는 생각해야 할 변수가 하나 더 있다. 실제 아날로그값을 가지는 샘플은 PCM을 위해 양자화의 과정을 거쳐야 한다. 그러면 양자화를 언제 할 것이냐는 미묘한 상황이 벌어지는데, 여기에 얽히는 문제를 정리하면 다음과 같다.

1) 선형예측기 메모리에 담기는 샘플값은 디지털부호로 표시된다. 그러면 샘플을 먼저 양자화 해야 하남?
2) 그렇다고 초장부터 양자화 된 샘플을 가지고 작업을 한다면 양자화잡음이 포함된 샘플끼리 비교를 해야 하니 양자화잡음을 이중으로 받게 되는뎅?

양자화잡음이 두 번씩이나 겹친다는 것은 시스템 성능유지상 있어서는 안 될 일이다. 양자화 된 샘플로 선형예측 하는 것이 불가피한 일이라면, 그렇게 하더라도 마치 양자화 이전의 아날로그 값으로 작업한 것처럼 보일 무슨 좋은 수가 없을까? 뜻이 있는 곳에 길이 있는 법. [그림9-4]는 이 딜레마를 멋지게 해결한 DPCM 부호기와 복호기의 구성도이다.

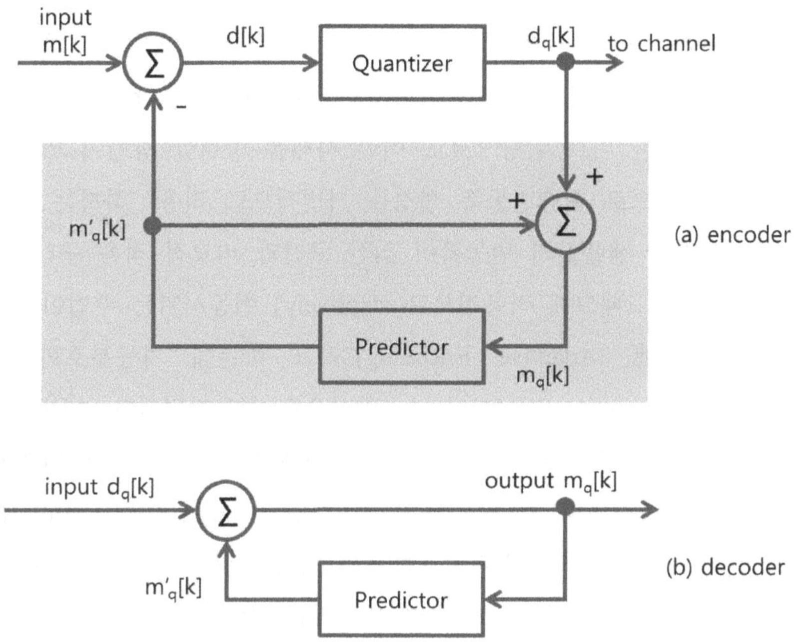

[그림 9-4] 양자화기를 포함하는 DPCM 시스템

$$
\begin{aligned}
&d[k] = m[k] - m'_q[k] \\
&d_q[k] = d[k] + q[k] \\
&m_q[k] = m'_q[k] + d_q[k] = m[k] - d[k] + d[k] + q[k] \\
&\therefore m_q[k] = m[k] + q[k]
\end{aligned}
\qquad \text{(식9-1)}
$$

DPCM시스템 구성의 핵심은 "선형예측기는 양자화 된 샘플값 $m_q[k]$를 대상으로 작동하되, 오차값 d[k]는 아날로그 샘플값 m[k]와 양자화 된 예측값 $m'_q[k]$로부터 계산된다"는 것이다! 그리고 이 오차값은 양자화/부호화되어 송신되는 한편, 양자화 된 예측값과 합쳐져 선형예측기로 피드백된다. 이로써 정확한 아날로그 오차값의 계산과 양자화잡음이 얽히는 문제를 해결하였다. 그림의 교묘한 부호화 과정을 표시하는 (식9-1)로부터 양자화잡음 q[k]가 이중으로 작용하지 않음을 확인하기를 바란다.

9-4 적응부호화

DPCM에서 오차값의 최대변동폭 설정은 할당 비트 수와 비례한다. 따라서 설정된 최대변동폭보다 더 큰 오차값이 발생하면 과부하에러(overload error)를 피할 수 없는데, 조금 더 궁리하면 동일한 비트 할당으로도 이런 사태를 방지할 방법이 있다! 즉 "샘플값 변동의 통계를 바탕으로 최대변동폭 설정을 가변적으로 적용" 하자는 것인데, 이는 신호변동의 상황에 따라 샘플값의 변동폭이 심한 구간과 비교적 적은 구간을 구분하여, 양자화기의 스텝크기를 그때그때 적응적으로(adaptively) 변동시키는 수법이다.

이를 "적응부호화(適應, Adaptive Encoding)"라고 하는데 차동부호화와 결합하여 "ADPCM(Adaptive Differential PCM)"이라는 방식으로 실용화되었다. ADPCM은 PSTN에서의 성능비교 결과, 4비트부호화(32kbps)의 ADPCM으로 8비트부호화(64kbps) PCM 수준의 음질 달성이 가능하였다. 이 정도면 공중전화망의 전송효율을 2배로 거뜬히 올려준다. ADPCM은 1970년대 벨연구소에서 발명되어 공중전화망은 물론, VoIP 등 충실한 음질이 요구되는 여러 곳에 현재까지도 널리 응용되고 있다.

9-5 델타변조

DPCM은 샘플간의 높은 상관관계를 이용하여 그 차이값 만을 부호화함으로서 비트를 절약하였다. 따라서 샘플간의 상관값이 크면 클수록 차이값은 더 작아질 것이고, 한층 더 비트절약이 가능할 것이다. 그런데 어떻게 하면 샘플간의 상관값이 더 커질까? 간단하다. 좀 더 자주 샘플링하면 된다. 즉 엄청 오버샘플링(over-sampling)을 하는 것이다. 음... 처리할 샘플이 더 많아진다는 것은 추가적인 비트가 훨씬 더 필요하다는 것인데... 이게 과연 남는 장사인지, 이 모순되는 두 가지 관점을 견지(堅持)하면서 DPCM을 한번 변형 해보자.

충분한 오버샘플링의 조건하에서, 할당비트를 극단적으로 줄인다면 그것은 어디까지일까? 그것은 바로 샘플 차이값을 단 1비트로 부호화 하는 것이다. 이게 무슨 소리인가? 양자화는 어떡하고? [그림9-5]에서 이 방식을 이해해보자. 그림에서 부호화는 시점 0, 기준전위 0에서 시작된다고 하자. 여기서 입력신호가 기준전위보다 증가하면 부호기는 "1"을 출력하고 기준전위를 한 계단 올린다. 그리고 입력신호가 기준전위보다 감소하면 부호기는 "0"을 출력하고 기준전위를 한 계단 내린다. 그런데 이 기준전위란 다름 아닌 양자화 된 샘플이 아닌가! 이렇듯 이 방식은 1비트로 양자화와 부호화를 한 큐에 해치운 "1-비트 PCM" 또는 "1-비트 ADC"인 것이다.

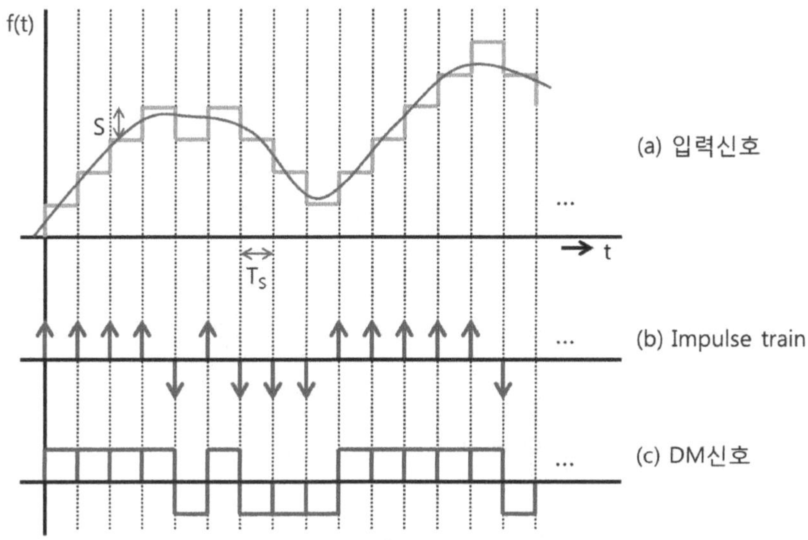

[그림 9-5] 1-비트 부호화의 개념도

[그림9-5]에서 보면 신호파형과 계단이 삼각형(Δ, delta) 모양을 이룬다. 그래서 이 변형 DPCM 방식은 "델타변조(delta modulation, DM)"라는 이름을 얻는다. 한편 부호 1과 0에 해당하는 신호의 심볼은 +V, -V의 양극펄스(bipolar pulse) 전압(전류)이다. 이제 델타변조의 부호기를 만들어보자. 핵심부분은 입력신호와 기준전위와의 비교기(comparator), 그리고 다음 부호화를 위한 기준전위를 저장하고 계속 갱신해나가는 적분기(integrator, LPF)이다. [그림9-6]에서 양극펄스가 차곡차곡 쌓이기도 하고 빠지기도 하면서 입력신호가 양자화 되어가는 과정을 상상 할 수 있을 것이다. 그러면 복호기는? 더 간단하다. 수신되는 양극펄스를 부호기와 꼭 같은 구조의 적분기로 적분해나가면(쌓아나

가면) PAM 펄스열이 만들어지고, 복원필터(LPF)를 통해 매끈한 파형을 재생할 수 있다. [그림9-6]에 델타변조의 부호기를, [그림9-7]에 복호기를 보인다.

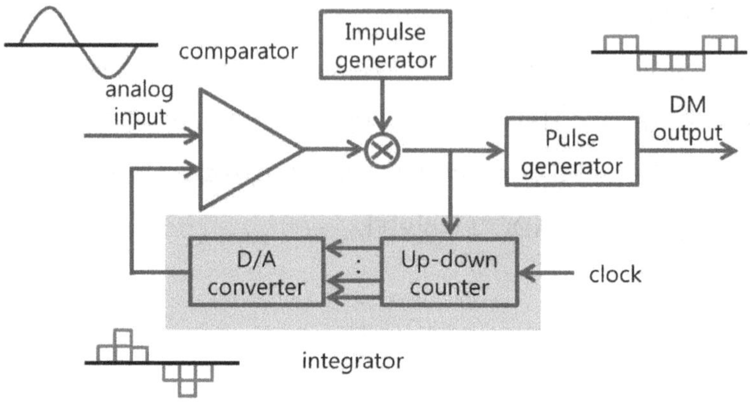

[그림 9-6] 델타변조의 부호기

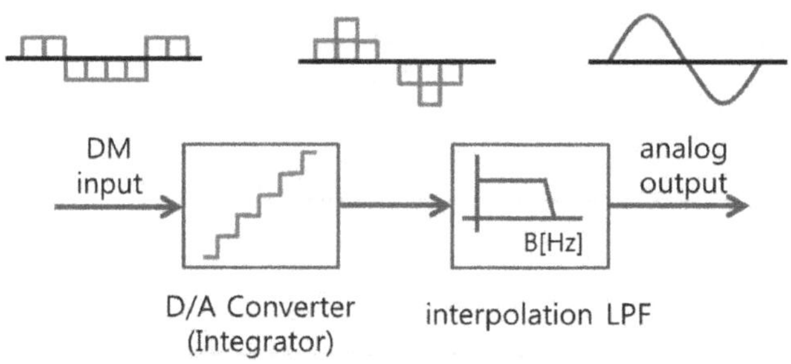

[그림 9-7] 델타변조의 복호기

DM은 이처럼 매우 간편하다는 이점이 있지만 한편으로 치명적인 약점도 있다. 그것은 부호기에서 양자화준위의 스텝크기가 고정되어 있는데다, 아래위 한 칸씩 밖에는 이동이 안되는 탓에 [그림9-8]과 같이 입력신호의 급격한 변화에 미처 따라가지 못하는 부분이 생긴다는 것이다. 이렇게 초래되는 에러를 "경사과부하잡음(slope overload noise)"라 한다.

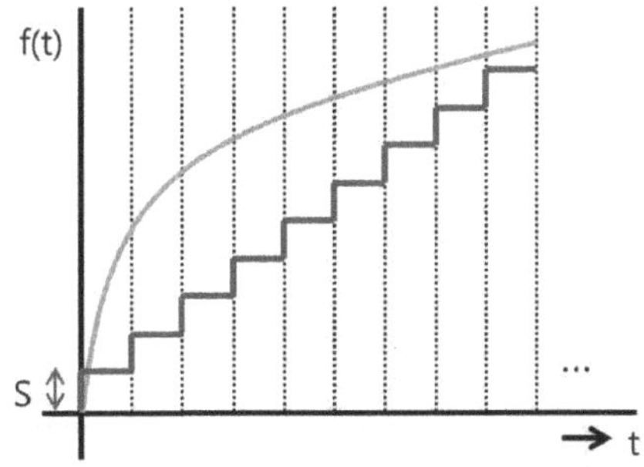

[그림 9-8] DM에서의 경사과부하

그러면 경사과부하를 경감시킬 좋은 방법은 없을까? 간단히 생각하면 [그림9-9]와 같이 스텝크기를 대폭 늘려 팍팍 신호파형을 따라가게 하면 된다. 하지만 이럴 경우 양자화잡음의 증가라는 대가를 치르게 되는데, 이를 "그래뉼잡음(granular noise)"이라 한다. 통상 델타변조에서는 입력신호의 평균적인 변동률에 맞추어 스텝크기를 정해두겠지만 아무래도 고정된 스텝크기에 의한 성능저하가 만만치 않으리라는 생각이 든다.

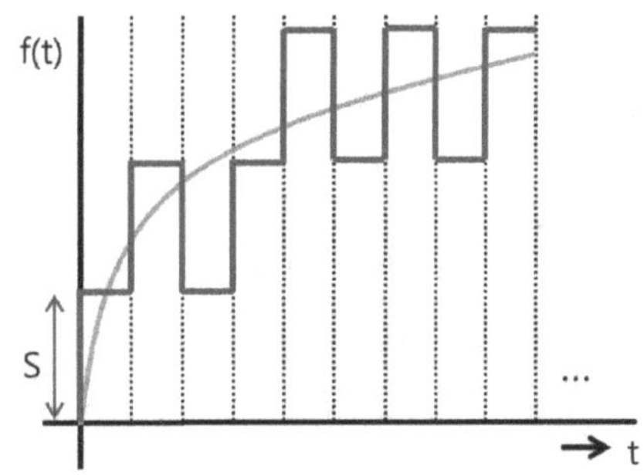

[그림 9-9] DM에서의 그래뉼잡음

이 문제는 신호파형의 변화율, 즉 기울기(slope)에 따라 그때그때 스텝크기를 달리하는 "적응(adaptive)부호화"를 함으로서 해결하는 방법이 있다. 이름 하여 "적응델타변조(adaptive DM, ADM)"이라고 하는데, 이름은 좋지만 선형예측에 의한 적응부호화라는 것이 그리 만만한 일이 아니라는 것을 우리는 이미 알고 있다. 그렇지만 다행히도 델타변조가 간단한 1비트-부호화 방식인 덕분에 이 일을 비교적 간단히 해치울 수 있다. 대표적인 예로서 "CVSD(continuously variable slope DM)"가 알려져 있다.

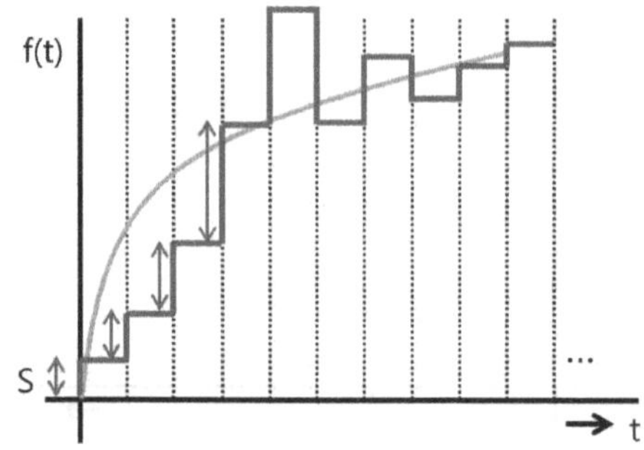

[그림 9-10] 적응델타변조(ADM)

그러면 DM으로 어느 정도 성능을 낼 수 있을까? 알려진 대략적 성능은 아래와 같다.

1) PCM 4배의 샘플링주파수인 DM : 전화급 음질
   8000샘플/초 × 4 × 1비트 = 32kbps
2) PCM 10배의 샘플링주파수인 DM : 오디오급 음질
   8000샘플/초 × 10 × 1비트 = 80kbps

이상으로 DPCM의 변형인 DM에 대하여 알아보았다. 부호기/복호기가 좀 간단하다는 것 말고는 DPCM에 비해 그리 대단한 차별성이 있어 보이지는 않는다. 과연 DM만이 가지는 결정적인 장점은 무엇일까? 그것은 바로 프레임을 만들 필요가 없다는 것이다! 하나의 샘플을 하나의 비트로 나타내므로 그냥 수신비트를 쌓아나가면 파형복원이 되는 것이다. 따라서 DM은 동기(同期)가 필요 없는 간이형 점대점(point-to-point) 디지털통신의 음성부호화 방식으로서 적격이다. [그림9-7]에 CVSD로 부호화한 후 스크램블러(scrambler)로 비화(秘話)한 간이형 디지털비화무전기의 예를 보인다. 그 외에도 최근 64kbps CVSD가 Bluetooth 서비스에 응용된 사례도 있다.

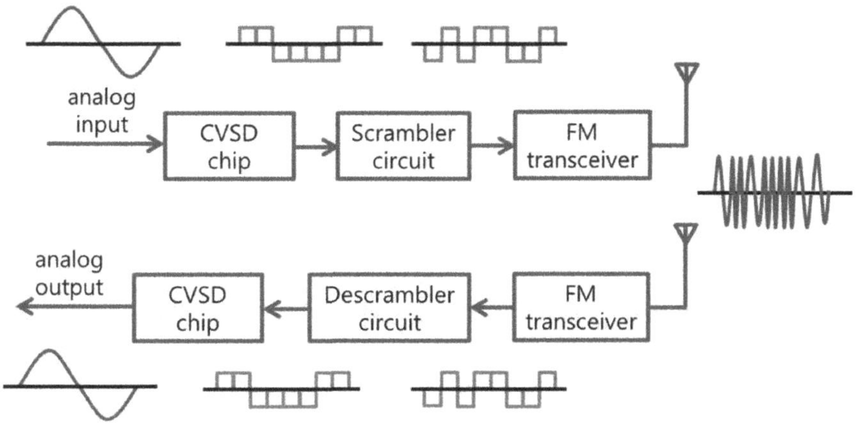

[그림 9-11] 간이형 디지털비화무전기

연습문제

1. 샘플링 이론에서 interpolation fillter의 동작원리를 시간영역과 주파수영역의 그림으로 자세히 설명하시오.

2. 샘플링에서 발생하는 aliasing 현상에 대하여 시간영역과 주파수영역에서의 관점으로 설명하시오.

3. 디지털통신에서"anti-aliasing filter"는 선택이 아니라 필수다. 그 이유를 설명하시오.

4. 이상적인 샘플링을 실제회로로 수행하기는 불가능하다. 그 이유와 해결책을 3가지로 요약하여 설명하시오.

5. PWM을 만드는 회로의 블록도를 그리고, 임의의 아날로그 파형에 대하여 PWM 파형이 만들어지는 과정을 그림으로 설명하시오.

6. 신호 $x(t) = 2\cos 300t + 5\cos 500t + 3\cos 700t$ 를 PCM 하고자 할 때, 다음을 구하시오.
   1) Nyquist interval
   2) 신호의 최대값 및 최소값,
   3) 10비트 PCM 사용시 양자화준위 간격

7. Non-uniform Quantization 이란 무엇인가? 그 개념을 그림으로 자세히 설명하고, 이를 실제로 구현하는 방법인 compander에 대해서도 설명하시오.

8. T-1 carrier와 E-1 carrier의 프레임구성에 대하여 자세히 설명하시오.

9. T-1 carrier의 전송율을 구하고, frame synchronization 방법 및 signalling 방법을 설명하시오.

10. 양자화기를 포함하는 DPCM 시스템의 블록도를 그리고, 양자화잡음이 이중으로 작용하지 않음을 확인하시오.

11. D급 증폭기란 무엇인가? 회로구성을 블록도로 그리고, 그 동작원리 및 장점/약점을 설명하시오.

12. 아날로그신호로부터 PAM, PWM, PPM을 만드는 과정을 문장과 그림으로 설명하시오.

13. PWM을 통신목적 아닌 곳에 응용하는 3가지 예를 들고 설명하시오.

14. PCM으로 만들어지는 막대한 비트수를 절약하기 위해 고안된 세 가지 비트절약 기법을 자세히 설명하시오.

3부

기저대역 디지털전송

펄스파의 전송 제10강

깔끔해 보이는 펄스파, 그러나 전송의 길은 완전 개고생

10-1 개요

전기신호는 과연 자유전자로 가득 찬 금속도선 속을 파이프에 물 흐르듯 술술 흘러가는 것일까? 우리는 곧잘 전류라는 말의 어감 때문에 전기신호도 지극히 자연스러운 흐름일 것이라는 오해를 하는 듯하다. 한번 상상해보라. 440Hz의 A음이라면 전자는 신호의 극성변화에 따라 도선 속을 초당 440번 좌우로 진동하여야 한다. 자유전자의 세계가 꽤 바빠질 듯하다. 그래도 이것은 둥글둥글한 정현파니까 좀 낫다. 네모반듯한 펄스로 45Mbps짜리 T3급 데이터가 전송선에 들어온다면? 4천5백만번의 진동! 전자가 거의 순간이동에 가까운 이 난리를 치르면서 온전한 펄스의 윤곽이 과연 보존될까? 이처럼 디지털 전기신호의 전송이란 천신만고의 고생길이요, 우리가 수신하는 신호란 전송로에서 엉망으로 부스러진 신호의 편린(片鱗)들에 불과할 것이다. 고난의 길, 펄스신호의 "기저대역전송(基底帶域傳送, baseband transmission)"에 대하여 알아보자.

10-2 기저대역전송과 전송선로

기저대역전송이란 기저대역의 전기신호를 그대로 전송선로(傳送線路, transmission line)에 실어 보내는 것을 말한다. (여기서는 유선전송의 경우만 다룬다. 무선의 경우는 유선과 달리 반드시 변조가 필요하므로 기저대역 무선전송은 다루지 않는다. 제4부 참조) 가장 고전적인 전기통신의 형태로서 전화가입자선(subscriber line)을 떠올려보자. 한 쌍의 연선(twisted pair)을 통과하는 아날로그 음성파형은 전송과정에서 전기자기적 간섭과 신호감쇠, 그리고 외부잡음 등으로 인해 차츰 SNR이 나빠진다. 그리고 더 이상 통화가 불가능할 정도로 SNR이 열화(劣化) 되는 지점이 바로 전송한계가 될 것이다. 이와 같이 기저대역 아날로그전송이란 최소한의 통신품질이 보장되는 이 SNR의 유지관리가

그 핵심이다. 그러고 보면 (이미 시대의 뒤안길로 접어들었지만,) 재래식 아날로그전화망의 설계와 유지관리는 참으로 대단한 작업이 아닌가!

그러면 기저대역 디지털전송은 어떨까? 우리는 2부에서 다중화와 장거리전송을 목적으로 탄생한 PCM과 TDM에 대하여 알아보았다. 이렇게 디지털부호화 되고, 고도로 다중화 된 초고속의 펄스열은 사실상 임펄스열에 가까울 것이며, 그 전력스펙트럼 또한 막대한 점유대역폭을 가질 것이다. 만약 전송로의 통과대역폭이 신호의 점유대역폭을 수용할 만큼 충분히 넓지 못하다면 어떤 일이 생길까? 당연히 펄스의 고주파쪽 정현파성분일수록 더 많이 손실될 것이고, 따라서 펄스가 샤프한 그 모습 그대로 수신측에 전달될 리가 없을 것이다. 당초 둥글둥글한 아날로그신호의 전송에 쓰이던 전송선로는 애석하게도 펄스신호와는 너무나도 궁합이 맞지 않는다. 고속펄스파형의 만만치 않은 성깔과 이에 못 미치는 전송선로를 가지고 최적의 전송성능을 얻기 위해서는 어떤 기발한 궁리가 필요할까? 우선 전송선로의 전기회로적 특성부터 살펴보자.

우리가 일반적으로 알고 있듯이 각종 전기소자들을 도선으로 연결해 놓은 전기회로를 “집중정수회로(集中定數回路, lumped constant circuit)”라고 한다. 이에 비해 달랑 두 가닥의 도선만으로 만들어지는 전송선로는 아무런 소자도 달려있지 않으므로 언뜻 보기에 회로망으로 보이지 않는다. 그러나 엄연히 선로는 전기저항(resistance) R, 도선을 흐르는 전류로부터 자계를 만드는 인덕턴스(inductunce) L, 두 도선 사이에 전하를 모으는 캐패시턴스(capacitance) C, 그리고 절연된 도선사이의 누설저항 G를 가지는 어엿한 회로망이다! 이처럼 회로망 전체에 수동소자(passive device) RLC의 특성이 골고루 퍼져 있는 형상을 “분포정수회로(分布定數回路, distributed constant circuit)”라고 한다. 비록 미약한 RLC특성의 분포이지만, 이것이 장거리전송이 되면서 누적(累積)되면 [그림10-1]과 같이 마치 RLC소자가 포함된 집중정수회로처럼 취급하여 다루어져야 한다.

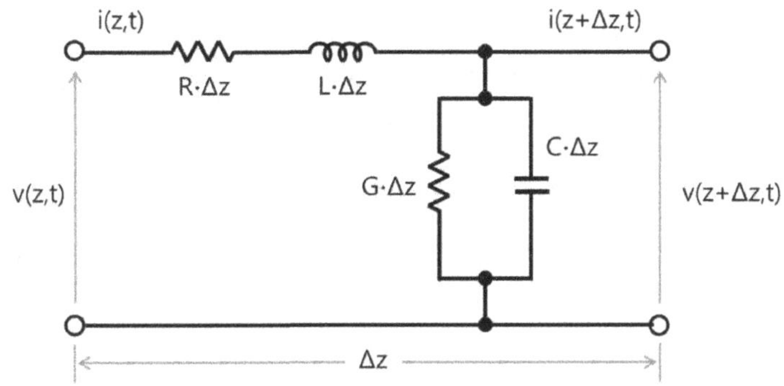

[그림 10-1] 전송선로의 전기회로적 특성

그렇다면 이런 전송선로를 흐르는 전기신호가 겪는 현실은 어떨까? 선로저항 R과 누설저항 G는 장거리전송에서 신호감쇠를 초래하기는 하지만 신호의 주파수에 따른 차별은 없다. 문제는 도선의 인덕턴스 L과 캐패시턴스 C이다. 교류인 전기신호는 도선의 인덕턴스로 인해 도선주위에 변동전계와 변동자계를 교대로 만들면서 전자파의 형태로 에너지를 공간에 방사해 버린다. 즉 도선이 안테나 역할을 한다는 말이며, 이 현상은 신호의 주파수가 높을수록 심해진다(유도성리액턴스 $X_L=j\omega L$). 아울러 도선사이의 캐패시턴스는 직류에 대해서는 완벽한 절연체이지만, 교류에 대해서는 전자파 형태로 신호를 통과시키는데, 이것 역시 신호의 주파수가 높을수록 심해진다(용량성리액턴스 $X_C=1/j\omega C$).

이제 전송선로의 속내가 보이는가? 실제 전송선로에서 전기신호는 "선이 있다고 해서 술술 지나가는 것"도 아니요, "선이 없다고 해서 아예 못가는 것"도 아니다. 특히 주목해야 할 것은 고주파일수록 도선을 흐르지 않고 전자파로 새어나가 버리거나, 절연상태인 두 도선 사이로 빠져나가 되돌아가버리는 현상이 심하다는 것이다. 이것은 무엇을 말하는가? 전송선로란 바로 "L과 C로 구성되는 저역통과필터(LPF)"인 것이다!

LPF로 그 특성이 대표되는 전송선로에 대하여, 이 전송선로를 통과하는 펄스신호가 어떤 영향을 받는지 신호분석의 정석(定石)대로 주파수영역과 시간영역에서 고찰해보자. 해석편의상 전송선로는 [그림10-2]와 같은 전달함수와 임펄스응답을 가지는 이상적인 LPF로 가정하며, 전송선로에 입력되는 펄스신호는 임펄스로 근사한다.

1) 주파수영역 해석

- 전송선로의 통과대역폭, 즉 전달함수 H(ω)의 대역폭은 B_b[Hz]이고
- 입력되는 펄스신호의 점유대역폭이 전송선로의 통과대역폭에 비해 매우 크다면
- 출력스펙트럼은 입력스펙트럼과 전달함수의 곱이므로
- 전송선로를 통과한 펄스신호의 스펙트럼은 전송선로의 전달함수 H(ω)와 일치

2) 시간영역 해석

- 전송선로의 시간영역 임펄스응답은 $1/2B_b$[sec] 간격으로 제로크로싱하는 sinc함수
- 출력파형은 입력파형과 임펄스응답과의 콘볼루션이므로 (4-5절)
- 편의상 폭이 매우 좁은 입력펄스를 임펄스로 취급하면
- 전송선로를 통과한 펄스신호의 파형은 전송선로의 임펄스응답과 거의 일치

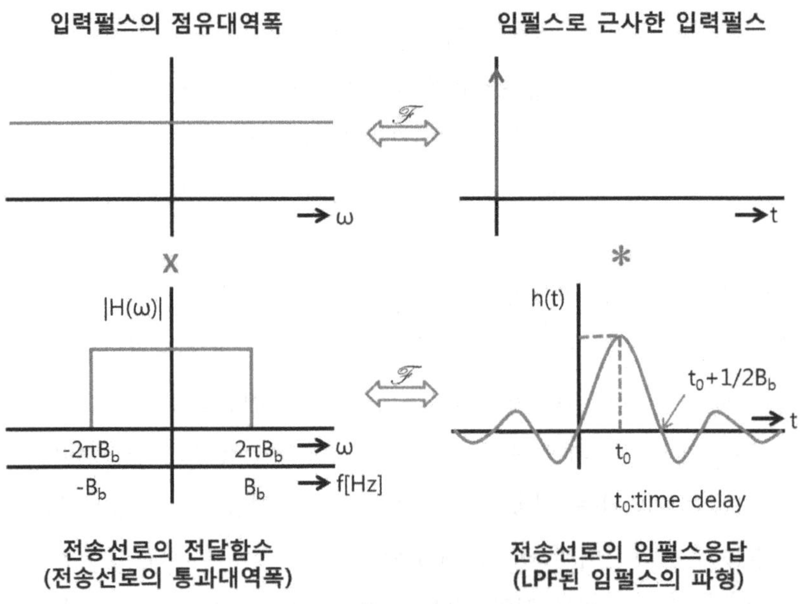

[그림 10-2] 전송선로의 주파수응답 특성

이상의 논의를 한마디로 말하면, [그림4-10]에서 살펴 본대로 "주파수제한(frequency-limited, or band-limited)"인 전송선로에서 기저대역 전송되는 펄스파형은 "시간무제한(time-unlimited)"의 sinc파형으로 "퍼진다(time dispersion)"는 것이다. 좀 더 구체적으로

살펴보면, 펄스의 샤프한 상승/하강면(rising/falling edge)을 만드는데 필요한 고조파성분들이 전송선로에서 잘려나가면서 펄스가 좌우로 너저분하게 퍼져버리고 만다는 뜻이다. 이렇게 퍼진 펄스파형이 인접 비트까지 퍼져나가 겹치는 현상을 "부호간간섭(符號間干涉, Inter-symbol Interference, ISI)"이라고 한다.

[그림10-3]에 전송선로에서 퍼져버린 펄스신호와 ISI의 영향을 예시한다. 이제부터 온전한 펄스의 형태는 잊어버리자. 이미 펄스는 넓적한 나뭇잎 모양의 메인로브와 만만치 않게 출렁이는 몇 개의 사이드로브를 거느린 뚱뚱이파형이 되고 말았다. [그림10-3] (5)와 같이 펄스간격이 어느 한계를 넘어서면 원래 펄스가 두 개였는지 한 개였는지 조차 구분이 어려워진다. 이거 큰일 아닌가? 애당초 TDM 할 목적으로 신호를 디지털부호화하고 정교하게 타임슬롯을 배치했는데 전송선로에서 펄스가 퍼져나가 인접 타임슬롯으로 들어가 버리면 어떡해?

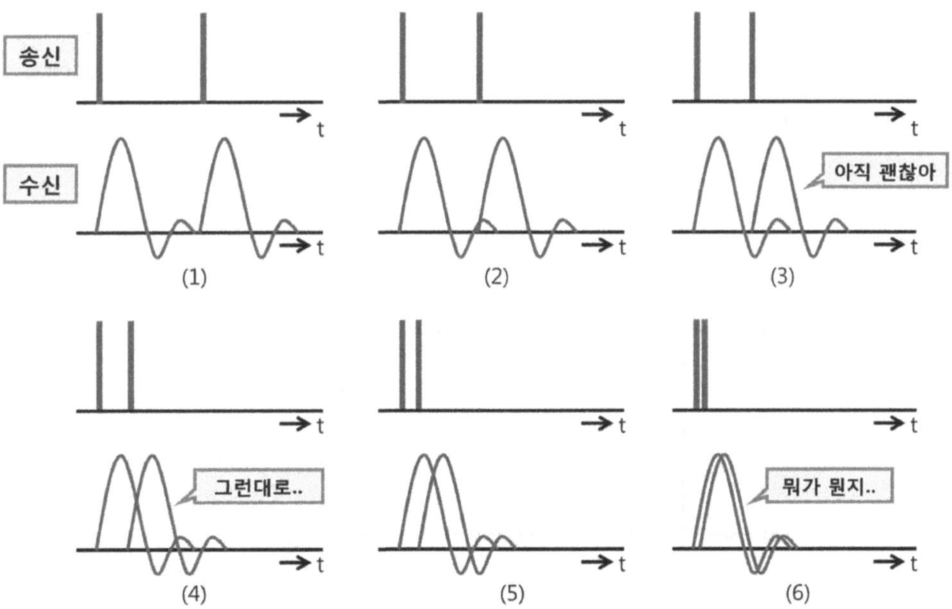

[그림 10-3] 부호간간섭과 신호펄스의 분산

이제 기저대역 디지털전송에 주어지는 과제들이 보이는가? 아날로그 환경과는 판이하게 다른 디지털전송만의 독특한 문제들을 아래에 정리해 본다. 디지털전송이라는 기술이 왜 탄생해야 했는지를 항상 기억하면서, 아래에 나열된 항목들과 관련된 디지털전송만의 기발하고 멋진 대응책을 하나하나 고찰해 보도록 하자.

1) 대역폭이 B_b[Hz]인 전송선로에서 실현가능한 최대 전송비트율은 얼마일까?
2) 부호간간섭((ISI)을 경감(輕減)하기 위한 펄스의 인위적인 변형은 가능할까?
3) 잡음, 시스템동기, 점유대역폭 등을 고려한 최적의 펄스형태는 무엇일까?
4) 디지털통신시스템 성능(performance) 분석의 척도는 무엇이 좋을까?
5) 손상된 펄스를 수신기에서 적절히 처리한다면 비트 판정능력이 향상될까?

10-3 부호간간섭과 펄스정형

기저대역 디지털전송의 숙명인 ISI에 어떻게 대처해야 할까? ISI환경에서 펄스는 어디까지 접근배치가 가능할까? 이 난감한 문제에 대하여, 우리가 샘플링이론으로 익히 알고 있는 나이퀴스트 선생은 정곡을 찌르는 아이디어를 제시했는데, 그 골자(骨子)는 이러하다. "ISI발생 자체는 어찌할 수 없지만, 펄스를 읽어내는 타이밍, 즉 펄스 정중앙에서의 간섭만 없다면 문제될 것 없지 않은가?!" 이게 무슨 소리인지 [그림10-4]의 예를 통해 차근차근 생각해 보자.

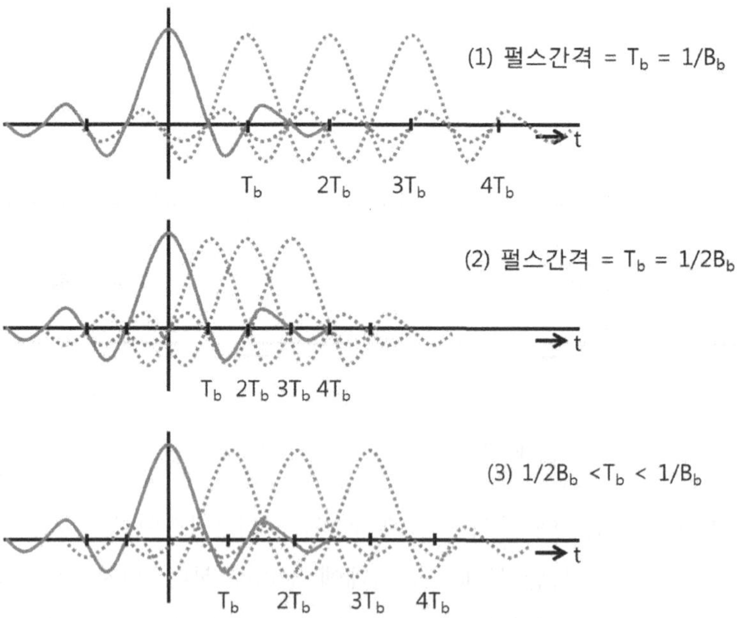

[그림 10-4] 펄스간격과 ISI의 영향

이참에 전송관련 용어 하나를 정의해 두자. 디지털공학에서 "비트"란 0과 1의 이진데이터(binary data)를 말하는 것이고, 전송로상에서 물리적으로 0과 1을 나타내는 펄스파형을 "심볼(symbol)"이라고 한다. 즉 심볼은 비트의 실체(實體)가 되는데, [그림10-4]와 같이 이 심볼값을 읽어내는 점 T_b, $2T_b$, $3T_b$,,,를 "심볼타이밍(symbol timing)"이라고 부른다. 다양한 심볼의 형태에 관해서는 12강에서 자세히 알아보기로 하고, 여기서는 이진데이터 0과 1을 나타내는 심볼로서 양과 음의 펄스를 사용하는 경우에 대해서 생각해보자.

[그림10-4]는 통과대역폭이 B_b[Hz]로 주어진 전송선로에 데이터 "1 1 1 1"을 전송하는 예를 보이고 있다. 수신되는 전송심볼은 LPF당한 펄스인 sinc파형이고, 이들은 모두 주기 $T_b=1/2B_b$[sec] 간격으로 제로크로싱(null)한다는 점에 주목하자. (해석편의상 임펄스 응답 음의 주파수부분에 의한 non-causality는 무시한다.) 그렇다. 바로 이 제로크로싱을 이용하면 ISI 해결의 돌파구를 찾을 수 있다! 그림에 대하여 아래와 같이 고찰해 보자.

1) [그림10-4] (1)과 같이 펄스를 메인로브 하나 간격, 즉 $1/B_b$[sec]로 배치해보자. 사이드로브들이 날뛰기는 하지만 펄스유무가 한눈에 보이고, 심볼타이밍에서 만큼은 모든 파형의 제로크로싱이 일치하기 때문에 어떠한 ISI도 없다! 그러면 이 간격이 한계일까?
2) 아니다. [그림10-4] (2)와 같이 간격을 다시 반으로 줄여 $1/2B_b$[sec]로 해보자. 헉! 메인로브가 겹쳐 얼토당토않은 합성파형이... 그래도 문제없다. 그렇더라도 역시 심볼타이밍에서 만큼은 인접 메인로브조차 제로크로싱 하므로 어떠한 ISI도 없다!
3) [그림10-4] (3)과 같이 (1)과 (2)의 사이값으로 펄스를 배치한다면? 제로크로싱이 흐트러지면서 ISI를 피할 곳은 어디에도 없다.
4) 펄스를 $1/2B_b$[sec]간격 이하로 배치한다면? 물론 어떻게 해 볼 도리가 없을 것이다.

감이 잡히는가? 정리하자면 이렇다. "대역폭 B_b[Hz]의 전송선로에서 $1/2B_b$[sec] 간격으로 펄스를 송신하면 ISI가 없는 전송이 가능하다." 이를 바꾸어 말하자면, 전송비트율(심볼율) R_b는 펄스간격(주기)의 역수인 $2B_b$[bps]이므로, "대역폭 B_b[Hz]의 전송선로에서에서 얻을 수 있는 최대 전송비트율은 $2B_b$[bps]이다." 이를 또다시 바꾸어 말하면 "R_b[bps]의 데이터를 전송하려면 최소한 $R_b/2$[Hz]의 대역폭이 필요하다." 와우! ISI의 발생에도 불구하고 ISI로부터 자유로운 전송이 가능한 이 기발한 아이디어는 이를 발견한 사람의 이름을 기려 "나이퀴스트조건(Nyquist ISI criterion)"이라고 한다.

그런데 이거 어디서 많이 듣던 이야기 아닌가? "1Hz의 대역폭, 즉 1Hz의 정현파로 최대 2비트를 보낼 수 있다."는 나이퀴스트조건은 "1주기의 정현파는 2개의 샘플로 완벽하게 전송된다."는 나이퀴스트 샘플링이론의 또 다른 표현이 아닌가? ([그림6-3] 참조) 뭔가 일맥상통하는 이 느낌을 잘 음미하면서 디지털통신의 진수를 깨우쳐 나가기 바란다.

그런데 또 문제가 있다. 거미줄같이 얽힌 전송망의 대역폭을 똑 부러지게 정한다는 것이 말이 되는가? 전송하고자 하는 비트율이 전송선로 대역폭과 꼭 맞으란 법이 있는가? 나이퀴스트조건에서 조금만 틀어져도 제로크로싱점 불일치로 엉망이 될텐데... 나이퀴스트조건은 과연 그림의 떡이란 말인가... 걱정하지 마시라. 간단한 해답이 있다. 그것은 전송하기 이전에 미리 소망하는 비트율에 맞추어 펄스를 LPF해버리는 것이다! 즉 희망 전송비트율이 R_b[bps]라면 아예 대역폭 $R_b/2$[Hz]로 펄스를 LPF해서 내보내자는 것이다. (물론 전송로의 통과대역폭은 $R_b/2$[Hz]보다 커야 한다.)

이 기발한 아이디어는 전송 전에 펄스의 파형을 sinc파형 모양으로 다듬는다는 뜻에서 "펄스정형(整形, pulse shaping)"이라고 부르는데, 종종 "나이퀴스트필터링"이라 불리기도 한다. 그러나 곧이곧대로의 펄스정형이란 어디까지나 이론적인 이상적필터(ideal filter)를 요구하므로, 물리적으로 실현가능한 방법을 생각하는 일이 남았다(5-4절의 필터이야기를 참조). 이 논의의 핵심은 다음과 같이 두 가지로 요약된다.

1) 주파수영역 : 전달함수가 반드시 정방형일 필요는 없다. 어차피 펄스는 원래의 모습을 유지하기 힘들뿐더러 굳이 유지할 이유도 없지 않은가...
2) 시간영역 : 무슨 일이 있어도 임펄스응답의 제로크로싱 위치는 반드시 보존되어야 한다. 더불어 사이드로브 부분이 빨리 확 죽어주면 더 좋겠는데...

이 두 마리 토끼를 잡은 현실적인 펄스정형을 [그림10-5]에 보인다. 전달함수의 모난 부분을 부드럽게 쳐내어 구현하기 쉽게 하면서, 펄스의 임펄스응답은 제로크로싱을 굳세게 지키면서 예쁜 sinc파형으로 나오는 모양이 특징적이다. 전달함수든 임펄스응답이든 둥글둥글하다는 의미에서 이 펄스정형용 필터는 "롤오프필터(roll-off filter)"라는 이름을 얻었다. 그리고 이처럼 펄스가 롤오프 되는 정도를 "롤오프지수(roll-off factor)" α라고 하며 0부터 최대 1까지의 값을 가진다. 주파수영역에서 두루뭉술하게 전달함수를 많이 쳐낼수록(롤오프지수가 클수록), 시간영역 파형의 제로크로싱은 보존되면서도 사이드로브는 극적으로 감쇠한다. 실로 교묘한 타협(trade-off)이 아닌가!

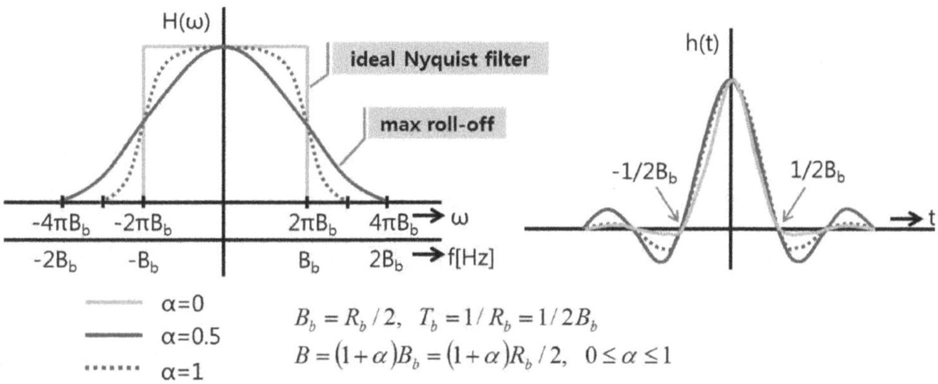

$$B_b = R_b / 2,\ \ T_b = 1/R_b = 1/2B_b$$
$$B = (1+\alpha)B_b = (1+\alpha)R_b/2,\ \ 0 \le \alpha \le 1$$

(1) 전달함수 (주파수영역 대역폭)　　　　(2) 임펄스응답 (시간영역 심볼파형)

[그림 10-5] 현실적인 펄스정형 구현방법

하지만 좋은 일에는 대가를 치러야 하는 법. 말쑥한 임펄스응답을 얻기 위해서는 전달함수를 점점 더 허물어내야 하고, 이는 점유대역폭의 증가라는 거북한 문제로 이어진다. α=1로 최대한 롤오프 하면 대역폭은 나이퀴스트조건의 2배까지 늘어난다! 즉 "최대 롤오프필터 사용시 대역폭 B_b[Hz]의 전송선로에서 실현 가능한 비트전송율은 B_b[bps]이다." 바꾸어 말하면 "최대 롤오프필터 사용시 R_b[bps]의 데이터를 전송하려면 R_b[Hz]의 대역폭이 필요하다" 형편이 허락하는 한 롤오프는 충분할수록 좋겠지만, 실제 롤오프계수는 전송선로의 통과대역폭과 유효 비트전송율, 그리고 희망 비트에러율 등을 고려하여 0과 1 사이에서 적절하게 결정되어야 한다.

롤오프필터를 실제로 구현하기 위해서는 전달함수를 나타내는 수학적인 근사식이 필요하다. 이 일에 관해서는 [그림10-5] (1)에서 최대 롤오프 전달함수의 모양을 보면 힌트가 보일 것이다. 그것은 바로 "위로 끌어올려진 미끈한 코사인함수" 모양이 아닌가? 역시 뭔가 두루뭉실한 자연스러움은 항상 정현파를 내포하는 법인가 보다. 아무튼 이로부터 (식10-1)과 같이 코사인함수로 모델링되는 실현가능한 롤오프필터가 만들어지는데, 그 모양에서 이름을 따와 "상승코사인필터(raised cosine filter)"라고 부른다.

$$H(f)=\begin{cases} T, & |f|\le\dfrac{1-\alpha}{2T} \\ \dfrac{T}{2}\left[1+\cos\left(\dfrac{\pi T}{\alpha}\left[|f|-\dfrac{1-\alpha}{2T}\right]\right)\right], & \dfrac{1-\alpha}{2T}<|f|\le\dfrac{1-\alpha}{2T} \\ 0, & otherwise \end{cases}$$

$$0\le\alpha\le1 \qquad \text{(식10-1)}$$

자! 이로서 기저대역 전송의 ISI 문제가 다 해결되었을까? 아니다. ISI란 그리 호락호락한 상대가 아니다. 펄스정형에 의한 ISI방지는 어디까지나 이상적인 가정이 많이 들어간 개념임을 명심하자. 게다가 비록 펄스정형을 거쳐 송신된 펄스라도 채널상의 잡음, 왜곡, 간섭의 공격을 인해 심볼타이밍(symbol timing)이 끊임없이 흔들리는 "지터(jitter)"라는 현상을 겪는다. 지터가 생긴다는 것은 무엇을 뜻하는가? 그것은 ISI방지를 위해 그렇게 공들여 정형한 펄스에 ISI가 부활하고 말았다는 이야기다!

지금까지 살펴 본대로 의도하든 아니든 실제 전송되는 펄스는 대역제한과 잡음으로 인해 이리저리 이그러질 것이고, 심볼타이밍 또한 종잡을 수 없이 흔들릴 것이다. 이 어지러운 수신파형을 눈으로 직접 관측하여, 대략적인 전송로의 상황을 한눈에 파악하는 방법은 없을까? 간단하다. 오실로스코프의 수평동기를 비트율 R_b[bps]로 맞추고 랜덤데이터의 수신파형을 관찰하면 된다. 이때 1과 0을 나타내는 심볼들이 서로 마구 겹치면서 디스플레이 되는데, 그 모양이 사람의 눈을 닮았다하여 "아이패턴(eye pattern, eye diagram, 눈모양)"이라 부른다. [그림10-6]은 수신된 심볼파형의 예와 그것들이 겹쳐 아이패턴을 형성하는 예를 보이고 있다.

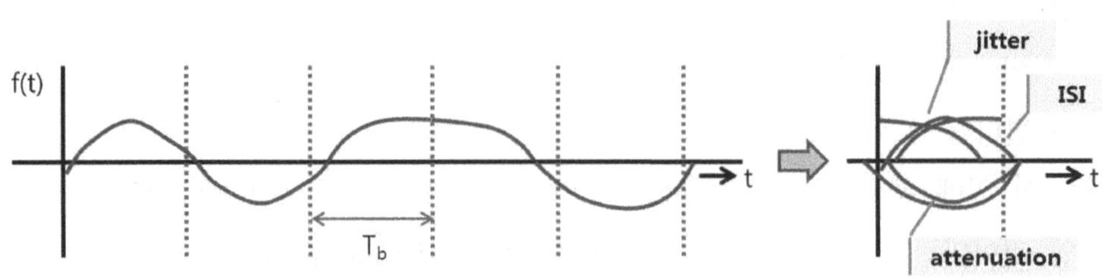

[그림 10-6] 수신 심볼 파형과 아이패턴의 형성

그림의 아이패턴을 보면 한가운데, 즉 눈동자 부분에서 그런대로 펄스의 존재를 알 수 있다. 물론 펄스는 당초의 크기에 비해 상당히 줄어 있고, 좌우 눈꼬리 부분도 불명확하게 마구 겹치고 있다. 따라서 "어디서 심볼값을 읽을 것이냐" 라는 최적 심볼타이밍은 "눈이 최대로 뜨이는 지점(max eye opening)"이 되어야 할 것이고, 수신기는 이 지점을 끊임없이 추적(tracking)하면서 심볼타이밍을 조절해야 한다. 전송환경이 점점 악화되면 눈이 감기기 시작하고, 완전히 눈이 감기는 시점(eye closing)에서 통신은 두절되고 말 것이다. 우리는 눈빛만으로도 훌륭한 의사소통을 할 수 있지 않은가? 마찬가지로 눈모양은 전송선로에서 일어나는 많은 일들을 그야말로 일목요연하게 드러내어 준다.

[그림10-7]은 1kbps 이진데이터 전송에서 펄스정형의 효과를 아이패턴으로 관찰한 것이다. 심볼은 크기가 ±1이고 심볼구간을 꽉 채우는 양극NRZ부호(12-3절 참조)를 사용한다. (1)은 충분한 대역폭이 주어져 펄스가 완벽한 모습을 유지하는 상황의 눈모양이며, (4)는 나이퀴스트조건에 맞춘 500Hz LPF를 거친 눈모양이다. (2)와 (3)은 그 중간의 대역폭으로 롤오프를 거친 눈모양이다. 그림으로부터 대역제한의 폭이 커질수록 눈이 감기기는 하지만, 나이퀴스트조건 이내라면 최소한의 eye open을 확인할 수 있다.

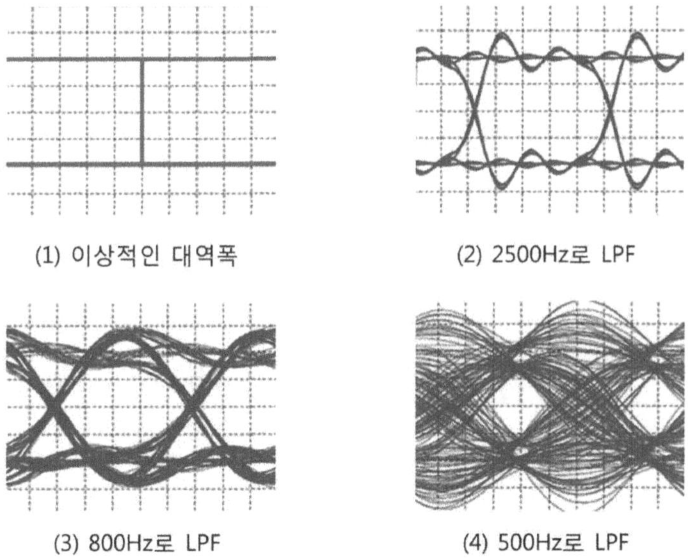

[그림 10-7] 펄스정형에 의한 아이패턴의 변화 예

불사조 펄스 제11강

부활을 거듭하며 영생하는 펄스, 리피터의 마술

11-1 개요

우리는 지금까지 멀쩡한 아날로그신호를 샘플링하고 또 디지털부호화 하는 무리하고도 복잡한 과정을 다루었다. 또한 이렇게 만들어 낸 펄스파를 기저대역전송하기 위해 또 다시 제살 깎아먹기(파형정형)의 조치를 취하지 않으면 안 된다는 것도 알았다. 그런데 이 모든 값비싼 투자는 도대체 왜 했는가? 그 이유는 바로 디지털신호전송이 가지는 핵심적인 의미인 “전송거리와 무관한 통신”이 가능하다는 점 때문이다. 전송거리에 비례하여 누적되는 SNR 악화로 통신두절을 피할 수 없는 아날로그신호전송과는 달리, 펄스의 재생을 거듭함으로서 거리와 관계없이 항상 깨끗한 신호를 보낼 수 있는 디지털신호전송. 이제부터 기저대역전송의 불사조(不死鳥) 펄스에 대하여 알아보자.

11-2 재생중계기(regenerative repeater)

중계기란 무엇인가? 중계라는 의미에서 본다면 문자 그대로 무언가 신호를 받아 전달한다는 뜻이리라. 통신공학에서는 다음과 같이 크게 두 가지 의미로 정의된다.

1) “아날로그장치” 로서의 의미

- 미약한 수신신호를 단순히 증폭하여 다시 송신하는 장치
- 휴대전화시스템에서 수신전계강도가 못 미치는 지하철이나 건물내부 등 연결
  → 무선중계기(wireless repeater)
- 위성통신의 전파음영지역 커버 → 갭필러(gap filler)
- 장거리반송전화용 마이크로파중계기 → microwave radio relay
- 중계를 거듭할수록 잡음도 함께 증폭되어 SNR 악화 불가피

2) "디지털장치" 로서의 의미

- 전송로의 감쇠와 지터로 인하여 다시 발생한 ISI를 보상
- 흐트러진 심볼타이밍의 조정과 정확한 펄스모양의 재생(再生)
  → 재생중계기(regenerative repeater)
- 중계할 때마다 잡음과 간섭이 제거되므로 SNR 악화와 무관
- 연선(UTP)을 사용하는 T1캐리어의 경우 중계기 간격은 1.8km 정도

우리가 다룰 중계기는 물론 2)의 재생중계기를 말한다. 거리에서 많이 접하는 1)의 무선중계기와는 엄밀히 구분하도록 하자. 여기서는 좀 딱딱하게 들리는 재생중계기라는 이름 대신 현장에서 많이 쓰이는 "리피터"라는 귀에 쏙 들어오는 이름으로 부르기로 한다. [그림11-1]에 리피터의 전체적인 구성을 보인다. 리피터 구성의 핵심요소는 "이퀄라이저(equalizer)"와 "심볼타이밍복원(symbol timing recovery)" 부분이라 할 수 있는데, 아래에서 좀 더 자세히 살펴보도록 하자.

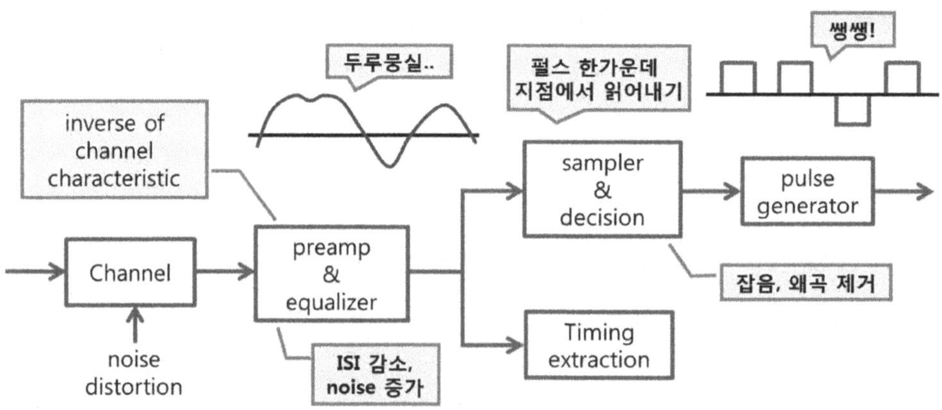

[그림 11-1] 디지털 전송용 리피터의 구성

11-3 이퀄라이저

이퀄라이저는 통상 "등화기(等化器)"로 번역되어 많이 쓰이는데, 정확한 어감을 전달하기 위해 원어대로 이퀄라이저로 부르기로 한다. 이퀄라이저라면 흔히 오디오를 녹음하

거나 재생할 때 특정주파수성분을 좀 더 강조하거나 줄여서 맛깔스러운 음색을 만들어 내는 기법으로 잘 알려져 있다. 하지만 리피터에서 말하는 이퀄라이저란 이것과는 사뭇 다른 뉘앙스를 가짐을 주의하자. 즉 오디오의 이퀄라이저가 신호스펙트럼의 인위적 변형에 주목하는 주파수영역의 관점이라면, 리피터의 이퀄라이저는 전송로에서 진폭과 위상이 왜곡된 펄스신호파형을 보정하는 시간영역의 관점을 가진다.

리피터의 이퀄라이저를 좀 더 정확히 정의하자면, "수신된 펄스의 흐트러진 제로크로싱점을 원상복구(Zero-Forcing)시켜 전송로에서 초래된 ISI를 보상하는 기기"라고 할 수 있다. [그림11-2]는 이 과정을 시각적으로 보여주고 있는데, 이렇게 하기 위해서는 어떤 방법을 써야할까? 우선 우리는 이러한 펄스 왜곡의 원인이 5-3절에서 살펴보았던 "무왜곡전송" 즉 "선형시스템"의 조건을 만족하지 못함으로서 초래된 것임을 금방 알 수 있다. 말하자면 전송로의 전달함수 H(ω)가 [그림5-2]처럼 반듯하지 않고 임의의 모양으로 일그러진 탓이다. 일그러진 모양을 바로 펴기 위해서는? 그렇다. 전송로의 전달함수 H(ω)의 역함수인 1/H(ω)를 수신신호에 다시 곱하는 역필터(reverse filter)가 필요하다. 그러므로 이퀄라이저란 다름 아닌 이 역필터를 실현하는 과정을 의미한다.

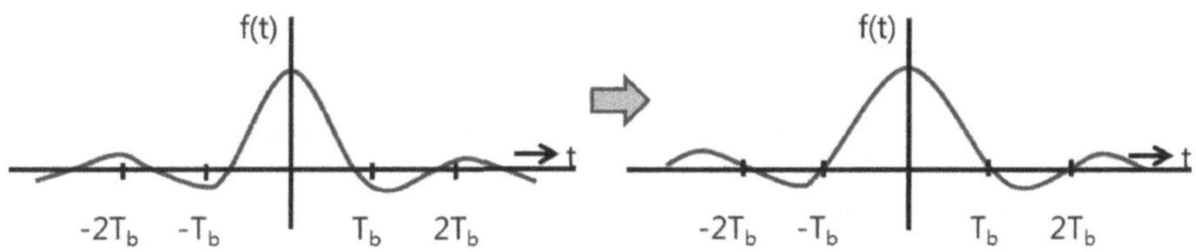

(1) 수신된 펄스 (2) 복원된 펄스

[그림 11-2] 이퀄라이저의 Zero-Forcing 개념도

역필터의 개념은 이처럼 간단하지만 그 실현은 사실 만만치 않다. 우선 시시각각 변하는 전송로의 주파수응답을 실시간으로 파악하는 일 자체가 매우 정교한 작업이다. 게다가 역필터의 과정이란 상대적으로 감쇠의 정도가 심한 고주파성분을 선택적으로 띄워주는 증폭을 의미하는데, 이때 잡음도 함께 증폭되면서 신호의 SNR이 뚝 떨어지고 마는 치명적 결점이 있다. 물론 이러한 요소들을 감안한 다양한 이퀄라이저들이 제안되어 있지만, 아직도 많은 연구과제가 남아있는 분야임을 알아두자.

11-4 심볼타이밍

모든 디지털신호는 [그림11-3]과 같이 전송 타이밍의 기준인 클럭(clock)에 맞추어 송신된다. 수신기에서도 역시 가장 적절한 타이밍에서 1과 0을 판정하기 위한 심볼타이밍이 필요하다. 수신기의 입장에서 보면 신호와 함께 클럭도 전송되어 오면 좋겠지만 클럭만을 위해 비싼 전송로를 나누어 쓸 수도 없는 노릇이고, 설령 함께 보내온다손 치더라도 신호와 마찬가지로 클럭도 감쇠와 지터를 겪다보면 믿고 쓰기는 곤란할 것이다. 결국 현실적으로 남은 방법은 수신신호로부터 클럭을 역추적 해내는 것뿐이다. 그런데 좀 황당하지 않은가? 심볼로부터 비트를 읽어낼 클럭을 심볼 자신으로부터 만들어내라니...

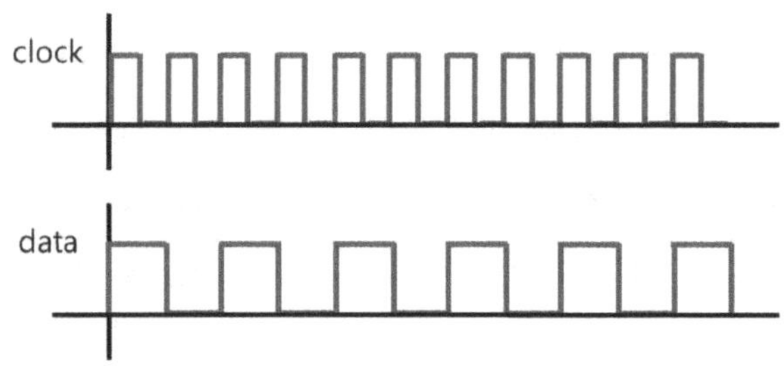

[그림 11-3] 데이터와 클럭

데이터와 클럭의 관계를 [그림11-3]에서 다시 살펴보자. 데이터가 1과 0이 반복되는 특수한 경우라면 전송율 R_b[bps]의 데이터는 $R_b/2$[Hz]의 기본주파수를 가진다. 이 데이터를 읽어내려면 각 비트의 정중앙에 펄스의 상승부(rising edge) 혹은 하강부(falling edge)에 심볼타이밍을 맞춘 R_b[Hz]의 펄스열이 필요하다. 비트를 읽어낼 클럭을 비트자신으로부터, 그것도 두 배의 주파수로 만들어내는 것이다! 이름하여 "클럭재생(clock recovery)" 또는 "클럭추출(clock acquisition)" 어떻게 해야 할까? 아래에서 두 가지 방법을 살펴보자.

먼저 [그림11-4]과 같은 고전적이지만 재미있는 아날로그식 클럭추출 방식이 있다. 정류(整流)와 탱크회로를 활용하는 이 방식을 양극신호로 전송된 데이터 "1 0 1 1"이 수신되는 상황에서 단계별로 살펴보면 다음과 같다.

1단계) 전파정류(全波整流)

- 음의 영역 파형이 양의 영역으로 접혀 올라옴
- 직류성분을 제거하면 전송율의 두 배 주파수인 파형이 얻어짐

2단계) LC 탱크회로(tank circuit)

- 1 또는 0이 연속되는 경우 1단계를 거쳐도 파형변화가 없음 (이거 곤란..)
- LC발진에 의해 입력파형의 변화가 없어도 관성으로 파형은 계속 진동 (다행..)

3단계) 펄스 생성

- 리미터(limiter)로 정현파의 위아래를 자르고
- 펄스파형으로 다듬어 클럭으로 쓸 수 있는 펄스열 생성

4단계) 미분기(HPF)

- 펄스열에서 고조파가 집중된 상승부(rising edge)와 하강부(falling edge)만 남김
- 상황에 따라 한쪽을 심볼타이밍용 임펄스로 최종출력

5단계) 이상기(移相器, phase shifter)

- 리피터 수신파형으로 만들어지는 아이패턴 관측
- 눈이 최대로 열리는 포인트에 심볼타이밍이 오도록 정현파 위상을 좌우로 조정

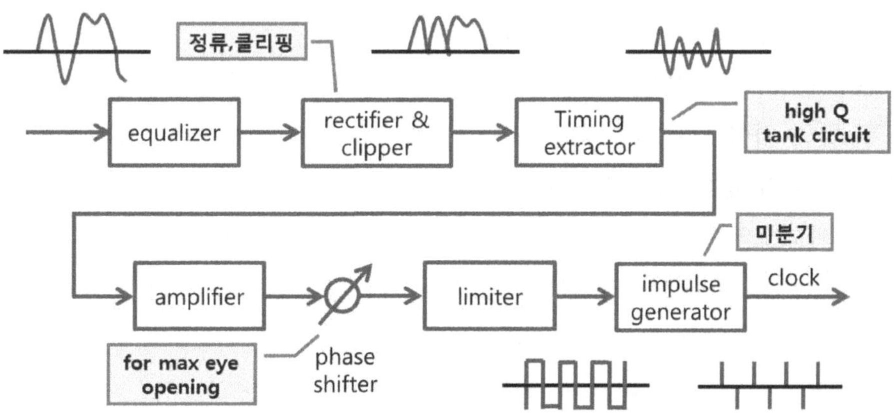

[그림 11-4] 아날로그식 클럭 추출회로

또 하나의 방식으로 "전압제어발진기(Voltage Controlled Oscillator, VCO)"를 사용하는 디지털방식을 살펴보자. 이 방식은 정해진 주파수의 클럭을 계속 생성하는 VCO를 중심으로 두고, 정확한 심볼타이밍을 연속적으로 체크하여 최적의 클럭 위상을 놓치지

않고 유지하는 방식이다. 이 방식은 데이터 심볼 길이보다 Δ만큼 좁은 적분구간, 즉 게이트 2개를 설정하고, 데이터 심볼의 시작점과 일치시킨 게이트를 "선행게이트"로, 데이터 심볼의 종료점과 일치시킨 게이트를 "지연게이트"로 사용하여 심볼타이밍을 제어한다. "선행-지연게이트방식(early-late gate)"이라는 이름으로 알려진 이 기법의 구성을 [그림11-5]에, 그 동작과정을 [그림11-6]에 보인다.

"선행-지연게이트방식"의 동작원리를 상황별로 살펴보면 다음과 같다. 해석 편의상 데이터는 0과 1이 연속으로 반복되는 경우로 가정한다.

1) 클럭의 심볼타이밍이 느린 경우: [그림11-6] (1)
  - 선행게이트의 적분구간은 하나의 데이터 심볼 구간에 머묾
  - 이에 비해 지연게이트의 적분구간은 데이터 심볼이 양인 구간과 음인 구간에 걸치므로 선행게이트의 적분값보다 작아짐
  - 선행게이트와 지연게이트의 적분값의 차이는 플러스
  - 플러스값만큼 VCO 발진주파수를 올려서 심볼타이밍을 전진시킴
  - 데이터 심볼이 음인 경우에도 동일한 플러스 결과값이 나오게끔 각 게이트의 적분값은 제곱하여 사용함
2) 클럭의 심볼타이밍이 완벽한 경우: [그림11-6] (2)
  - 선행게이트와 지연게이트의 적분구간은 모두 하나의 데이터 심볼 구간에 머묾
  - 두 값의 차이값은 제로. 따라서 VCO 제어값도 제로. 현 상태 유지
3) 클럭의 심볼타이밍이 빠른 경우: [그림11-6] (3)
  - 지연게이트의 적분구간은 하나의 데이터 심볼 구간에 머묾
  - 이에 비해 선행게이트의 적분구간은 데이터 심볼이 양인 구간과 음인 구간에 걸치므로 지연게이트의 적분값보다 작아짐
  - 선행게이트와 지연게이트의 적분값의 차이는 마이너스
  - 마이너스값만큼 VCO 발진주파수를 내려서 심볼타이밍을 후진시킴
  - 데이터 심볼이 음인 경우에도 동일한 마이너스 결과값이 나오게끔 각 게이트의 적분값은 제곱하여 사용함

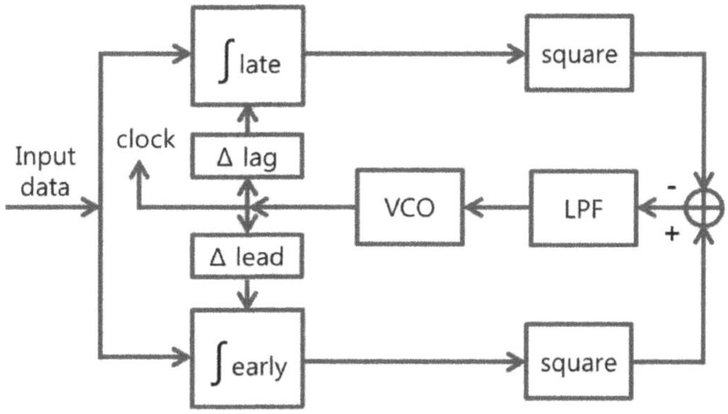

[그림 11-5] 선행-지연게이트방식 클럭 추출회로

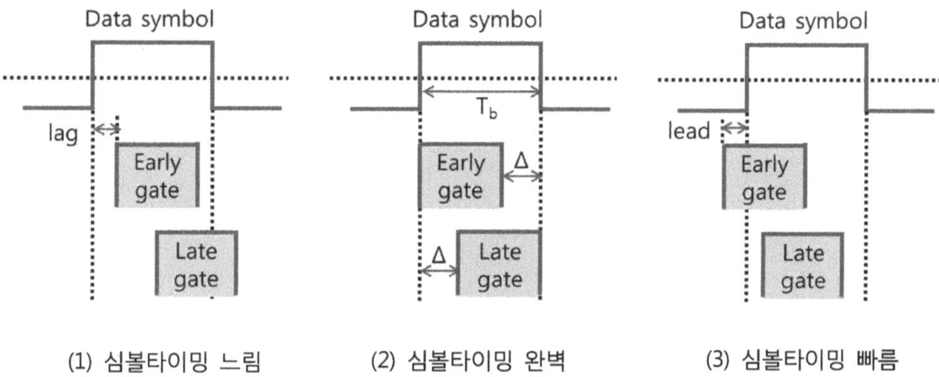

[그림 11-6] 선행-지연게이트의 동작 예

클럭추출에 관해서는 그 외에도 정교한 방식들이 여럿 있지만, 어떻든 정확한 심볼타이밍의 획득은 디지털통신의 영원한 숙제이다. 기저대역 뿐만 아니라, 변조가 수반되는 통과대역의 통신에 이르기까지 모든 디지털통신 시스템 설계에 있어서 통신환경과 사용기기들의 특성에 따른 적절한 동기획득에 대한 고려는 필수적이다.

라인코딩 제12강

펄스열은 개성파, 심플한 몸매지만 너무나 독특한 그들의 매력

12-1 개요

기저대역 디지털전송에 쓰이는 펄스는 어떤 모양이 좋을까? 우선은 TDM용으로 어울리는 임펄스에 가까운 좁디좁은 펄스가 떠오를 것이다. 그런데 이 모양으로는 펄스에 실리는 에너지가 너무 작아 잡음에 잡아먹히기 십상이다. 그러면 좀 통통하게 할까? 이번에는 TDM 효율이 뚝 떨어진다. 그리고 양의 펄스로만 할까, 아니면 양과 음의 펄스를 다 쓸까? 그러면 전원이 두 개 필요한데... 얼핏 생각 해봐도 펄스의 모양 정하기는 호락호락한 일이 아닐 듯하다. 이와 같이 이런저런 요소를 고려하여 펄스의 모양을 정하는 것을 "라인코딩(line coding)"이라 부른다. 통신목적과 환경에 따른 펄스열의 "옷 갈아입히기"를 즐겨보자.

12-2 펄스열 모양 결정의 고려사항

앞에서 살펴보았든 펄스란 깔끔한 모양새와 달리 보통 까다로운 존재가 아니다. 신호가 실리는 전송선로의 특성과 통신목적에 대한 냉정한 숙고(熟考)없이 적당히 선택한 펄스열은 아차하면 통신불능에 가까운 재앙을 초래할 수도 있다. 아래에 열거하는 대표적인 체크포인트를 바탕으로 라인코딩의 요령을 익혀보자.

체크1) 다중화(TDM) 할 것인가?

- 펄스의 폭을 되도록 좁게 만들어야 유리
- 반면 심볼당 에너지가 줄어드는 관계로 잡음에 취약

체크2) 심한 잡음에 대한 대책이 필요한가?

- 다중화가 목적이 아니라면 심볼구간을 꽉 채우는 펄스가 정답

- 체크1과 상충(相衝)되는 조건

체크3) 클럭 재생이 필요한가?
- 클럭 재생이 원활하려면 펄스열의 파형이 되도록 자주 변해야 유리
- 설령 데이터 1 또는 0이 계속되더라도 펄스열 파형은 계속 변하도록 궁리해야

체크4) 점유대역폭을 절약해야 하는가?
- 고조파성분의 발생을 적극 억제해야
- 펄스열 파형의 변화가 촐싹대지 않고 느긋해야 고조파발생 감소
- 체크3과 상충되는 조건

체크5) 비트에러를 찾아낼 필요가 있는가?
- 불가피하게 에러가 발생할 경우 펄스열의 교묘한 배치로 이놈을 찾아보자
- 송수신기의 지능화를 위한 비용 발생, 체크4와도 어느 정도 상충

체크6) "차동부호화(differential encoding)"를 할 필요가 있는가?
- 전송도중 반전증폭으로 인해 펄스열의 위상이 통째로 뒤집히면 어떡하지?
- 정보를 비트 자체가 아닌 연속되는 두 비트의 극성의 변화에 실음

체크7) 신호에 직류(DC)성분이 포함되어 있는가?
- 전송선로의 또 하나의 복병, HPF특성!
- 연속되는 1 또는 0의 경우, 통째로 사라질 위험성

어떤가? 이들을 모두 다 만족하는 펄스열이 있겠는가? 당연히 모든 면에서 뛰어난 라인코딩이란 있을 수 없다. 다만 특정목적에 잘 부합하는 라이코딩 방법들이 제안되어 있고, 적절한 선택이 관건이라 하겠다. 기저대역 디지털전송의 길은 참으로 멀고도 험하다. 위에 나열된 조건들 중 특히 체크7)에 대하여 좀 더 깊이 알아보자.

신호전송에 쓰이는 대부분의 증폭회로에서, 신호의 직류성분은 증폭할 필요가 없으므로 회로연결부에서는 기본적으로 직류를 차단하고 교류신호만 통과시키는 "교류결합(ac coupling)"을 한다. 이를 위해 "직류차단용 캐패시터", 또는 회로사이의 임피던스정합을

고려한 "변압기결합(transformer coupling)"을 사용한다. 그러다보니 전자회로는 일종의 고역통과(HPF) 특성을 보이게 되고 신호에 포함된 직류성분은 전송도중에 모두 차단되고 만다. 이처럼 송수신기의 전자회로까지 모두 포괄하는 전송선로는 고주파도 잘 지나가지 못하고 저주파도 잘 지나가지 못하는 아주 얄궂은 특성을 가지게 된다. 거참...

그런데 전송신호 속에 직류성분이라니? 그런 게 있나? 우리는 푸리에분석을 통해 주파수 제로의 직류성분이란 바로 그 신호의 평균값이라는 것을 알고 있다. 즉 모든 신호는 이 평균값을 기준하여 아래위로 동일한 크기로 진동하는 것이다. [그림12-1]의 두 가지 라인코딩의 예를 생각해보자. (1)은 척 보아하니 TDM을 위한 홀쭉이 "단극(單極, unipolar)" 신호이다. 0을 표현하는 심볼은 아예 없고, 1을 표현하는 심볼만 양의 펄스이므로 당근 양의 평균치, 즉 직류가 존재한다. 그런데 이것이 전송 중에 사라진다면? 전송신호는 감쇠를 거듭하다가 필경은 아무것도 남아나지 않을 것이다.

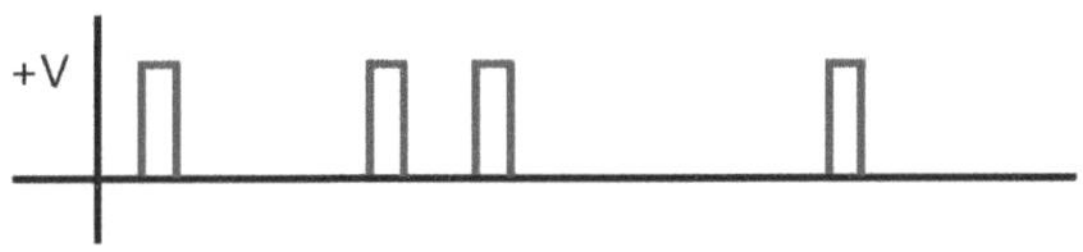

(1) 홀쭉한 단극신호

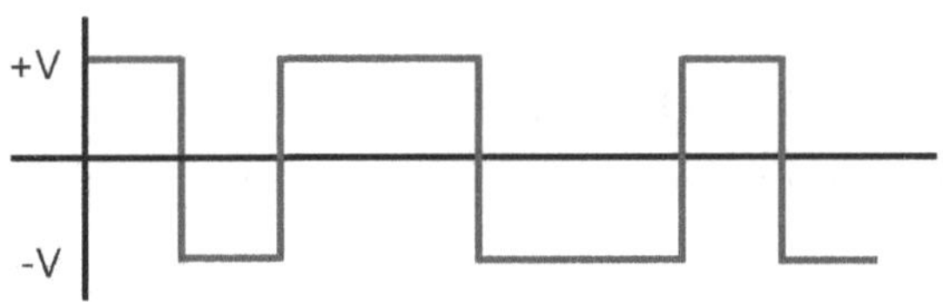

(2) 꽉 찬 양극신호

[그림 12-1] 이진부호의 라인코딩 예

그러면 (2)는 어떨까? 0과 1은 +V, -V의 심볼 전압으로 비트구간을 꽉 채우는 "양극(兩極, bipolar)" 신호이다. 비트당 에너지는 0이든 1이든 V^2T로 빵빵하게 무장되어 있다. 정보비트 0과 1의 발생확률을 동일하다고 보면, 평균치는 당연히 0이고 직류성분이 날아갈 걱정은 안해도 될 듯 하다. 그런데 과연 그럴까? 만약 비트열(bit stream)의 일정 구간에서 0 또는 1이 연속으로 반복되는 일, 즉 "run-length problem"이 발생한다면, 그 구간만큼은 분명히 양 또는 음의 평균치가 존재할 것이고, 이놈은 전송 중에 핫바지 방귀 새듯 사라지고 말 것이다! 하이고 이런. 무조건 양극신호라고 해서 안심할 일이 못되네... 암튼 이런 골치 아픈 현상을 "직류표류(dc drift, dc wander)" 현상이라 부르며 [그림12-2]에 나타내었다. 그림에서 1이 계속되는 동안 직류부분이 서서히 사라지는 양상을 볼 수 있을 것이다. 아울러 펄스 자체도 HPF 되는 모양을 볼 수 있다.

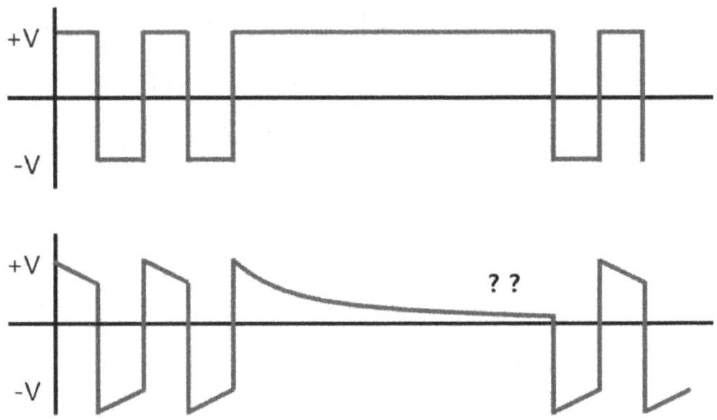

[그림 12-2] 양극신호의 직류표류(dc drift)

그렇다면 대책을 강구해 보자. 여기에는 두 가지 접근방법이 있다.

대책1) 라인코딩 측면
- 당연히 단극신호는 지양(止揚)되어야 할 것
- run-length가 발생하더라도 그 구간의 평균치가 영으로 되는 라인코딩 고안

대책2) run-length 방지 측면
- 송신단에서 입력비트를 마구 뒤섞어 run-length 발생 억제
  → "스크램블링(scrambling)"
- 수신단에서는 스크램블링의 정반대 처리로 원래 비트열 복원
  → "디스크램블링(descrambling)"

대책1)에 대해서는 다음 절에서 상세히 보기로 하고, 대책2)의 예를 [그림12-3]에 보인다. 그림의 스크램블러(scrambler)는 이전(以前)의 5비트를 쉬프트레지스터에 저장해두고 두 개의 Exclusive-OR 연산 게이트를 사용하여 0 또는 1이 오래 지속되더라도 중간중간

반대극성의 비트가 삽입되도록 한다. 디스크램블러는 스크램블러의 역순으로 논리회로를 만들면 된다.

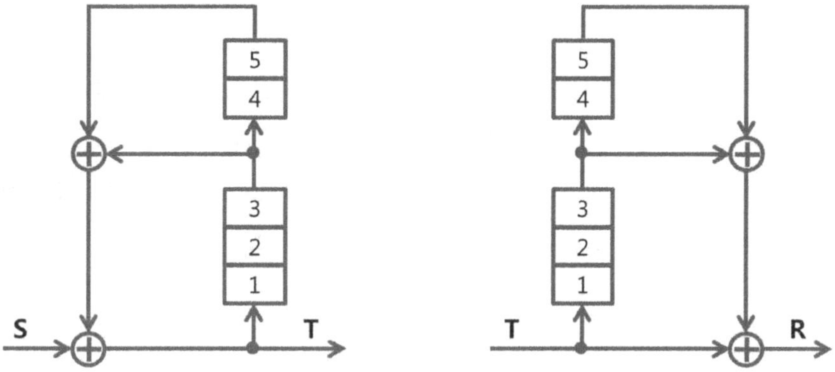

$S \oplus D^3T \oplus D^5T = T$
($\oplus$: Exclusive OR)
(D : delay operator)

$R = T \oplus D^3T \oplus D^5T$

(1) 스크램블러 (2) 디스크램블러

[그림 12-3] 스크램블러-디스크램블러 회로 예

그런데 스크램블링을 할 경우, 수신단에서는 송신단에서 어떤 스크램블러를 썼는지 모르면 디스크램블링을 해낼 길이 없다. 뭔가 떠오르는 것 없는가? 그렇다. 스크램블링은 직류표류를 방지하기도 하지만, 스크램블러를 모르는 제3자로부터 정보를 보호해주는 "암호화"의 효과도 거둘 수 있다. 쉬프트레지스터와 논리게이트의 숫자와 결합을 늘려나가면 제법 정교한 암호화 시스템을 간단히 만들 수 있을 것이다.

12-3 라인코딩의 종류와 특성

라인코딩은 크게 NRZ계열, RZ계열, 위상부호계열의 3가지로 구분 된다. 물론 단극신호, 양극신호에 의한 구분도 있지만 앞에서 살펴 본대로 직류표류 때문에 단극신호는 특수한 경우를 제외하고는 기저대역 전송용으로 쓰이기 어렵다. 디지털부호에 있어서 비트 1은 "마크(mark)", 0은 "스페이스(space)"라는 애칭으로 불리기도 하는데, 이 명칭은 전신(電信)용 모르스부호(Morse code)에서 유래(由來)한다.

1) NRZ(Non-Return-to-Zero) 계열

- 펄스는 제로레벨에 머무는 일 없이 항상 +V 또는 -V값만을 가짐
- 마크든 스페이스든 펄스는 항상 V^2의 전력을 유지하므로 최대의 에너지 전달
- 잡음에 강한 가장 일반적 기저대역 디지털펄스 전송형태
- 장시간으로 보면 평균값이 제로로서 직류성분이 없지만, 단구간 연속되는 마크 또는 스페이스로 직류표류 발생 가능
- TDM 시스템에는 적용이 불가

1-1) NRZ-L(level)

인코딩(encoding) : 마크 → +V, 스페이스 → -V

디코딩(decoding) : +V → 마크, -V → 스페이스

- 디지털논리회로의 가장 일반적인 출력형태
- 비트주기 내내 하나의 레벨을 유지함.

1-2) NRZ-M(mark)

인코딩 : 마크 → 부호극성 반전, 스페이스 → 이전레벨 그대로 유지

디코딩 : 부호극성 반전(反轉) → 마크, 부호극성 그대로 → 스페이스

- NRZ-L을 차동부호화하여 반전증폭에 의한 비트극성반전에 대비함
- MT(Magnetic Tape)등 기록매체에 사용

1-3) NRZ-S(space) :

인코딩 : 스페이스 → 부호극성 반전, 마크 → 이전레벨 그대로 유지

디코딩 : 부호극성 반전 → 스페이스, 부호극성 그대로 → 마크

- NRZ-M과 동일하나 마크 대신 스페이스를 차동부호화

1-4) Unipolar NRZ (On-Off)

인코딩 : 마크 → +V, 스페이스 → 제로레벨 유지

디코딩 : +V → 마크, 제로레벨 유지 → 스페이스

- 직류성분 상존(常存)에 주의
- 디지털논리회로용으로 주로 사용

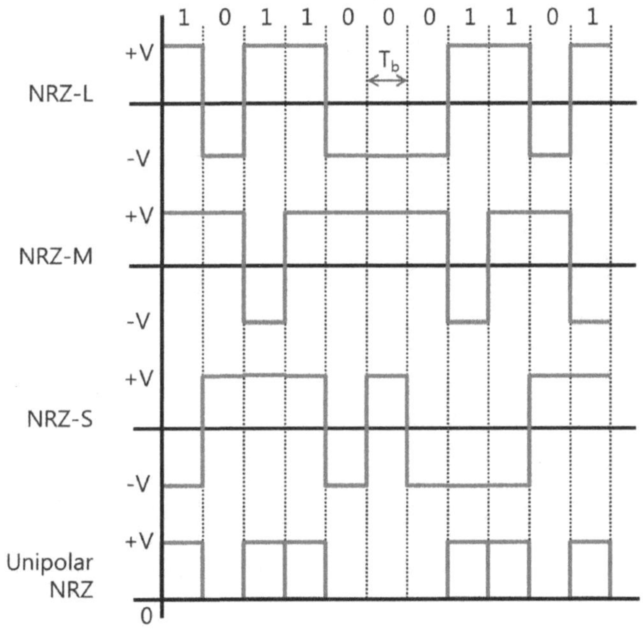

[그림 12-4] NRZ계열 라인코딩 파형 예

2) RZ(Return-to-zero) 계열

- 신호펄스는 반드시 그 비트주기 이내에 제로레벨로 되돌아 옴
- NRZ계열보다 2배 이상의 주파수를 가지므로 점유대역폭도 2배 이상 증가
- 펄스폭을 대폭 줄이면 TDM에 적용가능. 대신 대역폭도 펄스폭에 반비례 증가

2-1) unipolar RZ

인코딩 : 마크 → +V 송신 후 제로레벨 복귀, 스페이스 → 항상 제로레벨

디코딩 : +V 후 제로레벨 복귀 → 마크, 제로레벨 유지 → 스페이스

- Unipolar NRZ의 전력절감형. 그냥 RZ로 부르기도 함.
- 역시 직류성분 상존(常存)에 주의

2-2) bipolar RZ

인코딩 : 마크 → +V 송신 후 제로레벨 복귀, 스페이스 → -V 송신 후 제로레벨 복귀

디코딩 : +V후 제로레벨 복귀 → 마크, -V후 제로레벨 복귀→ 스페이스

- 한 비트주기 이내에 펄스레벨이 한 번씩 변하므로 클럭추출에 유리
- 장시간으로 보면 평균값이 제로로서 직류성분이 없지만, 단구간 연속되는 마크 또는 스페이스는 직류표류 발생 가능
- 일명 RB(Return to Bias)로 부르기도 함

2-3) RZ-AMI (Alternate Mark Inversion)

인코딩 : 홀수 번째 마크 → +V 송신 후 제로레벨 복귀

짝수 번째 마크 → -V 송신 후 제로레벨 복귀

스페이스 → 항상 제로레벨

디코딩 : +V든 -V든 펄스 발견→ 마크, 제로레벨 → 스페이스

- 마크에 대해서만 양과 음의 펄스를 교대로 출력
- bipolar RZ와 유사한 파형을 가지지만 마크에서만 펄스 발생
- RZ계열이지만 NRZ계열의 점유대역폭를 가짐.
- 수신되는 펄스가 아래위로 교대되지 않는다면 비트에러 의심, 에러검출기능!

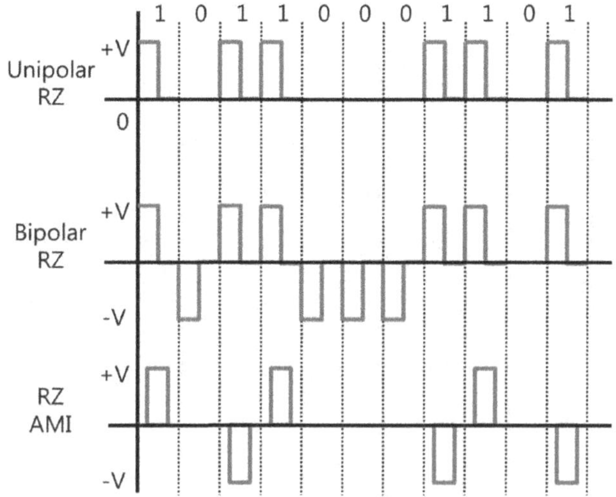

[그림 12-5] RZ계열 라인코딩 파형 예

3) Biphase 계열

- 한 비트주기 안에서 펄스의 평균값은 항상 제로, 직류표류 원천봉쇄
- 비트마다 클럭과 동상(同相) 또는 역상(逆相)의 펄스출력, 클럭 재생에 안성맞춤!
- RZ계열에 거의 육박하는 넓은 점유대역폭

3-1) Biphase-L

인코딩 : 마크 → 비트주기 전반 +V 출력, 후반 -V 출력

스페이스 → 비트주기 전반 -V 출력, 후반 +V 출력

디코딩 : 절반 +V후 절반 -V → 마크, 절반 -V후 +V → 스페이스

- 일명 "맨체스터부호(Manchester code)"
- 이더넷, RFID, 근거리무선 등에 폭넓게 응용

3-2) Biphase-M

인코딩 : 일단 비트주기마다 펄스의 극성은 무조건 반전
마크 → 비트주기 전반 반전극성 출력, 후반 다시 반전 출력
스페이스 → 비트주기 전체 반전극성 유지
디코딩 : 비트주기 중 극성변화 있으면 → 마크, 없으면 → 스페이스

- 비트정보가 비트열 극성의 변화에 실리는 차동부호화
- 맨체스터부호의 장점에 차동부호화의 장점이 부가됨

3-3) Biphase-S

- Biphase-M과 동일 원리이나 스페이스 입력 시 차동부호화

3-4) Delay Modulation(DM)

인코딩 : 마크 → 비트주기 전반 이전 레벨 유지, 후반 반전 출력
단독 스페이스 → 비트주기 전체 이전 레벨 유지
연속 스페이스 → 비트주기 전체 반전 극성 유지
디코딩 : 비트주기 중 극성변화 있으면 → 마크, 없으면 → 스페이스

- 일명 "밀러부호(Miller code)"
- 파형은 NRZ계열과 비슷하지만 차동부호화 맨체스터부호의 특징을 고스란히 가짐
- 맨체스터부호의 최대 약점인 대역폭 증가를 교묘하게 해결

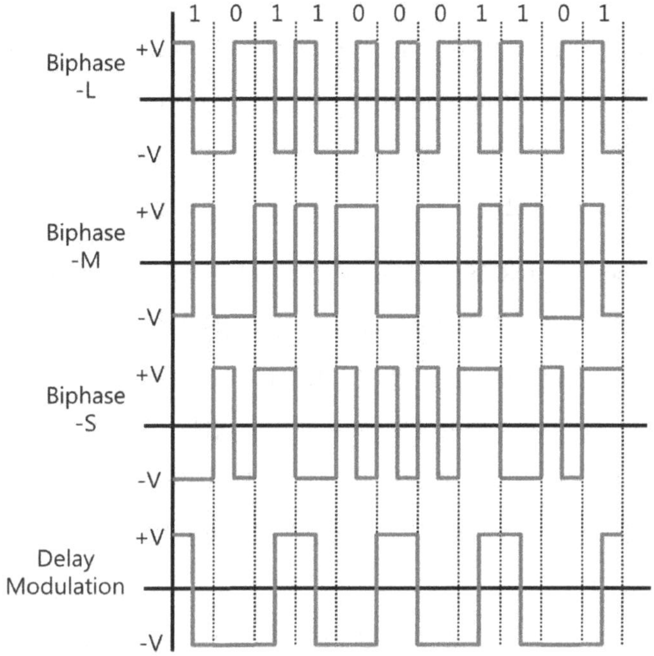

[그림 12-6] Biphase계열 라인코딩 파형 예

물론 이 밖에도 특수한 전송환경을 고려한 라인부호의 수많은 변종들이 제안되어 있음을 기억하자. 한편 위에서 명명한 라인부호의 명칭은 문헌에 따라 다르게 불리기도 한다. 이를테면 bipolar를 그냥 polar로 부르기도 하고, AMI를 bipoar RZ로, bipolar RZ를 polar RZ로 부르기도 하는 등 혼선을 빚기 쉬우므로 라인코딩 명칭과 실제 파형의 구분에 항상 주의하도록 하자.

12-4 라인코딩별 전력스펙트럼 비교

위에서 살펴 본대로 라인부호는 각기 독특한 특징들을 가지고 있다. 통신환경과 목적에 알맞은 라인부호를 적용한다는 것은 이런 상호보완적인 특성들을 종합적으로 따져보는 것인데, 이런 것들을 시각적으로 단칼에 파악할 수 있는 좋은 수가 없을까? 신호전송에서 가장 문제가 되는 것은 역시 직류성분의 포함여부와 점유대역폭, 그리고 클럭 추출에 필요한 주파수성분의 유무 등이다. 그러고 보니 모조리 주파수영역 이야기들이 아닌가? 그렇다. 이런 것들을 한 눈에 보여주는 것이 바로 라인부호의 전력스펙트럼밀도(PSD)이다. 이제부터 주요 라인부호의 전력스펙트럼을 비교검토 해보자. 점유대역폭의 계산은 펄스 한 개의 메인로브(null-to-null)를 대상으로 하며 펄스정형은 고려하지 않는다.

1) NRZ계열의 PSD : [그림12-7]

- 펄스폭이 T_b[sec]인 NRZ의 경우, 비트전송율은 $R_b=1/T_b$[bps]이며, 점유대역폭은 $1/T_b$[Hz] (각주파수로는 $2\pi/T_b$[rad/sec]) 또는 R_b[Hz]로 표시된다.
- R_b[bps] 데이터의 심볼타이밍에 필요한 R_b[Hz] 클럭 성분은 아예 없다.
- Bipolar NRZ의 평균값은 영임에도 불구하고 f=0[Hz] 주위에 전력스펙트럼이 집중되는 것은 무슨 뜻일까? 이는 0[Hz], 즉 직류성분이 항상 존재한다는 뜻이 아니라, 동일비트가 계속될 경우 단기적으로 직류성분이 출현할 수 있으므로 직류표류를 주의하라는 뜻임을 알아두자.
- Unipolar NRZ의 경우, 항상 직류성분이 존재하므로 전력스펙트럼 모양은 Bipolar NRZ와 동일하지만 0[Hz]에 강력한 임펄스가 존재한다.

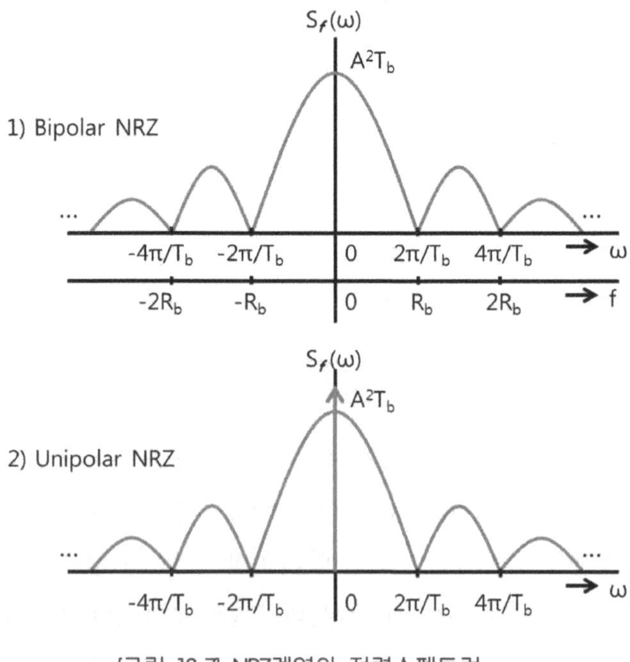

[그림 12-7] NRZ계열의 전력스펙트럼

2) RZ계열의 PSD : [그림12-8]

- RZ의 비트폭은 NRZ의 절반. 따라서 비트전송율 R_b[bps]인 RZ신호의 점유대역폭은 NRZ의 2배인 $2R_b$[Hz].(각주파수로는 4π/Tb[rad/sec])
- R_b[Hz] 주위에 모여 있는 전력스펙트럼은 R_b[Hz] 클럭 재생에 유리. 특히 unipolar RZ는 R_b[Hz]에서 뚜렷한 임펄스가 존재하는 완벽한 조건 보유.
- RZ계열 역시 f=0[Hz] 주위에 전력스펙트럼이 집중되므로 직류표류에 주의해야 한다. 특히 unipolar RZ는 항상 존재하는 확실한 0[Hz] 임펄스 존재
- RZ-AMI는 RZ계열이면서도 직류성분이 감쪽같이 사라지는데다, 대역폭을 NRZ계열과 같은 R_b[Hz] 수준으로 수습이 가능함.
- RZ-AMI의 경우 클럭 재생에 필요한 R_b[Hz] 주파수성분이 전혀 없다는 점이 걸리기는 하지만, 시간영역에서 파형을 정류하면 unipolar RZ와 유사한 수준으로 클럭 재생이 가능함.

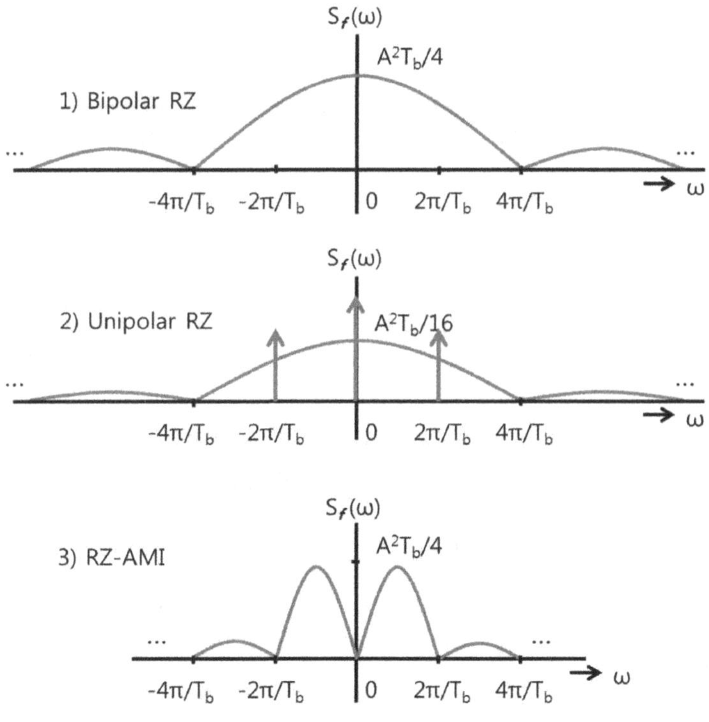

[그림 12-8] RZ계열의 전력스펙트럼

3) 맨체스터계열의 PSD : [그림12-9]

- 전송비트율 R_b[bps]인 맨체스터신호의 점유대역폭은 NRZ계열과 RZ계열 사이.
- 직류성분은 아예 없고, R_b[Hz] 주위에 전력스펙트럼 집중. 클럭 재생 무지 유리.
- 특히 밀러부호의 경우 NRZ계열보다 더 좁은 대역폭과 극단적인 직류제거 특성을 보임

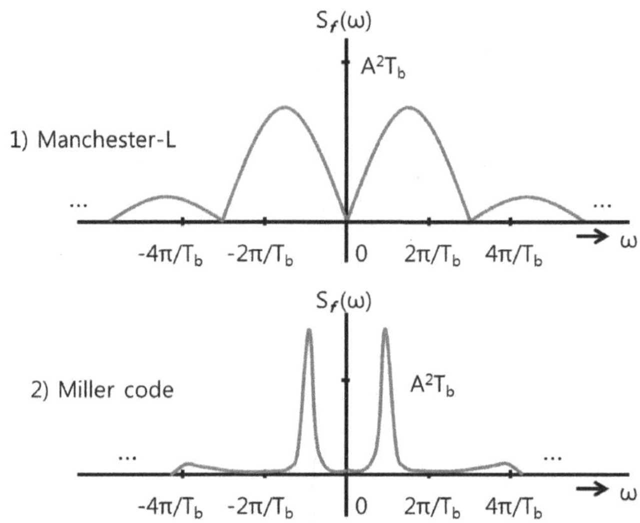

[그림 12-9] 맨체스터계열의 전력스펙트럼

12-5 AMI부호 고찰

PCM전송에서 특히 요긴하게 쓰이는 AMI부호에 대하여 좀 더 살펴보자. 직류성분이 완전히 제거된 좁은 스펙트럼은 전송선로용으로 너무나 안성맞춤이다. 더불어 펄스는 반드시 음과 양으로 교대되는 "AMI rule"을 가지므로, 전송로에서 발생한 비트에러로 인해 이 룰이 어긋날 경우, 에러검출 기능까지 보너스로 가진다. 다만 한가지 약점이 있다면 "0"이 너무 오래 계속되면 펄스의 출력 없이 제로레벨이 계속 이어지는 바람에 클럭을 아예 잃어버리는 "동기상실(sync loss)"의 위험이 크다는 점이다. 따라서 "0"이 일정 길이 이상 연속될 경우, 의도적으로 제로레벨을 펄스로 바꾸어 줌으로서 동기를 유지해

주어야 하는데 여기에는 다음과 같이 두 가지 방법이 있다.

1) HDBN (High Density Bipolar of order N)

연속되는 "0"의 개수가 N+1개를 넘어서면 강제로 펄스를 삽입하는 방식으로서, N=3으로 설정한 HDB3부호가 유럽형 E-carrier에서 쓰인다. 그런데 강제로 삽입되는 펄스는 "나는 강제로 삽입된 펄스요!"라는 표시가 있어야 수신된 후 다시 "0"으로 환원시킬 수 있을 것이다. 이를 위해 강제로 삽입되는 펄스는 펄스의 극성이 교대로 반전되는 AMI rule을 고의로 위반하는데, 이를 "bipolar violation"이라 하며 "V"로 표시한다. 비트삽입을 위한 재미있는 트릭을 [그림12-10]의 HDB3부호화 예에서 살펴보자.

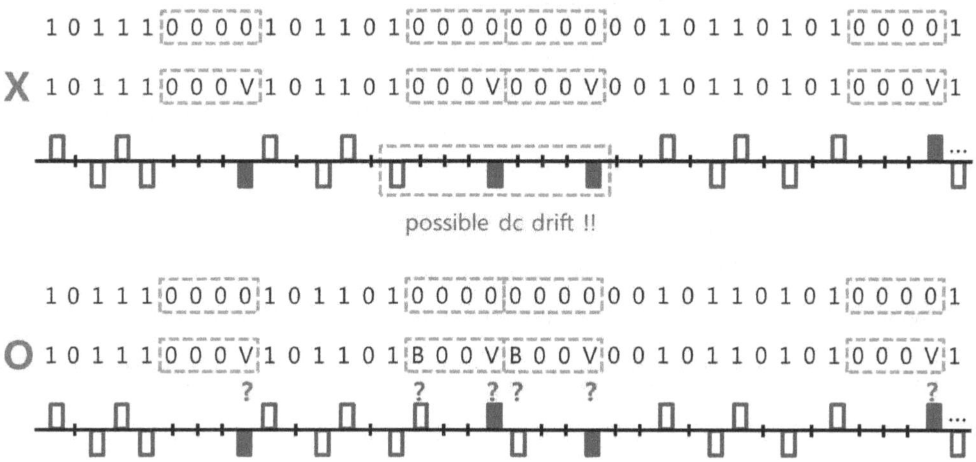

[그림 12-10] HDB3 부호화 예

우선 최초로 출현한 4연속 "0"는 "000V"로 치환된다. V는 고의적으로 직전의 펄스와 동일극성을 취하는 bipolar violation을 함으로서 강제로 삽입된 펄스임을 쉽게 알 수 있다. 그 다음의 8연속 "0"은 어떻게 할까? [그림12-10] 윗 그림같이 "000V000V"로 일단 해놓고 보자. 그런데 이런! 두 개의 V가 동일극성이 되고 말았다. 앞의 V까지 합쳐 3개의 V가 동일극성으로 반복되는 건 아무래도 바람직해 보이지 않을뿐더러 "직류표류"의 위험까지 있다. 그래서 다음과 같은 좀 복잡한 룰이 만들어졌는데, 이렇게 함으로서 [그림12-10] 아래 그림과 같이 V의 극성이 항상 교대로 출현하는 것이 보장된다.

- 최초의 "0000" → "000V"
- V로부터 다음 "0000"까지 신호펄스가 홀수 개인 경우 "0000" → "000V"
- V로부터 다음 "0000"까지 신호펄스가 짝수 개인 경우 "0000" → "B00V"

  (여기서 B는 정상적인 AMI rule에 따라 삽입되는 펄스를 말한다.)

  (0은 짝수로 취급. 즉 "00000000" → "B00VB00V")

이렇게 함으로서 V앞에는 항상 홀수 개의 펄스가 튀므로 V를 한눈에 찾을 수 있다. 그리고 V로부터 3 비트 앞에 있는 비트는 B임이 확실하다. 이런 요령으로 수신측에서는 V와 B를 찾아내어 0으로의 치환이 가능하다.

2) BNZS (Bipolar with N-Zero Substitution)

연속되는 N개의 "0"을 특정한 1과 0의 조합패턴으로 치환하는 방식으로서, N=8로 설정한 B8ZS부호가 T1-carrier에, N=6으로 설정한 B6ZS부호가 T2-carrier에 쓰인다. BNZS에서는 bipolar violation이 두 번 포함되므로 비트치환 여부를 수신측에서 쉽게 찾아낼 수 있다. [그림12-11]의 B8ZS를 예로 들면, 8연속"0"가 "000VB0VB"로 바뀌는 것을 알 수 있다. 여기서 V는 bipolar violation을, B는 정상적인 AMI rule을 나타낸다. 그림에서 8개의 연속"0"가 시작되기 직전의 "1"이 음의 펄스이므로 "000VB0VB"에서 최초의 V는 음의 펄스가 된다. 하지만 만약 직전의 "1"이 양의 펄스였다면 최초의 V가 양의 펄스로 되어야 함을 유의하자.

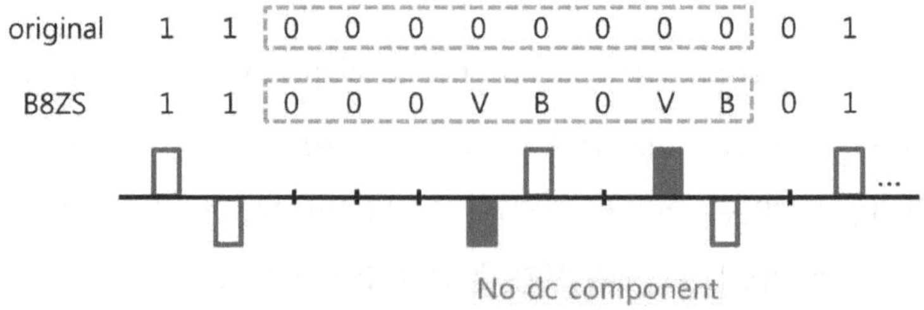

[그림 12-11] B8ZS 부호화 예

펄스수신과 정합필터 제 13 강

디지털통신이 가지는 또 다른 비장의 무기, 수신파형을 또 깎아라

13-1 개요

전기통신의 가장 원초적인 목표는 무엇인가? 그것은 바로 전송로의 온갖 훼방을 물리치고 신호 원래의 모습(파형)을 그대로 전달하는 일일 것이다. 이러한 "신호파형의 충실한 복원"에 있어서 가장 적합한 성능평가 척도로서 우리는 신호대잡음비(SNR)을 즐겨 사용한다. 아무튼 원리는 간단하다. 어떻게든 잡음보다 신호의 전력이 크면 이 목표에 근접하는 것이다. 하지만 실상은 어떤가? 어디에든, 언제든 존재하는 잡음은 우리가 무슨 수를 쓰든 숙명과도 같이 회복 불가능한 신호파형의 변형을 초래하지 않는가? 이 세상에서 100% 완전한 신호파형의 전달은 불가능하다는 사실을 우리는 받아들일 수 밖에 없는 것이다.

그러나 신호의 디지털화는 이러한 숙명에 도전하는 비장의 무기들을 제공한다. 이미 우리는 10강에서 아날로그전송과 대비되는 디지털전송의 이러한 특징에 대하여 알아보았고, 부호간간섭(ISI)에 대처하는 획기적인 방법인 "펄스정형"을 살펴보았다. 또한 11강에서는 전송로의 비선형성에 의한 추가적인 디지털신호의 왜곡에 대응하는 등화기의 개념에 대해서도 살펴보았다. 이제 마지막으로 다루게 되는 상대는 통신 최대의 적 잡음이다. 잡음이 무서운 것은 "신호파형에 실리는 잡음은 어떻게 털어낼 길이 없다"는 점이다. 디지털전송에서는 무슨 수로 이 상대를 요리할 것인가?

13-2 AWGN

잡음이란 무엇인가? "Noise"를 "잡스런 소리"로 번역했다고 해서 청각(acoustic)의 영역으로만 한정하여 이를 이해하지는 않으리라 믿는다. 잡음신호를 스피커에 걸면 고운 음악을 망치는 그야말로 잡음으로 들릴 것이고, 모니터에 걸면 화질을 뚝 떨어뜨리는 짜

증나는 허연 점(snow)으로 보일 것이다. 그렇다면 보이고 들리는 것만 잡음인가? 물론 그것도 아니다. 잡음은 우리의 지각범위를 벗어나는 모든 영역에서 빈틈없이 존재한다. 잡음은 우주탄생 빅뱅의 전자파메아리인 "우주배경복사"로부터, 열 받은 전자들의 무질서한 운동인 열잡음에 이르기까지 수많은 원천(源泉)이 존재한다.

이러한 잡음의 특징을 한마디로 줄이면 "랜덤(random)"이다. 도무지 분리도 되지 않고 예측도 되지 않는 이 지긋지긋한 잡음을 어떻게 다루어야 할까? 우선 급선무는 어떻게든 모든 통신시스템에 보편적으로 써먹을 하나의 수학적 모델로 잡음을 정의하는 일이다. 물론 랜덤한 잡음에 대한 이상적인 수학적 모델링이란 어디까지나 희망사항이기는 하다. 하지만 그럼에도 불구하고 이러한 시도를 통해 우리는 잡음환경에서 통신시스템의 거동에 대한 상당한 통찰력(insight)을 얻게 될 것이다. 잡음에 대한 보편적 모델의 정의에는 다음과 같은 몇 가지 과감한 가정이 깔린다.

가정1) 잡음파형의 순간진폭은 "가우시안분포(Gaussian distribution)"를 가지며, 그 평균치는 0이다.

가정2) 잡음은 모든 주파수성분을 포함하며, 각 주파수성분의 크기는 동일하다.

가정3) 잡음은 항상 신호에 더해지는 형태로 작용한다.

가정1)은 잡음의 시간영역 특성을 정의한다. [그림13-1]에 보인대로 순간순간 발생하는 다양한 잡음의 크기는 가우시안분포의 발생확률을 가지는데, 그런 의미에서 이 잡음을 "가우시안잡음"이라 부른다. 또한 양의 값을 가질 확률과 음의 값을 가질 확률이 동일한 것으로 가정하므로 시간영역의 평균(平均, mean)은 영이 된다.

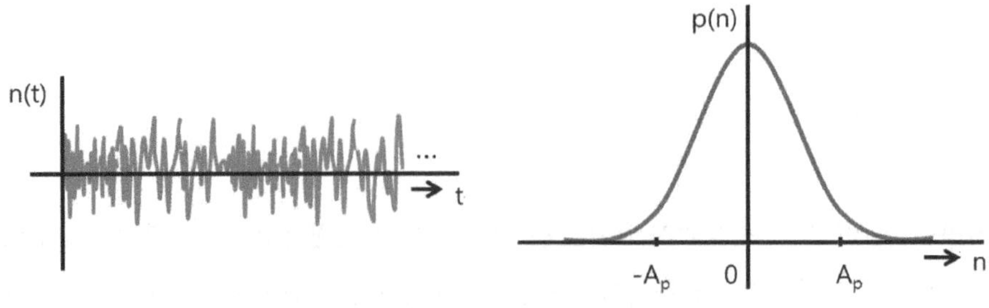

[그림 13-1] 잡음의 수학적 모델링을 위한 가정 1 : Gaussian

이 종(鐘, bell) 모양의 확률분포는 “정규분포(normal distribution)”라 불리기도 하며, (식13-1)과 같이 분산 σ_n^2과 표준편차 σ_n이 사용되는 가우시안함수라는 멋진 수식으로 표시된다. 드디어 랜덤한 잡음의 전력을 수학적으로 계산할 수 있게 된 것이다! 놀라운 성과가 아닌가? 통계학의 상징인 정규분포라는 도구는 이렇게 자연 속에 숨어있는 다양성(random으로 표현)을 우리가 이해할 수 있는 객관적 수치로 제공해주는 고마운 존재인 것이다. 가우시안함수의 확률분포와 분산의 의미를 [그림13-2]에 보인다.

$$p(n) = \frac{1}{\sqrt{2\pi\sigma_n^2}}\exp\left[-\frac{n^2}{2\sigma_n^2}\right] = \frac{1}{\sigma_n\sqrt{2\pi}}\exp\left[-\frac{n^2}{2\sigma_n^2}\right] \quad \text{(식13-1)}$$

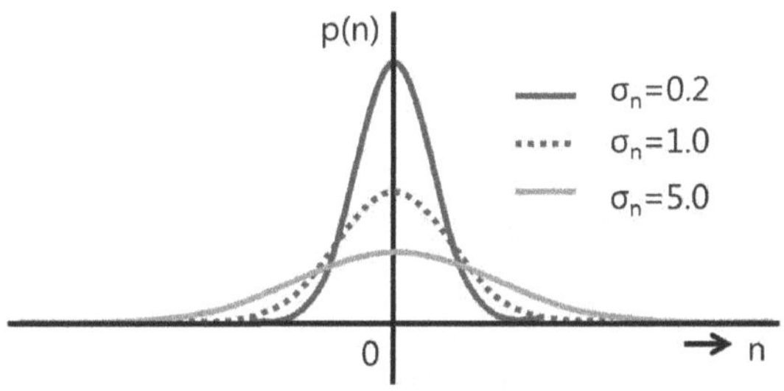

[그림 13-2] 가우시안 확률분포와 분산의 의미

여기서 잠깐. 2-3절에서 살펴 본 정현파의 전력과 실효치(實效値, rms) 개념을 기억하는가? 이를 통하여 평균이 영인 교류신호라도 분명히 에너지를 전달하며, 제곱평균을 취함으로서 전력을 계산할 수 있었다. 또한 그 전력의 제곱근이 동일한 전력을 소모하는 직류전압 또는 직류전류 값을 나타내는 실효치 임을 우리는 알았다. 가우시안잡음 역시 비록 랜덤파형이기는 하지만 수많은 정현파의 집합이기도 하므로 정현파 교류전력과 동일한 개념의 적용이 가능하다. 즉 다음과 같이 가우시안잡음의 전력과 실효치가 정의된다.

- 분산(分散, variance) : 잡음의 제곱평균(mean square), 즉 잡음의 전력
- 표준편차(標準偏差, standard deviation) : 분산의 제곱근, 즉 잡음의 실효치

[그림13-1]를 보면서 잡음이 전혀 없을 확률, 즉 잡음이 제로일 확률이 제일 크다고 생각하는 사람은 없기를 바란다. 시스템에서 잡음이 전혀 발생하지 않을 확률이 있다는

것 자체가 말이 되는가? 연속확률분포 그림에서 어떤 한 가지 사건(event)에 대한 확률은 의미가 없다는 점을 꼭 기억하자. 왜냐하면 발생가능한 모든 사건의 개수는 무한대이므로, 사건 하나하나에 부여되는 확률은 제로로 수렴할 수 밖에 없다. 따라서 확률이 의미를 가지려면 반드시 어떤 확률구간을 정의하고 그 면적을 계산하여야 한다(이 이야기는 4-2절 푸리에변환 편에서 살펴본 바 있다). (식13-2)는 잡음이 어떤 값 A_p를 넘어설 확률을 계산한 것이다. 그렇다면 확률 제로근처에서 피크를 보이는 그림의 의미는 무엇일까? 그것은 큰 잡음보다 자잘한 잡음의 발생확률이 압도적으로 크다는 것을 뜻한다.

$$p(e)\text{: likelihood or the propability that } n > +Ap$$

$$p(e) = \frac{1}{\sqrt{2\pi\sigma_n^2}} \int_{Ap}^{\infty} exp\left[-\frac{n^2}{2\sigma_n^2}\right] dn \qquad \text{(식13-2)}$$

가정2)는 잡음의 주파수영역 특성이다. 잡음 또한 일반적인 신호처럼 푸리에해석이라는 도구를 적용할 수 있을 것이다. 실제 잡음은 그 발생원천에 따라 독특한 스펙트럼을 가지는 것이 당연하겠지만, 이래가지고는 도무지 잡음을 다룰 수가 없다. 따라서 스펙트럼을 과감하게 단순화하여 [그림13-3]과 같이 "모든 주파수성분이 동일한 크기의 전력밀도(flat power spectral density)를 가진다"라고 가정해버린다. 과격해 보이기는 하지만 잘 절연된 유선전송로나 위성통신에 있어서는 어느 정도 잘 맞는 모델이기도 하다. 그러면 이름은 뭘로 하면 좋을까?

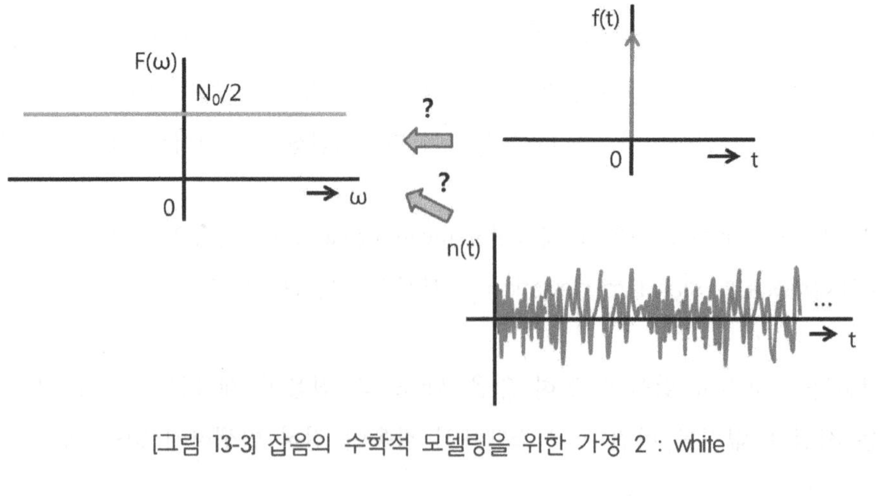

[그림 13-3] 잡음의 수학적 모델링을 위한 가정 2 : white

이야기를 잠깐 광학(光學)으로 돌려보자. 태양으로부터 오는 "가시광(可視光, visible light)"은 백색(White)으로서 그 자체로는 아무런 색깔을 보여주지 않지만, 사실은 적색으로부터 보라색에 이르는 수많은 색들의 집합으로 이루어진 것이다. 이는 유명한 뉴턴의 분광(分光)실험으로 증명된 것으로서, 색채라는 것은 고유의 파장(주파수)을 가지는 파동이라는 것을 보여주고 있다. 이렇게 여러 주파수가 모여서 백색을 만들어낸다는 개념을 가시광의 영역에서 전자파 전체의 영역으로 확장하여, "직류(0Hz)로부터 무한대까지 모든 주파수 성분이 균일하게 모인 잡음"이라는 뜻으로 "백색잡음(白色雜音, White Noise)"이라는 명칭을 만들어내었다. 인간의 눈으로는 절대로 볼 수 없는 광대한 전자파의 집합에 백색이라는 이름을 붙이는 것이 모순이기는 하지만 한편으로는 절묘하기도 하다.

그런데 [그림13-3]에서 재미있는 점은 백색잡음의 스펙트럼은 이상적인 단위충격함수로부터도 만들 수 있다는 것이다. 전혀 다른 두 개의 파형이 똑같은 스펙트럼을 가지다니? 여기에는 위상선형성의 비밀이 숨어있다. 즉 무한대에 이르는 균일한 주파수성분을 가지는 정현파들이 합쳐질 때, 완벽한 위상조건들을 만족할 경우에만 단위충격함수 파형이 만들어지며, 위상이 흐트러질 경우에는 별수 없이 무작위로 더해지거나 상쇄되어 진폭이 가우시안분포를 가지는 파형이 만들어지는 것이다.

균일한 백색잡음의 전력스펙트럼밀도는 N_0로 표기한다. 엥? 그런데 [그림13-3]에서 $N_0/2$로 되어있는데? 그 이유는 이렇다. 우리가 통상적으로 정의하는 신호의 점유대역폭(B_b)은 양의 영역만을 취급한다. (당연하다. 세상의 음의 주파수라는데 어디 있는가?) 하지만 수학적으로 전력을 계산할 때, 즉 전력밀도함수를 적분할 때 적분구간은 (식4-14)와 같이 영을 중심으로 음과 양의 영역을 모두 포괄하므로 $2B_b$에 걸쳐 적분하는 꼴이 된다. 따라서 N_0로 계산하면 실제보다 2배의 전력이 나오기 때문에 이를 상쇄하기 위해 $N_0/2$로 표기하는 것임을 알아두자. 개념적으로 전력을 구할 때는 심플하게 "$N_0 \times B_b$"로 생각해도 무방하다.

가정3)에 대해서는 별 이견(異見)이 없을 것이다. 잡음은 당연히 신호의 진폭에 올라앉아 진폭을 늘이거나 줄일 것이다. 이는 잡음이란 신호 자체의 특성과는 아무 상관없이 신호와의 단순한 합(合)의 관계를 가지는 선형시스템이라는 뜻으로서, 이 특성을 "상가성(相加性, Additive)"이라고 명명한다. 이제 이 세 가지 이름을 모아 하나로 만들면 "AWGN(Additive White Gaussian Noise)"이 된다. 굳이 번역하자면 "상가성백색가우시안잡음"이라는 따분한 이름이 되니 그냥 AWGN이라 부르도록 하자.

한편 [그림13-4]는 AWGN의 자기상관특성을 보여주고 있는데, 시간축 상에서 동일한 패턴의 AWGN 파형은 절대로 다시 나타나지 않으므로 t=0인 순간 딱 한 번만의 자기상관이 존재함을 보여주고 있다. 즉 제로평균과 표준편차라는 통계적 도구만이 주어질 뿐, 잡음파형의 예측은 불가함을 나타낸다. 이와 같이 AWGN은 이상적인 잡음모델로서, 비록 실재(實在)하는 잡음과 상당히 다를 수도 있지만, 기본적으로 이 모델에 따라 시스템을 설계하고 운용하면서 그때그때 보정하는 방법을 쓰고 있다. AWGN이 비록 수학적으로 정연하기는 하지만, 변화무쌍한 자연의 잡음을 제대로 나타내기에는 이정도로는 어림도 없음을 항상 기억하자.

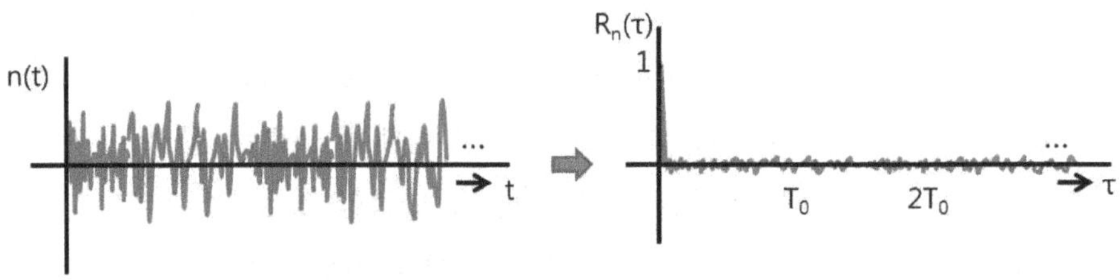

[그림 13-4] AWGN의 자기상관특성

13-3 디지털수신과 비트에러

우리는 제6강에서 TDM을 위한 아날로그신호의 디지털화를, 그리고 제11강에서 리피터를 통한 장거리 디지털통신의 비밀을 알아보았다. 이쯤에서 다시금 정리해보자. 디지털통신이란 한마디로 무엇인가? 디지털통신이 아날로그통신과 결정적으로 다른 점은 미리 정해진 개수의 신호만을 사용한다는 것이다. 예를 들어 0과 1만을 사용하는 이진부호의 경우, bipolar로 라인코딩 한다면 수신측에서는 양의 펄스나 음의 펄스중 하나가 들어올 것이라는 것을 이미 알고 있다.

따라서 디지털통신의 성능을 따지는 방법은 지극히 심플하다. 그것은 수신기에서 0과 1의 심볼을 정반대로 판단할 확률, 즉 오판(誤判)할 확률이 얼마인지를 보면 될 것이다. 이렇게 전체 송신비트 중 수신측에서 오판한 비트의 비율을 "비트에러율(bit error rate, BER)"이라고 하며, 디지털통신 특유의 성능척도로 쓰인다. 물론 BER을 좌우하는 변수는 당연히 신호와 잡음의 크기, 좀 더 정확히 말하자면 SNR이 아니겠는가? [그림13-5]를 보면서 BER과 SNR의 관계를 이론적으로 계산해보자.

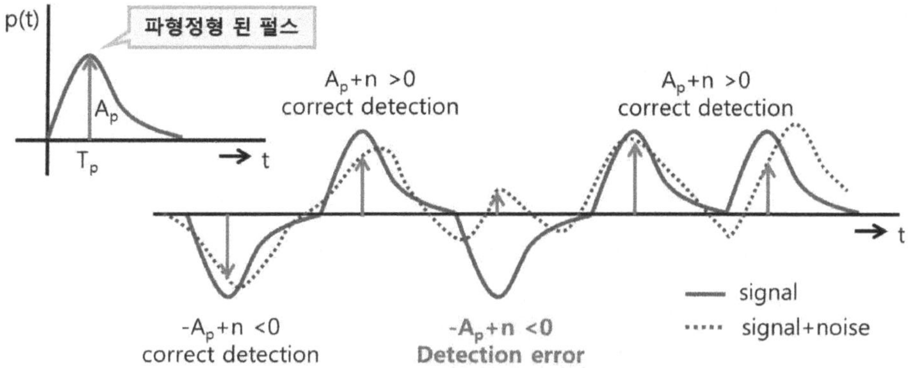

[그림 13-5] 일반적인 디지털수신에서의 비트에러

수신된 심볼 파형으로부터 원래의 신호비트를 판단하는 것을 통신용어로 "검파(檢波, detection)"라고 한다. [그림13-5]의 검파에 있어서 고려된 조건들은 아래와 같다. 해석편의상 잡음의 파형이 훨씬 저주파로 표시된 점을 주의하자.

1) 비트 1을 $+A_p$[V], 비트 0을 $-A_p$[V]의 심볼로 표시하는 bipolar 부호 사용.
2) 완벽한 펄스성형, 이퀄라이저, 그리고 클럭 재생을 가정.
3) 0[V]를 기준으로 수신레벨이 양이면 1, 음이면 0으로 판정.
   → "문턱검파(threshold detection)"
4) $+A_p$[V], 또는 $-A_p$[V]를 능가하는 잡음 발생 시 비트에러 발생으로 간주.

이를 적용하면 [그림13-5]의 세 번째 비트에서 에러가 발생함을 알 수 있다. 그런데 이러한 잡음모델을 통신로에 보편적으로 적용하기 위해서는 또 다시 아래와 같은 과감한 가정이 필요한데, 이와 같이 최대한 단순화시킨 통신로모델을 "이원대칭전송로(二元對稱, binary symmetry channel, BSC)"라 부른다.

1) 대칭성(symmetry): 에러가 발생할 확률, 즉 "천이확률(transition probability)" p는 심볼의 종류와는 무관하다. 즉 1을 나타내는 심볼이든, 0을 나타내는 심볼이든 잡음

으로부터 받는 영향은 동일하다. (과연 그럴까?)

2) **무기억성**(memoryless): 에러발생은 그 시점의 입력에만 관계한다. 이전에 수신된 심볼이 현재 수신된 심볼의 검파에 절대로 영향을 주지 않는다. (과연 그럴까?)
3) **항상성**(stationary): 에러발생은 시간과 무관하다. 통신이 지속되는 동안 잡음의 평균과 표준편차 등 모든 통계적 특성이 절대로 변하지 않는다. (과연 그럴까?)

[그림13-6]에 BSC를 그림으로 보인다. 하지만 명심하자. 이런 통신로는 실제로는 절대로 존재할 수 없다는 사실을. 변화무쌍한 잡음을 명쾌한 수학으로 해석하려다보니 이러지 않고는 달리 방법이 없었을 뿐이다. BSC 모델은 디지털통신의 감을 잡는데 의미를 두는 정도로 생각하자. 실제 상황에서는 이러한 가정이 무너지는 경우도 비일비재함을 항상 염두에 두고 유연하게 대처하는 안목이 꼭 필요하다.

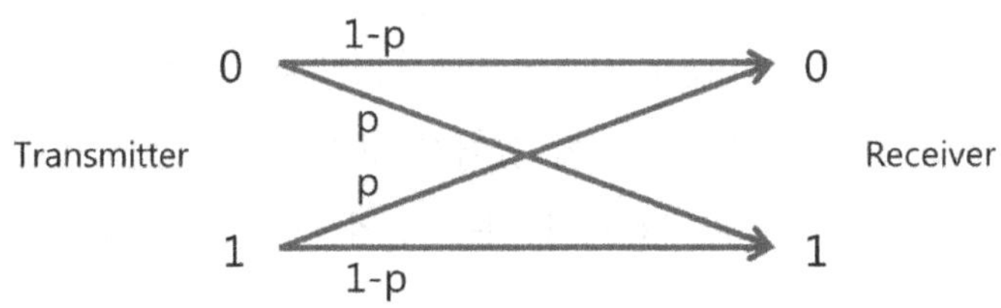

[그림 13-6] 이원대칭전송로(BSC)

AWGN부터 BSC까지의 수많은 가정을 전제로 하면, 일반적인 디지털수신기의 BER을 구하는 절차는 매우 심플해진다. $+A_p$[V], 또는 $-A_p$[V]의 전송심볼에 AWGN이 올라타면 수신레벨의 크기는 늘거나 줄어들 것이다. [그림13-7]는 디지털수신기의 "검파기(檢波器, detector)"에 입력되는 수신레벨의 크기를 가로축으로, 그 확률밀도를 세로축으로 나타낸 것이다. 그림은 전송심볼의 레벨 $+A_p$[V]와 $-A_p$[V]를 중심으로 깔끔한 가우시안분포를 가지는 수신레벨의 확률분포를 잘 보여주고 있다.

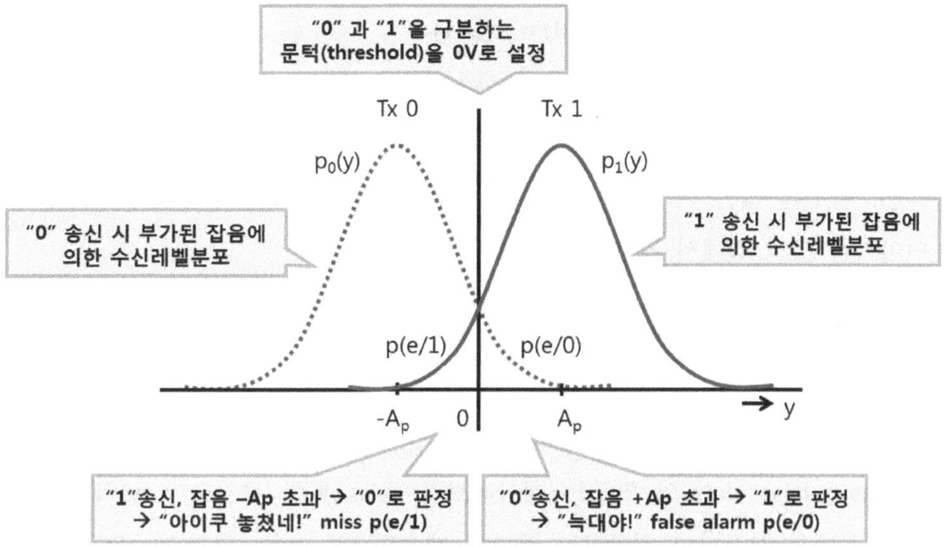

[그림 13-7] 일반적인 디지털수신기의 입력레벨 확률분포

[그림13-7]에서 오른쪽 가우시안분포곡선은 비트 1이 송신될 때 수신레벨의 확률밀도 $p_1(y)$를, 왼쪽은 비트 0이 송신될 때 수신레벨의 확률밀도 $p_0(y)$를 나타낸다. 그러면 비트에러가 발생하는 경우는 언제일까? 그것은 [그림13-5]에서 보듯 잡음이 신호를 깎아먹어 0[V]의 문턱전압을 넘어서는 순간부터일 것이다. 즉 $+A_p$[V]의 심볼에 $-A_p$[V]를 넘어서는 잡음이 합쳐지면 수신레벨은 문턱을 넘어 마이너스의 영역으로 가고, 이는 1을 0으로 오판하는 비트에러로 이어진다. 이를 조건부확률 p(e/1)로 표기하고 "miss" 확률이라고 부른다. "1(있다)를 0(없다)로 검파"했다는 뜻으로 레이다 운용에서 파생한 용어라고 한다. 한편 정반대의 경우, 즉 $-A_p$[V]의 심볼에 $+A_p$[V]를 넘어서는 잡음이 합쳐지며 발생하는 비트에러도 마찬가지로 정의할 수 있다. 이 조건부확률 p(e/0)은 "false alarm" 확률이라 부르는데, "0(없다)를 1(있다)"로 검파했다는 뜻이리라.

그러면 전체 BER의 추정값 p(e)는 (식13-3)일까? 물론 아니다. 본디 심볼 0와 1의 발생확률이 동일하다고 본다면 $p_1(y)$과 $p_0(y)$는 각각 0.5의 확률로 존재할 것이므로 (식13-4)로 계산되어야 맞다. 아울러 BSC 통신로모델이라면 p(e/0)와 p(e/1)은 같은 값이므로 결국 p(e/0) 또는 p(e/1) 중에서 하나만 계산하면 그것이 바로 p(e) 값이 된다.

$$p(e) = [p(e/0) + p(e/1)]\ ? \quad \text{(식13-3)}$$

$$p(e) = \frac{1}{2}\left[p(e/0) + p(e/1)\right] = p(e/0) = p(e/1) \tag{식13-4}$$

이제 남은 문제는 가우시안분포곡선의 적분이다. 굳이 이름 붙이자면 "꼬리확률"이라고나 할까. 아무튼 많은 가정이 필요했지만 잡음이라는 괴물을 주무르게 해 준 고마운 수학 이야기를 다음 절에서 자세히 알아보자.

13-4 비트에러율의 계산

이제 miss와 false alarm의 확률을 계산해보자. miss 확률 구간은 $p_1(y)$곡선이 수신레벨 0[V]인 곳에서 시작되어 왼쪽꼬리 끝까지 계속되므로, miss 확률 p(e/1)은 이 구간의 적분값이 될 것이다. 마찬가지로 false alarm 확률 p(e/0)은 $p_0(y)$곡선이 수신레벨 0[V]인 곳에서 부터 오른쪽꼬리 끝까지의 적분값이 될 것이다. 어느 것이든 그 적분값은 동일하며, p(e/0)은 잡음이 $+A_p$[V]를 넘어설 확률이므로 이를 수식화하면 (식13-5)와 같다. 이 아름다운 수식에서 적분구간이 되는 심볼레벨(즉 신호의 세기) A_p와 가우시안잡음의 표준편차(즉 잡음의 실효치) σ_n에 주목하자. 왜냐하면 적분값이 A_p에는 반비례하고, σ_n에는 비례하기 때문이다.

$p(e/0)$: likelihood or the propability that $n > +Ap$

$$p(e/0) = \frac{1}{\sqrt{2\pi\sigma_n^2}}\int_{Ap}^{\infty}\exp\left[-\frac{n^2}{2\sigma_n^2}\right]dn \tag{식13-5}$$

당연하지 않은가? [그림13-1]을 보면 A_p가 클수록 적분구간이 좁아지니까 적분값은 작아지고, [그림13-2]를 보면 σ_n이 클수록 종모양이 펑퍼짐해지니까 적분값은 커진다. 바꾸어 말하자면 잡음이 셀수록 p(e)는 오르고, 신호가 셀수록 p(e)는 내려간다는 지극히 자연스런 결말이다. 결론적으로 이 두 변수의 비율이 적분값을 좌우하게 되는데, 내친김에 이 둘을 하나의 비례식으로 묶어버린다면 훨씬 명쾌해 보이지 않겠는가? 뜻이 있는 곳에 길이 있는 법. 치환적분으로 (식13-5)를 (식13-6)으로 변형해보자.

$$\text{set } \frac{n}{\sigma_n} = x, \quad dn = \sigma_n dx, \quad A_p \to \frac{A_p}{\sigma_n}$$

$$p(e/0) = \frac{1}{\sqrt{2\pi}} \int_{Ap/\sigma_n}^{\infty} \exp\left[-\frac{x^2}{2}\right] dx \qquad \text{(식13-6)}$$

의도한대로 적분구간을 A_p/σ_n으로 바꾼 새로운 수식을 얻었다. 가우시안분포의 어떤 지점에서부터 꼬리 끝까지를 적분하는 역할은 변함없지만, 훨씬 산뜻해 보이는 이 수식에는 "Q함수(Q function)"라는 귀여운 이름이 붙었다. Q함수를 정의함으로서 p(e/0)는 (식13-7)과 같이 A_p/σ_n을 변수로 하는 Q함수로서 단칼에 표시되고, 비트에러율 p(e) 역시 (식13-8)과 같이 얻어진다.

$$Q(y) = \frac{1}{\sqrt{2\pi}} \int_{y}^{\infty} \exp\left[-\frac{x^2}{2}\right] dx, \quad p(e/0) = Q\left(\frac{A_p}{\sigma_n}\right) \qquad \text{(식13-7)}$$

$$p(e) = p(e/0) = p(e/1) = Q\left(\frac{A_p}{\sigma_n}\right) \qquad \text{(식13-8)}$$

이렇게 요긴하게 쓰이는 Q함수라는 지수함수의 적분은 깔끔하게 도표화되어 제공되고 있는데 [표13-1]에 그 일부 예를 보인다. 또한 도표로 그리면 [그림13-8]과 같은 그래프가 얻어진다. 그런데 잘 살펴보니 그 모양이 가우시안분포의 CDF(누적분포함수)를 뒤집어놓은 것 같지 않은가? 왜 이런 모양인지 잘 생각해보라. 좌우튼 Q함수 그래프는 디지털통신에 있어서 신호 및 잡음의 크기와 비트에러율과의 상관관계를 한눈에 파악할 수 있는 매우 유용한 도구로 쓰인다.

[표 13-1] Q함수 일람표 예시

Q(0.0) = 0.500000000	Q(1.0) = 0.158655254	Q(2.0) = 0.022750132	Q(3.0) = 0.001349898
Q(0.1) = 0.460172163	Q(1.1) = 0.135666061	Q(2.1) = 0.017864421	Q(3.1) = 0.000967603
Q(0.2) = 0.420740291	Q(1.2) = 0.115069670	Q(2.2) = 0.013903448	Q(3.2) = 0.000687138
Q(0.3) = 0.382088578	Q(1.3) = 0.096800485	Q(2.3) = 0.010724110	Q(3.3) = 0.000483424
Q(0.4) = 0.344578258	Q(1.4) = 0.080756659	Q(2.4) = 0.008197536	Q(3.4) = 0.000336929
Q(0.5) = 0.308537539	Q(1.5) = 0.066807201	Q(2.5) = 0.006209665	Q(3.5) = 0.000232629
Q(0.6) = 0.274253118	Q(1.6) = 0.054799292	Q(2.6) = 0.004661188	Q(3.6) = 0.000159109
Q(0.7) = 0.241963652	Q(1.7) = 0.044565463	Q(2.7) = 0.003466974	Q(3.7) = 0.000107800
Q(0.8) = 0.211855399	Q(1.8) = 0.035930319	Q(2.8) = 0.002555130	Q(3.8) = 0.000072348
Q(0.9) = 0.184060125	Q(1.9) = 0.028716560	Q(2.9) = 0.001865813	Q(3.9) = 0.000048096
			Q(4.0) = 0.000031671

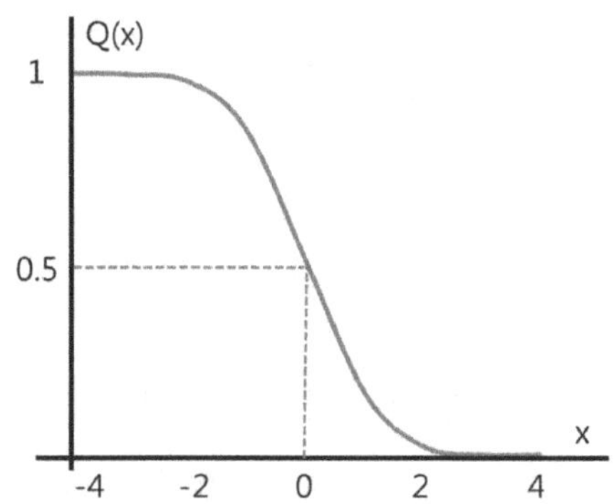

[그림 13-8] Q함수 그래프

Q함수에는 재미있는 포인트가 있다. 만약 A_p/σ_n가 영(零)이라면, p(e) 즉 Q(0)은 어떤 값이라야 할까? A_p/σ_n가 영이라는 것은 수신신호가 완전히 사라지고 잡음만 남았다는 뜻이다. 그러면 비트에러율 p(e)=1, 즉 100% 일까? 그런데 확인해보니, 어라? p(e)=Q(0)=0.5이다! 신호가 하나도 없어도 BER은 0.5, 즉 절반의 비트는 알아 맞춘다는 것이다. 이게 말이 된다고 생각하는가?

이진(binary) 디지털통신에서 완전한 통신두절이란 무엇일까? 수신된 비트가 100% 깨지면 두절일까? 아니다. 우리는 아무것도 받은 것이 없어도 50%는 이미 알고 있다. 디지털정보는 0 아니면 1이니까 확률 50%로 이미 알고 있는 것이다. 따라서 수신된 비트의 50%가 깨지는 시점이란 바로 통신을 더 이상 하나마나인 시점인 것이다. 그러므로

[그림13-8]의 Q함수 그래프에서 우리 관심의 대상은 Q함수값 0.5이하인 오른쪽 절반의 영역에 한정된다.

이제 [그림13-8] Q함수의 그래프를 다시 보자. 그러고 보니 아무래도 이 모양으로는 사용하기에 상당히 난감하다. 이미 그래프의 절반에 해당하는 Q함수 값 0.5이상 영역은 무의미한데다가, BER이 0.5~0.1인 영역 또한 과도한 에러발생으로 도무지 통신을 할 형편이 못될 것이므로 이 그래프의 90%는 쓸모가 없다. 게다가 주로 통신이 이루어지는 BER 10^{-3}~10^{-5} 전후의 영역은 자세히 봐야 하는데 눈금 하나에 불과하다! 따라서 별로 쓸모없는 0.5~0.1 영역은 확 압축하고, 10^{-3}~10^{-5} 전후의 영역은 왕창 확대했으면 좋겠는데 무슨 좋은 수가 없을까?

해답은 "로그함수"다. 밑을 10으로 하는 로그함수를 세로축에 적용하면 [그림13-9]와 같은 반로그눈금(semi-log scale) 그래프를 얻을 수 있다. 그림의 세로축에서 인접 눈금끼리는 10:1의 관계를 가진다. 이를테면 10^{-6}~10^{-7} 사이는 10^{-5}~10^{-6} 사이보다 10배의 영역을 커버한다. 만일 세로축이 선형눈금(linear scale)이었다면 이 그래프는 지붕을 뚫고 나갔을 것이다. 디지털통신의 성능분석에 단골로 쓰이는 이 그래프는 “비트에러율 성능곡선(BER performance curve, 그냥 BER곡선이라 부르자)”이라 불린다. 폭포수(waterfall) 모양으로 근사하게 떨어지는 이 곡선은 10의 배수로 표시되는 광범위한 영역에서 비트에러율의 변동을 한눈에 보여준다.

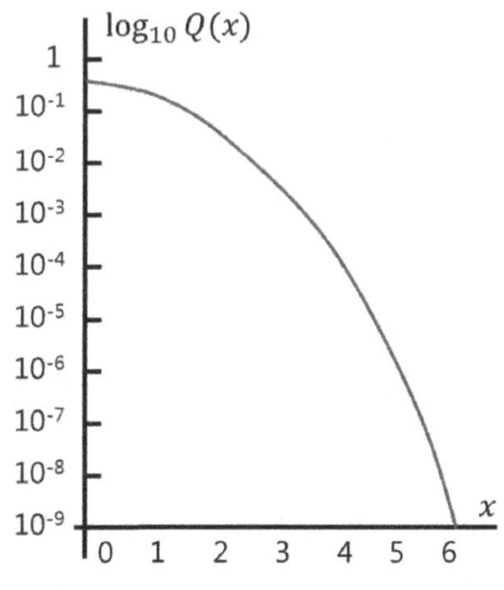

[그림 13-9] 비트에러율(BER) 성능곡선

비트에러율 계산에는 Q함수와 형태가 비슷한 "에러함수(error function)"가 이용되는 경우도 있다. 이것은 (식13-6)의 치환적분을 (식13-9)와 같이 약간 달리할 뿐, 가우시안 분포의 적분을 수행한다는 점에서는 전혀 다르지 않다. 보기에는 Q함수 쪽이 좀 더 명쾌해 보이지만, 에러함수로 BER 성능을 표시하는 경우도 많으므로 함께 기억해두기로 하자. (식13-10)에 erfc(y)로 표시되는 에러함수의 정의를, (식13-11)에 Q함수와의 관계를 보인다.

$$\text{set}\ \frac{n}{\sqrt{2}\sigma_n}=x,\quad dn=\sqrt{2}\sigma_n dx,\quad A_p\rightarrow\frac{A_p}{\sqrt{2}\sigma_n}$$

$$p(e/0)=\frac{1}{\sqrt{\pi}}\int_{Ap/\sqrt{2}\sigma_n}^{\infty}\exp\left(-x^2\right)dx \qquad \text{(식13-9)}$$

$$erfc(y)=\frac{2}{\sqrt{\pi}}\int_{y}^{\infty}\exp\left(-x^2\right)dx,\quad p(e/0)=\frac{1}{2}erfc\left(\frac{A_p}{\sqrt{2}\sigma_n}\right) \qquad \text{(식13-10)}$$

$$p(e)=Q\left(\frac{A_p}{\sigma_n}\right)=\frac{1}{2}erfc\left(\frac{A_p}{\sqrt{2}\sigma_n}\right) \qquad \text{(식13-11)}$$

이제 한 걸음 더 나아가보자. Q함수의 변수 A_p와 σ_n을 제곱하면 각각 신호전력 S와 잡음전력 N이 아닌가? 따라서 위 식은 (식13-12)와 같이 통신성능을 나타내는 일반적이고도 익숙한 물리량인 SNR로 바꾸어 표시할 수 있다.

$$\text{signal power}\ \ S=A_p^2,\quad \text{noise power}\ \ N=\sigma_n^2$$

$$p(e)=Q\left(\frac{A_p}{\sigma_n}\right)=Q\left(\sqrt{\frac{S}{N}}\right)=\frac{1}{2}erfc\left(\sqrt{\frac{S}{2N}}\right) \qquad \text{(식13-12)}$$

그런데 디지털통신에서는 이 SNR을 보다 현실적인 물리량으로 바꿀 수 있는데, 그것은 바로 비트 하나에 주어지는 에너지에 주목하는 것이다. 이를테면 양극NRZ부호를 기저대역으로 전송하는 경우, 펄스의 에너지 E_b는 대략 전력 S와 심볼주기 T_b의 곱으로 시간영역에서 간단히 계산된다. 그러면 잡음전력은? 이놈은 파스발의 정리에 의해 잡음전력밀도 N_0와 점유대역폭 B_b의 곱으로 주파수영역에서 계산된다. 따라서 (식13-13)과 같이 SNR은 E_b/N_0("에브노"라고 읽기도 한다)의 식으로 변형된다. 여기서 심볼주기 T_b인 펄스의 대역폭 B_b를 $1/T_b$로 보면(스펙트럼의 메인로브), $1/T_b$은 R_b이기도 하므로, SNR과 E_b/N_0는 등식관계가 성립하고, (식13-14)와 같이 양극NRZ부호의 비트에러율 관계식을 정리할 수 있다.

$$\text{energy per bit}: E_b = S \cdot T_b = S \cdot (1/R_b) \quad S = E_b \cdot R_b$$
$$\text{noise power} \quad : N = N_0 \cdot B_b = N_0 \cdot (1/T_b) = N_0 \cdot R_b$$
$$\frac{S}{N} = \frac{E_b \cdot R_b}{N_0 \cdot R_b} = \frac{E_b}{N_0} \qquad \text{(식13-13)}$$

$$p(e) = Q\left(\sqrt{\frac{S}{N}}\right) = Q\left(\sqrt{\frac{E_b}{N_0}}\right) = \frac{1}{2} erfc\left(\sqrt{\frac{E_b}{2N_0}}\right) \qquad \text{(식13-14)}$$

골치 아파 보이는 수식이 좀 이어지기는 했지만, 어떤가? 흥미진진하지 않은가? 우리가 유도해낸 E_b/N_0는 전통적인 SNR에 비해 디지털통신시스템을 직관적으로 파악하기에 매우 편리하다. 통신로의 잡음이 AWGN에 가깝다면 잡음전력밀도 N_0가 측정될 것이고, 내가 사용가능한 신호전력으로 E_b/N_0를 계산하면 대략적인 비트에러율이 수치로 예측된다! 이것은 어떤 통신시스템을 설계할 때 우리가 소망하는 수준의 성능을 달성하기 위해서는 얼마만큼의 전력(즉, 비용)이 필요한지를 구체적인 수치로 알려준다는 이야기인데, 이를 "link budget"이라고 한다.

13-5 디지털신호의 최적수신

이제 기저대역 디지털전송에 얽힌 기나긴 여정을 마무리하는 마지막 화려한 불꽃쇼를 감상하도록 하자. [그림13-10]의 기저대역 디지털전송 시스템에서 보듯, 우리는 송신단의 펄스정형필터(LPF), 그리고 리피터의 이퀄라이저와 심볼타이밍 복원을 거쳐 드디어 수신의 마지막 관문인 "검파(檢波, detection)"와 "추정(推定, estimation)" 단계에 왔다. 그런데 수신기속에 또 다시 무슨 필터(LPF)가 들어있지 않은가? 샘플링부터 송신기, 리피터에 이르기까지 곳곳에 약방의 감초마냥 들어있던 필터(LPF)는 결국 수신기에도 나타나고야 말았다. 이놈의 역할은 과연 무엇일까?

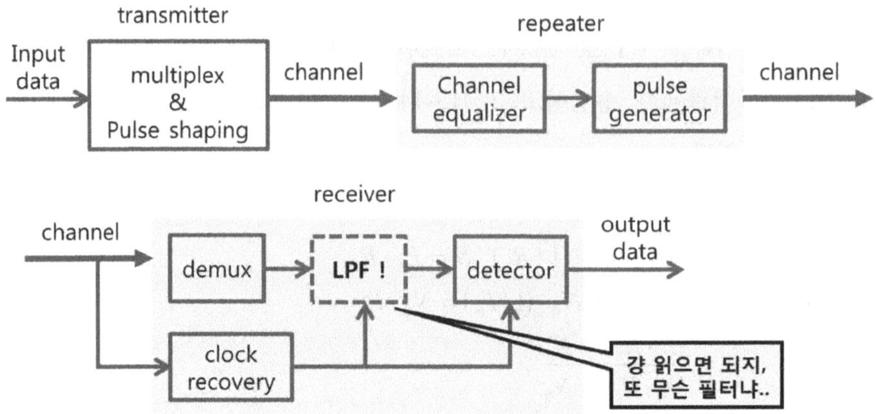

[그림 13-10] 기저대역 디지털전송 시스템

통신로가 AWGN환경이라면 눈에 가시 같은 잡음을 한방에 없애버릴 기가 막힌 방법이 있다. 가우시안잡음의 평균이 영이라는 사실을 기억하는가? 그렇다면 일정구간에 걸쳐 잡음의 평균을 취한다면 잡음이 소멸해 버릴 것이다! 그런데 평균을 구한다는 것은 수학적으로는 적분이고, 전자회로적으로는 적분기인데, 적분기란 바로 LPF가 아닌가? 아아 LPF는 통신의 마지막 스테이지에서 또다시 잡음소탕이라는 큰 역할을 수행하는 것이다. 다만 잡음과 함께 펄스신호도 적분기를 거치면서 심하게 왜곡된다는 점이 걸리는데 이거 이래도 괜찮은 건지 한번 살펴보자.

우선 아날로그통신과 구분되는 디지털수신기의 임무를 생각해보자. 아날로그통신의 수신이란 잡음이 올라탄 수신신호로부터 원래의 신호파형을 복원하려고 애쓰는 과정이며, 이 목적을 위해서는 어쨌든 잡음전력을 압도하는 충분한 신호전력이 필요할 것이다. 이에 비해 디지털수신의 핵심이란, "잡음투성이의 수신파형이 우리가 이미 알고 있는 정해진 개수의 심볼파형 중에서 어느 쪽과 가장 많이 닮았는지를 판단하는 것" 아닌가? 이것은 뭐가 들어올지 오리무중인 아날로그수신과는 완전히 다른 상황이다. 즉 0과 1을 확실히 판단(추정)하기만 하면 될 뿐, 파형자체를 충실히 복원할 필요가 없다는 것이다!

이것은 정말 대단한 이야기다. 디지털수신에서 파형자체의 복원이 의미가 없다는 것은, 한술 더 뜨자면 0과 1의 추정에 도움이 된다면 수신신호를 좀 주물러도(왜곡시켜도, 필터링해도) 상관없다는 뜻이 아니겠는가? 하긴 송신단에서 이미 펄스정형까지 했는데 한번 더 건드린다고 새삼 문제될 것 있겠는가... 게다가 잡음제거는 수신SNR의 대폭적

개선을 의미하므로 아날로그수신처럼 잡음을 확실히 제압하기 위한 상당수준의 신호전력도 필요 없다. 실제로 디지털휴대전화의 경우 아날로그방식의 1/3수준 전력으로도 충분히 통신이 가능하며, 이는 대폭적인 통신시스템 효율향상과 (배터리)전력 절감을 의미한다.

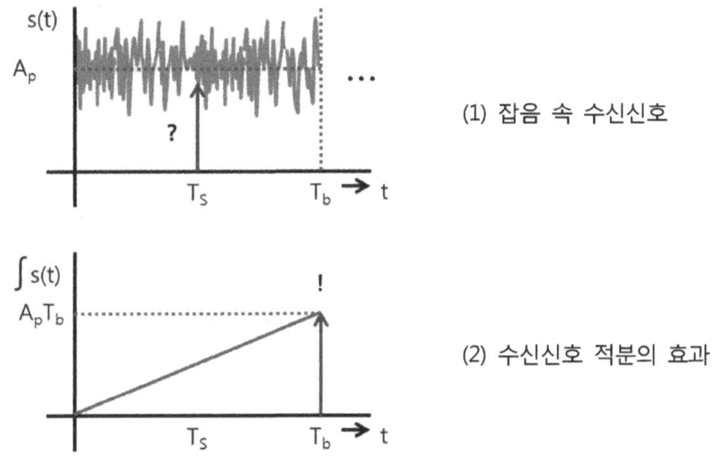

[그림 13-11] 수신신호의 적분에 의한 최대 SNR 만들기

[그림13-5]에서 보았던 수신파형의 예에서는 편의상 잡음을 아주 얌전하게 표현했지만, 실제 수신신호는 [그림13-11] (1)과 같이 상당한 고주파잡음이 포함된 어지러운 파형일 것이다. 해석편의상 펄스정형은 고려하지 않으며, 양극NRZ부호를 사용한다. 수신기필터로서 이상적인 LPF를 가정할 때, [그림13-11] (2)는 수신신호를 적분함으로서 수신SNR을 최대화하는 결과를 보이고 있는데, 우리는 이로부터 다음과 같은 사실을 알 수 있다.

1) 평균치 제로인 가우시안잡음은 상쇄되어 없어짐
2) 펄스신호는 적분구간을 따라 점점 증가하여 시점 T_b에서 최대값 보임
   → 비트 판정점은 펄스의 한가운데가 아닌 비트주기 끝으로 이동해야 할 것임
3) 다음 수신비트를 처리하기 위해 적분치는 비트판정 후 깨끗이 내버려야 함

이로서 수신기필터를 [그림13-12]과 같이 설계할 수 있게 되었다. 기본적인 LPF회로

로서 시점 T_b에서 적분(integrate)값을 읽는 동시에(and) 캐패시터를 방전(dump)시키는 두 개의 스위치가 들어간다. 이름하여 "적분-덤프(Integrate-and-Dump)" 수신기. 자 그렇다면 이 LPF의 대역폭은 얼마로 했으면 좋을까?

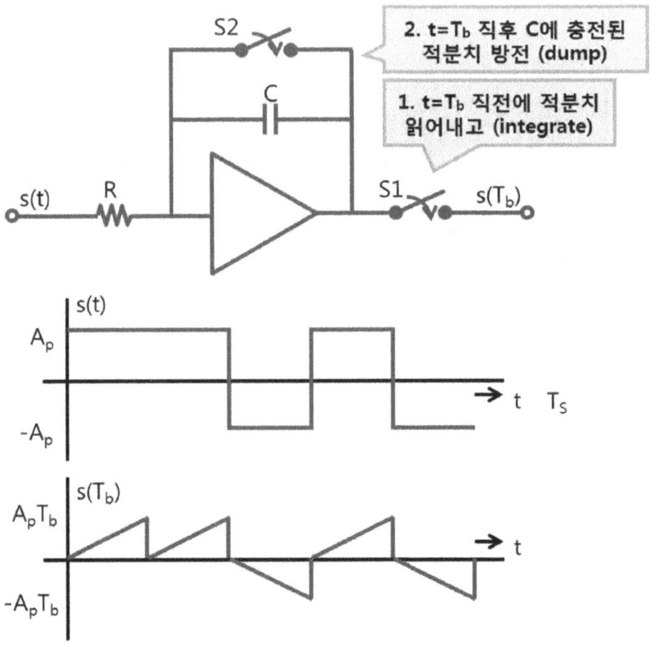

[그림 13-12] 적분-덤프 (Integrate-and-Dump) 수신기

수신기필터를 사용함에 있어서 심각하게 고려해야 할 일이 하나 있다. 주파수영역의 대역제한은 시간영역에서 파형의 퍼짐을 가져오고, 이는 ISI로 이어지면서 이야기가 아주 복잡하게 되고 만다. ISI 걱정 없는 LPF! 팍 떠오르지 않는가? 나이퀴스트필터링, 즉 "전송비트율이 R_b[bps]라면 대역폭 $R_b/2$[Hz]로 LPF"하면 된다. 이 조건에 따르면 잡음은 LPF의 대역폭 $R_b/2$[Hz]이내에서만 살아남으므로, (식13-13), (식13-14)는 (식13-15), (식13-16)과 같이 바뀐다.

$$\text{energy per bit} : E_b = S \cdot T_b = S \cdot (1/R_b) \quad S = E_b \cdot R_b$$
$$\text{noise power} \quad : N = N_0 \cdot B_b = N_0 \cdot (R_b/2)$$
$$\frac{S}{N} = \frac{E_b \cdot R_b}{N_0 \cdot (R_b/2)} = \frac{2E_b}{N_0} \qquad \text{(식13-15)}$$

$$p(e) = Q\left(\sqrt{\frac{S}{N}}\right) = Q\left(\sqrt{\frac{2E_b}{N_0}}\right) = \frac{1}{2}erfc\left(\sqrt{\frac{E_b}{N_0}}\right)$$ (식13-16)

이럴 수가! 수신기필터로 인하여 수신SNR이 2배, 즉 3dB나 증가했다. 송신단과 수신단에 동일한 나이퀴스트필터링을 적용함으로서 ISI와 잡음이라는 두 마리 토끼를 잡는 놀라운 일을 해냈다. 디지털의 세계는 참으로 오묘하지 않은가? 앞으로 별도의 언급이 없는 한 기저대역전송에서 양극NRZ의 비트에러율은 (식13-16)로 꼭 기억해 두자.

그런데 적분-덤프 수신기가 꼭 만병통치약만은 아니다. 만약 양극NRZ가 아닌 맨체스터부호가 쓰였다면 어떻게 되었을까? 한 비트 주기동안 양과 음의 펄스가 반복되는 맨체스터부호는 적분하면 영이 되어 사라지고 만다. 아뿔사! 적분(LPF)만 한다고 될 일이 아니었다. 아무래도 뭔가 하나 빠진 듯 한데 그것은 도대체 무엇일까? 어떤 라인부호에 대해서도 변함없이 작동하는 일반적인 수신기필터 설계법을 찾기 위해 좀 더 궁리해 보도록 하자.

핵심은 시간영역에서 수신신호를 주무르는 방법에 관한 것이므로, 우선 시간영역에서 수신기필터가 하는 일의 본질을 캐보자. 필터링이란 주파수영역에서는 두 스펙트럼에 대한 곱의 연산으로, 시간영역에서는 수신파형 s(t)와 수신기필터 임펄스응답 h(t)와의 콘볼루션으로 표현된다. 잡음파형은 분명히 적분과정에서 사라지므로 일단 논의에서 제외하자. 양극NRZ의 사각파형 s(t)를 콘볼루션하였을 때 [그림13-11] (2)와 같이 삼각형 모양의 적분결과가 나오려면 임펄스응답 h(t)는 어떤 모양이 되어야 할까?

4-5절에서 다룬 콘볼루션 과정을 참고하면서 생각해보면, h(t)는 [그림13-13]과 같이 s(t)와 동일한 크기의 사각형이 되는 수 밖에 없을 것이다. (콘볼루션 결과파형은 시점 T_b까지만 생각하도록 하자.) 재미있지 않은가? 신호 s(t)를 찾아내기 위한 수신기필터의 임펄스응답이 바로 s(t) 자신이라니! 빙빙 돌아왔지만 결론은 무엇인가? 수신기필터란 다름 아닌 "송신되는 신호펄스와 꼭 같은 모양의 신호를 포개놓고 미끄러뜨리면서 겹친 부분 면적을 계산하는 것" 아닌가? 그리고 그 계산값이 최고가 되는 지점이 바로 비트 판정점이 된다는 것이다.

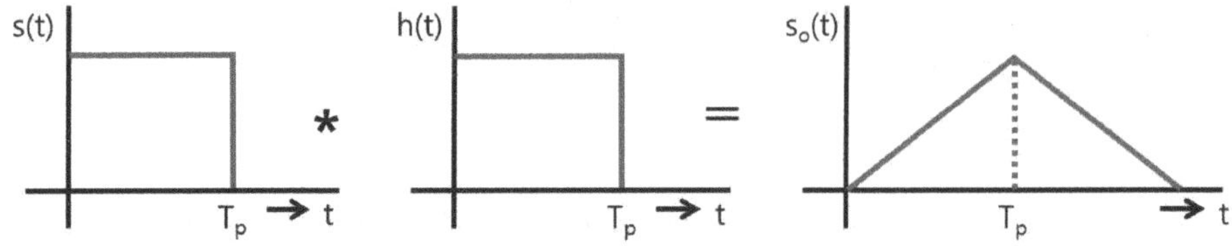

[그림 13-13] 양극NRZ부호의 수신기필터의 시간영역 콘볼루션

[그림13-13]에서 h(t)는 정확하게 말하자면 s(t)가 세로축을 중심으로 뒤집힌 모양이다(물론 뒤집어도 꼭 같은 사각형이라 구분은 안가지만..). 그러면 적분-덤프 수신기에서 딜레마에 빠졌던 맨체스터부호는 어떨까? 걱정할 것 없다. 맨체스터부호용 임펄스응답으로 [그림13-14]와 같이 h(t)를 설정하면 필터링 결과는 [그림13-13]의 그것과 꼭 같다! 맨체스터부호 역시 양극NRZ와 조금도 다름이 없는 수준으로 판정이 가능한 것이다.

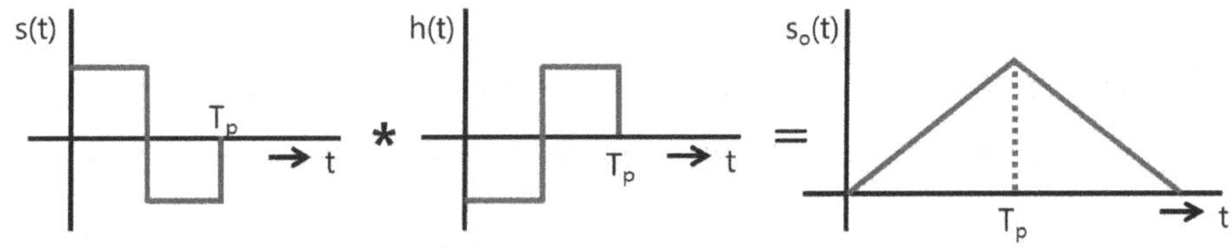

[그림 13-14] 맨체스터부호의 수신기필터의 시간영역 콘볼루션

수신기필터의 콘볼루션 과정을 다르게 표현한다면 그것은 바로 "얼마나 닮았는지 맞춰보기"라고 할 수 있을 것이다. 공항에 누군가를 영접 나갔을 때, 출국장을 쏟아져 나오는 사람들 속에서 그 사람을 찾아내는 과정을 상상해보라. 내 머릿속에 있는 그 사람의 이미지와 뭇 사람들의 얼굴을 하나하나 맞춰보는 그 과정이야말로 콘볼루션이 아닌가! 우리가 잡음의 바다에서 신호를 찾아낸다는 것은 비유하자면 바로 이런 것이다.

디지털통신에서 이 "맞춰보기"를 해내는 수신기필터를 "딱 들어맞는다" 또는 "어울린다"는 의미에서 영어로는 "matched filter", 우리말로는 "정합(整合)필터"라는 예쁜 이름으로 부른다. 정합필터의 수학적 정의는 수신SNR을 최대로 만드는 필터를 가리키는 것이며, 정합필터는 송신측의 펄스정형필터와 짝을 이루어 전송 비트에러율을 최소로 만들어 주는 "최적수신기(最適, optimum receiver)"의 조건이 되기도 한다.

이제 남은 과제는 이 일을 해치울 장치를 만드는 것이다. 여기서 다시 한번 생각해보

자. "두 파형을 포개놓고 겹친 부분 면적을 계산하여 최고값 찾아내기", 이것을 한마디로 말하면 3-3절에서 다룬 "상관(correlation)" 구하기가 아닌가? 그렇다. 정합필터라는 개념은 파형을 겹치고(즉, 곱하고) 면적구하기(즉, 적분)를 수행하는 상관을 통하여 실제로 구현되는 것이다. 이제 [그림13-12]의 적분-덤프 수신기에서 빠진 고리가 보이는가? [그림13-15] (1)에 적분-덤프회로에 곱셈기를 추가한 "상관수신기(correlation receiver)"를 보인다.

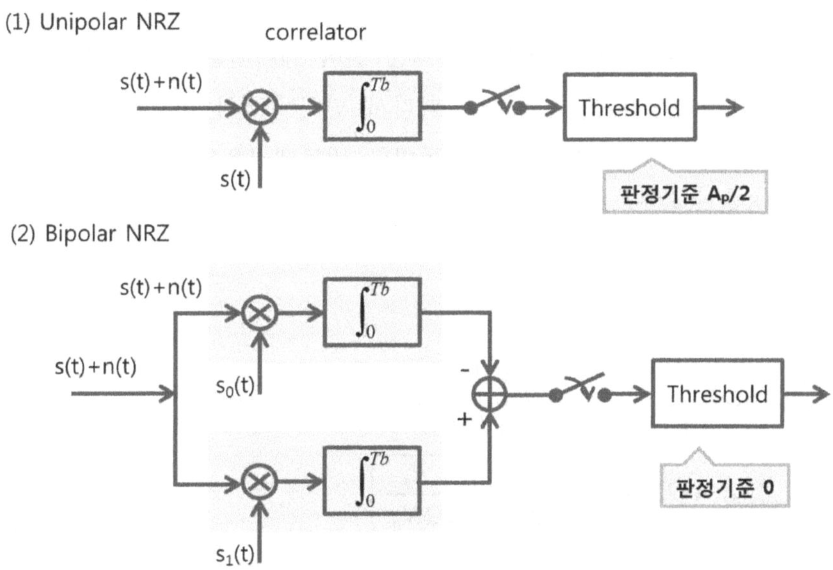

[그림 13-15] 상관수신기

지금까지의 모든 논의는 비트 1의 심볼, 즉 진폭이 $+A_p$[V]인 펄스에 대한 것이었다. 따라서 비트 0의 심볼로 $-A_p$[V]의 펄스도 사용하는 양극NRZ부호에 대한 상관수신기는 두 개의 신호에 대응해야 하므로 [그림13-15] (2)와 같이 두 개의 상관기를 가지는 구성으로 되어야 한다. 그렇다면 [그림13-15] (1)은 무엇인가? 그것은 비트 0에 대한 심볼이 0[V]인 단극NRZ부호에 대한 상관수신기가 될 것이다. 왜냐하면 0에 대한 상관이야 구할 이유가 없으므로, 상관기 하나의 출력만으로도 판정이 충분하기 때문이다. 물론 이때 0과 1의 판정기준은 $+A_p/2$[V]가 된다.

내친김에 단극NRZ부호의 비트에러율을 알아보자. [그림13-16]을 보자. 비트 1의 심볼인 $+A_p$[V]의 펄스만을 가지는 단극NRZ의 경우, 검파를 위한 문턱전압(threshold)은

$+A_p/2$[V]가 되어야하므로 양극NRZ와 비교한 비트에러율은 (식13-17)와 같이 변형된다. 문자 그대로 잡음과 싸울 여력이 절반으로 줄어드니까 비트에러가 훨씬 많이 발생하리라는 예상은 당연하지 않겠는가?

$$p(e)_{bipolar\ NRZ} = Q\left(\frac{A_p}{\sigma_n}\right) \rightarrow p(e)_{unipolar\ NRZ} = Q\left(\frac{A_p}{2\sigma_n}\right) \qquad \text{(식13-17)}$$

그러면 단극NRZ의 비트에러율을 E_b/N_0로 표시하려면 어떻게 해야 할까? 이렇게 생각하면 간단하다. 단극NRZ는 비트 0의 전송에는 전혀 에너지를 쓰지 않으므로, 양극NRZ와 비교하여 절반의 에너지만 소모한다. 따라서 단극NRZ의 비트에러율은 (식13-18)과 같이 표시된다. 식에 따르면 양극NRZ와 동일한 비트에러율을 얻기 위해서는 2배(3dB)의 E_b/N_0가 필요하므로 단극NRZ의 BER성능곡선은 [그림13-16]과 같이 우측으로 3dB 이동한다.

$$p(e)_{bipolar\ NRZ} = Q\left(\sqrt{\frac{2E_b}{N_0}}\right) = \frac{1}{2}erfc\left(\sqrt{\frac{E_b}{N_0}}\right)$$

$$\rightarrow p(e)_{unipolar\ NRZ} = Q\left(\sqrt{\frac{E_b}{N_0}}\right) = \frac{1}{2}erfc\left(\sqrt{\frac{E_b}{2N_0}}\right) \qquad \text{(식13-18)}$$

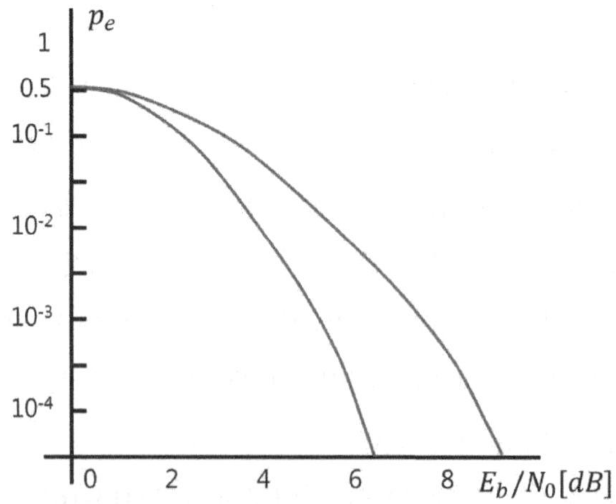

[그림 13-16] 양극NRZ와 단극NRZ의 비트에러율 성능비교

이번에는 [그림13-16]의 BER곡선을 다른 각도에서 한번 보자. 동일한 E_b/N_0에서 보면 단극NRZ의 비트에러율이 양극NRZ보다 약 3dB 나쁘게 나오는데, 이것만 보고서 "단극NRZ가 양극NRZ보다 성능이 나쁘다"는 식으로 받아들여서는 곤란하다. 비록 단극NRZ의 비트에러율이 나쁘기는 하지만, 비트 0의 송신에는 전혀 전력을 소모하지 않으므로 2배의 전력효율을 가진다. 바꾸어 말해 동일한 전력을 소모하는 조건이라면 단극NRZ는 $+2A_p$[V]의 펄스를 사용할 수 있고, 이렇게 되면 "단극NRZ는 사실상 양극NRZ와 꼭 같은 성능을 가지게 된다."는 점에 유의하도록 하자. (물론 단극신호의 직류표류문제는 주의해야)

다시 공항이야기로 돌아가자. 출국장에서 사람 찾는 일은 국제선이 나을까? 국내선이 나을까? 비슷비슷한 얼굴뿐인 국내선보다는 온갖 인종이 들끓는 국제선이 훨씬 나을 것이다. 이것은 무엇을 말하는가? 상관으로 신호를 찾아낼 때 서로 다른 신호끼리는 되도록이면 상관이 없을수록, 즉 다를수록 유리하다는 뜻이다. 이것은 바로 3-4절에서 다룬 바 있는 상관계수 이야기가 아닌가? 상관계수의 관점에서 볼 때 2진디지털통신에 쓰이는 신호쌍은 다음 두 가지 부류를 생각할 수 있다.

1) 상관계수 0 → 직교신호쌍(直交, orthogonal signal set)
2) 상관계수 -1 → 대척신호쌍(對蹠, antipodal signal set)

굳이 수식을 동원하지 않아도 위에서 살펴 본 양극NRZ는 대척신호쌍이고, 단극NRZ는 직교신호쌍임을 쉽게 알 수 있을 것이다. 완전히 다르다는 의미는 상관계수 0(남남)일까? 상관계수 -1(원수) 일까? 어느 것이 더 우수한가? [그림13-16]에서 보이듯 디지털 전송에서 이 두 신호쌍의 성능의 우열을 따지는 것은 큰 의미가 없다. 그때그때 적재적소를 찾아 사용하는 것이 더 중요하다. 다만 기저대역 전송에 쓰이는 라인부호는 직류표류를 피하기 위해 대부분 양극신호이고 대척신호쌍에 속한다.

디지털통신의 비트에러율은 이처럼 사용하는 심볼 사이의 상관관계에 좌우된다. 따라서 0과 1에 해당하는 심볼 파형을 고를 때 두 심볼 파형의 상관값이 0이거나 -1이 아닌 어정쩡하게 나오는 것은 불가피하지 않는 한 피해야 할 것이다.

연습 문제

1. impulse에 가까운 pulse신호가, 대역폭이 B_b[Hz]이고 시간지연이 t_d 인 전송선로를 지나갈 때, 그 파형의 변화를 시간영역과 주파수영역에서 그림으로 자세히 설명하시오.

2. pulse shaping이란 무엇인가? 이 일을 하는 이유와 실제 구현방법을 자세히 설명하시오.

3. 수신신호로부터 심볼타이밍을 잡아내기 위한 아날로그식 클럭 추출회로의 구성을 그리고, 단계별로 설명하시오.

4. "early-late gate"방식 클럭 추출회로의 블록도를 그리고, 그 동작원리를 설명하시오.

5. 라인코딩을 선택함에 있어서 반드시 고려해야 하는 체크포인트 7가지를 설명하시오.

6. 비트열 "1 0 1 1 0 0 0 1 1 0 1"에 대하여 AMI 부호 파형과 스펙트럼을 그리시오. 그리고 AMI부호의 장점과 약점에 대하여 자세히 설명하시오.

7. 다음 라인코딩 방식들에 대하여 각각의 전력스펙트럼을 그리고, 각 방식의 특성을 간단히 설명하시오. Bipolar NRZ, Bipolar RZ, AMI, Manchester

8. AWGN이란 무엇인가? 시간영역과 주파수영역에 걸친 그 의미를 자세히 설명하시오.

9. 펄스크기가 ±Ap인 양극NRZ부호에 대하여 가우시안잡음 환경에서 일반적인 디지털수신기의 비트에러율 p(e)을 Q함수로 유도하시오.

10. Q함수로 유도된 일반적인 디지털수신기의 비트에러율 p(e)에 대하여, 이 식을 S/N, 그리고 E_b/N_o의 식으로 변환하시오.

11. "matched filter"란 무엇인가? 그 개념을 자세히 설명하고 이를 사용하면 수신기의 비트에러율이 3dB 개선됨을 E_b/N_o의 수식으로 유도하시오.

4부

진폭변조

변조를 왜 하는가? 제 14 강

신호의 스펙트럼은 통째로 옮길 수 있다. 그런데 왜 그러는데?

14-1 개요

전기통신의 궁극적 목표란 무엇일까? 그것은 뭐니뭐니 해도 "정보를 신속하게 멀리 보내는 것" 아니겠는가? 이 일은 3장에서 다루었듯 리피터를 사용하는 기저대역 전송으로도 실현할 수 있겠지만, 엄청난 길이의 전송선로의 설치와 유지보수라는 문제가 있다. 게다가 도저히 선로를 깔 수 없는 오지(奧地)나 우주공간, 그리고 계속 움직이는 이동체에 대해서는 어쩔 것인가? 다행히 우리에게는 이 문제를 해결 해 줄 고마운 수단으로서 전자파라는 천혜(天惠)의 자원이 있다. 맥스웰과 헤르츠에 의해 발견된 전자파가 인류에게 가져다 준 가장 극적인 선물이라면 그것은 바로 아무런 매체도 필요 없이 허공을 전파(傳播, propagation)하여 신호를 전달하는 "무선통신(Radio Communication)"이라 할 것이다. 디지털의 홍수 속에서 이제는 이미 고전이 되어 버렸지만, 아날로그 전기통신기술의 진수(眞髓)인 변복조기술을 살펴보면서 무선통신에 대한 통찰력을 한층 더 늘려가도록 하자.

14-2 무선통신과 DSB-SC변조

1895년 마르코니는 역사적인 무선통신 실험에 성공한다. 당시 이루어진 무선전송은 순간적인 전기스파크을 이용하는 원시적인 송수신기로 "모르스부호(morse code)"라는 부호를 보내는 "무선전신(電信, telegraphy)" 방식이었다. (그러고 보니 최초의 전기통신은 아날로그가 아니라 디지털이었다!) 하지만 얼마 지나지 않아 이를 뒤따른 선각자들에 의해 연속정현파(continuous wave, CW)를 이용한 아날로그 오디오신호의 송수신 시스템이 속속 개발되는데, 그 핵심 아이디어가 바로 "변조(變調, modulation)"라는 개념이다.

변조란 사람에게는 들리지도 보이지도 않는 매우 높은 주파수의 정현파에 음성 또는 화상신호의 아날로그파형을 싣는 기술을 말한다. 이것을 주파수영역으로 표현하자면 신호의 스펙트럼이 그 모양을 고스란히 보존하면서 주파수축상을 이리저리 옮겨 다닌다는 의미이다. 그러고 보니 이거 4-4절 [그림4-12]에서 다룬 푸리에변환의 주파수천이특성(frequency-shifting)과 진폭변조 이야기가 아닌가? 이처럼 주파수천이를 거쳐 "가청주파수(audio frequency)"의 기저대역 신호를 "무선주파수(radio frequency)"의 대역으로 올리는 통신방식을 기저대역통신과 대비하여 "통과대역(passband)통신"이라 부르기도 한다.

진폭변조란 시간영역에서 보면 (식14-1)과 같이 신호함수 m(t)에 정현파 $\cos\omega_c t$를 곱하는 매우 간단해 보이는 과정이다. 이를 푸리에변환하면 (식14-2)와 같이 주파수영역의 수식을 얻게 되는데, 4-5절에서 다루었듯이 시간영역의 곱은 주파수영역의 콘볼루션과 등가(等價)이다. [그림14-1]는 음성(voice)신호가 진폭변조 되는 과정을 시간영역의 곱과 주파수영역의 콘볼루션으로 나타낸 것이다.

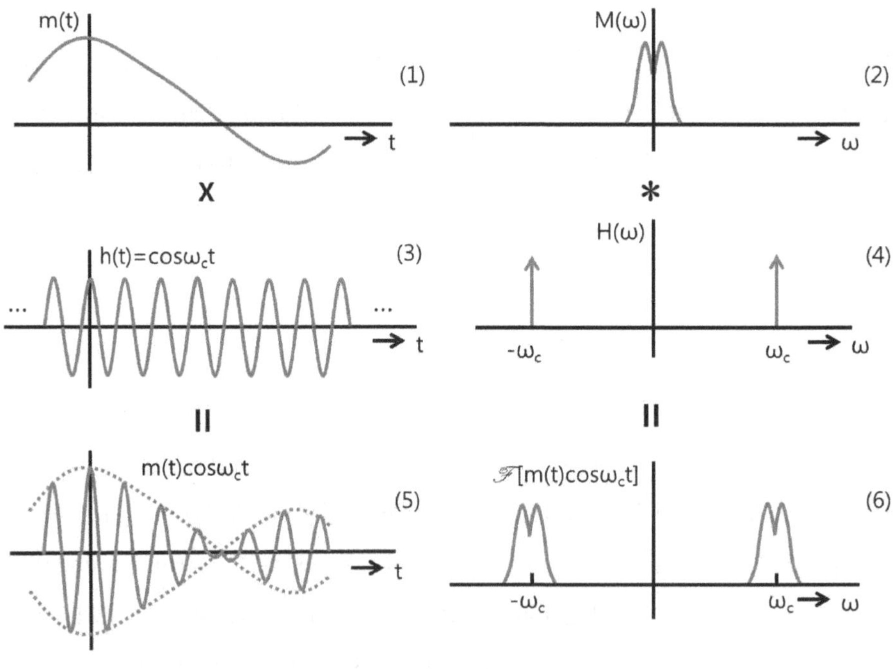

[그림 14-1] 음성신호의 진폭변조

$$\phi_{DSB}(t) = m(t)\cos\omega_c t = \frac{1}{2}\left[m(t)\exp(j\omega_c t) + m(t)\exp(-j\omega_c t)\right] \quad \text{(식14-1)}$$

$$\Phi_{DSB}(t) = \mathscr{F}\left[m(t)\cos\omega_c t\right] = \frac{1}{2}\left[M(\omega-\omega_c)+M(\omega+\omega_c)\right]$$

(식14-2)

수식 자체로는 간단하기 그지없지만 무선통신 초창기에 이 과정을 전기회로로 구현하기 위해서는 많은 기술적 혁신이 필요한 어려운 작업이었다. 수식보다는 그림에 주목하여 시간영역과 주파수영역에서의 진폭변조의 의미를 시각적으로 해석해보자.

1) 시간영역 해석 : 신호함수와 코사인함수와의 곱셈

- 당초 코사인함수의 진폭은 일정 → 정포락선(定包絡線, constant envelope)
- 곱셈의 결과 m(t)의 파형은 코사인함수의 포락선에 그대로 복사됨
- m(t)가 마이너스로 갈 때 코사인함수에 위상반전(phase reversal)이 일어남
- m(t)는 포락선으로만 남고 내부는 훨씬 높은 주파수로 채워지는 탓에 소리의 조(調, tone)가 변했다는 뜻에서 "변조(變調)"되었다고 함
- 코사인함수는 신호파형을 업어 나른다는 뜻에서 "반송파(搬送波, carrier)"라 부름
- m(t)가 반송파의 진폭을 자기의 모양(module)대로 주무른다(modulate)는 뜻에서 m(t)를 "modulating signal(변조하는 신호)"이라 부름
- 한편 진폭변조 된 반송파를 "modulated signal(변조된 신호)"라 부름
- 반송파의 진폭을 주물러서 변조한다는 뜻에서 이 방식을 "진폭변조(amplitude modulation), AM"라 부름 (그렇다면 반송파의 진폭 대신 주파수를 주무르는 수도 있을 듯, 5부에서 다룸)

2) 주파수영역 해석 : 신호스펙트럼 M(ω)와 임펄스함수와의 콘볼루션

- 신호의 기저대역 스펙트럼 M(ω)는 주파수축에서 좌우대칭의 쌍둥이로 존재
  양의 스펙트럼 : upper side band, USB, 상측파대(上側波帶)
  음의 스펙트럼 : lower side band, LSB, 하측파대(下側波帶)
- 기저대역 M(ω)의 대역폭은 양의 영역인 상측파대만 인정됨
- 변조결과 M(ω)는 좌우로 ω_c만큼 이동하여 복사됨
- 변조파의 스펙트럼은 하측파대가 양의 영역으로 끌려나오므로 두 측파대가 함께 유효대역폭을 이룸. 결과적으로 진폭변조파의 대역폭은 기저대역의 2배로 증가함
- 측파대 2개가 다 쓰인다는 뜻에서 이 방식을 진폭변조 중에서도 "Double Side

Band, DSB, 양측파대" 변조로 부름

- 또한 변조된 신호의 스펙트럼에서 반송파의 스펙트럼이 사라지고 없다는 뜻에서 "Suppersed Carrier (반송파 억압)" 방식이라 부름

[그림14-1]에 대한 좀 장황한 해석이긴 하지만 하나하나가 함축하는 의미는 크므로 입체적으로 잘 이해해 두기 바란다. 기저대역에서는 대역폭에서 제외되었던 마이너스 주파수의 하측파대가 진폭변조 후에는 플러스 주파수로 살아나와 대역폭을 2배로 만드는 것은 얼핏 신비롭기까지 하지 않은가? 아무튼 이러한 특징들을 충실히 나타나기 위해 이 변조방식을 "반송파억압양측파대진폭변조(DSB-SC)"라는 기나긴 이름으로 부른다. [그림14-2]에 DSB-SC 변조기를 보인다. 그림에서 두 신호를 곱하는 회로를 "곱셈기(multiplier)" 또는 "혼합기(mixer)"라 하는데, 변조기를 만드는 핵심부분으로서 실제로 만들기가 생각처럼 그리 호락호락하지 않다는 것을 기억해두자.

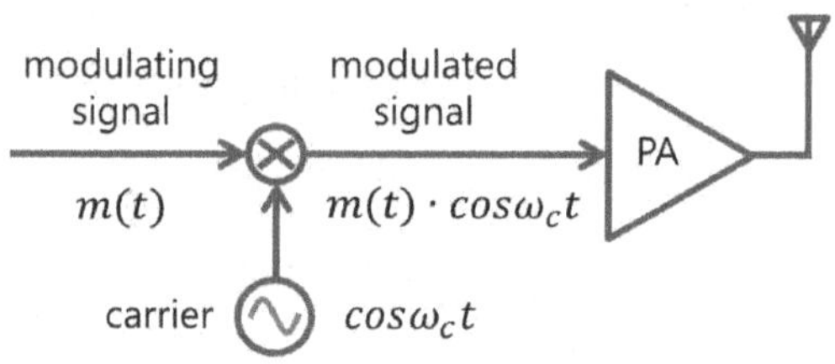

[그림 14-2] 반송파억압양측파대진폭변조(DSB-SC) 변조기

이미 우리가 4-4절과 6-2절에서 살펴보았듯 변조의 가장 중요한 목적은 주파수분할다중화(FDM)에 있다. 자유공간(free space)을 공유해야하는 무선통신의 특성상 같은 시각에 같은 주파수를 사용하면 혼신으로 인해 통신이 불가능하다. 따라서 [그림4-11]에서 보인대로 각 사용자는 그 사용분야에 따라 가장 적절한 주파수와 점유대역폭의 통신채널을 "할당(allocation)"받아 자신의 신호를 그 주파수로 변조하여야 하며, 그 출력과 점유대역폭을 엄격히 통제받는다. [표14-1]과 [표14-2]에 무선통신에 쓰이는 무선주파수들의 명칭과 주파수(파장), 그리고 응용분야를 요약한다.

[표 14-1] 표준무선주파수대역 일람표

명칭	주파수범위	파장범위	주요사용분야
ELF (Extremely low frequency)	3-30Hz		금속탐지기
SLF (Super low frequency)	30-300Hz	10000km-1000km	수중통신
ULF (Ultra low frequency)	300-3000Hz	1000km-100km	가청주파수
VLF (Very low frequency)	3-30kHz	100km-10km	항법, 소나
LF (Low frequency)	30-300kHz	10km-1km	항법, 비콘
MF (Medium frequency)	300-3000kHz	1km-100m	AM방송
HF (High frequency)	3-30MHz	100m-10m	단파통신
VHF (Very high frequency)	30-300MHz	10m-1m	TV,FM방송
UHF (Ultra high frequency)	300-3000MHz	1m-100mm	이동통신
SHF (Super high frequency)	3-30GHz	100mm-10mm	위성통신
EHF (Extremely high frequency)	30-300GHz	10mm-1mm	레이더
THF (Tremendously high frequency)	300-3000GHz	Below 1mm	

[표 14-2] 산업계 통용 무선주파수대역 명칭

명칭	주파수범위
L-Band	1-2GHz
S-Band	2-4GHz
C-Band	4-8GHz
X-Band	8-12.5GHz
Ku-Band	12.5-18GHz
K-Band	18-26.5GHz
Ka-Band	26.5-40GHz
Q-Band	33-50GHz
U-Band	40-60GHz
V-Band	50-75GHz
E-Band	60-90GHz
W-Band	75-110GHz
F-Band	90-140GHz
D-Band	11-170GHz
G-Band	140-220GHz

영어명칭은 주파수대역(frequency band)으로 구분하지만, 우리말 명칭은 파장(wave length)로 구분한다는 점이 재미있다. 초기의 빈약한 장비로 인해 장파(LF) 또는 중파(MF) 대역의 전자파가 집중적으로 이용되었지만, 차차 단파(HF), 초단파(VHF) 이용기술이 개발되면서 무선통신의 황금기를 맞이하게 된다. 현재는 폭증하는 수요로 인해 파장이 cm, mm 단위까지 가는 EHF 이상의 전자파와 적외선, 심지어 가시광(可視光)에 이르기까지 그 이용이 확장되고 있다.

전자파의 대역구분에 있어서 파장별로는 10진법의 기본대로 10의 배수로 산뜻하게 나눈다. 그런데 그 파장범위에 해당하는 주파수범위는 어떻게 계산될까? 전자파의 속도는 광속과 동일하다. 즉 전자파는 그 파장이나 주파수에 관계없이 모두 빛의 속도로 진행한다. (그렇지 않다면 이거 큰 일이 아닌가? 상상해보시라.) 따라서 전자파의 파장과 주파수의 곱은 (식14-3)과 같이 상수인 광속이 되며, 파장과 주파수는 반비례 관계에 있다. 예를 들어 UHF와 VHF의 경계점은 파장이 1m이므로 주파수는 광속과 동일한 300MHz이다. (주파수 일람표를 기억하려면 이 경계점을 기준으로 삼는 것이 편리함)

$$speed\ of\ electromagnetic\ wave\ (C) = wavelength\ (\lambda) \times frequency\ (f) \qquad \text{(식14-3)}$$

그런데 굳이 FDM을 고려하지 않는 소출력 무선통신이라면, 기저대역 아날로그신호를 변조할 필요 없이 그대로 무선전송하지 말라는 법은 없다. 적절하게 증폭하고 안테나에 걸면 될 것 아닌가? 왜 굳이 번거로운 변조라는 과정을 꼭 거쳐야 하는지 그 이유를 알아보자. 편의상 1kHz의 단일주파수를 송신한다고 가정하자. 반파장 다이폴안테나를 사용할 경우 안테나의 길이를 계산해보면 기저대역 무선전송의 문제점을 금방 알 수 있을 것이다. (식14-4)로 계산되는 안테나 길이는 무려 150km로서 도저히 현실성이 없다. 물론 방사효율을 무시한다면 이보다 훨씬 짧은 길이의 안테나도 가능하겠지만, 기본적으로 전자파의 파장에 비례하는 안테나크기의 제약은 어쩔 도리가 없다.

$$length\ of\ antenna\ (L) = \frac{\lambda_b}{2} = \frac{C}{2f_b} = \frac{3\times 10^8\ m/sec}{2\times 1000\ Hz} = 150\ km \qquad \text{(식14-4)}$$

$$length\ of\ antenna(L) = \frac{\lambda_c}{2} = \frac{C}{2f_c} = \frac{3\times 10^8\ m/sec}{2\times 3\times 10^6\ Hz} = 50\ m \qquad \text{(식14-5)}$$

결론적으로 실현가능한 안테나길이가 되려면 주파수를 올리는 수밖에는 없다. 예를 들어 (식14-5)과 같이 3MHz의 반송파로 변조하여 단파(HF) 대역으로 주파수천이 한다면, 1/2파장 다이폴안테나라면 50m, 1/4파장 모노폴안테나라면 25m 길이의 안테나로 통신이 가능하다. 손가락만한 길이의 안테나를 사용하는 휴대용 무선기기라면 어느 주파수대역이 어울릴지 짐작이 갈 것이다. 이처럼 변조란 안테나를 포함한 시스템의 물리적 규모, 통신의 목적과 대상, 전파전파특성(wave propagation) 등이 모두 어우러지는 무선통신의 핵심과정이다.

14-3 DSB-SC의 복조

DSB-SC로 변조된 신호는 당연히 수신 후 원래의 기저대역 신호로 복구되어야 할 것이다. 즉 주파수천이 된 스펙트럼을 기저대역으로 다시 되돌려 보내야 하는데, 이 과정을 "복조(複調, demodulation)"라고 한다. 말하자면 반송파주파수만큼의 스펙트럼 이동이니까 변조와 마찬가지로 반송파를 다시 한번 곱해주면 될 것 같다. 뭐 원리야 그렇겠지만 이것저것 손봐야 할 곳도 있을 것이고, 더우기 스펙트럼의 이동방향이 이번에는 반대가 아닌가? 과연 우리가 의도한대로 스펙트럼의 원상복구가 가능한지 [그림14-3]과 (식14-6), 그리고 (식14-7)을 통하여 살펴보자.

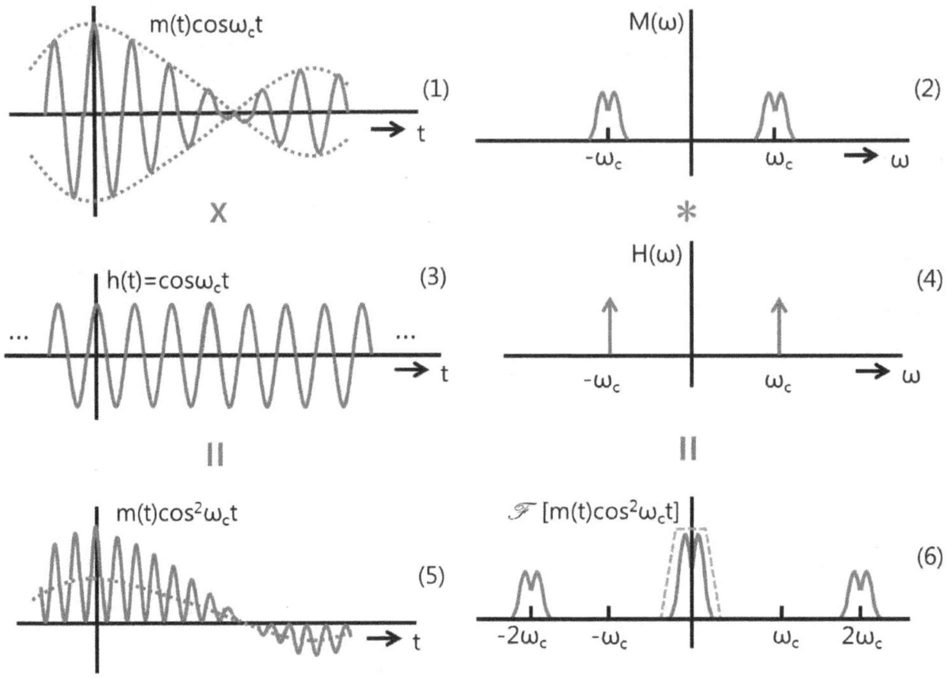

[그림 14-3] DSB-SC 복조

$$\phi_{DSB}(t)\cos\omega_c t = m(t)\cos\omega_c^2 t = \frac{1}{2}m(t)\left[1+\cos 2\omega_c t\right] \tag{식14-6}$$

$$\mathscr{F}[\phi_{DSB}(t)\cos\omega_c t] = \frac{1}{2}\mathscr{F}[m(t)+\underline{m(t)\cos 2\omega_c t}]$$

$$= \frac{1}{2}M(\omega) + \underline{\frac{1}{4}M(\omega+2\omega_c) + \frac{1}{4}M(\omega-2\omega_c)} \tag{식14-7}$$

1) 시간영역 해석 : DSB-SC 변조된 신호와 코사인함수와의 곱셈
   - 동일주파수 반송파끼리의 곱으로 주파수는 2배로 뛰고
   - m(t)가 양의 값이었던 부분은 반송파와 동상(同相)이므로 몽땅 양의 파동으로
   - m(t)가 음의 값이었던 부분은 반송파와 역상(逆相)이므로 몽땅 음의 파동으로
   - m(t)는 (식14-6)으로 계산되는 평균값(그림 (5)의 점선)으로 구해짐

2) 주파수영역 해석 : DSB-SC 스펙트럼과 임펄스함수와의 콘볼루션
   - 좌측 스펙트럼 $M(\omega+\omega_c)$는 좌우로 ω_c만큼 이동하여 기저대역과 $-2\omega_c$에 복사

- 우측 스펙트럼 $M(\omega-\omega_c)$는 좌우로 ω_c만큼 이동하여 기저대역과 $+2\omega_c$에 복사
- 기저대역에는 두 개로 겹친 스펙트럼 $M(\omega)$가 형성되므로 LPF로 추출가능

곱셈기와 LPF로 구성되는 DSB-SC복조기를 [그림14-4]에 보인다. LPF가 추가된 것 말고는 DSB-SC 변조기와 다름이 없는 구조이다.

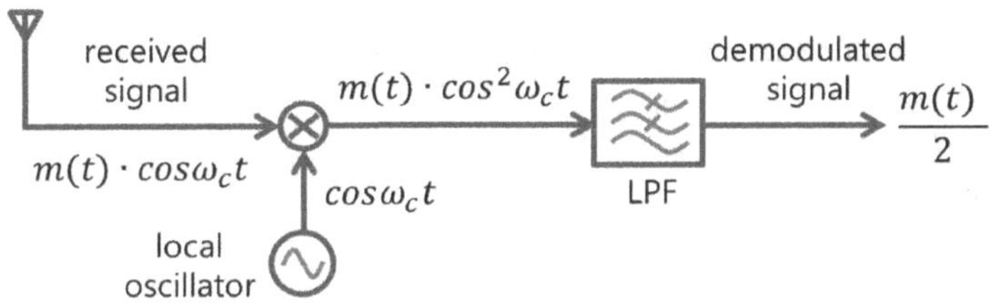

[그림 14-4] DSB-SC 복조기

그러나 방심은 금물! DSB-SC의 복조과정은 겉보기에는 심플해 보이지만 실은 매우 난해한 문제가 숨어있다. [그림14-3]에서 보인 시간영역 곱셈이 곧이곧대로 이루어지려면 두 파형의 주파수와 위상이 칼같이 맞아야 한다! 즉 완벽한 복조를 위해서는 송신단에서 쓰인 반송파와 꼭 같은 주파수와 위상을 가지는 반송파를 수신단에서도 마련해야 한다는 것이다. 이름 하여 "국부발진(局部發振, local oscillation)"이라는 복잡하고 까다로운 절차를 거쳐야하는데, 이처럼 정확한 반송파를 다시 곱해서 신호를 복원하는 방식을 "동기복조(同期複調, Synchronous Demodulation)" 또는 "동기검파(同期檢波, Coherent Detection)"라고 한다.

멀리 떨어져 있는 송수신기 사이에서, 서로의 타이밍에 대한 정보도 전혀 없이, 오로지 수신된 신호만 참조하여 복조용 반송파를 다시 만들어낼 수 있을까? 여기에 대해서는 16강에서 좀 더 자세히 알아보기로 하고, 우선 복조용 반송파의 주파수와 위상이 조금이라도 틀어지면 어떤 일이 벌어질 것인지 생각해보자. 수신파에 주파수오차 $\Delta\omega$와 위상오차 $\Delta\Theta$를 포함한 반송파가 곱해지면 그 영향은 (식14-8)과 같이 유도된다. 복조기의 LPF를 통과하고 나면 기저대역의 m(t)가 복원되어야 하겠지만 반송파오차에 해당하는 부분이 코사인함수 형태로 m(t)의 진폭에 곱해져 있음을 알 수 있다. 혼동을 피하기 위해 (식14-9)와 같이 주파수오차와 위상오차를 구분해서 그 영향을 살펴보자.

$$\begin{aligned}&\phi_{DSB}(t)\cdot cos[(\omega_c+\Delta\omega)t+\Delta\theta]\\&=m(t)cos\,\omega_c t\cdot cos[(\omega_c+\Delta\omega)t+\Delta\theta]\\&=\frac{1}{2}m(t)cos(\Delta\omega t+\Delta\theta)+\frac{1}{2}m(t)cos[(2\omega_c+\Delta\omega)t+\Delta\theta]\\&\xrightarrow{LPF}\frac{1}{2}m(t)cos(\Delta\omega t+\Delta\theta)\end{aligned} \quad (식14\text{-}8)$$

$$\begin{aligned}&m'(t)_{phase\ error}=m(t)cos\,\Delta\theta\quad (in\ case\ of\ \Delta\omega=0)\\&m'(t)_{frequency\ error}=m(t)cos\,\Delta\omega t\quad (in\ case\ of\ \Delta\theta=0)\end{aligned} \quad (식14\text{-}9)$$

1) 위상오차의 영향

주파수오차 없이 위상오차만 존재한다고 가정하면, 복조결과는 상수인 cosΔΘ가 신호 m(t)에 곱해지는 단순한 진폭감소로 나타난다. 따라서 볼륨조절만 잘 하면 큰 문제는 없을 듯하다. 다만 정확히 90도 위상오차의 경우 신호자체가 사라져버리는 최악의 상황이 될 수도 있다. (이에 대한 방책으로 국부발진기의 위상을 조절하는 단자가 있으면 해결될 듯 하다.)

2) 주파수오차의 영향

위상오차 없이 주파수오차만 존재한다고 가정하면, 복조결과는 시간함수 cosΔωt가 신호 m(t)에 곱해지는 형태로 나타난다. 이렇게 되면 복조된 신호는 진폭이 주기적으로 변하게 되는데 이건 문제가 꽤나 심각하다. 예를 들어 주파수오차가 1Hz라면, cos2πt라는 정현파가 m(t)에 곱해지면서 0.5초 주기로 볼륨이 최대값과 제로를 오가며 커졌다 작아졌다 하는 매우 성가신 방해를 일으킨다. 이와 같이 주파수오차만큼의 주기로 마치 박자(beat)를 맞추듯 발생하는 주기적인 잡음을 "비트잡음(beat noise)"라 부른다. 여기에 대해서는 15-4절에서 자세히 알아보기로 하자.

DSB-SC 변조기

제15강

곱셈을 해치우는 하드웨어는 어떻게 만들어지나

15-1 개요

진폭변조를 하려면 곱셈을 수행하는 전자회로가 필요하다. 또한 곱셈기는 변조기와 복조기에서 모두 사용되므로 주파수응답과 위상응답에 대한 선형성의 담보는 매우 중요하다. 물론 두 개의 아날로그 신호를 곱해주는 반도체소자로서 아날로그곱셈기(analog multiplier)라는 IC소자가 개발되어 왔고, 현대에 이르러 샘플링과 디지털신호처리(DSP) 기술이 들어간 정교한 장치가 속속 개발되고 있는 세상이다. 하지만 무선통신의 초창기는 불완전한 아날로그 전자소자로 실용적인 곱셈기를 만들어내어야 했던 시절이었다. 선각자들이 이루어낸 절묘한 전통수법들을 살펴보면서 진폭변조의 깊은 의미를 익혀 나가자.

15-2 제곱변조기

진공관이나 반도체 등의 전자소자들은 숙명적으로 그 입-출력특성의 "비선형성(非線型性, nonlinearity)"을 가진다. 전자공학이 이러한 비선형성을 극복하기 위해 기울여왔던 그 많은 노력들을 기억해보라. 그러나 이 골치 아픈 비선형 특성을 역으로 이용하면 쓸 만한 곱셈기를 만들 수 있다! 비선형소자의 특성은 (식15-1)처럼 다양한 차수성분을 가지는 급수형태로 표시되는데, 특별히 2차함수(제곱) 성분이 지배적인 소자를 사용한다고 가정해보자. 곱셈기의 제작에 비선형소자를 써먹는 이 신통한 아이디어는 변조할 신호 m(t)와 반송파를 서로 더한 후 비선형소자를 통하여 제곱하는 것으로부터 출발한다. (식15-2)는 제곱연산을 통해 어떻든 두 신호의 곱이 얻어짐을 보여준다. 문제는 이 과정에서 부산물로 얻어지는 불필요한 성분을 깨끗이 없앨 수 있느냐는 것이다.

$$v_o(t) = a_0 + a_1 v_i(t) + a_2 v_i^2(t) + a_3 v_i^3(t) + \ldots \cong a_2 v_i^2(t) \quad \text{(식15-1)}$$

$$[m(t) + \cos\omega_c t]^2 = \underbrace{m^2(t) + \cos^2\omega_c t}_{\text{to be removed}} + \underbrace{2m(t)\cos\omega_c t}_{\text{DSB-SC}} \quad \text{(식15-2)}$$

이게 과연 가능한지 주파수영역에서 한번 살펴보자. [그림15-1]은 시간영역의 곱인 (식15-2)를 주파수영역의 콘볼루션으로 풀어낸 것이다. 자 이제 보이는가? 변조할 신호 m(t)와 반송파를 서로 더한 후 제곱한 결과는 [그림15-1]에 보이듯 주파수영역에 총6개의 스펙트럼을 만들어낸다. 많은 부산물이 생겼지만, 반송파주파수 자리에 위치한 DSB-SC 스펙트럼만을 BPF로 추출해 내는데 아무런 문제가 없어 보인다. 결론적으로 [그림15-2]와 같이 m(t)와 반송파를 더해주는 가산기, 제곱을 해주는 비선형소자, 그리고 BPF만 있으면 훌륭한 곱셈기가 만들어진다. 이를 일컬어 "비선형변조기", 또는 "제곱변조기(Square-law Modulaltor)"라 부른다. 한문투로 번역되어 "자승(自乘)변조기"로 불리기도 한다.

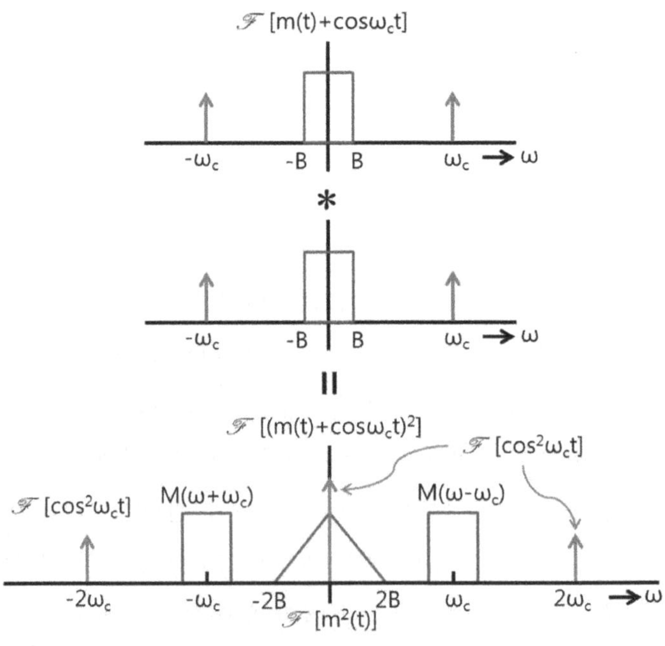

[그림 15-1] (신호+반송파)를 제곱한 스펙트럼

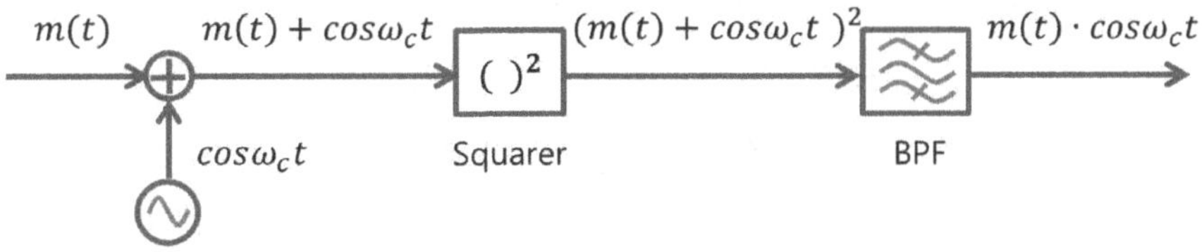

[그림 15-2] 이상적인 제곱변조기

[그림15-1]에서 눈여겨 보아둘 것이 있는데, 그것은 기저대역에 있는 삼각형의 스펙트럼이다. 이는 편의상 사각형으로 표시된 m(t)의 기저대역 스펙트럼끼리 콘볼루션되어 만들어진 것인데, m(t)의 원래 대역폭보다 2배 넓다. 동일 스펙트럼끼리의 콘볼루션이란 시간영역에서 보면 동일 신호끼리의 곱, 즉 제곱이 아닌가? 다시 말하자면 어떤 신호를 제곱하면 그 대역폭이 2배로 늘어난다는 뜻임을 잘 기억해두자.

제곱변조기는 그러나 이 세상에 없는 물건이다. 즉 (식15-1)처럼 입력-출력 특성이 깨끗한 2차함수로만 나타나는 전자소자란 실제로는 존재하지 않는다. 통상 반도체소자들의 입력-출력 특성은 (식15-3)처럼 1차함수와 2차함수 항의 합으로 근사된다. 따라서 이상적인 제곱 대신 이 근사식을 이용할 수밖에 없는 바, 신호 m(t)와 반송파를 더하여 이 근사식에 입력하면 (식15-4)과 같이 어지러운 출력이 얻어진다. 이 와중에서 과연 우리는 최종목표인 DSB-SC 출력만 쏙 뽑아낼 수 있을까?

$$v_o(t) = a_0 + a_1 v_i(t) + a_2 v_i^2(t) + a_3 v_i^3(t) + \ldots \approx a_1 v_i(t) + a_2 v_i^2(t) \qquad \text{(식15-3)}$$

$$\begin{aligned}
v_i(t) &= m(t) + \cos\omega_c t \\
v_o(t) &= a_1[m(t) + \cos\omega_c t] + a_2[m(t) + \cos\omega_c t]^2 \\
&= a_1 m(t) + a_1\cos\omega_c t + a_2[m^2(t) + 2a_2 m(t)\cos\omega_c t + \cos^2\omega_c t] \\
&= \underbrace{\frac{a_2}{2} + a_1 m(t) + a_2 m^2(t)}_{baseband} + \underbrace{a_1\cos\omega_c t}_{carrier} + \underbrace{2a_2 m(t)\cos\omega_c t}_{DSB-SC} + \underbrace{\frac{a_2}{2}\cos 2\omega_c t}_{higher\ frequency}
\end{aligned} \qquad \text{(식15-4)}$$

(식15-4)에서 반송파주파수에 맞춘 BPF로 첫째항 기저대역성분과 넷째항 고주파대역은 제거가 가능하다. 그런데 아뿔사! 둘째항 반송파가 셋째항 DSB-SC 스펙트럼 한가운데 떡 버티고 있는데, 이렇게 되면 반송파억압(suppressed-carrier)이 불가능하다. 왜냐하면 이 반송파 성분은 필터로는 절대로 제거될 수 없기 때문이다. 세상에 딱 하나의 주파

수에만 반응하는 필터가 어디 있겠나? 그렇다면 무슨 수로 반송파성분을 빼낸다는 말인가? 주파수영역에서 벽에 부딪쳤으니 시간영역에서 머리를 한번 써보도록 하자.

단일주파수인 반송파를 제거할 대안(代案)으로 시간영역에서 그 파형자체를 지워내면 어떨까? 즉 180도 뒤집힌 역상(逆相)의 반송파를 하나 더 만들어 더해버리자는 것이다! 이런 수법으로 불필요한 신호를 상쇄(相殺)시켜 없애는 회로를 "평형회로(balanced circuit)"라 부른다. 반송파에 대한 평형회로를 만들기 위해 [그림15-3]과 같이 두 개의 제곱변조회로를 결합했는데, 이런 구조의 제곱변조기를 "평형변조기(Balanced Modulator)"라 부른다. (식15-5)로부터 평형변조기에서 반송파만 사라지는 절묘한 과정을 살펴보자.

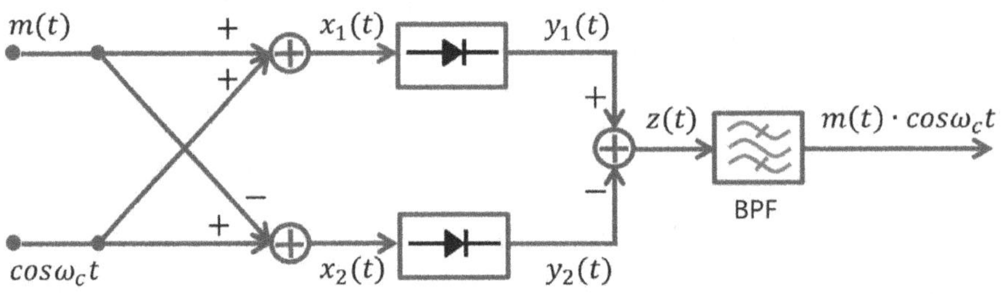

[그림 15-3] 평형변조기

$$x_1(t) = cos\omega_c t + m(t), \quad x_2(t) = cos\omega_c t - m(t)$$

$$z(t) = y_1(t) - y_2(t)$$

$$= \left[a_1 x_1(t) + a_2 x_1^2(t)\right] - \left[a_1 x_2(t) + a_2 x_2^2(t)\right] = 2a_1 m(t) + 4a_2 m(t) cos\omega_c t \qquad \text{(식15-5)}$$

(식15-5)를 전개해보면 평형회로로 인해 많은 항들이 상쇄되어 사라지고, 기저대역 m(t)와 DSB-SC항만 남게 됨을 알 수 있다. 이제 BPF로 기저대역의 m(t)만 제거하면 순수한 DSB-SC 신호가 얻어진다. 평형변조기에 입력되는 두 신호 m(t)와 반송파 중에서 반송파만이 없어지고 신호 m(t)는 그대로 출력되므로, 이런 회로를 특별히 "single balanced circuit"이라 부른다. 실제 전자회로로 구현되는 평형변조기의 예를 [그림15-4]에 보인다. 신호를 역상으로 만들어 주기 위해서는 그림에서 A점으로 표시된 중간탭(tap)이 달린 변압기 즉 tapped-transformer를 이용한다. 평형변조라는 목적을 이루기는 했지만, 큰 부피를 차지하는 변압기를 사용해야하는 불편은 어쩔 수 없다.

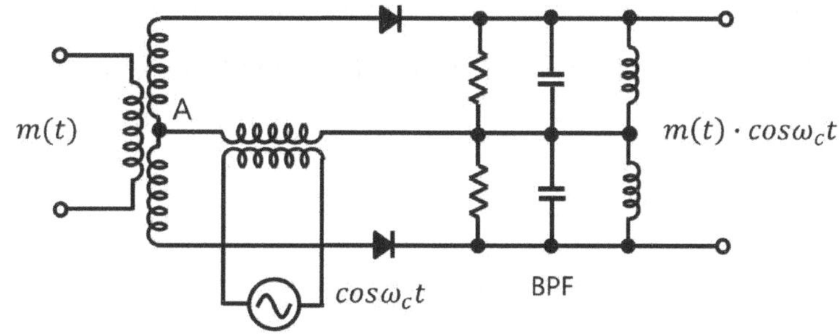

[그림 15-4] 평형변조기 구성 예

중간탭 A점은 전위의 기준점(0볼트)이 된다. 따라서 위쪽 회로로는 입력 m(t)가 위상 변화 없이 동상(同相)으로 유도되고, 아래쪽 회로로는 입력 m(t)의 위상이 완전히 180도 뒤집힌 역상(逆相)으로 유도된다. 아울러 역시 변압기결합(transformer coupling)으로 A점에 입력되는 반송파는 위쪽과 아래쪽 회로의 기준전위에 가산되는 형태로 합쳐지므로 회로는 전체적으로 (식15-5)의 과정을 수행하게 된다. 비선형소자로는 2개의 다이오드가 사용되었다. 이어서 최종적으로 출력단의 LC BPF를 거침으로서 DSB-SC변조가 완료된다. 이처럼 DSB-SC변조에 있어서 제곱변조 혹은 비선형변조라는 개념이 쓰였지만, 반드시 평형회로로 만들어 반송파를 억압해야 한다는 점을 꼭 기억하자.

15-3 스위칭변조기

앞 절에서 우리는 제곱법을 이용하는 DSB-SC변조기를 만들기 위해 꽤나 궁리를 해야 했다. 덕분에 평형변조기라는 범용의 곱셈기를 얻었다. 그런데 아날로그적 사고를 벗어난다면 아주 손쉬운 방법으로 DSB-SC변조를 해치울 수 있는데, 그것은 바로 반송파의 형태에 주목하는 것이다. [그림14-1]에서 보듯 반송파의 역할이란 신호스펙트럼이 반송파 주파수 ω_c 자리로 주파수천이 되도록 임펄스형 스펙트럼을 제공하는 것인데, 이를 위해 반드시 깔끔한 정현파를 정교하게 곱해야만 한다는 법은 없지 않을까?

이를테면 정현파를 대신할 수 있는 가장 심플한 파형으로서 반송파 주파수 ω_c와 동일한 주파수의 양극 펄스열(pulse train)을 생각할 수 있다. 일단 변조할 음성신호 m(t)가 이 펄스열에 곱해지는 모양을 [그림15-5]에서 살펴보자. 펄스열의 주파수영역을 보면, sinc 모양의 포락선 속에 ω_c 간격으로 무한히 이어지는 임펄스 형태의 스펙트럼이 보인다. 주파수영역 콘볼루션으로 수행되는 변조의 결과로 ω_c 간격의 크고 작은 수많은 음성 스펙트럼이 생성되지만 반송파 주파수에 맞춘 BPF로 DSB-SC 변조파만을 걸러내는 일에는 아무런 문제가 없다!

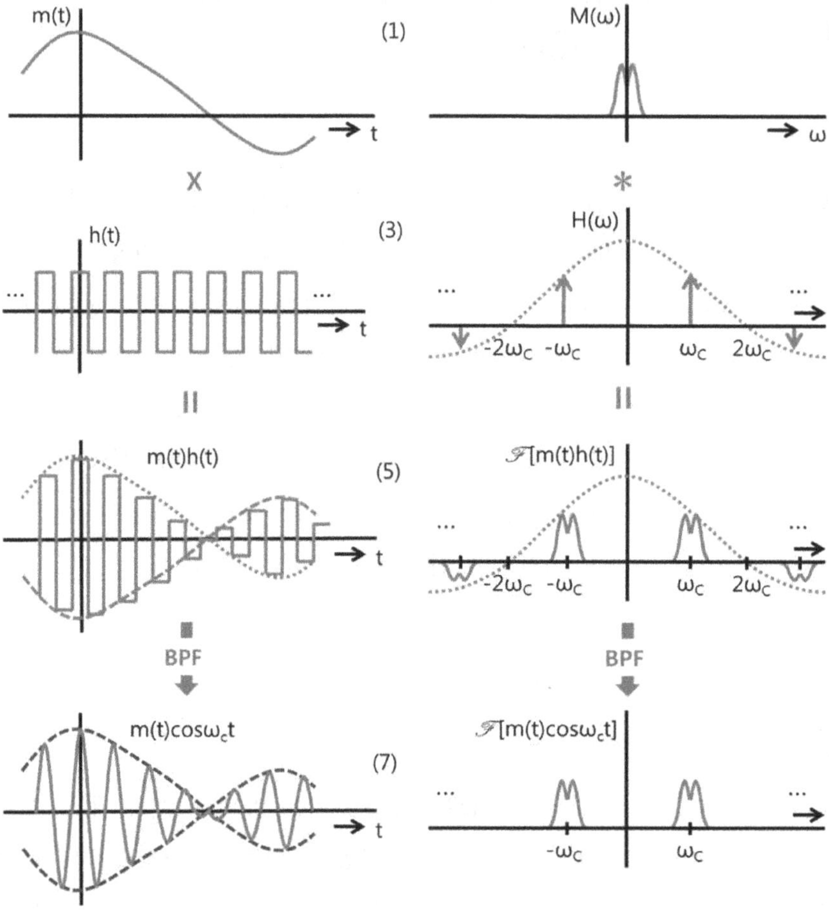

[그림 15-5] 펄스열을 사용한 DSB-SC변조 (1)

그러면 시간영역을 어떨까? 양극 펄스열과 곱해진 m(t)의 파형은 [그림14-1]에서 보았던 DSB-SC변조파형과 상당히 유사하다. 물론 샤프하게 꺾이는 부분이 있지만 반송파 주파수에 맞춘 BPF로 평활(平滑, smoothing)해내면 완전한 DSB-SC변조파형이 나온다. 정현파 대신 펄스열신호로도 얼마든지 DSB-SC변조가 가능한 것이다!

m(t)에 양극 펄스열을 곱한다는 것은 m(t)의 파형을 반주기는 그대로, 반주기는 반대

극성으로 만드는 것인데, 그러고 보니 이거 다름 아닌 스위칭(switching)이 아닌가? 실용적인 고속의 전자스위치는 다이오드나 트랜지스터로 간단히 구현이 가능하다. 반도체소자를 평형변조기와는 완전히 다른 차원에서 사용한 이 변조기를 "스위칭변조기(Switching Modulator)"라 부른다. 또한 스위칭이라는 것이 마치 m(t)를 예리한 칼로 무채 써는 것처럼 보인다는 뜻에서 "쵸퍼(Chopper)변조기"라 부르기도 한다.

[그림15-5]의 과정을 해치우는 스위치는 [그림15-6]과 같이 4개의 다이오드로 만들 수 있다. 다이오드 4개가 서로 꼬리를 물고 동그랗게 늘어선 모습이 마치 반지(ring)을 닮았다는 뜻에서 이를 "링변조기(Ring Modulator)"라 부른다. 입력과 출력은 중간탭 달린 변압기로 되어 있고, 두 중간탭에 반송파가 가해진다. 오잉? 반송파라니. 스위칭변조의 개념상으로는 펄스열을 곱하는 것이지만, 실은 펄스열보다 훨씬 만들기 쉬운 정현파로 다이오드를 스위칭 하여 이를 대신하는 것이다. 아래에서 링변조기의 교묘한 동작과정을 따라 가보자. 이해를 돕기 위해 반송파의 주기가 플러스인 경우와 마이너스인 경우를 나누어 회로를 다시 그린 것이 [그림15-7]이다.

1) 반송파주기가 플러스 (A의 전위가 B보다 높음)
- D1, D3 순방향바이어스로 ON
- D2, D4 역방향바이어스로 OFF
- 입력 m(t)파형은 원래 위상 그대로 BPF로 들어감

2) 반송파주기가 마이너스 (B의 전위가 A보다 높음)
- D1, D3 역방향바이어스로 OFF
- D2, D4 순방향바이어스로 ON
- 입력 m(t)파형은 180도 뒤집힌 위상으로 BPF로 들어감

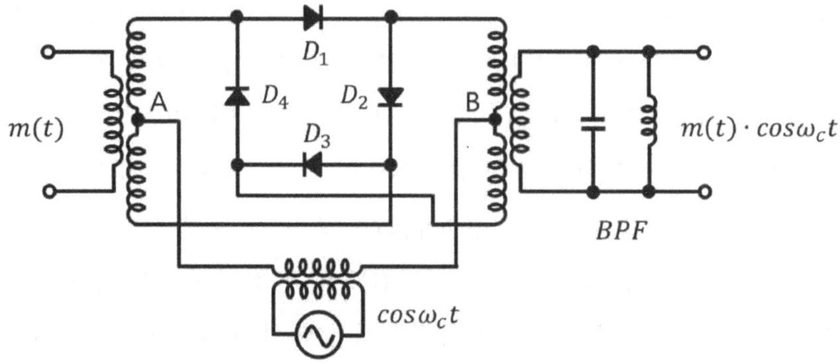

[그림 15-6] 스위칭변조기(1): 링변조기

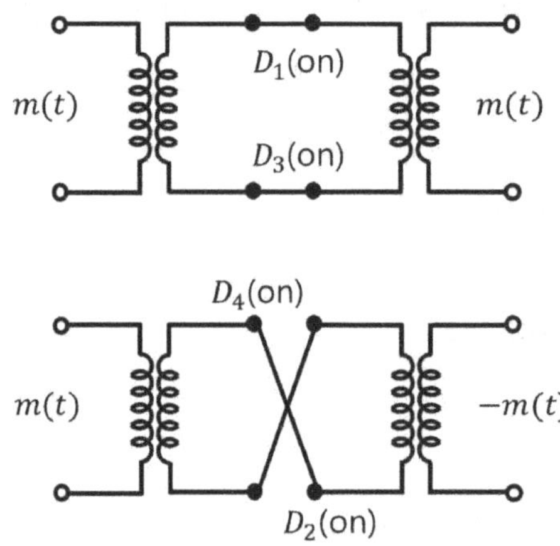

[그림 15-7] 링변조기의 반송파 반주기별 동작과정

링변조기에는 m(t)와 반송파가 입력되었지만, 출력에는 두 신호의 곱만 나올 뿐 m(t)도 반송파도 보이지 않는다. 제곱변조기에서 반송파가 살아 나오는 바람에 고생한 것을 생각해보라. 이처럼 입력 2개가 모두 사라졌다는 뜻에서 링변조기를 "double balanced modulator"라 부르기도 한다. 링변조기의 다이오드 배치는 전파정류기(full wave rectifier)에 쓰이는 다이오드브릿지(diode bridge)와 닮았지만 다이오드 방향이 다른 점에 주의하자.

한편 [그림15-5]의 스위칭은 양극을 오가는 양극NRZ형이지만, ON/OFF를 반복하는 단극NRZ형의 펄스열로도 또 다른 스위칭변조기를 만들 수 있다. [그림15-8]은 ON/OFF 스위칭으로 DSB-SC변조가 이루어지는 과정을 보여주고 있는데, 이것이 [그림15-5]와 결정적으로 다른 점은 펄스열에 포함된 직류성분으로 인한 m(t)의 기저대역 스펙트럼이다. 즉 m(t)가 평형(balance)되어 사라지지 않는다는 뜻이지만 어차피 BPF로 걸러져나가므로 뭐 문제될 것은 없어 보인다. (그러고 보니 PAM 변조와 복조에서 보았던 그림이네!) 그림에서 흥미로운 것은 그림 (5)의 스위칭 된 m(t)의 파형인데, 쵸핑(chopping)의 의미가 링변조기보다 더 분명히 보인다 (m(t)의 포락선이 그대로 유지됨). 또한 이 파형이 BPF를 통과하면서 직류성분과 고주파성분을 걷어내고 최종적으로 그림 (7)의 DSB-SC 파형으로 만들어지는 과정을 시간영역과 주파수영역에서 잘 따져보기 바란다.

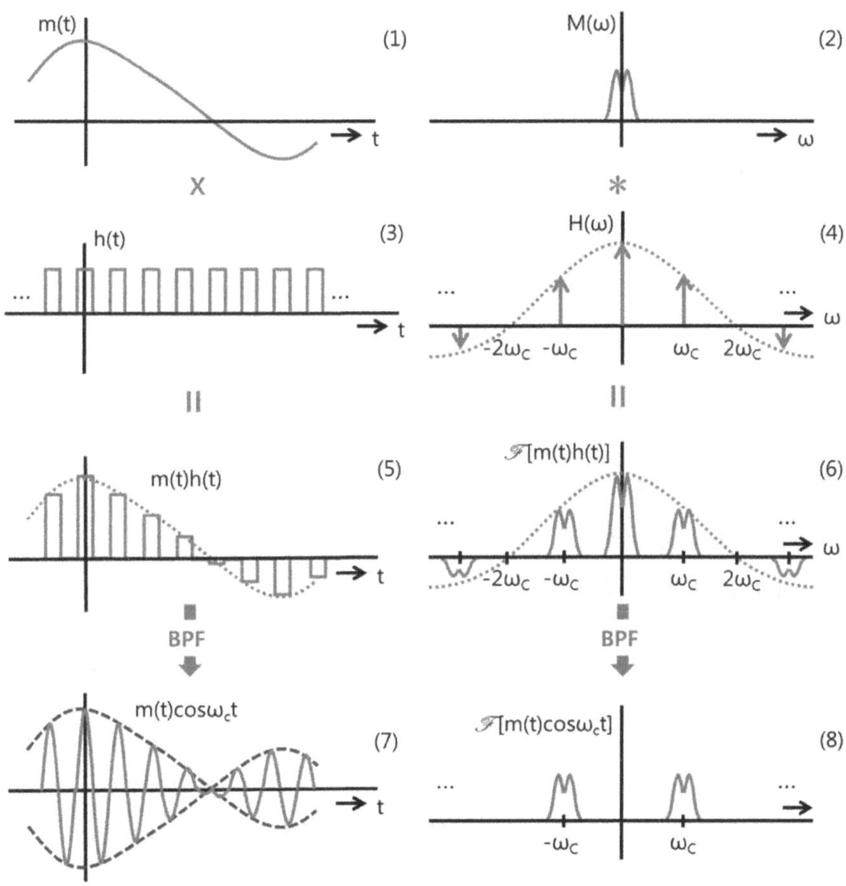

[그림 15-8] 펄스열을 사용한 DSB-SC변조 (2)

[그림15-8]의 과정을 실제로 구현하는 회로는 [그림15-9]과 같이 구성할 수 있다. m(t)를 직접 스위칭(ON/OFF) 하기 위해 다이오드 4개가 브릿지 형태로 배치되었는데, 이

모양에 연유하여 "다이오드브릿지변조기"라 부른다. 거추장스런 변압기를 사용할 필요가 없는 점이 링변조기와 잘 비교된다. 그 동작과정을 살펴보면 아래와 같다.

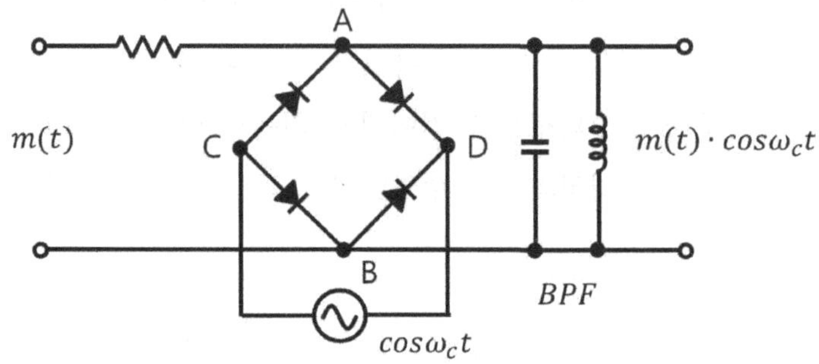

[그림15-9] 스위칭변조기(2): 다이오드브릿지변조기

1) 반송파주기가 플러스 (C의 전위가 D보다 높음)
- 모든 다이오드는 순방향바이어스로 ON 상태
- A와 B점 사이는 단락(close) 상태로서 전류가 흐를 수 있음
- 입력 m(t)는 A와 B사이로 바이패스 되므로 출력은 제로

2) 반송파주기가 마이너스 (D의 전위가 C보다 높음)
- 모든 다이오드는 역방향바이어스로 OFF 상태
- A와 B점 사이로는 전류가 흐를 수 없는 개방(open) 상태
- 입력 m(t)의 파형은 그대로 BPF를 통과하여 출력됨

15-4 주파수변환기

14-3절에서 살펴 본대로 곱셈기, 즉 DSB-SC변조기가 있으면 DSB-SC복조도 문제없다. DSB-SC변조 된 신호에 꼭 같은 주파수와 위상의 반송파를 다시 곱하면 신호 m(t)를 원래의 기저대역으로 옮길 수 있기 때문이다. 그런데 이때 곱해지는 반송파에 주파수 오차가 있을 경우 발생하는 골치 아픈 문제가 기억나는가? 여기서는 이 문제를 주파수가 다른 두 신호를 곱하는 일반적인 관점에서 다루어보도록 한다. 말하자면 DSB-SC변

조된 신호에 원래의 반송파와 전혀 다른 임의의 주파수를 곱하면 어떤 일이 벌어질까? 물론 신호의 복조는 물건너 갔지만 상당히 재미있는 일이 벌어질 듯 하다. 곱셈기의 뭔가 색다른 용도를 짐작하게 하는 이 일에 대하여 한번 따져보자.

반송파 ω_c로 DSB-SC변조 된 신호에, 반송파보다 낮은 주파수의 정현파 $\omega_{mix}=\omega_c-\omega_{IF}$를 곱해보자. 이럴 때는 역시 [그림15-10] (1)과 같이 주파수영역의 콘볼루션으로 보는 것이 스펙트럼의 이동관계를 한눈에 파악하기 편하다. 우선 DSB-SC 스펙트럼을 우측방향으로 이동시키면서 콘볼루션을 하면 $-\omega_c$에 있던 m(t)의 스펙트럼이 ω_{IF}와 $2\omega_c-\omega_{IF}$만큼 이동한 지점에서 각각 임펄스를 만나면서 복사된다. 이어서 좌측방향으로 콘볼루션을 하면 ω_c에 있던 m(t)의 스펙트럼이 $-\omega_{IF}$와 $-(2\omega_c-\omega_{IF})$만큼 이동한 지점에서 각각 임펄스를 만나면서 복사된다. 이를 좀더 알기 쉽게 표현하자면 ω_c에 있던 m(t)의 스펙트럼이 ω_c를 중심으로 좌우로 ω_{mix}만큼씩 이동하여 ω_{IF}와 $2\omega_c-\omega_{IF}$에 하나씩 복사되고, 또 $-\omega_c$에 있던 m(t)의 스펙트럼은 $-\omega_c$를 중심으로 좌우로 ω_{mix}만큼씩 이동하여 $-\omega_{IF}$와 $-2\omega_c+\omega_{IF}$에 하나씩 복사되는 것으로 보아도 무방하다.

이번에는 [그림15-10] (2)와 같이 주파수변환기에 반송파보다 높은 주파수 $\omega_{mix}=\omega_c+\omega_{IF}$를 넣어보자. 우선 우측방향으로 콘볼루션을 하면 ω_c에 있던 m(t)의 스펙트럼이 ω_{IF}만큼 이동한 지점에서 임펄스를 만나 복사되고, $-\omega_c$에 있던 m(t)의 스펙트럼이 $2\omega_c+\omega_{IF}$만큼 이동한 지점에서 임펄스를 만나면서 복사된다. 이어서 좌측방향으로 콘볼루션을 하면 $-\omega_c$에 있던 m(t)의 스펙트럼이 $-\omega_{IF}$만큼 이동한 지점에서 임펄스를 만나 복사되고, ω_c에 있던 m(t)의 스펙트럼이 $-(2\omega_c+\omega_{IF})$만큼 이동한 지점에서 임펄스를 만나면서 복사된다. 이것 역시 앞에서 살펴 본 알기 쉬운 표현을 빌리면, ω_c에 있던 m(t)의 스펙트럼이 ω_c를 중심으로 좌우로 ω_{mix}만큼씩 이동하여 $-\omega_{IF}$와 $2\omega_c+\omega_{IF}$에 하나씩 복사되고, $-\omega_c$에 있던 m(t)의 스펙트럼은 $-\omega_c$를 중심으로 좌우로 ω_{mix}만큼씩 이동하여 ω_{IF}와 $-2\omega_c-\omega_{IF}$에 하나씩 복사되는 것으로 보아도 무방하다.

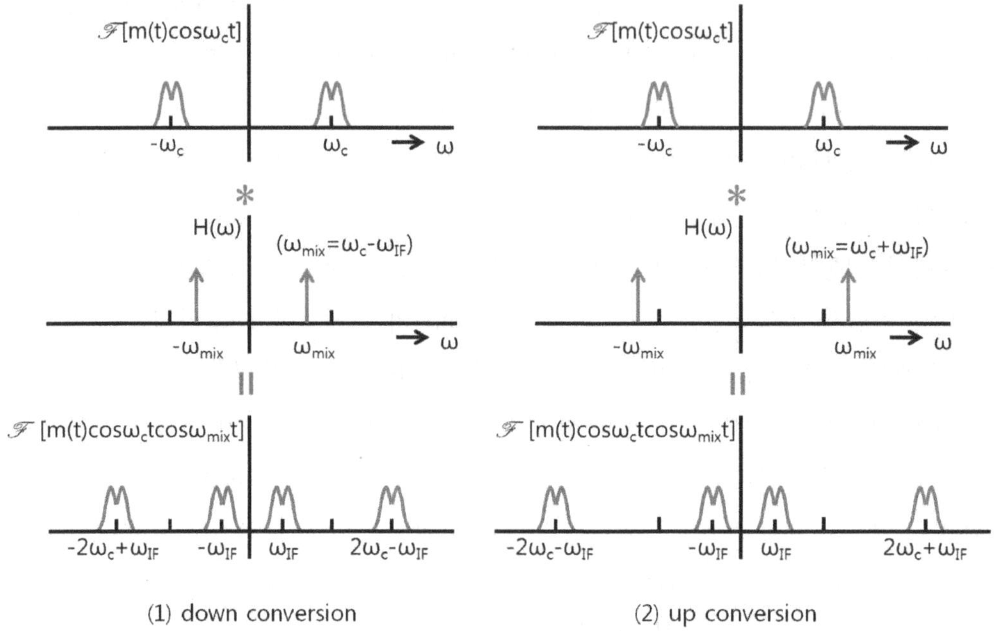

[그림 15-10] 콘볼루션으로 본 주파수변환

이 결과에 대해서는 삼각함수 공식을 이용하여 시간영역에서 풀어보아도 (식15-6) (식 15-7)과 같이 깔끔하게 일치되고 있다. 결론적으로 주파수가 다른 두 정현파의 곱은 두 주파수의 "차(差, difference)"와, 두 입력 주파수의 "합(合, sum)"에 해당하는 주파수에 정확히 스펙트럼을 천이시킨다. 여기에서 재미있는 점은 $\omega_{mix}=\omega_c+\omega_{IF}$를 곱한 경우든 $\omega_{mix}=\omega_c-\omega_{IF}$를 곱한 경우든 상관없이 ω_{IF}와 $-\omega_{IF}$에 동일하게 스펙트럼이 들어온다는 것이다. 기저대역과 반송파 사이에 위치하는 이 ω_{IF}를 "중간주파수(intermediate frequency, IF)"라 하며, 무선통신시스템에서 요긴하게 써먹는데 이에 대해서는 17강에서 자세히 다루기로 한다.

$$
\begin{aligned}
y(t) &= 2m(t)\cos\omega_c t\cos\omega_{mix}t, \qquad \omega_{mix}=\omega_c-\omega_{IF} \\
&= m(t)\left[\cos(\omega_c-\omega_{mix})t+\cos(\omega_c+\omega_{mix})t\right] \\
&= m(t)\left[\cos\omega_{IF}t+\cos(2\omega_c-\omega_{IF})t\right] \\
&= m(t)\cos\omega_{IF}t+m(t)\cos(2\omega_c-\omega_{IF})t
\end{aligned}
\tag{식15-6}
$$

$$\begin{aligned} y(t) &= 2m(t)\cos\omega_c t\cos\omega_{mix}t, \qquad \omega_{mix} = \omega_c + \omega_{IF} \\ &= m(t)\left[\cos(\omega_c - \omega_{mix})t + \cos(\omega_c + \omega_{mix})t\right] \\ &= m(t)\left[\cos(-\omega_{IF}t) + \cos(2\omega_c + \omega_{IF})t\right] \\ &= m(t)\cos\omega_{IF}t + m(t)\cos(2\omega_c + \omega_{IF})t \end{aligned} \tag{식15-7}$$

이처럼 서로 다른 두 주파수를 곱셈기에 넣어서 그 차이만큼의 주파수인 IF대역으로 "주파수변환" 시키는 것을 "헤테로다인(heterodyne)"이라 부른다. 이것은 차이를 뜻하는 hetero와 힘을 뜻하는 dyne의 합성어로서 "차이에 의해 생성되다"는 의미이다. 또한 이렇게 쓰이는 곱셈기를 "주파수변환기(frequency converter)", 또는 간단히 "믹서(mixer)"라 부른다. 우리가 살펴본 DSB-SC 복조기는 이 주파수변환기에 완벽하게 동일한 주파수를 입력하는 특별한 케이스라 할 수 있다. 통상 "주파수변환기는 임의의 주파수 ω_{IF}자리로 스펙트럼을 옮길 목적"으로 사용한다. 그러므로 ω_{mix}는 $\omega_c \pm \omega_{IF}$의 어느 쪽을 사용하든 상관없다. 구분을 위해 $\omega_{mix}=\omega_c-\omega_{IF}$의 경우를 "down conversion" 혹은 "low-side injection"으로, $\omega_{mix}=\omega_c+\omega_{IF}$의 경우를 "up conversion" 혹은 "high-side injection"으로 부른다.

아무튼 이것은 무엇을 말하는가? 우리는 이를 통하여 어떤 신호의 스펙트럼을 어느 주파수대역으로든 마음대로 옮길 수 있는 길을 찾은 것이다! 이것은 어떤 신호를 전자회로로 처리할 때, 그 회로의 주파수응답특성에 가장 알맞은 주파수 대역에서 신호를 요리할 수 있게끔 해준다는 너무나 솔깃한 이야기가 아닌가? 헤테로다인 기법은 입력과 출력의 주파수를 달리하는 무선중계시스템, 또는 17강에서 다룰 슈퍼헤테로다인 등 여러 가지 형태로 무선통신에서 요긴하게 쓰이고 있다.

원래 진폭변조기/복조기를 만들기 위해 고안된 믹서이지만, 두 주파수의 합과 차를 출력하는 믹서의 특성을 잘 이용하면 다양한 사운드효과음을 만들어 내는 좀 엉뚱한 응용도 가능하다. 이를테면 전기기타, 키보드 등 전자악기의 음색을 바꾼다든지, 배음(倍音)이나 화음(和音)을 만들어 넣는 주파수믹싱(frequency mixing)용으로 링변조기가 널리 쓰이고 있다. 현대 전자음향분야에 초기 통신회로 기술이 이렇게 응용되는 것은 정말 재미있지 않은가?

15-5 상호변조

한편으로 헤테로다인은 때로는 우리가 전혀 의도하지 않았는데도 제멋대로 스펙트럼을 옮겨놓아 통신시스템을 교란하는 골치 아픈 존재가 되기도 하다. 이것은 우리가 사용하는 모든 전자회로가 숙명적으로 안고 있는 비선형성에 기인하는 것으로, “상호변조(intermodulation)”, 또는 “혼변조”라 부르며 무선통신시스템 실무에서 매우 조심해야 하는 부분이다. 특히 여러 개의 신호를 하나의 광대역 증폭기로 증폭할 경우 상호변조는 상당히 골치 아픈 문제들을 발생시키는데 그 메카니즘을 [그림15-11]에서 살펴보자.

해석의 편의상 증폭기에 각각의 중심주파수가 ω_1, ω_2인 2개의 신호가 동시에 들어온다고 가정하자. 증폭기가 (식15-3)과 같이 1차, 2차, 3차함수로 근사되는 비선형특성을 가질 때, 신호의 중심주파수에 대한 비선형증폭의 영향은 식(15-8)과 같이 어지러운 수식으로 유도된다. 즉 증폭의 비선형성은 (식15-4)에서 본 바와 같이 각 주파수에 대해 서로서로 제곱변조기(믹서)로 작용함으로서 각 신호를 제곱, 세제곱 할뿐만 아니라 주파수의 합과 차의 무수한 조합으로 이루어진 새끼스펙트럼들을 출력으로 쏟아낸다. 이상적인 선형증폭이라면 입력신호의 진폭만 키운 딱 2개의 출력스펙트럼만이 보여야하겠지만, 증폭기 비선형성의 결과는 [그림15-11]처럼 해괴한 모양이 되고 만다. 뭐 증폭기의 유효대역폭을 벗어나는 놈들을 필터링해버리면 그만 아니겠는가 생각하겠지만 문제가 그리 간단하지만은 않다.

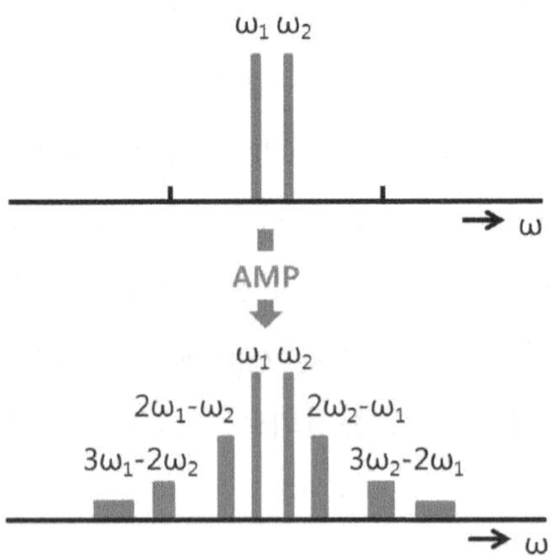

[그림 15-11] 상호변조의 예

$$
\begin{aligned}
&input \quad x(t) = A\cos\omega_1 t + B\cos\omega_2 t \\
&output \quad y(t) = a_0 + a_1 x(t) + a_2 x^2(t) + a_3 x^3(t) + \ldots \\
&y(t) = (\cos\omega_1 t + \cos\omega_2 t) \\
&\qquad + (\cos^2\omega_1 t + \cos^2\omega_2 t + \cos\omega_1 t\cos\omega_2 t) \\
&\qquad + (\cos^3\omega_1 t + \cos\omega_1 t\cos^2\omega_2 t + \cos^2\omega_1 t\cos\omega_2 t \\
&\qquad + \cos\omega_2 t\cos^2\omega_1 t + \cos^3\omega_2 t + \cos\omega_1 t\cos^2\omega_2 t) + \ldots \\
&output \quad frequency \quad components \\
&\ 1st\ order \Rightarrow \omega_1, \omega_2 \\
&\ 2nd\ order \Rightarrow 2\omega_1, 2\omega_2, \omega_1+\omega_2, \omega_1-\omega_2 \\
&\ 3rd\ orser \Rightarrow 3\omega_1, 2\omega_2+\omega_1, 2\omega_2-\omega_1, 2\omega_1+\omega_2, 2\omega_1-\omega_2, 3\omega_2
\end{aligned}
\qquad \text{(식15-8)}
$$

상호변조로 인해 추가로 생기는 스펙트럼들은 시간영역에서 고스란히 파형왜곡으로 나타나는데, 이런 왜곡을 "상호변조왜곡(intermodulation distortion)", 줄여서 IMD라 부른다. 물론 상호변조 항들은 차수가 클수록 그 크기가 급감하긴 하지만, 메인 채널 근처에 올망졸망 나타나는 성분들은 어떻게 해 볼 도리가 없는 골칫덩이가 된다. 어떤 신호가 제곱되거나 세제곱되면 그 대역폭이 2배, 3배로 늘어남을 기억한다면 문제의 심각성은 훨씬 더 커질 것임을 짐작할 수 있으리라.. 게다가 두 주파수 사이가 가까워질수록 새끼스펙트럼들이 겹치면서 뭐가 뭔지 모를 상태가 될 것이다. 특별히 (식15-8)에서 "$2\omega_1-\omega_2$", "$2\omega_2-\omega_1$" 성분은 신호 스펙트럼 사이사이를 파고들어 필터로도 제거하기 어려운 거북한 상대가 되는데, 이 성분들은 비선형특성의 3차항에 의해 생기는 관계로 "3-rd order IMD"로 불린다.

대개의 무선통신시스템에서는 선형증폭의 한계성으로 인해 이러한 상호변조왜곡이 필연적으로 발생하며, 할당된 주파수대역 주위를 쫙 둘러싸는 형태("skirt" 혹은 "shoulder"로 부름)로 존재한다. 그리고 이러한 IMD 성분들은 해당 채널은 물론, 인접채널에도 심각한 간섭을 초래하므로 엄격한 무선규격 제한대상이 된다. 참고로 2세대 CDMA 휴대전화시스템 단말기의 송신스펙트럼 예를 [그림15-12]에 보인다. 선형증폭을 위해 그토록 애를 썼음에도 불구하고, 메인 스펙트럼 주위를 둘러싼 엄청난 IMD성분들의 집합이 잘 나타나고 있다.

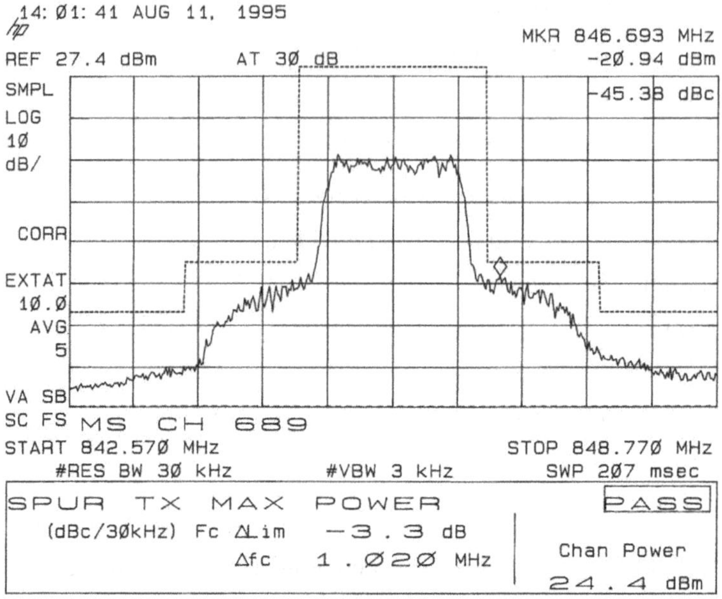

[그림 15-12] 2세대 CDMA 휴대전화시스템 단말기의 스펙트럼 예

반송파복원과 AM방송

제 16 강

복조를 위한 반송파복원 문제와 간편한 포락선검파

16-1 개요

DSB-SC변복조의 개념은 산뜻하고 이해하기 쉽다. 하지만 그 실현에는 믹서라는 정교한 부품이 필요한 만만치 않은 작업이기도 하다. 그런데 DSB-SC복조에는 또 하나의 고비가 있으니 바로 “반송파복원(carrier recovery, carrier acquisition)”이다. 변조에 쓰였던 반송파와 꼭 같은 주파수와 위상을 가진 정현파를 수신측에서 만들어내야 하다니, 이게 보통일인가! 반송파복원의 재료는 오로지 수신된 신호뿐. 게다가 그것은 엄청나게 감쇠되고 왜곡된 데다 종잡을 수 없는 잡음 속에 파묻혀 있다. 이제 이 수신파를 주물러 반송파를 잡아내는 교묘한 기술들을 살펴보자. 그리고 한편으로 반송파복원이 필요 없는 간편한 복조방법은 과연 가능한지, 어떤 조건이 필요한지에 대해서도 알아보자.

16-2 반송파복원과 PLL

반송파복원이라는 것이 사실은 그리 황당하기만 한 것은 아니다. [그림16-1]에서 보듯이 DSB-SC변조된 신호의 파형은 그 포락선 내부에 반송파를 그대로 포함하고 있다. 잘하면 이로부터 진폭이 일정하고 깨끗한 정현파가 튀어나올 것 같지 않은가? 다만 문제는, (1)포락선이 커졌다 작아졌다 하는데다 마디를 이루며 군데군데 사라지기도 하고, (2)원래 신호 m(t)의 극성이 바뀌는 곳, 즉 제로크로싱점에서 반송파의 위상이 역전되어 버린다는 점이다.

(1)의 문제는 전자회로적인 기법으로 어떻게 될 듯 하고, (2)의 문제는 수신파를 통째로 제곱함으로서 해결할 수 있을 듯하다. 수신파를 제곱하면 [그림16-1]과 같이 파형의 마이너스부분이 모두 플러스로 접혀 올라가면서 위상의 연속성이 보장되기 때문이다. (어쩐지 11-3장 심볼타이밍복원이 연상되지 않는가?) 물론 그 바람에 반송파주파수가 2

배로 뛰지만 최종단계에서 2:1로 분주(分周)하면 간단히 해결될 것이다.

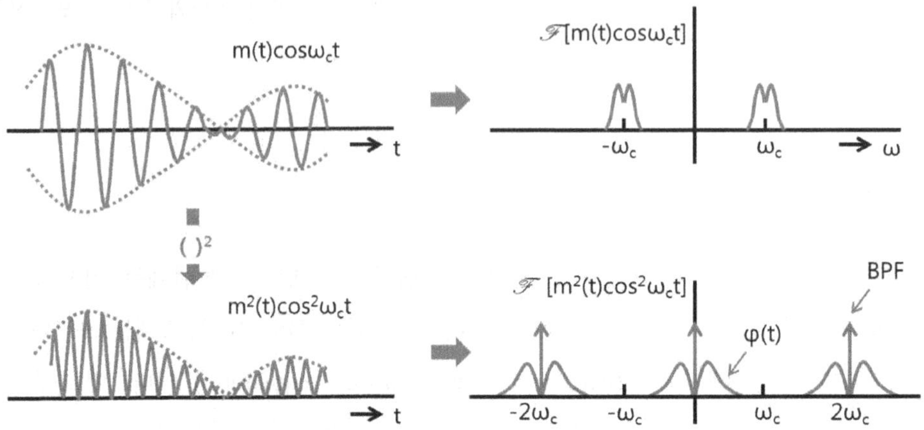

[그림 16-1] 제곱된 DSB-SC 변조파

우선 (식16-1)과 같이 시간영역에서 제곱된 DSB-SC 수신파의 수식을 살펴보자. 식에서 제곱된 신호성분인 $m^2(t)$는 마이너스성분이 없어지므로 평균값 k로 표시되는 직류항(평균)과 나머지 교류항 $\phi(t)$로 표현이 가능하다. 또한 제곱된 반송파성분인 $\cos^2\omega_c t$는 코사인배각공식으로 풀어지므로, (식16-1)는 크게 기저대역성분과 주파수 $2\omega_c$의 대역으로 전개된다. 여기서 우리가 필요한 것은 $\cos 2\omega_c t$이므로 이놈만 중심주파수 $2\omega_c$의 BPF로 쏙 뽑아내면 참 좋겠지만, 성가신 문제가 하나 있다. 동일한 $2\omega_c$ 대역에 $\phi(t)$가 $\cos 2\omega_c t$로 DSB-SC변조된 모양으로 $k\cos 2\omega_c t$와 딱 겹치는 것이다. 이 상황은 [그림16-1]의 주파수영역 그림으로 확인할 수 있다. 제곱된 m(t)의 스펙트럼이 2배의 대역폭으로 퍼지는 것과 음성스펙트럼 한복판에 솟은 직류 및 단일정현파 성분이 보일 것이다. 그런데 이 상태에서 과연 BPF로 $\cos 2\omega_c t$가 순순히 추출될까?

$$\begin{aligned}\phi^2_{DSB}(t) &= m^2(t)\cos^2\omega_c t \\ &= \left(k+\varphi(t)\right)\left[\frac{1}{2}\left(1+\cos 2\omega_c t\right)\right] \\ &= \underbrace{k+\varphi(t)}_{baseband} + \underbrace{k\cos 2\omega_c t + \varphi(t)\cos 2\omega_c t}_{2\omega_c\ band}\end{aligned} \tag{식16-1}$$

여기서 문제는 $\phi(t)$의 스펙트럼 모양인데, 다행히 음성신호의 경우라면 $\phi(t)$는 순수교류성분으로서 직류부근에는 스펙트럼이 거의 없다. 즉 샤프한 협대역 BPF라면 약간의 $\phi(t)$ 스펙트럼이 섞이기는 하지만, 그런대로 $\cos 2\omega_c t$를 뽑아낼 수 있다는 이야기다. 그런데 이렇게 찾아 낸 불완전한 반송파로 DSB-SC의 복조를 보장할 수 있을까? (식14-8)에서 보이듯 반송파의 극히 미세한 주파수, 위상에러로도 복조를 망칠 수 있다. 게다가 (식16-1)의 논의는 통신로의 감쇠와 왜곡, 그리고 잡음 등을 전혀 고려하지 않았으며, 더욱이 (식15-3)에서 보았든 칼같이 제곱만을 해주는 비선형소자란 존재하지도 않는다. 핵심을 말하자면 뭔가 확실한 보완책이 필요하다는 결론이다.

아무리 애를 써도 복원한 반송파로는 복조성능을 보장할 수 없다면 이야기는 다시 원점으로 돌아가야 할 것이다. 즉 깨끗한 반송파를 "국부발진(局部發振, local oscillation)" 해서 쓰자는 것인데, 이거 역시 만만치 않다. 기본적으로 발진기의 오차가 존재할뿐더러, 수신파의 위상과 주파수는 통신로의 상황에 따라 끊임없이 변동한다. 따라서 국부발진기를 제대로 가동하려면 끊임없이 변동하는 수신파의 위상 및 주파수 정보를 알려줄 수단이 필요한데 요 정도의 역할은 위에서 복원한 시원찮은 반송파가 해 줄 수 있지 않을까? 이리하여 국부발진과 복원 반송파를 결합한 "위상고정루프(Phase Locked Loop, PLL)"라는 기발한 방식이 만들어진다.

PLL이란 발진주파수를 전기적으로(voltage) 제어되게끔(controlled) 만들고, 복원해낸 불완전한 반송파를 참조(reference)하여 위상과 주파수변동을 추적(tracking)하면서, 발진주파수가 일정범위를 이탈하지 않도록 붙잡아(lock) 두는 회로이다. 어떤가? 이것은 마치 전투기의 편대비행이나, 고속도로에서 앞차 따라가기를 연상하게 하지 않는가? 여기서 잠깐 정현파의 위상과 주파수의 관계를 생각해보자. 어떤 정현파의 위상변화가 빠르다는 이야기는 주파수가 높다는 뜻 아닌가? 즉 위상변화율(위상의 미분)이란 바로 주파수를 의미하는 것이다. 따라서 발진한 반송파와 복원한 반송파의 위상차 변화추이를 실시간으로 알아낸다면, 이를 발진주파수의 제어용으로 쓸 수 있을 것이다! 복원반송파의 위상변화를 추적하여 국부발진기의 주파수와 위상을 딱 맞추는(lock) 과정을 끊임없이 되풀이(loop)하는 회로, 이름하여 "위상고정루프(Phase Locked Loop, PLL)"는 이렇게 탄생하였다. [그림16-2]에 보인 PLL 구성도를 참조하여 그 동작과정을 하나씩 구체적으로 살펴보자.

1) 전압제어발진기(Voltage Controlled Oscillator, VCO)

- 기본적으로 반송파 주파수 ω_c에 맞추어 국부발진 수행
- 전압 $v_o(t)$로 가해지는 신호에 따라 발진주파수가 연속적으로 가변됨
- 복조기용 반송파 $x_o(t)$로 출력됨과 동시에 위상검출기로 입력

2) 위상검출기(Phase Detector, PD)

- 복원한 반송파 $x_i(t)$를 참조하여 VCO에서 만들어진 반송파 $x_o(t)$와의 위상을 비교
- 비교의 수학적 의미는 곱셈이므로 PD는 바로 곱셈기(믹서)임
- 위상의 불일치를 계산하기 위해 PD로의 두 입력은 90도 위상차로 설정

3) 루프필터(Loop Filter) & 증폭기

- PD에서 찾아낸 위상차 함수를 필터링(LPF)하여 직류값만 남김
- 위상차 전압을 적절히 증폭하여 VCO 발진주파수 조정의 민감도 제어

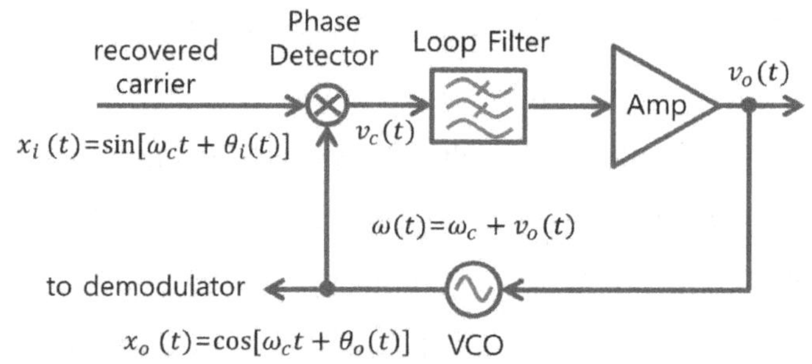

[그림 16-2] 위상고정루프(PLL)의 구성

위상검출기(PD)에서 일어나는 일을 수학의 힘을 빌려 자세히 알아보자. (식16-2)에서 보인대로 수신신호의 위상변동은 $\Theta_i(t)$로, VCO의 위상변동은 $\Theta_o(t)$로 각각 나타낸다. 이제 삼각함수 합의 공식을 이용하면, 곱셈기의 출력 $v_c(t)$는 (식16-3)으로 유도된다.

$$x_i(t)=\sin[\omega_c t+\theta_i(t)],\quad x_o(t)=\cos[\omega_c t+\theta_o(t)] \qquad \text{(식16-2)}$$

$$v_c(t) = sin[\omega_c t + \theta_i(t)] \cdot cos[\omega_c t + \theta_o(t)]$$
$$= \frac{1}{2} sin[2\omega_c t + \theta_i(t) + \theta_o(t)] + \frac{1}{2} sin[\theta_i(t) - \theta_o(t)] \quad \text{(식16-3)}$$

PLL 동작과정을 살펴보자. 통신로의 환경변화에 따라 $\Theta_i(t)$에 시간변화(미분)가 생기면 바로 수신주파수의 변동으로 이어지는데, 이 때 PLL의 임무는 $\Theta_o(t)$가 $\Theta_i(t)$와 일치되도록 끊임없이 VCO 발진주파수를 조정하는 것이다. 루프필터로 $sin2\omega_c t$ 항을 제거하고 남은 기저대역(직류) 항에서, $[\Theta_i(t)-\Theta_o(t)]$ 값이 충분히 작다면 (식16-4)과 같이 근사적으로 위상오차 $\Theta_e(t)$를 얻을 수 있다. PD로의 두 입력을 동(同)위상으로 하지 않고 일부러 90도 위상차가 나도록 한 이유를 알겠는가?

$$sin[\theta_i(t) - \theta_o(t)] \cong \theta_i(t) - \theta_o(t) = \theta_e(t), \qquad v_o(t) = k\theta_e(t) \quad \text{(식16-4)}$$

루프필터의 출력을 적절하게 증폭한 제어전압 $v_o(t)$에 따라 VCO를 조절하여 $\Theta_o(t)$가 최초로 $\Theta_i(t)$를 따라잡고 두 주파수사이의 동기가 잡히는 순간을 "capture(pull-in)"했다고 하며, 이렇게 capture가 가능한 주파수범위를 "capture range"라 한다. 그리고 이렇게 한 번 capture되어 잡힌 동기를 잃지 않고 주파수변동을 물고 늘어지는 것을 "lock(hold-in)"되었다고 하며, 이렇게 lock이 되는 주파수범위를 "lock range"라고 한다. 고속도로에서 앞차를 따라잡고(capture) 동일속도를 유지하며(lock) 주행하는 광경을 상상해보자. 이 때 자동차 가속페달에 해당하는 것이 $v_o(t)$이다.

조속한 capture를 위해 VCO가 너무 촐싹대면, 즉 $v_o(t)$값이 너무 크면, 주파수 변경폭이 너무 커 lock이 자꾸 빗나가니 PLL이 불안해진다. 그렇다고 VCO가 너무 느긋하면, 즉 $v_o(t)$값이 너무 작으면, lock의 안정감은 있지만 주파수변경이 너무 느려 capture가 어려워진다. 역시 PLL이 사용되는 환경과 목적에 맞추어 최적의 $v_o(t)$를 만들어내는 루프필터의 역할이 중요한 이유이다.

이처럼 절묘한 자동제어로 일정 주파수를 안정적으로 공급해주는 PLL회로는 간단한 원칩으로 제품화되어 대부분의 통신기기들에 폭넓게 이용되고 있다. 또한 기준주파수로부터 다양한 배수(倍數)의 주파수를 만들어내는 주파수합성기(frequency synthesizer)나 디지털로직회로의 안정된 클럭 분배용으로도 쉽게 응용되는 쓸모 많은 기술이기도 하다.

어떻든 아무리 보아도 제곱법으로 반송파를 복원하는 방법은 역시 번거롭다. 게다가 어렵사리 복원한 반송파가 어차피 PLL의 참조신호용으로 사용될 뿐이라면, 좀 불완전하기는 하지만 애초부터 수신신호를 그대로 PLL의 참조신호로 써버리면 안될까? 이런 생각에서 [그림16-3]과 같이 2개의 PLL을 결합하여 교묘하게 DSB-SC 복조를 해치우는 회로가 만들어졌으니, 이름하여 "코스타스루프(Costas Loop)"이다.

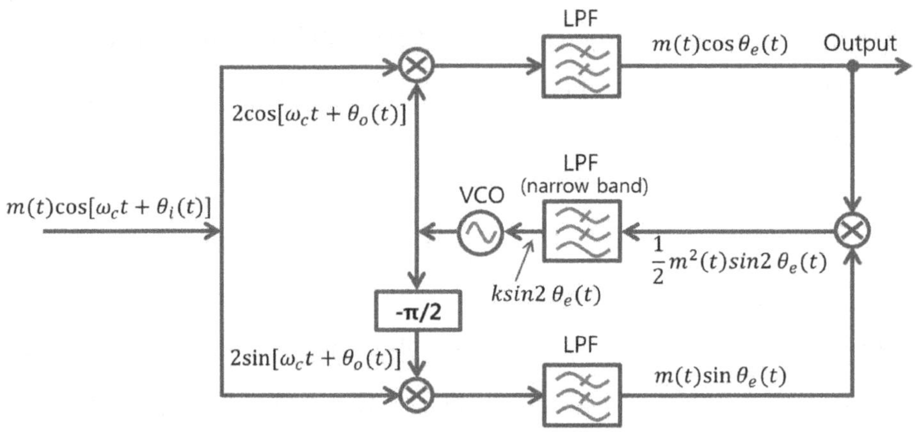

[그림 16-3] 코스타스루프를 이용한 DSB-SC 복조기

이 방식은 VCO에서 나온 반송파로 일단 복조부터 해놓고 시작한다. [그림16-3]의 위쪽 곱셈기를 보면 두 입력이 각각의 위상변동을 가지기는 하지만, (식16-5)과 같이 LPF 후 m(t)cosΘ_e(t)라는 상당히 근접한 복조결과가 얻어짐을 알 수 있다. 이제 완전한 복조를 위해서는 m(t)에 붙어있는 위상오차의 영향 cosΘ_e(t)를 없애야겠는데, 그러기 위해서는 VCO를 제어할 Θ_e(t)만을 분리해내야 한다. 앞에서 본 (식16-4)의 근사식을 써먹으면 단칼에 해결되는데, 그러자니 cosΘ_e(t)가 아닌 sinΘ_e(t)가 필요한데... 감이 잡히는가? [그림16-3]의 아래쪽 곱셈기에 들어가는 사인파는 이를 얻기 위한 것이다. (식16-6)에서 삼각함수의 활약을 보자. 사인파는 VCO에서 나온 반송파를 이상기(移相器, phase shifter)로 90도 위상지연 시켜 만든다.

$$m(t)\cos[\omega_c t+\theta_i(t)]\cdot 2\cos[\omega_c t+\theta_o(t)]$$
$$=m(t)\cos[2\omega_c t+\theta_i(t)+\theta_o(t)]+m(t)\cos[\theta_i(t)-\theta_o(t)]$$
$$\xrightarrow{LPF} m(t)\cos\theta_e(t) \qquad \text{(식16-5)}$$

$$m(t)\cos[\omega_c t+\theta_i(t)]\cdot 2\sin[\omega_c t+\theta_o(t)]$$
$$=m(t)\sin[2\omega_c t+\theta_i(t)+\theta_o(t)]+m(t)\sin[\theta_i(t)-\theta_o(t)]$$
$$\xrightarrow{LPF} m(t)\sin\theta_e(t) \qquad \text{(식16-6)}$$

위와 아래의 LPF출력은 다시 곱셈기에 입력되어 (식16-7)과 같이 $m^2(t)\sin 2\Theta_e(t)$가 만들어지는데, 그러고 보니 실제로 제곱을 한 적은 없지만 결국 제곱법 비스무리하게 되고 말았다. (식16-1)의 제곱법에서 보았듯 $m^2(t)$의 스펙트럼은 직류항 k와 이를 에워싸는 교류항 $\phi(t)$로 나뉜다. 초협대역 루프필터는 이로부터 $2\Theta_e(t)$를 쏙 빼내고(물론 그리 깔끔하진 않지만 그런대로..), VCO 발진주파수를 조정한다. 그리하여 위상오차 $\Theta_e(t)$가 제로로 수렴되면서 복조출력 $m(t)\cos\Theta_e(t)$는 깨끗한 m(t)로 만들어져 가게 된다.

$$m(t)\cos\theta_e(t)\cdot m(t)\sin\theta_e(t)=\frac{1}{2}m^2(t)\sin 2\theta_e(t)$$
$$=\frac{1}{2}\left(k+\phi(t)\right)\sin 2\theta_e(t)\xrightarrow{LPF}\sin 2\theta_e(t)\cong k\theta_e(t) \qquad \text{(식16-7)}$$

코스타스루프는 비록 50년대에 발명된 기술이지만 지금도 OFDM이나 GPS수신기 등 디지털 이동통신에 널리 쓰이고 있다. 특히 디지털통신에서는 코스타스루프에 의한 반송파복원이 필수적인데 그 이야기는 제6부에서 다루기로 한다. 코스타스루프는 그 교묘한 구성으로 인해 다음과 같은 장점을 가지고 있다.

1) 반송파 복원을 위한 제곱회로와 분주회로가 따로 필요 없다.
2) 코스타스루프 내에서 복조된 신호 출력을 직접 얻는다.
3) [그림16-2]의 PLL에서 루프필터의 출력이 $\Theta_e(t)$임에 비해 코스타스루프의 루프필터 출력은 $2\Theta_e(t)$이다. 즉 코스타스루프가 2배로 민감하게 위상오차를 찾아내며, 이는 그만큼 수신파의 주파수변동을 잘 추적(tracking)함을 뜻한다.

16-3 포락선검파와 AM방송

진폭변조는 무선통신의 발전과 그 역사를 함께 하였다. 무선통신 초창기에 불완전하면서도 값비싼 전자소자로 변복조를 해내야했던 그 고충들이 짐작이 가지 않는가? 특히 DSB-SC 동기복조는 그 성능보장을 위해 상당한 규모의 수신기구성이 불가피 했을 것이다. 그런데 "1대1(point-to-point)통신"이라면 어쩔 수 없겠지만, 한 대의 전용송신기와 수많은 전용수신기로 이루어지는 "방송(broadcasting)"이 목적이라면 이야기는 달라진다. 비록 송신기는 좀 크고 복잡하고 전력효율이 나쁠지라도, 수신기만큼은 어떻게든 심플하고 저렴해야 방송이 널리 보급될 것 아닌가?

심플한 진폭변조 수신기의 관건은 복잡한 반송파복원과 곱셈기를 없애버리는 것이다! 아니 그러면 무슨 수로 복조를 한다는 말인가? 기가 막힌 수가 있다. [그림14-1]의 DSB-SC 변조파를 다시 보자. 스피커를 울려줄 신호 m(t)는 점선으로 표시된 변조파의 포락선을 이루고 있다. 우리의 목표는 바로 이 포락선을 찾아내는 것인데, 이 회로, 사실은 무지 간단하게 만들 수 있다! 변조파의 플러스 피크전압을 캐패시터에 충전하고 다음 주기의 피크 때까지 이를 유지하기만 하면 감쪽같이 포락선만 뽑아낼 수 있는 것이다. 이름 하여 "포락선검파(Envelope Detection)"라 불리는 간편한 복조법의 탄생이다. 그런대로 괜찮은 성능에, 값싼 수신기! 이렇게 포락선검파의 발명은 20세기 초반 대규모 AM방송시스템 보급의 초석이 되었다.

그런데 이런 기찬 수단을 놔두고 그 까다로운 동기검파를 왜 한다는 말인가? 그 이유는 포락선검파를 위해서는 변조단계에서 꼭 갖추어야 할 전제조건이 있기 때문이다. [그림16-4]을 보자. (1)의 DSB-SC 변조파에 포락선검파를 그대로 적용하면 플러스의 포락선만 따라가므로 m(t)가 원래 마이너스였던 부분이 플러스로 접혀 올라가는 바람에 복조파형이 변형되고 만다. 왜냐하면 포락선검파기는 반송파의 위상반전 여부에 상관없이 무조건 양의 포락선만 따라가기 때문이다. 따라서 이를 방지하기 위해서는 2)와 같이 변조하기 전 신호 m(t)에 충분한 직류전압 C를 가하여 신호파형을 모조리 플러스의 영역으로 붕 띄움으로서 마이너스 부분을 다 없애버려야 한다.

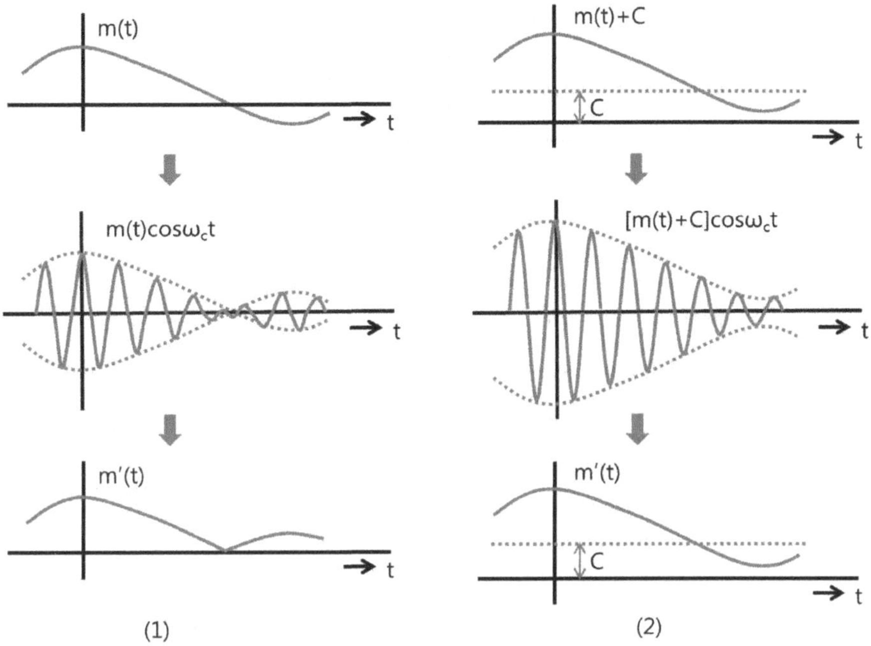

[그림 16-4] 포락선검파의 조건

뭐 그 정도야 문제없지.. 싶겠지만 이게 주파수영역에서 보면 상당한 의미를 가진다. 우선 이 상황을 (식16-8)로 표시해보자. 그러고 보니 m(t)에 직류전압 C를 더한다는 것은 DSB-SC변조파에 크기가 C인 반송파가 함께 송출된다는 것 아닌가? 그 스펙트럼을 그려보면 [그림16-5]과 같이 DSB 스펙트럼 한복판에 큼직한 반송파가 올라타고 있는 형국이다. 이처럼 반송파가 함께 송신되는 DSB 변조방식을 "DSB-LC(Large Carrier)" 또는 "DSB-TC(Transmitted Carrier)"라 부르며, 반송파를 철저히 배제하는 DSB-SC와 구분한다. 통상 AM이라면 당연히 진폭변조를 포괄하는 명칭이지만 특별히 DSB-LC를 그냥 AM이라고 부르기도 하는데, 이는 아마도 대중적인 AM방송이 DSB-LC를 채택하고 있기 때문일 것이다.

$$
\begin{aligned}
\phi_{AM}(t) &= [C + m(t)]\cos\omega_c t \\
&= C\cos\omega_c t + m(t)\cos\omega_c t \\
&= C\cos\omega_c t + \phi_{DSB\text{-}SC}(t)
\end{aligned}
\qquad \text{(식16-8)}
$$

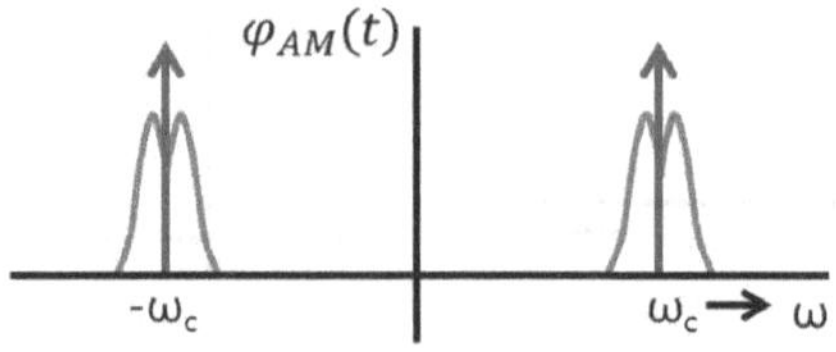

[그림 16-5] DSB-LC의 스펙트럼

통신의 현실적인 문제로 돌아오면, 이 반송파를 송신하는데 소요되는 전력이 걱정된다. 왜냐하면 반송파의 송신, 즉 직류 C의 송신은 한눈에 보기에도 엄청난 전력을 까먹게 생겼지만, 정보의 전달과는 하등의 관계도 없는 전력낭비이기 때문이다. 정보의 전달에 쓰인 "측파대(sideband) 전력"과 반송파의 전달에 쓰인 무용한 "반송파(Carrier) 전력"의 비율, 즉 전력효율을 계산해보면, 실용상 문제가 없는 수준으로 최대한 절약한다고 해도 DSB-SC의 25%정도에 불과하다! 배터리를 전원으로 하는 대부분의 휴대형 통신기기에 있어서 이런 전력낭비는 치명적이 될 것이며, 이는 DSB-SC와 동기검파를 버리지 못하는 현실적인 이유가 될 것이다.

포락선검파의 효율을 보는 척도로서 "변조지수(modulation index, modulation depth)" μ를 정의한다. 변조지수란 (식16-9)와 같이 첨가되는 반송파의 최대진폭 C와 신호의 최대진폭 m_p와의 비로 나타내는데, 이 값이 "1(100%)" 이하가 되어야만 완전한 포락선검파가 보장된다. 최대진폭이 m_p인 정현파를 진폭변조 할 때, 변조지수와 DSB-LC변조파의 관계를 [그림16-6]에 보인다. 안전한 포락선검파를 위해서는 C값이 클수록, 즉 μ값이 1보다 작을수록 좋겠지만 그럴수록 전력효율은 급감할 것이다. 따라서 μ값을 1 근처에서 아슬아슬하게 유지해야 하는데 이게 그리 호락호락한 일이 아니다.

$$\phi_{AM}(t) = [C + m(t)]\cos\omega_c t = C\left[1 + \frac{m(t)}{C}\right]\cos\omega_c t = C[1 + \mu m(t)]\cos\omega_c t$$

$$\textit{modulation index}\ \ \mu = \frac{m_p}{C} = \frac{\textit{peak value of signal } m(t)}{\textit{max amplitude of Carrier}} \qquad \text{(식16-9)}$$

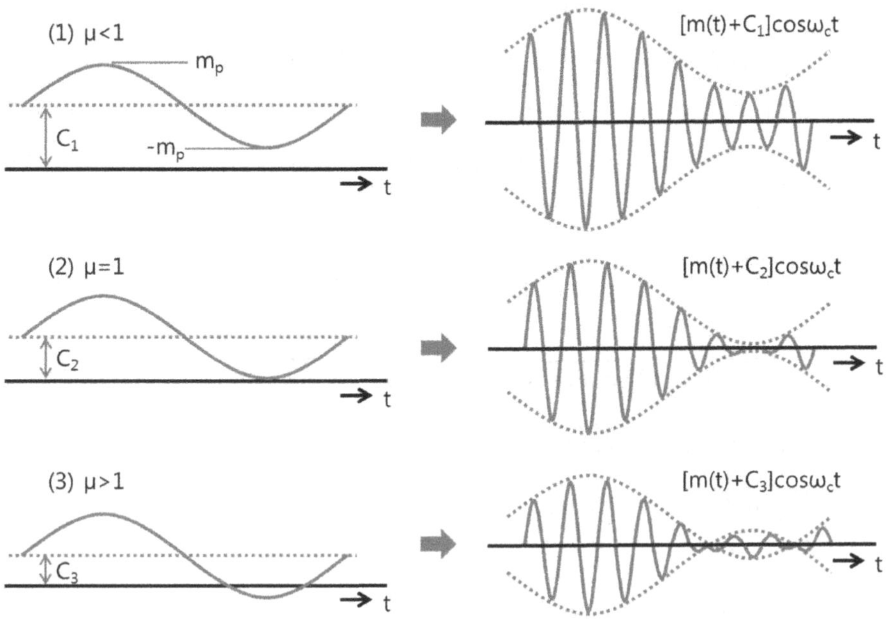

[그림 16-6] 변조지수와 DSB-LC변조파의 관계

실제 상황에서는 불가피하게 설계치를 초과하는 신호가 AM변조기에 입력 될 수도 있고, 이에 따라 [그림16-6] (3)처럼 의도하지 않았던 복조신호왜곡이 생길 수도 있기 때문이다. 변조지수가 1을 초과하면서 발생하는 이러한 문제들을 "과변조(過變調, overmodulation)"라 부른다. 과변조는 주파수영역에서 더 골치 아픈 문제를 만들어내는데, 그것은 증폭기의 설정된 동작영역을 벗어나는 입력이 증폭기에 역바이어스로 작용하여 발진을 일으키고, 이에 따라 불필요한 고조파 즉 "스퓨리어스(spurious)" 라는 불법전파발사 사고가 날 수 있다는 것이다. 따라서 실무에서는 변조지수 설정에 약간의 여유를 두고, 입력신호의 최대크기를 제한하는 "peak clipping"을 하거나, 볼륨을 일정범위내로 억제하는 "volume compression"을 하는 등의 대책을 써야 한다. 아무튼 AM방송 엔지니어들은 전력효율(전력절약) 제고(提高), 방송품질(fidelity) 유지, 전파법규 준수 사이에서 항상 고민해야 할 팔자인가 보다.

(식16-9)로 정의되는 DSB-LC에 대하여 (식16-10)에 그 전력을, (식16-11)에 그 전력효율과 변조지수와의 관계를 유도하였다. 송신전력은 (식2-11)의 정의대로 제곱평균(mean square)으로 구하는데, 반송파 전송에 쓰이는 반송파전력 P_C와 정보 전송에 쓰이는 측파

대전력 P_S로 각각 구분된다. 전력효율은 (식16-11)에 보인대로 전체전력 P_T와 측파대전력 P_S의 비율로서 변조지수가 그 주요변수로 된다. 대략적인 전력비를 구하기 위해 상황을 최대한 단순화 시켜보자. 즉 (식16-11)과 같이 m(t)를 단일주파수신호 ω_m으로 하고, 변조지수 μ를 1로 놓고 계산해 보면, DSB-LC의 전력효율은 최대 33.3%에 불과함을 알 수 있다. 즉 전체전력에 대한 측파대전력의 비율은 1/3이며, 상측파대 또는 하측파대 하나의 전력은 전체전력의 1/6이 된다.

$$\begin{aligned}\overline{\phi_{AM}^2(t)} &= C^2\overline{\cos\omega_c^2 t} + 2\mu C^2\overline{m(t)\cos\omega_c t} + \mu^2C^2\overline{m^2(t)\cos\omega_c^2 t} \\ &= \frac{C^2}{2} + 2\mu C^2\overline{m(t)\cos\omega_c t} + \frac{\mu^2C^2}{2}\overline{m^2(t)} \\ &\cong \frac{C^2}{2} + \frac{\mu^2C^2}{2}\overline{m^2(t)} = \frac{C^2}{2}\left(1+\mu^2\overline{m^2(t)}\right) = P_C + P_S = P_T\end{aligned} \qquad \text{(식16-10)}$$

$$\eta = \frac{P_S}{P_T} = \frac{\mu^2\overline{m^2(t)}}{1+\mu^2\overline{m^2(t)}}$$

$$if,\quad m(t) = \cos\omega_m t \;\Rightarrow\; \overline{m^2(t)} = \frac{1}{2} \;\Rightarrow\; \eta = \frac{\mu^2/2}{1+\mu^2/2} = \frac{\mu^2}{2+\mu^2}$$

$$if,\quad \mu = 1 \;\Rightarrow\; \eta = \frac{1}{2+1} = 33.3\%,\quad P_T : P_S = 3:1 \qquad \text{(식16-11)}$$

이제 "포락선검파기(envelope detector)"를 만들어보자. 대략적인 검파기 구성을 [그림 16-7]에 보인다. 포락선을 잡아내는 데 필요 없는 마이너스 쪽 파형은 다이오드로 반파 정류 해버린다. 이어서 다이오드 ON 구간 동안 회로를 흐르는 전류를 충전하는 캐패시터 C와, 다이오드 OFF 구간 동안 방전의 통로가 되는 저항 R이 검파의 핵심역할을 한다. 이어서 충/방전 과정에서 생기는 까칠까칠한 리플(ripple)을 제거해 주는 "평활회로(平滑, smoothing, 사실상 LPF)", 그리고 마지막으로 직류를 제거하는 HPF가 부가된다. 포락선검파는 복조를 위한 반송파복원이 필요 없다는 의미에서 "비동기검파(non-coherent detection)"라 불리기도 한다.

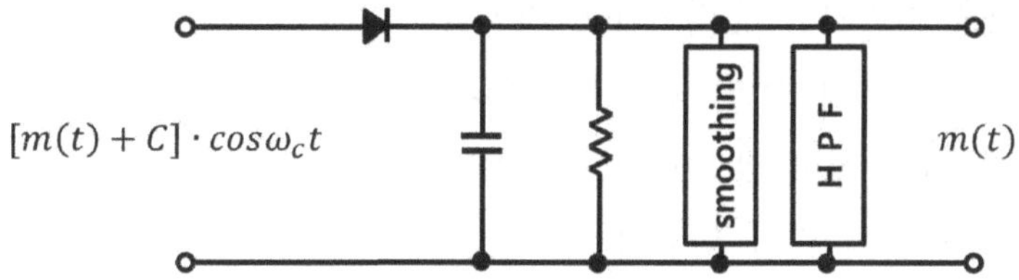

[그림 16-7] 포락선검파기의 구성

포락선검파기의 동작과정을 구체적으로 알아보자. [그림16-8]에 보인대로 수신된 AM(DSB-LC)신호는 캐패시터 C로의 충전과 저항 R로의 방전을 되풀이하면서 포락선을 대충(?) 따라가게 된다. 캐패시터와 저항이 클수록 방전속도가 느려지므로 R과 C의 곱을 "시정수(時整數) RC"라 부른다. 병렬로 연결된 캐패시터와 저항에서 일어나는 일을 단계별로 설명하면 다음과 같다.

1) 수신파의 첫 번째 피크까지 다이오드는 순방향바이어스로 ON
   → 수신파의 전류는 저항 R에 전압으로 걸리는 동시에 캐패시터 C 충전개시
2) 입력파형이 하강하면 다이오드는 역방향바이어스로 OFF
   → C에 충전된 피크전압은 R로 흐르면서 방전개시
   → R에 걸리는 전압은 시정수 RC에 따라 차차 감소
3) 입력파형이 다시 상승하여 R에 걸린 전압을 넘어서면 다이오드는 다시 ON
   → 다음 피크 점에 다다를 때까지 1)의 과정 반복
4) 다시 입력파형이 하강하면 다이오드는 OFF
   → 2)의 과정 반복

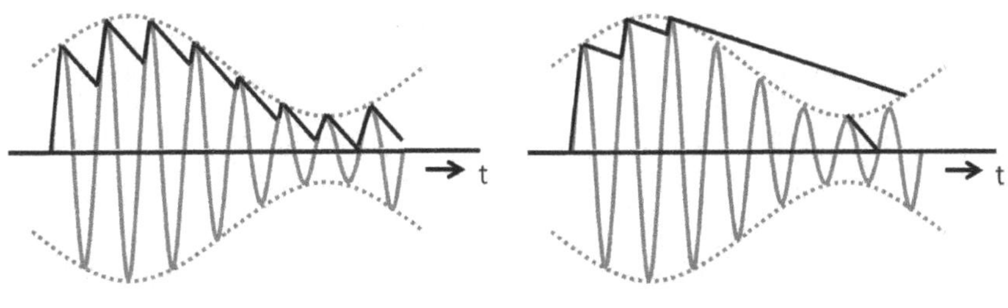

(1) small time constant (2) large time constant

[그림 16-8] 포락선검파기의 동작과정

어떻든 포락선을 따라가는 출력전압은 자잘한 리플(ripple)을 포함하게 된다. 이를 최소화하려면 시정수를 크게 잡아 천천히 방전되게 하면 되겠지만, 그럴 경우 [그림16-8] (2)와 같이 포락선이 급격히 감소하는 구간에서 방전속도가 미처 따라가지 못해 포락선을 놓쳐버리고, 밋밋한 출력이 되어버리는 수가 있다(diagonal clipping). 그렇다고 시정수를 너무 작게 잡으면 이번에는 [그림16-8] (1)과 같이 엄청 까칠까칠한 리플을 감수해야 할 것이다. 직관적으로 보아도 어느 경우든 복조음질저하가 우려되므로, 포락선을 놓치지 않는 한도 내에서 시정수를 최대한 크게 잡는 것이 관건이다. 적절한 시정수를 고려한 포락선검파기 설계조건을 알아보자.

1) 리플을 줄이자.
- 시정수 크게 잡아 천천히 방전해야지.. 시정수 상한치(上限値)는?
- 방전속도가 포락선의 최대변화율(기울기) 이상 느려서야 안되겠지...
- 포락선의 최대변화율은 신호 m(t)의 점유대역폭 B[Hz]가 좌우
- 시정수는 신호 m(t)의 최대주파수성분의 주기인 1/B[sec]보다 작아야

2) 포락선을 놓치지 말자.
- 시정수 작게 잡아 빨리빨리 방전해야지.. 시정수 하한치(下限値)는?
- 적어도 반송파의 1주기 안에 몽땅 방전되어서야 안되겠지...
- 시정수는 반송파의 1주기($1/f_c$)보다 훨씬 커야

16-4 AM(DSB-LC) 변조기

곧이곧대로 한다면 평형변조기 또는 링변조기로 m(t)를 DSB-SC 변조한 후, 여기에 반송파를 더해주면 AM신호가 만들어질 것이다. 그런데 곰곰이 생각해보면 이거 좀 이상하다. 앞에서 살펴 본대로 정교한 평형변조기가 만들어진 이유는 (식15-4)에서 보듯 제곱변조의 부산물인 반송파를 제거(suppress)하기 위함이 아니었던가? 감이 잡히는가? AM이 목적이라면 제곱변조기(비선형변조기)를 굳이 평형회로로 만들 필요가 없다! 개념적으로는 [그림16-9]과 같이 비선형소자 하나로 간단히 AM변조기를 만들 수 있다.

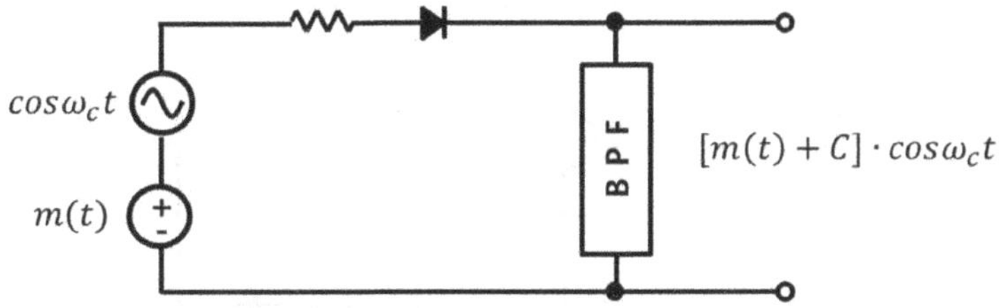

[그림 16-9] AM변조기의 개념도

굳이 신호 m(t)를 DSB-SC 변조한 후, 여기에 반송파를 더해 AM신호를 만들 필요가 없는 또 하나의 이유가 있다. AM변조는 그 포락선의 변동에 신호를 싣고 있으므로, 전력증폭에서 왜곡을 방지하려면 정교한 선형증폭이 필요하다. 그런데 AM의 주목적은 방송이고, 대전력을 사용하는 방송시스템에서 A급 선형증폭의 사용이란 엄청난 비효율을 감수해야 한다는 뜻이다. 결국 전력효율상 C급 비선형증폭기를 사용하지 않을 수 없는 것이 일반적인 상황이다. 이왕 불가피하게 써야만 하는 비선형증폭이라면, 아예 비선형변조, 즉 제곱변조를 쓰는 것이 정답이 아니겠는가?

이래저래 방송용 AM변조기는 전력증폭단에서 이루어지는 제곱변조가 정답이다. [그림 16-10]에 트랜지스터 회로로 구현한 대출력용 AM변조기의 예를 보인다. 그림은 C급으로 바이어스 된 증폭기에 신호 m(t)가 프리앰프를 거쳐 콜렉터에 결합되는 "콜렉터변조기"이다. 콜렉터에 걸리는 입력신호레벨은 증폭기의 바이어스점을 변동시키고, 이에 따라 베이스로 입력되는 반송파에 대한 증폭율이 가감되면서 그 포락선이 변동하는 AM변조가 이루어지고, 출력단에 결합된 LC 대역통과필터는 반송파대역의 변조파만 뽑아낸다.

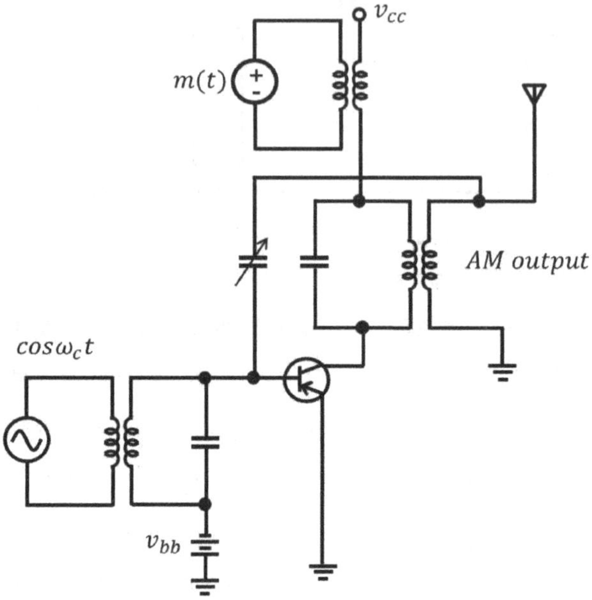

[그림 16-10] 고출력 AM용 비선형변조기의 예

물론 지금은 DSP로 AM신호를 만들고, D급 증폭 등으로 선형성과 효율을 도모하는 방법이 이러한 고전적인 변조기술들을 대체하고 있다. 하지만 혁신적인 디지털기술의 적용은 반드시 전통적인 아날로그 변조기술에 대한 확고한 이해로부터 비롯함을 항상 기억하자. 한편 대전력 반송파를 함께 보내는 DSB-LC 말고도 약간의 반송파를 함께 보내는 경우도 있는데, 이를 “DSB-RC(reduced carrier)”방식이라 부른다. 물론 이정도의 반송파로 포락선검파는 어림도 없지만, 동기검파용 반송파를 만들기 위한 PLL의 참조신호용으로 써먹기는 그만이다. PLL 참조신호를 얻기 위해 제곱법으로 주물러야 하는 번거로움을 면하게 해주는 편리한 방법으로서, 이런 목적으로 추가된 반송파를 “지시반송파(pilot)”라 부른다.

슈퍼헤테로다인

제 17 강

통신품질의 3대 요소 감도, 선택도, 충실도를 한 큐에 보장한다!?

17-1 개요

무선통신기술은 그 짧은 여명기를 거쳐 곧바로 폭발적인 발전을 이룩해낸다. 아이러니하게도 여기에는 제국주의의 팽창과 두 차례에 걸친 세계대전이 큰 역할을 하면서, 군용 및 상용통신, 그리고 상업방송에 대한 엄청난 수요를 촉발한다. 하지만 양적인 팽창에도 불구하고 불완전한 전자소자들과 시스템 설계상의 한계로 인하여 충분한 수신품질을 내기는 어려웠다. 이때 당대의 엔지니어들을 괴롭히던 수신기 문제의 대부분을 일거에 해결한 기술이 제안 되었으니, 그것이 바로 "슈퍼헤테로다인(Superheterodyne)" 방식이다. 무선통신의 새로운 지평을 열고, 근 1세기가 지난 지금까지 무선통신시스템의 핵심기술 역할을 해온 이 방식은 과연 어떤 것일까?

17-2 통신품질의 향상을 향하여

통신의 품질을 따지는 척도(尺度)는 무엇일까? 그것은 뭐니뭐니 해도 수신된 신호의 음질 또는 화질이 아니겠는가? 통신용어로 "충실도(忠實度, fidelity)"라 불리는 이 품질 척도는 "하이파이(Hi-Fi, high fidelity)"로 잘 알려져 있다. 하지만 무선통신에서는 그에 앞서 미약한 신호를 안테나로 잡아내는 것이 급선무다. 충실한 복조도 수신이 되어야 어떻게 해볼 것 아닌가? 이에 대한 척도로서 "감도(感度, sensitivity)"라는 용어를 쓰는데, 이는 안테나에서 포착 가능한 신호전계강도의 하한(下限)을 말한다. 그리고 또 하나의 중요한 척도로서 "선택도(選擇度, selectivity)"를 보는데, 이것은 수많은 인접신호 스펙트럼 사이에서 소망하는 신호만을 정확히 분리해 내어 혼신(混信)을 방지하는 능력을 말한다.

이 세 품질척도는 서로 독립적인 관점에서 분류한 것이지만, 실제 회로설계에서는 각 척도를 하나씩 따로 떼어서 생각할 수가 없다는 현실적인 어려움이 있다. 왜냐하면 안테나에 수신되는 RF대역의 전자파는 매우 미약하므로 일단 복조에 앞서 충분한 크기로 증폭되어야 하는데, RF대역의 고주파증폭은 매우 민감하고 불안정하다. 게다가 증폭과 동시에 희망하는 신호만을 골라내고 나머지는 섞여 들어오지 못하게 해야 하는데 RF대역에서의 필터링 또한 장난이 아니다. 그러고 보니 증폭에 의한 감도와 충실도의 향상, 그리고 필터링에 의한 선택도의 향상을 RF단에서 동시에 해치워야 하는 것이다! 이 일이 얼마나 난감한 것인지 [그림17-1]을 통해 생각해보자.

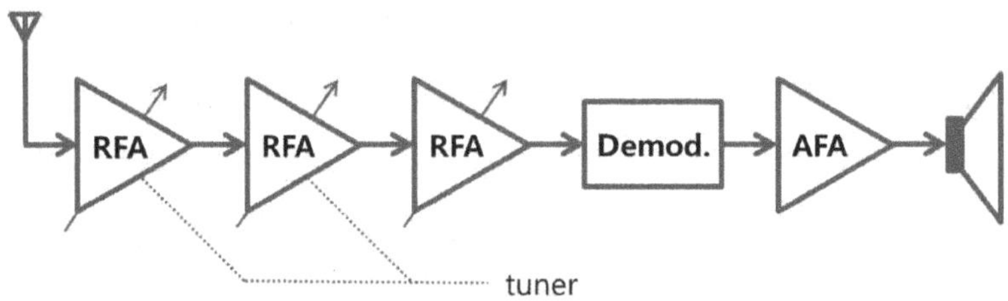

[그림 17-1] TRF 수신기의 구성

RF단에서 곧이곧대로 증폭과 필터링을 해치우는 이러한 수신기 구성을 "TRF(Tuned Radio Frequency) 수신기"라 부른다. 그 특징은 RF대역에서 다단증폭(多段增幅)을 통해 충분한 증폭도를 얻는 동시에, 각 증폭기를 특정 주파수에 공진(共振)하는 동조형(同調形)으로 만들어 수신하고자 하는 무선국(局, station)을 선국(選局, tuning)하는 것이다. 무선국을 선택하는 튜너(tuner)는 공진주파수를 수동으로 쉽게 바꿀 수 있도록 가변형(可變形, variable)으로 만들어야 하는데, 이를 위해 가변캐패시터(Varicon)가 들어가는 LC동조회로를 사용한다. 당연히 이렇게 만들 수밖에 없었겠지만, TRF수신기는 다음과 같은 문제점이 있다.

1) RF증폭의 어려움

고주파신호는 회로를 흐르면서 전기자기적 결합(coupling)에 의해 공간으로 새어나오기 쉽고, 이렇게 누설된 신호가 정귀환(positive feedback)으로 걸리면 증폭기는 발진기로 돌변하여 수신을 망친다. 게다가 RF증폭이 다단으로 이루어질 경우, 발진의 위험도 훨씬 커지므로 충분히 증폭도를 올리기가 더욱 곤란하다.

2) RF용 필터설계의 어려움

좋은 선택도를 위해서는 필터의 대역폭이 매우 좁아야 하는데, 필터의 대역폭은 신호주파수가 높을수록 그 제곱에 비례하여 급증한다. 즉 저주파에서는 상당한 성능의 필터를 만들 수 있는 부품이라도, RF대역에 적용할 경우 그 선택도가 급격히 떨어지고 만다. 게다가 가변형 동조회로로 만들기 위해 쓰인 LC필터로는 협대역화에 한계가 있다. 결과적으로 이렇게 되면 무선채널사이에 상당한 여유(guard band)를 두어야하는 비효율을 감수할 수밖에 없다.

3) 튜닝의 어려움

TRF수신기는 통신채널을 바꿀 때마다 증폭기 각자의 동조회로를 죄다 다시 설정하여야 한다. 물론 각 증폭기의 동조회로들를 하나로 묶어 연동시킬 수도 있겠지만 민감한 고주파를 다루기 위해 증폭단 하나하나를 직접 미세튜닝 하는 일은 상당한 시간과 전문성이 필요할 것이다.

이런 상황에서 제대로 된 선택도와 감도, 그리고 충실도가 나오겠는가? 게다가 까다로운 개별튜닝의 번거로움까지 안아야하는 이러한 섬세한 작업은 전문가가 아니라면 그리 즐거운 일이 아닐 것이다. TRF수신기는 비교적 무난한 주파수인 장파(LF)나 중파(MF)대역에서 그런대로 실용화되기는 했지만, 단파(HF)나 초단파(VHF)대역으로의 확장과 무선주파수의 효율적 사용, 그리고 보다 고품질의 수신을 위해서는 무언가 기술혁신이 필요한 상황이었다.

17-3 슈퍼헤테로다인 수신기

이쯤에서 이야기를 무선통신계에 역사적 공헌을 한 어떤 인물에게로 돌리자. 그 이름은 Edwin H. Armstrong 대령이다. 직함이 말해주듯 그는 두 차례의 세계대전에 미군통신장교로 참전하며 무선통신의 발전은 물론 연합군의 승리에도 크게 기여한다. 빛나는 기술적 업적과 함께, 고독한 천재로서의 극적인 삶과 거대기업 RCA와 벌인 유명한 특허전쟁, 그리고 비극적 최후까지, 근대 통신사를 장식한 그의 이야기는 두고두고 인구(人口)에 회자(膾炙)되고 있다. 그의 걸작중 하나가 바로 이제부터 다루게 될 "슈퍼헤테로다인(superheterodyne)"이며, 또 하나가 이어지는 5부에서 다루게 될 FM이다.

1918년 암스트롱이 주목한 것은 오직 하나, RF대역에서 이 모든 것을 다 해치울 필요가 있느냐는 것이었다. 말하자면 위에서 열거한 TRF수신기의 세 가지 어려움은 RF대역이 아닌 좀 더 낮은 만만한 주파수대역에서라면 충분히 극복할 수 있다는 생각이었다. 즉 20세기 초, 당시의 초보적인 전자소자로도 거뜬히 고성능 수신기를 만들 수 있다는 것이다.

주파수대역을 옮기는 주파수변환이라면 15-4절에서 살펴 본 헤테로다인이 아닌가! 당시 헤테로다인이라는 기법은 모르스부호를 사용하는 무선전신에서 RF대역 수신파를 가청주파수대의 신호음으로 변환하는데 실제로 사용하고 있었다. 수신주파수보다 3kHz 높은 정현파를 국부발진(local oscillation)하여 수신파와 믹싱하면, 그 차이에 해당하는 3kHz의 톤으로 모르스부호를 헤드폰으로 들을 수 있다. 암스트롱은 이 원리를 응용하여 변조된 신호의 스펙트럼을 통째로 중간주파수(IF)로 옮기는 방법을 생각해 낸다. 다만 중간주파수로는 가청주파수대역보다는 조금 높은 초음파(supersonic) 대역을 채택함으로서 "super-heterodyne"이라는 이름을 붙이게 된다. [그림17-2]에 암스트롱의 슈퍼헤테로다인 수신기 구성을 보인다.

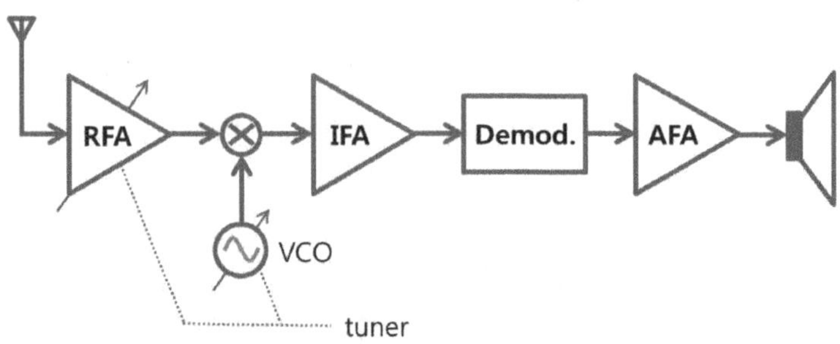

[그림 17-2] 슈퍼헤테로다인 수신기의 구성

그림은 AM방송용 슈퍼헤테로다인 수신기의 구성을 보인다. AM방송은 550kHz부터 1,600kHz 사이의 중파대역을 사용하고, 방송국당 10kHz의 점유대역폭을 할당받는다. 슈퍼헤테로다인이 TRF수신기의 고민거리를 어떻게 해결했는지 하나씩 알아보자.

1) RF증폭의 어려움 해결

RF단 증폭은 주파수변환에 필요한 레벨만큼 살짝 올리는 정도로 하여 발진위험을 피하고, 만만한 IF대역에서 충분히 증폭함으로서 감도와 충실도를 개선한다. 초단 RF증폭기는 그 내부잡음이 수신기 전체의 SNR 유지에 큰 영향을 주므로, 잡음특성이 우수한 "LNA(Low Noise Amp)"를 사용한다.

2) RF용 필터설계의 어려움 해결

살짝 증폭된 RF대역 신호는 국부발진주파수 ω_{LO}로 믹싱 되어 IF대역 ω_{IF}로 떨어지고([그림15-10] 참조), 이 IF단에서 정밀한 필터링과 충분한 증폭을 거친다. 이때 ω_{LO}는 수신하고자 하는 무선채널주파수 ω_{RF}보다 ω_{IF}만큼 높거나 낮은 주파수로 맞추어 지는데, 이렇게 함으로써 수신기가 어느 무선국을 선택하든 중간주파수는 항상 고정된 위치로 떨어지게 된다. 따라서 IF단 BPF는 수신기 제작단계에서 미리 고정된 ω_{IF}에 맞추어져 튜닝이 필요 없고 안정적이고 정밀한 필터링이 가능하므로 선택도가 대폭 개선된다.

3) 튜닝의 어려움 해결

튜닝은 국부발진기의 주파수만 선택하면 되므로 증폭기들을 건드릴 필요가 없이 간단히 이루어진다. 단 정밀한 BPF는 IF단에서 하지만, RF단에서도 희망하는 채널의 중심주파수 ω_{RF}에 맞추어 대략적인 BPF를 하므로 튜너는 RF단과 국부발진기를 연동(連動)시킨다.

어떤가? 슈퍼헤테로다인이야말로 통신품질을 결정하는 감도, 선택도, 충실도를 모두 포괄하는 수신의 해결사가 아닌가! 이 수법은 무선통신이 중파에서 단파, 초단파대역으로 뻗어나가는데 결정적 기여를 하게 된다. 다만 주파수변환을 위한 추가적인 비용으로 인해 초기보급은 더디었지만, 저렴한 반도체소자의 등장과 함께 라디오와 TV는 물론 대부분의 무선수신기에 채택되어 오늘에 이르고 있다. 또한 송신기에서도 IF단에서 변조를 한 후에 다시 주파수변환 하여 RF로 올리는 슈퍼헤테로다인 방식을 많이 사용하는데, 이는 고정된 IF에서 신호의 보정(補整), 등화, 그리고 증폭을 안정적으로 해치울 수 있는 이점이 크기 때문이다.

17-4 영상주파수

그런데 이렇게 위대한 슈퍼헤테로다인에게도 치명적인 약점이 있다. 문제는 이렇다. 15-4절에서 살펴 본대로 주파수변환을 위한 국부발진 주파수 ω_{LO}의 선택에는 up-conversion형과 down-conversion형의 두 가지가 있는데, 슈퍼헤테로다인에서는 이로 인해 엉뚱한 일이 벌어진다. 우선 AM방송 수신기에 쓰이는 중간주파수 455kHz에 대하여 생각해보자. 455kHz의 IF로 550kHz에서 1,600kHz에 이르는 영역을 커버하기 위해 필요한 발진주파수범위는 (식17-1)과 같이 두 가지가 있다.

$$
\begin{aligned}
&1)\, up\ conversion\, case: f_{LO} = f_{RF} + f_{IF} \\
&\quad 550 + 455 \le f_{LO} \le 1600 + 455 \Rightarrow 1005kHz \le f_{LO} \le 2055kHz \\
&2)\, down\ conversion\, case: f_{LO} = f_{RF} - f_{IF} \\
&\quad 550 - 455 \le f_{LO} \le 1600 - 455 \Rightarrow 95kHz \le f_{LO} \le 1145kHz
\end{aligned}
\qquad (식17\text{-}1)
$$

여러분이라면 어느 쪽을 선택하겠는가? 주파수변화폭이 두 자리 수에서 네 자리 수에까지 걸쳐있는 down-conversion형보다는 최저와 최대의 차이가 두 배정도인 up-conversion형을 택하는 것이 하드웨어 구현에는 훨씬 적합할 것이다. 그런데 그러고 보니 IF가 455kHz나 되는 것 좀 이상하지 않은가? 이를테면 550kHz의 방송국을 수신하면서 고작 455kHz로 내려서 처리하자고 이 복잡한 슈퍼헤테로다인을 한다는 말인가? RF에서 IF로 이왕 내릴 바에야 팍팍 내려서 20kHz 정도로 한다면 훨씬 더 편할 것 아닌가? 그런데 그렇게 하지 못하는 안타까운 고민이 있다. 아래의 예를 들어 생각해보자.

수신을 희망하는 방송국의 중심주파수(center frequency)가 ω_{C1}이라고 하자. 수신기의 up-conversion형 국부발진기는 $\omega_{C1}+\omega_{IF}$의 ω_{LO}를 만들어내고, 이와 믹싱 된 수신파의 스펙트럼은 주파수차 ω_{IF} 자리와 주파수합 $2\omega_{C1}+\omega_{IF}$ 자리로 천이된다. 그런데 이때 하필이면 수신희망채널 ω_{C1}으로부터 $2\omega_{IF}$만큼 떨어진 $\omega_{C1}+2\omega_{IF}$의 주파수자리에 또 다른 방송채널 ω_{C2}가 있다면 어떻게 될까?

이 ω_{C2}가 RF단을 거쳐 믹서로 들어오면 묘한 일이 벌어진다. 즉 $\omega_{LO}=\omega_{C1}+\omega_{IF}=\omega_{C2}-\omega_{IF}$의 관계를 가지게 되므로, ω_{C2}의 입장에서 볼 때, 이것은 down-conversion 관계의 ω_{LO}가 아닌가? 따라서 이 친구가 ω_{LO}와 믹싱 되면 그 스펙트럼은 주파수차 ω_{IF} 자리와 주파수합 $2\omega_{C1}+3\omega_{IF}$자리로 천이될 것이다. 아이고! IF대역에 ω_{C1}과 ω_{C2}가 동시에 입장하고 만

것이다. 이 둘을 무슨 수로 구분해 낸다는 말인가? 이 상황을 주파수영역 콘볼루션으로 나타내면 [그림17-3]과 같다.

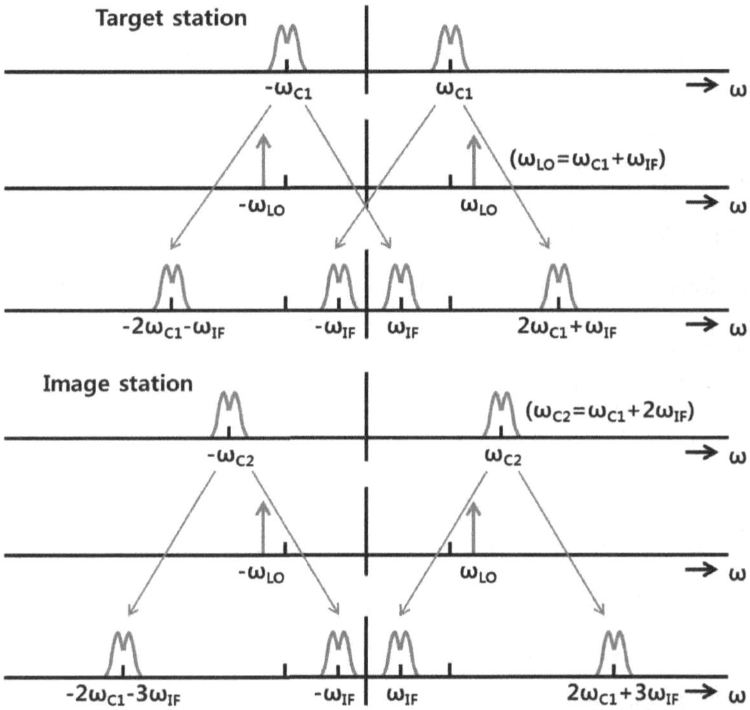

[그림 17-3] 불청객 영상주파수의 발생 메카니즘

애석하게도 슈퍼헤테로다인은 이와 같이 제거가 불가능한 간섭을 초래할 위험성을 내포하고 있다. 전혀 의도하지 않게 수신되어버린 이 불청객 주파수 ω_{C2}를 "영상주파수(影像, image frequency)"라 부르는데, 이것은 ω_{C2}가 ω_{LO}를 중심으로 ω_{C1}과 거울대칭의 위치에 있는 마치 그림자 같은 존재라는 뜻이다. 슈퍼헤테로다인을 사용하는 한, 모든 조합 가능한 영상주파수는 사용할 수 없는 채널이 되고 만다. 아이고.. 이를 어떻게 해결할까? 완전하지는 못하지만 아쉬운대로 두 가지 대책이 있다.

1) 중간주파수를 올려라

IF값을 올리면 올릴수록 희망주파수와 영상주파수와의 거리는 멀어진다. AM방송의 경우 최저주파수 방송채널인 550kHz의 영상주파수를 AM방송대역 밖인 1600kHz이상으로 추방하려면 IF를 얼마로 잡아야 할지 답이 나오지 않는가? AM방송에서 IF를 왕창 낮추지 못하는 이유가 바로 여기에 있다.

2) RF단에서도 BPF

IF단에서 정밀한 BPF를 하는 것이 슈퍼헤테로다인의 목적이기는 하지만, RF단에서도 어느 정도 BPF를 해야만 하는 이유가 있다. 동조형 RF증폭기로 수신주파수 범위를 일정수준으로 좁히면 떨어져 있는 영상주파수를 상당부분 배제할 수 있는데, 이를 "부분선택(partial selection)"이라 한다. 이에 대하여 IF단의 정밀필터링을 "근접선택(adjacent selection)"이라 부른다.

초기 AM방송용 슈퍼헤테로다인 수신기에서는 무엇보다도 감도가 우선이었기에 IF를 20kHz로 잡았지만, 복병 영상주파수로 인해 방송채널 배치에 애를 먹다가 결국 455kHz까지 IF를 올리게 된다. 하지만 무선주파수가 단파, 초단파 대역으로 올라갈수록 영상주파수 문제는 어쩔 수 없이 더욱 심각해지고, 적절한 IF를 선택함과 더불어 모든 경우의 수를 고려한 적절한 무선국 배치 등 골치 아픈 과제들이 상존한다. 한편 사용되는 주파수대역이 UHF 이상으로 올라가면 중간주파수를 2개 이상 사용하는 "double superheterodyne" 방식도 쓰인다.

그런데 이제까지 살펴본 것이 1930년대의 상황임을 기억한다면 현대의 시각에서 이를 다시 생각해보는 것은 어떨까? 전자소자의 성능이 비약적으로 향상되고 디지털신호처리 기술들이 일반화된 오늘날, IF단에서 수신파를 샘플링 하여 디지털신호처리프로세서로 복조를 해버리거나, 심지어 RF단에서부터 샘플링 하여 모조리 디지털로 처리해버리는 "SDR(software defined radio)"이라는 방식까지 실용화되고 있는 시대이다. 이쯤 되면 굳이 슈퍼헤테로다인을 할 이유가 없어진다. 이제 역사의 뒤안길에 접어든 슈퍼헤테로다인, 그러나 핵심무선기술로서의 그 역할은 여전히 막중하다 할 것이다.

진폭변조의 대역폭 절감 제 18 강

금쪽같은 무선주파수를 아껴 쓰는 묘안을 없을까?

18-1 개요

무선주파수라는 것이 동일한 시간과 공간을 공유하여 사용할 수 없는 자원이다 보니, 한정된 주파수를 보다 효율적으로 쓰기위한 눈물겨운 노력은 무선통신의 숙명이 되고 말았다. 그런데 앞에서 살펴본 진폭변조는 변조와 더불어 기저대역의 대역폭을 2배로 뻥튀기 해버려 대역폭 효율을 절반으로 떨어뜨리고 만다. 이런! 갈수록 태산인 이 상황을 타개할 묘책은 없을까? 여기서는 그러한 시도의 기본이 되는 두 가지 방법론을 살펴본다. 하나는 파동의 직교성을 이용하여 주파수를 공유하는 시간영역의 수법이요, 또 하나는 진폭변조파의 두 측파대중 하나만을 사용하는 주파수영역의 수법으로서, 둘 다 이론적으로는 주파수사용효율을 2배로 올릴 수 있다.

18-2 직교성을 이용한 주파수 절약 : QAM

회의실에서 한국인과 중국인이 동시에 떠들고 있다면, 이는 동일한 음성주파수를 두 사람이 공유하는 통신으로 볼 수 있다. 두 언어가 뒤섞여 소음 비슷하게 되겠지만 그럼에도 불구하고 한국인은 한국어를, 중국인은 중국어를 또렷하게 구분할 것이다. 왜 그럴까? 우리 두뇌의 언어중추는 입력되는 소리에 대하여 모국어를 중심으로 "맞춰보기(상관, correlation)"를 해보고 100% 상관이 되는 모국어만 인식하고, 상관이 전혀 없는, 즉 직교(orthogonal)하는 외국어는 무시한다. 따라서 동일한 주파수의 공유가 가능해지며 대역폭효율은 2배로 오른다.

우리는 3절에서 상관과 직교에 대하여 알아보았다. 직교란 상관이 제로라는 뜻으로 복소평면의 벡터에 적용한 개념이지만, 시간함수인 정현파신호에 대해서도 등가적으로 적용이 가능함을 기억하는가? 전혀 상관이 없는 신호, 즉 직교하는 신호는 섞어놓더라도 시간영역에서 상관(correlation)이라는 절차를 통해 각각을 완벽하게 분리해낼 수 있으므로 동일한 시공간을 공유할 수 있다는 것이다. 그러면 동일한 주파수로 직교하는 정현파 쌍이 있는가? 그것은 바로 (식3-9)에서 증명한대로 위상차 90도인 사인함수와 코사인함수가 아닌가!

그렇다! (식18-1)과 같이 신호 $m_1(t)$는 $\cos\omega_c t$로, $m_2(t)$는 $\sin\omega_c t$로 변조하면 상호간섭 없이 동일주파수를 사용할 수 있는 것이다. $\cos\omega_c t$로 변조되는 쪽은 기준이 되는 반송파라는 뜻에서 "동상성분(同相, In-Phase)", $\sin\omega_c t$로 변조되는 쪽은 직교하는 반송파라는 뜻에서 "직교성분(直交, Quadrature)"이라 칭하는데, 줄여서 "I-채널", "Q-채널"이라고 부른다. 그리고 이런 변조방식을 "직교진폭변조(QAM, Quadrature Amplitude Modulation)"라고 하는데, 이놈은 제6부 디지털변조에서도 요긴하게 쓰인다. 여기서는 두 개의 아날로그신호만 취급하는 QAM을 살펴보기로 한다.

$$\phi_{QAM}(t) = m_1(t)\cos\omega_c t + m_2(t)\sin\omega_c t \qquad \text{(식18-1)}$$

그러면 QAM변조기는 두 개의 반송파 발진기가 필요할까? 물론 아니다. I와 Q는 위상만 90도 다를 뿐, 주파수는 똑 같으므로 $\cos\omega_c t$를 90도 위상지연 시켜주는 "이상기(移相器, phase shifter)"만 있으면 발진기 하나로 충분하다. QAM변조기 구성을 [그림18-1]에 보인다.

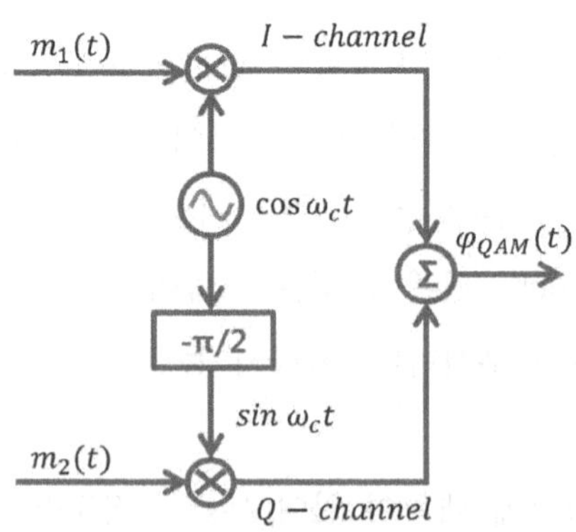

[그림 18-1] QAM 변조기

2배에 이르는 주파수효율향상은 했지만 역시 좋은 일에는 대가를 치러야 하는 법. QAM의 복조가 그리 만만하지 않으리라는 짐작이 갈 것이다. QAM변조로 주파수영역에서 뒤섞인 두 신호는 반드시 시간영역의 상관을 통해서만 구분이 되는데, 회로적으로 상관이란 수신파에 반송파를 곱하는 동기검파를 의미한다. 즉 포락선검파라는 간편한 비동기검파를 QAM에서는 사용할 수 없음을 기억하자. [그림18-2]는 QAM복조기의 구성이며, I-채널 반송파 $\cos\omega_c t$의 믹싱과 LPF를 통한 $m_1(t)$의 복원 과정을 (식18-2)에 보인다. 물론 동일한 방법으로 Q-채널의 $m_2(t)$도 복원된다.

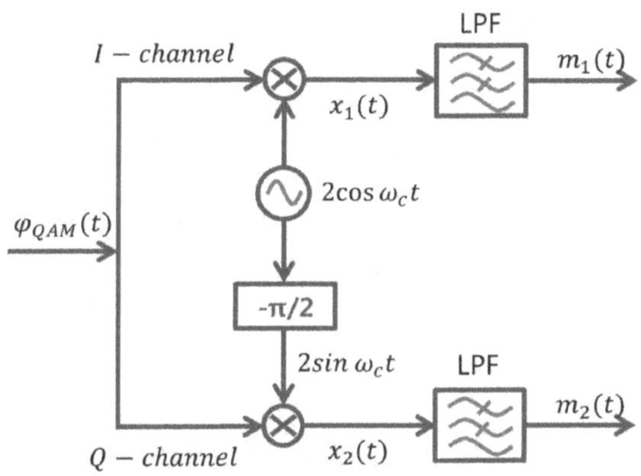

[그림 18-2] QAM 복조기

$$\begin{aligned} x_1(t) &= 2\phi_{QAM}(t)\cos\omega_c t = 2[m_1(t)\cos\omega_c t + m_2(t)\sin\omega_c t]\cos\omega_c t \\ &= 2m_1(t)\cos^2\omega_c t + 2m_2(t)\sin\omega_c t\cos\omega_c t \\ &= m_1(t)[1+\cos 2\omega_c t] + m_2(t)\sin 2\omega_c t \\ &= \underbrace{m_1(t)}_{LPF} + \underbrace{m_1(t)\cos 2\omega_c t + m_2(t)\sin 2\omega_c t} \end{aligned} \quad \text{(식18-2)}$$

이처럼 완벽한 복조를 위해서는 두말할 나위도 없이 칼같이 정확한 주파수와 위상의 반송파가 필요하다. 하지만 이 세상에 100% 완벽이 존재 하겠는가? 예를 들어 I-채널 복조용 반송파에 약간의 위상오차 Θ가 생겼다고 했을 때, 그 영향은 (식18-3)과 같이 두 측면에서 나타난다. 하나는 I-채널 $m_1(t)$의 감쇠(attenuation)인데 이거야 뭐 그리 큰 문제는 아닐 듯하다. 그런데 Q-채널에서만 나와야 할 $m_2(t)$가 I-채널로도 일부 복조되어 나오는 것은 고스란히 I-채널의 간섭(interference)로 작용하니 큰일이 아닌가? 이처럼 반송파에서 발생한 위상오차는 I와 Q의 정확한 90도 관계, 즉 직교성(orthogonality)을 무너뜨리고 심각한 간섭을 야기하므로, QAM복조는 고도의 반송파 정밀도를 유지해야 하는 부담이 크다.

$$\begin{aligned} x_1(t) &= 2[m_1(t)\cos\omega_c t + m_2(t)\sin\omega_c t]\cos(\omega_c t+\theta) \\ &= \underbrace{m_1(t)\cos\theta}_{ATTENUATION} + m_1(t)\cos(2\omega_c t+\theta) - \underbrace{m_2(t)\sin\theta}_{INTERFERENCE} + m_2(t)\sin(2\omega_c t+\theta) \end{aligned}$$ (식18-3)

위에서 살펴 본대로 아날로그 무선전송에서 QAM은 그 까다로운 특성 때문에 일반적으로는 사용하기 어렵다. 하지만 불가피하게 대역폭을 절약해야만 하는 경우 큰 위력을 발휘하는데, 대표적인 예로 아날로그 컬러TV의 스펙트럼에서 색신호(chrominance)의 다중화를 들 수 있다. 반세기가 넘도록 사랑받은 아날로그TV는 이제 디지털TV로 전환되는 운명이지만 그 기술적 성취는 전자공학의 꽃이라 할 수 있다. 통신공학도의 기본소양으로서 TV공학은 기회 되는대로 꼭 학습하기를 바란다.

18-3 반쪽 스펙트럼을 이용한 주파수 절약 : SSB

DSB-SC변조의 스펙트럼을 보라. 대자연은 대칭을 좋아한다. 기저대역 스펙트럼에서는 마이너스영역에 숨어있던 쌍둥이 스펙트럼이 변조와 함께 플러스영역으로 빠져나와 반송파 주파수를 중심으로 상측파대(USB)와 하측파대(LSB)가 매끈한 대칭을 이루는 모습은 아름답지 않은가? 그리고 이 대칭성은 우리에게 대역폭절약에 대한 영감도 준다. 말하자면 쌍둥이를 다 송신할 필요가 있느냐는 것이다. USB 혹은 LSB 중 하나만 보내더라도 나머지는 거울대칭으로 얼마든지 복원이 되지 않겠는가?

이처럼 측파대 하나만을 송신하는 변조방식을 "단측파대진폭변조(SSB, Single Side Band)", 좀더 정확히 말하자면 "SSB-SC"라고 한다. SSB 방식의 전력스펙트럼을 [그림 18-3]에 보인다. DSB의 스펙트럼 반쪽을 날린 변조파의 시간영역 파형이 실제로 어떤 모습일까 언뜻 상상이 가지는 않지만, 포락선에 갇힌 깔끔한 정현파는 아닐 것이라는 예감이 들기는 한다. 그건 그렇고 이런 짓을 해도 과연 복조가 가능할까? [그림18-4]와 같이 시각적 이해에 편리한 주파수영역 콘볼루션으로 SSB의 복조를 알아보면, 우리의 예상대로 USB만 보내든, LSB만 보내든 상관없이 깨끗한 기저대역 스펙트럼이 재구성됨을 확인할 수 있다. 단 완벽한 스펙트럼천이가 필요한 SSB복조는 역시 동기복조가 아니고는 도리가 없다는 점을 알아두자.

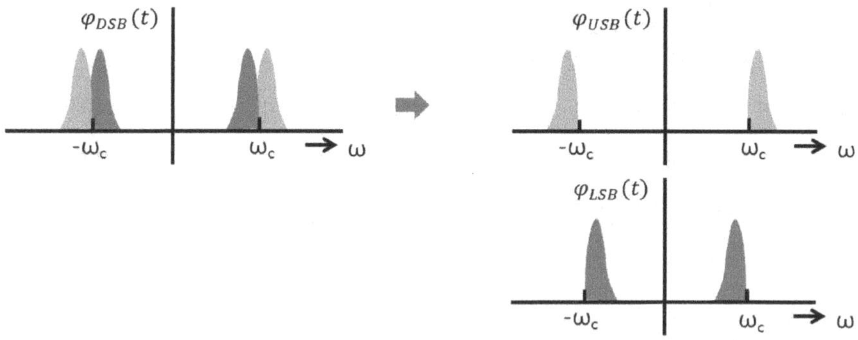

[그림 18-3] 단측파대진폭변조(SSB)의 스펙트럼

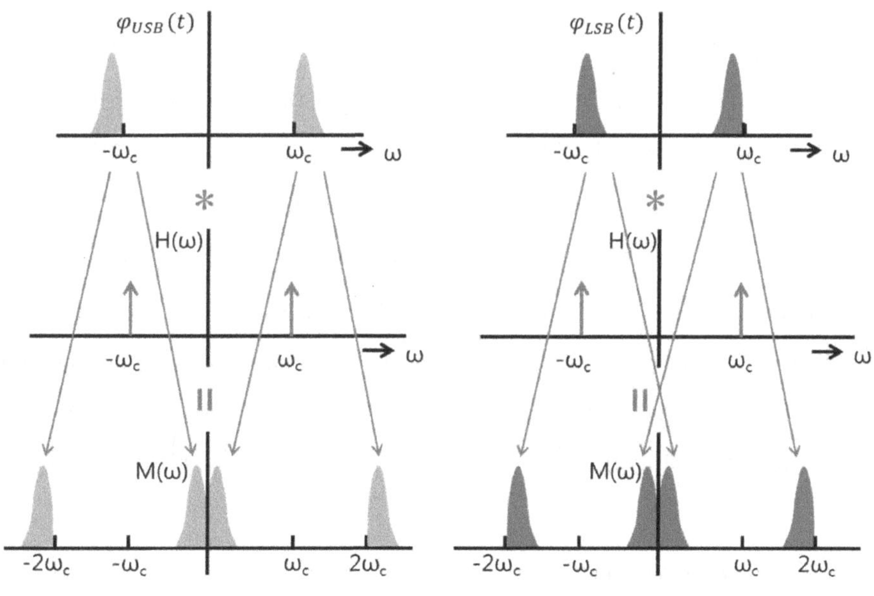

[그림 18-4] 단측파대진폭변조(SSB)의 복조 과정

이렇게 해서 DSB-SC 한 채널에 SSB 두 채널을 보낼 수 있게 되었다. 2배의 대역폭 효율 달성! 게다가 보너스가 또 있다. 송신대역폭이 절반이니 송신전력도 DSB-SC의 절

반, AM(DSB-LC)의 거의 1/6로 절약되며, 수신대역폭도 절반이니 수신잡음전력도 절반, 즉 수신SNR에서 2배의 이득을 볼 수 있다. 이러다보니 SSB는 SNR이 좋아야 하고 대역폭을 절약해야 하는 단파(HF)대역 point-to-point 장거리통신, 해상 및 항공통신에 안성맞춤이라, 군용과 아마추어무선을 포함하여 장거리 무선음성전송의 표준으로 여태껏 잘 쓰고 있는 방식이다.

그런데 이렇게 효과적인 통신방식이 왜 모든 곳에 쓰이지 못했을까? 그렇다. 감탄하리만큼 깔끔한 콘볼루션 결과는 그러나 어디까지나 이론적인 것임을 명심하자. 도대체 이런 일이 물리적으로 실재(實在)한다고 기대하는가? 정확한 반쪽 스펙트럼을 만들기 위해서는 주파수영역에서 이상적인(ideal) 필터가 필요한데, 이것이 실현 불가능한 비인과시스템(non-causal)이라는 것을 우리는 알고 있다. 따라서 실제 SSB는 불완전한 반쪽 스펙트럼으로 인한 파형왜곡이라는 치명적 약점을 지니고 있다.

다행히 하늘의 섭리로 음성신호에 대해서는 돌파구가 하나 있다. 사람의 음성스펙트럼은 [그림6-9]에서 보이듯 주요성분이 300Hz에서 3,000Hz에 걸쳐 집중되어 있고 직류성분이 없는 형태이다. 즉 DSB-SC 스펙트럼의 중심주파수 부근에 비어있는 부분(dc null)이 존재하므로, 이상적인 필터가 아니더라도 DSB-SC 스펙트럼 한가운데의 틈바구니를 비집고 들어가 그런대로 반쪽으로 분리할 수 있다. 단파대역에서 애용되고 있는 SSB 무전기들은 이렇게 해서 일찌감치 실용화 되었다. 물론 그렇더라도 어느 정도 스펙트럼이 다치는 것은 사실이므로 음질이 그리 신통치는 못할 것이다.

SSB를 만드는 또 하나의 방법이 있다. Hartley방식으로 알려진 이것은 교묘한 위상천이(phase shift)로 측파대를 상쇄시키는 수법을 쓴다. (식18-4)를 보면서 시간영역으로 이해해보자. 편의상 단일주파수 ω_m을 ω_c로 DSB-SC 변조하는 톤변조(tone modulation)에 대하여 우선 해석한다. (식18-4)에서 삼각공식으로 전개된 첫째 항이 LSB, 둘째 항이 USB가 될 것이다. 여기서 USB 또는 LSB만을 제거하려면 어떻게 하면 될까?

$$
\begin{aligned}
\phi_{DSB1}(t) &= 2\cos\omega_m t\cos\omega_c t \\
&= \underbrace{\cos(\omega_c-\omega_m)t}_{LSB} + \underbrace{\cos(\omega_c+\omega_m)t}_{USB}
\end{aligned}
\qquad \text{(식18-4)}
$$

우리는 유사한 삼각공식으로서 사인함수끼리의 곱이 (식18-5)처럼 전개됨을 알고 있다. 이야기는 간단하다. (식18-6)과 같이 두 식의 합을 구하면 LSB만의 SSB $\phi_{LSB}(t)$가, 두 식의 차를 구하면 빼면 USB만의 SSB $\phi_{USB}(t)$가 얻어지는 것이다! 그런데 사인함수란 코사인을 -90도 위상천이 시키면 된다. 그렇다! 이것은 무리한 필터링이 아닌 곱셈과 위상천이의 조합으로 거의 완벽한 SSB 변조가 가능하다는 이야기다.

$$\begin{aligned}\phi_{DSB2}(t) &= 2\sin\omega_m t\sin\omega_c t \\ &= \cos(\omega_c-\omega_m)t-\cos(\omega_c+\omega_m)t\end{aligned} \qquad \text{(식18-5)}$$

$$\begin{aligned}\phi_{LSB}(t) &= \phi_{DSB1}(t)+\phi_{DSB2}(t)=\cos(\omega_c-\omega_m)t \\ \phi_{USB}(t) &= \phi_{DSB1}(t)-\phi_{DSB2}(t)=\cos(\omega_c+\omega_m)t\end{aligned} \qquad \text{(식18-6)}$$

[그림18-5]에 곱셈기(DSB-SC변조기)와 이상기(phase shifter)로 구성한 SSB변조기를 보인다. 이렇게 신통할 수가! 하겠지만 과연 그럴까? 깔끔해 보이는 그림이지만 SSB의 길은 험난하다. 위의 이야기는 톤변조라는 아주 특수한 경우임을 기억하자. 문제는 이상기(移相器, phase shifter)에 있다. 단일주파수 신호의 위상을 90도 바꾸는 일이야 그런대로 가능하겠지만, 일정 대역폭을 가지는 일반적인 신호 m(t)에 대하여 그 스펙트럼을 구성하는 모든 주파수성분을 한 치의 오차도 없이 90도 옮겨야 한다! 결국 이상적인 필터와 마찬가지로 이 또한 현실에서 먼 이야기가 되고 말았다.

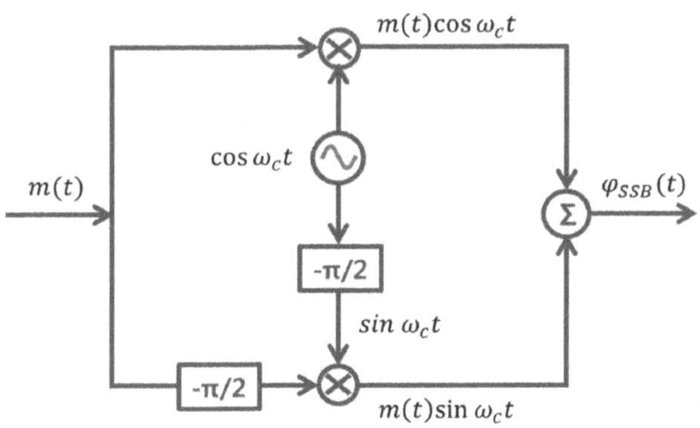

[그림 18-5] 위상천이를 이용한 SSB 만들기

이처럼 신호 m(t)의 그 스펙트럼을 크기는 그대로 두되, 그 위상만 정확히 90도 옮기는 이 신호처리를 "힐버트변환(Hilbert Transform)"이라 부른다. 힐버트변환에 의한 SSB

의 일반식을 (식18-7)에 보인다. 힐버트변환을 일반적인 아날로그 전자소자로 구현해 내기가 무척 어려운 탓에 위상천이에 의한 SSB발생은 별로 주목받지 못했으나, 최근 디지털신호처리의 발전과 함께 힐버트변환에 대한 거의 완벽한 디지털 구현이 가능해지면서 SSB는 다시 각광을 받고 있고, 디지털변조에 응용되고 있다.

$$\phi_{LSB}(t) = m(t)\cos\omega_c t + m_h(t)\sin\omega_c t$$
$$\phi_{USB}(t) = m(t)\cos\omega_c t - m_h(t)\sin\omega_c t \qquad \text{(식18-7)}$$

[그림18-4]에서 본대로 SSB의 동기복조는 신호스펙트럼을 온전히 복원하기 위해 매우 정확한 반송파를 필요로 한다. 반송파복원에 관해서는 PLL 또는 Costas Loop를 사용하면 될 듯하지만, SSB에서는 이게 그렇지 못하다. 오잉? 이게 무슨 이야기인가. 반송파복원의 첫 단계는 수신된 신호의 제곱이다. 여기에서 좀 지저분하더라도 반송파를 반드시 찾아내서 PLL의 참조신호로 삼아야 하기 때문이다. Costas Loop도 역시 내부적으로 제곱과정을 거치므로 사정은 마찬가지다. 자 그러면 SSB 신호를 제곱해보자. (식18-7)의 SSB 수식은 주파수가 동일한 두 삼각함수의 합이므로 하나로 합성 후 제곱해보면 (식18-8)과 같이 유도된다.(복소평면상의 페이저로 대응하면 피타고라스정리가 적용되어 쉽게 풀린다.)

$$\begin{aligned}\phi_{SSB}(t) &= m(t)\cos\omega_c t \pm m_h(t)\sin\omega_c t \\ &= E(t)\cos[\omega_c t + \theta(t)]\end{aligned}$$
$$E(t) = \sqrt{m^2(t) + m_h^{\,2}(t)}, \quad \theta(t) = \tan^{-1}\left[\frac{\pm m_h(t)}{m(t)}\right]$$
$$\begin{aligned}\phi_{SSB}^{\,2}(t) &= E^2(t)\cos^2[\omega_c t + \theta(t)] \\ &= \frac{E^2(t)}{2}\{1 + \cos[2\omega_c t + 2\theta(t)]\}\end{aligned} \qquad \text{(식18-8)}$$

해놓고 보니 문제가 심각하다. 제곱된 수신신호에 반송파 성분이 보이기는 하지만, 여기에는 시간에 따라 변동하는 위상성분이 포함되어 있다! 위상이 마구 흔들리는 반송파를 어떻게 PLL 참조용으로 쓴다는 말인가.. 그러고 보니 스펙트럼 반쪽을 날린 SSB 파형 속에 반송파 성분이 온전히 있기를 기대하는 것 자체가 무리. 암튼 SSB의 동기복조는 DSB-SC만큼 좋은 품질을 기대하긴 어렵게 되었다. 주파수에러 Δω와 위상에러 ΔΘ를 가지는 반송파에 의한 SSB복조 결과를 (식18-9)에 유도해 보았다. 힐버트변환으로 표현한 SSB신호가 복조되는 과정은 일단 아름다운 삼각공식으로 깔끔하게 풀어진다.

$$\begin{aligned}&\phi_{SSB}(t)\cdot 2\cos[(\omega_c+\Delta\omega)t+\Delta\theta]\\&=[m(t)\cos\omega_c t \pm m_h(t)\sin\omega_c t]\cdot 2\cos[(\omega_c+\Delta\omega)t+\Delta\theta]\\&=m(t)\cos(\Delta\omega t+\Delta\theta)+m(t)\cos[(2\omega_c+\Delta\omega)t+\Delta\theta]\\&\mp m_h(t)\sin(\Delta\omega t+\Delta\theta)-m_h(t)\sin[(2\omega_c+\Delta\omega)t+\Delta\theta]\\&\xrightarrow{LPF} m(t)\cos(\Delta\omega+\Delta\theta)\mp m_h(t)\sin(\Delta\omega+\Delta\theta)t\end{aligned} \quad \text{(식18-9)}$$

이해를 돕기 위해 우선 주파수에러가 제로인 경우를 보자. (식18-10)로 표시되는 출력에서 위상에러의 영향은 m(t)가 cosΔΘ만큼 감쇠되는 것으로 ΔΘ가 그다지 크지 않다면 별 문제없어 보인다. 다만 sinΔΘ만큼의 $m_h(t)$가 섞여 나오는데, 이놈은 m(t)가 90도 위상천이된 것 아닌가? 다행히도 인간의 귀는 위상에러에는 둔감하므로 음성통신에서는 그런대로 쓸 만할 것이다. 하지만 위상에러에 민감한 영상통신에서는 어찌 해 볼 도리가 없는 간섭을 일으킨다.

$$if\ \Delta\omega=0,\quad v(t)=m(t)\cos\Delta\theta\mp m_h(t)\sin\Delta\theta \quad \text{(식18-10)}$$

$$if\ \Delta\theta=0,\quad v(t)=m(t)\cos\Delta\omega t\mp m_h(t)\sin\Delta\omega t \quad \text{(식18-11)}$$

이번에는 위상에러가 제로인 경우를 보자. DSB-SC의 경우 경미한 주파수에러는 (식14-9)와 같이 볼륨이 커졌다 작아졌다 하는 비트잡음으로 나타난다. 그러나 주파수에러가 심각한 SSB의 경우, m(t)에 곱해지는 cosΔωt는 m(t)의 스펙트럼을 원래 자리에서 Δω만큼 옮겨버리는 주파수천이 역할을 해버린다(수식으로 보면 DSB-SC가 아닌가?). 어떤 일이 벌어질까? 음성의 경우 약간의 주파수에러라도 옥타브단위의 주파수천이가 일어나 복조된 음성이 굵은 저음으로 혹은 날카로운 고음으로 오락가락 하는 희한한 소리로 바뀌고 만다. 이렇듯 SSB복조에서 주파수에러는 대화상대가 누구인지 알아보는 화자인식(話者認識)이 어려워지는 심각한 장애를 초래한다. 어떻든 SSB통신에서 좋은 품질을 기대하기는 힘들 것이다.

이런 이유로 SSB수신기는 보다 정확한 반송파재생을 위한 도우미가 필요하다. 이를 위해 송신측에서 반송파를 함께 송신하는 방식을 쓰기도 하는데, 이를 “SSB-WC(with carrier, 저감반송파 SSB)”라고 한다. 이 반송파는 AM처럼 포락선검파를 하기 위한 것이 아니라, 수신기 PLL의 참조신호로 써먹는 것이 목적이므로 송신레벨은 최소한으로 하여 SSB스펙트럼에 살짝 끼워 넣는데, 이를 “파일롯(pilot-carrier, 지시반송파)”이라 부른다. 한편 SSB 음질개선용으로 수신기의 국부발진기에 반송파주파수 미세조정용 단자를 연결하여 사용하기도 하는데 이를 “speech clarifier”라고 한다.

18-4 반송다중전화 이야기

SSB는 무선통신 이외에도 장거리전화중계선의 다중화에 “L-Carrier”라는 이름으로 적용되었다. 이름 하여 반송다중전화라 불리는 이 방식은 PCM과 TDM에 기반을 둔 T-Carrier가 도입되기 이전인 1930년대의 고전적 아날로그 FDM기술이지만, SSB의 재미있는 응용 예로서 한번 살펴보는 것도 의미가 있을 것이다.

동축케이블에 여러 신호들을 FDM으로 다중화하려면 주파수천이를 위해 변조를 해야 하는데, DSB-SC를 사용하는 것이 가장 일반적일 것이다. 하지만 그 대신 SSB를 써서 대역폭을 다시 절반으로 절약한 것이 바로 L-Carrier이다. 이 방식은 정해진 개수의 신호를 SSB변조하고, 이렇게 만들어진 스펙트럼을 다시 정해진 개수만큼 모아 그룹으로 다시 SSB변조하는 계층적(hierarchical) 구조를 취하여 사용편의성을 올린다. [그림18-7]을 보며 그 구성을 하나씩 살펴보자.

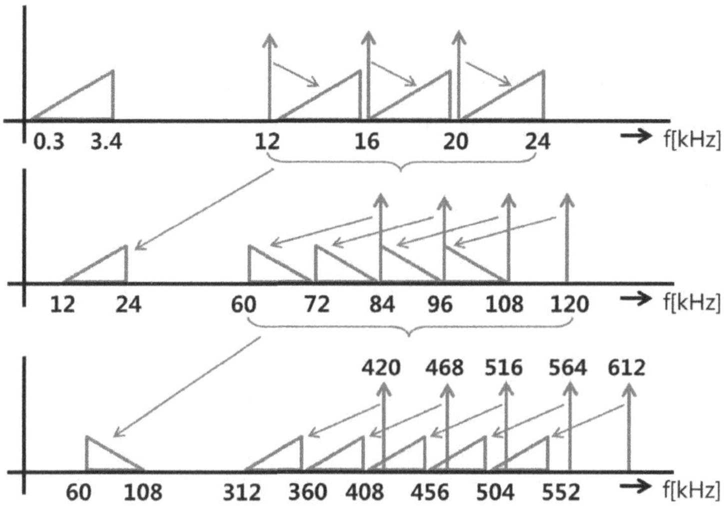

[그림 18-6] SSB에 의한 반송다중전화 시스템

전화가입자 회선당 대역폭은 통화음질이 보장되는 3.4kHz로 제한하고, FDM 채널간 여유를 고려하여 채널간격은 4kHz로 잡는다. 음성스펙트럼의 모양은 USB와 LSB를 구분하기 위해 편의상 삼각형으로 표시하였다. SSB 다중화의 내용을 정리하면 다음과 같다.

1) 1단계 다중화

- 3개의 가입자회선을 모아 각각 12, 16, 20kHz로 DSB-SC 변조
- 각 스펙트럼의 USB만 남기면 12-16, 16-20, 20-24kHz로 다중화 됨
- 대역폭 12kHz인 이 3개 음성채널 그룹을 "전군(前群, group)"이라 함.
- 2단계 다중화를 위해 편의상 하나의 오른편 삼각으로 표기

2) 2단계 다중화

- 4개의 전군을 각각 84, 96, 108, 120kHz로 DSB-SC 변조
- LSB만 짜르면 60-72, 72-84, 84-96, 96-108kHz로 다중화 됨
 (각 스펙트럼의 USB를 남긴다면 대역폭을 더 많이 잡아먹음)
- 대역폭 48kHz인 이 12개 음성채널 그룹을 "기초군(基礎群, basic group)"이라 함.
- 3단계 다중화를 위해 편의상 하나의 왼편 삼각으로 표기

3) 3단계 다중화

- 5개의 기초군을 각각 420, 468, 512, 564, 612kHz로 DSB-SC 변조
- LSB만 짜르면 312-360, 360-408, 408-456, 456-504, 504-552kHz로 다중화 됨
- 대역폭 240kHz인 이 60개 음성채널 그룹을 "초군(超群, super group)"이라 함.

4) 상위 다중화

- 5개의 초군 다중화. 300 음성채널 그룹. 주군(主群, master group)
- 3개의 주군 다중화. 900 음성채널 그룹. 초주군(超主群, super master group)
- 4개의 초주군 다중화. 3600개 음성채널 그룹. 거군(巨群, Jumbo group)

18-5 효율성과 안정성의 타협 : VSB

이제 우리에게 너무나 소중한 TV의 전송방식을 생각해보자. 2차세계대전 전후로 도입된 TV는 아날로그 전자회로기술의 집결체로서 반세기 넘게 활약하다가, 이제 디지털방식으로 전환되면서 고화질과 새로운 융합서비스로 그 패러다임이 바뀌고 있다. 비록 사라져가는 기술이지만 아날로그TV의 전송방식은 우리에게 진폭변조에 대한 깊은 통찰력을 주는 소중한 기술유산이다.

아날로그 NTSC 컬러TV의 영상신호는 그 점유대역폭이 4MHz에 이른다. 이것을 곧이곧대로 DSB변조하면 대역폭이 무려 8MHz를 넘어가므로, 초기에 할당된 얼마 되지 않는 VHF대역에 다수의 TV방송을 수용하기에는 무리가 많았다 (AM 라디오방송의 대역폭이 10kHz에 불과한 것과 비교해보라). 절실한 대역폭절약을 고려하면 SSB가 정답이기는 하지만, (식18-9)에서 살펴 본대로 SSB로 전송되는 영상신호는 그 품질을 보장하기 어렵다.

영상신호의 특징은 직류를 포함한 저주파영역에 큰 전력이 집중된다는 것이다. 이것은 dc null이 있는 음성신호처럼 필터로 측파대를 나누는 것이 애초에 불가능함을 말한다. 게다가 사람의 시각은 위상오차에 무지 민감하여 광대역에 걸친 힐버트변환도 역부족이다. 여기에서 한가지 타협안이 나온다. 즉 민감한 저주파부분은 DSB의 스펙트럼을 보존하게 하고, 비교적 만만한 고주파부분은 SSB로 하자는 것인데, 그 대략적인 모양은 [그

림18-7]의 아래그림과 같다. DSB와 SSB의 절충형으로 고안된 이 방식은 한쪽 측파대를 어정쩡하게 남겨둔 형태라 하여 “잔류측파대(Vestigial Sideband, VSB)” 방식이라 부른다. SSB만큼 대역폭절감은 못했지만 고스란히 보존한 저주파성분으로 수신품질을 안정화시킬 수 있을 것이다.

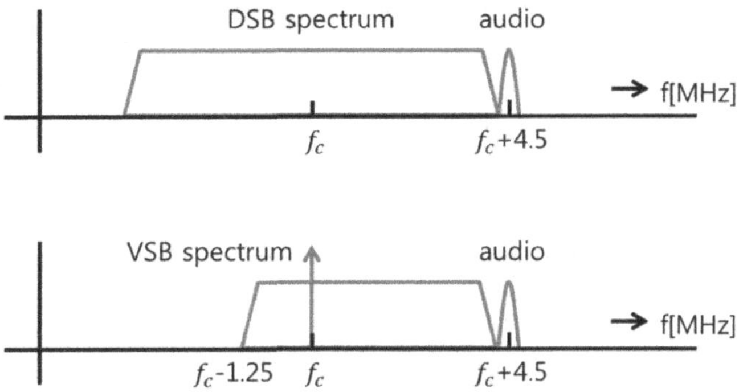

[그림 18-7] 잔류측파대(VSB)방식 TV신호 스펙트럼

이런 모양의 송신스펙트럼을 만드는 절차는 다음과 같다. 우선 DSB 변조된 스펙트럼에서 우측 USB부분은 그대로 두고, 좌측 LSB부분은 [그림18-8] (1)의 “송신기 VSB필터”로 반송파로부터 0.75MHz 떨어진 곳에서 비스듬히 자르기 시작하여 1.25MHz 되는 곳에서 완전히 차단한다. 그리고 반송파로부터 4.5MHz 떨어진 곳에 FM변조된 음성스펙트럼을 배치하여 [그림18-7]과 같이 약 6MHz의 대역폭으로 만든다.

그런데 이거 복조는 어떻게 한담? 당근 동기검파를 해야겠지만 [그림18-4]에 보인 SSB복조의 정교함을 보면 이 어중간한 스펙트럼으로는 도무지 견적이 나오지 않는다. 그렇다. 원래의 기저대역 스펙트럼을 복원하려면 이 VSB 송신스펙트럼을 다시 가공해야 한다. 가장 바람직하기로는 반송파를 중심으로 칼같이 반토막으로 잘라 SSB로 만드는 것이지만 이것은 애당초 무리이다. 현실적으로 가장 무난한 길은 [그림18-8] (2)처럼 “수신기 VSB필터”로 수신된 VSB스펙트럼을 사선으로 잘라내어 반송파의 좌우로 점대칭이 되게끔 하는 것이다. 송신기의 VSB필터는 수신기에서의 이러한 작업여유를 고려하여 스펙트럼의 LSB의 상당부분을 잔류시키는 역할을 한다.

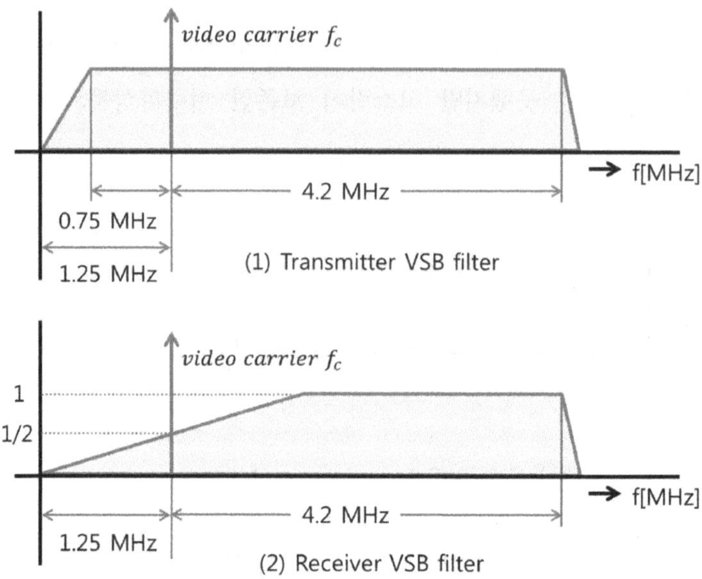

[그림 18-8] 송신기와 수신기 VSB필터의 특성

이 모양으로 과연 완전한 복조가 되는지 [그림18-9]에서 콘볼루션으로 알아보자. 편의상 송신된 VSB스펙트럼은 네모반듯한 DSB로 표시되었고, 수신기 VSB필터를 통과한 스펙트럼을 사다리꼴로 표시한다. 반송파와의 콘볼루션 과정에서 USB와 LSB에 대칭형으로 반쪽씩 걸친 잔류측파대가 서로서로 더해지면서 기저대역에 원래의 네모반듯한 스펙트럼이 형성되는 과정이 보이는가? DSB와 SSB의 타협은 이렇게 느슨한 필터로도 까다로운 영상신호를 쪼개고 붙이는 마술을 보여준다.

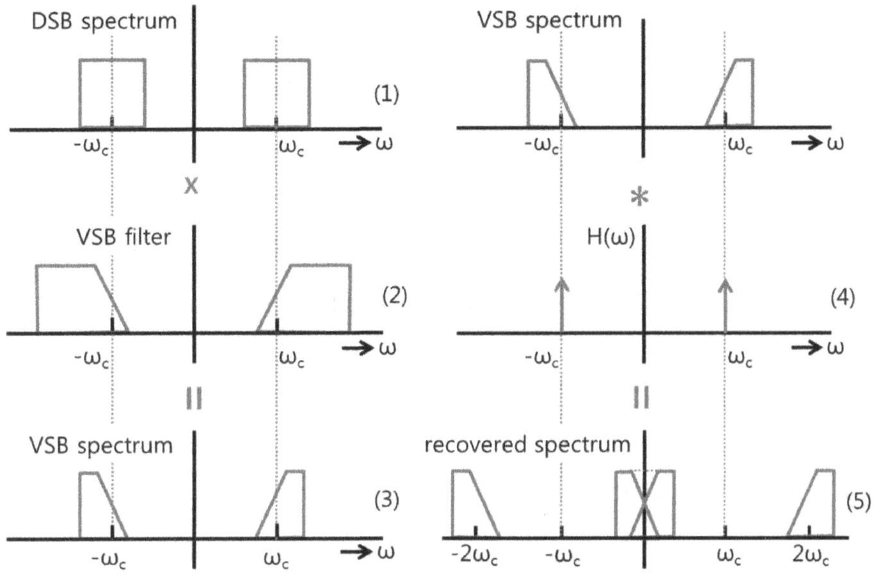

[그림 18-9] VSB 동기복조

그런데 [그림18-7]의 TV스펙트럼에서 우뚝 솟아오른 강력한 반송파성분은 도대체 어디서 온 것일까? DSB-LC를 한 것도 아니고, 일부러 넣었을 리도 만무한데.. 그 해답은 TV신호의 시간영역 파형에 있다. TV의 영상신호는 촬상관 혹은 CCD를 통해 전기신호로 바뀌는데, 가장 밝은 화소부터 가장 어두운 화소 사이를 그 밝기에 따라 전압 0볼트와 피크전압 사이에서 주어진다. 즉 소자의 동작원리상 음의 값이 나올 수 없으므로 TV신호는 모두 양의 값을 가지게 되는 것이다. 따라서 상당한 레벨의 평균값, 즉 직류성분을 가지게 되고, 이를 진폭변조 시키면 마치 DSB-LC처럼 강력한 반송파성분으로 나타나게 된다. 의도하진 않았지만 어쩔 수 없이 동반하는 반송파성분으로 TV송신기의 효율은 매우 낮다. 다만 훌륭한 파일롯 역할은 하겠지만..

이 고전적인 VSB방식은 디지털TV 방식에서도 살아남았다! 우리나라와 북미지역에서 채택한 디지털TV표준 “ATSC”방식에서 mpeg-2 디지털신호는 “8-VSB”라는 방식으로 변조 되는데, 이는 기본적으로 아날로그 VSB의 주요 노하우를 대부분 계승하는 것이다. 이에 대해서는 제6부 디지털변조에서 다시 다루도록 한다.

연습 문제

1. 진폭변조란 무엇인가? 시간영역과 주파수영역의 그림과 함께 두 영역에서의 의미를 자세히 설명하시오.

2. DSB-SC 동기복조의 경우, 수신기 국부발진 반송파에서 불가피하게 발생하는 주파수오차 및 위상오차의 영향을 수식과 함께 자세히 설명하시오.

3. 비선형소자를 이용한 DSB-SC 제곱변조를 평형회로로 구현해야만 하는 이유를 수식전개로 설명하시오. (비선형특성은 2차항 까지 고려함)

4. 평형변조기의 구성을 블록도로 그리고, DSB-SC 변조파가 만들어지기까지 그 동작과정을 수식으로 자세히 유도하시오.

5. 중간탭 달린 변압기를 이용하는 링변조기의 회로도를 그리고, DSB-SC 파형이 만들어지는 과정을 시간영역과 주파수영역의 그림으로 표시하시오.

6. DSB-SC 복조에 필요한 반송파를 DSB-SC 신호로부터 뽑아낼 수 있음을 수식과 스펙트럼 그림으로 설명하시오.

7. down-conversion, up-conversion 주파수변환의 원리를 수식과 콘볼루션 그림으로 설명하시오.

8. PLL이란 무엇인가? 그 탄생배경과 PLL이라는 용어의 의미를 설명하고, PLL 구성 블록도를 그리시오.

9. DSB-SC 신호로부터 carrier recovery를 해내는 Costas loop의 블록도를 그리고, VCO 제어를 위한 오차신호 Θe(t)가 얻어지는 과정을 수식으로 유도하시오.

10. 슈퍼헤테로다인 수신기의 구성도를 그리고, 이 방식이 가지는 특징을 수신기의 3대 품질척도를 기준으로 자세히 설명하시오.

11. 슈퍼헤테로다인의 불청객인 영상주파수가 존재하는 원리를 주파수영역의 그림을 이용하여 설명하시오.

12. DSB-LC 변조방식의 전력효율(power efficiency)을 수식으로 유도하시오.

13. 고출력용 AM(DSB-LC)변조기를 구현하는 트랜지스터 회로를 그리시오.

14. QAM 변조기와 복조기의 블록도를 그리고, QAM 신호로부터 Q-channel의 신호가 복원되는 과정을 수식으로 보이시오.

15. 위상천이(Hilbert Transform)을 이용하는 SSB 변조기의 블록도를 그리시오. 그리고 이 방식을 실제로 구현하기가 까다로운 이유를 설명하시오.

16. VSB변조를 사용하는 TV의 복조과정을 주파수영역의 그림으로 설명하시오.

5부

각변조

각변조와 점유대역폭 제19강

성능도 좋고 대역폭도 별로 안 먹는 신통한 변조방법은 없을까?

19-1 개요

반송파의 진폭에 정보를 싣는 진폭변조는 기저대역 스펙트럼이 고스란히 주파수천이 되어 쌍둥이 스펙트럼으로 나타나는 깔끔한 변조방식이다. 또한 여기서 파생한 주파수변환(믹싱)과 슈퍼헤테로다인 개념은 장거리 무선통신의 초석이 되었다. 하지만 뭔가 부족한 수신품질, 그리고 좀 더 좁은 점유대역폭, 즉 협대역(narrow band)화에 대한 아쉬움이라는 과제가 대두되었다. 과연 이러한 요구들을 수용할 수 있는 새로운 변조방식은 존재하는 것일까? 그 시작은 반송파주파수의 흔들림에 신호를 싣는 초협대역(超狹帶域) 변조기술의 가능성에서 출발한다.

19-2 주파수에 신호를 싣다

이렇게 생각해보자. 송신기는 매 순간 딱 하나의 주파수만 발사하며, 그 주파수는 신호의 진폭에 따라 정해진다. 즉 신호진폭이 영이라면 반송파주파수 ω_c를, 그보다 크면 $\omega_c+\alpha$, 그보다 작으면 $\omega_c-\alpha$를 보내는 식이다. 신호의 진폭에 따라 이런 식으로 반송파의 주파수가 순간순간 바뀌는 변조방식을 "주파수변조(frequency modulation, FM)"이라 한다. 수신기에서는 주파수의 변동을 다시 진폭의 변동으로 바꾸면 복조가 될 것이다. 그런데 굳이 이렇게 해서 얻는 것이 무엇이란 말인가?

여기서 기발한 발상이 나온다. [그림19-1]을 보자. 신호는 평균값 영, 최대값 m_p, 최소값 $-m_p$라 하자. 이를 주파수변조 하면, 변조파의 스펙트럼은 반송파 ω_c를 중심으로 오른쪽으로 $k_f m_p$까지, 왼쪽으로 $-k_f m_p$까지 이르게 된다. 여기서 k_f는 비례상수로서 임의로 조절이 가능하며, $k_f m_p$를 묶어서 "주파수편이(偏移, frequency deviation)"라 부르고 $\Delta\omega$로 표시 한다(익숙한 Hz단위로 하면 $\Delta f=k_f m_p/2\pi$로 표시됨). 그렇다면 점유대역폭은 $2\Delta\omega$가

되는데, 이때 [그림19-1] (2)와 같이 비례상수 k_f를 왕창 줄인다면 대역폭도 따라서 엄청 줄어들 것 아닌가?! 대역폭이 2B[Hz]로 못 박힌 진폭변조와 비교한다면, 대역폭을 마음대로 줄일 수 있는 FM이야말로 대역폭절약의 종결자가 아닌가?

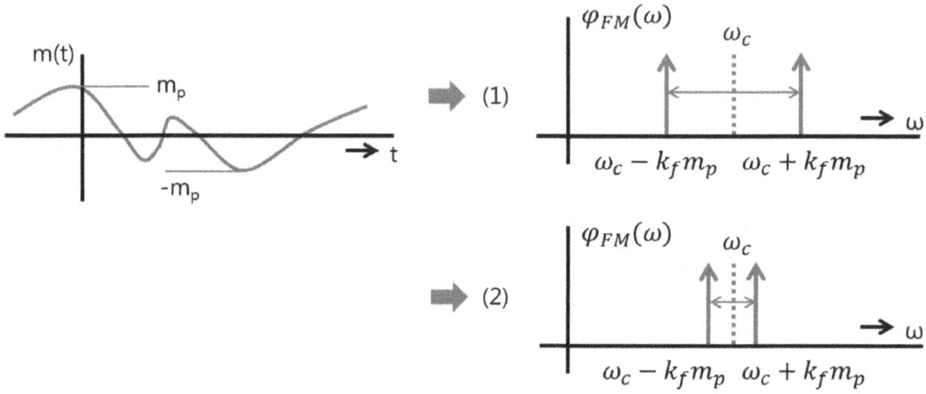

[그림 19-1] 주파수변조의 예상 점유대역폭

이 신통한 아이디어는 당장 엄청난 관심을 불러일으켰지만, 결론부터 말하자면 이는 엄청난 오해였음이 밝혀졌고 당사자들을 큰 실망 속으로 몰아넣는다. 하지만 여기에는 또 다른 반전이 기다리고 있었다. 왜 이런 오해가 생겼는지 알아보는 과정에서 미처 몰랐던 주파수변조의 정체가 하나씩 밝혀진 것이다. 이제부터 주파수변조의 오해와 진실을 한번 따져보자.

우선 헷갈리는 용어 하나를 살펴본다. 서두(序頭)에서 언급한 어떤 순간의 주파수, 즉 "순시주파수(瞬時, instantaneous frequency)"라는 것은 도대체 어떤 것일까? 여기서 [그림2-3]의 원운동과 정현파를 잠깐 참조하자. 우리가 소위 주파수를 알아내려면 일정기간 원운동의 회전수를 카운트하여 시간으로 나누는 것이 정석인데, 카운트 할 시간도 없이 무슨 수로 순간적으로 주파수를 파악한다는 말인가? 이 점에 대해서는 이렇게 한번 생각해보자. 원운동의 회전수를 본다는 것은 원주상에서 한 점의 움직임을 주목하는 것인데, 이 점의 위치라는 것이 바로 위상(각)이 아닌가? 이 위상각이 빨리 변한다는 것은 회전이 빠르다는 것이고 이는 주파수가 높아짐을 의미한다. (진폭변조의 PLL에서 한번 들어 본 이야기.)

이제 어떤 순간의 주파수를 정의할 수 있게 되었다. 즉 원운동의 관측시간을 극한으로

짧게 잡고 그 동안의 위상각의 변화율을 구한다면 그것이 바로 순시주파수 ω_i가 될 것이고, 이를 수학적으로 말하면 바로 미분 아닌가! 이리하여 우리는 주파수변조를 수식으로 표현할 수단을 얻는다. (식19-1)의 일반적인 반송파 표현식을 보자. 정현파의 위상각에 해당하는 괄호부분을 통째로 미분한 결과가 (식19-2)이고, 이로부터 (식19-1)은 시간변동이 없는 일정주파수 ω_c의 반송파임을 확인할 수 있다. 그렇다면 순시주파수 ω_i가 신호에 따라 시시각각 변동하는 FM은 어떤 식으로 표현될까?

$$\varphi(t) = A\cos\underbrace{\left[\omega_c t + \theta_0\right]}_{ANGLE} \tag{식19-1}$$

$$\omega_i = \frac{d\theta}{dt} = \frac{d}{dt}\left(\omega_c t + \theta_0\right) = \omega_c \tag{식19-2}$$

주파수변조(FM)의 정의는 (식19-3)에서 보인대로 "순시주파수가 반송파 ω_c를 기준으로 하여 신호 m(t)의 진폭에 따라 변화하는 변조방식" 이다. 따라서 FM변조파를 (식19-1)의 형태로 표시하려면 (식19-4)와 같이 순시주파수를 적분하여 위상각의 형태로 바꾸어야 한다. 적분결과가 시간함수이므로 적분식에서는 t 대신 α를 변수로 사용하였다. 해놓고보니 신호 m(t)를 적분하는 기묘한 형태가 되어버렸지만, 암튼 이리하여 (식19-5)와 같이 FM의 파형을 수식으로 표현하는 길이 열렸다.

$$\omega_i = \omega_c + k_f m(t) \tag{식19-3}$$

$$\theta(t) = \int_{-\infty}^{t}\left[\omega_c + k_f m(\alpha)\right]d\alpha = \omega_c t + k_f\int_{-\infty}^{t} m(\alpha)d\alpha \tag{식19-4}$$

$$\varphi_{FM}(t) = A\cos\left[\omega_c t + k_f\int_{-\infty}^{t} m(\alpha)d\alpha\right] \tag{식19-5}$$

헷갈리는 적분이 들어가는 것이 싫다면 이렇게 해 보는 것은 어떤가? (식19-1)의 θ_0 자리에 신호 m(t)를 그대로 넣어버리는 것이다. 즉 반송파의 위상각이 m(t)에 따라 연속으로 변동하도록 하면 (식19-6)처럼 산뜻한 표현이 나온다. 신호가 반송파 위상을 주물렀다는 뜻으로 이를 "위상변조(PM, Phase Modulation)"라 부른다. 그렇다면 PM의 순시주파수는 어떻게 될까? 변조파의 위상각을 통째로 미분하면 되니까 (식19-7)로 유도될 것이다. 그러고 보니 PM에서는 신호 m(t)의 미분값이 순간주파수를 결정하지 않는가!

$$\varphi_{PM}(t) = A\cos\left[\omega_c t + k_p m(t)\right] \qquad \text{(식19-6)}$$

$$\omega_i = \frac{d\theta(t)}{dt} = \frac{d}{dt}\left[\omega_c t + k_p m(t)\right] = \omega_c + k_p \dot{m}(t) \qquad \text{(식19-7)}$$

FM과 PM은 모두 반송파의 위상각을 변조한다는 공통점을 가지므로 둘을 합쳐서 "각변조(Angle Modulation)"라 부른다. FM과 PM은 비슷한 수식표현을 가지기는 하지만 순시주파수 측면에서 보면 미묘한 차이를 보인다. FM의 경우 신호 m(t)의 진폭이 주파수편이를 좌우하지만, PM의 경우 신호의 변화율에 의해서만 주파수편이가 결정될 뿐 신호의 절대크기와는 무관하다. 사촌격인 두 방식에 대하여, "FM이란 신호를 적분한 후 PM한 것" 또는 "PM이란 신호를 미분한 후 FM한 것" 이라는 재미있는 표현도 가능하다. [그림19-2]에서 보인 FM과 PM의 구체적인 변조파형의 예를 보면서 두 방식의 차이를 확인해 보자.

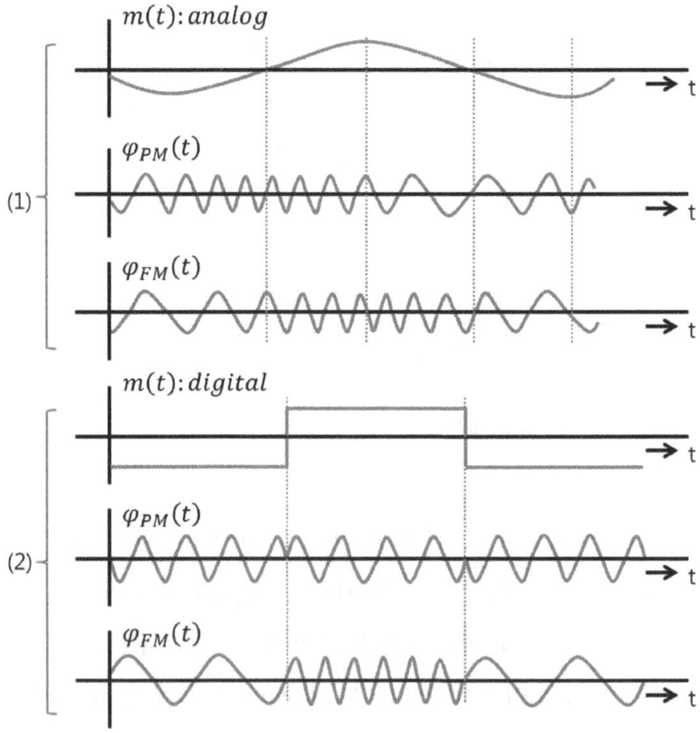

[그림 19-2] FM과 PM의 변조파형 비교

[그림19-2] (1)은 아날로그신호를 각변조 한 모습이다. 신호의 크기에 따라 순시주파수가 바뀌는 FM과 신호의 변화율에 따라 순시주파수가 바뀌는 PM의 특징이 잘 드러나 있지만, 변조파형만 보고 FM인지 PM인지를 구별하기는 매우 어려워 보이지 않는가? 이에 비해 [그림19-2] (2)의 디지털신호 각변조는 FM과 PM의 구분이 확연하다. FM은 펄스의 극성에 따라 두 개의 주파수, 즉 $\omega_c+\alpha$와 $\omega_c-\alpha$가 교대로 출현한다. 이에 비해 PM은 주파수 변화 없이 펄스의 극성이 바뀌는 곳에서만 위상이 180도 뒤집힌다. 한편 FM의 주파수변화점과 PM의 위상반전점은 신호의 변화율(미분값)이 무한대이므로 순시주파수도 무한대가 된다는 것인데, 이거 상당히 문제가 있어 보이지 않는가? 여기에 대해서는 잘 기억해 두었다가 제6부 디지털변조에서 깊이 있게 다루어 보자.

우리는 종종 "FM은 반송파의 주파수를 변조하고, PM은 반송파의 위상을 변조하는 것"이라고 두루뭉술하게 말하기도 하지만, 이건 FM과 PM을 구분하기에 좀 모호한 표현이다. 이참에 아래와 같이 FM과 PM의 정의를 명확히 해두자.

1) **주파수변조(FM)란?** : 신호 m(t)의 진폭에 따라 반송파의 순시주파수가 선형적으로 변화하는 변조방식 (The instantaneous frequency of carrier is varied linearly with m(t))
2) **위상변조(PM)란?** : 신호 m(t)의 진폭에 따라 반송파의 위상각이 선형적으로 변화하는 변조방식 (The angle of carrier is varied linearly with m(t))

진폭변조가 입력신호의 크기에 따라 반송파의 진폭을 변화시키는 반면, 각변조는 반송파의 진폭을 전혀 건드리지 않는다. 따라서 각변조는 변조파의 포락선이 항상 일정한 "정포락선(constant envelope)"의 특징을 가진다는 점에 주목하자. 이 특성은 각변조가 효율 좋은 비선형증폭기를 사용할 수 있고, 변조파의 진폭에 붙는 잡음을 털어낼 수 있다는 큰 장점을 가지고 있음을 의미한다. 여기에 대해서는 제22강에서 다시 살펴보기로 한다.

19-3 각변조의 대역폭 따지기

그러면 각변조의 대역폭이 당초 생각처럼 그렇게 좁힐 수 있는 것인지 따져보기로 하자. 위에서 살펴 본대로 각변조의 대역폭은 주파수편이 $\Delta\omega$와 직접 관계가 있는데, 이는 비례상수 k_f의 설정에 따라 고무줄처럼 늘었다 줄었다 할 것이다. 게다가 반송파를 곱하는 것이 아니므로 진폭변조처럼 신호의 기저대역 스펙트럼이 그 모양 그대로 고스란히 반송파대역으로 주파수천이 될 턱도 없다. 다소 황당하기도 한 각변조 변조파의 스펙트럼을 무슨 수로 구할 수 있을까?

순시주파수의 연속적인 변화라는 것이 변조파형에 무리한 불연속성을 끊임없이 초래하고 있다는 사실을 염두에 둔다면, 순시주파수의 주위에 뭔가 자잘한 고조파 성분들을이 몰려다닐 것 같다는 생각이 들지는 않는가? 이 정도의 통찰력이 오면 푸리에해석을 제대로 이해하고 있다고 보아도 된다. 그렇다. 주파수영역에 대한 이 정도의 인식이라면 각변조가 초협대역 변조방식일 것이라는 생각은 물 건너갔다는 감이 들 것이다. 그렇다면 각변조에 있어서 최소한의 대역폭이 얼마나 되는지부터 알아보자. 비례상수 k_p가 아주 작다는 전제하에서 (식19-6)의 PM수식을 삼각공식으로 전개하면 (식19-8)가 유도된다.

$$
\begin{aligned}
\phi_{PM}(t) &= A\cos\left[\omega_c t + k_p m(t)\right] \\
&= A\cos\omega_c t\cos k_p m(t) - A\sin\omega_c t\sin k_p m(t) \\
&\text{if } k_p \text{ very small} \Rightarrow \cos k_p m(t) \cong 1 \quad \sin k_p m(t) \cong k_p m(t) \\
\phi_{PM}(t) &\cong A\cos\omega_c t - Ak_p m(t)\sin\omega_c t
\end{aligned}
\qquad \text{(식19-8)}
$$

그런데 이거 (식16-9)에서 본 AM(DSB-LC) 수식과 생긴 것이 비슷하지 않은가? 커다란 반송파성분의 첫째항은 똑 같고, 측파대에 해당하는 둘째항은 코사인이 사인으로 바뀌고 극성이 뒤집힐 뿐 수식의 의미상으로 다를 바가 없다. 이로부터 유추하면 PM의 최소 대역폭은 AM과 동일하다는 것이다. 즉 아무리 애를 써도 PM의 대역폭은 진폭변조의 대역폭 이하로는 내려갈 수가 없다는 결론이다! 이로써 초협대역 변조방식의 꿈은 날아간다. 암튼 이렇게 대역폭을 최소한으로 줄인 PM을 "협대역PM(Narrowband PM, NBPM)"이라 부른다. NBPM과 AM 이야기를 종합해 보면 아래와 같다.

1) NBPM과 AM의 대역폭은 2B[Hz]로 동일함
2) k_p가 아주 작다는 것은 AM의 입장에서 보면 변조지수 μ가 아주 작다는 뜻으로서 매우 큰 반송파가 대부분의 송신전력을 소비해버리는 초저효율 방식임
3) 대역폭은 비슷하지만 변조파의 파형과 스펙트럼은 서로 전혀 다름

그러면 FM은 어떨까? 마찬가지로 비례상수 k_f가 아주 작은 "협대역FM(Narrowband FM, NBFM)"도 (식19-5)의 FM수식을 삼각공식으로 전개하면 (식19-9)와 같이 유도된다. 한 가지 다른 점은 신호 m(t) 대신 이를 적분한 a(t)가 쓰인다는 것인데("FM이란 신호를 적분한 후 PM한 것"), 이에 따라 스펙트럼의 모양이 약간 달라지기는 해도 대부분의 특성이 NBPM과 유사하다.

$$
\begin{aligned}
\phi_{FM}(t) &= A\cos\left[\omega_c t + k_f\int_{-\infty}^{t} m(\alpha)d\alpha\right] = A\cos\left[\omega_c t + k_f a(t)\right] \\
&= A\cos\omega_c t\cos k_f a(t) - A\sin\omega_c t\sin k_f a(t) \\
&\quad if\ \ k_f\ very\ small \Rightarrow \cos k_f a(t) \cong 1\quad \sin k_f a(t) \cong k_f a(t) \\
\phi_{FM}(t) &\cong A\cos\omega_c t - Ak_f a(t)\sin\omega_c t \\
&= A\cos\omega_c t - Ak_f\int_{-\infty}^{t} m(\alpha)d\alpha\,\sin\omega_c t
\end{aligned}
\tag{식19-9}
$$

한편 NBFM과 NBPM은 그 수식이 AM과 유사한 구조를 가지므로 AM 변조기를 약간 수정하는 것만으로 그 변조기를 손쉽게 구현할 수 있다. 즉 [그림19-3]과 같이 90도 이상기와 적분기가 추가되면 진폭변조기에서 협대역 각변조기로의 변신이 가능하다!

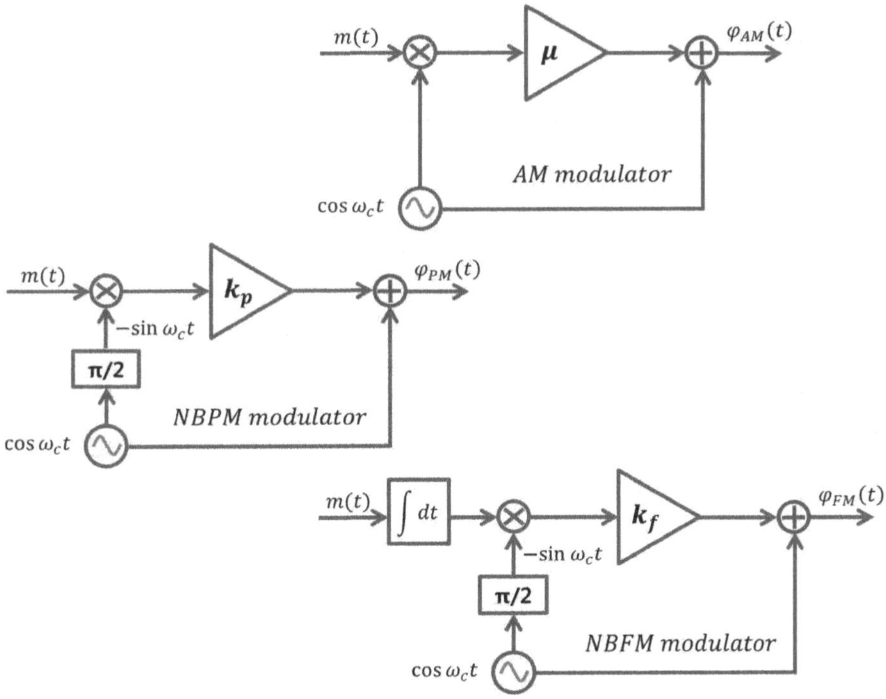

[그림 19-3] NBFM과 NBPM 변조기

비례상수 k_p, k_f가 점점 커지면 (식19-8)과 (식19-9)는 더 이상 유효하지 않다. 각변조의 대역폭이 최소한 진폭변조 이상라면 비례상수 k_p, k_f와 대역폭은 구체적으로 어떤 상관관계를 가질까? 그리고 스펙트럼은 어떤 모양일까? 대역폭을 똑 부러지게 계산해 낼 방법은 있는가? 이런 의문에 대하여 베셀(Bessel) 함수, 또는 멱급수전개(power series expansion)라는 수학적 도구를 사용한 설명이 일반적으로 쓰이는데, 한가지 분명한 것은 FM의 대역폭은 무한하다는 것이다! 초협대역의 꿈이 알고 보니 초광대역으로 밝혀진 FM의 역사는 무척 아이러니하지 않은가?

FM 대역폭에 대한 골치 아픈 수식전개에 대해서는 별도의 문헌들을 참조하기 바란다. 그 대신 그림을 통해 각변조의 물리적인 의미가 무엇인지 이해하도록 해보자. 신호 m(t)의 순간적인 진폭변동과 이에 따른 순시주파수를 주파수영역에서 깡그리 추적하기는 너무나 방대하므로 편의상 신호 m(t)를 블록모양의 이산신호로 근사해놓고 보자. 블록의 간격(interval)은 "표본화정리"에 기초하여 1/2B[sec]로 하자(신호 m(t)의 대역폭은 B[Hz]). 이렇게 근사하면 블록 하나가 지속되는 동안은 순시주파수의 변화가 없으므로 어떻게 해봄직 하지 않은가?!

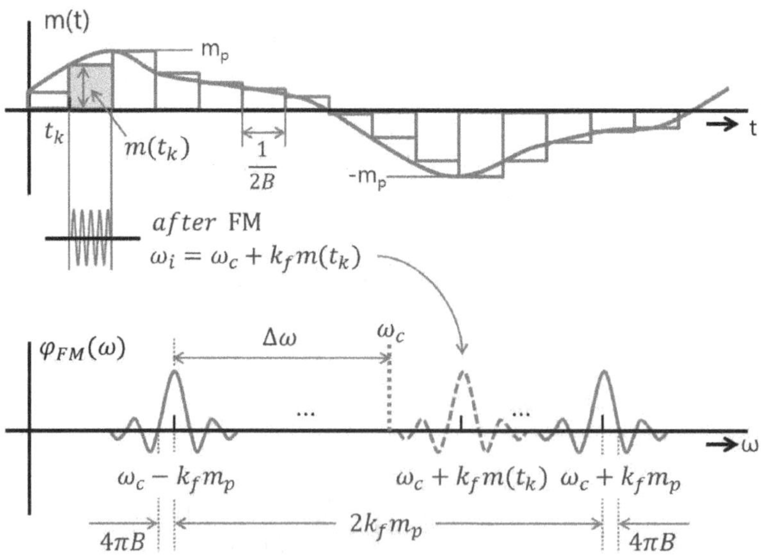

[그림 19-4] 그림으로 따져보는 FM의 점유대역폭

시점 t_k에 위치한 블록의 신호크기가 $m(t_k)$라면 그 블록동안은 주파수 $\omega_c+k_f m(t_k)$가 유지된다. 그런데 이거 4-5절에서 다루었던 “잘린 정현파”가 아닌가? 사각파의 주파수천이를 콘볼루션으로 풀어보았던 기억이 나는가? 그렇다. 신호 $m(t_k)$에 의한 스펙트럼은 다름 아닌 $\omega_c+k_f m(t_k)$를 중심으로 한 sinc함수가 된다. 이런 식으로 모든 블록의 스펙트럼을 찍어나가면 최대 $\omega_c+k_f m_p$, 최소 $\omega_c-k_f m_p$의 범위 내에서 메인로브의 폭이 4B[Hz]인 sinc함수가 쫙 깔리면서 스펙트럼은 좌우로 무한히 이어질 것이다. 이것은 [그림19-1]에서 예상한 것과는 완전히 다르지 않는가? 와우! 펄스파의 대역폭정의처럼 [그림19-4]에서도 sinc함수의 메인로브까지만 FM의 유효대역폭으로 친다면, 두 주파수편이 양끝으로 다시 2B[Hz](4πB[rad/sec])씩 추가되어 근사신호의 대역폭은 (식19-10)으로 정의된다.

$$BW_{FM} = \left(2k_f m_p + 8\pi B\right)\left[rad / sec\right] \tag{식19-10}$$

각주파수 ω[rad/sec] 대신 현실적인 단위인 f[Hz]로 고쳐 쓰면 (식19-11)과 같이 주파수편이 Δf와 신호의 대역폭 B의 산뜻한 합으로 FM의 대역폭이 유도된다. 그런데 이게 정말 대충이라도 맞는 것일까? 우리는 앞에서 NBFM의 대역폭을 알아냈으니까 NBFM의 조건 "$\Delta f \to 0$"를 통해 이를 검증해보자. 오잉? (식19-11)에서 Δf를 영으로 놓으면 4B[Hz]로 계산되는데 이거 NBFM의 2배가 아닌가! 너무 놀라지 말고 지금까지의 계산이 블록으로 근사한 파형에 근거한 것임을 상기하자. 각진 근사파형이 매끄러운 실제파형보다 훨씬 고조파성분이 많다는 점을 고려한다면 실제 대역폭은 훨씬 좁을 것이다. 따라서 (식19-11)을 (식19-12)와 같이 과감히 수정하여 NBFM의 대역폭에 끼워맞출 수 있지 않을까?

$$\begin{aligned}\Delta\omega &= k_f m_p[rad] \;\Rightarrow\; \Delta f = \frac{k_f m_p}{2\pi}[Hz] \\ BW_{FM} &= \frac{1}{2\pi}\left(2k_f m_p + 8\pi B\right)[Hz] \\ &= 2\left(\frac{k_f m_p}{2\pi} + 2B\right) = 2(\Delta f + 2B)[Hz] \;\; ??\end{aligned} \tag{식19-11}$$

$$BW_{FM}=2\left(\frac{k_f m_p}{2\pi}+B\right)=2(\Delta f+B)[Hz]$$

(식19-12)

실제로 (식9-12)는 1911년 AT&T의 J. R. Carson에 의해 정교한 수학적 분석을 거쳐 FM의 대역폭을 정의하는 수식으로 명쾌하게 입증되었다. "카슨법칙(Carson's rule)"으로 명명된 이 식을 통하여 FM과 그 대역폭에 대한 논쟁은 결판이 난다. 유명한 SSB의 발명자이기도 한 Carson은 FM의 대역폭을 밝히기는 하였지만, FM은 대역폭만 넓은데다 AM에 비해 별다른 장점도 없이 잡음과 왜곡만 가져오는 쓸모없는 발명임을 주장한다. 당대 최고 과학자의 이 한마디로 FM은 다시 빛을 보기까지 수십년을 더 기다려야 하는 운명을 겪는다.

또 하나, 카슨법칙으로 정의되는 FM대역폭은 FM변조파 에너지의 약 98%를 포함하는 범위를 정해줄 뿐이다. 즉 구체적인 스펙트럼의 생김새에 대한 정보는 전혀 없음을 유의하자. 또한 2%에 달하는 대역외(外) 에너지가 인접채널에 주는 간섭 역시 상당할 것이므로 카슨법칙은 무선주파수할당의 기준으로는 부적합하다. 한편 순시주파수가 신호의 미분값에 비례하는 PM의 경우도 (식19-13)과 같이 유사한 형태로 유도된다.

$$BW_{PM}=2(\Delta f+B)=2\left(\frac{k_p \dot{m}_p}{2\pi}+B\right)$$

(식19-13)

FM과 PM의 대역폭 수식은 비슷하기는 하지만 미묘한 차이가 있음에 주목하자. FM의 경우 대역폭을 좌우하는 주파수편이가 입력신호의 진폭에 비례하지만, PM의 경우 주파수편이는 입력신호의 시간변화율에 비례하므로 설령 입력신호의 진폭이 별로 크지 않더라도 입력신호에 고주파성분이 많이 포함되어 있다면 대역폭이 의외로 커질 수 있다. 따라서 각변조로서 FM을 선택할 것이냐 PM을 선택할 것이냐의 결정은 대상으로 하는 신호의 특성에 달려 있음을 기억하자.

FM의 특징과 변조기 제20강

미운 오리새끼에서 백조로, FM이 이룬 통신의 새 지평

20-1 개요

FM을 탄생시켰던 초협대역 변조에 대한 환상은 곧 깨어졌지만, 그 대역폭과 성능에 대한 대논쟁의 와중에서 엉뚱하게도 그 뛰어난 내(耐)잡음성과 내(耐)간섭성이 인정받게 된다. 진폭변조에 비해 너무나 넓은 점유대역폭으로 인하여 외면 받았던 주파수변조방식. 그러나 알고 봤더니 나름대로의 기막힌 장점들이 발견되면서 상용FM방송을 비롯한 다양한 실용화의 길을 가게 된다. 미운 오리새끼에서 백조로 변신한 FM, 깨끗하고 친근한 음질로 우리와 함께 하는 FM, 형편없는 SNR에서도 초장거리통신을 가능하게 한 FM의 이야기를 슬슬 살펴보자.

20-2 광대역 주파수변조

(식19-12) 카슨법칙에 다시 주목하자. 신호의 대역폭 B는 정해져 있으므로, FM의 대역폭은 주파수편이 Δf의 크기에 좌우된다. 따라서 B와 Δf의 비율은 FM의 대역폭을 가늠하는 좋은 척도가 되므로 이를 "변조지수(deviation ratio) β"라 부른다. (식20-1)는 변조지수로 정의된 카슨법칙의 변형이다. 한편 B에 비해 Δf가 매우 작거나 매우 클 경우, (식19-12)는 (식20-2)와 같이 근사할 수 있다. 전자는 앞에서 본대로 대역폭이 2B[HZ]인 "협대역FM(NBFM)"이고, 후자는 이름 하여 "광대역FM(WBFM)"이 된다.

$$deviation\ ratio\ \beta = \frac{\Delta f}{B},\quad BW_{FM} = 2B(\beta + 1) \qquad \text{(식20-1)}$$

$$\begin{aligned} &if\ \Delta f << B,\ BW_{FM} \cong 2B \Rightarrow NBFM(Narrowband\ FM) \\ &if\ \Delta f >> B,\ BW_{FM} \cong 2\Delta f \Rightarrow WBFM(Wideband\ FM) \end{aligned} \qquad \text{(식20-2)}$$

그런데 WBFM은 NBFM에 비해 어떤 특징이 있을까? FM은 과연 대역폭절약과는 아무 상관도 없는 쓸모없는 변조방식인가? 초기의 이러한 오해에 가려졌던 FM만의 장점을 살펴보면 아래와 같다.

1) 신호전력과 대역폭의 타협(trade-off)

일반적인 FM의 대역폭은 기저대역폭보다 상당히 넓다. 하지만 오해하지 말아야 할 점은 이 넓은 대역 전체에 걸쳐 빈틈없이 항상 신호스펙트럼이 존재하는 것은 아니라는 것이다. 실제로 어느 순간 FM신호가 나타나는 곳은 이 넓은 대역폭에서 볼 때 극히 일부분에 지나지 않는다. FM의 순시주파수는 대역폭 범위 내에서 이곳저곳 열심히 옮겨 다닐 뿐 대부분의 대역은 텅 비어있는 것이다.

통신을 전투에 비유하자면 신호는 공격군, 잡음은 수비군으로 표현해도 될 것이다. 어떻게든 잡음을 이겨내고 신호를 전달해야 하는 것이 통신이 아닌가? 이상적인 AWGN환경을 가정하면 잡음(수비군)은 전체 대역폭에 걸쳐 균일하게 포진하고 있을 것이다. 그런데 AM과 FM의 신호가 구사하는 공격패턴은 매우 대조적이다. [그림20-1]에서 보이듯 FM의 신호는 순시주파수가 한 덩어리로 뭉쳐 수비진의 한 부분만을 집중 공격한다. 이에 비해 AM의 신호는 기저대역 스펙트럼이 고스란히 주파수천이 하는 관계로 신호전력은 항상 대역폭 전체에 걸쳐 잡음과 1:1대결을 벌인다.

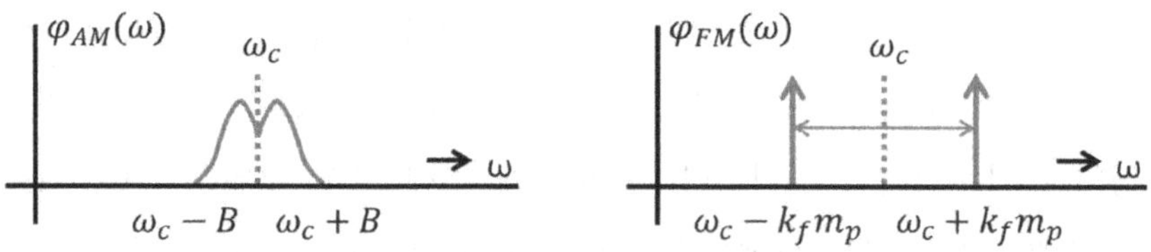

[그림 20-1] 그림으로 따져보는 AM과 FM의 SNR

어느 쪽이 병력을 효과적으로 사용하는 것인지 짐작이 갈 것이다. 일부 수비군만 상대하는 FM은 AM보다 적은 병력(전력)으로도 동일한 잡음을 이겨낼 수 있는 것이다. 통신용어로 표현하자면 FM의 수신SNR은 AM의 그것보다 좋다는 뜻이 아닌가? 게다가 이런 논리라면 FM의 SNR은 대역폭이 넓어질수록 더욱더 유리하지 않은가? 대역폭이라는 비싼 대가를 치를 형편만 된다면 적은 전력으로도 SNR이 보장되니 더 먼 거리를 통신할 수 있다는 이야기다. (여기에 대한 정량적 평가는 22-2절에서 다시 다루기로 한다.)

물리적 한계로 인해 송신전력은 달랑달랑한데 대역폭은 얼마든지 독점이 가능한 곳, 즉 우주탐사선이나 인공위성의 통신방식이라면 WBFM이야말로 적격 아닌가? 반면에 채널잡음이 별로 심하지 않고 막강한 송신전력의 투입이 가능한 곳, 즉 마이크로파 중계기지 등이라면 최대한 대역폭을 좁혀서 충실한 다중화에 치중할 수 있는 NBFM이 제격일 것이다. 이처럼 FM은 상황에 따라 적절한 SNR과 대역폭을 타협(trade-off)할 수 있다는 특성을 가지는데, 이를 위해서는 FM의 변조과정에서 대역폭을 손쉽게 늘이거나 줄일 수 있어야 한다. 과연 이것이 가능할까?

고맙게도 FM의 대역폭 조정은 아주 간단하다. (식19-12)에서 보면 FM의 대역폭을 좌우하는 주파수편이는 신호의 최대값 m_p와 비례상수 k_f가 곱으로 되어있는데, 이것은 바로 입력신호의 레벨 조정이 아닌가? 볼륨단자 하나로 FM변조파의 대역폭을 입맛대로 주무를 수 있는 것이다. 이에 비해 AM은 기저대역의 스펙트럼을 고스란히 보존해야 하므로 대역폭의 조정이란 상상할 수 없는 일이다.

그렇다면 같은 각변조 족속인 PM의 대역폭 조정은 어떨까? (식19-13)을 보면 뭔가 만만치 않을 듯하다. 주파수편이가 신호의 최대값이 아닌 신호의 미분, 즉 변화율의 최대값으로 되어있기 때문이다. 말하자면 PM의 주파수편이는 신호의 볼륨이 아닌 주파수 특성에 달려있다는 것이다. 예를 들면 같은 진폭이라도 남자목소리보다는 여자목소리가 더 넓은 대역폭을 차지하게 되는 상황인데, 이래가지고서는 어떤 신호에든 보편적으로 적용되는 대역폭을 정하기가 어렵다. 각변조에서 PM을 제치고 FM이 주역이 된 것에는 이런 배경이 있음을 기억하자.

2) 비선형왜곡의 제거

통신시스템 전반에 걸친 어쩔 수 없는 비선형성은 통신의 품질에 큰 타격을 준다. (식20-3)에서 FM파형에 대한 비선형왜곡의 영향을 살펴보자. 예를 들어 FM파형의 제곱항은 직류성분과 2차고조파성분으로 나타난다. 하지만 이 두 성분은 반송파주파수에 맞춘 BPF로 깨끗이 제거가 가능하여 FM파형에 아무런 영향을 주지 않는다. 즉 FM에서는 비선형왜곡을 필터로 청소가 가능한 것이다! 이 특성은 특히 전력이 한정되는 이동무선통신, 위성통신 등에 결정적인 도움이 되는데, 이는 전력효율이 좋은 C급 비선형앰프를 사용할 수 있기 때문이다.

$$
\begin{aligned}
&FM\ signal\ \ x(t)=\cos[\omega_c t+\psi(t)],\ \ \psi(t)=k_f\int_{-\infty}^{t}m(\alpha)d\alpha\\
&n-th\ order\ nonlinearity\ \ y(t)=a_1x(t)+a_2x^2(t)+a_3x^3(t)+\dots\\
&y(t)=a_1\cos[\omega_c t+\psi(t)]+a_2\cos^2[\omega_c t+\psi(t)]+\dots\\
&\quad=a_1\cos[\omega_c t+\psi(t)]+\frac{a_2}{2}\left(1+\cos 2[\omega_c t+\psi(t)]\right)+\dots\\
&\quad=\underbrace{\frac{a_2}{2}}_{DC-CUT}+\underbrace{a_1\cos[\omega_c t+\psi(t)]}_{BPF}+\frac{a_2}{2}\cos\underbrace{[2\omega_c t+2\psi(t)]}_{double\ \omega_c\ \&\ \Delta f}+\dots
\end{aligned}
\tag{식20-3}
$$

이와 같이 FM이 비선형왜곡과 무관한 것은, FM이 반송파의 위상각을 변조할 뿐 진폭을 건드리지 않는 "정포락선변조" 이기 때문이다. 즉 (식20-3)에서 보듯 FM파형의 진폭은 상수이므로 제곱의 효과가 진폭에 미치는 영향은 단순한 직류레벨변동에 불과할 뿐, 위상각은 고스란히 보존된다. 하지만 AM은 어떤가? 제곱의 경우 (식20-4)와 같이 기저대역 항과 고조파 항이 생기는데, 고조파는 BPF로 처치가 가능하지만 문제는 기저대역이 직류가 아니라는 것이다! 기저대역 항이 시변함수다보니 이게 고스란히 AM 파형에 올라타서 포락선을 마구 들쑤셔놓고, 반송파의 포락선에 실리는 신호 m(t)는 꼼짝없이 왜곡되고 만다.

$$
\begin{aligned}
&DSB-SC\ signal\ \ x(t)=m(t)\cos\omega_c t\\
&n-th\ order\ nonlinearity\ \ y(t)=a_1x(t)+a_2x^2(t)+a_3x^3(t)+\dots\\
&y(t)=a_1m(t)\cos\omega_c t+a_2m^2(t)\cos^2\omega_c t+\dots\\
&\quad=a_1m(t)\cos\omega_c t+\frac{a_2m^2(t)}{2}\left(1+\cos 2\omega_c t\right)+\dots\\
&\quad=\underbrace{\frac{a_2m^2(t)}{2}}_{DC-CUT??}+\underbrace{a_1m(t)\cos\omega_c t}_{BPF}+\underbrace{\frac{a_2m^2(t)}{2}\cos 2\omega_c t}_{double\ \omega_c}+\dots
\end{aligned}
\tag{식20-4}
$$

한편으로 FM의 비선형왜곡은 뜻밖의 선물을 주기도 한다. (식20-3)을 다시 보면, 제곱의 영향으로 2차고조파가 발생함과 동시에 그 위상각 ψ(t)도 2배로 증가함을 알 수 있는데, 이는 주파수편이가 2배로 커졌다는 이야기가 아닌가! 이런 식으로 비선형회로를 이용하여 2차고조파와 2배의 주파수편이를 얻어내는 것을 "주파수체배(遞倍, frequency multiplying)"라고 한다. 일반적으로 n-제곱의 특성을 가지는 비선형계를 통과시키면 n차고조파와 n배의 주파수편이가 얻어짐이 수학적으로 입증되어 있다.

그런데 주파수체배는 어디에 써먹는데? 예를 들면 C급앰프에 어떤 단일주파수 신호를 넣고 출력단에 2차 또는 3차고조파의 BPF를 걸면 “frequency doubler” 또는 “frequency tripler”라는 주파수 뻥튀기를 만들 수 있다. 이것을 이용하면 안정적인 고주파 발진기를 만들기가 어려울 경우라도 낮은 주파수에서 확실하게 발진해 낸 주파수를 이런 식으로 체배를 거듭하여 쓸 만한 고주파로 만들어 낼 수 있을 것이다. 이렇게 신통할 수가! 더불어 이때 주파수편이 역시 2배, 3배로 커진다는 점을 함께 이용하면 더 기가 막힌 용도로 쓸 수가 있으니, 그것은 바로 “암스트롱의 간접FM” 이라는 것이다. 다음 절에서 자세히 알아보자.

20-3 암스트롱의 간접FM

카슨에 의해 그 베일이 벗겨진 FM은 처음에는 푸대접을 받았으나, WBFM이 보여주는 “잡음과 간섭에 대한 탁월한 억제력”에 주목한 암스트롱은 획기적인 음질의 “상업용 FM방송”을 제안하고, 1933년 특허를 낸다. 여기에 암스트롱이 창안했던 슈퍼헤테로다인 방식 등이 요긴하게 쓰이면서 그의 천재성이 한껏 발휘된다. 이 방식의 주요제원은 다음과 같다.

1) 고품질 음성방송

50Hz의 저음으로부터 15kHz에 이르는 고음까지를 커버하는 "high fidelity (Hi-Fi)"급 음악방송을 실현함으로서 기저대역폭이 5kHz 정도에 불과한 AM을 음질에서 압도한다.

2) 광대역 RF 대역폭

기저대역폭 15kHz의 음성신호를 주파수편이 75kHz로 WBFM변조하면 카슨법칙에 의해 대략 2×(75kHz+15kHz)=180kHz의 RF대역폭이 나온다. 여기에 인접채널에 대한 간섭방지용 여유분(guard band)을 포함하여 방송국당 200kHz의 대역폭을 할당한다.

3) VHF 방송주파수대역

당시 실용화 된 무선주파수로는 MF(중파, 300~3000kHz)) 또는 HF(단파, 3~30MHz)가 일반적이었으나, 이 대역의 주파수범위는 매우 좁고 이미 사용자로 붐비는 상태이다 보니 200kHz에 달하는 FM방송을 수용할 여유는 애당초 없었다. 따라서 VHF(초단파, 30~300MHz) 대역을 사용할 수밖에 없었지만, 이는 1930년대 당시로서는 큰 기술적 도전이었다.

상용FM방송의 실용화에서 무엇보다도 어려웠던 것은 VHF대역에서 충실한 주파수안정도를 가지면서도 WBFM 생성이 가능한 넓은 주파수편이를 함께 가지는 "가변형발진기(可變形發振器)" 즉 "전압제어발진기(Voltage Controlled Oscillator, VCO)"의 실현이 당시 기술수준으로서는 난감했다는 점이다. 왜냐하면 상용FM방송에서 허용가능한 중심주파수 오차는 ±2kHz 이내로 계산되는데, VHF대역에서 이 정도의 안정도를 일반적인 LC발진기로 실현하기는 매우 어려운 것이 현실이었다. 그렇다고 주파수안정도만을 고려하여 Q값이 높은 수정발진기를 사용한다면 이번에는 그 협대역 특성으로 인해 넓은 주파수편이를 얻기가 매우 어렵다. 허허.. 이 딜레마를 어떻게 풀어야 한다는 말인가?

암스트롱은 이 난국을 풀어낼 수단으로 주파수체배라는 카드를 꺼내들었다. 즉 까다로운 VHF대역에서 곧바로 FM신호를 만들어내는 대신, 만만한 저주파대역(200kHz정도)에서 일단 NBFM변조를 하고나서, 주파수체배를 거듭함으로서 NBFM을 WBFM으로 뻥튀기하는 수법이다. 이는 NBFM 신호가 비선형계를 통과할 때마다 주파수가 2배 또는 3배로 증가하는 한편으로 주파수편이 역시 2배 3배로 커짐을 멋지게 이용한 것이다. 이 방식은 "암스트롱의 간접FM"이라 명명되며, 실용적인 VHF대역 상용FM방송을 실현시키는 역사적 성취를 이룬다. [그림20-2]의 예를 보면서 암스트롱의 발자취를 따라 가보자.

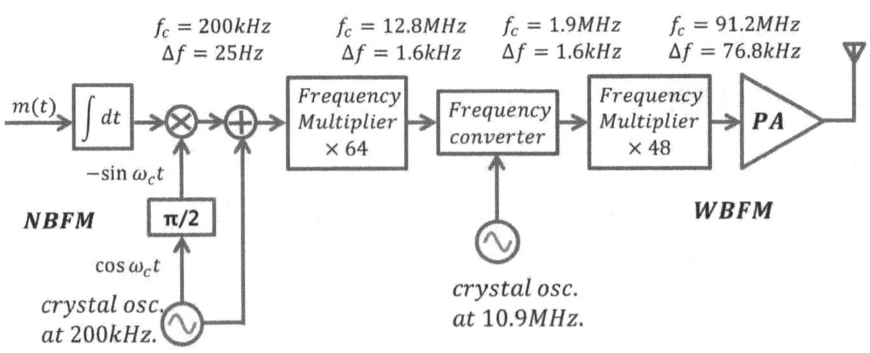

[그림 20-2] 암스트롱 간접FM법에 의한 WBFM 발생

기저대역 신호는 우선 [그림19-3]의 NBFM변조기로 200kHz의 반송파를 주파수편이 25Hz로 변조한다. NBFM에서 사용하는 평형변조기는 그 구조상 발진기가 가변형일 필요가 없으므로 수정발진기로 매우 안정된 중심주파수를 확보할 수 있다. 이제 이놈을 VHF대역으로 착착 체배 해나가야겠는데 여기에는 아래와 같이 두 가지 문제가 있다.

1) 체배기는 통상 2체배기(doubler)와 3체배기(tripler)의 조합으로 구성하는데, 이로 인해 체배는 2와 3의 배수로만 이루어지는 제한이 있다 보니 원하는 배율을 딱딱 맞추기가 어렵다. [그림20-2]의 예에서 25Hz의 주파수편이를 75kHz로 올리는 경우, 제일 비슷한 조합이 2체배 10회와 3체배 1회로 3072체배 하여 76.8kHz를 얻는 것이다.
2) 체배로 VHF대역에서 75kHz의 주파수편이를 얻어야 하는데, 중심주파수와 주파수편이의 체배 비율이 서로 맞지 않는다. [그림20-2]의 예에서 중심주파수를 200kHz에서 91.2MHz로 올리려면 456체배를 해야 하지만, 주파수편이를 25Hz에서 75kHz대로 올리려면 무려 3000여 체배를 해야 한다. 아이고 이를 어쩌나

여기에서 암스트롱은 다시 주파수변환이라는 카드를 쓴다. 체배 도중에 중심주파수만을 주파수변환으로 확 내림으로서 목표 주파수편이에 도달할 때까지 중심주파수의 과도한 상승을 저지하는 것이다. [그림20-2]을 다시 보하자. 2체배기 6개로 64체배 하면 중심주파수는 200kHz에서 12.8MHz로, 주파수편이는 25Hz에서 1.6kHz로 오른다. 이때 여기에 10.9MHz를 믹싱 하여 중심주파수를 1.9MHz로 내린 후, 다시 48체배 하면 전체적으로 3072체배가 되면서 주파수편이 76.8kHz를 91.2MHz에서 얻을 수 있다.

어떤가? VHF대역에서 직접 반송파의 순시주파수를 건드리는 VCO를 사용하는 대신에 평형변조기를 사용하고, 어질어질한 체배 과정을 거듭하는 간접FM 방식은 어떻든 상용FM방의 실용화에 결정적 기여를 한다. 다만 이 방식은 기발하긴 하지만 복잡한 송수신장치와 지나친 체배로 인한 자체잡음의 증가라는 문제를 안고 있었고 후일 다양한 형태로 개량을 거듭하여 오늘에 이르고 있다.

한편으로 WBFM방식은 장거리 무선중계시스템으로, 또 당시 막 시작된 상용TV방송의 음성용 변조방식으로도 채택되는 등 그 효용성을 인정받는다. 이에 힘입어 암스트롱도 1937년부터 독자방송망 설치와 수신기 보급에 본격적으로 나서면서 사업화를 진행하

게 된다. 하지만 당시는 AM방송이 전성을 구가하던 시절, AM왕국을 쥐고 있던 RCA사(社)는 임박한 상용TV방송에 주력하며 AM왕국을 일단 지키기로 결심하고 암스트롱의 상용FM방송 사업을 저지하고자 한다.

당초 RCA는 AM의 고질적인 잡음을 제거해줄 획기적 기술로서 FM의 가치에 주목, 암스트롱을 지원하기까지 했지만 사업의 세계에서 양보는 없었다. RCA는 로비를 동원한 지능적인 사업방해에 나서고, FCC는 당초 할당되었던 42~50MHz의 상용FM방송 주파수대역을 88~108MHz로 갑자기 이동배치 한다. 석연치 않은 이유로 FM방송이 TV채널 6번과 7번 사이에 어정쩡하게 끼게 된 것은 이런 내력이 있는 것이다. 결국 암스트롱의 방송망구축은 치명타를 맞게 되고, 거대기업과의 소모적 특허소송에 지치고, FM방송에 대한 특허권마저 정지당한 암스트롱은 무선통신천재로서의 삶을 자살로 마감하고 만다. 이후 암스트롱의 독창성과 정당함이 밝혀지긴 했지만, 이런저런 곡절로 인해 고음질 FM방송은 본격적인 상용화까지 오랜 공백기를 기다려야 하는 운명을 맞게 된다.

20-4 직접FM변조기

앞에서 간접FM방식을 먼저 다루기는 했지만, FM파 만들기란 한마디로 말하자면 해당 반송파 대역에서 "전압제어발진기(VCO)"를 구동하는 것이다. 이런 식으로 입력신호 크기에 따라 적절한 주파수편이를 가지는 반송파를 직접 만들어 내는 FM변조를 간접FM과 대비하여 "직접발생법(Direct Method)"라 부른다. 직접변조의 몇 가지 형태를 아래에 소개한다.

1) 가변다이오드 변조기

가변다이오드란 다이오드 PN접합의 공핍층을 캐패시터로 이용할 목적으로 만든 것으로서 "배랙터(varactor)"로 잘 알려져 있다. [그림20-3]은 배랙터를 사용한 콜렉터동조형 FM변조기로서, 입력신호가 배랙터의 역방향바이어스전압을 변동시키고, 이는 다시 콜렉터에 연결되는 캐패시턴스를 가변시킨다. 이에 따라 출력단 LC동조회로의 출력주파수에 주파수편이가 유도되고 결과적으로 FM변조를 수행하게 된다. 회로구성상 입출력이 모두 콜렉터에서 이루어지므로 FM출력이 입력으로 역류하지 않도록 RFC(Radio Frequency

Choke)가 입력회로에 포함된다. 동일한 원리로 배랙터 자리에 콘덴서마이크를 집어넣으면 FM무선마이크를 만들 수도 있다.

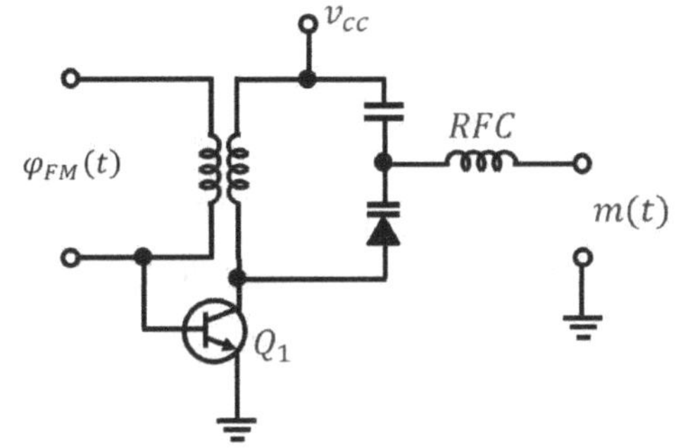

[그림 20-3] 배랙터를 사용한 콜렉터 동조형 FM변조기

2) 리액턴스변조기

반도체 PN접합의 공핍층을 캐패시터로 이용하는 또 다른 방법으로서 [그림20-4]처럼 트랜지스터를 사용할 수도 있다. 그림에서 FM변조용 입력신호는 Q1의 베이스-에미터간에 전압신호로 걸리면서 Q1의 바이어스전압을 변동시킨다. 이에 따라 베이스-콜렉터간 역방향바이어스 전압이 변동하고 베이스-콜렉터간 PN접합은 마치 가변캐패시터처럼 동작한다. 이 부분이 Q2 발진기회로의 콜렉터에 걸리면서 리액턴스를 변동시켜 발진주파수에 주파수편이를 만들어내는 FM변조를 수행한다.

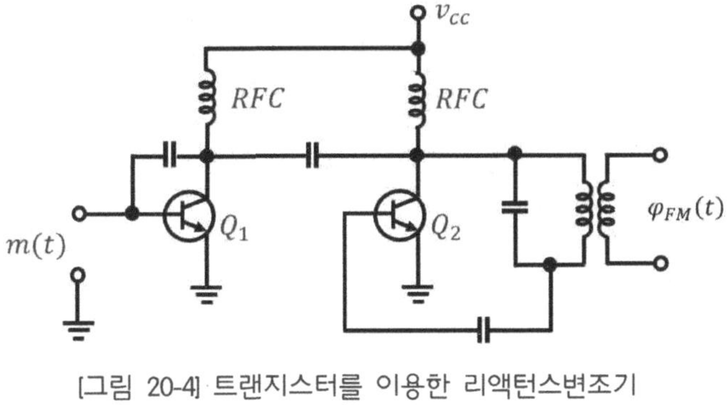

[그림 20-4] 트랜지스터를 이용한 리액턴스변조기

3) PLL변조기

16-2절에서 다루었던 PLL은 안정된 발진주파수의 유지가 본연의 임무이지만, 역으로 변조신호를 PLL의 루프필터에 집어넣으면 VCO 출력이 여기에 반응하여 순간주파수를 변동시키는 FM변조기로 동작하게 된다.

4) Crosby 직접FM 송신기

암스트롱의 간접FM방식의 약점인 과다한 체배를 피하기 위해 Crosby가 고안한 FM송신기이다. Crosby는 스테레오FM의 방식결정에서도 이름을 남긴 초기 무선통신계의 재주꾼이다. 이 방식은 [그림20-5]와 같이 5MHz라는 상당히 높은 대역에서 리액턴스변조기로 FM변조를 시작한다. 이렇게 되면 18배 뻥튀기 정도로 상용FM방송대역에 진입할 수 있다. 적당한 체배로 간편한 시스템을 구성하긴 했지만 역시 5MHz대역 발진에는 주파수안정화가 문제가 될 수밖에 없는데, 그 대책으로 이 방식에서는 마치 PLL처럼 5MHz 발진주파수를 끊임없이 추적하면서 제어해주는 "자동주파수제어(AFC, Automatic Frequency Control)" 회로가 필수적으로 부가된다. AFC는 정밀한 수정발진기로 만들어낸 반송파와 FM변조파의 중심주파수를 믹싱하여 FM변조파의 중심주파수 이탈 정도를 변별해 내고, 이에 따라 리액턴스변조기의 발진주파수를 끊임없이 수정한다. [그림20-5]에 그 예를 보인다.

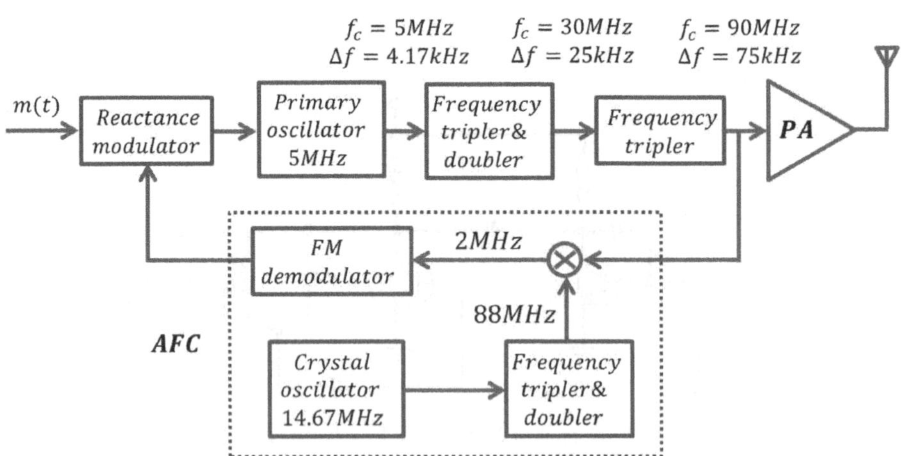

[그림 20-5] Crosby 직접FM 송신기

FM복조기

제 21 강

FM수신파의 주파수편이를 전압신호로 받아낼 수는 없을까?

21-1 개요

신호전압의 변동을 반송파의 주파수편이로 변환하는 것이 FM변조기라면, FM복조는 이 주파수편이로부터 원래의 신호전압을 찾아내는 것이다, 즉 FM복조란 수신신호 주파수의 순간적인 변동을 찾아내고(변별, 辨別), 이를 전압의 변동으로 바꾸는 과정을 말하는 것이다. 소위(所謂) “주파수변별기(周波數辨別器, Frequency Discriminator)”라 불리는 이 FM복조기는 AM과는 차별되는 매우 독특한 특성을 가진다. FM의 복조에 얽힌 기발한 아이디어들과 그 다양한 응용을 하나씩 알아보자.

21-2 FM복조의 의미와 리미터

FM복조, 즉 주파수변별이란 수신신호로부터 순간적으로 주파수를 읽어 낸다는 뜻인데, 이 “순시주파수(瞬時, instantaneous frequency)”라는 것이 말이 되는가? 본시 주파수라는 것이 어느 정도 시간을 두고 파형변동을 카운트해봐야 나오는 것인데 순간 파형만 보고 어떻게 주파수를 척 알아낸다는 말인가? 하지만 걱정 마시라. 이럴 때 쓸려고 만든 것이 바로 “미분”이다.

이러한 논의에 대해서는 우리가 16-2절 PLL에서 한번 다루었다. 즉 정현파의 위상과 주파수 사이의 관계인데, 어떤 정현파의 위상변화가 빠르다는 이야기는 바로 그 순간의 주파수가 높다는 뜻 아닌가? 다시 말하자면 위상의 시간변화율이란 바로 순시주파수를 의미하는 것이며, 이를 수학적으로 표시하면 순시주파수란 다름 아닌 위상의 시간미분인 것이다. FM변조파를 미분했을 때 어떤 모양이 되는지 (식21-1)을 통해 고찰해 보자.

$$\phi_{FM}(t) = A\cos\left[\omega_c t + k_f \int_{-\infty}^{t} m(\alpha)d\alpha\right]$$

$$\dot{\phi}_{FM}(t) = \frac{d}{dt}\left\{A\cos\left[\omega_c t + k_f \int_{-\infty}^{t} m(\alpha)d\alpha\right]\right\}$$

$$= A\left[\omega_c + k_f m(t)\right]\sin\left[\omega_c t + k_f \int_{-\infty}^{t} m(\alpha)d\alpha\right] \quad \text{(식21-1)}$$

재미있게도 미분의 결과는 주파수편이가 FM변조파의 진폭변화로 나타난다. 이를 그림으로 그려보면 [그림21-1]과 같다. FM변조파의 위상변화가 빠른 곳, 즉 주파수편이가 큰 곳일수록 미분값이 커지는 모양을 한눈에 알 수 있을 것이다. 즉 원래 정포락선이었던 FM변조파가 미분되면서 그 포락선이 주파수편이에 따라 변동하는 AM 비스무리한 파형으로 바뀐 것이다. 이제 보이는가? 우리가 목표로 하는 신호 m(t)를 찾아내는 길이.

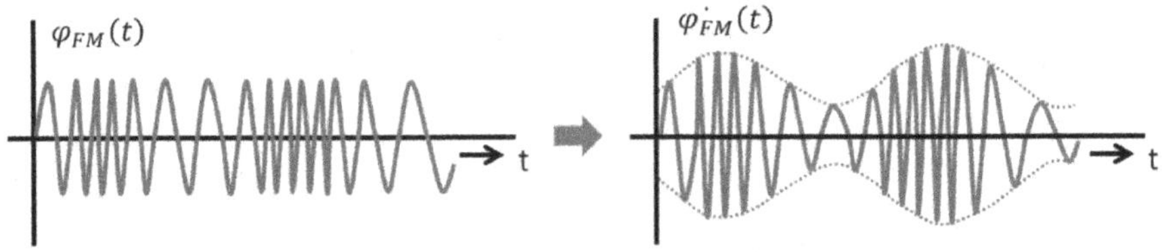

[그림 21-1] FM변조파 미분의 효과

(식21-1)의 파형은 반송파의 주파수가 시시각각 변동 한다는 것 말고는 신호 m(t)가 포락선에 올라타고 있다는 점에서 (식16-8)의 AM변조파와 꼭 같다. 따라서 m(t)는 포락선검파라는 간단한 수단에 의해 최종적으로 복원이 가능하다. FM과 포락선검파의 만남. 기발하지 않은가? 이리하여 FM복조기, 즉 "주파수변별기"란 [그림21-2]와 같이 "미분기 & 포락선검파기"로 정의된다. 흥미로운 점은 DSB-SC의 복조에서 보았던 반송파의 복원이라는 골치 아픈 과정이 FM에서는 전혀 필요 없다는 것이다!

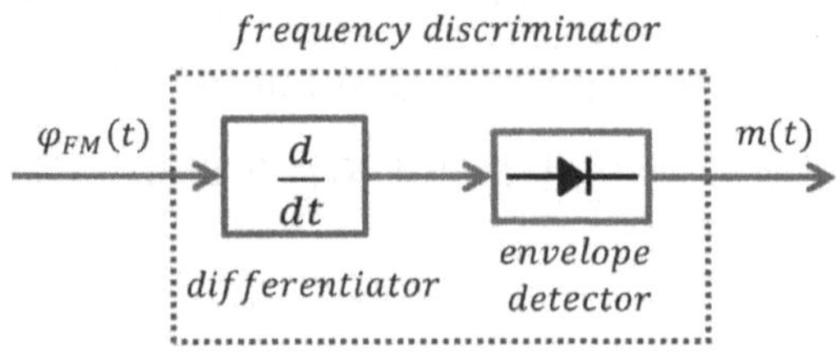

[그림 21-2] 주파수변별기의 개념도

이렇게 뜻밖에도 간단해 보이는 FM복조에 사실은 큰 문제가 하나 숨어있다. 본디 FM변조는 정포락선 방식으로서 FM변조파의 진폭은 (식19-5)처럼 상수 A로 변함이 없다. 그러나 전송로에 섞여 들어오는 잡음은 FM변조파의 포락선에 올라앉으면서(상가성) 수신파의 진폭을 [그림21-3] (1)과 같이 시간에 따라 불규칙하게 변동하는 시간함수 A(t)로 만들어버린다. 만일 수신파가 이대로 미분기를 거쳐 포락선검파 될 경우, 이렇게 올라 탄 잡음은 고스란히 복조신호에 더해져 출력되고 말 것이다. 무슨 좋은 수가 없을까?

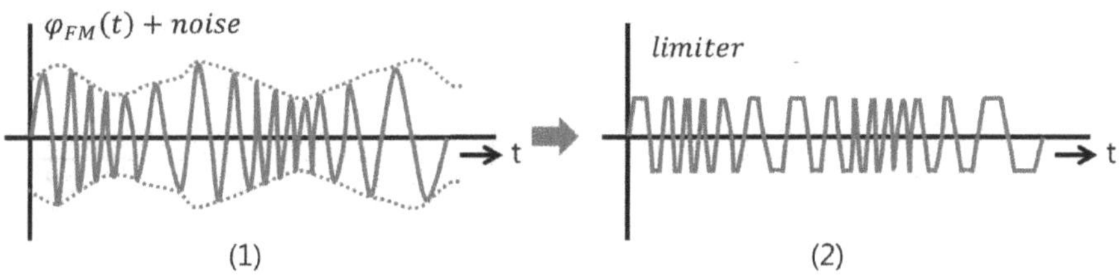

[그림 21-3] 전송로잡음에 의한 FM변조파 포락선변동과 리미터의 개념

우리는 여기에서 FM이 정포락선변조라는 사실에 다시 주목하자. 즉 FM변조에서 송신정보는 오로지 반송파의 주파수변동에 숨어있지 진폭과는 무관하다는 점이다. 따라서 [그림21-3] (2)처럼 수신파형의 울퉁불퉁한 끝부분을 싹 잘라내어 일정진폭으로 만들어도 송신정보의 손실은 전혀 없을 것이다. 이름하여 "리미터(Limiter, 진폭제한기)"라 불리우는 이 수법은 FM이기에 가능한 시간영역 잡음제거법으로서 FM의 깨끗한 수신품질을 보장하는 훌륭한 방편이 된다.

리미터는 개념상 clipper회로로 간단히 구현되겠지만, 복조를 위해 미분기에 입력되는 파형은 매끄러운 정현파여야 하므로 [그림21-3] (2)의 깍두기모양 파형으로는 좀 곤란하다. 따라서 실제 리미터는 [그림21-4]와 같이 2단계에 걸쳐 구현된다.

1단계) Hard Limiter

- 잡음을 제거한 정포락선 파형으로 만드는 과정
- 수신신호를 비교기를 통해 음과 양의 펄스열 신호로 변환

2단계) BPF

- 사각파로부터 깨끗한 FM변조파를 만드는 과정
- 반송파주파수 fc에 맞춘 BPF로 펄스열에 숨어 있는 기본주파수 찾아내기

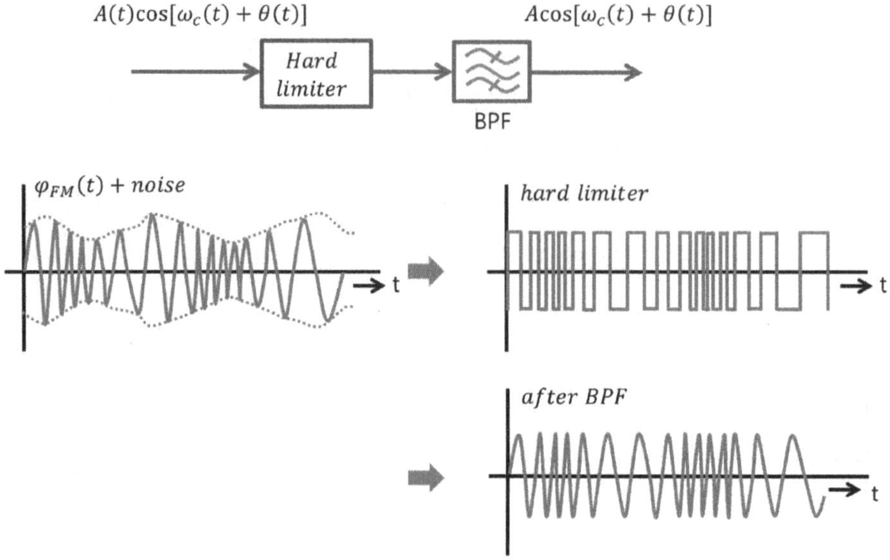

[그림 21-4] 리미터의 실제 구현

21-3 경사검파기

이야기는 다시 주파수변별을 위한 미분기로 돌아간다. 미분기란 반송파주파수(혹은 중간주파수)를 중심으로 신호의 미분값을 진폭의 변동으로 출력하는 장치를 말한다. 이 미분기의 주파수응답, 즉 전달함수는 (식21-2)와 같이 신호파형에 대한 90도의 위상천이(코사인함수를 사인함수로 변환)와 더불어 신호의 주파수에 비례하는 진폭응답을 보이는데, 이는 [그림21-5]과 같이 전형적인 HPF(High Pass Filter) 특성이다.

$$H(\omega) = j\omega = \omega\angle 90^\circ \qquad \text{(식21-2)}$$

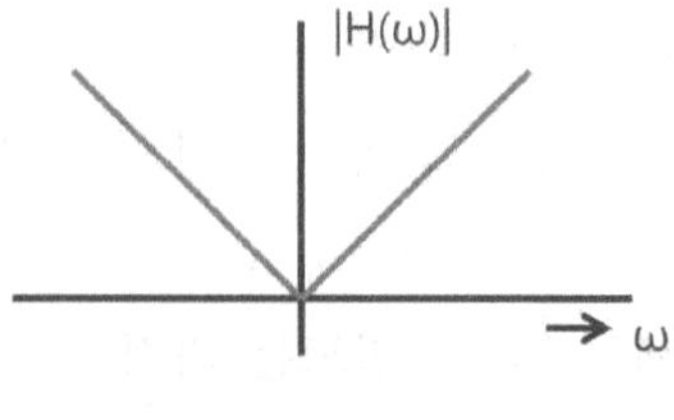

[그림 21-5] 주파수변별기의 주파수응답 특성

이런 완벽한 선형응답을 하는 전자회로가 이 세상 어디에 있겠느냐만, 우리가 필요로 하는 부분이 어떤 주파수를 중심으로 좌우 일정영역(주파수편이 영역)으로 한정된다면 근사적으로 선형응답을 보이는 회로를 찾을 수 있을 것이다. 이처럼 주파수응답이 경사면을 만드는 특성을 가진 회로는 어떤 것이 있을까? 가장 보편적인 것으로 [그림21-6]의 LC동조회로(tuned circuit, 同調)를 들 수 있을 것이다.

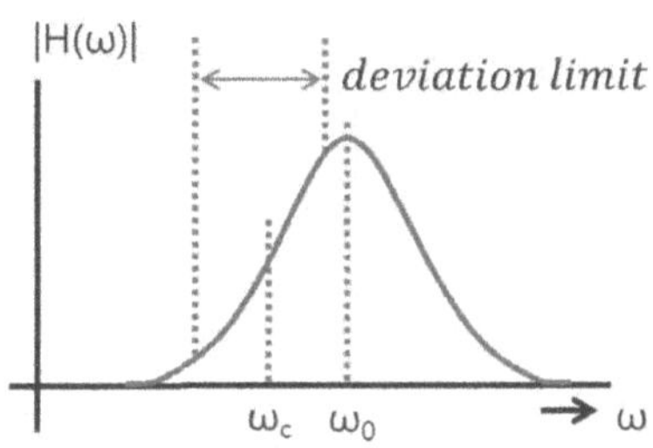

[그림 21-6] LC동조회로의 주파수응답 특성

이 동조회로가 BPF로 쓰인다면 주파수응답은 중심주파수를 중심으로 좌우로 급격히 감쇠할수록, 즉 high Q 일수록 샤프한 고성능필터라 할 것이다. 반면에 미분기가 목적이라면 주파수응답 경사면이 완만할수록 넓은 주파수편이를 커버할 수 있는 선형영역을 찾기가 유리할 것이다. [그림21-6]은 주파수 ω_0에서 최대로 반응(동조)하면서 그 좌우로 차차 둔감해지는 low Q 동조회로의 예이다. 그림의 왼쪽 경사면(slope)에서 직선으로 근사되는 부분 한가운데를 반송파주파수 ω_c로 설정하면 쓸만한 미분기가 만들어진다.

이와 같이 LC동조회로의 경사면을 사용하는 FM검파기를 "경사검파기(傾斜檢波器, slope detector)", 또는 "경도검파기"라 부른다. [그림21-7]에 경사검파기회로의 예를 보인다. 그림처럼 하나의 동조회로만 사용하는 경우를 일컬어 "단동조형 경사검파기"라 부르기도 하는데 심플한 구성으로 인해 간이무전기용으로 많이 쓰인다.

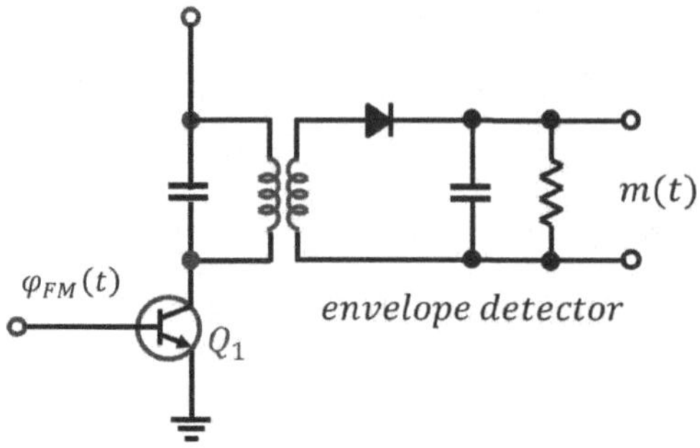

[그림 21-7] 단동조형 경사검파기 (Slope Detector)

그런데 단동조형 경사검파기는 언뜻 보기에도 뭔가 부족함이 느껴진다. 문제점을 두 가지로 요약하면 다음과 같다.

1) 선형영역이 협소하여 광대역 FM의 수신에는 부적합 함. 예를 들어 ±75kHz의 주파수편이를 가지는 상용FM방송 수신을 위한 완벽한 선형성을 보장하기에는 무리가 있다.
2) 수신파의 주파수가 ω_c에서 변화가 없다면 변별기 출력은 0V 이어야 하지만, 단동조회로는 ω_c점을 기준으로 바이어스가 걸리므로 회로에 항상 직류출력이 존재한다. 따라서 직류제거용 캐패시터 삽입에 의한 왜곡 및 전력낭비 요인이 상존한다.

이 문제들에 대한 해결책으로 제시된 것이 [그림21-8]의 "복동조형 경사검파기", 일명 "평형변별기"이다. 이것은 단동조회로 2개의 교묘한 조합으로 충분히 긴 선형 주파수응답 구간을 확보한 것이다. 그림에서 상부 동조회로는 ω_c보다 높은 주파수로 동조하여 그 왼편 경사를 사용하고, 하부 동조회로는 ω_c보다 낮은 주파수로 동조하여 그 오른편 경사를 사용한다. 하부 동조회로의 입력신호는 center-tapped 변압기에 의해 역상(逆相)으로 주어지므로 두 경사면 주파수응답의 합성은 상당히 긴 선형구간을 가지게 된다.

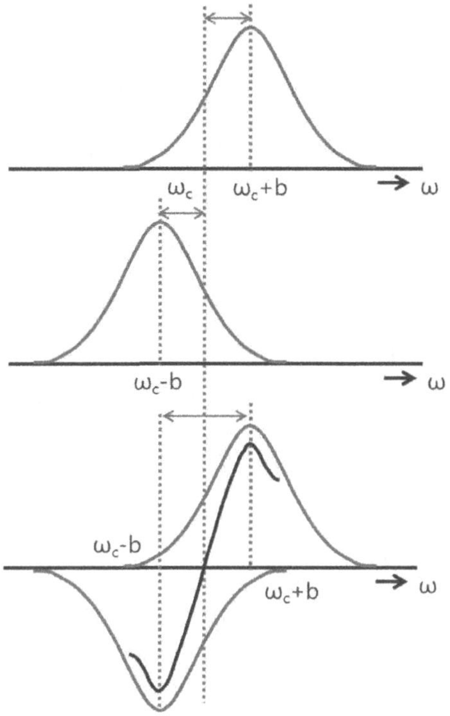

[그림 21-8] 복동조형 경사검파기의 주파수응답

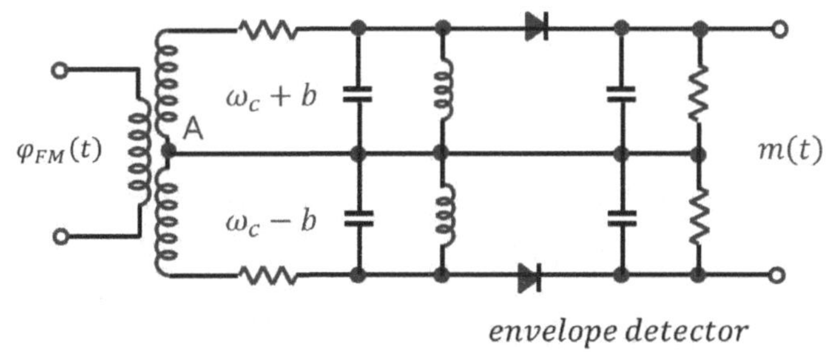

[그림 21-9] 복동조형 경사검파기의 회로 예

회로구성상 중심주파수 ω_c에서 출력전압은 제로로 맞추어지므로 전력효율의 향상이라는 장점도 가진다. 다만 완벽한 쌍둥이 단동조회로를 만들어 별도의 두 주파수 ω_c+b 및 ω_c-b에 동조시켜야 하므로, 이상적인 조정이 어렵고 시간경과에 따라 튜닝이 틀어질 가능성이 상존한다는 단점이 있다.

21-4 위상천이변별기

우리는 FM복조를 위한 주파수변별기라는 것이 수신파의 순시주파수를 알아내는 장치이며, 그 원리는 "미분과 포락선검파"라는 것을 앞에서 살펴보았다. 그런데 이 미분을 LC동조회로로 수행하는 경사검파기 말고도 다른 방법이 하나 더 있다. 통신공학에서 두고두고 써먹는 수법, 주파수영역과 시간영역 이야기를 다시 떠올리자. 즉 경사검파기가 주파수변별기를 주파수영역에서 실현한 것이라면, 주파수변별을 시간영역에서 해치우는 수도 있지 않겠는가? [그림21-10]은 시간영역에서 수신신호를 살짝 지연시켜 원래신호와 파형을 비교하여 위상변화를 관찰하는 회로이다. 그 전달특성은 (식21-3)과 같이 표현되는데, 지연시간이 아주 짧다면 이것도 사실상 미분이 아닌가!

$$\phi_{FM}(t)-\phi_{FM}(t-t_o)\cong\frac{d\phi_{FM}(t)}{dt} \qquad \text{(식21-3)}$$

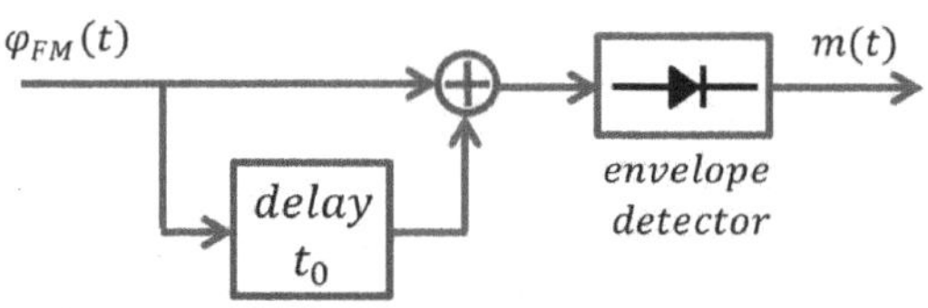

[그림 21-10] 시간지연을 이용한 변별기의 개념도

미분을 굳이 시간지연이라는 관점에서 본 것은 왜일까? 그것은 시간지연과 위상의 관계라면 뭔가 떠오르는 것이 있기 때문인데, 바로 4-6절에서 살펴 본 푸리에변환의 시간천이특성이다! (이럴 때는 재빨리 복습해야 함) (식21-4)로 표현되는 이 특성은 한마디로 말하자면 동일한 시간지연이라도 그 신호의 주파수에 비례하여 위상변화도 증가한다는 것이다. 감이 잡히는가? FM수신파에서 위상변화의 크기를 읽어낸다는 것은 수신파의 순시주파수를 알아낸다는 것과 같은 의미가 되므로, 시간지연회로 역시 주파수변별기로 써먹을 수 있는 것이다.

$$H(\omega)=K\,exp(-j\omega t_0) \qquad \text{(식21-4)}$$

이런 식으로 살짝 지연시킨 신호의 위상을 이용하는 주파수변별 방식을 "위상천이변별기(Phase Shift Discriminator, PSD)", 또는 "이상검파기(移相檢波)"라 부른다. 그러면 수신주파수에 동조되면서 동시에 (식21-4)의 전달함수를 가지는 전자회로는 어떻게 만들면 될까? [그림21-11]은 변압기와 동조회로를 2개 사용한 복동조형 PSD를 구현한 것이다. 회로의 전달함수는 (식21-5)로 유도되는데, (식21-4)의 시간지연특성이 입력주파수의 함수로 나타남을 보여주고 있다. 2차 측에 유도되는 신호는 1차 측 코일의 유도성리액턴스(X_L=jωL)에 의해 기본적으로 90도 위상차를 가지게 된다.

$$H(\omega) \cong K exp[j\theta(\omega)]$$
$$\theta(\omega) = \frac{\pi}{2} - 2Q_2\left(\frac{\omega - \omega_c}{\omega_c}\right) \qquad \text{(식21-5)}$$

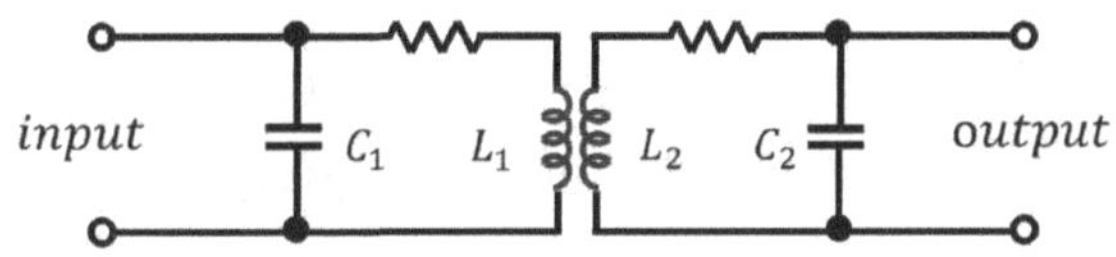

[그림 21-11] 위상천이변별기(PSD)의 구현

골치 아픈 수식의 유도과정은 생략하고 이 회로와 전달함수의 의미를 직관적으로 이해하도록 하자. 그림에서 두 쌍의 코일과 캐패시터의 공진주파수는 반송파의 중심주파수 ω_c에 정확히 동조되도록 튜닝 되어 있다. 입력신호의 주파수가 ω_c를 중심으로 커지거나 작아지는 경우를 구분하여 회로의 응답을 살펴보면 아래와 같다.

1) 입력신호의 주파수가 정확히 ω_c인 경우

- L_2의 리액턴스 X_{L2}(=jωL_2)와 C_2의 리액턴스 X_{C2}(=1/jωC_2=-j/ωC_2)는 동일한 값
- 리액턴스끼리 상쇄되므로 위상차 90도 그대로 출력

2) 입력신호의 주파수가 ω_c보다 큰 경우

- $X_{L2} > X_{C2}$, 회로는 유도성(inductive)으로 90도보다 작은 위상차 출력

3) 입력신호의 주파수가 ω_c보다 작은 경우

- $X_{L2} < X_{C2}$, 회로는 용량성(capacitive)으로 90도보다 큰 위상차 출력

PSD는 이처럼 동조회로에서 코일과 캐패시터의 주파수응답이 서로 정반대인 점을 교묘히 이용한 기발한 아이디어이다. 그러다보니 아무래도 정밀도와 선형성에서 떨어지는 경사검파기 대신, 안정성과 함께 IC화에도 유리한 PSD가 FM복조기의 주류를 이루고 있다. 이하에서 이 원리를 적용한 실용적인 검파기의 예들을 알아보자.

[포스터실리검파기(Foster-Seely Discriminator)]

"포스터실리검파기"는 1936년 자동주파수제어(automatic frequency control) 회로를 연구하던 Foster와 Seely에 의해 발명되었다. 이것은 [그림21-10]과 같이 PSD 2개를 서로 역상으로 연결하여 평형회로화 함으로서, 복동조형 경사검파기(평형변별기)처럼 선형영역을 확장한 형태이다. 두 동조회로는 공통의 주파수 ω_c에 튜닝 되므로 평형변별기보다 심플하고 동작이 안정적이다. 회로의 동작원리를 [그림21-13]을 통해 대략적으로 이해하자.

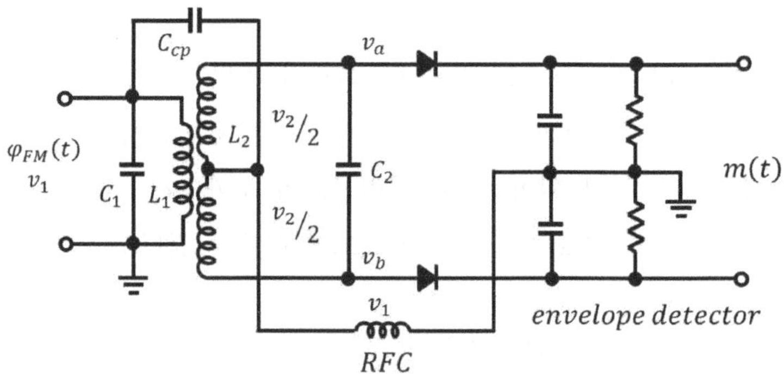

[그림 21-12] 포스터실리 검파기

1) center-tapped 변압기에 의해 위와 아래의 포락선검파기에는 전압 $V_2/2$가 각각 역상(逆相)으로 걸림
2) Ccp(coupling capacitor)와 RFC (Radio Frequency Choke)에 의해 입력전압 V_1이 center-tap과 두 포락선검파기 동작기준점(접지) 사이에 걸리게 됨
3) 위쪽 포락선검파기에는 V_1과 $V_2/2$의 합성전압이 걸리고, 아래쪽 포락선검파기에는

V_1과 $-V_2/2$의 합성전압이 걸림.

4) 두 전압은 90도를 기준으로 하는 위상차를 가지므로 복소평면에서 벡터합성 하여야 함.

5) 입력신호의 주파수가 정확히 ω_c인 경우, 위아래 합성전압은 동일한 크기에 극성이 반대이므로 두 포락선검파기의 출력은 상쇄되어 영(零)으로.

6) 입력신호의 주파수가 ωc보다 큰 경우, 회로는 유도성이 되어 위상차는 90도 이하가 되고, 위쪽 합성전압이 아래쪽 합성전압보다 커지므로, 포락선검파기 출력은 양의 값으로.

7) 입력신호의 주파수가 ωc보다 작은 경우, 회로는 용량성이 되어 위상차는 90도 이상이 되고, 아래쪽 합성전압이 위쪽 합성전압보다 커지므로, 포락선검파기 출력은 음의 값으로.

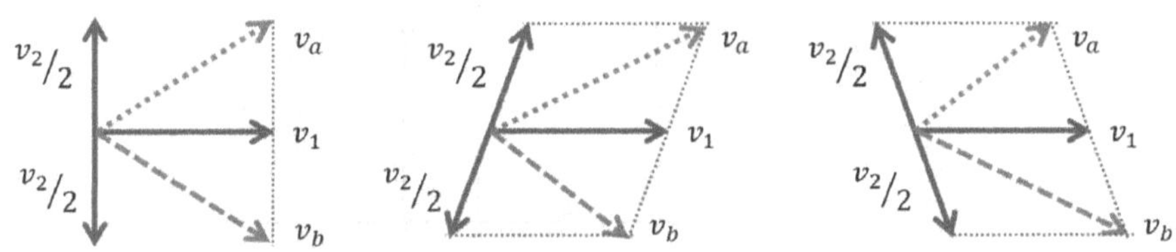

1)$\Delta\omega = 0$, $v_o = v_a - v_b = 0$　　2)$\Delta\omega > 0$, $v_o = v_a - v_b > 0$　　3)$\Delta\omega < 0$, $v_o = v_a - v_b < 0$

[그림 21-13] 포스터실리검파기 출력의 위상관계도

포스터실리검파기는 정교하고 안정적이라는 장점을 가지지만 한 가지 유의해야 할 점이 있다. 그것은 검파기의 출력이 입력신호의 주파수에 따르기도 하지만, 입력신호의 절대크기, 즉 진폭에도 민감하게 비례한다는 사실이다. 주파수변조가 원래 정포락선 특성을 가지므로 진폭변동이 없기는 하지만, 만일 전송로에서 잡음이 수신신호에 올라타는 바람에 포락선이 변동한다면 이야기는 많이 달라진다. 따라서 검파기가 입력신호의 진폭변동에 반응하지 않게끔 정교한 리미터를 반드시 전단에 배치할 필요가 있다.

[비검파기(Ratio Detector)]

포스터실리검파기를 [그림21-14]와 같이 살짝 변형하여 저가의 간이형으로 만든 것으로서 "비검파기"가 있다. 이것은 역상관계 포락선검파기 전압의 벡터합성을 이용하는 포스터실리검파기와 달리 동상관계 전압의 절대치 차이(비)를 이용한다는 뜻에서 비검파기라는 이름을 얻었다. 포스터실리와 비교하여 살펴보면 아래와 같은 특성이 있다.

1) 위아래 포락선검파기의 다이오드 방향이 반대로 되어 있다. 따라서 두 포락선검파기 출력전압의 절대크기는 포스터실리검파기와 동일하되 동일한 극성을 가진다.
2) 출력단 C-D 사이에 달린 캐패시터는 두 포락선검파기 출력전압의 합을 일정하게 유지함으로서 일종의 간이리미터효과를 얻는다.
3) 전체전압이 일정한 상태에서 서로 더해지는 두 포락선검파 출력전압을 접지점을 기준으로 잡아내면 두 전압 크기의 차이(비)만큼이 출력된다.

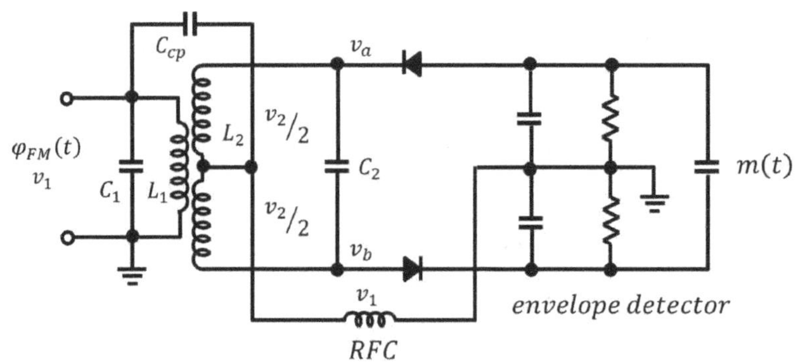

[그림 21-14] 비검파기의 회로구성

위상천이를 이용하는 FM복조기는 양호한 선형성으로 인해 널리 쓰이고 있으나, center- tapped 변압기가 꼭 들어가야 하므로 경량화 및 IC화가 곤란하다. 따라서 변압기를 쓰지 않는 변별기로서 다음과 같은 방식이 고안되었다.

[직교검파기(Quadrature Detector)]

FM수신파와 이를 위상천이 시킨 신호와의 위상차를 center-tapped 변압기를 거치지 않고 찾아낼 수 있는 방법은 무엇일까? 그런데 위상차, 즉 파형의 차이를 비교한다는 것은 다른 말로 하자면 상관을 구하는 것이고 이것은 바로 곱셈이 아닌가? 오케이! 이로서 변압기는 곱셈기라는 회로로 바꿔치기 할 수 있게 되었다. 물론 위상천이를 만들어

주는 회로는 PSD와 동일하게 코일에 의한 90도 위상천이와 RLC동조회로를 조합하여 (식21-5)와 동일한 전달함수를 실현한다. [그림21-15]는 수신신호와 위상천이 된 신호를 곱셈기로 위상비교하고, 곱셈의 결과로 출현하는 고조파성분을 LPF로 제거하는 주파수 변별기를 보여주고 있다. 90도 위상차의 신호와 곱셈을 수행한다는 의미에서 이를 "직교검파기(Quadrature Detector)", 또는 "직각검파기", 좀 어려운 한문투의 말로 "구적(矩積)검파기" 등으로 부른다.

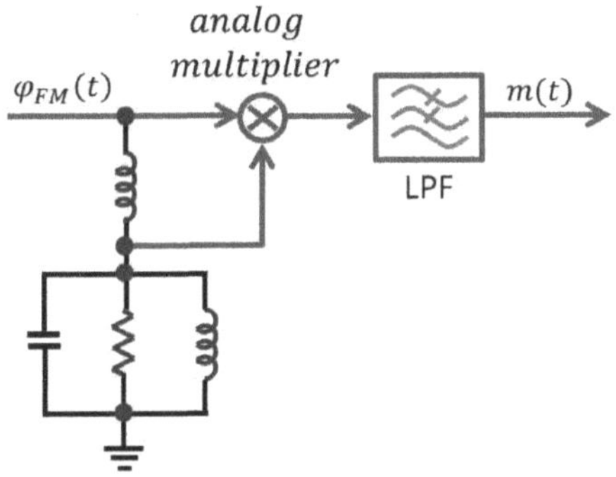

[그림 21-15] 직교검파기의 회로구성

[PLL FM검파기]

그러고 보니 직교검파기의 위상비교기라는 것이 바로 [그림16-2]에서 다루었던 PLL에서 보았던 것 아닌가? PLL이란 VCO와 입력신호의 순시주파수를 비교하고, 그 차이를 루프필터에서 직류값으로 찾아내어, VCO에 feedback함으로서 발진주파수를 입력신호에 끊임없이 맞추어나가는 회로이다. 만약 PLL 위상비교기의 입력을 FM수신파와 시간지연된 신호로 설정한다면, 루프필터에서 나오는 위상차이 값이 바로 주파수편이가 아닌가! 말하자면 PLL 회로는 그 자체로 FM복조기가 된다.

각변조의 잡음대책과 FM방송 제22강

고품질 통신의 대명사인 FM은 이렇게 잡음을 때려잡는다.

22-1 개요

FM 변조신호를 시간영역에서 보면 정포락선(constant envelope)라는 특징을 가진다. 이는 반송파의 진폭에 정보가 실리면서 변조신호의 포락선이 출렁거리는 AM과 결정적으로 다른 점으로서, FM 특유의 잡음 억제능력을 부여한다. 우리는 여기에 대하여 21-2절에서 리미터를 이용하여 전송로의 잡음을 싹 잘라내는 기법을 살펴보았다. 그런데 이것이 전부가 아니다. FM의 대폭적인 잡음제거 및 간섭제거 비법이 또 하나 더 있다! 이제 관점을 주파수영역으로 돌려 FM의 복조를 다시 한번 고찰하면서 신나는 잡음사냥을 즐겨보자.

22-2 주파수변별기의 잡음특성

리미터와 주파수변별기를 포함하는 FM수신기의 구성은 [그림22-1]과 같다. 일반적으로 FM이 AM에 비해 훨씬 큰 대역폭을 차지한다는 점을 고려하면, [그림22-2] (1) 및 (3)과 같이 선국용 RF BPF의 대역폭 B_T가 최종 기저대역 LPF의 대역폭 B에 비해 훨씬 커진다는 점을 주목하자. 예를 들어 상용FM방송의 경우 기저대역신호의 대역폭이 15kHz임에 반해 변조신호의 대역폭은 180kHz에 이른다. 그런데 그게 어떻다는 말인가?

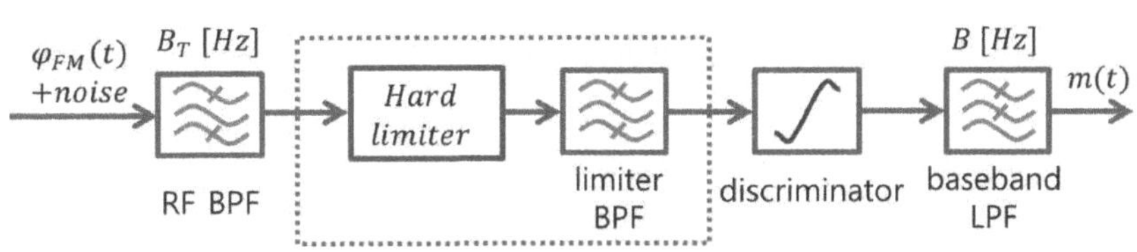

[그림 22-1] 일반적인 FM수신기의 구성

앞 절에서 살펴 본대로 FM수신기, 즉 주파수변별기의 핵심개념이란 순시주파수 변동을 전압변동으로 출력하는 "미분기"를 의미한다. 주파수변별기의 주파수응답특성을 절대치로 그려보면 [그림22-2] (2)로 표시되는데, 이는 입력신호의 주파수에 따른 1차함수 형태로서 중심주파수 ω_c를 중심으로 V자 형태의 HPF 특성을 나타낸다.

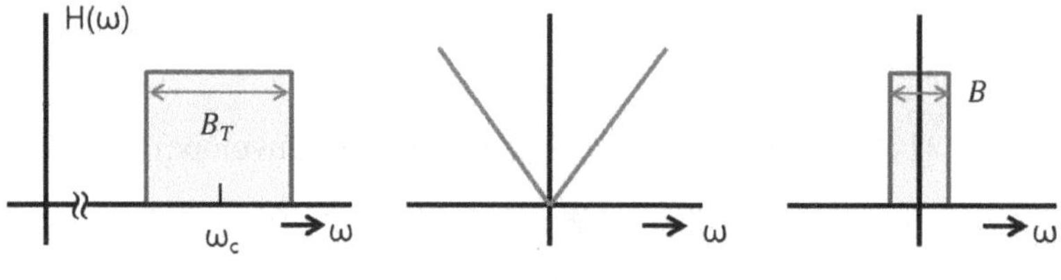

(1) 선국용 BPF (2) 주파수변별기 (3) 기저대역 LPF

[그림 22-2] FM수신기의 통과대역과 주파수변별기특성

우리는 전송로의 대표적인 잡음 모델로서 AWGN을 사용한다. 즉 주파수영역에서 잡음은 전 주파수대역에 걸쳐 그 크기가 일정한 백색잡음이다. 이제 잡음의 입장에서 FM 복조를 들여다보자. [그림22-2] (1)과 같이 수신기 BPF의 주파수대역 B_T에 걸쳐 들어온 평탄한 백색잡음의 절대치는 [그림22-2] (2)의 주파수변별기를 통과하면서 중심주파수 ω_c를 중심으로 V자형으로 싹뚝 깎여나간다. 게다가 최종적으로 [그림22-2] (3)의 좁은 LPF를 통과하면서 잡음은 또 깎여나간다. 좀 더 현실적인 지표로서 전력으로 따져보자. 전력은 전압을 제곱해야 하니까, [그림22-2] (2)를 통과한 잡음의 전력은 [그림22-3] (1)과 같이 2차곡선 모양으로 표시된다. 이것은 무엇을 말하는가? 아래와 같이 2가지로 정리할 수 있다.

1) 주파수변별기를 통과하면서 잡음전력은 ω_c부근에서 왕창 억압되는 한편, ω_c에서 멀어지면서 주파수의 제곱에 비례하여 커진다.
2) 최종적으로 기저대역 LPF를 통과하면서 "B_T대B"의 비율로 잡음전력이 또 억압된다.

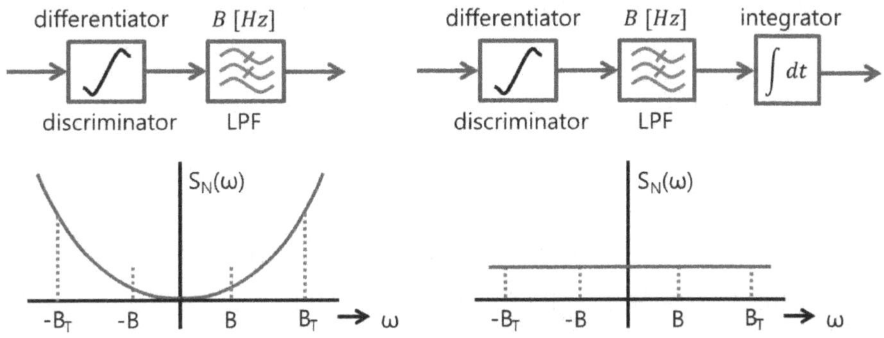

(1) FM수신기의 잡음전력 (2) PM수신기의 잡음전력

[그림 22-3] FM과 PM의 잡음 억압 특성

어떤가? FM은 이처럼 복조과정에서 멋지게 잡음을 털어내는 또 하나의 기특한 능력이 있는 것이다. 그런데 이러한 잡음제거능력은 광대역FM일수록 더 뛰어나다. 이를테면 대역폭 B_T가 2배로 늘어나면 SNR은 그 제곱인 4배로 개선된다. 이로서 20-2절에서 다루었던 "FM변조에 있어서 대역폭과 SNR의 trade-off 관계"에 대하여 이론적으로 설명이 될 것이다.

그렇다면 또 다른 각변조 방식인 PM은 어떨까? 19-2절에서 살펴 본 PM변조의 정의를 다시 한번 상기하자면, PM이란 (식19-6)처럼 반송파의 위상각이 신호 m(t)에 따라 연속으로 변동하도록 하는 변조방식이다. 따라서 PM복조에서의 순시주파수란 (식19-7)과 같이 신호 m(t)의 미분값 임을 명심하자. 그러므로 순시주파수를 출력하는 주파수변별기를 통과한 PM변조파로부터 m(t)를 복원하자면 이를 다시 적분해야 하는 과정을 거쳐야 한다! 결과적으로 PM의 복조에 있어서 주파수변별기에 의한 미분효과는 이 적분과정에 의해 상쇄되어 버리므로, 중심주파수 부근의 극적인 잡음 억압효과는 도로아미타불이 되고 만다.

[그림22-3] (2)는 [그림22-3] (1)과 같은 FM의 V자형 응답특성대신 주파수와 상관없는 평평한 응답특성을 보여주는 PM의 잡음특성을 보여주고 있다. 그렇다면 잡음억압특성은 FM이 좋은 것일까? PM이 좋은 것일까? 그 대답은 똑 부러지게 FM과 PM의 우열을 논할 수는 없다는 것이다. 즉 두 그림을 포개놓고 보면 어떤 주파수를 경계로 두 방식의 잡음억압능력이 역전됨을 알 수 있다. 상황을 정리해 보면 아래와 같다.

1) ω_c 부근의 주파수영역에서 PM은 FM과 같은 극적인 잡음억압능력 없음. 즉 FM이 유리.
2) 특정주파수를 넘어서는 주파수영역에서는 FM의 잡음전력이 급격히 증가. 오히려 PM이 FM보다 우수.

그렇다면 FM수신기가 고주파영역에서도 PM과 같은 평탄한 잡음억압특성을 가지게 할 수 있다면 얼마나 좋을까! 그 대답은 "가능하다" 이다. 다음 절에서 그 구체적인 방법을 알아보자.

22-3 프리엠퍼시스 & 디엠퍼시스

FM수신기에 들어오는 잡음을 일반적인 백색잡음으로 보았을 때, FM수신의 특성상 잡음전력은 주파수의 제곱에 비례하므로 수신품질은 고주파영역의 잡음에 훨씬 더 취약하다. 한편 음성신호의 경우, 그 전력스펙트럼([그림18-4])을 보면 대부분의 신호전력이 저주파영역에 집중되어 있다. 즉 잡음전력의 위세가 드센 곳에서 신호전력은 상대적으로 저조한 이중고를 겪게 되는 것이다.

이런 상황에서 해결책은 무엇일까? 방법은 단 하나. 고주파영역에서 신호가 잡음과 싸울 힘을 길러주는 것이다. 즉, 변조하기 전에 음성신호의 고주파성분을 저주파성분보다 더 강화(boost)시켜 주는 것인데, 이 수법을 "Pre-emphasis(PE)"라 부르며, "사전강세(事前强勢)"로 번역한다. 물론 이처럼 심하게 왜곡된 신호를 그대로 복조해서 들을 수는 없으므로, 복조 이후 음성신호의 고주파성분을 이번에는 프리엠퍼시스와 정반대로 억압(suppress)시켜야 하는데, 이를 "De-emphasis(DE)"라 하며 "사후복세(事後復勢)"로 번역한다. [그림22-4]에 PE-DE 시스템을 보인다.

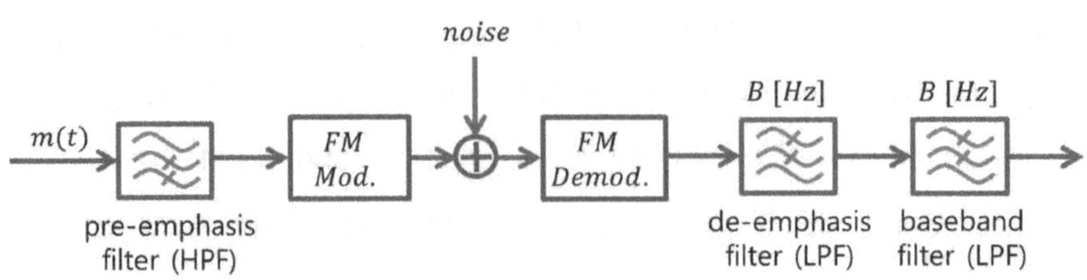

[그림 22-4] PE-DE가 포함된 FM 송수신시스템

이처럼 신호는 PE-DE 과정을 거치면서 전송로에서 잡음과 싸울 효과적인 체격을 갖춘다. 그렇다면 잡음의 관점에서 볼 때 이 과정은 어떤 의미를 가질까? 잡음은 전송로에서 들어오므로 송신단의 PE와는 아무런 상관이 없다. 하지만 수신기의 DE 과정을 거치면서 잡음의 고주파부분이 왕창 억압되는데, 이 부분은 주파수변별기 출력에서 잡음전력이 급격히 증가하는 곳이 아닌가! 즉 FM복조에서 잡음전력이 마구 치솟던 곳에 DE라는 든든한 원군이 가세하면서 잡음을 억누른 결과, 마치 PM과 같은 잡음억압효과가 난 것이다. 다시 말하자면 PE-DE는 [그림22-5]와 같이 FM과 PM의 잡음억압특성을 유리한 곳만 골라 쓰게 함으로서 FM수신기에 또 한번의 극적인 수신SNR 개선효과를 선사하는 것이다. 거참.. 기발하지 않은가? PE-DE를 통한 SNR개선은 7~13dB에 이르는 것으로 알려져 있다.

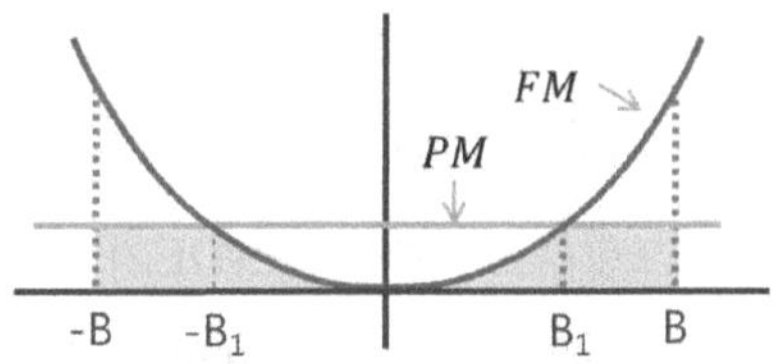

[그림 22-5] PE-DE에 의한 수신SNR 개선효과

PE와 DE의 구현에 관하여 알아보자. PE란 원래 신호의 고주파성분을 증폭해 준다는 의미지만, 실제 회로로 만들 때는 저주파성분을 억압하여 고주파성분이 상대적으로 커져 보이게 하는 HPF의 개념으로 구현한다. [그림22-6]에 PE의 전달함수와 RC필터로 구성된 회로를 보인다. PE의 전달함수를 보면, 음성신호의 전력스펙트럼 특성을 고려하여 2.1kHz이하는 균등한 크기로 억압하되, 2.1kHz부터 15kHz에 걸쳐서는 통과율이 주파수에 따라 완만하게 증가하는 두리뭉실한 HPF응답특성을 가진다. 한편 DE는 PE의 반대인 LPF 특성을 가지므로 [그림22-7]과 같이 설계된다.

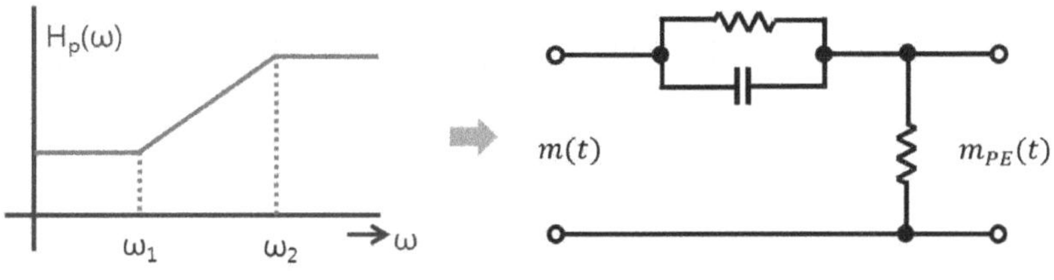

[그림 22-6] 프리엠퍼시스 필터

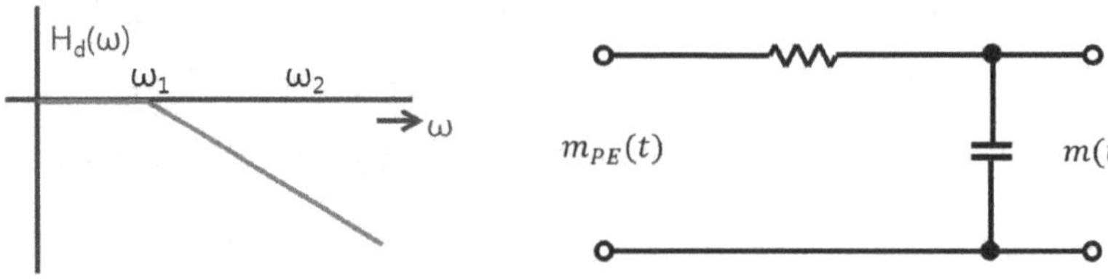

[그림 22-7] 디엠퍼시스 필터

그런데 잠깐. 그러고 보니 HPF란 다름 아닌 "미분기"가 아닌가? 그렇다면 PE를 포함한 FM변조란 2.1kHz부터 15kHz에 걸친 신호스펙트럼을 "미분한 후 FM"하는 것이니, 이것은 결국 이 영역만큼 "사실상 PM"한 꼴이 되고(19-2절 참조), 이로서 주파수와 무관한 PM의 잡음억압효과 누리게 되는 것이다. [그림22-5]의 의미가 좀 더 확실히 와 닿지 않는가?

PE-DE를 얼마나 세게 하느냐의 정도는 이 RC필터의 반응시간, 즉 시정수(time constant)에 달려있다. 세계적으로는 통상 50μsec시정수를 사용하지만, 미국과 우리나라는 75μsec의 시정수를 사용한다. 그런데 그렇다고 해서 PE-DE가 반드시 만병통치약만은 아님도 기억해두자. 예를 들어 음원의 종류에 따라 고주파성분이 상당히 두드러지는 경우(현대음악, 모던 팝 등), 강력한 PE는 송신기에서 과다한 주파수편이를 일으켜 무선통신 규격상 문제를 일으킬 수도 있다.

22-4 FM의 간섭특성

이번에는 잡음에 이어서 간섭(interference)에 대해서도 알아보자. FM신호와 상당히 인접한 주파수로 간섭신호 ω_I가 존재하고, 이놈이 수신기에 섞여 들어올 경우, 그 영향이 주파수변별기에 어떻게 나타나는지 한번 따져보자. 편의상 FM신호를 진폭이 A인 무변조반송파(주파수편이가 전혀 없는 FM변조파) ω_c로, 간섭파 ω_I 역시 진폭이 I인 단일주파수로 가정하자. 간섭신호가 FM신호보다 $\Delta\omega$만큼 아래쪽에 있다고 했을 때($\omega_I=\omega_c-\Delta\omega$), 수신신호 r(t)는 (식22-1)로 정리된다.

$$\begin{aligned} r(t) &= A\cos\omega_c t + I\cos(\omega_c - \Delta\omega)t \\ &= A\cos\omega_c t + I\cos\Delta\omega t\cos\omega_c t + I\sin\Delta\omega t\sin\omega_c t \\ &= (A + I\cos\Delta\omega t)\cos\omega_c t + (I\sin\Delta\omega t)\sin\omega_c t \end{aligned} \qquad \text{(식22-1)}$$

이 식을 이렇게 정리한 의도는 무엇일까? 그것은 주파수가 약간 다른 두 신호함수의 합을, 주파수가 ω_c로 동일하고 위상차가 90도인 직교(orthogonal)하는 두 정현파의 합으로 바꾸기 위한 것이다. 이렇게 직교하는 두 정현파를 합하면 위상과 진폭만 바뀔 뿐 주파수 동일한 합성파가 되므로, 이 시간함수의 연산은 복소평면상에서 직교벡터의 합으로 간단히 해치울 수 있게 된다(2-3절 참조). 피타고라스정리를 이용하여 합성파의 진폭과 위상을 계산하면 (식22-2)와 같다.

$$\begin{aligned} r(t) &= E_I(t)\cos[\omega_c t + \phi_I(t)] \\ E_I(t) &= \sqrt{(A + I\cos\Delta\omega t)^2 + (I\sin\Delta\omega t)^2} \\ \phi_I(t) &= \tan^{-1}\frac{I\sin\Delta\omega t}{(A + I\cos\Delta\omega t)} \cong \frac{I}{A}\sin\Delta\omega t, \quad (A >> I) \end{aligned} \qquad \text{(식22-2)}$$

이제 최종적으로 이 합성파가 주파수변별기를 통과하면 어떻게 되는지 따져보자. 우선 합성파의 진폭 $E_I(t)$는 리미터를 통과하면서 일정폭으로 잘려버리므로 이놈에 대해서는 크게 신경 쓸 필요 없을 것이다. 문제는 합성파의 각도 $\Phi_I(t)$ 부분인데, 이놈은 주파수변별기를 통과하면서 미분되어 (식22-3)와 같이 기저대역 출력 $y_I(t)$를 내놓는다. 이로부터 수신기에서 간섭파의 영향은 두 신호의 주파수차 $\Delta\omega$만큼의 단일정현파(웅~, 또는 삐~ 소리)로 출력됨을 알 수 있는데, 재미있는 것은 그 정현파의 진폭이다.

$$\omega_i = \frac{dr(t)}{dt} = \omega_c + \frac{d\phi_I(t)}{dt} \Rightarrow y_I(t) = \frac{I\Delta\omega}{A}\cos\Delta\omega t \qquad \text{(식22-3)}$$

원래 간섭파의 진폭은 I였지만 수신기에 미치는 그 영향은 I/A로 현저히 약화된다는 것이다. 즉 반송파 ω_c는 세력이 비교적 약한 간섭파 ω_I를 콱 찍어 누른다는 이야기로서, 이를테면 FM수신기에 인접한 두 채널이 동시에 수신되더라도 강한 쪽의 신호가 약한 신호를 확 억압하여 간섭을 억제함으로서 상대적으로 깨끗한 수신품질을 만들어준다. 이 신통한 FM수신기의 간섭억압효과를 "capture effect"라 부르며, 우리가 FM라디오의 다이얼을 맞출 때 실제로 많이 경험하는 것이다.

(식22-3)을 다시 살펴보면 이러한 capture effect가 주파수차이 Δω가 증가함에 따라서 차츰 약화되는 것을 볼 수 있는데, 이것은 앞 절에서 보았던 FM의 잡음억압특성과 꼭 같은 원리라 할 수 있겠다. 살펴 본대로 우리는 PE-DE를 사용하여 FM수신기에 PM의 특성을 부여함으로서 주파수와 무관한 잡음억압효과를 얻는 바, 간섭에 대해서도 PE-DE를 사용한 경우 동일한 효과가 얻어지지 않겠는가? 즉 간섭신호가 수신기의 DE를 거치면서 변별기 출력은 다시 적분되므로 (식22-4)와 같이 합성파의 위상부분이 그대로 출력되어 주파수차이 Δω와는 무관한 간섭억압특성을 나타내게 된다.

$$for\ the\ case\ of\ PE\text{-}DE \Rightarrow y_I(t) = \frac{I}{A} \sin \Delta\omega t \qquad \text{(식22-4)}$$

이러한 FM의 간섭억압특성은 AM의 수신특성과 좋은 대비가 된다. 위와 동일한 간섭상황에서 AM수신은 어떻게 될지 살펴보자. (식22-2)의 요령으로 AM신호와 간섭신호의 합성파를 구하면 (식22-5)와 같다. AM에서 신호는 그 포락선에 숨어있으므로 위상은 따질 필요가 없으며 합성파의 진폭만을 고려한다.

$$\begin{aligned} r(t) &= [A + m(t)] \cos \omega_c t + I \cos(\omega_c - \Delta\omega)t \\ &= [A + m(t) + I \cos \Delta\omega t] \cos \omega_c t + I \sin \Delta\omega t \sin \omega_c t \\ &= E_I(t) \cos[\omega_c t + \phi_I(t)] \\ E_I(t) &= \sqrt{[A + m(t) + I \cos \Delta\omega t]^2 + [I \sin \Delta\omega t]^2} \\ &\approx A + m(t) + I \cos \Delta\omega t, \quad (A >> I) \end{aligned} \qquad \text{(식22-5)}$$

합성파의 진폭은 AM수신기의 포락선검파기를 통해 그대로 출력되는데, 결국 신호 m(t)와 함께 진폭 I의 간섭파도 고스란히 섞여 나오게 되므로 FM과 같은 간섭억압효과는 물 건너가고 만다. 이런 연유로 FM라디오와는 달리, AM라디오는 원하는 방송에 다이얼을 맞추어도 주변 방송국들의 신호가 성가시게 섞여 나오곤 하는 것이다. AM수신기 출력에서 간섭이 귀에 거슬리지 않으려면 간섭신호가 주신호보다 적어도 35dB 이상 낮아야 하는 것으로 알려져 있다. 하지만 FM의 경우 capture effect로 인해 주신호보다

6dB 낮은 간섭파까지도 억압이 가능하다.

이와 같이 FM은 AM과 비교하여 동일한 잡음과 간섭환경에서 훨씬 양호한 수신품질을 보인다. 그런데 꼭 그렇다고 해서 "언제나 FM이 짱!" 이라고 할 수 있을까? FM은 어느 수준 이내의 잡음에 대해서는 안정된 수신품질을 보이지만, 수신SNR의 악화가 어느 한도를 넘어서면 급격히 품질이 떨어지고 수신불능 상태로 되기 쉬운데, 이를 "문턱효과(threshold effect)"라 한다. 이에 반해 AM은 비록 지글거리는 잡음과 간섭에 시달리기는 하지만 어지간히 나쁜 SNR에서도 그런대로 통신을 유지해주는 나름대로의 장점이 있음을 알아두자.

22-5 FM수신기의 구성

이상에서 살펴본 바와 같이 슈퍼헤테로다인방식과 주파수변별기, 리미터를 사용하는 전형적인 FM수신기의 예를 [그림22-8]에 보인다. 수신기의 각 부분별 주요 기능을 정리하면 다음과 같다.

1) RF앰프 (통상 MOSFET 사용)
   - large dynamic range, in/out 특성임피던스 50Ω
   - dual Gate MOSFET. Gate 1: 입력 및 tuning, Gate 2: AGC와 연동
   - LC 동조회로로 중심주파수에서 BPF. partial selection 및 고조파 제거
2) 슈퍼헤테로다인 중간주파수 IF 10.7MHz에서 mixing
3) 트랜지스터를 이용한 아날로그 리미터
   - 트랜지스터의 활성영역과 차단영역을 이용한 포락선 끄트머리 제거
4) 자동이득제어 (AGC, Automatic Gain Control)
   - 페이딩으로 인해 수신전계강도는 심하게 변동. 순수잡음에 의한 수신파 포락선 변동과는 비교가 되지 않는 심한 포락선 변동 초래
   - 수신파 포락선의 장기변동상황 인식, 제어신호 발생
   - RF앰프의 이득을 조정하여 일정수신레벨 유지하도록 함
   - 극단적으로 수신전계강도 떨어져 신호가 잡음레벨 아래로 사라지면 AGC가 잡음을 왕창 키워내는 부작용 발생. 기저대역 백색잡음만 출력 (쏴아-, 치익-)

- 따라서 너무 낮은 신호레벨에서는 차라리 수신을 포기하고 증폭기를 꺼버림
  → "스켈치(squelch) 회로".

5) 자동주파수제어 (AFC, Automatic Frequency Control)
   - local oscillator의 발진주파수 안정화

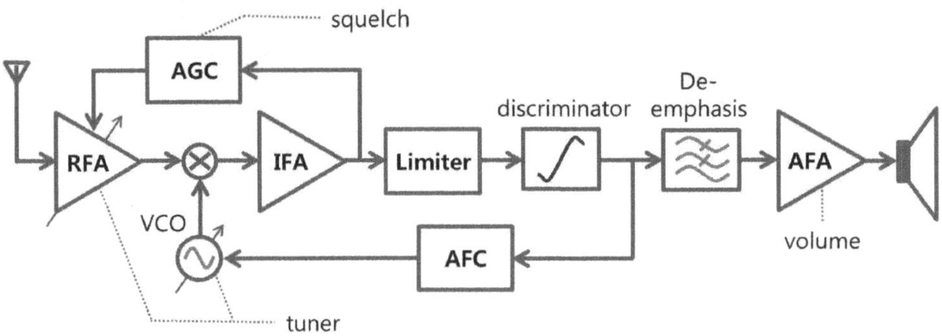

[그림 22-8] 전형적인 FM수신기의 블록도

22-6 스테레오 FM방송 시스템

스테레오(stereophonic)는 사운드의 현장감을 살리기 위해 좌(L)와 우(R)에 배치된 마이크로 따로따로 음원을 잡는 입체음향 녹음방식으로서 1930년대에 레코드제작 기법으로 도입되었다. 이후 방송에서도 스테레오에 대한 요구가 일어나지만, 레코드와 달리 한정된 주파수자원을 사용하는 무선통신에서는 대역폭 증가라는 고민이 있다. 모노(monophoninc)용 FM을 포기하고 곧이곧대로 좌(L), 우(R) 사운드에 각각 한 채널씩 안겨주는 스테레오FM 시스템을 깔기 위해 2배의 주파수할당을 할 수는 없는 일 아닌가? 게다가 이미 상당수 보급된 고가의 모노(monophoninc)용 FM수신기들은 또 어떻게 할 것인가?

이러한 고민을 안고 미국 FCC(연방통신위원회)는 1950년대부터 스테레오FM 방식을 결정하기 위한 기술공모를 하게 되는데 다음과 같은 조건을 붙인다. 첫째, 스테레오FM 방송의 무선규격은 당초 모노FM방송에 할당된 방송대역과 채널당 200kHz의 점유대역폭 등 기존규격을 그대로 따라야 하며, 둘째, 스테레오FM을 수신한 모노FM수신기가 모

노FM방송을 듣는데 아무런 지장이 없어야 할 것, 즉 "후방호환성(backward compatibility)"이 보장되어야 한다는 것이다. 그런데 이러한 조건은 당시로서는 상당한 기술적 도전이었다. 과연 어떤 방식으로 이 난제(難題)를 돌파했을까?

이런 까다로운 조건을 두고 다양한 제안과 검증이 이어진 끝에, 1961년 최종적으로 채택된 것이 Zenith와 General Electric이 제안한 "AM부반송파(AM Subcarrier)"방식이다. 당시 유력한 후보 중 하나였던 Crosby의 "FM부반송파"방식과의 세기적 대결, 그리고 두고두고 화제가 된 FCC의 오판에 대해서는 관심 있는 독자들의 추가적인 학습을 기대한다. 한편 이때 스테레오와 모노의 호환성을 위하여 고안된 기발한 기법을 "Joint Stereo"라 부르는데 그 요지는 아래와 같다.

1) 좌(L)신호와 우(R)신호를 하나로 합친 합신호(L+R)를 송신함으로서 모노FM방송의 수신을 보장한다.
2) 좌(L)신호에서 우(R)신호를 뺀 차신호(L-R)를 함께 송신함으로서 수신단에서 아래와 같이 스테레오 신호를 분리할 수 있도록 한다.

좌(L)신호 복원 = 합신호(L+R) + 차신호(L-R) = 2L
우(R)신호 복원 = 합신호(L+R) - 차신호(L-R) = 2R

그러면 하나의 모노용 채널에 합신호와 차신호를 함께 실어야 하는 문제는 어떻게 해결했을까? [그림22-9]의 스테레오FM 기저대역 스펙트럼 배치 그림을 보면서 알아보자. 우선 합신호(L+R)의 스펙트럼은 스테레오와 전혀 무관한 모노FM 수신기에서 그대로 복조되어야 하므로 당연히 기저대역(~15kHz)에 배치되어야 한다. 따라서 차신호(L-R)의 스펙트럼은 합신호(L+R)와 겹치지 않도록 음성대역의 살짝 위쪽으로 옮겨져야(천이) 하는데, 이 주파수천이 과정이 바로 진폭변조(DSB-SC)가 아닌가? 진폭변조의 결과로 차신호(L-R)의 스펙트럼은 쌍둥이가 되어 2배의 대역을 잡아먹게 되므로, 차신호 주파수천이용 반송파 주파수는 합신호와의 충분한 이격(離隔)를 고려하여 38kHz로 설정한다. 이 38kHz 반송파는 FM 본변조 이전에, joint stereo를 만들기 위한 기저대역 스펙트럼 배치를 위하여 사용하는 반송파라는 뜻으로 "부반송파(Subcarrier)"라고 한다.

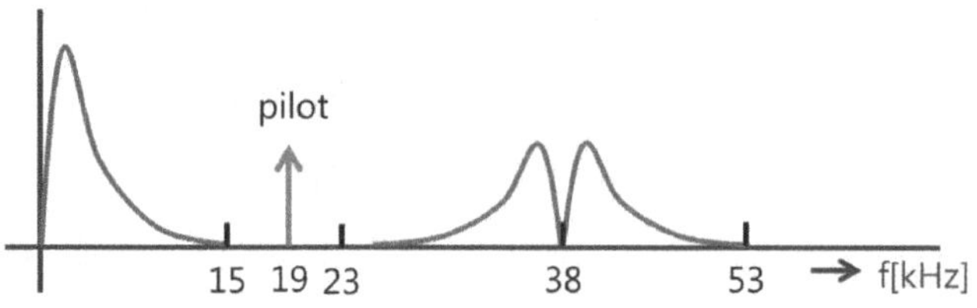

[그림 22-9] 스테레오FM의 기저대역 스펙트럼 배치

한편 주파수천이 되어 송신된 차신호(L-R)는 수신단에서 스테레오 분리작업을 위해 다시 기저대역으로 복조되어야 한다. 그러자면 복조용 부반송파를 확보해야 하는데, 확실한 스테레오 분리 보장을 위해서는 38kHz 파일럿(pilot)을 함께 송신하여 정교한 동기 복조를 해야 한다. 그런데 이렇게 되면 차신호(L-R) 스펙트럼 한복판에 떡 하니 위치한 38kHz 파일럿을 필터로 분리할 일이 난감하다. 그래서 38kHz의 딱 절반인 19kHz의 파일럿을 스펙트럼 사이의 널찍한 공간에 심어주고, 수신기에서는 이것을 체배(20-2절 참조)하여 사용하는 꼼수를 쓴다.

자 어떤가? 이러구러 스테레오FM방송이 만들어지기는 했지만 과연 200kHz RF대역폭에 수용될 수 있을지 걱정되지 않는가? 모노FM의 경우, 기저대역폭이 15kHz였지만, 스테레오FM의 기저대역폭은 무려 53kHz에 달하기 때문이다. 걱정했던 대로 (식22-6)의 카슨공식을 통해 계산한 스테레오FM의 RF대역폭은 200kHz를 뛰어넘고 말았지만, 다행스럽게도 이것은 이론상 그렇다는 것이고 실제로는 200kHz 대역폭 이내에서 그런대로 수습이 가능하다.

$$B_{mono} = 2(\delta_f + f_{max}) = 2(75+15)\,kHz = 180\,kHz$$
$$B_{stereo} = 2(\delta_f + f_{max}) = 2(75+53)\,kHz = 257\,kHz \qquad \text{(식22-6)}$$

왜냐하면 차신호(L-R)는 합신호(L+R)보다 그 진폭이 훨씬 작다보니(당근!) 최대주파수편이에 별로 영향을 주지 않을 것이며, 음성신호의 특성상 고주파 성분의 에너지는 별로 크지 않으므로 전체적으로 이론상의 대역폭까지 올라갈 확률은 별로 없기 때문이다. 이로서 모노FM은 기존 수신기와의 호환성을 그런대로 유지하면서 스테레오FM으로 전환된다. 이처럼 기존의 무선규격을 훼손하지 않으면서 새로운 방식으로 진화해 나가는 미국식 스타일은 흑백TV에서 컬러TV로, 또 DTV로의 전환에서 대를 이어 멋지게 발휘된다.

스테레오FM도 잡음억제를 위해 당연히 PE-DE를 해야 할 것이다. 그런데 FM송신기에서 PE는 어디에다 넣어야 할까?

1) 마이크에 잡힌 좌(L)신호와 우(R)신호를 그대로 PE 할 것인가?
2) 차신호(L-R)와 합신호(L+R)로 encoding한 이후 PE 할 것인가?
3) FM변조하기 직전에 PE 할 것인가?

3)은 53kHz에 이르는 기저대역을 모조리 PE 하자는 이야기니 어림도 없는 이야기이고, 1)은 합신호와 차신호를 만드는 과정에서 뒤죽박죽이 되고 말테니, 역시 2)가 정답이 될 것이다.

그런데 스테레오FM에서는 PE-DE가 좀 골치 아픈 문제를 일으킨다. 합신호(L+R)에 대한 PE는 큰 문제가 없어 보인다. 그렇지만 38kHz로 주파수천이 되는 차신호(L-R)가 골치 아프게 되었다. FM의 잡음억압능력이 뚝 떨어지는 고주파영역을 고스란히 지나가는 것이다. 게다가 38kHz를 중심으로 거울대칭을 이루는 하측파대의 스펙트럼은 뒤집혀 있지 않은가! 이렇게 되면 고주파성분을 키워주기 위한 PE를 거꾸로 한 격이 되고 만다. 결론적으로 차신호(L-R) 스펙트럼은 잡음에 훨씬 취약해지고 스테레오FM은 모노FM에 비해 20dB 이상 SNR이 열악해진다. 스테레오로 수신하면 치직거리면서 수신이 불량할 때도 모노로는 너끈히 수신되는 것은 이런 사정이 있는 것이다.

한편 수신SNR이 악화되어 차신호(L-R) 스펙트럼이 망가지는 상황이라면 민감한 19kHz 파일럿도 손상을 받게 되는데, 이렇게 되면 DSB-SC 복조불량으로 스테레오 분리까지 엉망이 되고 만다. 즉 19kHz 파일럿의 수신품질이 스테레오FM 품질의 기준이 되는 탓에, 일반적으로 스테레오FM방송 수신기에는 19kHz 파일럿이 충분한 크기로 수신되어 스테레오 분리에 문제가 없음을 알려주는 회로와 지시LED가 달려있다. 만일 희망방송국에 튜닝 해도 이 LED가 점등되지 않고 음질이 불량할 경우, 스테레오모드를 포기하고 모노모드로 전환하면 그런대로 깨끗한 음질의 청취가 가능하다. [그림22-10]에 스테레오FM의 송신시스템을, [그림22-11]에 스테레오FM의 수신시스템을 보인다. 송수신단에서 차신호(L-R)를 DSB-SC 변조/복조 하는 시간만큼 합신호(L+R)를 지연(delay)시켜 타이밍을 맞추어 주는 것도 주목하자.

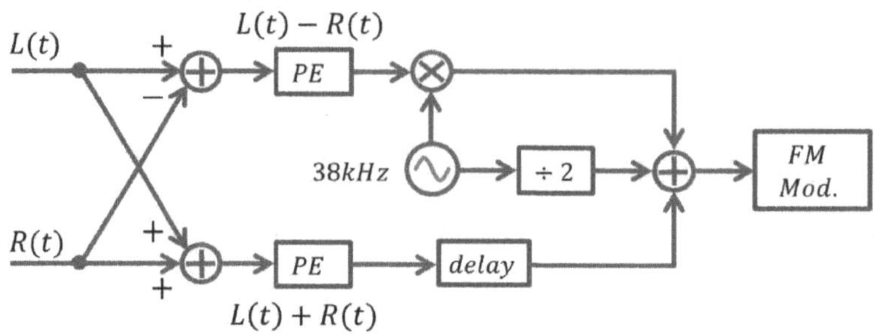

[그림 22-10] 스테레오FM의 송신시스템

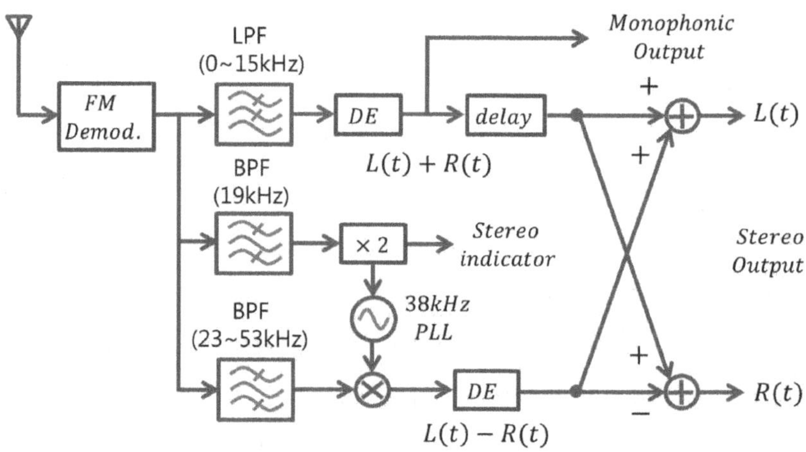

[그림 22-11] 스테레오FM의 수신시스템

AM부반송파방식의 스테레오FM이 가지는 이러한 구조적 약점은 오랫동안 FM방송업계와 소비자들을 괴롭히고, 방식결정의 당사자인 FCC는 비난의 화살을 덮어쓴다. 한정된 무선주파수를 사용하는 방송이나 통신에서 어떤 새로운 방식을 결정한다는 것은 이토록 무서운 일이기 때문에 오늘날에도 방식결정은 신중에 신중을 거듭하는 것이다. 하긴 스테레오FM방송을 인터넷을 통해서 듣는 요즘, 이런 이야기가 실감이 나진 않겠지만, 무선통신에 얽힌 선구자들의 천재적인 업적들은 소중히 계승발전 되어야 할 인류의 유산이 아니겠는가?

연습 문제

알기 쉬운 통신이론

1. FM과 PM의 정의(definition)를 정확히 쓰고, 이를 수식으로 표현하시오.

2. 협대역각변조 NBFM과 NBPM의 수식을 유도하여 AM(DSB-LC)의 수식과 비교 설명하고, NBFM과 NBPM 변조기의 구성도를 그리시오.

3. FM의 대역폭을 그림으로 따져보고, 이로부터 "Carson's Rule"을 유도하시오.

4. 어떤 FM신호가 아래 식과 같을 때 이 신호의 대역폭을 구하시오.

$$\phi_{FM}(t) = \cos\left[3\times 10^{8}\pi t + 8\sin(2\times 10^{3}\pi t)\right]$$

5. WBFM의 중요한 특징으로서 "신호전력과 대역폭의 타협"이 있다. 그 원리와 응용에 대하여 설명하고, 각변조에서 FM이 PM을 제치고 주역이 된 이유를 밝히시오.

6. Armstrong's Indirect FM 방식에 대하여 자세히 설명하시오.

7. 콜렉터동조형 가변다이오드(배랙터) FM변조기의 회로도를 그리고, 회로 각 부분의 역할을 설명하시오.

8. FM복조의 기본개념을 수식과 그림으로 자세히 설명하시오.

9. 주파수변별기란 무엇인가? 그 원리와 구성을 자세히 설명하시오.

10. Foster-Seely 검파기의 회로를 그리고 그 동작과정을 단계별로 설명하시오.

11. Foster-Seely 검파기의 변형으로 "ratio detector"와 "quadrature detector"가 있다. 각각의 특징을 설명하시오.

12. FM수신기의 블록도를 그리고, FM 수신파에 포함된 잡음이 수신기의 각 부분을 거치면서 억압되는 과정을 그림으로 자세히 설명하시오.

13. FM 시스템에서 프리엠퍼시스와 디엠퍼시스를 사용하는 이유와 원리를 설명하시오.

14. FM 수신에 있어서 capture effect란 무엇인가? 그 뜻을 설명하고, 수식으로 이를 입증하시오.

15. 스테레오FM방송의 스펙트럼을 그리고, 스테레오FM방송과 모노FM방송의 대역폭을 계산하시오. 그리고 스테레오FM이 모노FM보다 수신성능이 대폭 떨어지는 이유를 설명하시오.

6부

디지털변조

디지털신호의 변조 제23강

디지털화한 신호를 왜 변조해서 다시 아날로그로 만든다는 말인가?

23-1 개요

1970년대에 선보이기 시작한 디지털변조기술은 전화선을 통한 디지털데이터전송을 가능하게 하였고, 80년대 들어오면서 컴퓨터네트워킹, PC통신 등이 급속히 보급되면서 데이터모뎀(Modem)의 전성기를 맞는다. 여기에 한걸음 더 나아가 3.4kHz로 제한된 전화선의 대역폭을 훨씬 벗어나는 DSL모뎀기술이 나오면서 초고속인터넷의 꽃을 피우게 된다. 무선의 경우도 데이터 전송용 무선모뎀(wireless modem)이 제한적으로 쓰이다가, 80년대 휴대전화의 디지털화가 진행되면서 협대역디지털변조에 대한 기술혁신이 일어나고, 위성통신, 디지털방송, Wi-Fi망에 이르기까지 숨 가쁜 진화를 이루게 된다. 한편의 드라마처럼 극적이었던 디지털변조의 역사, 심플해 보이지만 만만치 않은 그 특성들을 알아보자.

23-2 디지털신호의 변조

아날로그신호를 샘플링과 부호화를 거쳐 기껏 디지털화 해놓고, 정작 전송을 할 때 변조라는 과정을 거쳐 굳이 다시 아날로그파형으로 만들어야 하는 이유는 무엇인가? 디지털부호를 변조하는 방법에는 어떤 것이 있으며, 성능은 어떻게 따지는가? 또 원래대로 복조하는 데는 어떤 방법들이 있을까? 아날로그변조와 대비되는 독특한 개성을 가지는 디지털변조에 관하여 하나씩 살펴보자.

기저대역의 디지털전송에 관해서는 제3부에서 상세히 다루었다. 하지만 디지털신호를 기저대역으로 전송하기에는 너무나 어려운 상황들이 있다. 유선전송이든 무선전송이든 디지털신호의 전송에 변조가 반드시 필요한 상황과 그 이유를 생각해 보면 아래와 같다.

1) 유선전송에서의 문제

- 기저대역 디지털신호는 이론상 대역폭이 무한대인 펄스형태이며, 고속 디지털신호일수록 더 넓은 대역폭이 요구된다.
- 특히 PSTN의 전화선을 전송선로로 사용해야 하는 경우, 모든 신호는 점유대역폭 3.4kHz로 저역통과 처리되므로 이 정도의 대역폭으로는 기저대역 디지털전송율이 극히 한정적일 수 밖에 없다.
- 따라서 유효 데이터전송율을 올리는 동시에 디지털펄스신호를 전화선에서 수용이 가능하도록 하기 위한 조치가 필요하다.
- 이를 위하여 디지털펄스신호를 음성대역 아날로그신호로 변조하여 송신하고 이를 수신단에서 다시 디지털신호로 복조하는 과정이 필요한데, 이 장치를 "데이타모뎀(data Modem)"이라 부른다.

2) 무선전송에서의 문제

- 익히 알다시피 아날로그든 디지털이든 기저대역의 신호를 그대로 무선으로 방사한다는 것은 현실적으로 불가하다.
- 무선채널을 간섭 없이 공유하기 위해서는 주파수분할다중화(FDM)을 사용해야 하는데, 이렇게 신호의 스펙트럼을 천이시키기 위해서는 기저대역 신호를 각기 다른 주파수로 변조하여야 한다.

굳이 디지털신호의 변조라고 해서 제4부와 제5부에서 다루었던 아날로그신호의 변조와 개념적으로 다를 이유는 하나도 없다. 다만 그 대상이 디지털 펄스라는 워낙 독특한 개성을 가지는 신호이므로, 아날로그신호와는 구별되는 관점에서 주의 깊게 보아야 한다는 뜻에서 특별히 "디지털변조"라는 이름이 붙는다. 아울러 디지털변조(Modulation)와 복조(Demodulation)를 수행하는 장치를 합하여 "모뎀(Modem)"이라 부른다.

아날로그신호와는 달리 디지털신호는 몇 가지로 한정된 심볼만이 사용된다. 따라서 디지털변조기라 함은 정해진 패턴의 변조파를 골라서 내보내는 매우 심플한 형태가 된다. 즉 연속되는 아날로그신호에 대하여 끊임없이 변조파를 생성해내야 하는 아날로그변조와는 달리, 디지털변조란 비트의 천이(遷移, transition)점에서만 파형이 바뀐다는 뜻에서 modulation(변조) 대신 shift-keying(천이)이라는 용어를 쓴다. 말하자면 진폭변조(AM)은 진폭천이변조(ASK), 주파수변조(FM)은 주파수천이변조(FSK), 위상변조(PM)은 위상천이변조(PSK)로 대응이 된다.

이처럼 원리적으로는 무척 간단해 보이는 디지털변조이지만, 디지털신호의 변조파에 있어서의 제반 특성은 아날로그변조와는 상당한 차이가 존재한다. 따라서 전송로의 종류와 상황에 알맞은 디지털변조방식의 선택과 최적화에 대하여 특별한 궁리가 필요한 것이다.

23-3 ASK 변조

진폭천이변조(ASK)는 [그림23-1] (1)과 같이 단극NRZ(unipolar NRZ)부호 형태의 디지털신호를 반송파억압양측파대변조(DSB-SC) 한 것을 말한다. 원칙대로 변조하자면 곱셈기(mixer, 평형변조기)를 사용하여야 하나, 실제 변조파형을 살펴보면 단순히 mark(1)가 나올 때만 반송파를 내보내는 매우 심플한 동작을 한다. 이 정도라면 굳이 곱셈기를 쓰지 않더라도 [그림23-1] (2)와 같이 딸랑 전자스위치 하나만으로도 충분히 구현이 가능하지 않겠는가! 이런 연유로 ASK를 일명 "On-Off Keying(OOK)"라 부르기도 한다. 구분을 위해 [그림23-1] (1)의 구성방식을 "mixer-based scheme", [그림23-1] (2)의 구성방식을 "switching-based scheme"이라고 한다.

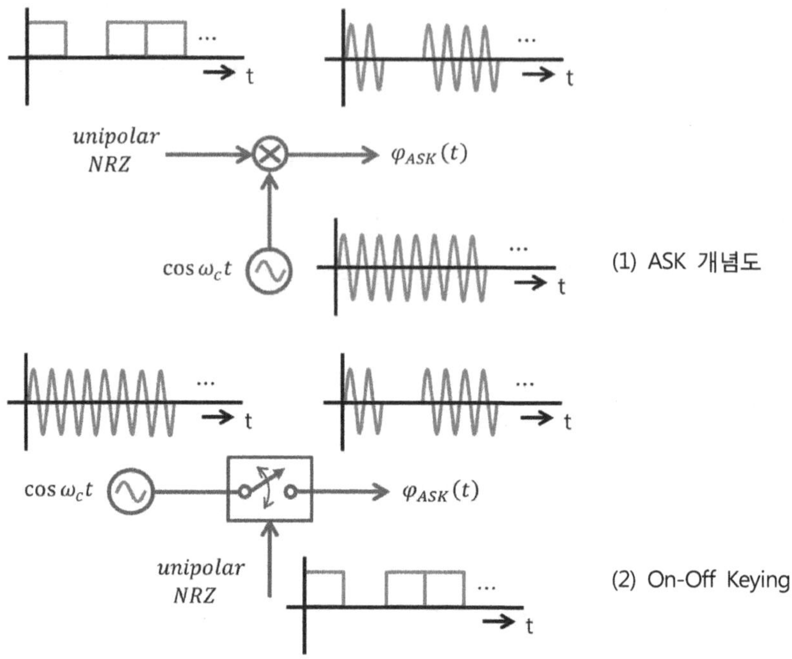

[그림 23-1] 진폭천이변조기(ASK, OOK)의 개념과 구현

그러면 ASK변조파의 주파수영역 특성은 어떨까? [그림23-2]에 보인 ASK의 전력스펙트럼을 중심으로 ASK의 특성을 하나씩 살펴보자.

1) 진폭변조는 기저대역 스펙트럼을 반송파 주파수 ω_c만큼 천이시키므로 ASK신호의 전력스펙트럼은 단극NRZ부호의 스펙트럼을 ω_c자리로 옮겨놓은 것과 같다. 따라서 ASK신호의 대역폭은 기저대역 단극NRZ신호 대역폭의 2배로 된다. 즉, 단극NRZ부호의 펄스폭이 T_b[sec]라면 ASK의 null-to-null 대역폭은 $2/T_b$[Hz]로 된다(기저대역의 경우 $1/T_b$[Hz]).
2) 반송파를 억압하는 DSB-SC변조로 얻어짐에도 불구하고, 기저대역의 신호가 원래 직류성분을 가지는 단극NRZ부호이므로 ASK 스펙트럼은 강력한 반송파성분을 포함한다. (이것은 포락선검파의 가능성을 암시하지 않는가?)
3) 심볼 1과 0이 동일한 확률로 출현한다면 ASK신호는 On, Off가 반복되므로 실제로 송신전력이 소모될 확률은 1/2이 된다. 즉 [그림23-2]의 스펙트럼은 확률적으로 절반의 시간에서만 관측되는 것이다.

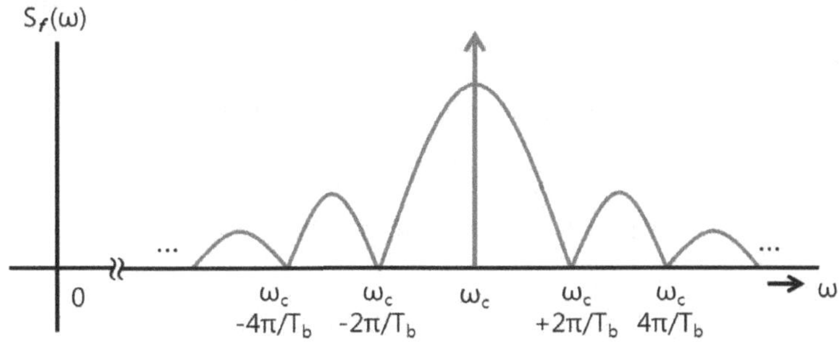

[그림 23-2] ASK의 전력스펙트럼

그런데 우리가 지금까지 ASK에 관해서 검토한 것은 어디까지나 이상적인 전송로 상황을 전제로 했음을 유의하자. 예컨대 [그림23-1]의 반듯반듯한 펄스모양 포락선을 가지는 ASK 변조파형은 전송로의 대역폭이 무한대로서 펄스파형을 완벽하게 수용할 경우에나 볼 수 있는 것이다. 유한한 대역폭을 가지는 실제 전송로에서라면 변조파형은 전송로의 대역폭만큼 LPF 될 것이고, 그로 인해 파형은 왜곡되고 부호간간섭(ISI)이라는 골치아픈 일도 발생할 것이다.

그러고 보니 이런 일들에 대해서는 10-3절에서 중점적으로 논의하지 않았던가! 비록 디지털변조를 거쳐 주파수천이 되기는 했지만, 제한된 대역폭과 ISI에 대한 대책은 기저대역에서와 다를 바가 없을 것이다. 말하자면 송신단에서의 펄스정형과 수신단에서의 정합필터라는 기법을 디지털변조에서도 그대로 써먹을 수 있다는 이야기다.

기저대역전송에서 단극NRZ부호의 대역폭효율(Bandwidth efficiency)은 나이퀴스트필터링 할 경우 최대 2bit/second/Hz로 정의된다. 이를 ASK 변조신호에 적용하면 변조로 인해 대역폭이 2배로 증가하므로 대역폭효율은 최대 1bit/second/Hz로 될 것이다. 하지만 이것은 이상적인 LPF를 상정한 이론적인 수치이고, roll-off 필터로 파형정형 할 경우 대역폭효율은 0.5bit/second/Hz와 1bit/second/Hz사이의 값으로 정해진다. 여기에서 재미있는 점은 ASK변조시 roll-off 필터를 어디 위치에 넣느냐는 것인데, [그림23-3]에서 보이듯 두 가지 방법이 있다. 아래에서 그 장단점을 따져보자.

1) RF대역 **파형정형**(bandpass filtering method)

- ASK변조를 먼저 하고나서 RF대역에서 BPF로 펄스정형
- 장점: ASK변조를 스위치 하나로 간단히 해결

- 단점: RF대역의 주파수가 높아질수록 샤프한 필터링이 매우 어려워짐

2) 기저대역 파형정형(baseband filtering method)

- 기저대역에서 LPF로 펄스정형을 먼저 하고나서 ASK변조
- 장점: 기저대역에서 정교한 펄스정형이 가능
- 단점: 펄스정형 이후에는 스위치로 ASK변조가 불가능하므로 반드시 고성능 믹서를 사용해야 함

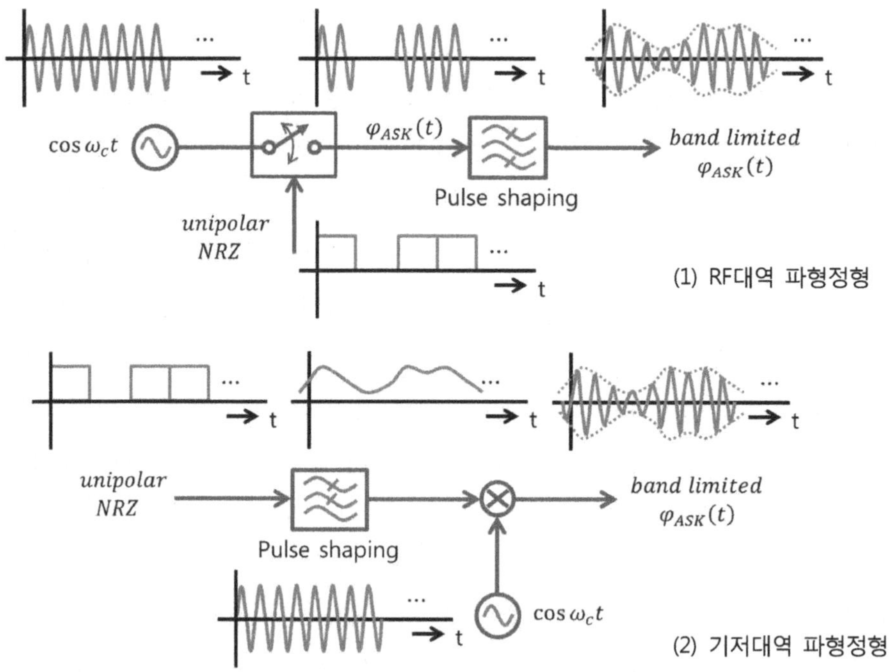

[그림 23-3] ASK와 파형정형

23-4 ASK 동기검파

DSB-SC로 변조된 ASK를 곧이곧대로 복조하려면 변조에 쓰인 것과 꼭 같은 주파수와 위상의 반송파를 다시 곱하면 되는데, 이를 "동기검파(Coherent Detection)"라 부른다. 동기검파의 경우 위상과 주파수가 완벽하게 일치하는 반송파를 생성하는 국부발진기와 PLL, 그리고 믹서의 선형성 보장 등이 필수적이므로 비교적 까다롭고 정교한 하드웨어

가 요구된다. [그림23-4]는 디지털신호의 최적수신을 위해 "정합필터"를 삽입한 ASK 동기검파 시스템이다. 상관에 쓰인 파형이 무선주파수대역의 정현파라는 점을 제외하고는 정합필터의 개념은 기저대역과 완전히 동일하다. 기저대역과 통과대역에서의 정합필터 콘볼루션 연산과정을 [그림23-5]에 보인다. 파형은 완전히 다르지만 심볼타이밍 T_p에서의 연산결과는 일치함을 알 수 있다.

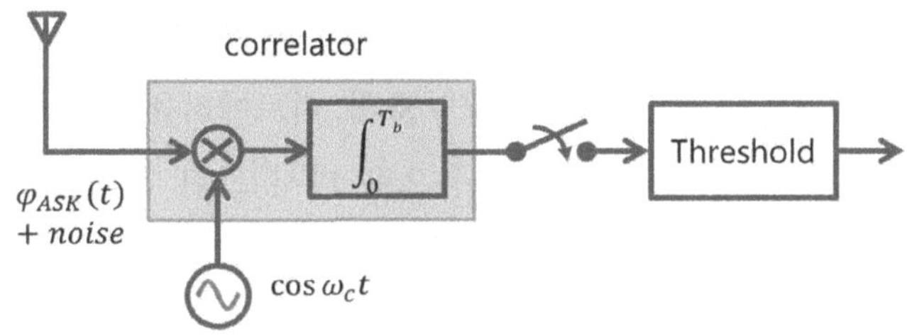

[그림 23-4] ASK 동기검파 시스템

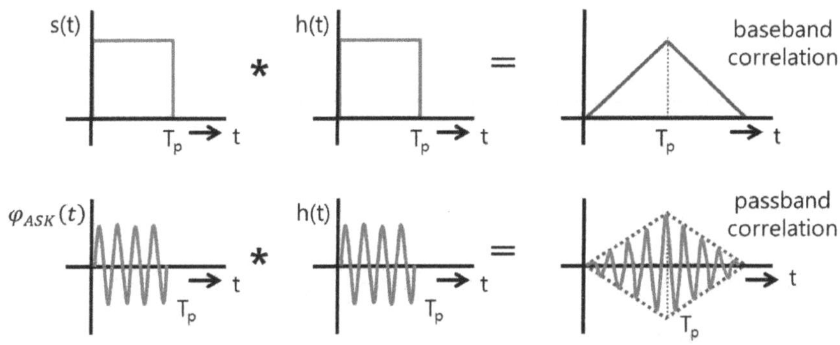

[그림 23-5] 기저대역과 통과대역에서의 정합필터 비교

ASK 동기검파방식의 비트에러율 성능을 알아보자. 잡음은 상가성백색잡음(AWGN, Additive White Gaussian Noise)을 대상으로 한다. 그런데 이 작업이 의외로 간단하다. 수신파가 정상적으로 복조되어 기저대역으로 내려오고 나면, 그때부터는 다름 아닌 기저대역 단극NRZ부호의 성능평가가 아닌가? 즉 변조와 복조라는 단계를 거치기는 하였지만, 사실상 ASK의 성능과 기저대역 NRZ부호의 성능은 완전히 동일하게 계산되는 것이다. 여기에 대해서는 13-5절을 참조하자. (식23-1)에 나타낸 ASK의 성능수식은 이미 (식13-15)에서 유도했던 것이다.

$$p(e)_{ASK} = p(e)_{unipolar\ NRZ} = Q\left(\sqrt{\frac{E_b}{N_0}}\right) = \frac{1}{2}erfc\left(\sqrt{\frac{E_b}{2N_0}}\right)$$ (식23-1)

하지만 그렇다고 해서 ASK의 성능이 달랑 수식 하나로 간단히 끝날 문제가 아니다. ASK의 비트에러율에 대하여 반드시 고려해야 할 점이 아직 남아있다. 수신전력의 레벨이 비교적 안정적인 유선전송과는 달리, 무선전송의 경우에는 페이딩 등의 이유로 수신전력레벨이 수시로 변동하는 매우 골치 아픈 문제가 숨어있다. [그림23-6]에서 이 문제를 고찰해보자. 이것은 13-3절에서 양극NRZ부호의 비트에러율을 유도하기 위해 사용했던 수신전력 확률밀도 그림을 단극NRZ부호용으로 다시 그린 것이다.

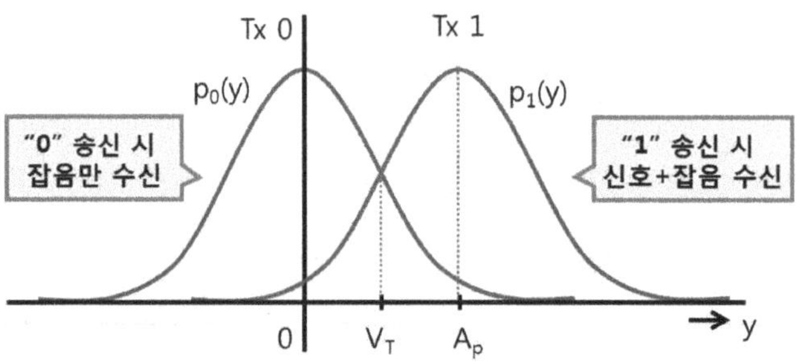

[그림 23-6] ASK 동기검파 비트에러율 판정 곡선

AWGN이 부가된 수신신호의 진폭은 “0(space)”의 경우 0[V]를 중심으로, “1(mark)”의 경우 펄스의 피크값 A_p[V]를 중심으로 하는 정규분포로 입력된다. 이 때 0과 1을 판정하기 위한 판정전압(V_T) 기준점으로 두 곡선의 교점을 사용하는 것이 판정에러를 최소로 할 것이므로, 판정회로에서 V_T는 정확히 $A_p/2$로 설정 될 것이다. 그런데 문제는 수신전력레벨이 무작위로 변할 경우 V_T 역시 수신레벨에 따라 계속 재설정 되어야 하는데, 현실적으로 이런 복조기를 설계하기는 매우 난감하다. (신호레벨이 변한 것인지 잡음레벨이 변한 것인지 순간적으로 어떻게 구분한단 말인가?) 특히 수신전력레벨의 변화가 극심한 이동통신채널의 경우, 동기검파 ASK방식은 그 실용성이 극히 떨어질 것임을 알아두자.

23-5 ASK 비동기검파

ASK는 기본적으로 반송파가 억압된 진폭변조, 즉 DSB-SC이므로 원칙적으로는 동기검파외에 복조방법이 없다. 하지만 기저대역신호가 단극NRZ임을 고려하면 기저대역신호에 마이너스 성분이 없으므로 포락선검파로도 충분히 복조가 가능하지 않은가! 즉 [그림23-7]과 같이 플러스부분의 포락선만으로 원래신호의 복원이 가능하다. 복조시 반송파가 필요 없으므로 이를 ASK의 "비동기검파(non-coherent detection)" 라고 부른다. 그렇다면 비동기검파기에서 0과 1의 판정기준은 어떻게 설정해야 할 것이며, 비트에러율은 동기검파기와 비교하여 얼마나 다를까?

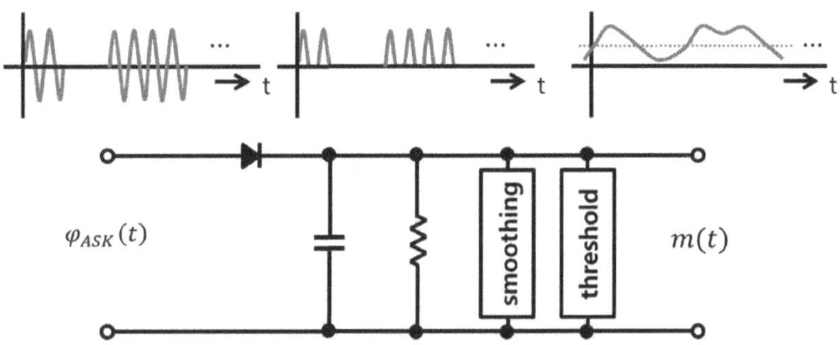

[그림 23-7] ASK의 비동기검파(포락선검파)

비동기검파가 동기검파와 결정적으로 다른 점은 검파기의 구조상 출력파형은 제로이하가 절대로 나올 수 없다는 것이다. 즉 [그림23-6]의 동기검파처럼 이론상 음과 양 양측으로 무한대까지 꼬리를 끄는 정규분포를 가지는 가우시안잡음은 포락선검파기를 통과하면서 그 통계적 특성이 변형되는 것이다. 비동기검파기에 입력되는 가우시안잡음이 어떻게 수정되는지 알아보면 [그림23-8]과 같다.

1) 0(space) 송신 시: "Rayleigh distribution (레일리분포)"
   - 순수잡음만 수신되는 상황
   - 잡음은 어떤 플러스값의 평균치를 가지며 마이너스값이 없는 2차원정규분포
2) 1(mark) 송신 시: "Rician distribution (라이스분포)"
   - 잡음과 신호가 함께 수신되는 상황
   - 신호레벨을 중심으로 정규분포와 유사하게 잡음이 붙지만 마이너스값이 없음

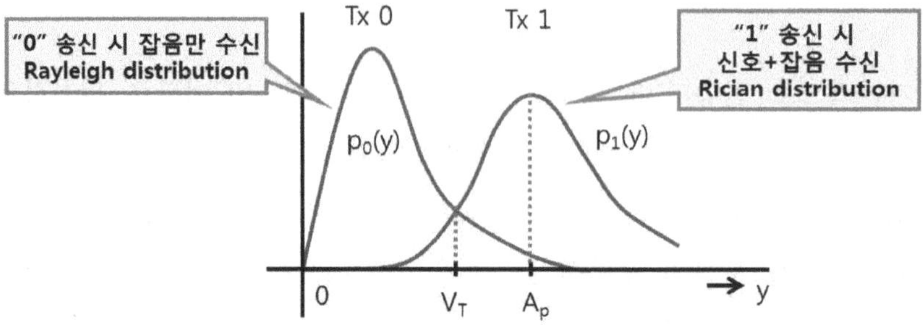

[그림 23-8] ASK비동기검파의 잡음특성과 최적판정전압

그렇다면 ASK비동기검파의 판정전압(V_T)은 어디가 적당할 것인가? 직관적으로 볼 때 역시 라이스분포곡선과 레일리분포곡선의 교차점이 타당할 것이다. 이 점은 판정에러가 날 확률, 즉 miss 부분과 false alarm 부분의 면적이 최소가 되는 곳이다. 하지만 ASK 비동기검파 역시 수신신호의 절대치가 크게 변동하는 이동통신의 경우 판정전압 변동의 문제로 인해 실용성이 크게 떨어지기는 동기검파와 마찬가지이다.

ASK 동기검파와 비동기검파의 비트에러율 성능차이는 어떨까? 직감적으로도 비동기검파의 성능이 좀 떨어질 듯 하지 않은가? 구체적인 계산 대신 [그림23-6]과 [그림23-8]의 모양으로부터 성능차이를 유추해보자면 다음과 같다. 첫째, 두 곡선의 피크점 간격이 동기검파 쪽이 비동기검파 쪽보다 더 멀리 떨어져 있고, 둘째, 에러가 나지 않을 확률을 나타내는 부분이 동기검파의 경우 마이너스영역도 포함하므로 비동기검파의 경우보다 더 넓다. 따라서 동기검파가 비동기검파보다 어느 정도 성능이 우수할 것이라는 추론이 가능하다. 실제 ASK비동기검파의 성능은 (식23-2)와 같이 수학적으로 유도되며, 동기검파에 비해 대략 1dB정도 성능이 떨어진다.

$$p(e) = \frac{1}{2} exp(-\frac{E_b}{2N_0}) \qquad \text{(식23-2)}$$

ASK는 가장 기본적인 디지털변조 방식으로서 무선통신에는 적합하지 않지만, 그 간단한 구조로 인하여 근거리의 간이형 무선전송에 많이 쓰인다. 특히 감쇠가 거의 없는 광통신에서는 발광소자(LED)와 수광소자(photo diode)를 구동하는 기본 변복조방식으로 널리 쓰이고 있다.

FSK와 PSK

제 24 강

전화선용 데이터모뎀의 기술진화와 PC통신의 역사

24-1 개요

반송파의 각도부분에 신호를 싣는 아날로그 각변조인 FM과 PM을 그대로 디지털신호에 적용한 것이 FSK와 PSK이다. 아날로그 각변조의 FM과 PM은 닮은 듯 다른 듯 엇비슷한 형제지간처럼 보이기도 했지만, 디지털변조의 FSK와 PSK는 각변조라는 하나의 뿌리를 가짐에도 불구하고, 너무나 대비되는 뚜렷한 개성을 지닌다. 대표적인 디지털변조의 두 기둥으로서 앞서거니 뒷서거니 모뎀기술의 발전을 리드해 온 두 방식의 장단점과 성능에 대하여 살펴보자.

24-2 FSK 변조

주파수천이변조(FSK)란 [그림24-1]에서 보이듯이 디지털부호 0과 1에 각각 다른 주파수의 반송파 심볼를 대응시키는 방식을 말한다. 이와 같이 0과 1의 두 가지 부호만을 사용하는 FSK를 특별히 "BFSK(Binary FSK)"라고 부르기도 하는데, 이것은 사실상 주파수가 상이한 두 개의 ASK를 합친 것과 꼭 같다. 물론 FSK의 스펙트럼도 [그림24-2]와 같이 두 개의 ASK 스펙트럼을 합쳐 놓은 형태로 된다. 분명 주파수변조를 했건만 실은 진폭변조의 스펙트럼 모양을 고스란히 가지는 재미있는 결과가 아닌가? 이러한 양상은 PSK에서도 관찰되는 디지털변조의 흥미로운 특성이기도 하다.

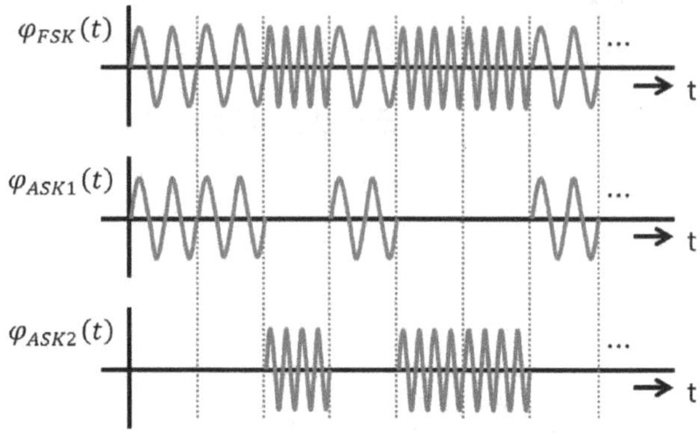

[그림 24-1] FSK의 변조파형 예

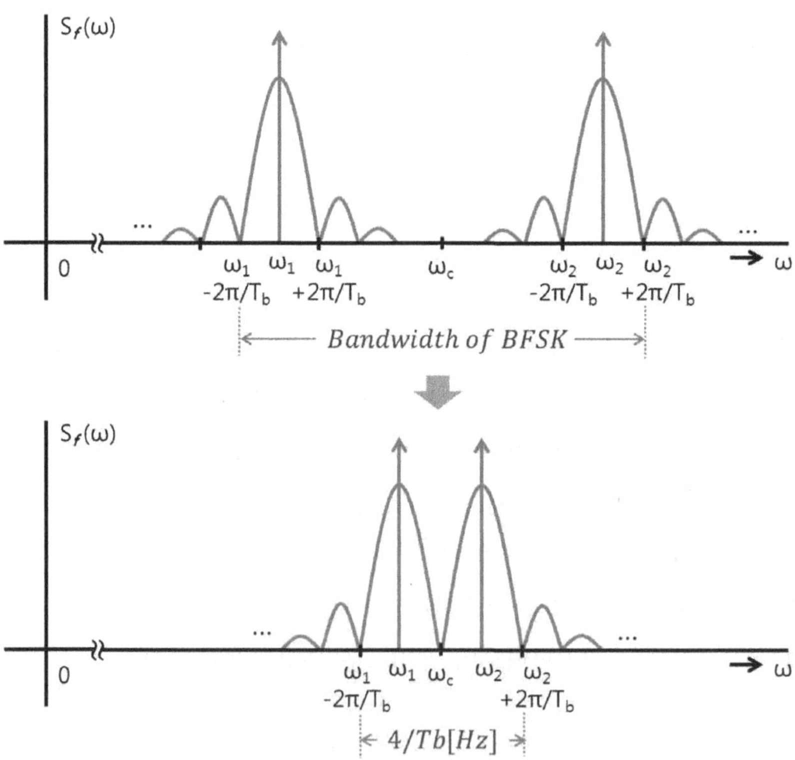

[그림 24-2] FSK의 스펙트럼

이처럼 FSK 변조가 두 개의 ASK를 합쳐놓은 것이다 보니 그 대역폭이 곱절로 넓어지고 마는 태생적인 한계점을 안게 되는데, 이것은 한정된 대역폭을 공유해야 하는 무선통신에서 큰 약점이 아닐 수 없다. [그림24-2]에 보인대로 메인로브만 고려하여 FSK의 대역폭을 계산하면 (식24-1)과 같다. 여기에서 조금이라도 대역폭을 절약하려면 주파수편이를 최대한 좁히는 수 밖에 없는데 그렇다면 어디까지 좁힐 수 있을까? 직관적으로 볼 때 두 메인로브가 겹치지 않고 나란히 이웃하는 형태 이상으로는 더 이상 좁히기 힘들 듯 하다. 어쩐지 메인로브가 겹치면 재미없을 듯 하지 않는가? 이렇게 한계까지 좁힌다면 대역폭은 $4/T_b$[Hz]까지 압축될 것이다. FSK의 대역폭 절약에 관한 더 깊은 이야기는 협대역디지털변조에서 다시 다루기로 한다.

$$BW_{BFSK} = \omega_2 - \omega_1 + 2 \cdot \frac{2\pi}{T_b}[rad/sec] = f_2 - f_1 + \frac{2}{T_b}[Hz]$$

$$BW_{BFSK(min)} = 4 \cdot \frac{2\pi}{T_b}[rad/sec] = \frac{4}{T_b}[Hz]$$

(식24-1)

이제 FSK 변조기를 만들어보자. 이것은 두 가지로 접근이 가능하다. 첫번째, 기본적으로 FSK는 ASK 두 개를 합친 개념이라고 본다면 [그림24-3] (1)처럼 두 개의 발진기를 디지털신호로 구동되는 하나의 스위치로 절환(切換) 함으로서 구성할 수 있다. 그림에는 미끈한 FSK변조파가 그려져 있지만, 실제로 주파수가 상이한 두 파형이 그렇게 매끄럽게 이어지라는 보장, 즉 “위상연속성(phase continuity)”의 보장은 없다는 점에 주의하기 바란다. 두번째, [그림24-3] (2)처럼 디지털신호로 직접 VCO를 구동하여 출력주파수를 순간적으로 절환 하는 방법이 있다. 이런 회로를 “주파수합성기(frequency synthesizer)”라 부르기도 하는데, 문자 그대로의 순간적인 주파수변화를 만들기에는 물리적인 어려움이 있겠지만 위상연속성에는 문제가 없어 보인다.

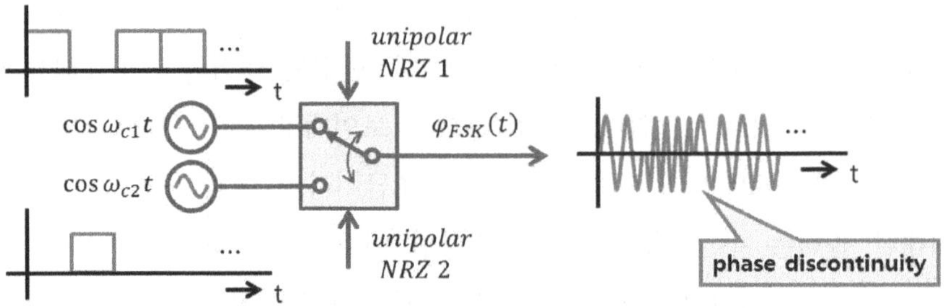

(1) 2 oscillator & switch method

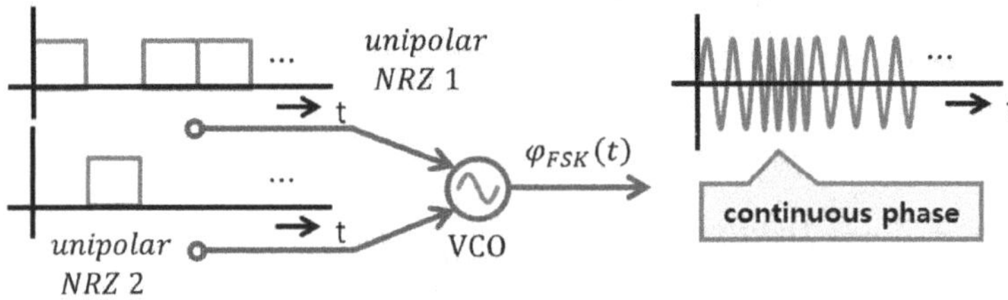

(2) VCO method

[그림 24-3] FSK 변조기 구성

최초로 실용화된 전화선용 데이터모뎀은 FSK계열이었다. Bell lab.에서 제안한 Bell 103 모뎀은 300bps full duplex, Bell 202 모뎀은 1200bps half duplex용이다. Bell 103 규격은 데이터통신 발신측(originate)과 수신측(response)에 별도의 주파수대를 할당하여 구분하는 FDD(frequency Division Duplex)방식을 쓰며, 각각의 대역에서 "1(mark)"과 "0(space)"에 대응하는 주파수를 정의해 주었다. 한편 Bell 202규격은 full duplex를 포기하는 대신 mark와 space 간격을 넓혀 1200bps의 전송속도를 낼 수 있도록 하였다. Bell series 데이터모뎀의 탄생에 이어 ITU를 통한 국제표준화가 진행되었고, ITU-T V.series로 알려진 데이터모뎀에 관한 국제표준권고안이 정립되어 오늘에 이르고 있다. 그 이후 데이터통신이 급속히 고속화 되어감에 따라 1200bps를 기점으로 FSK계열의 모뎀은 그 주도권을 점유대역폭면에서 유리한 PSK계열에 넘겨주게 된다.

24-3 FSK 동기검파와 비동기검파

FSK를 두 개의 ASK로 보면 FSK의 동기검파기는 두 개의 ASK 동기검파기를 합쳐서 만들 수 있을 것이다. 그런데 이렇게 되면 ASK의 큰 약점인 판정전압(V_T)문제도 고스란히 안게 되는데 이거 괜찮은 걸까? 하지만 걱정 마시라. 이 문제의 해결에는 교묘한 트릭이 하나 등장한다. 그것은 [그림24-4]와 같이 두 개의 ASK용 상관기를 배치하되, "0(space)"용 상관기의 출력을 뒤집어서 마이너스로 만들어 주는 것이다. 이렇게 만들면 상관기 출력전압의 확률분포가 [그림24-5]와 같이 0[V]를 경계로 "0(space)"와 "1(mark)"가 위치하게 된다. 그러고 보니 어라! FSK변조는 분명히 단극NRZ부호로 했는데 수신기에서 기저대역으로 복조된 결과는 양극NRZ부호의 수신전력 확률분포가 아닌가! 이로서 ASK에서 문제가 되었던 판정전압의 변동에 대응할 수 있게 되었다. 즉 FSK동기검파에서는 판정전압 V_T를 0[V]라는 절대기준으로 설정함으로서 판정전압이 수신전력레벨의 변동에 전혀 영향을 받지 않게 된 것이다!

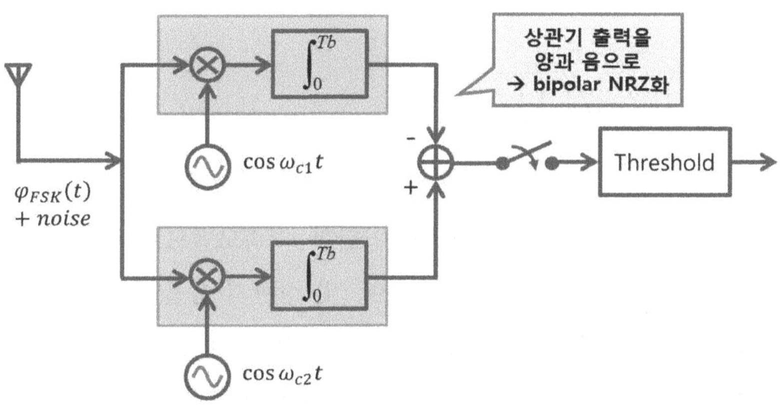

[그림 24-4] FSK 동기검파 시스템

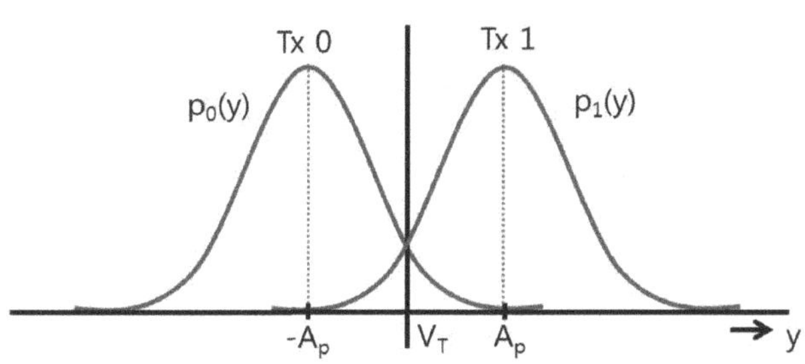

[그림 24-5] FSK 동기검파 비트에러율 판정 곡선

그렇다면 이런 결정적인 메리트 외에도 비트에러율 성능상의 개선이 있을까? 동기검파 FSK와 동기검파 ASK의 성능에 대하여 다음과 같이 두 가지 측면에서 비교해보자.

첫째, ASK가 단극NRZ부호에 대하여 0과 1의 판정을 함에 비해, FSK는 양극NRZ부호에 대하여 판정을 한다. 따라서 (식13-15)와 [그림13-15]에서 보이듯, 동일한 비트에러율을 내기 위해서 ASK는 FSK보다 2배의 E_b/N_o가 필요하다. 바꾸어 말하자면 FSK는 ASK보다 2배(3dB)의 E_b/N_o이득을 얻게 된다.

둘째, ASK가 "1(mark)"에 대해서만 반송파를 송출함에 반해, FSK는 "1(mark)"와 "0(space)" 모두 반송파를 송출해야 한다. 즉 FSK는 ASK보다 2배의 전력을 소모하므로 3dB의 E_b/N_o손해를 본다.

따라서 FSK의 비트에러확률은 (식24-2)와 같이 ASK와 동일하다는 결론에 이른다. 즉 FSK는 판정전압문제의 해결이라는 큰 의미를 가지지만, 대역폭을 2배 이상 쓰면서도 ASK에 비해 성능면에서 크게 나아진 바 없다는 것이다.

$$p(e)_{FSK} = Q\left(\sqrt{\frac{E_b}{N_0}}\right) = \frac{1}{2}erfc\left(\sqrt{\frac{E_b}{2N_0}}\right) \qquad \text{(식24-2)}$$

이어서 FSK의 비동기검파를 생각해보자. 간단한 저속모뎀으로도 충분한 상황이라면 굳이 동기검파를 위한 정교한 주파수, 위상제어, 및 상관기 등을 동원할 필요야 없을 것이다. 가장 간편한 수단은 ASK의 비동기검파에 쓰인 포락선검파 수법을 그대로 쓰는 것이다. [그림24-6]은 FSK동기검파기의 상관기 자리에 포락선검파기를 넣은 것이다. 이 방식은 ASK비동기검파기 두 개를 "1(mark)"용과 "0(space)"용으로 구분하여 사용하는 것으로 그 성능 역시 (식23-2)의 ASK비동기검파와 동일하다. 성능은 비록 동기검파만 하지는 못하겠지만 판정전압을 0[V]로 잡아 수신전력레벨의 변동과 무관한 안정적인 검파를 수행하는 FSK동기검파의 장점을 그대로 살리고 있다.

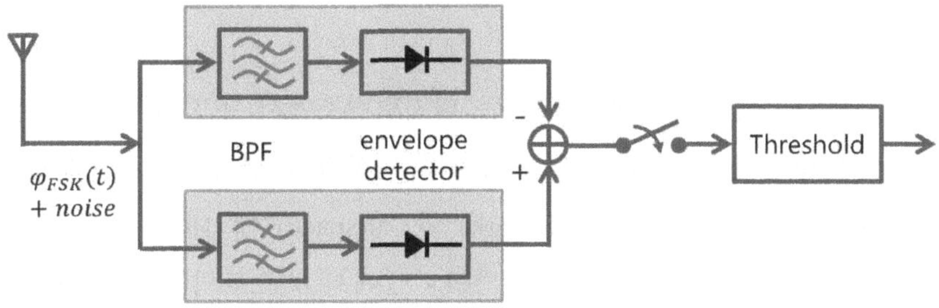

[그림 24-6] FSK 비동기검파 1 : 포락선검파

또 하나의 FSK비동기검파 수법으로서 [그림24-7]과 같이 아날로그FM복조용 주파수변별기(discriminator)를 그대로 채용하는 수가 있다. 이 방법은 성능은 좀 떨어지겠지만, 흔히 사용되는 범용부품으로 간단히 FSK비동기검파가 가능하므로 간이형 FSK수신기에 써먹기는 그만이다.

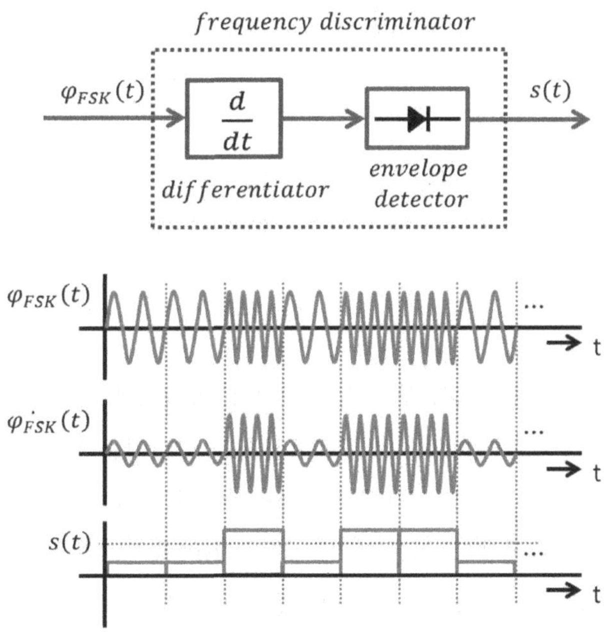

[그림 24-7] FSK 비동기검파 2 : 주파수변별기

24-4 PSK 변조

각변조의 또 다른 방식인 위상변조(PM)는 디지털변조에서 어떤 특성을 가질까? 위상변조(PM)란 "신호 m(t)의 진폭에 따라 반송파의 위상각이 선형적으로 변화하는 변조방식"으로 정의된다. 이것을 이진부호 "1(mark)"와 "0(space)"에 대하여 적용하면 어떻게 될까? 이진부호 파형의 변화는 "0"에서 1", 또는 "1에서 0"으로의 천이 뿐이므로 반송파의 위상각은 2가지만 있으면 오케이! 수신기에서 파형변화를 구분하기 가장 좋은 위상변화는 당연히 최대의 위상변화관계인 "0도"와 "180도"가 정답. 즉 이진부호의 천이점에서 반송파의 위상이 "반전(反轉)"되도록 하면 되는 것이다. [그림24-8]은 신호 천이점에서 반송파의 위상차가 180도인 "BPSK(Binary Phase Shift Keying)" 변조파형의 예를 보여주고 있다.

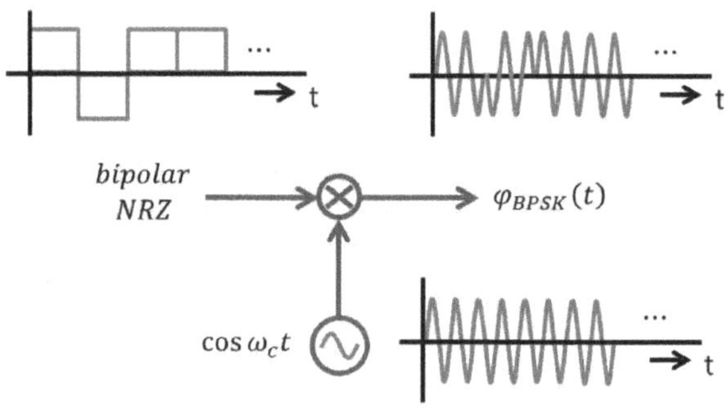

[그림 24-8] BPSK 변조파형 예

[그림24-8]는 기저대역 양극NRZ부호를 반송파에 곱하여 BPSK 파형을 만드는 과정을 잘 보여주고 있다. 그런데 반송파에 양극NRZ신호를 곱한다는 얘기는 바로 DSB-SC변조와 개념상 일치하지 않는가! 분명 각변조를 했는데 알고 보니 진폭변조라니.. 디지털변조에는 이처럼 재미있는 일면도 있음을 기억하자. BPSK변조기는 [그림24-8]와 같이 곱셈기가 들어가는 DSB-SC 구성이 정석이며, 파형정형 과정이 개입한다면 [그림23-3]에서 살펴 본대로 기저대역에서 양극NRZ신호를 파형정형 한 후 반송파를 믹싱하게 된다.

BPSK가 보여주는 180도 위상차, 즉 정반대 위상으로 이어지는 파형은 상관(correlation)의 관점에서 보면 "-1"의 상관계수를 가지는 "대척신호쌍(antipodal signal set)"이다. 동일 관점에서 보면 앞에서 살펴 본 ASK는 분명 상관계수가 "0"인 "직교신호쌍

(orthogonal signal set)"이다. 그렇다면 FSK는? 역시 직교신호쌍일까? 그래야 하는 것 아닐까.. (여기에 대해서는 협대역디지털변조에서 자세히 따져보기로 하자)

이제 BPSK변조파의 주파수영역 특성을 살펴보자. [그림24-9]에 보인대로 BPSK신호의 전력스펙트럼이란 양극NRZ부호의 스펙트럼을 DSB-SC변조를 통해 ω_c자리로 주파수 천이 시킨 것이다. 언뜻 보기에는 ASK와 그 모양이 꼭 같지만 결정적으로 다른 점이 두 가지 있다. 첫째는 ASK처럼 강력한 반송파 성분을 동반하지는 않는다는 것인데, 이것은 직류성분을 포함하지 않는 양극NRZ신호의 특성 때문이다. 그리고 두 번째는 ASK의 전력스펙트럼이 50%의 확률로 ON/OFF를 반복함에 반해 PSK는 항상 전력스펙트럼이 존재한다는 점이다.

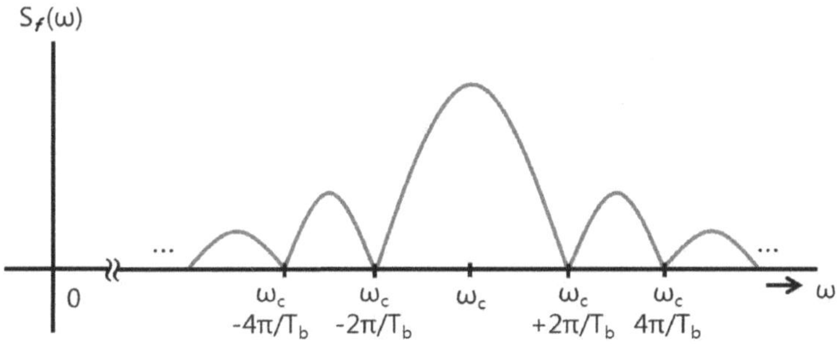

[그림 24-9] BPSK의 전력스펙트럼

24-5 BPSK 동기검파

본질적으로 DSB-SC변조인 BPSK는 반송파를 다시 곱하는 동기검파 말고는 복조방법이 없다. 왜냐하면 PSK는 단일주파수 반송파가 부호 천이점마다 위상만 뒤집히는 정포락선 변조방식이므로 포락선검파기나 주파수변별기로는 검파가 불가능하기 때문이다. 불가피한 동기검파를 위해서는 수신파로부터 정확한 주파수 및 위상을 가지는 반송파를 복원(재생)해내야 하는데, 여기에 대해서는 제16강에서 다루었던 반송파재생 부분을 참조하자. ASK, FSK에서 슬쩍 넘어갔던 반송파복원 부분을 새삼스레 강조하는 것은 PSK에서 특별히 이슈가 되는 문제가 하나 있기 때문인데, 그것은 바로 "위상모호성(phase ambiguity)"이라는 것이다.

[그림24-10]는 대표적인 반송파복원 방법인 제곱법을 BPSK에 적용한 것이다. 그림은 16-2절에서 다루었던 제곱과 필터링, 그리고 주파수분할에 의해 BPSK변조파로부터 반송파가 추출되는 과정을 잘 나타내고 있다. 일견 아날로그에 비해 훨씬 깔끔해 보이기도 하지만, 여기에는 큰 허점이 하나 숨어있다. 그것은 바로 제곱의 과정에서 음의 진폭이 모두 양으로 접혀 올라가는 바람에 신호의 극성에 관한 정보가 상실된다는 것이다. 즉 제곱법에 의해 복원된 반송파의 위상이 원래보다 180도 뒤집히더라도(반전되더라도) 전혀 알 길이 없다는 것이다.

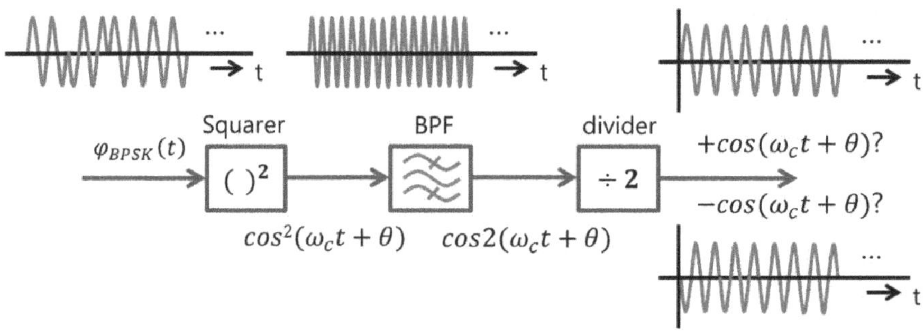

[그림 24-10] BPSK 동기검파를 위한 반송파 복원

180도 반전된 반송파로 복조를 하면 기저대역 신호도 당연히 뒤집힐 것이다. 이런 사태는 아날로그통신에서는 그리 큰 지장을 주지 않는다. 아날로그신호는 그 진폭과 주파수에 정보가 실릴 뿐이지 신호자체의 극성은 큰 의미가 없기 때문이다. 반면 BPSK의 경우 정보는 진폭도 아니고 주파수도 아니고 위상에 실려 있다! 따라서 반전된 반송파로 BPSK를 복조하면 송신데이터는 모조리 0과 1이 정반대로 판정되는 치명적 에러를 초래하고 마는데, 이를 위상모호성이라고 한다. 그러므로 BPSK의 복조에는 위상모호성을 근본적으로 막을 수 있는 반송파복원이 필수적인데, 그 해답은 바로 제곱의 과정을 거치지 않는 [그림16-3]의 코스타스루프이다. 교묘한 PLL 조합으로 위상모호성을 해결함과 동시에 동기검파 출력까지 내놓는 재미있는 특성에 관하여 16-2절을 참조하여 다시한번 되새겨보기 바란다.

이제 BPSK 동기검파의 비트에러율 성능을 따져보자. 변복조 과정을 거치기는 했지만 BPSK의 성능이라는 것이 기본적으로 기저대역 양극NRZ부호의 성능과 동일하리라는 것은 짐작이 갈 것이다. [그림24-11]에 상관기를 사용하는 BPSK 동기검파기를 보인다. 수신파와 반송파와의 상관결과는 1또는 -1을 중심으로 분포할 것이므로 판정전압 V_T는 0으로 잡는다. 따라서 BFSK 동기검파의 비트에러율 판정곡선은 [그림24-12]와 같이 양극 NRZ의 그것과 동일할 것이며, 비트에러율 또한 (식24-3)으로 계산된다. 그런데 [그림 24-5]에서 보았던 BFSK 동기검파의 비트에러율 판정 곡선도 BPSK와 꼭 같은 모양의 그림인데, 어떻게 (식24-2)의 BFSK 비트에러율과 (식24-3)의 BPSK 비트에러율은 2배(3dB)의 차이가 난다는 말인가? 이 의문에 대한 해답은 다음과 같다.

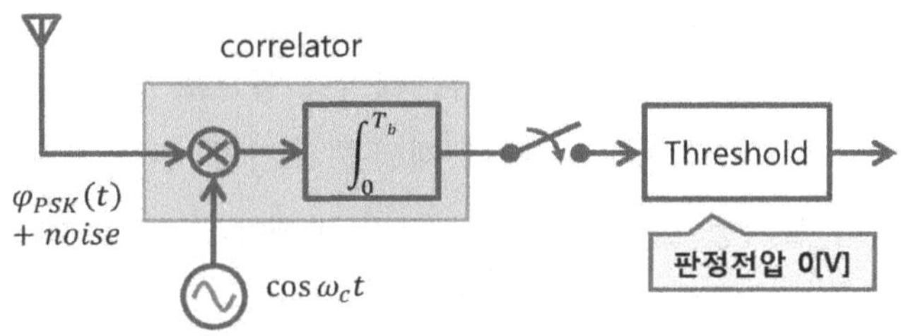

[그림 24-11] BPSK 동기검파 시스템

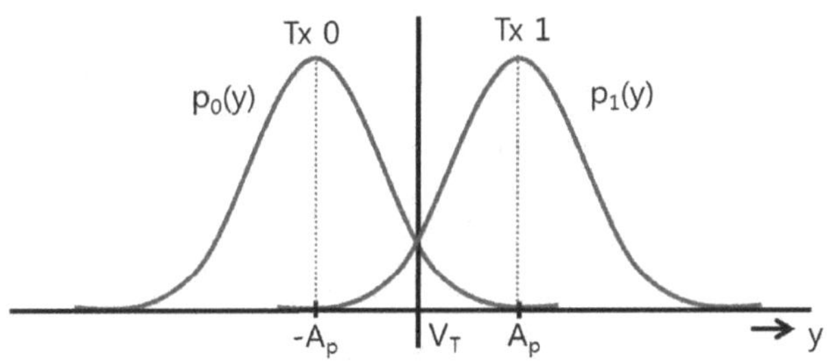

[그림 24-12] BPSK 동기검파 비트에러율 판정 곡선

$$p(e)_{BPSK} = Q\left(\sqrt{\frac{2E_b}{N_0}}\right) = \frac{1}{2}erfc\left(\sqrt{\frac{E_b}{N_0}}\right) \quad \text{(식24-3)}$$

BPSK는 180도 위상차로 0과 1의 구분을 하므로 반송파 주파수는 변동이 없다. 즉 신호가 수신되는 주파수대역은 하나를 공유하는 셈이 된다. 이에 비해 BFSK는 0과 1이 수신되는 주파수대역이 별도로 있다. 따라서 BFSK는 상관기도 2개를 항상 구동하여야 하며(0이 송신되든, 1이 송신되든), 결국 수신기의 입장에서 볼 때, 2개의 상관기를 가지는 BFSK가 1개의 상관기를 가지는 BPSK보다 2배의 잡음에 시달린다는 뜻이다! 즉

BPSK는 BFSK에 비해 절반의 잡음전력을 가지게 되므로 (식24-3)과 같이 BFSK보다 2배(3dB)의 E_b/N_o이득을 얻게 된다.

24-6 DPSK와 비동기검파

기본적으로 동기검파만이 가능한 PSK를 비동기검파도 가능하도록 할 수는 없을까? 이런 생각을 하는 이유는 반송파 복원이 필요 없는 PSK 비동기검파가 꼭 필요한 곳이 있기 때문이다. 이를테면 이동통신 같은 경우, 페이딩 등으로 인해 수신신호레벨이 급격히 변동하는 상황에서는 안정적인 반송파의 재생을 보장할 수 없으므로, 성능을 따지기 전에 통신자체가 이미 불가능 할 수도 있다. 그럴 바에야 차라리 가망 없는 반송파재생에 매달리지 말고 수신파형만으로 대략이라도 복조하는 편이 훨씬 나을 것이다. 이런 배경에서 비동기검파가 가능한 PSK방식이 고안되었는데, 그것이 바로 "차동부호화(differential coding)"을 적용한 "차동위상천이변조(differential PSK, DPSK)"이다.

DPSK 방식은 변조를 하기에 앞서 데이터를 차동부호화 하는 과정을 거친다. 즉 부호기 입력비트를 바로 직전에 출력된 비트와 비교하여 극성이 같으면 1, 다르면 0으로 변환하는 것이다. 이것을 변조의 입장에서 보면, 차동부호화기 출력비트와 현재입력비트가 동일극성이면 반송파를 그대로, 다른 극성이면 반송파를 뒤집어 송출하는 방식이다. 즉 비트정보는 반송파 자체의 절대위상이 아닌 반송파 위상의 변화여부에 실리게 된다. [그림24-13]에 DPSK 부호화기를, [그림24-14]에 DPSK 부호화의 예를 보인다.

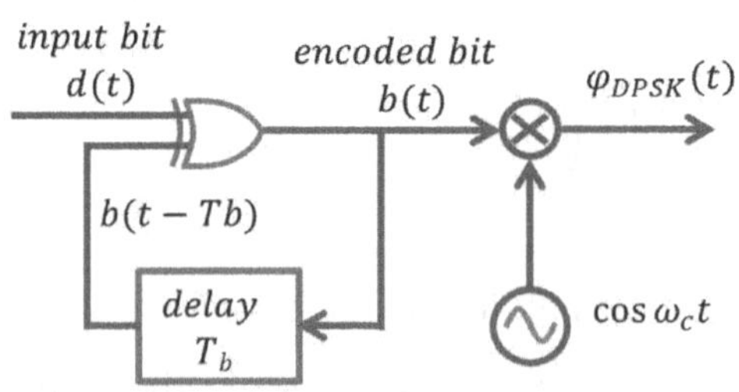

[그림 24-13] 차동위상천이변조(DPSK) 부호화기

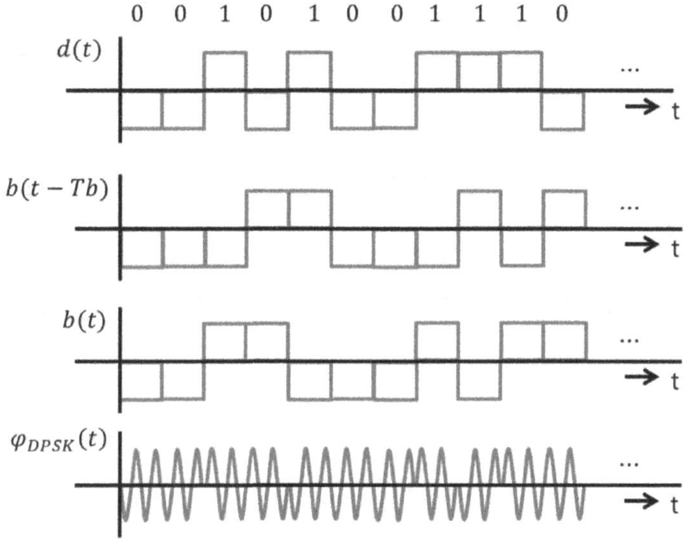

[그림 24-14] 차동위상천이변조(DPSK) 부호화 예

차동부호화 된 DPSK 수신파의 검파란 무엇일까? 그것은 차동부호화의 반대과정이니까 비트 한 주기분의 수신파를 그 직전의 한 비트분 수신파와 비교(곱하기, 상관)하여 상관값이 1(즉 동일위상)이면 0을 출력하고, 상관값이 -1(즉 반전위상)이면 1을 출력하게 하면 된다. 와우! 이것은 수신신호를 기저대역 신호로 주파수변환 하는 과정을 거칠 필요 아예 없음을 뜻하며, 이로서 설령 전송 중 페이딩 혹은 반전증폭 등등으로 인해 반전된(뒤집힌) 신호가 수신되더라도 아무 상관없이 원래의 데이터를 복원해 낼 수 있게 된다. [그림24-15]에 희망수신파를 BPF로 선택한 후 한 비트분 만큼 지연시킨 수신파와 현재의 수신파를 비교하는 DPSK 검파기를, [그림24-16]에 DPSK 검파 예를 보인다. 물론 검파기에는 수신파의 위상변화점을 찾아내고, 이를 트래킹 할 정도의 회로적 기능은 당연히 포함되어야 한다.

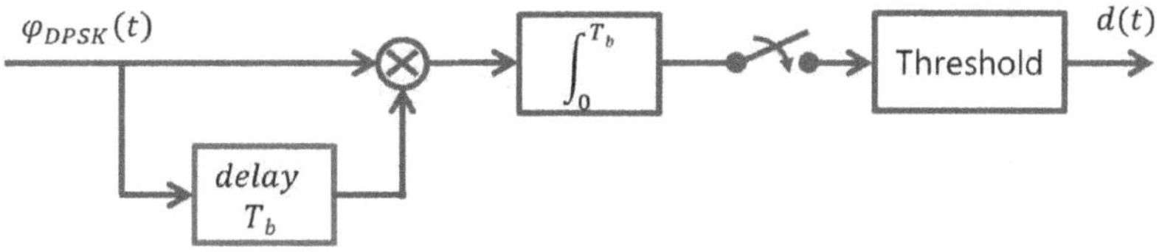

[그림 24-15] DPSK 검파기

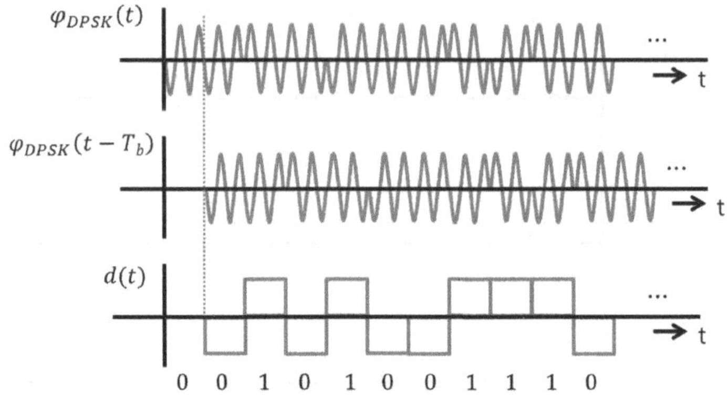

[그림 24-16] DPSK 검파 예

동기식 BPSK와 비교하여 비동기식 DPSK의 성능은 어떨까? 비동기식의 경우에는 검파타이밍에 직전 비트의 잡음과 현재 비트의 잡음이 동시에 작용하게 되므로 동기식에 비해 어쩔 수 없이 성능이 떨어지는 것은 사실이다(1dB정도). 하지만 이동통신채널같이 전파환경이 나쁜 곳에서는 그 성능이 오히려 동기식을 능가할 때도 있다. 이상에서 살펴본 디지털변조방식 3총사의 비트에러율 성능을 그림으로 비교하면 [그림24-17]과 같이 나타낼 수 있다.

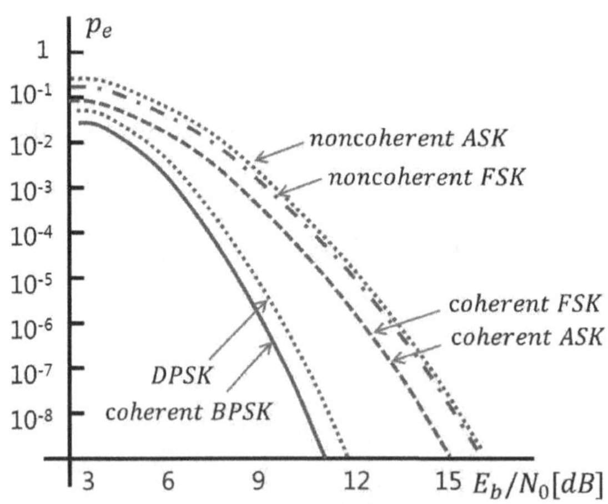

[그림 24-17] 디지털변조 방식별 성능비교

다치변조 제 25 강

고속통신을 위한 모듬 비트 변조, 어떻게 모으는 게 좋을까?

25-1 개요

데이터의 전송속도(전송율)는 주어진 대역폭과 정비례한다. 고속전송을 위해서는 당연히 대역폭을 더 확보해야 하지만, 여기에는 장비와 비용증가의 문제가 따를뿐더러 형편상 대역폭이 엄격히 한정되는 경우도 많다. 이처럼 대역폭이 제한된 상황에서 전송율을 올리기 위해 만들어진 것이 "다치변조(多値, M-ary Modulation)"라는 수법이다. 이것은 데이터 비트를 2개, 3개,..., N개씩 묶어 M($M=2^N$)개의 심볼파형으로 변조함으로서 전송율을 2배, 3배, ..., N배로 높이는 변조방식이다. 다치변조는 반송파의 주파수, 위상, 진폭을 다루는 방법에 따라 매우 다양한 특성과 성능을 보인다. 현대의 고속데이터통신을 가능하게 한 다치변조의 원리와 그 기술발전의 발자취를 따라가 보자.

25-2 M-ary ASK

우리는 [그림25-1] (1)과 같이 단극NRZ를 DSB-SC변조하면 ASK(OOK)가 되고, [그림25-1] (2)와 같이 양극NRZ를 DSB-SC변조하면 BPSK가 됨을 알고 있다. 그런데 이 BPSK는 기저대역 신호의 진폭레벨이 양과 음으로 두 가지인 ASK로 볼 수도 있으므로 2-ASK라고 부르기도 한다. 그렇다면 한걸음 더 나아가 [그림25-1] (3)과 같이 비트 2개씩을 하나로 묶고, 그 경우의 수 4개에 대하여 각각 4개의 기저대역 진폭레벨로 대응시켜 DSB-SC변조하면 어떻게 될까?

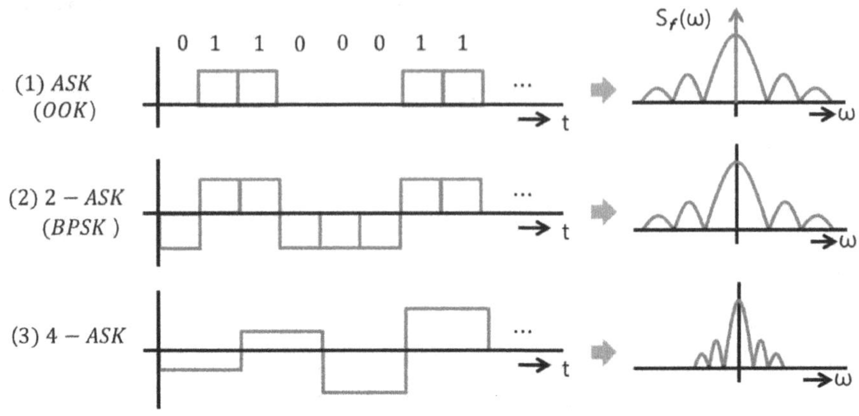

[그림 25-1] M-ASK의 기저대역 파형

이 경우는 2개의 진폭과 2개의 위상을 조합하는 ASK와 PSK의 짬뽕이 되어 4가지 전송심볼을 가지게 되는데, 이것을 4-ary ASK, 간단히 4-ASK로 부른다. 동일한 비트전송율의 경우, 한 번에 한 개의 비트를 보내는 ASK에 비해 한번에 2개의 비트를 보내는 4-ASK는 그 심볼지속시간이 ASK의 2배가 되므로, 4-ASK는 ASK의 절반의 대역폭을 차지하게 된다. 바꾸어 말하자면 동일한 대역폭을 사용한다면 4-ASK는 ASK에 비해 2배의 전송율을 달성하게 되는 것이다. 이처럼 다치화의 관점은 대역폭의 절약과 전송율의 향상이라는 두 가지 측면에서 다루어져야 한다.

이제 같은 요령으로 3비트를 모아서 8개의 기저대역 레벨을 만든다면 3배의 전송효율을 가지는 8-ASK가 만들어 지는데, 이런 식으로 계속 확장하면 N비트를 하나의 전송심볼로 변조시키는 "M-ASK ($M=2^N$)"가 만들어지고, 주어진 대역폭에서 얼마든지 전송율을 올릴 수 있다. 하지만 세상에 공짜는 없는 법. 채널잡음이 끼는 상황에서 전송레벨수가 2배 증가하면 전송심볼을 구분해내는 분해능이 절반으로 감소하므로 동일한 수신 SNR에서 4-ASK의 비트에러율은 ASK의 2배로 튀고 만다. 따라서 충분히 양호한 수신 SNR의 보장이 없다면 이런 식의 전송율 향상에는 한계가 있을 것이다.

좀 이야기가 복잡해진 M-ASK를 간편하게 표현하는 방법으로서 [그림25-2]와 같이 복소평면을 이용한다. M-ASK는 반송파의 주파수를 건드리지 않고 음과 양의 진폭레벨을 늘려가는 방식이므로 M-ASK의 각 전송심볼은 복소평면 위에서 한 점으로 간단히 표시가 가능하다(그림에서 가로축은 반송파를 기준 위상으로 잡는다). 평면에 찍히는 신호점의 배치가 마치 별자리 그림을 연상시킨다 하여 이를 "constellation(성좌도)"이라 부르며, 다치변조의 시각적 표현으로 즐겨 사용된다.

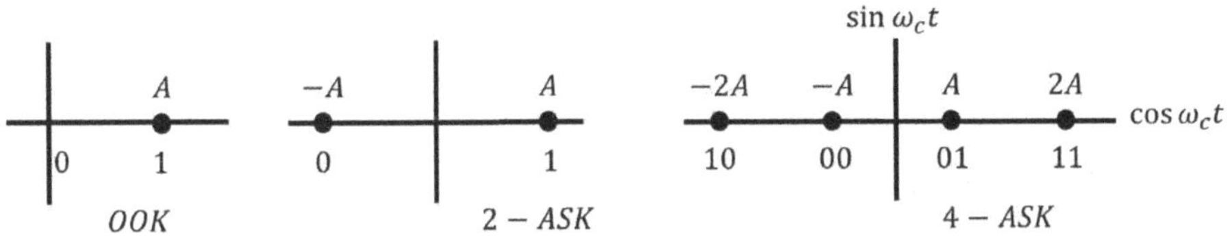

[그림 25-2] M-ASK의 성좌도 표현

그런데 이 그림을 자세히 보면 대역폭 절약을 위해 고안된 18-2절의 QAM이 떠오르지 않는가? 직교하는 반송파를 사용하면 동일한 주파수대역에서 2개의 신호를 전송할 수 있는데, M-ASK에서는 직교반송파($\sin\omega_c t$)를 놀리고 있다! 즉 M-ASK가 심플한 구조를 가지기는 하지만 다치변조의 효율면에서는 그다지 좋은 방책이 아님을 알 수 있다. 게다가 진폭에 얹히는 잡음과 수신레벨변동에 매우 취약하고, 선형증폭이 보장되어야 하는 등 단점투성이다. 그렇다면 이제 반송파의 진폭이 아닌 반송파의 주파수와 위상을 건드리는 방법으로 더 나은 결과를 볼 수 있는지 살펴보자.

재미있는 점은 효율면이나 성능면에서 그다지 주목할 만한 게 없는 MASK가 북미식 지상파 DTV 표준방식인 ATSC에 "8-VSB"라는 이름의 변조방식으로 살아남았다는 것이다. 이 방식은 다름 아닌 8-ASK에 VSB 필터링을 한 것인데, 이것은 기존 아날로그 NTSC방식의 6MHz 대역폭을 건드리지 않고 VSB변조 관련 기술을 대부분 승계하면서 스무스한 디지털전환을 하고자 했던 FCC의 의도와 딱 맞아떨어졌기 때문이다. 반세기를 이어온 아날로그TV는 사라졌지만 그 핵심은 디지털시대에도 살아남았다는 것이 참으로 흥미롭지 아니한가? (물론 유럽형 DTV는 완전히 새로운 디지털변조방식인 OFDM을 선택한다.) [그림25-3]에 지상파 DTV용 8-VSB의 파형 예를 보인다.

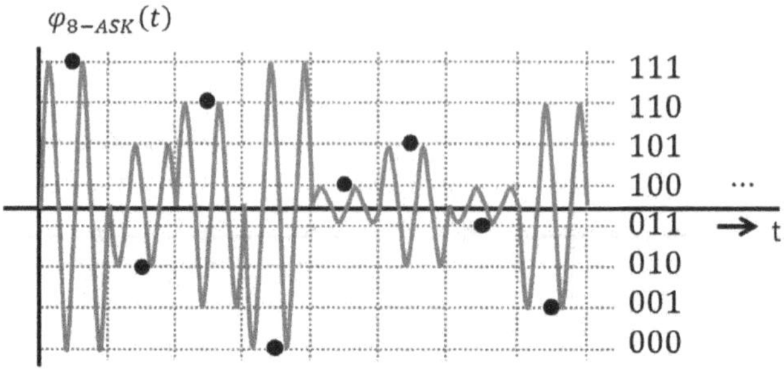

[그림 25-3] 지상파 DTV용 8-VSB 파형 예

25-3 M-FSK와 M-PSK

N비트를 묶어 하나의 전송심볼에 대응시키는 방법으로서 M(M=2^N)개의 주파수를 동원하는 M-FSK가 있다. N비트를 하나의 전송심볼로 변조하므로 반송파 개수는 2^N배로 증가하는 반면, 각 전송심볼의 지속시간은 N배로 늘어나므로 반송파 1개당 대역폭은 1/N로 감소한다. 따라서 전체 대역폭은 M이 커질수록 2^N/2N의 비율로 팍팍 늘어나는 구조를 가지게 된다. [그림25-4]는 동일한 비트전송율에 대하여 다치화 레벨별로 점유대역폭을 비교한 것이다. 그림은 90% 전력을 가지는 메인로브(main lobe)만 고려하여 이들이 서로 겹치지 않도록 주파수를 배치한 것이다. 다치화의 레벨이 올라갈수록 아까운 대역폭을 절약하기는커녕 반대로 더 잡아먹는 꼴인데 그럼에도 불구하고 이놈을 꼭 써먹어야 할 일이 있을까?

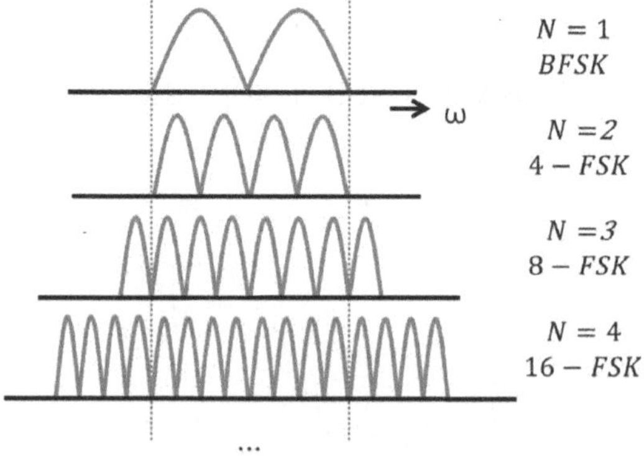

[그림 25-4] M-FSK의 대역폭

M-FSK의 최대장점은 한마디로 수신기에서의 잡음제거능력이라고 할 수 있다. 그 원리는 이미 광대역FM(WBFM)에서 살펴 본 바 있다. FM수신기에서 신호는 주파수변별기와 기저대역 LPF를 통과하면서 이중으로 잡음이 억압을 당하며, 대역폭이 넓어질수록 이 효과는 더 크다(22-2절, 대역폭과 수신SNR의 trade-off). M-FSK에 대하여 이 원리를 다시 한번 살펴보자. M-FSK의 송신스펙트럼에는 M개의 반송파자리가 있기는 하지만, 실제로 신호전력이 실리는 곳은 그중 어느 하나이고, 수신된 신호파는 자신이 해당되는 오직 하나의 BPF를 거쳐 복조된다. 따라서 M이 커지면 커질수록 수신기 전체 대역폭에 대한 BPF의 대역폭 비율이 점점 감소하므로, 상대적으로 수신된 신호전력과 잡음전력의 비율, 즉 수신SNR은 증가하게 되는 것이다.

M-FSK의 이러한 잡음억제특성은 무엇을 말하는 것일까? 이를테면 반송파 개수 M이 무지 커진다면, 신호전력은 그대로 유지하면서 잡음전력은 상대적으로 거의 제로로 억압할 수 있으므로, 비트에러확률 역시 거의 제로로 만들 수 있음을 의미한다! 물론 엄청난 대역폭을 독식해야 하는 매우 거북한 대가를 치러야 함을 기억하자. 지상에서 이런 방식을 써먹기는 힘들겠지만, 거의 무한한 대역폭을 홀로 사용할 수 있는 대신 극히 제한된 송신전력을 써야하는 우주탐사, 위성통신 시스템에서 M-FSK는 그야말로 안성맞춤이다. [그림25-5]에 M-FSK의 비트에러율 성능곡선을 보인다. 다치화레벨이 오를 때마다 점유대역폭 증가라는 대가를 치르기는 하지만 비약적으로 개선되는 비트에러율의 추이를 확인할 수 있을 것이다.

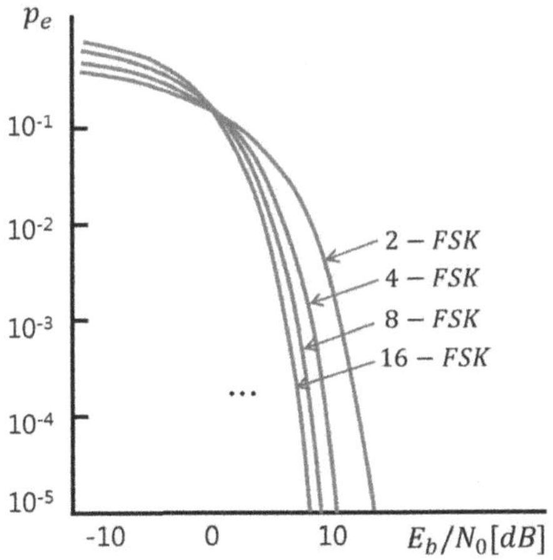

[그림 25-5] M-FSK의 비트에러율 성능

한편 반송파의 주파수 대신 위상차를 이용하는 M-PSK를 알아보자. 이것은 비트단위로 전송하는 BPSK(N=1,M=2)를 확장해 나가는 개념으로서, [그림25-6]과 같이 360도/M 간격으로 위상차를 가지는 반송파를 M개의 전송심볼로 배치하는 방식이다. 동일한 비트 전송율에 대하여 N이 증가할수록 전송심볼의 지속시간은 N배로 증가하므로 M-PSK의 대역폭은 M-ASK처럼 N에 반비례하여 팍팍 줄어든다. 바꾸어 말하자면 동일한 대역폭이라면 N에 비례하여 전송효율이 2배씩 증가하는 것이다. 그렇지만 N이 증가할수록 전송심볼 사이의 파형차이(위상차이)가 반감(半減)되므로 잡음환경에서 심볼의 판정에러 확률은 N에 비례하여 2배씩 악화될 것이다. 결론적으로 일정수준의 비트에러율을 유지하면서 다치화레벨을 올리려면 그만큼 송신전력도 올려주어야 한다는 것이다.

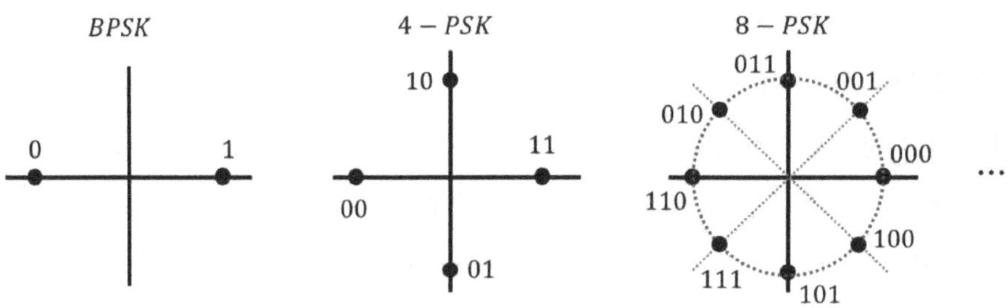

[그림 25-6] M-PSK의 신호점 성좌도

M-PSK의 비트에러율 성능을 [그림25-7]에 보인다. 다치화레벨 N이 하나 올라갈 때마다 정해진 비트에러율을 만족하기 위한 SNR(E_b/N_o)이 대략 3dB(2배)씩 더 요구됨을 잘 알 수 있다. 그런데 [그림25-7]에서 재미있는 점은 BPSK와 4-PSK가 거의 동일한 성능을 보인다는 것이다. 분명히 신호점간 위상차가 반감 됨에도 불구하고 비트에러율에 차이가 없다니! 이게 어떻게 된 영문인지에 대해서는 다음 절에서 다루도록 한다.

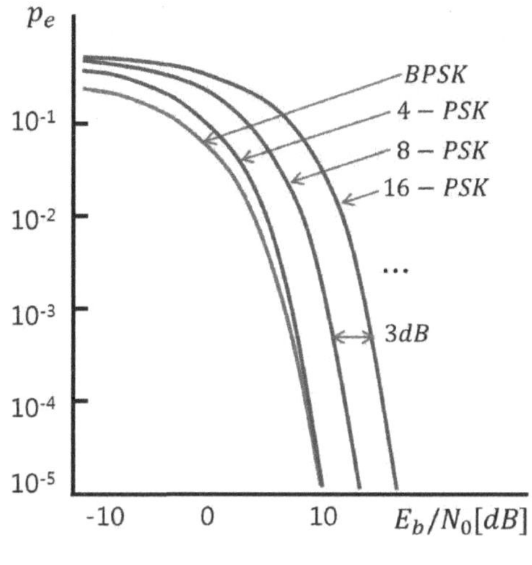

[그림 25-7] M-PSK의 비트에러율 성능

25-4 4-PSK와 QPSK

4-PSK는 디지털변조 방식 중 가장 보편적으로 쓰이는 부류이기도 하므로, 여기에 대한 깊은 고찰은 디지털변조를 제대로 이해하는 데에도 큰 도움이 될 것이다. 4-PSK의 변조기는 [그림25-8]과 같이 전송비트열을 2개씩 묶고, 그 경우의 수 4개에 대하여 서로 90도의 위상차가 나는 4개의 전송심볼을 할당하여 송신한다. 그림의 전송심볼 파형은 비트당 2주기의 반송파가 사용되는 예이다. 아울러 [그림25-8]의 성좌도는 이러한 전송심볼 사이의 위상관계를 잘 표현하고 있다.

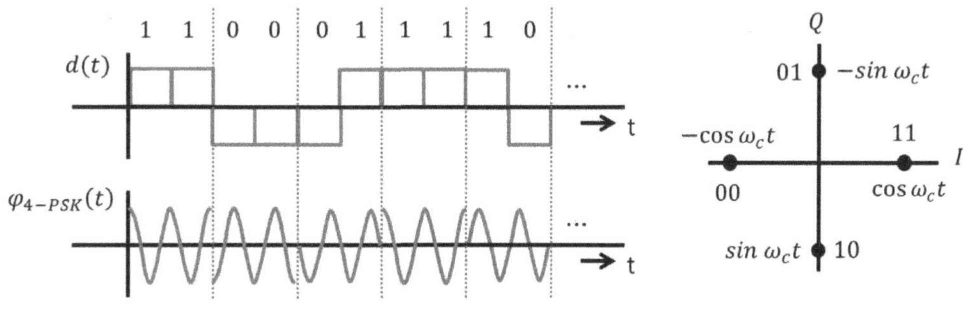

[그림 25-8] 4-PSK의 변조파형 예와 성좌도

그런데 성좌도를 잘 보면 4-PSK라는 것이 동상(同相, In-phase)반송파 cosω_ct에 실린 BPSK와 직교(直交, Quadrature)반송파 -sinω_ct에 실린 BPSK를 합쳐놓은 것임을 알 수 있다. 바꾸어 말하자면 4-PSK는 18-2절의 QAM 개념을 그대로 적용한 것으로서, 두 BPSK는 동일주파수를 사용하면서도 서로 전혀 간섭하지 않는다. 즉 4-PSK는 겉보기에는 4개의 신호점이 있지만 실제로는 독립된 2개의 신호점이 번갈아 작동하는 시스템인 것이다.

4-PSK 방식에서의 신호점 배치는 [그림25-8]에서와 같이 실수축에 배치한 cosω_ct를 기준으로 반시계방향으로 90도씩 위상이 빨라지게(lead) 4점을 배치하여 아래와 같이 반송파를 할당한 것이다.

1 1 : cosω_ct (기준) <in-phase, I>
0 1 : -sinω_ct (90도 lead) <quadrature, Q>
0 0 : -cosω_ct (180도 lead) <in-phase, I>
1 0 : sinω_ct (270도 lead, 90도 lag) <quadrature, Q>

또 하나 고려한 것은, 각 신호점을 그레이코드(Gray Code)로 배치함으로서 인접한 심볼끼리는 1비트만 차이나도록 한 것이다. 이것은 어떤 전송심볼이 복조에러로 인해 인접 심볼로 오판되더라도 실제로는 하나의 비트에러로 끝나도록 하는 효과가 있다.

4-PSK의 변조기가 사실상 2개의 BPSK 이므로, 4-PSK의 복조기 역시 독립된 2개의 BPSK 복조기로 구성된다. [그림25-9]에 cosω_ct로 구동되는 동상(I-채널)용 BPSK 상관복조기와 -sinω_ct로 구동되는 직교(Q-채널)용 BPSK 상관복조기를 조합한 4-PSK 복조기를 보인다. 그림에서 상관기의 출력으로부터 2비트의 이진부호를 출력하는 논리회로는 생략되어 있다.

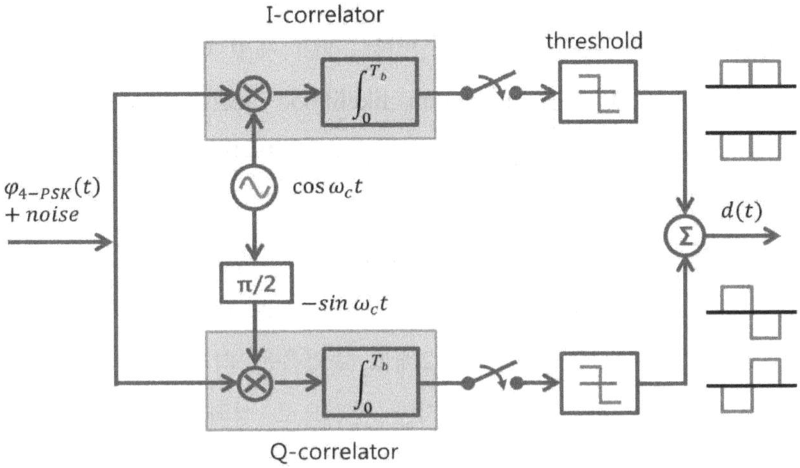

[그림 25-9] 4-PSK 복조기 구성도

이 복조기에서 발생하는 복조에러와 신호판정에 대하여 알아보자. 이상적인 통신로라면 4-PSK 수신신호는 동상성분과 직교성분 중 하나일 것이므로, 4-PSK 복조기는 I-채널과 Q-채널 중 하나에만 출력을 내놓을 것이다. 하지만 통신로의 잡음과 간섭 등으로 인해 반송파의 진폭, 주파수, 위상에는 끊임없이 오차가 발생하고 이는 수신기의 반송파재생 에러로 이어지게 된다. 이렇게 되면 (식18-3)에서 보이듯 복조기 I-채널과 Q-채널 양쪽에 모두 상관출력을 내놓게 된다. 결과적으로 두 채널의 복조출력은 복소평면상에서 벡터합성 되고, 그 결과는 [그림25-10]과 같이 성좌도의 신호점을 중심으로 랜덤하게 흐트러지는 점들의 집합으로 표시 된다.

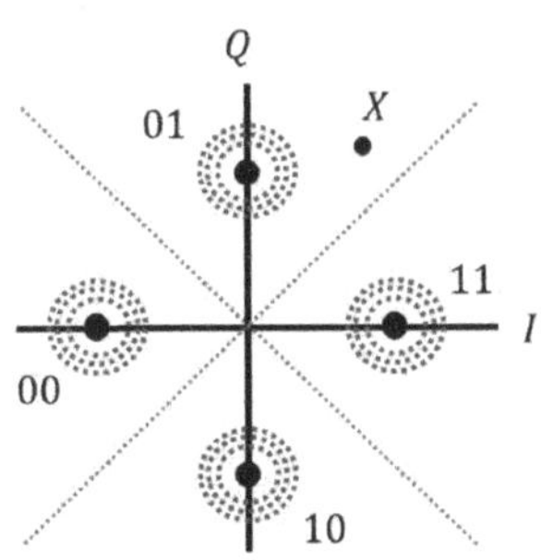

[그림 25-10] 4-PSK 복조기의 판정경계

이제 남은 일은 복조출력으로부터 원래의 신호점을 추정하는 것인데, 확률적으로 볼 때 가장 가까운 신호점을 송신신호로 판정하는 것이 제일 타당해 보인다. 이와 같은 판정법을 "최우판정법(最尤判定法, maximum likelihood decision)"이라고 부르며, 신호점 사이의 판정경계(decision boundary)를 그려보면 [그림25-10]의 점선과 같이 완벽한 등거리를 유지하는 깔끔한 구성이 나온다.

여기서 앞 절에서 제기되었던 4-PSK와 BPSK의 성능문제에 대하여 분석해보자. 4-PSK의 경우 전송심볼의 지속시간이 비트 2개분이므로 대역폭은 BPSK의 절반으로 줄어든다. 이는 또한 전송심볼의 에너지가 2배로 늘었음을 의미하는 바, 잡음과 싸울 힘은 4-PSK가 BPSK에 비해 2배로 크다. 하지만 한편으로 성좌도상에서 4-PSK의 신호점간 거리는 BPSK의 그것보다 절반으로 줄어드니까 잡음에 의한 에러발생 확률은 4-PSK가 BPSK보다 2배 높아진다. 결론은? BPSK와 4-PSK가 대략 동일한 비트에러율을 보이게 된다는 것이다.

그러고 보니 이왕이면 BPSK보다 대역폭이 절반인 4-PSK를 쓰는 것이 훨씬 유리할 듯하지만, 그것이 꼭 그렇지만은 않다. 전송로의 잡음, 페이딩 등으로 인한 반송파의 직교성 훼손은 수신SNR이 낮아질수록 점점 더 심해지고 4-PSK의 비트에러율은 점점 더 증가하게 되는데 이것은 [그림25-7]의 성능곡선에서 잘 확인된다. 따라서 4-PSK의 장점인 대역폭 절약의 혜택을 충분히 보려면 기본적으로 일정수준 이상의 수신SNR이 보장되어야 하며, 상황이 나쁜 통신로에서는 단순한 BPSK를 쓰는 것이 오히려 유리하다는 것이다.

4-PSK에는 신호점의 위치를 살짝 바꾼 변종이 하나 있다. 여기에는 이유가 있다. [그림25-10]에서 복조기의 I-채널과 Q-채널의 출력으로 정해진 복조 신호점 X에 대하여, 이 신호점이 판정경계선의 어느 영역에 위치하는지를 논리회로로 따지려면 어떻게 해야 할까? 우선 I-채널과 Q-채널의 출력의 극성을 보고 복소평면상의 사분면을 판단한 후, 다시 두 출력의 절대치를 비교하여 I-축과 Q-축을 결정해야 하는 2단계 과정을 거쳐야 "0 1"이라는 출력비트를 얻을 수 있다. 이런 거추장스런 절차는 판정경계선이 좌표축에 45도 기울어져 있기 때문에 초래된 일인데, 만일 판정경계선을 [그림25-11]와 같이 45도 틀어서 좌표축과 일치시켜 버리면 어떨까?

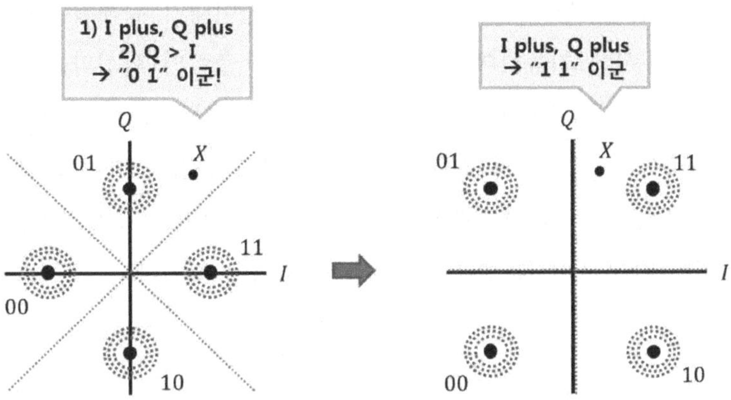

[그림 25-11] 4-PSK 신호점 배치에 관한 고찰

물론 덩달아 신호점도 45도 돌아가게 되지만 이렇게 되면 수신기의 신호점 판정은 해당 사분면의 결정만으로 충분하므로 I-채널과 Q-채널 출력의 극성만 알아내면 된다. [그림25-11]에서 수신점 X는 I-채널과 Q-채널의 복조출력이 모두 양이므로 송신 신호점이 "1 1"임을 단번에 알 수 있다. 이렇게 되면 아리까리한 [그림25-9]의 4-PSK 복조기에 비해 훨씬 심플한 복조기 구성이 가능해지는데, 이 방식을 4-PSK와 구별하기 위해 "QPSK(Quadrature PSK)"라 부른다. 두 방식 사이에 비트에러율 성능의 우열은 없지만 그 실용성으로 인해 QPSK가 더 많이 애용되고 있다. [그림25-12]에 QPSK 복조기의 구성도를 보인다. 비교기에 의한 상관기 출력의 극성판정에 이어 간단한 스위치로 직렬출력비트열을 얻을 수 있음을 알 수 있다.

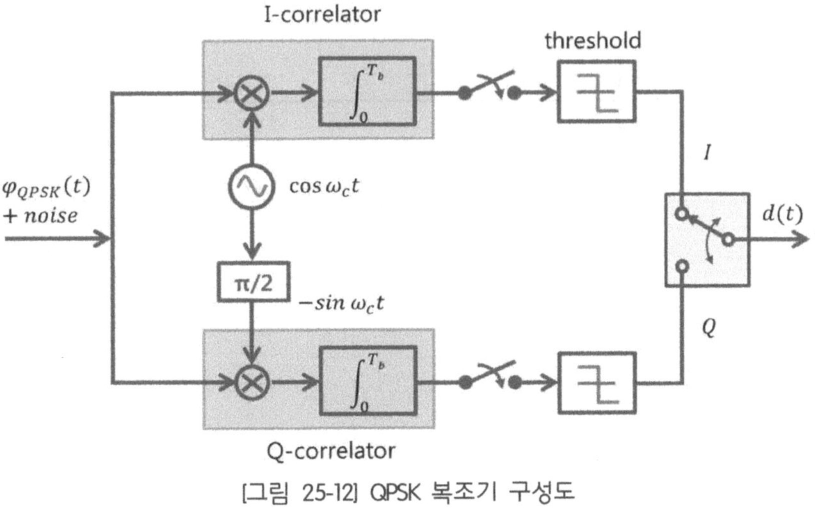

[그림 25-12] QPSK 복조기 구성도

한편 변조기가 [그림25-11]의 QPSK의 신호점을 만들어내기 위해서는 (식25-1)과 같이 I-채널과 Q-채널을 동시에 가동하여 I-채널과 Q-채널 출력의 합성파를 만들어 내야 한다. 이는 I-채널과 Q-채널의 BPSK를 번갈아가며 하나만 가동하는 4-PSK 변조기와 결정적으로 다른 점으로서, 변조기에서 입력비트를 적절히 교통정리 하여 2비트씩 병렬로 입력되게 해주는 "역다중화(demux)" 과정을 거쳐야 함을 의미한다. QPSK를 위한 역다중화 과정을 [그림25-13]에, QPSK 변조기를 [그림25-14]에 보인다.

$$\varphi_{QPSK}(t) = \begin{cases} (11): +Acos\omega_c t - Asin\omega_c t = \sqrt{2}Acos\left(\omega_c t + \frac{\pi}{4}\right) \\ (10): +Acos\omega_c t + Asin\omega_c t = \sqrt{2}Acos\left(\omega_c t - \frac{\pi}{4}\right) \\ (01): -Acos\omega_c t - Asin\omega_c t = \sqrt{2}Acos\left(\omega_c t + \frac{3\pi}{4}\right) \\ (00): -Acos\omega_c t + Asin\omega_c t = \sqrt{2}Acos\left(\omega_c t - \frac{3\pi}{4}\right) \end{cases} \quad \text{(식25-1)}$$

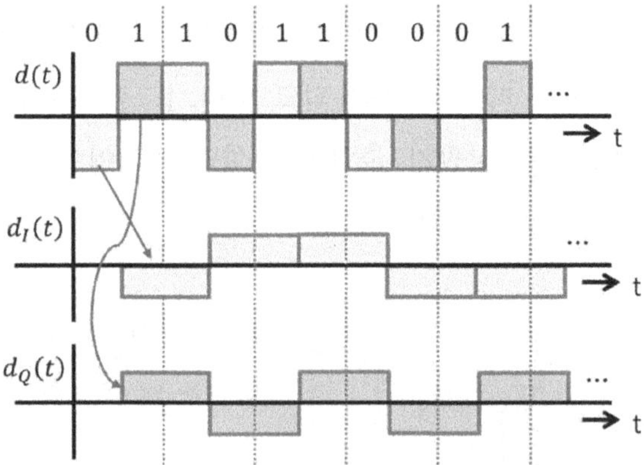

[그림 25-13] QPSK 변조용 역다중화

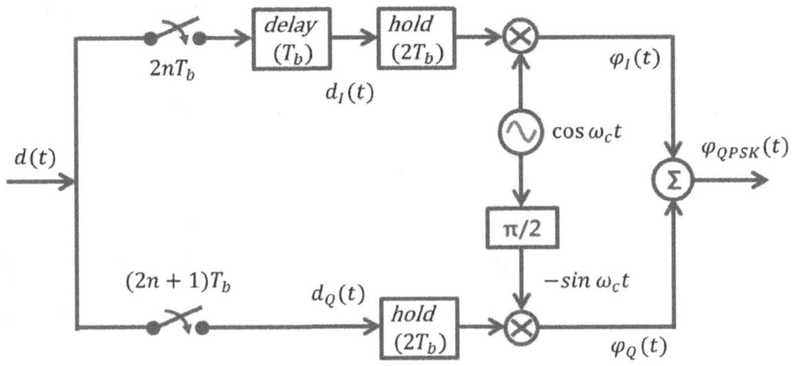

[그림 25-14] QPSK 변조기 구성도

[그림25-13]과 같이 QPSK 변조기에 직렬(serial)로 입력되는 비트는 병렬화 되는 동시에, I-채널로 들어가는 비트는 1비트 구간만큼 지연되어 Q-채널과 보조를 맞추면서 각각 2비트 구간만큼 유지된다. 이어서 [그림25-14]에서와 같이 동상과 직교반송파로 각각 변조되고 합성되어 전송되는데, 이러한 형태의 변조기를 "직교변조기"라 부른다. 여기서 하나 주의할 점은 송신전력문제이다. 즉 I-채널과 Q-채널을 번갈아 가동하는 4-PSK와 달리 QPSK는 I-채널과 Q-채널을 동시에 가동하여야 하므로, 동일한 전력을 사용할 경우 QPSK의 각 채널에 할당되는 전력은 4-PSK의 절반이 된다는 것이다.

QPSK의 파형에 관하여 좀 더 자세히 살펴보자. QPSK의 각 신호점에 있어서 기준반송파와의 위상차는 각각 45도, 135도, 225(-135)도, 315(-45)도이다. 따라서 이렇게 구현된 QPSK 시간영역 출력파형은 [그림25-15]의 예와 같이 파형이 바뀌는 점(변곡점)이 정현파의 피크점이나 제로점이 아닌 45도의 배수의 위상으로 어정쩡하게 걸려 보기에도 산뜻하지 못하고 운용하기에도 불편한 점이 있어 보인다. 무슨 좋은 수가 없을까..

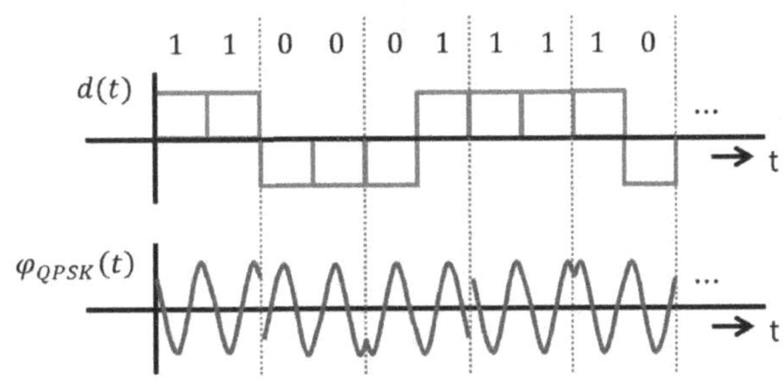

[그림 25-15] QPSK 출력파형 예

그래서 내친김에 한번 더 꼼수를 부려서 [그림25-16]와 같이 I-채널과 Q-채널에서 사용되는 동상 및 직교반송파의 위상을 심볼타이밍에서 45도(π/4) 선행시켜보자. 그러면 (식25-2)처럼 심볼타이밍에서 출력파형의 변곡점은 [그림25-17]과 같이 정확히 90도 간격 위상으로 딱딱 맞아 떨어지는 산뜻한 모양으로 만들 수 있다. 그런데 이렇게 되고 보니 QPSK 변조파형이 원래의 4-PSK 변조파형과 꼭 같지 않은가? 하지만 꼭 기억하자. 동일한 변조파형이라도 QPSK와 4-PSK는 그 파형이 만들어지는 방식은 완전히 다르며, 전송로 상황변화에 따른 복조특성도 뚜렷한 개성을 지닌다. 일반적으로 안정된 채널에서는 QPSK가 주로 쓰이지만 변화가 심한 채널에서는 4-PSK가 나름의 장점을 가지기도 한다.

$$(11): +\frac{1}{\sqrt{2}}cos\left(\omega_c t+\frac{\pi}{4}\right)-\frac{1}{\sqrt{2}}sin\left(\omega_c t+\frac{\pi}{4}\right)=-sin\omega_c t$$

$$(10): +\frac{1}{\sqrt{2}}cos\left(\omega_c t+\frac{\pi}{4}\right)+\frac{1}{\sqrt{2}}sin\left(\omega_c t+\frac{\pi}{4}\right)=cos\omega_c t$$

$$(01): -\frac{1}{\sqrt{2}}cos\left(\omega_c t+\frac{\pi}{4}\right)-\frac{1}{\sqrt{2}}sin\left(\omega_c t+\frac{\pi}{4}\right)=-cos\omega_c t$$

$$(00): -\frac{1}{\sqrt{2}}cos\left(\omega_c t+\frac{\pi}{4}\right)+\frac{1}{\sqrt{2}}sin\left(\omega_c t+\frac{\pi}{4}\right)=sin\omega_c t \quad \text{(식25-2)}$$

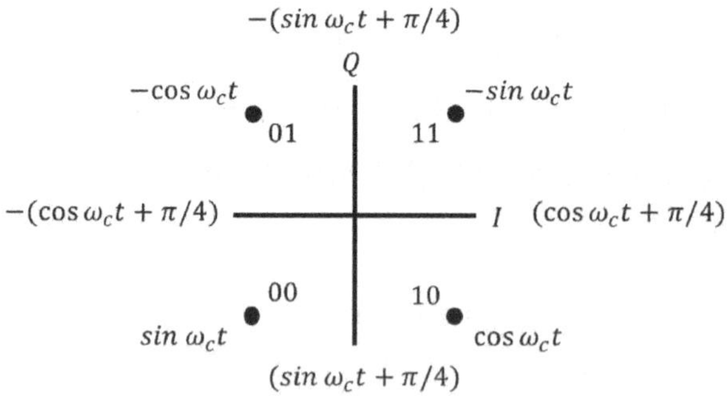

[그림 25-16] QPSK 변조기 반송파의 위상 수정

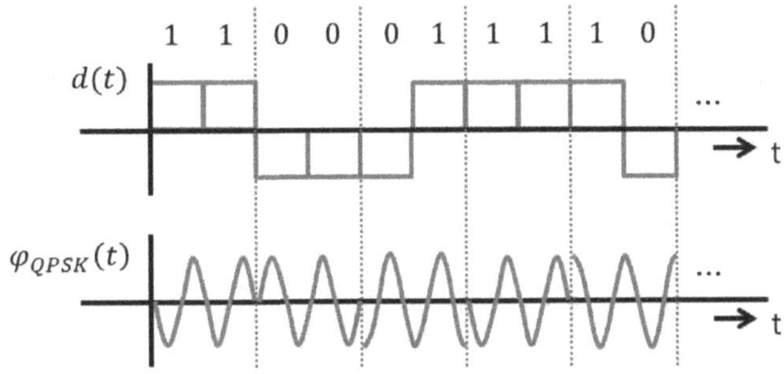

[그림 25-17] 수정된 QPSK 출력파형 예

25-5 직교진폭변조방식

보다 집적도가 높은 다치변조가 필요한 경우, 반송파의 위상뿐만 아니라 진폭까지 분할하여 신호점을 늘린다. 즉 위상별 배치(M-PSK)와 진폭별 배치(M-ASK)를 결합한 형태로서 APSK(진폭위상천이변조)라 부르며 [그림25-18]과 같이 대략 3가지 형태로 분류된다.

1형) 곧이곧대로 M-ASK와 M-PSK를 결합한 신호점 배치로서, 구조가 심플한 대신 신호점간 거리가 불균일하므로 신호점의 위치에 따라 비트에러율이 차이가 난다는 단점이 있다. 그러나 진폭변동이 극심한 이동통신채널에서는 이 점이 오히려 강점이 되기도 한다. 즉 심한 페이딩으로 인해 수신레벨이 뚝 떨어지면 바깥쪽 원의 신호점이 안쪽 원의 신호점으로 오판될 수도 있는데, 그렇더라도 위상정보는 보존이 되므로 데이터비트의 일부는 건질 수 있기 때문이다.

2형) 1형에서 제일 바깥쪽에 위치한 신호점을 안쪽으로 재배치함으로서 송신전력을 절약한 형태이다. 동일한 송신전력이라면 1형보다 우수한 비트에러율 성능이 가능하겠지만 신호점 배치의 불균일성이 더욱 커진다.

3형) 2개의 MASK를 I-채널과 Q-채널로 배치하여 결합한 형태로서 산뜻한 등간격의 신호점 배치로 기하학적 해석과 사용이 편리하여 널리 쓰인다. 위상분할의 측면에서 좀 복잡해지기는 하나, 직교변조기로 용이하게 구현이 가능하다는 장점이 있다. 특별히 이런 형태의 APSK를 "QAM(Quadrature Amplitude Modulation)"이라 칭하는데, 아날로그변조에서 다루었던 QAM을 확장한 개념으로 이해하자. 다만 정포락선변조가 아니므로 반드시 선형증폭을 하여야 하며, 진폭변동이 심한 이동통신채널에서는 판정문턱전압(threshold) 문제 등으로 인해 매우 불리할 수도 있다.

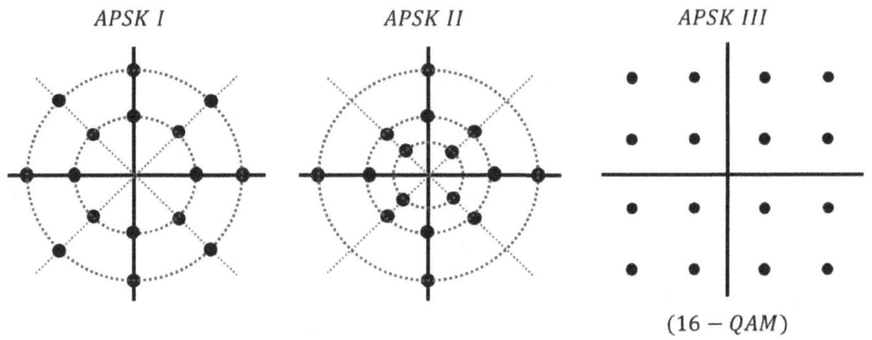

[그림 25-18] APSK의 종류

다양한 APSK 방식 중에서 최고인기는 역시 QAM이다. QAM은 직교변조기를 통해 간편하게 다치레벨을 올릴 수 있어서 16-QAM ,32-QAM, 64-QAM,...등으로 쉽게 확장되며, 현재 디지털유선방송에 쓰이는 256-QAM이 그 대표적인 예이다. [그림25-19]는 16-QAM을 위한 직교변조기이다. 그림은 I-채널과 Q-채널에서 각각 4-ASK를 거친 후 합성함으로서 16-QAM 성좌도가 얻어지는 과정을 잘 보여주고 있다.

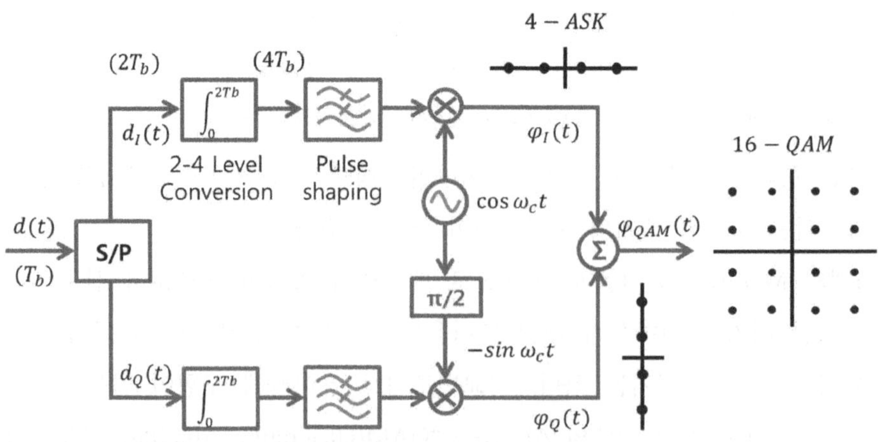

[그림 25-19] 16-QAM 직교변조기

[그림25-20]은 64-QAM의 성좌도이다. QAM 성좌도는 원칙적으로 네모반듯한 신호점 배치를 하지만, 최외곽에 위치한 신호점은 선형증폭 시 전력낭비의 요인이 되므로 조금이라도 전력소모가 적은 위치로 옮기기도 한다. 그림은 사각형 배치의 네 귀퉁이에 있던 신호점을 직교축상으로 이동한 예를 보이고 있다.

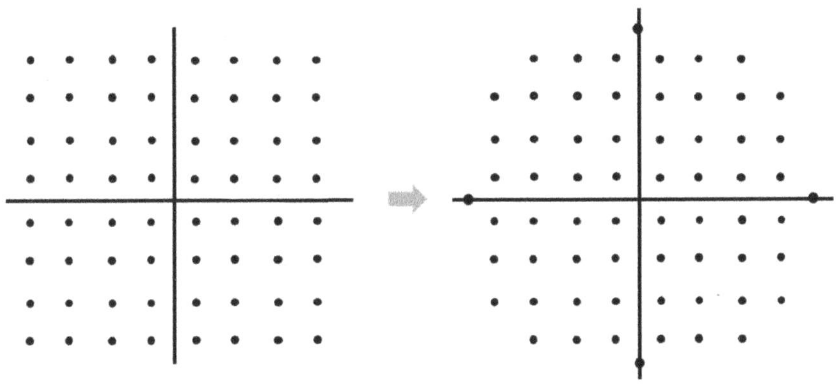

[그림 25-20] 64-QAM 성좌도 수정 예

다치변조는 방식별로 각기 장단점을 가지므로 절대적인 우열을 따지는 것은 별로 의미가 없을 것이다. 따라서 전송로의 상황, 가용한 송신전력, 점유대역폭 등을 고려하여 가장 적절한 방식을 선택하는 것이 중요하다. 예을 들어 16-QAM과 16-PSK는 다치화레벨(대역폭효율)이 서로 동일한 경우인데, 동일한 송신전력을 사용한다면 어느 쪽을 쓰는 것이 비트에러율 측면에서 유리할까? 이런 케이스는 성좌도를 비교해 보면 직관적으로 판단이 가능할 것이다. 즉 16-QAM이 16-PSK에 비해 신호점 사이의 거리가 더 멀고, 균일하게 분포하여 더 유리해 보이는데, 계산상 대략 3.5dB정도 이득을 가진다고 한다.

이동통신과 협대역변조 제26강

대역폭절약과 전력절약을 위한 기술혁신의 역사

26-1 개요

데이터모뎀으로 대변되는 전화망 디지털변조기술의 눈부신 발달에 이어, 아날로그 휴대전화시스템도 디지털방식으로의 전환이 급격히 이루어졌다. 무선통신에 있어서 디지털변조기술의 핵심은 바로 점유대역폭 절약을 위한 협대역화이다. 협대역(narrow band) 디지털변조기술의 개발을 둘러싸고 한 시대를 풍미했던 홍미진진한 기술경쟁에 관하여 살펴보도록 하자.

26-2 PSK변조의 협대역화 문제

우선 이동통신시스템(휴대전화)의 진화에 대하여 살펴보자. 이동통신은 "AMPS (Advanced Mobile Phone System)" 방식으로 대표되는 제1세대 아날로그방식에서 출발한다. 채널간격 25kHz의 협대역FM변조를 사용하여 음질이 우수하고 비선형 C급증폭기를 사용하여 전력효율도 좋은 방식으로서 큰 문제없이 잘 운용되었으나, 역시 가입자 폭증과 유한한 주파수자원으로 인하여 제2세대 디지털방식으로 전환하지 않을 수 없었다.

이동통신이 디지털로 전환하게 된 이유는 한마디로 요약하자면 "다중접속(multiple access" 용량의 증대이다. 즉 한정된 주파수 대역에서 보다 많은 통화채널을 확보하자는 것이다. 방법은? 주파수영역에서 보면 주파수분할다중접속(FDMA) 인데, 이는 아날로그에서도 이미 써먹은 방법이고.. 그렇다면 시간영역에서는? 그렇다. 시간분할다중접속(TDMA)이 있다. 그런데 TDMA를 위해서는 신호의 디지털화에 의한 정보압축과 프로세서 및 메모리의 사용이 필수적이다.

이에 따라 디지털 이동통신시스템 개발이 시작되었고, 여기에는 다음과 같은 과제들이 주어진다. 첫째, 낮은 비트율에서도 고음질이 보장되는 음성압축기술의 개발, 둘째 무선주파수 대역폭을 최대한 효율적으로 사용할 수 있는 협대역 디지털변복조기술의 개발, 그리고 셋째, 새로운 고효율 다중접속방식의 개발이 그것이다. 80년대 전후에 시작된 이 기술개발은 불과 10여년 사이에 비약적인 발전을 이루며 순식간에 전 세계 이동통신시장을 폭발적으로 키우고 현재도 놀라운 진화를 거듭하고 있다.

디지털변조의 세 가지 방식을 협대역화의 관점에서 하나씩 살펴보면서 이동통신용으로 가장 적당한 디지털변조 방식을 골라보면 다음과 같은 결론에 도달한다.

1) ASK계열: 포락선변동이 심각한 이동통신채널에서의 판정기준전압(threshold) 문제로 인하여 애당초 고려대상에서 제외됨.
2) FSK계열: 나름대로 장점도 있지만 다치변조로 갈 경우 늘어나는 점유대역폭을 주체할 수 없으므로 역시 고려대상에서 제외됨.
3) PSK계열: 결국 이놈 말고는 마땅한 후보가 없다. 물론 세 가지 방식 중 비트에러율 성능도 제일 좋음.

역시 PSK 뿐인가.. 하지만 유일한 후보 PSK도 이동통신시스템에 적용하기에는 심각한 문제를 하나 안고 있다. 우선 BPSK를 검토해보자. BPSK에서는 전송하고자 하는 기저대역 신호가 펄스형태이므로 BPSK 변조파의 전력스펙트럼은 이론상 무한대의 대역폭을 가지는 sinc함수 모양이 된다. 특히 180도 위상변화 점에서 발생하는 고조파는 전력스펙트럼에 상당한 크기의 사이드로브 성분들을 만들어 내는데, 이들은 이웃한 통신채널에 "인접채널간섭(Adjacent Channel Interference)"이라는 문제를 야기하게 되므로 이들을 제거해주는 대역제한필터를 불가피하게 사용해야 한다.

여러분은 주파수영역에서의 깔끔한 필터링에 뒤따르는 대가에 대해서 잘 알고 있을 것이다. 즉 펄스신호에 대한 "주파수영역의 스펙트럼 제한(frequency-limited)"은 "시간영역의 파형확산(time-unlimited)"으로 나타나고, 이로 인하여 소위 "부호간간섭(Inter-symbol Interference, ISI)"이라는 뜻밖의 문제가 터지는 것이다. 여기에 대해서는 기저대역전송의 [그림10-2]를 참조하자. 변조라는 과정이 개입되었지만, 이 현상은 통과대역에서도 동일하게 적용된다.

그러고 보니 이거 기저대역전송에서 핵심적으로 다루었던 "펄스정형(pulse shaping)", "롤오프필터" 이야기 아닌가! 그리고 ASK 변조기 구성을 다루면서 펄스정형을 어디에서 할 것인지 이미 검토한 바 있다. PSK 변조기도 일반적으로 기저대역에서 펄스정형을 거침으로서 사이드로브 방지용 대역제한을 하고 있다. 그러면 됐지 무슨 문제? 하겠지만 BPSK에서는 이로 인해 아주 묘한 상황이 벌어진다. 즉 BPSK에 가해진 대역제한필터링의 결과는 심볼 파형의 확산(spread)으로 나타나면서 인접한 심볼로 넘어간 꼬리가 서로 간섭을 일으키고, 이렇게 뒤엉킨 파형끼리 더해지거나 상쇄되면서 "BPSK의 정포락선이 허물어지는 것"이다!

[그림26-1]은 BPSK에 가해진 대역제한의 영향을 송신비트 "1 0 1 0"에 대하여 예시한 것이다. 부호간간섭의 영향이 가장 극적인 곳은 1과 0의 심볼이 바뀌는 곳, 즉 180도 위상천이점인데 이곳을 중심으로 반송파가 서로 역상으로 만나면서 거의 상쇄되어 사라지면서 포락선이 제로레벨까지 떨어진다! 뭐 그렇기는 해도 심볼타이밍에는 뚜렷한 반송파의 모양이 보존되므로, 그 자체로는 수신에서 별다른 문제점이 있어 보이지는 않는다. 하지만 평탄하던 포락선이 울퉁불퉁 해진 이 모양은 BPSK의 전송에 치명적인 타격을 안겨주게 된다.

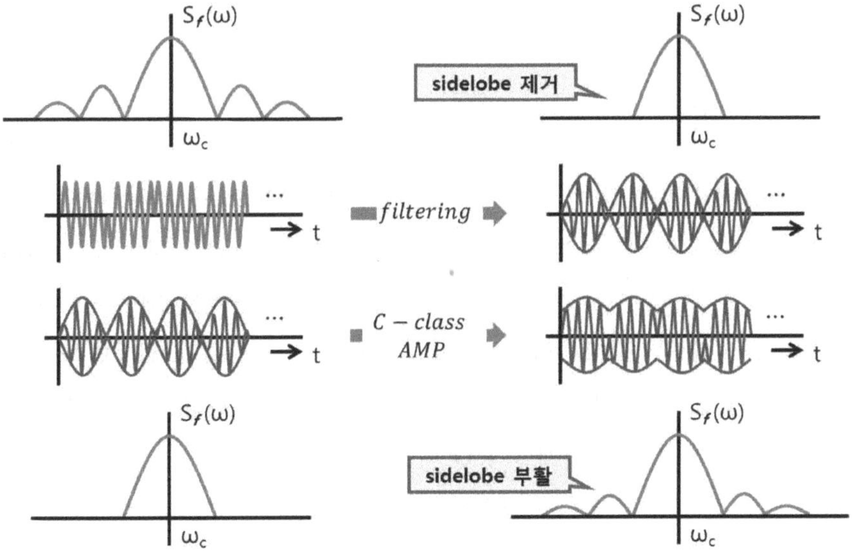

[그림 26-1] 대역제한 된 BPSK 변조파형과 C급 증폭의 영향

문제는 이렇다. 이동통신 단말기는 제한된 전원(배터리수명)과 발열문제로 인해 고효율 C급 비선형증폭기를 사용하지 않을 수 없다. 다행히 아날로그FM방식과 같은 정포락

선 파형의 경우, C급증폭을 사용하여도 아무런 문제가 없다. BPSK도 기본적으로 정포락선변조이기는 하지만 대역제한으로 인해 그 포락선이 더 이상 정포락선이 아니라는데 문제가 있다. 비엔나소시지 모양으로 골짜기가 생겨버린 BPSK 변조파형을 C급 비선형 증폭 할 경우, 증폭기의 바이어스전압 아래로 떨어지는 골짜기부분에 대해서는 출력단 동조회로가 맘대로 파형을 만들어 붙여버리므로 골이 상당히 메꾸어진 파형으로 변해버린다.

그런데 이러고 보니 C급증폭 된 BPSK 변조파형이 대역제한하기 이전의 BPSK 변조파형이랑 흡사해진다. 즉 골짜기부분의 포락선이 어느정도 일정수준으로 회복된 셈인데, 이를 스펙트럼 측면에서 보면 분명히 제거했던 사이드로브가 부활해 버린 꼴이 되고 마는 것이다! 다시 말하자면 C급증폭을 쓰는 한 BPSK의 사이드로브를 제거할 길이 없다! 이것은 인접채널간섭을 막을 길이 없는 뜻이고, 따라서 이동단말에 BPSK를 그대로 쓰기는 힘들다는 결론이다. QPSK 역시 180도 위상변화점이 포함되므로 BPSK와 동일한 문제를 가진다. 결론은? 발열과 전력낭비를 감수하고라도 A급 또는 AB급 선형증폭을 쓸 수밖에 없다는 것이며, 이것은 시스템과 단말기에 매우 큰 부담으로 돌아오고 만다.

26-3 QPSK의 개량

위에서 살펴 본대로 디지털 이동통신이라는 환경에서 QPSK가 가진 가장 큰 문제점은 QPSK에서는 매우 큰 사이드로브가 생기고, 이것을 없애기 위한 대역제한 필터링 때문에 C급증폭기를 쓸 수 없다는 것이다. 그런데 QPSK에서 생기는 매우 큰 사이드로브의 주원인은 반송파 위상의 180도 변화 때문이다. QPSK 변조파형의 위상변화 패턴을 성좌도에서 관찰해보면 [그림26-2]와 같다. 그림에서 180도 위상변화는 신호점이 원점을 가로지를 때 발생하는데, 이것은 I-채널과 Q-채널의 입력비트가 동시에 둘 다 변하는 경우이다. 그렇다면 원점을 가로지르는 신호점 변화만 피할 수 있다면 사이드로브의 발생을 상당히 막을 수 있을 것이고, 더불어 대역제한에 의한 정포락선 훼손문제가 좀 경감되지 않을까?

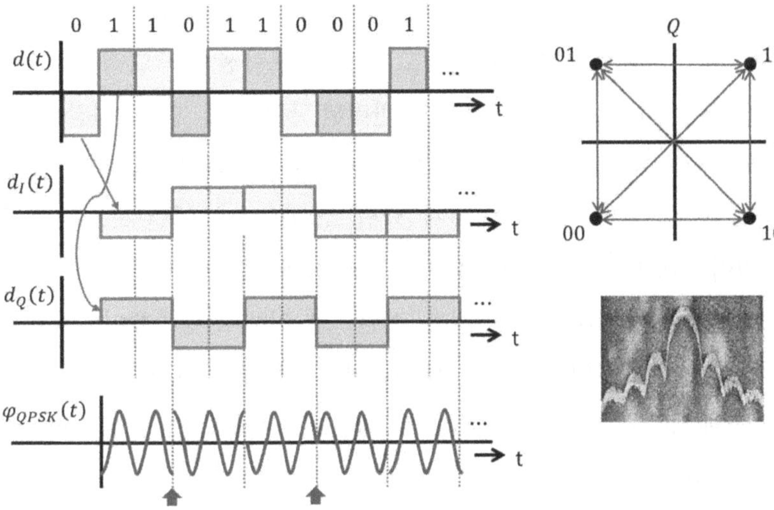

[그림 26-2] QPSK 신호점의 위상변화 패턴

원점을 통과하는 위상변화를 방지하는 한 방법으로 [그림26-3]과 같이 "OQPSK (offset QPSK 또는 staggered QPSK)"가 만들어졌다. OQPSK 변조기는 I-채널과 Q-채널의 입력비트를 1비트주기 어긋나게 입력시킨다. 이렇게 되면 한쪽 채널에서 비트변화가 일어나더라도 다른 채널은 그 비트가 변함없이 유지 되므로 신호점 변화 시점에서 I-채널 입력비트와 Q-채널 입력비트가 동시에 변하는 일이 절대로 발생하지 않는다. 따라서 신호점이 원점을 통과하는 변화패턴은 절대로 출현하지 않는다.

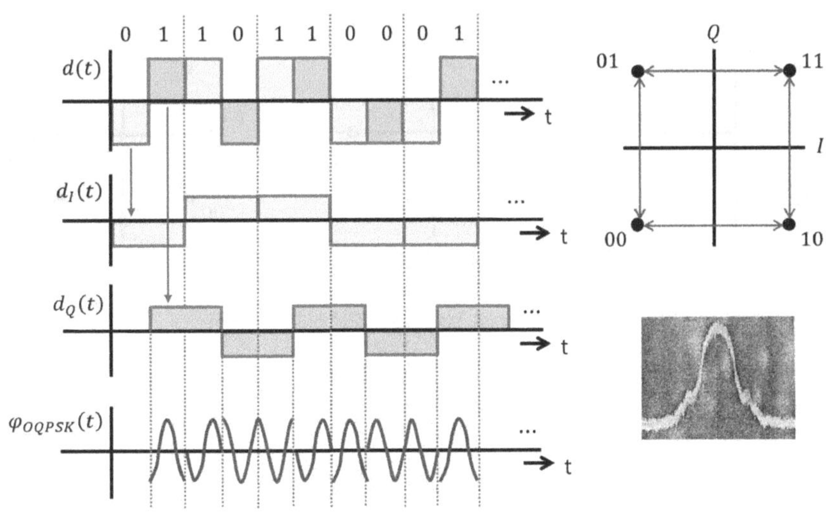

[그림 26-3] OQPSK 신호점의 위상변화 패턴

OQPSK는 이처럼 180도 위상변화를 회피함으로서 스펙트럼에서 사이드로브 자체가 많이 줄어들고, 변조파를 대역제한 하더라도 변조파 포락선에 극단적으로 잘록한 골짜기도 출현하지 않을 것이므로 비선형증폭과 관련된 문제들이 많이 경감될 것이다. 다만 4-ary 변조임에도 불구하고 심볼파형이 1비트 단위로 변화하는 곳이 곳곳에 섞여 있어 마치 BPSK처럼 보이기도 하는데, 이렇게 되면 스펙트럼의 메인로브가 좀 두터워질 우려가 있다는 점이 걸린다. 어떻든 OQPSK는 QPSK의 훌륭한 대안으로서 2세대 CDMA 이동통신 시스템에 채용되었다. 즉 한정된 전원으로 인해 선형증폭이 어려운 이동단말로부터 기지국으로 올라가는 역방향채널(reverse channel)에는 OQPSK를 사용하고, 대전력 선형증폭기 사용에 문제가 없는 기지국으로부터 단말로의 순방향채널(forward channel)에는 곧이곧대로 QPSK를 사용한다.

또 하나의 QPSK 개량방법으로서 "π/4-shift QPSK"가 있다. 이 수법은 [그림26-4]와 같이 4-PSK의 신호점 세트와 QPSK의 신호점 세트를 매 신호점마다 교대로 사용하는 것이다. 성좌도만 보면 마치 8-PSK처럼 보인다. 이 방식은 입력 비트의 변화가 없어도 (예를 들어 11 → 11) 최소한 45도(π/4)만큼은 위상이 이동하므로 신호점이 원점을 통과하는 변화패턴은 나타나지 않는다. 파형은 [그림26-5]와 같이 정확히 2비트 주기로 변화하지만, 심볼 단위로 위상이 45도 더 어긋남에 주의하자. 이 방식은 미국과 일본의 2세대 TDMA 디지털셀룰러 표준변조방식으로 채택되었다.

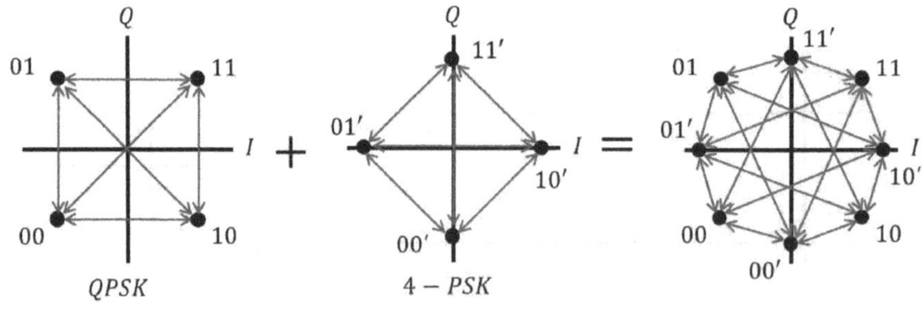

[그림 26-4] $\pi/4$ shift QPSK의 신호점 구성

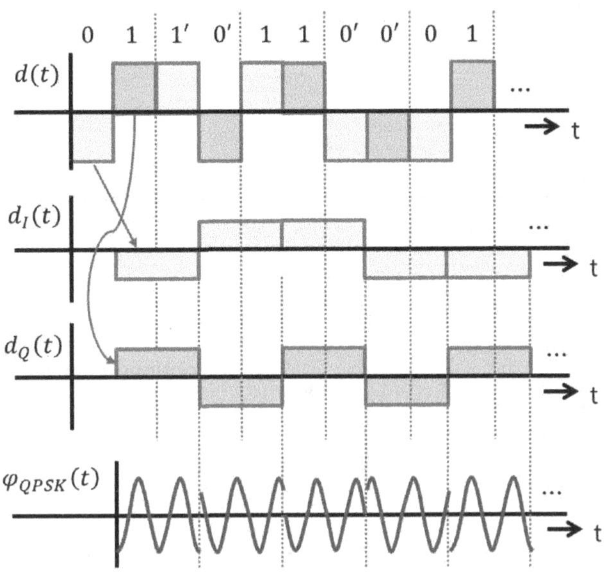

[그림 26-5] π/4-shift QPSK 신호점의 위상변화 패턴

26-4 FSK의 협대역화와 MSK

PSK의 사이드로브 억제대책으로서 위에서 두 가지 케이스를 살펴보았다. 하지만 이것들은 어디까지나 꼼수일 뿐, PSK의 근본적인 특성을 완전히 피하기는 힘들다. 이쯤에서 우리는 발상 자체를 바꾸어서 대역제한을 하더라도 포락선이 망가지지 않는 전혀 다른 방식을 검토해 보는 것을 어떨까? PSK가 아니라면 뭐 FSK 말고는 선택의 여지가 없는 상황.. FSK라면 과연 어떨지 협대역화의 관점에서 자세히 살펴보도록 하자.

필터링으로 인한 변조파형 변형의 문제를 근본적으로 해결하려면 애당초 전력스펙트럼에 사이드로브가 별로 크지 않은 변조방식을 찾는 것이 상책이다. 그런데 사이드로브는 변조파의 위상이 급격히 변하는 곳, 즉 위상불연속점에서 문제가 터진 것이고, PSK는 이 점에서 어쩔 도리가 없었다. 그러면 FSK는 위상불연속의 문제가 없을까? 여기에 관해서는 FSK 변조기 구성에서 이미 살펴본 바 있다. [그림26-6]과 같이 무턱대고 주파수만 스위칭 하는 FSK를 하면 PSK에서 문제가 되었던 변조파형 위상의 급격한 변화가 FSK에서도 얼마든지 생긴다. 위상연속성이 보장되려면 VCO를 교묘히 사용하여 심볼이 변하는 지점에서 위상이 스무스하게 이어지도록 하여야 하는데, 이렇게 만든 FSK를 특별히 "위상연속FSK(Continuous Phase FSK, CPFSK)"라 부른다.

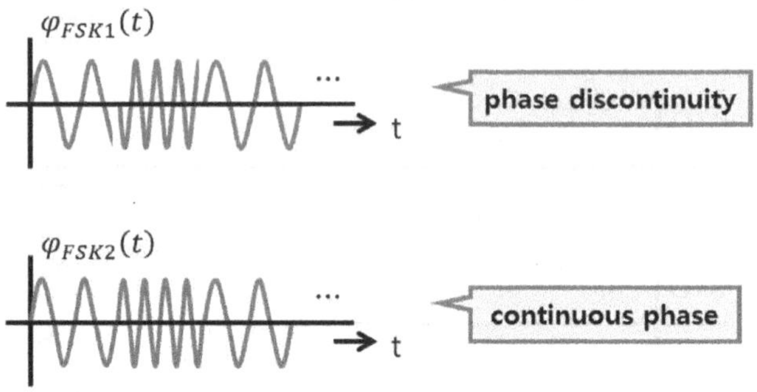

[그림 26-6] 위상연속 FSK의 개념

CPFSK가 되려면 어떻게 해야 할까? CPFSK가 되려면 기본적으로 두 개의 반송파를 이어붙이는 동기화가 관건이 된다. 즉 [그림26-6]의 아래 그림과 같이 심볼 변화점에서 정현파는 반드시 위상 제로로 끝나고 위상 제로에서 시작되어야 하는 것이다. 따라서 CPFSK의 조건은 "FSK의 두 심볼파형은 한 비트주기동안 위상변화가 360도(2π)의 정수배로 이루어져야 한다."라고 할 수 있다. [그림26-7]에 CPFSK 조건에 맞춘 FSK 심볼 쌍의 예를 보인다.

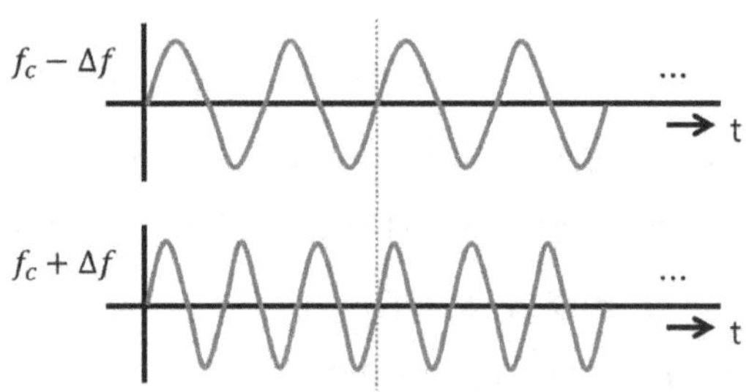

[그림 26-7] CPFSK 조건에 맞춘 심볼 쌍의 예

CPFSK라면 BPSK에 비해 사이드로브를 획기적으로 줄어들 것이고, 대역제한(펄스정형)과 비선형증폭에 얽히는 문제가 상당히 완화되어 일단 합격권에 들어온다. 하지만 전력스펙트럼의 메인로브가 2개로서 곱빼기 대역폭을 차지하는 FSK의 치명적인 약점이 여전히 현실로 남는다. 아! 두 주파수 사이를 좀 더 좁힐 수 있다면 어떻게 해 볼만 할

텐데.. 하지만 그러다간 메인로브가 겹쳐져서 필터로 분리가 불가능해진다. 걱정 마시라. 단념하기는 아직 이르다. 시도해 볼만한 방법이 하나 있다.

주파수영역의 필터링이 아니라면 남은 방법은 단 하나. 시간영역에서 파형의 직교성을 이용하는 것이다. 비록 스펙트럼이 섞이더라도 두 주파수 사이에 직교성이 성립한다면 "상관"으로 이를 구분할 수 있다. 단, 이쯤 되면 더 이상 주파수변별기를 사용하는 비동기검파로는 성능확보가 어려우므로 동기검파를 해야 한다는 조건이 붙는다. 이렇게 하여 두 주파수 사이를 더 이상 좁힐 수 없는 한계까지 좁혔다는 의미로서, 이 변종 CPFSK를 "최소천이변조(MSK, Minimum Shift keying)"라 부른다.

MSK를 위한 두 주파수의 직교조건을 구해보자. 물론 정수배로 주파수 차이가 나는 정현파끼리는 직교한다. 하지만 그렇게 큰 주파수차로는 MSK는 어림도 없다. 두 정현파가 직교하기 위한 최소한의 주파수차는 과연 얼마일까? 이 일에는 수학의 힘을 좀 빌리도록 하자. 직교하는 두 신호는 그 내적(상관)이 제로이므로 (식26-1)과 같이 한 비트 주기 동안의 상관을 수식으로 유도 할 수 있다. 식으로부터 직교성을 만족하는 최소의 주파수편이는 한 비트주기(T_b) 당 0.25Hz, 즉 각주파수로 환산하면 π/2가 됨을 알 수 있다. 따라서 0과 1을 나타내는 심볼파형의 주파수 차이는 π, 즉 180도가 되는데, 이 조건에 맞는 정현파를 찾으면 [그림26-8]의 예와 같다.

$$\int_0^{T_b} s_1(t)\cdot s_2(t)dt = 0$$
$$\int_0^{T_b} \cos 2\pi(f_c+\Delta f)t\cdot\cos 2\pi(f_c-\Delta f)tdt = 0$$
$$\int_0^{T_b} \frac{1}{2}\{\cos 2\pi(2f_c)+\cos 2\pi(2\Delta f)\}tdt = 0$$
$$[\sin 2\pi(2f_c)t+\sin 2\pi(2\Delta f)t]_0^{T_b} = 0$$

$$for\ \sin 0 = 0,\quad \sin 2\pi\cdot 2f_c\cdot T_b = 0$$
$$\rightarrow\ \sin 2\pi\cdot 2\Delta f\cdot T_b = must\ be\ zero$$
$$\therefore\ 2\pi\cdot 2\Delta f\cdot T_b = n\pi\quad (n=1,2,...)$$

$$in\ case\ of\ n=1\rightarrow MSK$$
$$2\pi\cdot 2\Delta f\cdot T_b = \pi,\quad \Delta f = \frac{1}{4T_b} = \frac{0.25}{T_b}[Hz],\quad \Delta\omega = 2\pi\Delta f = \frac{\pi/2}{T_b}$$

(식26-1)

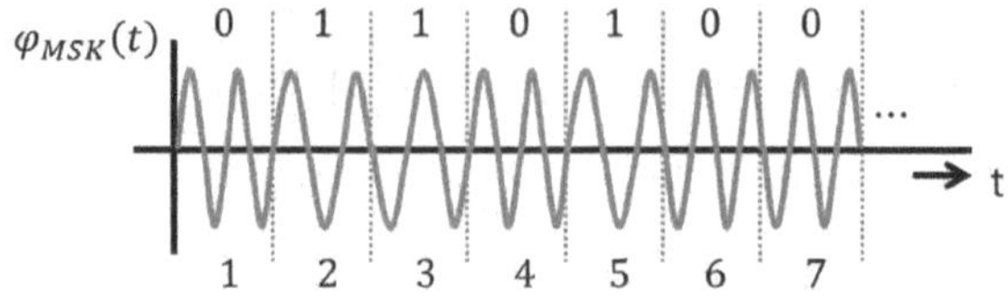

[그림 26-8] MSK 변조파형 예

[그림26-8]의 파형 예는 위상연속을 유지하면서도 주파수편이를 극한으로 줄인 교묘한 그림이다, 그런데 자세히 보면, 위상변화점에서 파형이 이어지기 위해 동일한 주파수의 파형이라도 위상이 180도 뒤집히기도 한다는 것이다 (파형 1,4와 파형 6,7의 관계. 또 파형 2,5와 파형 3의 관계). 오잉? 이건 분명 FSK임에도 불구하고 PSK의 속성도 보이는 것 아닌가? 그렇다면 MSK에서는 주파수 2개 위상 2개, 도합 4개의 심볼이 만들어진다는 이야기니까, MSK란 실은 [그림26-9]과 같이 심볼당 2비트를 할당할 수 있는 "QPSK와 동일한 4-ary 변조방식"인 것이다! 와우!

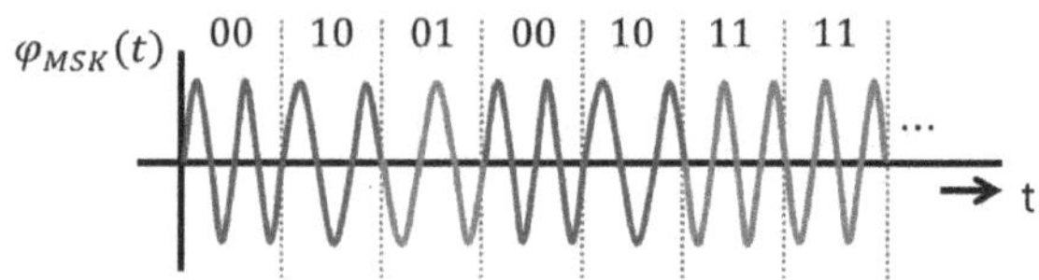

[그림 26-9] MSK 변조파형의 재평가

주파수변조 MSK를 위상변조 QPSK 비스무리 한 것으로 볼 수도 있다는 점은 매우 흥미로운 동시에 MSK 변조기와 복조기의 설계에도 응용된다. 이게 무슨 소린가? FSK의 변조란 당연히 2개의 발진기 혹은 VCO를 사용하는 것이 일반적이다. 그런데 (식26-2)와 같이 일반적인 FSK변조파의 수식을 전개해 보면 동상(in-phase)과 직교(quadrature)반송파에 의한 직교변조의 형태가 나오지 않는가! 즉 FSK도 하나의 발진기와 이상기를 사용하는 QPSK 변조기의 기본 틀을 가지는 것이다. 물론 (식26-2) 자체만으로는 구체적인 변조기의 모습을 떠올리기 힘들지만, 여기에 (식26-1)의 MSK 조건을 집어넣으면 (식26-3)과 같이 변형되어 전송비트주기로 딱딱 떨어지는 직교변조기의 산뜻한 형상이 갖추어진다. 따라서 [그림25-14]의 QPSK 직교변조기를 약간 수정하면 MSK를 만들 수 있다. 직교변조기로 주파수변조를 하다니!

$$\phi_{FSK}(t) = A\cos 2\pi(f_c \pm \Delta f)$$
$$= A\cos(2\pi(\pm\Delta f)t)\cos(2\pi f_c t) - A\sin(2\pi(\pm\Delta f)t)\sin(2\pi f_c t) \quad \text{(식26-2)}$$

$$for\ MSK,\quad \Delta f = \frac{1}{4T_b}$$

$$\phi_{MSK}(t) = A\cos\left(\pm\frac{\pi}{2T_b}t\right)\cos(2\pi f_c t) - A\sin\left(\pm\frac{\pi}{2T_b}t\right)\sin(2\pi f_c t) \quad \text{(식26-3)}$$

(식26-3)에 관해서는 상당히 전문적인 해석이 수반되지만, 결론만 요약하자면 이 식은 홀수비트와 짝수비트가 번갈아 사인함수와 코사인함수로 펄스정형 되는 OQPSK와 등가(等價)적으로 해석된다. 즉 FSK의 일종인 MSK가 알고 보니 QPSK의 변형이기도 하더라는 아주 헷갈리는 이야기가 된다. 더불어 비트에러율도 MSK와 OQPSK가 거의 동일하게 계산된다. 이것은 우리가 아날로그변조에서 들었던 FM과 PM의 변조파형이 구분이 안된다는 이야기와 뭔가 통할 듯 하지 않는가? 역시 각변조의 세계는 특유의 심오함이 엿보인다.

26-5 GMSK

여하튼 MSK는 입력비트가 정현파 모양으로 다듬어져(shaping) 직교변조 되므로 QPSK에 비해 사이드로브가 상당히 줄어들 것이라는 짐작이 간다. 다만 기본적으로 2가지 주파수를 사용하므로 메인로브가 두꺼워지는 것은 어쩔 수 없을 것이다. MSK가 QPSK와 경쟁하기 위해서는 좀 더 극적인 대역폭 절약이 필요하다. 이를 위해 다시한번 MSK 변조파형을 자세히 관찰 해보자. MSK의 비트 변화점은 파형이 서로 이어져 있기는 하지만, 순간적인 위상변화 속도만큼은 어디까지나 불연속이다! 즉 수학적으로 이 점은 특이점으로서 만만치 않은 고조파(사이드로브) 발생의 근원이 된다. 따라서 비트 변화점 직전과 직후의 파형을 보다 부드럽게 다듬어 위상변화율을 점진적으로 가감한다면, 위상연속이 더욱 스무스해지고 사이드로브를 더욱 억제할 수 있지 않을까?

이 작업은 MSK 변조기에 입력되는 펄스형태의 비트 파형을 [그림26-10]과 같이 가장자리를 조금 다듬어 위상변화점 부근 일정 영역에서 주파수변화가 점진적으로 가감되도록 하는 방법이다. 이것은 마치 자동차가 속도를 낮추거나 높일 때 서서히 조작하여 급

작스레 속도가 변하지 않도록 하는 것과 같다. 그런데 펄스를 깎는다는 것은 LPF가 아닌가? 결국 파형정형 비슷한 이야기가 이런 관점으로도 이어지는 점이 재미있다. 다만 주파수영역의 LPF로 인해 초래되는 시간영역에서의 부호간간섭이라는 성가신 문제를 회피하기 위해 필터의 종류와 차단주파수 선택에 조심해야 한다.

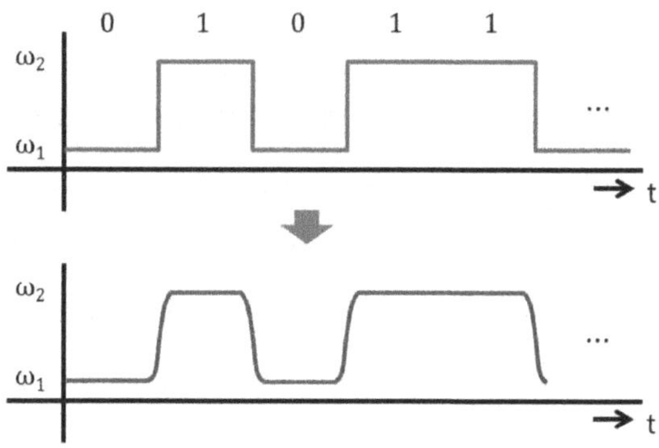

[그림 26-10] MSK의 순간위상변화율 개선

이에 따라 시간/주파수 두 영역에서 함께 무난한 형태를 가지는 "가우시안필터"를 사용하는 방식이 제안되었는데, 이렇게 변형된 MSK 변조방식을 "GMSK(Gaussian Filtered MSK)"라 한다. [그림26-11]은 GMSK와 기타 변조방식들을 비교하고 있다. MSK는 역시 출신이 FSK인지라 메인로브가 클 수밖에 없지만, QPSK에 비해 1.5배 정도까지 다이어트에 성공하는 한편, 현저히 낮은 사이드로브를 가짐으로서 QPSK의 훌륭한 대안으로 떠오른다. 더 나아가 GMSK는 MSK에 비해 메인로브는 더욱 줄어들었고 사이드로브는 거의 보이지 않는 놀라운 특성을 보인다.

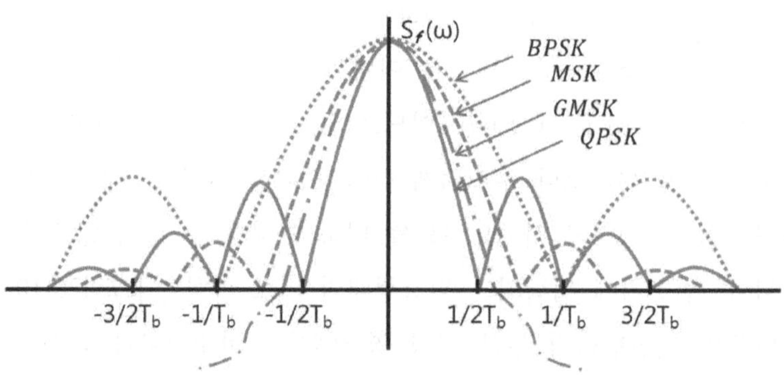

[그림 26-11] MSK, GMSK, QPSK, BPSK의 전력스펙트럼 비교

이러한 GMSK의 연구는 일본의 연구진들이 결정적인 기여를 하였고, 결국 유럽형 디지털이동통신 표준방식인 GSM의 변복조방식으로 채택된다. 그런데 GMSK의 본산인 일본은 정작 자신들의 디지털이동통신 방식 결정에서는 GMSK를 포기하고, 미국 식 디지털이동통신의 π/4-shift QPSK를 채택함으로서 디지털변조 방식을 둘러싼 국제적인 화제가 되기도 했다.

이상으로 기본적인 디지털변조에 대하여 살펴보았다. 개념 위주의 설명으로 정교한 수학적 해석을 생략하였지만, 독자 제위는 보다 전문적인 자료들을 참조하여 한 차원 높은 이해에 도달하고, 나아가 디지털통신의 발전에 기여할 수 있기를 소망하는 바이다.

연습문제

알기 쉬운 통신이론

1. 이원대칭채널이란 무엇인가? 3가지 특징에 대하여 자세히 설명하시오.

2. ASK 동기검파와 비동기검파의 성능을 그림으로 비교설명하고, 비트에러확률을 계산하는 식을 쓰시오. 또한 ASK를 이동통신에 사용하기 어려운 이유를 설명하시오.

3. FSK, 4-FSK, 8-FSK, 16-FSK의 대역폭을 그림으로 비교하고, MFSK의 특징과 용도를 자세히 설명하시오.

4. ASK, FSK, PSK의 동기검파 비트에러율 수식을 쓰고, 이 수식이 의미하는 각 방식의 특성을 비교하여 설명하시오.

5. DPSK 부호화기와 검파기의 블록도를 그리고, 데이터 "0 0 1 0 1 0 0 1 1 1 0"에 대하여 부호화, 변조, 및 검파 과정을 파형그림으로 나타내시오.

6. 디지털변조의 협대역화 관점에서 PSK 방식이 가지는 결정적인 단점이 무엇인지 자세히 설명하시오.

7. 송신기 입력비트 "0 1 1 0 1 1 0 0 0 1"에 대하여 QPSK와 OQPSK 변조를 위한 역다중화와 변조파형을 각각 그리시오. (반송파는 QPSK 전송심볼 하나당 2Hz의 정현파를 사용한다.)

8. MSK가 되기 위한 주파수편이, 즉 MSK조건을 수식으로 유도하시오. 아울러 MSK가 QPSK와 동일한 4-ary 변조방식이 되는 이유를 설명하시오.

9. M-FSK와 M-PSK의 특징(스펙트럼, 대역폭, 비트에러, 용도..)을 비교하여 설명하고, 다치화레벨에 따른 각각의 비트에러율 성능곡선을 그리시오.

10. 반송파의 위상과 진폭을 동시에 나누어 다치화레벨을 올리는 변조방식에 대하여 그 종류와 특징을 비교하여 설명하시오.

11. MSK는 기본적으로 주파수변조지만 QPSK처럼 직교변조기로 구현된다. 이것이 가능한 이유를 수식으로 보이고, 변조기와 복조기의 블록도를 그리시오.

12. BPSK와 QPSK가 동일한 비트에러율 성능을 가지는 이유를 설명하시오.

7부

에러정정부호화

디지털통신의 에러대책 제27강

수신기에 묻어 들어온 비트에러를 찾아라

27-1 개요

디지털통신시스템은 일반적으로 기저대역 단계에서 "정보원부호화(정보源, source coding)"를 통하여 신호를 디지털화 한다. 그리고 정보원부호화는 되도록 적은 비트로 정보를 표현하는 데이터압축이라는 중요한 역할을 동시에 수행한다. 통상 이 단계에서 기저대역 전송을 하거나 변조를 거쳐 무선전송 하게 되지만, 그 중간에 필요에 따라 비트에러에 대한 대책과 암호화 과정이 들어가기도 한다. 여기서는 디지털통신시스템에서의 비트에러대책으로 널리 쓰이는 "에러정정부호화"에 관하여 알아보기로 한다.

27-2 디지털통신의 비트에러 대책

디지털통신은 기본적으로 신호와 잡음을 구분해 내고 제거할 수 있는 신통한 통신방식이다. 따라서 적절한 리피터만 배치된다면 전송거리와 무관하게 에러가 없는 전송이 가능하다. 그렇지만 이것은 어디까지나 이론적인 개념일 뿐, 실제로는 전송로에 상존하는 잡음, 간섭, 왜곡 등에 의해 불가피하게 비트에러가 발생한다. 이에 따라 디지털통신시스템에서는 이러한 비트에러에 대응하기 위하여 아래와 같은 기법들을 사용한다.

1. 재전송(ARQ, Automatic Repeat reQuest)
   - 에러가 발생한 부분을 검출하면 수신을 포기하고 재전송하도록 송신측에 요구하는 양방향통신(two-way link) 방식
   - 에러의 발생여부를 검출하기 위한 간단한 패리티(parity)나 CRC를 부가함
   - 가장 일반적인 에러대책이기는 하지만 에러가 너무 심한 채널이나 실시간통신에는 적용하기 곤란함

2. 에러정정(FEC, Forward Error Correction)
   - 일정길이의 패리티비트를 여분으로 부가하여 송신하고, 수신단에서 패리티비트를 검사하여 에러가 발생한 위치를 찾아내고 정정하는 일방향통신(one-way link) 방식
   - 정보의 전달과는 무관한 다수의 패리티 비트 부가로 인한 유효전송율 저하
   - 재전송의 여유가 없는 실시간통신에서는 필수적으로 사용됨
   - ARQ와 FEC를 결합한 "Hybrid ARQ"로 쓰이기도 함
3. 에러은닉(Error Concealment)
   - CD 등에 쓰이는 방식으로서 에러가 발생한 부분의 정보를 포기하고 전후의 샘플을 기초로 적당한 값을 만들어 붙임
   - 그것도 여의치 못할 때는 인간의 지각범위 내에서 뮤트(mute) 시킴

FEC는 "에러정정부호화(Error Correcting Coding)" 혹은 "채널코딩(channel coding)"으로 불리기도 한다. FEC는 에러가 있을 경우에만 작동하는 ARQ에 대비되는 개념으로서, 에러의 발생여부와 상관없이 "미리(forward)" 에러를 정정하기 위한 코딩을 해 둔다는 의미이다. FEC는 정보의 디지털화에 쓰이는 소스코딩과 비교하여 아래와 같이 상반되는 특성을 가지고 있다.

1. 소스코딩(source coding, 정보원부호화)
   - 신호의 디지털화와 더불어 데이터의 압축이 목적. CELP, mpeg, jpeg.. 등
   - 신호를 이루는 여러 성분 중 필수적으로 중요한 부분만 코딩하여 전송
   - 중요도가 떨어지는 성분, 즉 "리던던시(redundancy, 여분/군살의 뜻, 용장(冗長)으로 번역하기도 함)"을 조직적으로 제거함으로서 비트를 절약함
2. 채널코딩(channel coding, 채널부호화)
   - 전송 중 에러가 발생한 비트를 찾아내는 것이 목적.
   - 소스코딩으로 압축된 데이터를 보호하기 위해 일정 길이의 패리티비트, 즉 "리던던시"를 조직적으로 부가함

이제 슬슬 에러정정부호화, 즉 채널코딩에 대하여 자세히 살펴보자. 소스코딩에 대해서는 신호처리이론을, ARQ에 대해서는 데이터통신이론을 참조하기 바란다. 채널코딩이란 "전송되는 디지털신호가 통신로로부터 받는 각종 방해(impairment→잡음, 간섭, 페이

딩 등)로부터 강인(robust)해지도록 패리티비트를 부가하여 만드는 일종의 신호변환"으로 정의할 수 있다. 이러한 채널코딩은 그 방법과 목적에 따라 아래와 같이 몇 가지 범주로 분류할 수 있다.

1. 패리티비트의 생성방법에 따른 분류

1) (n,k) 블록부호(block codes)

- 정보비트를 k비트 단위의 블록으로 구분하여 부호화기(encoder)에 입력
- 부호화기(encoder)는 그 정보블록에 해당하는 패리티비트 n-k개 생성
- 전체적으로 n비트 블록의 "부호어(符號語, code word)" 형성
- 정보비트의 수(k)와 블록길이(n)의 비(k/n)를 "부호화율(code rate)"이라 함.
- 정보의 분산은 해당 블록에 한정됨

2) 길쌈부호(convolutional codes)

- 부호화기는 k비트의 정보비트 입력으로부터 n비트의 출력을 냄.
- 패리티비트는 현재의 입력비트 뿐만 아니라 과거의 비트로부터도 생성됨
- 정보의 분산은 해당 블록을 벗어나 몇 개의 블록에 걸쳐 일어남

2. 패리티비트의 위치에 따른 분류

1) 조직형부호(systematic codes)

- 정보비트와 패리티비트의 위치를 구분함. 기본적으로 블록부호.

2) 비조직형부호(non-systematic codes)

- 정보비트와 패리티비트를 구분 없이 뒤섞음. 기본적으로 길쌈부호

3. 대상으로 하는 에러의 종류에 따른 분류

1) 산발에러(散發, random error)용 부호

- 한 곳에 집중되지 않고 불규칙하게 발생하는 에러. AWGN 등이 원인

2) 연집에러(連集, burst error)용 부호

- 한 곳에 집중적으로 발생하는 에러. 무선통신의 페이딩, CD의 먼지 등이 원인

4. 에러제어의 목적에 따른 분류

1) 에러정정부호(Error correcting codes)

- 에러의 발생을 판단함과 더불어 에러의 위치까지 찾아내어 정정함이 목적
- 에러위치를 찾기 위한 정교한 수학적 구조와 많은 패리티비트가 필요

2) 에러검출부호(Error detecting codes)
- 에러의 발생 여부를 판단하는 것이 목적
- 에러정정부호에 비해 상대적으로 심플한 구조와 적은 패리티비트 소요
- 통상 ARQ와 함께 사용됨

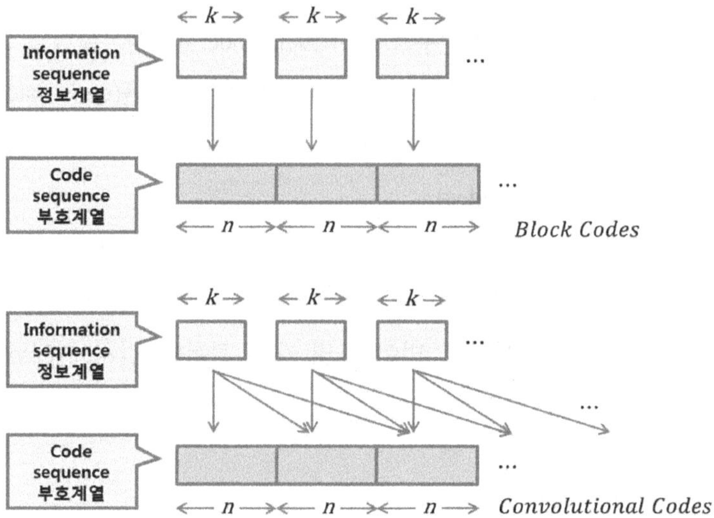

[그림 27-1] 블록부호와 길쌈부호

27-3 부호이론의 역사

에러정정부호화에 이용되는 이론적 배경을 통틀어 "부호이론(coding theory)"라 부른다. 부호이론은 1948년 Shannon이 제창한 "SNR과 에러 없이 전송가능한 통신용량에 관한 정리"가 그 효시이다. 반세기 넘게 디지털통신의 발전을 선도한 부호이론의 주요 역사를 살펴보는 것도 그 의미가 크리라 생각하며, 이하에 간단한 연표를 요약한다. 이 책에서 다 다루기에는 너무나 방대한 내용이지만, 다양한 에러정정부호의 명칭정도라도 눈여겨 보아두기 바란다.

1948 정보이론의 창시: Shannon, 에러정정부호화에 의한 정보신뢰도 향상의 이론적 근거 제공

1950 Hamming code: 컴퓨터 메모리용 단일에러 정정부호

1955 Convolutional code(길쌈부호) 제안: Elias

1957 길쌈부호의 축차복호법(逐次, sequential decoding) : Wozencraft

순회부호(Cyclic Code): Plange, 블록부호의 수학적 기초

1959 BCH부호: Bose-Chaudhuri-Hocquenghem, 다중산발에러 정정을 위한 블록부호의 수학적 구조 체계화, H/SW화에 공헌

Fire 부호: 연집에러(連集, burst error)정정용 블록부호

1960 Reed-Solomon부호: 연집에러 및 산발에러 정정용 고효율부호

Hagelbarger부호: 연집에러용 길쌈부호

1961 Peterson 알고리즘 체계화: BCH부호 복호알고리즘

1963 길쌈부호의 다수결논리복호법(Majority Logic Decoding): Massey, 일명 임계복호법(臨界, Threshold Decoding), 매우 simple

Kasami부호: Fire부호 개량

Fano 알고리즘: 길쌈부호 축차복호법 개량. 화성탐사선 마리너호에 채용

1966 차집합부호(差集合, Difference Set Code): Weldon, 다수결논리용 부호. 일본 FM 다중방송 데이터전송용으로 채택

연접부호(連接, Concatenated Code): Forney, 2개의 부호를 조합하여 에러정정능력 향상

1967 유한기하학부호(Finite Geometry Code): Rudolph, 다수결논리용

Viterbi Decoding: 길쌈부호 복호의 혁명, Maximum Likelihood 복호

1968 Berlekamp-Massey 알고리즘: BCH, RS부호 복호의 효율화

Iwatare code: Hagelbarger 부호 개량

1971 Goppa부호, 소련, 1980년대 대수기하학부호로 발전

1975 BCH부호의 Euclid 복호알고리즘: 일본, BCH부호의 ASIC화에 용이

1976 Trellis Coded Modulation (TCM): Ungerboeck, 다치변조와 부호의 결합

Imai-Hirakawa code: 부호이론과 타 분야의 접목

1980년대 대수기하학부호 붐

1990년대 Turbo code: 길쌈부호 성능의 대폭 향상, 3G 이동통신에 채택

2000년대 LDPC부호, Hybrid ARQ: 4G 이동통신에 채택.

27-4 패리티체크

채널코딩에 대한 감을 잡기 위해 "패리티체크(parity check)"에 대하여 먼저 고찰해보자. 패리티체크란 일정길이의 정보비트 블록에 "패리티비트 1개"를 부가하여 "홀수개의 에러"를 검출해 내는 기법으로서, 데이터전송에서 기본적으로 채용되는 널리 알려진 방식이다. 부가되는 패리티비트가 0이냐 1이냐에 따라서, 부호어 중 1의 개수가 짝수개로 되면 "짝수패리티체크(even parity check)", 홀수개로 되면 "홀수패리티체크(odd parity check)"가 된다. [표27-1]은 (4,3) 짝수패리티체크 코딩의 예이다.

[표 27-1] (4,3) 짝수패리티체크

정보비트	패리티비트	부호어
0 0 0	0	0 0 0 0
1 0 0	1	1 1 0 0
0 1 0	1	1 0 1 0
1 1 0	0	0 1 1 0
0 0 1	1	1 0 0 1
1 0 1	0	0 1 0 1
0 1 1	0	0 0 1 1
1 1 1	1	1 1 1 1

패리티체크는 홀수개의 에러를 완벽하게 찾아내지만, 짝수개의 에러는 전혀 검출해 내지 못한다. 따라서 한 부호어 내에 짝수개의 에러가 발생할 확률이 바로 그 패리티체크가 에러검출에 실패할 확률, 즉 "에러검출불가능확률(probability of undetected error)" P_{nd}가 된다. (식27-1)은 n비트의 부호어에서 j개의 에러가 발생할 확률을, 그리고 (식27-2)는 n비트의 부호어에서 발생한 짝수개의 에러를 검출해내지 못할 확률을 구한 것이다. 전송로모델은 [그림13-6]에서 다룬 "이원대칭전송로(二元對稱, binary symmetry channel, BSC)"를 사용한다.

j bit개 에러가 발생할 모든 경우의 수

1word 내에서 j개 bit가 에러로 수신될 확률

$$p(j,n)=\binom{n}{j}p^j(1-p)^{n-j}$$

1word 내에서 n-j개 bit가 바르게 수신될 확률

(식27-1)

$$p_{nd}=\sum_{j=1}^{n/2}\binom{n}{2j}p^{2j}(1-p)^{n-2j}$$

(식27-2)

예제 27-1 통신로의 비트에러확률이 1×10^{-3}으로 주어질 때, (4,3) 짝수패리티체크의 에러 검출불가능확률을 구하시오.

| 풀이 |

$$\begin{aligned}p_{nd}&=\binom{4}{2}p^2(1-p)^2+\binom{4}{4}p^4\\&=6p^2(1-p)^2+p^4=6p^2-12p^3+7p^4\\&=6(10^{-3})^2-12(10^{-3})^3+7(10^{-3})^4\cong6\times10^{-6}\end{aligned}$$

(식27-3)

| 해설 |

채널에서 비트에러가 1000비트 중 하나 꼴로 발생하는 상황에서, (4,3) 패리티체크는 100만개의 부호어 중 6개정도의 비율로 에러검출에 실패한다는 뜻이다. 대단하지 않은가? 물론 4비트의 정보를 보낼 수 있는 시간에 3비트밖에 못보내는 대가를 치르기는 하지만..

패리티체크는 이처럼 단 1비트만으로도 강력한 에러검출능력을 가지기는 하지만 에러정정은 불가능하다. 그런데 이 패리티체크를 2차원으로 배열하면 에러검출 뿐 아니라, 에러정정까지도 가능해진다. 이런 채널코딩 방식을 "사각부호(rectangular code)" 또는 "적부호(product codes)"라 부르는데, 그 예를 [그림27-2]에 보인다. 1개의 비트에러위치를 찾아내기는 했지만, 전체 30비트 중에서 10비트를 패리티 비트로 써야한다는 것은 유효정보전송율 측면에서 손해가 너무 크지 않은가? 에러정정을 위해 소요되는 패리티 비트의 개수를 최소한으로 만드는 것 또한 채널코딩의 중요한 임무이다.

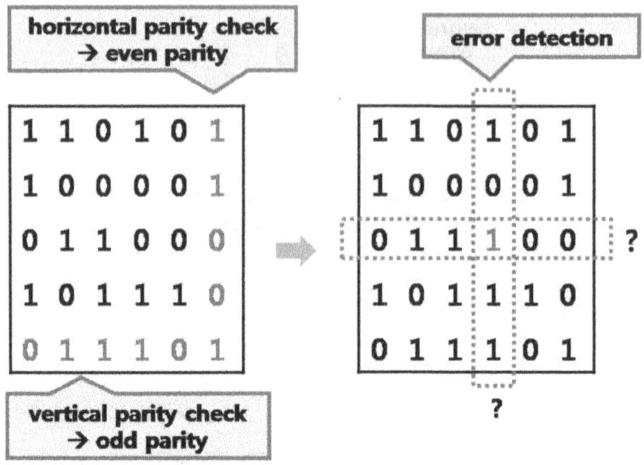

[그림 27-2] 패리티체크부호의 2차원배열과 에러정정

27-5 에러정정의 원리와 부호공간

채널코딩에서 말하는 리던던시(redundancy)의 개념은 무엇일까? 그냥 정보블록에 꼬리처럼 패리티비트 몇 개를 달아준다는 의미일까? 채널코딩의 리던던시 추가는 소스코딩의 리던던시 제거와 대비되는 개념이라고 앞에서 밝힌 바 있다. 정보블럭에 리던던시를 인위적으로 부여하여 비트에러에 강한 코드를 만들어 낸다는 개념을 다음의 예로 이해해 보자.

영문자속에 들어있는 리던던시의 예를 살펴보자. 만일 "example"이라는 단어를 전송했는데 "exemple"로 수신이 되었다면 철자 a에 명백한 에러가 발생했음을 누구나 알 수 있는데, 이것은 영단어 표기에 "exemple"라는 단어가 없기 때문이다. 수신기에서는 "exemple"을 이와 가장 비슷한 단어인 "example"로 판정함으로서 에러 e를 a로 정정할 수 있다. 영어의 사용에서 이렇게 자연스런 에러정정이 가능한 것은 영단어를 구성하는 철자 가운데 없더라도 뜻을 이해하는데 지장이 없는 것들이 섞여있기 때문이다. 이런 철자들이 바로 에러정정을 위한 패리티, 즉 "리던던시"에 해당한다.

통계에 의하면 영단어의 리던던시는 50%에 달한다고 한다. 즉 단어에서 절반이상의 철자를 제거해도 의미가 통한다는 이야기다. 예를 들면 "example" 대신 "ex" 만으로도 그 뜻을 알아볼 수 있는데, 이런 식으로 최소한의 철자로 단어를 줄이는 과정, 즉 리던던시를 날리는 과정이 바로 소스코딩에 해당한다. 우리의 말속에 들어있는 풍부한 리던던시는 의미전달과는 상관없는 여분의 존재이긴 하지만, 유사시 훼손된 문서나 전송에러로 깨진 파일이라도 그 내용을 알아볼 수 있게 해주는 소중한 존재인 것이다. 리던던시가 전혀 없는 기호만의 통신은 그 얼마나 삭막하고 에러에 속수무책인가!

이제 우리가 열심히 소스코딩 하여 신호로부터 리던던시를 제거해 놓고는, 채널코딩을 통해 신호에 다시금 리던던시를 부여해야만 하는 이유를 알 수 있을 것이다. 다만 새로 부가되는 리던던시는 필요최소한이라는 조건이 붙는다. 즉 최소의 패리티비트로 최대한 효율 좋게 부호어들을 뚜렷하게 특징 지움으로서 신호가 채널에러로 손상을 받더라도 원래 정보를 알아보게 하자는 것이 채널코딩의 목표인 것이다.

[그림27-3]은 우리가 즐기는 화투에 대한 소스코딩의 예로서, 그림을 알아볼 수 있는 최소한의 부분만 남겨놓고 싹 가려버린 것이다. 화투장의 그림이 대부분 보이지 않아도 그것이 무엇인지 알아볼 수 있는 것, 즉 풍부한 리던던시를 가지는 것은 대자연에 존재하는 무수한 그림 중에서 딱 48장의 그림만 사용하였기 때문이다.

[그림 27-3] 화투장의 소스코딩 (리던던시 제거)

이번에는 채널코딩의 이해를 위해 [그림27-4]와 같이 화투의 예를 다시 들어보자. 만약 4개의 심볼로 통신을 하는 경우, 즉 "4-ary 통신"에 사용할 심볼로서 화투장 48장 중 4장을 고른다면 어떻게 고르는 것이 가장 유리할까? 한눈에 보기에도 심볼세트2가 심볼세트1보다 훨씬 나아보이지 않은가? 심볼세트2가 훨씬 나은 이유는 4개의 그림이 서로 너무나 다르므로 전송중 상당부분이 훼손되어도 충분히 원래 그림을 알아낼 수 있기 때문인데, 이게 바로 에러정정이 아니던가! 즉 채널코딩의 리던던시란 통신에 사용되는 심볼들이 서로 가능한 한 다르게 보이도록 부가되어야 한다. 완전히 서로 다르다는 것은 "상관이 제로" 또는 "직교(orthogonal)"라는 용어로 표현되는데, 이처럼 직교에 가까운 "심볼세트"를 찾는 것이 채널코딩의 핵심이 된다.

[그림 27-4] 화투장의 채널코딩 (리던던시 부여)

이 이야기를 이진부호(binary codes)를 사용하는 통신에 적용해보자. 2비트로 조합가능한 4개의 심볼을 사용하는 4-ary 통신을 하는 경우, 에러가 발생하는 상황을 구체적으로 분석해보면 아래와 같다.

- 심볼세트는 2비트로 조합 가능한 모든 경우의 수 집합 : {00, 01, 10, 11}
- 어떤 심볼에 1비트라도 에러가 발생하면 그 심볼은 심볼세트 내 다른 심볼로 바뀌어 버림
- 수신기는 에러가 발생했다는 사실조차 알 길 없이 다른 심볼로 오판함
- 심볼세트에 리던던시가 전혀 없는 상태로서 에러에 속수무책

이 심볼세트에 각 심볼 당 2비트의 리던던시를 부가하는 "부호화(encoding)"을 생각해보자. 즉 2비트의 정보에 2비트의 리던던시비트(패리티비트)가 붙는 "(4,2)부호"가 되는데, 이 상황을 [그림27-5]에 보인다. (4,2)부호의 부호화와 에러정정에 대하여 살펴보면 아래와 같다.

- 4비트로 조합이 가능한 경우의 수는 16가지. 각각을 "부호어(code word)"라 부름.
- 그 중 4개를 선택하여 심볼세트 {00, 01, 10, 11}과 1:1 대응되는 "부호어세트"를 만듬.
- 수신된 부호어가 부호어세트에 없다면 에러가 발생했음을 알 수 있음 → "에러검출"
- 나아가 부호어세트 내에서 수신된 부호어와 가장 비스무리한 부호어를 에러가 생기기 전의 원래 부호어로 추정도 가능 → "에러정정"
- 리던던시 부여의 대가로서 유효전송율은 절반으로 떨어짐.

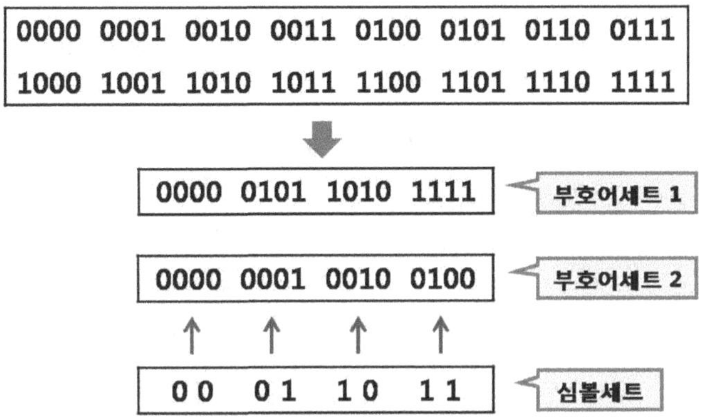

[그림 27-5] (4,2)부호에 있어서 부호어 선택의 예

16개의 부호어 패턴 중에서 4개의 부호어를 고를 때 어떤 점을 고려해야 할까? 당연히 부호어 상호간의 상관이 영(零)이거나 되도록 적어야 할 것이다. 그런 측면에서 보면 [그림27-5]의 부호어세트1이 부호어세트2보다 훨씬 좋은 선택이다. 잘 고른 예에서 보면 어느 부호어끼리 비교해도 2비트 이상 다르다. 이를 채널코딩에서는 "거리(distance)"라는 용어로 부르며, 부호어를 잘 고른다는 것은 부호어 끼리의 거리를 되도록 고르게 많이 벌리는 일을 말한다. 그런데 골라놓고 보니 각 부호어는 심볼세트의 2비트를 반복해 놓은 거 아닌가! 이런 유형의 초보적인 채널코딩을 "반복부호(repetition codes)"라 부른다. 빙빙 어렵게 돌아왔지만, 알고 보니 우리는 일상생활 속에서 이미 반복, 복창이라는 형태로 채널코딩의 개념을 사용하고 있는 것이다.

수신기에서 에러가 포함된 수신부호어로부터 원래의 정보비트를 알아내는 과정을 "복호(decoding)"라고 한다. 그리고 복호과정에서 채널코딩에 의한 에러검출 및 에러정정의 범위를 알기위해 부호어를 공간개념으로 표시한 것을 "부호공간(code space)"이라 부른다. [그림27-6]은 부호어의 공간표시와 수신기에서의 복호능력에 대한 예를 보여주고 있다.

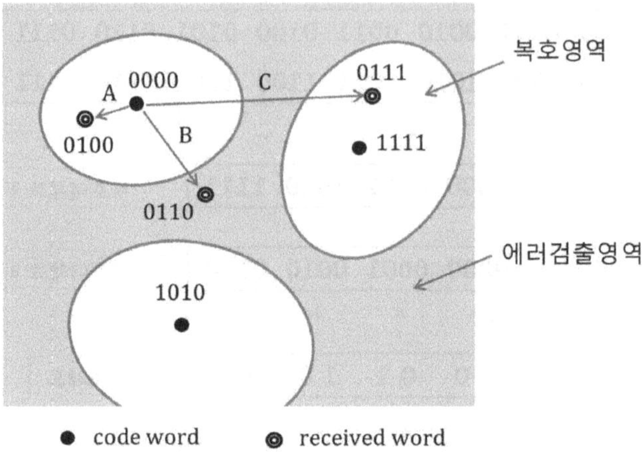

[그림 27-6] (4,2)부호의 부호공간과 복호영역

(4,2)반복부호의 예에서, 그림의 A점과 같이 부호어 0000이 송신되고 채널에서 1개의 에러가 발생하여 0100이 수신되었다면 0000으로 복호될 것이다. 왜냐하면 조건부에러확률 p(0100/0000)이 p(0100/1111) 또는 p(0100/1010)보다 클 것이기 때문이다. 이와 같이 정상적인 에러정정이 가능한 영역을 "복호영역(decoding area)"이라 부른다.

한편 그림의 C점과 같이 부호어 0000이 송신되고 채널에서 3개의 에러가 발생하여 0111이 수신되었다면 수신기는 이를 1111로 복호할 것이다. 왜냐하면 조건부에러확률 p(0111/0000)이 p(0111/1111)보다 훨씬 작으므로 부호어 1111이 송신되었을 것으로 판단하기 때문이다. 이렇게 되면 채널코딩 했다가 에러정정은 커녕 에러를 더 악화시키는 결과가 되어 채널코딩 안하느니만 못한 경우가 되는데, 이를 "복호에러(decoding error)"라 한다.

또 그림의 B점과 같이 부호어 0000이 송신되고 2개의 에러가 발생하여 0110이 수신되었다면 이것을 어떻게 판정해야 할까?? 조건부에러확률 p(0110/0000)과 p(0110/1111)이 같으므로 어디로 판정해야할지 알 수 없다. 이 경우 에러정정은 못하지만 에러가 생겼다는 경보는 가능하므로 이런 영역을 "에러검출영역(error detecting area)"이라 한다.

27-6 채널코딩은 과연 남는 장사인가?

위에서 언급한 복호에러의 예에서도 알 수 있듯이 채널코딩이 오히려 수신을 더 망치는 경우도 있음을 생각할 때, 채널코딩이 과연 만병통치약인지 그 이해득실을 자세히 따져볼 필요가 있다. 쉬운 예를 들자면 k인의 특공대(소스코딩)를 파견하는 전투에서 핵심대원의 전사에 대비하여 n-k인의 보충대(패리티)를 딸려 보냄으로서 전투력 상실에 대비하는 것이 (n,k) 채널코딩이라고 생각할 수 있다. 이제 채널코딩을 하고자 하는 상황과 이에 따른 이해득실을 체계적으로 살펴보자.

1) **체트포인트 1** : "k비트를 송신할 시간(채널코딩 하지 않는 경우)에 n비트를 보내려면(채널코딩 할 경우), k비트가 사용할 전력으로 n비트를 송신 하여야 한다."
   → 펄스폭의 감소로 1비트당 에너지 E_b는 감소
   → 비트당 전력 감소로 채널에러에 더욱 취약해짐
   → 펄스폭이 좁아지는 만큼 점유대역폭이 증가함
2) **체크포인트 2** : "E_b를 동일하게 유지하려면, 즉 펄스폭을 동일하게 유지하려면 패리티비트 수만큼 송신시간이 증가한다."
   → 실시간통신의 경우 채널코딩 수용 불가

이러한 문제점들을 무릅쓰고 채널코딩 하는 것이 과연 잘 하는 짓인지를 곰곰이 생각해보자. 만일 부호화율(code rate R=k/n)이 1/2이라면 채널코딩 후 비트전송율은 2배로 증가하는데, 이를 수용하는 방안은 아래와 같이 두 가지가 있을 수 있다.

1) **수용방안1** : "송신시간을 2배로 할당한다."
   → 실시간통신이 불가능해지지만 실시간에 구애받지 않는 통신이라면 오케이
   (이를테면 우주탐사선으로부터 사진 전송하기)
2) **수용방안2** : "실시간통신을 위해 비트지속시간을 절반으로 줄인다."
   → 비트당 에너지 E_b 반감(-3dB), 에러발생 위험 2배로 증가
   → 더 골치 아픈 점유대역폭 2배 증가
3) **수용방안3** : "소스코딩의 압축율을 올려서 패리티비트를 삽입할 공간을 짜낸다."
   → 실시간통신을 해야만 하는 상황에서 대역폭조차도 여유가 없는 경우

→ 압축율 증가에 따른 신호의 품질저하 감수해야

과연 이래도 채널코딩을 강행 할 것인가? 통신실무 차원에서 채널코딩의 효과에 대한 분석은 통상 아래와 같이 두 가지 시점으로 요약할 수 있다.

1) "정해진 전력(E_b/N_o)에서 채널코딩을 함으로서 얼마나 에러율을 낮추었는가?"
   → 채널코딩하지 않은(uncoded) k비트를 송신할 때와 채널코딩 한(coded) n비트를 송신할 때의 성능을 비교해야 한다. 이를 위해서는 하나하나의 비트에 대한 에러율, 즉 "비트에러율(bit error rate)"에 대응하는 부호어 단위의 에러율, 즉 "워드에러율(word error rate)"를 따져보아야 한다. 왜냐하면 채널코딩은 부호어 단위로 에러를 정정하기 때문이다. 각각의 용어들에 대한 기호표기를 [표27-2]에 정리한다.
2) "정해진 에러율에서 채널코딩을 함으로서 얼마나 전력을 절약할 수 있을까?"
   → 채널코딩으로 인해 에러율이 좋아졌다(나아졌다)는 이야기는 뒤집어 말하자면 보다 적은 전력으로 어느 수준의 에러율을 맞출 수 있다는 뜻이 된다. 이것을 가리켜 "부호화이득(Coding Gain)"이라고 하는데, 일반적인 채널코딩 능력 평가의 지표로 많이 쓰인다. 부호화이득은 실제로 통신시스템을 설계할 때 중요한 요소가 되는데, 송신전력의 억제는 시스템비용(link budget)의 효율성과 직결되기 때문이다.

[표 27-2] 채널코딩 시 에러율의 구분

	uncoded	coded
bit error rate	q_u	q_c
word error rate	p_{eu}	p_{ec}

실제로 쓰이는 "(7,4) 해밍부호"를 예로 들어 이를 설명한다. 해석은 동일한 송신시간 동안 채널코딩하지 않은(uncoded) 4비트를 송신할 때와 채널코딩 한(coded) 7비트를 송신할 때의 성능을 비교한다. 그 절차는 아래와 같다.

1) 채널코딩으로 인한 비트증가는 E_b의 감소를 가져오고, q_c는 q_u에 비해 당연히 증가한다. → $q_u < q_c$
2) q_c가 비록 증가하더라도 p_{ec}가 p_{eu}보다 감소한다면 채널코딩 하는 것이 이득일 것이다. → $p_{eu} > p_{ec}$?
3) p_{eu}의 계산: (식27-4) → k비트 중 한 비트만 에러가 생겨도 부호어 전체가 에러
4) p_{ec}의 계산: (식27-5) → 하나의 부호어에서 t개의 에러가 정정가능하다면 p_{ec}의 계산은 t+1개 이상의 에러가 생겼을 경우만 고려

부호어가 에러인 확률

부호어가 바르게 수신될 확률

$$p_{eu} = 1 - (1 - q_u)^k \qquad \text{(식27-4)}$$

1비트가 바르게 수신 될 확률

부호어가 에러인 확률

부호어 내에서 i개 비트가 에러로 수신될 확률

$$p_{ec} = \sum_{i=t+1}^{n} \binom{n}{i} \cdot (1 - q_c)^{n-i} \cdot q_c^i \qquad \text{(식27-5)}$$

t+1 bit 이상 에러가 발생할 모든 경우의 수

부호어 내에서 n-i개 비트가 바르게 수신될 확률

수식을 토대로 비트에러율과 신호대잡음비의 관계를 계산하여 그래프로 그려보면 [그림27-7]과 같다.

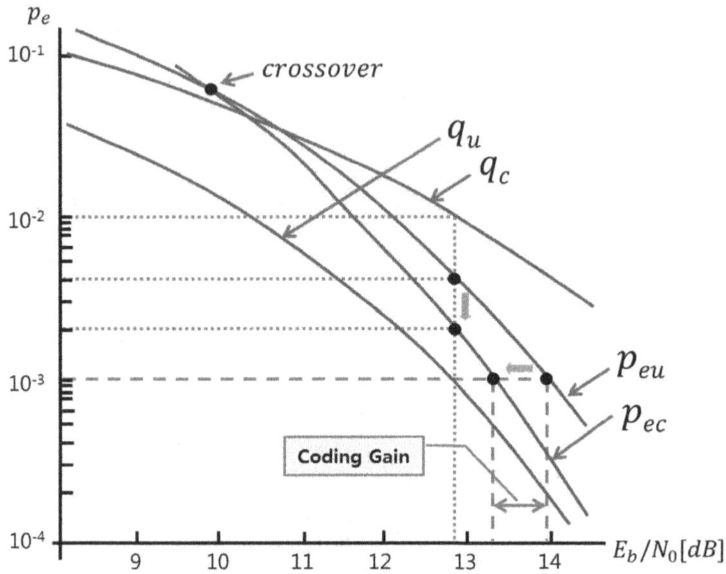

[그림 27-7] (7,4) 해밍부호의 성능분석

위에서 설명한 채널코딩의 관점 두 가지에 대하여 (7,4) 해밍부호의 성능곡선을 읽어 보자.

1) 에러율 개선의 관점
- 가용한 전력수준이 E_b/N_o=12.9dB 라고 하면,
- 비트에러율 변화: $q_u=10^{-3}$ 에서 $q_c=10^{-2}$ 로 악화
- 채널코딩 안한 워드에러율 변화: $q_u=10^{-3}$ 에서 $p_{eu}=4\times10^{-2}$ 로 악화
- 채널코딩 한 워드에러율 변화: $q_c=10^{-2}$ 에서 $p_{ec}=2\times10^{-2}$ 로 p_{eu} 보다 개선됨!
- 결론: 추가되는 패리티비트로 인해 비트에러율은 나빠졌지만, 에러정정 덕분에 워드에러율은 개선 → 채널코딩 하기 잘했네!

2) 부호화이득의 관점
- 워드에러율을 1×10^{-3}으로 유지하기 위한 전력 비교
- 채널코딩 한다면 E_b/N_o=13.3dB 필요, 채널코딩 안한다면 E_b/N_o=14dB 필요
- 결론: 채널코딩 함으로서 0.7dB 절약 → 채널코딩 하기 잘했네!

그렇지만 그림에서 알 수 있듯이 채널코딩 하는 것이 항상 유리한 것만은 아니다.

E_b/N_o가 낮아질수록 부호화이득은 점점 줄어들고, 결국은 p_{ec}가 p_{eu}보다 더 커져버리는 역전점(逆轉点, crossover)을 지나게 되면 채널코딩을 안하느니만 못하게 된다! 즉 비트 에러가 매우 심하게 발생하는 영역에서는 복호에러로 인해 오히려 더 많은 에러를 초래되기 때문이다. "채널코딩을 할 것인가 말 것인가"의 결론은 "상황을 잘 따져보고 해야 한다"임을 명심하도록 하자.

선형부호

제 28 강

선형대수를 이용한 절묘한 블록부호의 생성과 복호

28-1 개요

에러정정을 위해서는 부호어간 거리가 최대가 되도록 패리티비트를 부가해야 한다. 아울러 부호의 길이가 길어질 경우 체계적인 부호화 및 복호 알고리즘이 필요하며, 이를 위해서는 정교한 수학적 도구가 필요하다. 본서에서는 여기에 대한 이론적인 깊은 이야기는 생략하지만, 간편하면서도 절묘한 선형부호의 생성법과 복호법을 이끌어내는 수학의 위력을 소개한다.

28-2 부호를 어떻게 고를 것인가?

좋은 부호어를 고른다는 것은 부호어간 거리를 최대한 벌리는 것을 의미하는데, 부호어가 길어지면 도식적인 주먹구구로는 한계가 있으므로 "유한체(有限體, Finite Field)" 이론과 "선형대수학(linear algebra)"이라고 하는 수학체계를 사용한다. 간단히 말하자면 어떤 한정된 개수의 원소로 구성되는 집합 내에서 사칙연산을 정의하고, 이를 이용하여 체계적인 패리티비트 생성을 해내는 원리이다. 이 집합을 채널코딩에서는 "부호공간(code space)"이라 부른다.

부호공간이란 수많은 부호어 중에서 거리(distance)가 가장 큰 부호어를 고르기 위해 시각적으로 부호어를 표시하는 방법을 말한다. 여기서 부호공간을 "벡터공간(vector space)"으로 부르기도 하는데 이는 부호어를 n-차원공간의 좌표개념으로도 해석할 수 있기 때문이다. (이거 푸리에분석에서 들어본 이야긴데..) 따라서 "부호어(code word)"를 "부호벡터(code vector)"로 부르기도 한다. 부호공간과 채널코딩의 개념을 아래 예제에서 살펴보자.

예제 28-1

1. 조합가능한 모든 3비트 부호어의 집합은 $2^3=8$ 가지이다. 이를 부호공간에 그림으로 표시하시오.

| 풀이 | [그림28-1] (1)

- 정육면체의 꼭지점을 좌표(벡터)로 표시한 것이 부호어
- 3비트 부호어 = 3차원 벡터공간(3-dimensional vector space)

2. 8개의 부호어 중 (3,1)부호의 최적 부호어를 고르시오.

| 풀이 | [그림28-1] (2)

- k=1, 정보비트 0과 1에 대응하는 3비트 부호어 고르기
- 8개 부호어 집합 중 가장 거리가 많이 떨어진 2개 고르기
  → 원점의 "000" 과 그 3차원 대각선 방향의 "111"
- 고르고 보니 "3회 반복부호"!

3. 8개의 부호어 중 (3,2)부호의 최적부호어를 고르시오.

| 풀이 | [그림28-1] (3)

- k=2, 정보비트 "00, 01, 10, 11"에 대응하는 3비트 부호어 고르기
- 8개 부호어 집합 중 가장 거리가 많이 떨어진 4개 고르기
  → 원점의 "000" 기본 포함, 각 평면의 대각선 방향 3개
- 고르고 보니 "짝수패리티체크"!

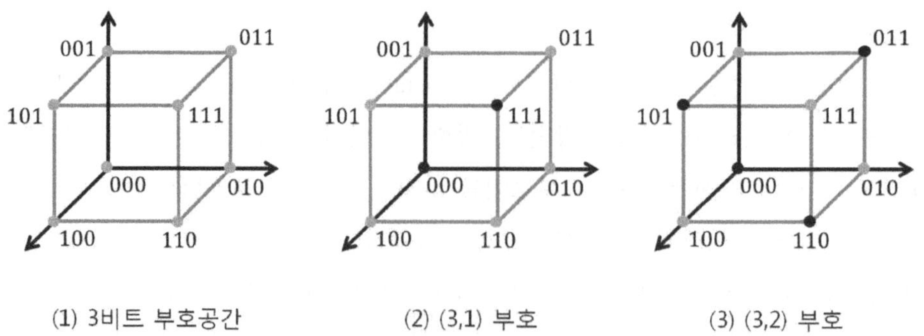

[그림 28-1] 3차원 공간의 부호어 표시

그렇다면 4비트 부호어로 이루어지는 4차원 벡터공간을 그림으로 그리면 같은 요령으로 기하학적으로 부호어를 고를 수 있을까? 유감스럽게도 인간의 공간 인지능력은 3차원까지다. 따라서 4차원이상 n차원공간에 대해서는 더 이상 기하학적 추론은 불가능하므로 선형대수학의 힘을 빌려야 한다. 일반적인 n차원 벡터공간의 한 점, 즉 n비트 부호어를 "n-tuple"이라 부르며, 2^n개 n-tuple 벡터의 총집합을 "n-차원 벡터공간(n-dimension vector space)" V_n이라 한다. 따라서 (n,k)부호의 부호화(encoding)란 n-차원 벡터공간의 모든 n-tuple 중 2^k개의 n-tuple을 고르는 것을 말하며, 이렇게 선발된 2^k개 부분집합을 "subspace V_k"라 한다. 부호화와 부호공간의 개념을 [그림28-2]에 보인다.

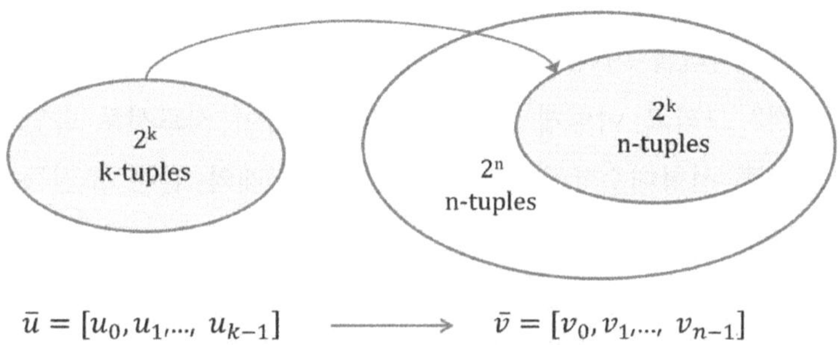

[그림 28-2] 부호화와 부호공간

다시 앞으로 돌아가서 벡터공간의 개념으로 (4,2)부호를 만들어보자. [그림27-5]에서 다루었던 이야기는 부호공간으로 표현하자면 2^4개 4-tuple 벡터의 총집합으로부터 2^2개 4-tuple 벡터를 선발하는 것이었다. 이 정도라면 주먹구구로도 4개를 뽑을 수 있겠지만, n과 k가 커지면 이렇게 하기가 점점 힘들어진다. 이제부터는 수학의 힘이 필요하다.

수학적 해결책은 다음과 같다. 그것은 "2^n개의 부호어 집합 중에서 k개의 벡터를 선발하고, 이들의 선형결합(linear combination)으로 2^k개의 부호어 집합, 즉 subspace V_k를 생성(生成, generation) 하는 것"이다. 이 대표벡터 k개를 "기저벡터(basis vector)"라 부르며, 선형결합으로 부호를 생성한다는 뜻에서 이렇게 만들어진 부호를 "선형부호(線形符號, linear codes)"라 한다. 그런데 이게 도대체 무슨 말인가?

여기서 벡터끼리의 선형결합이란 (식28-1)과 같은 "modulo-2" 연산법칙을 따른다. modulo-2 연산이란 원소가 딱 2개 있는 집합 {0,1} 내에서 사칙연산이 정의되고, 그 연산의 결과 또한 집합 {0,1} 내에 존재한다는 희한한 수학으로서, "갈로아필드(Galois

Field)" 혹은 "유한체(Finite Field)" 이론으로 알려져 있다. 보통 "mod-2", 또는 "GF(2)"로 표기되기도 하는 이 연산은 논리게이트 Exclusive-OR로 만들어져서 H/W로도 구현이 된다. 또한 modulo-2 연산은 디지털암호이론의 수학적 알고리즘으로도 요긴하게 쓰인다. 식에서 "1=-1"이라는 이상한 표기는 "1+1=0"에서 유도된 것으로 mod-2연산에서는 덧셈과 뺄셈이 동격이라는 뜻으로 쓰인다. 즉 "1-1=1+1=0", 나아가 "a+a=a-a=0"임을 기억해 두자.

$$0 \oplus 0 = 0, \quad 0 \oplus 1 = 1, \quad 1 \oplus 0 = 1, \quad 1 \oplus 1 = 0, \quad 1 = -1$$
$$ex)(1011)+(0101) = (1 \oplus 0, 0 \oplus 1, 1 \oplus 0, 1 \oplus 1) = (1110) \qquad \text{(식28-1)}$$

그러면 k개의 기저벡터를 이리저리 선형결합 하여 2^k개의 부호어(부호벡터)를 과연 만들어 낼 수 있을까? 그리고 이렇게 만들어낸 부호어들이 서로서로 쓸만한 거리를 두고 떨어져 있을까? 암튼 선형대수학에서는 기저벡터가 아래와 같은 조건들을 만족하면 이 일이 가능하다고 말한다.

1) 벡터공간 원점의 "all zero" 벡터는 항상 포함할 것.
2) subspace V_k 내에 있는 벡터끼리의 선형결합의 결과는 반드시 subspace V_k 내에 있을 것.
3) k개 기저벡터는 상관이 제로인 직교벡터(orthogonal vector) 관계일 것. 즉 "선형독립(linear independent)", 또는 "상호독립(mutually independent)"의 관계일 것.

이러한 수학적 정의는 매우 편리한 부호화(encoding)를 가능하게 해 준다. 즉 부호기(encoder)에 2^k개의 부호어를 다 저장해둘 필요 없이, k개의 기저벡터만 기억시켜 놓았다가 입력되는 정보비트 블록에 따라 그때그때 기저벡터를 선형결합 하여 부호어를 만들어내면 되는 것이다! 헷갈리는 수학 이야기를 이해하기 위해 구체적인 예로서 "(6,3) 선형부호"를 살펴보자. 선형부호의 조건에 따라 3개의 기저벡터를 고르고, 모든 경우의 수에 대한 선형결합을 하면 아래와 같이 $2^k=2^3=8$개의 부호어가 만들어질 것이다. 생성된 부호어의 집합은 [표28-1]과 같이 정리된다.

- 원점 "all zero"벡터 "000000" 기본 포함 → V_0

- 기저벡터 3개, 기저벡터는 스스로 부호어의 일부 → V_1, V_2, V_4
- 기저벡터 2개씩 선형결합, 경우의 수 $_3C_2$ → V_3, V_5, V_6
- 기저벡터 3개 선형결합, 경우의 수 $_3C_3$ → V_7

[표 28-1] (6,3)부호 만들기

message	code vector	name
0 0 0	0 0 0 0 0 0	V_0(origin)
1 0 0	1 1 0 1 0 0	V_1(basis 1)
0 1 0	0 1 1 0 1 0	V_2(basis 2)
1 1 0	1 0 1 1 1 0	$V_3=V_1+V_2$
0 0 1	1 0 1 0 0 1	V_4(basis 3)
1 0 1	0 1 1 1 0 1	$V_5=V_1+V_4$
0 1 1	1 1 0 0 1 1	$V_6=V_2+V_4$
1 1 1	0 0 0 1 1 1	$V_7=V_1+V_2+V_4$

다시 [표28-1]로 가보자. 부호어는 조직형부호로 만들어져 있다(좌측 3비트가 패리티 비트열, 우측 3비트가 정보비트열. 이하 정보비트열은 메시지라 칭한다). 즉 부호공간에서 부호어를 선택할 때 3비트의 메시지는 그 자리에 변함이 없도록 한다는 조건이 붙는 경우이다. 어떻든 표처럼 부호어(부호벡터)가 선택되는 배경에는 만만찮은 대수학적 뒷받침이 필요하다는 점만 알아두자. 한편 부호어는 직렬(bit serial)로 전송될 때 오른쪽 비트부터 빠져나가는 것으로 정의한다. 즉 3비트의 메시지가 먼저 나가고 이어서 3비트의 패리티가 줄지어 빠져 나간다.

그렇다면 (6,3)부호의 기저벡터(basis)는 어떻게 골라낸 것일까? 2^6개의 부호벡터 중 3개를 기저대역으로 선택하는 경우의 수는 여럿 있겠지만, 조직형부호라는 조건을 맞추기 위해서는 [표28-1]에 표시된 것처럼 V_1, V_2, V_4를 기저벡터로 찍어야 한다. 왜냐하면 이 3개의 벡터의 선형결합만이 나머지 4개의 조직형부호를 생성할 수 있기 때문이다. 실제로 선형결합 연산을 해보시라. 착착 맞아 떨어지는 조직형부호가 신기할 것이다. 그런데 좀 번거로워 보이는 이 선형결합 연산을 일목요연하게 수행하는 좋은 방법은 없을까? 이럴 때 적격인 도구가 바로 부호화과정을 행렬(matrix)로 표시하는 것이다.

(식28-2)는 기저벡터의 선형결합으로 부호어 V_3를 만들어 내는 과정을 행렬식으로 표시한 것이다. 행렬식에서 메시지 "110" 의 부호화란 다름 아닌 V_1과 V_2의 선택, 그리고

V_4의 포기를 의미하는 것이다. 즉 메시지의 비트 하나하나는 그 순서대로 기저벡터의 선택여부를 나타내는 것이다! 이렇게 기저벡터를 행렬로 표시한 것을 "생성행렬(generator matrix) G"라 부르는데, 조직형부호의 생성행렬은 (식28-3)과 같이 벡터의 오른편이 "단위행렬(identity matrix) I"로 구성된다. 따라서 메시지는 부호어의 앞 부분에 고스란히 복사되어 조직형부호가 된다.

$$\begin{aligned} \boldsymbol{V}_3 &= [1 \quad 1 \quad 0]\cdot\begin{bmatrix} 1 & 1 & 0 & 1 & 0 & 0 \\ 0 & 1 & 1 & 0 & 1 & 0 \\ 1 & 0 & 1 & 0 & 0 & 1 \end{bmatrix} = [1 \quad 1 \quad 0]\cdot\begin{bmatrix} \boldsymbol{V}_1 \\ \boldsymbol{V}_2 \\ \boldsymbol{V}_4 \end{bmatrix} = 1\cdot\boldsymbol{V}_1 + 1\cdot\boldsymbol{V}_2 + 0\cdot\boldsymbol{V}_4 \\ &= [(1\oplus 0) \quad (1\oplus 1) \quad (0\oplus 1) \quad (1\oplus 0) \quad (0\oplus 1) \quad (0\oplus 0)] = [1 \quad 0 \quad 1 \quad 1 \quad 1 \quad 0] \end{aligned} \quad \text{(식28-2)}$$

$$\boldsymbol{G} = \begin{bmatrix} \boldsymbol{V}_1 \\ \boldsymbol{V}_2 \\ \vdots \\ \boldsymbol{V}_k \end{bmatrix} = \begin{bmatrix} v_{11} & v_{12} & \cdots & v_{1n} \\ v_{21} & v_{22} & \cdots & v_{2n} \\ \vdots & \vdots & \cdots & \vdots \\ v_{k1} & v_{k2} & \cdots & v_{kn} \end{bmatrix} = \begin{bmatrix} p_{11} & p_{12} & \cdots & p_{1,(n-k)} & 1 & 0 & \cdots & 0 \\ p_{21} & p_{22} & \cdots & p_{2,(n-k)} & 0 & 1 & \cdots & 0 \\ \vdots & \vdots & \cdots & \vdots & \vdots & \vdots & \cdots & \vdots \\ p_{k1} & p_{k2} & \cdots & p_{k,(n-k)} & 0 & 0 & \cdots & 1 \end{bmatrix} = [\boldsymbol{P} \vdots \boldsymbol{I}_k] \quad \text{(식28-3)}$$

이제 일반적인 블록부호의 부호화과정을 행렬로 표시해보자. (식28-4)와 같이 부호어는 **u**로, 메세지는 **m**으로 표시한다. 조직형부호의 부호화 연산과정, 즉 패리티비트가 만들어지는 과정을 비트레벨로 완전히 풀어쓰면 (식28-5), (식28-6)과 같이 된다.

$$\begin{aligned} &\boldsymbol{u} = \boldsymbol{m}\cdot\boldsymbol{G} \\ &\boldsymbol{u} = m_1\boldsymbol{V}_1 + m_2\boldsymbol{V}_2 + \cdots + m_k\boldsymbol{V}_k \\ &\boldsymbol{m} = m_1, m_2, \cdots, m_k \end{aligned} \quad \text{(식28-4)}$$

$$\boldsymbol{u} = \boldsymbol{m}\cdot\boldsymbol{G} = [m_1 \quad m_2 \quad \cdots \quad m_k]\cdot\begin{bmatrix} p_{11} & p_{12} & \cdots & p_{1,(n-k)} & 1 & 0 & \cdots & 0 \\ p_{21} & p_{22} & \cdots & p_{2,(n-k)} & 0 & 1 & \cdots & 0 \\ \vdots & \vdots & \cdots & \vdots & \vdots & \vdots & \cdots & \vdots \\ p_{k1} & p_{k2} & \cdots & p_{k,(n-k)} & 0 & 0 & \cdots & 1 \end{bmatrix} \quad \text{(식28-5)}$$

$$\begin{aligned} &\boldsymbol{u} = (u_1, u_2, \cdots, u_n) = \underbrace{p_1, p_2, \cdots, p_{n-k}}_{parity\ bits}, \underbrace{m_1, m_2, \cdots, m_k}_{message\ bits} \\ &p_1 = m_1 p_{11} + m_2 p_{21} + \cdots + m_k p_{k1} \\ &p_2 = m_1 p_{12} + m_2 p_{22} + \cdots + m_k p_{k2} \\ &\quad\vdots \\ &p_{n-k} = m_1 p_{1,(n-k)} + m_2 p_{2,(n-k)} + \cdots + m_k p_{k,(n-k)} \end{aligned} \quad \text{(식28-6)}$$

28-3 채널코딩의 복호란 무엇인가?

이제부터 "수신어(received code word)"로부터 에러를 찾는 복호과정을 알아보자. 선형부호의 복호란 간단히 말하자면 "2^k개의 부호어 집합 속에서 수신어 **r**과 같거나 가장 비스무리한 부호어 **u**를 찾는 일"이다. 즉 수신어와 부호어 집합의 상관을 구하는 일인데 2진부호의 상관이란 바로 비트끼리의 비교를 뜻하고 이것은 mod-2연산을 말한다. (동일 비트끼리의 연산은 "0", 상이한 비트끼리의 연산은 "1"인 (식28-1) 참조) 그런데 그렇다고 해서 수신기의 메모리에 부호어의 집합을 몽땅 다 넣어두고 하나씩 비교하기는 너무 미련하지 않은가? 실제 복호는 아래와 같은 교묘한 절차로 수행된다.

1단계) 수신어의 메시지비트로부터 다시 패리티비트 생성, 즉 다시 부호화

2단계) 다시 생성된 패리티비트를 수신부호어의 패리티비트와 비교 (mod-2연산)

3단계) 이 과정을 n-k회 실시하여 얻은 n-k비트의 체크결과를 토대로 에러위치 추정 및 에러정정

수신어의 앞부분에 있는 메시지비트로부터 다시 패리티비트를 만들고, 이것을 수신된 패리티비트와 비교하는 이 과정을 통해, 수신어의 메시지비트에 에러가 생기든 패리티비트에 에러가 생기든 다 체크가 될 것이다. 아무튼 이 과정을 "패리티검사(parity-check)"라고 하며, 식으로 정리하면 (식28-7)과 같다.

$$
\begin{aligned}
&\boldsymbol{r} = p_1^r,\ p_2^r, \dots, p_{n-k}^r,\ m_1^r,\ m_2^r,\ \dots,\ m_k^r \\
&1st\ parity\ check: p_1^r + p_1' = p_1^r + (m_1^r p_{11} + m_2^r p_{21} + \dots + m_k^r p_{k1}) \\
&2nd\ parity\ check: p_2^r + p_2' = p_2^r + (m_1^r p_{12} + m_2^r p_{22} + \dots + m_k^r p_{k2}) \\
&\quad \vdots \\
&n-k\ parity\ check: p_{n-k}^r + p_{n-k}' = p_{n-k}^r + (m_1^r p_{1,n-k} + m_2^r p_{2,n-k} + \dots + m_k^r p_{k,n-k})
\end{aligned}
\qquad (식28\text{-}7)
$$

패리티검사의 결과인 n-k개 비트에 제로가 아닌 무언가 값이 나온다면 그것은 바로 에러의 증거가 될 것이고, 이 값은 에러의 위치를 찾아내는 근거로 쓰인다. 그래서 n-k개 비트로 이루어진 이 특정패턴을 "신드롬(syndrome)", 또는 "오증(誤症)"이라고 부르고 **s**로 표기하는데, 이는 "에러의 위치를 콕 찝어낼 수 있는 증세(症勢)"라는 의미로 쓰인 재미있는 표현이다. n-k개의 신드롬비트를 구하는 과정, 즉 패리티검사 과정을 행렬

로 표시하면 (식28-8)과 같이 산뜻하게 정리된다. 이 행렬을 "패리티검사행렬(parity-check matrix) H^T"라고 부르는데, 복호라는 것이 사실상 부호화를 다시 하는 것이므로 검사행렬 H^T는 다름 아닌 생성행렬 G를 전치(轉置, transpose)한 모양임을 알 수 있다.

$$\boldsymbol{s} = \boldsymbol{r} \cdot \boldsymbol{H}^T = \boldsymbol{r} \cdot \begin{bmatrix} \boldsymbol{I}_{n-k} \\ \boldsymbol{P} \end{bmatrix} = \begin{bmatrix} r_1 & r_2 & \cdots & r_n \end{bmatrix} \cdot \begin{bmatrix} 1 & 0 & \cdots & 0 \\ 0 & 1 & \cdots & 0 \\ \vdots & \vdots & \cdots & \vdots \\ 0 & 0 & \cdots & 1 \\ p_{11} & p_{12} & \cdots & p_{1(n-k)} \\ p_{21} & p_{22} & \cdots & p_{2,(n-k)} \\ \vdots & \vdots & \cdots & \vdots \\ p_{k1} & p_{k2} & \cdots & p_{k,(n-k)} \end{bmatrix}$$

(식28-8)

이제 신드롬과 에러위치의 관계를 알아보자. 부호어에서 에러가 발생한 위치를 표시하는 식을 "에러패턴(error pattern) **e**"라고 하는데, 부호어 **u**, 수신어 **r**, 에러패턴 **e**, 그리고 신드롬 **s**는 (식28-9)의 관계를 가진다. 이 식은 매우 흥미로운 결과를 보여주고 있다. 부호어 **u** 자체를 패리티검사 하면 신드롬 **s**는 당연히 제로가 된다. 즉 "$G \cdot H^T=0$"이며(직접 해보시라), 이때 G와 H^T를 "null space"관계라 한다. 따라서 신드롬 **s**란 분명히 수신어 **r**을 패리티검사해서 얻는 것이지만, 이것은 또한 에러패턴 **e**를 패리티검사 한 결과이기도 한 것이다.

무슨 뜻인지 이해가 가는가? "신드롬 **s**는 수신어 **r**이 아닌 에러패턴 **e**의 유형에 따라서만 고유한 형태로 구해지는 것이다." 즉 신드롬의 경우의 수가 2^{n-k} 이므로 이 값만큼의 에러패턴과 신드롬은 1:1 대응이 가능하다! 우리가 수신어 내부에 숨어있는 에러패턴을 알아 볼 도리는 없지만, 신드롬으로부터 이에 해당하는 에러패턴을 파악하여 에러비트의 위치를 콕 찝어낼 수 있는 것이다! (식28-9)에 보이듯 수신어의 에러를 정정하여 원래의 부호어로 만드는 과정은 "**u=r-e**"로 표현되는데 mod-2연산이므로 "**u=r+e**"로 계산된다.

$$\begin{aligned} &\boldsymbol{r} = \boldsymbol{u} + \boldsymbol{e} \\ &\boldsymbol{s} = \boldsymbol{r} \cdot \boldsymbol{H}^T = \boldsymbol{u} \cdot \boldsymbol{H}^T + \boldsymbol{e} \cdot \boldsymbol{H}^T = \boldsymbol{m} \cdot \boldsymbol{G} \cdot \boldsymbol{H}^T + \boldsymbol{e} \cdot \boldsymbol{H}^T = \boldsymbol{e} \cdot \boldsymbol{H}^T \\ &\textit{error correction}: \boldsymbol{u} = \boldsymbol{r} - \boldsymbol{e} = \boldsymbol{r} + \boldsymbol{e} \end{aligned}$$

(식28-9)

(6,3)선형부호를 예로 들어 에러정정과정을 살펴보자. 부호어 "101110"이 전송되고 전송순서상 제일 마지막 비트에 에러가 발생했다고 하자. 이 경우 에러패턴은 "100000"이므로 신드롬은 (식28-10)에 따라 계산되며, 수신어로 계산한 신드롬과 에러패턴으로 계산한 신드롬이 정확히 일치함을 알 수 있다. 또한 어떤 부호어든 "100000"의 에러패턴이 부가된다면 동일한 신드롬 "100"이 나온다는 것도 쉽게 이해될 것이다. 에러패턴과 신드롬의 1:1 대응관계를 [표28-2]에 정리하였다. 이로써 (6,3)부호는 6비트의 부호어에 생기는 모든 1비트에러와 1개의 2에러를 정정할 수 있는 능력이 있음을 알 수 있다.

$$\boldsymbol{u} = [1 \quad 0 \quad 1 \quad 1 \quad 1 \quad 0]$$
$$\boldsymbol{e} = [1 \quad 0 \quad 0 \quad 0 \quad 0 \quad 0]$$
$$\boldsymbol{r} = \boldsymbol{u} + \boldsymbol{e} = [0 \quad 0 \quad 1 \quad 1 \quad 1 \quad 0]$$
$$\boldsymbol{s} = \boldsymbol{r} \cdot \boldsymbol{H}^T = [0 \quad 0 \quad 1 \quad 1 \quad 1 \quad 0] \cdot \begin{bmatrix} 1 & 0 & 0 \\ 0 & 1 & 0 \\ 0 & 0 & 1 \\ 1 & 1 & 0 \\ 0 & 1 & 1 \\ 1 & 0 & 1 \end{bmatrix} = [1 \quad 0 \quad 0]$$
$$\boldsymbol{s} = \boldsymbol{e} \cdot \boldsymbol{H}^T = [1 \quad 0 \quad 0 \quad 0 \quad 0 \quad 0] \cdot \begin{bmatrix} 1 & 0 & 0 \\ 0 & 1 & 0 \\ 0 & 0 & 1 \\ 1 & 1 & 0 \\ 0 & 1 & 1 \\ 1 & 0 & 1 \end{bmatrix} = [1 \quad 0 \quad 0] \qquad \text{(식28-10)}$$

[표 28-2] (6,3)부호의 신드롬과 에러패턴

syndrome	error pattern
0 0 0	0 0 0 0 0 0
1 0 1	0 0 0 0 0 1
0 1 1	0 0 0 0 1 0
1 1 0	0 0 0 1 0 0
0 0 1	0 0 1 0 0 0
0 1 0	0 1 0 0 0 0
1 0 0	1 0 0 0 0 0
1 1 1	0 1 0 0 0 1

지금까지 살펴 본 (6,3)부호는 심플한 선형부호의 예로 써먹었지만 실제로 쓰이는 부호는 아니다. 게다가 모든 1비트에러는 다 정정이 가능한데 2비트에러는 한가지 패턴만 정정이 가능하므로 공식적인 에러정정능력은 1비트라고밖에는 할 수 없는 뭔가 깔끔하지 못한 면이 있다. 1비트에러든, 복수비트에러든 정정이 가능한 에러의 개수를 딱 잘라서 구분할 수 있는 부호를 "완전부호(perfect codes)"라 부른다. 최초의 실용적인 완전부호의 예로서 1비트에러 정정용 "해밍부호(Hamming Codes)"가 있다. (7,4) 해밍부호의 제원은 아래와 같고, 그 생성행렬 G는 (식28-11)과 같다. 범상치 않은 수학적 형태로 볼 때, 완전부호라는 것이 그리 호락호락 만들어지는 것이 아님을 느끼게 한다.

1) 부호 길이: $n=2^m-1$ (m: 3,4,...)
2) 메시지비트 수: $k=2^m-m-1$
3) 패리티비트 수: $n-k=m$
4) 에러정정능력: $t=1$

Generator matrix of (7,4) Hamming Codes

$$\boldsymbol{G} = \begin{bmatrix} 1\ 1\ 0\ 1\ 0\ 0\ 0 \\ 0\ 1\ 1\ 0\ 1\ 0\ 0 \\ 1\ 1\ 1\ 0\ 0\ 1\ 0 \\ 1\ 0\ 1\ 0\ 0\ 0\ 1 \end{bmatrix} \qquad \text{(식28-11)}$$

28-4 해밍거리와 해밍무게

채널코딩의 성능평가에 쓰이는 용어 두 개를 살펴보자. 아래의 두 용어는 채널코딩 연구의 선구자인 해밍(Hamming)의 이름을 따온 명칭이다.

1. 해밍무게(Hamming Weight) W_H : 부호어 중에 있는 비트 1의 총 개수
   예) **u**="100101101" → $W_H=5$
2. 해밍거리(Hamming Distance) $d_H(\mathbf{u},\mathbf{v})$: 두 부호어를 비교하여 상이한 비트 개수
   예) **u**="100101101", **v**="011110100" → $d_H(\mathbf{u},\mathbf{v})=6$

재미있는 것은 두 부호를 더하여(선형결합 하여) 해밍무게를 계산하면, 그것은 바로 두 부호의 해밍거리와 일치한다는 것이다.

$\mathbf{u+v}$ = "111011001" → $W_H(\mathbf{u+v}) = d_H(\mathbf{u,v})$

이는 선형부호에서 어떤 두 부호어의 합 역시 그 선형부호 집합 내의 부호어이기 때문이다. 따라서 부호어사이의 거리를 따지는 것은 바로 각 부호어의 무게를 따지는 것과 동일한 의미를 가지게 된다. 이러한 관계는 어디에 쓰일까?

부호공간에서는 부호어간의 거리가 멀수록, 그리고 균일할수록 에러정정능력이 커진다. 그런데 선형부호의 조건들을 만족하면서 부호어간 거리가 완벽하게 균일하도록 만들기는 사실상 불가능하며, 만들다보면 [그림28-3]에서와 같이 유난히 거리가 가까운 부호어쌍이 있게 마련인데 이를 "최소거리(minimum distance, d_{min})"라고 한다. 결국 이 최소거리에 관계된 두 부호어는 이 부호어 집합에서 에러에 제일 취약한 쌍이 될 것이고, 이 쌍의 에러정정능력이 그 부호의 최소보장성능이 된다. 즉 좋은 부호란 무엇보다도 이 최소거리가 되도록 커야 하는 것이다.

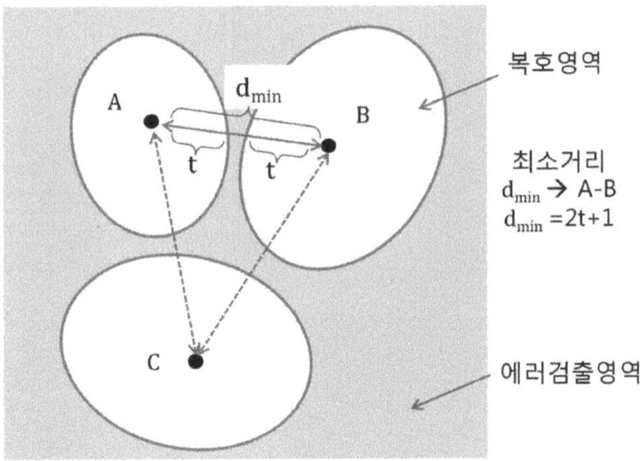

[그림 28-3] 부호공간상 최소거리와 에러정정능력의 관계

따라서 어떤 부호의 에러정정능력, 즉 성능을 알기 위해서는 그 부호의 최소거리를 알아내야 하는데, 그러기 위해서는 전체 부호어쌍의 모든 경우의 수에 대하여 해밍거리를 하나하나 계산해야하는 엄청난 일을 해야 한다. 하지만 걱정 마시라. 그 대신 각 부호어

의 해밍무게만 조사하면 이 일은 훨씬 간편하게 해낼 수 있다. 이 부호성능분석 작업을 "해밍무게분포(weight distribution)" 검사라고 한다.

최소거리와 에러정정능력은 (식28-12)의 관계를 갖는다. 식에서 에러정정능력 t는 정수이므로 t의 연산결과는 소수점 이하를 버리고 사용한다.

$$d_{min} = 2t + 1, \quad t = \left\lfloor \frac{d_{min} - 1}{2} \right\rfloor \tag{식28-12}$$

선형순회부호와 부호기 제29강

곱셈과 나눗셈을 해내는 전자회로를 만들 수 있다!

29-1 개요

생성행렬에 의한 선형부호의 생성을 하드웨어로 구현하려면 어떻게 해야 할까? 통상적인 직렬통신(serial communication)에서 순차적으로 입력되는 메시지비트로부터 순차적으로 패리티비트를 생성해내려면 어떻게 해야 할까? 여기에 필요한 선형부호의 조건과 특성을 알아보고 이로부터 부호기를 구성해본다. 또한 이로부터 파생된 CRC, PN부호 및 다중에러정정부호에 대해서도 개략적으로 살펴본다. 상당히 생소한 수학적 표현들이 난해해 보이기도 하겠지만, 수학 자체에 함몰되지 말고 개괄적으로 훑고 지나가면서, 이런 수단을 통하여 채널코딩이 전자회로로 구현되어가는 쏠쏠한 재미를 느껴보기 바란다.

29-2 선형부호의 하드웨어구현과 순회부호

선형부호의 구현은 생성행렬 G를 이용하여 병렬로 처리할 수도 있지만, 통신신호처리의 기본은 "직렬비트(bit-serial)" 입출력이므로 비트를 하나씩 순차적으로 처리하여야만 한다. 또한 고속신호처리 및 집적회로화를 위해서는 하드웨어화를 염두에 둔 부호화 및 복호방법이 필요하다. 따라서 메시지비트가 차례로 흘러가면서 패리티비트가 하나씩 생성되게 하려면 기본적으로 1비트 메모리소자인 플립플롭(F/F)을 배열한 "쉬프트레지스터(shift register)"가 주축이 되는 하드웨어를 만들어야 할 것이다. 여기에는 어떤 수학적 배경이 필요할까?

클럭마다 쉬프트하여 우측으로 빠져나가 버리는 메시지비트들을 계속 이용하려면 이들을 좌측으로 귀환(feedback)시켜 빈 쉬프트레지스터에 다시 입력시키면 된다. 이 수법을 "순회치환(cyclic shift)"이라 하며, 이렇게 피드백이 들어가는 쉬프트레지스터 구성을 "feedback shift register (FSR)" 회로라 부른다. FSR 기반의 부호기로 만들어지는 부호는 당연히 선형부호이기도 하지만 "순회치환 하여도 역시 부호어"라는 조건이 반드시 붙어야 한다. 이런 연유로 인하여 FSR 기반의 부호기로 만들어지는 부호를 "순회부호(Cyclic Codes)"라 부른다.

직렬비트입출력과 FSR기반 회로의 동작을 전제로 할 때 비트의 위치를 표시할 가장 좋은 수학적 수단은 무엇일까? 행렬식에서 사용하였던 벡터표현으로는 순회되는 비트의 전후순서를 표현할 길이 없다. 비트의 값과 위치를 동시에 표시할 길은 바로 "다항식표현(polynomial representation)"을 사용하는 것이다. 다항식은 올림차순으로 하든 내림차순으로 하든 상관없으나, 여기서는 올림차순 정리방식을 채용한다. 즉 최고차항에 배치되는 최우측(最右側) 비트를 MSB(Most Significant Bit)로 취급한다는 뜻이다. 이렇게 하면 n-tuple의 부호벡터 **u**는 (식29-1)과 같이 n-1차의 다항식 u(x)로 표시되는데, 이를 "부호다항식(code word polynomial)"이라 부른다. (식28-5)의 벡터표현이 비트순서를 1부터 n까지로 표시하는데 반해 다항식표현은 0차부터 n-1차까지로 표기함에 주의하자.

$$\mathbf{u} = (u_0, u_1, u_2, \cdots, u_{n-2}, u_{n-1})$$
$$u(x) = u_0 + u_1x + u_2x^2 + \cdots + u_{n-2}x^{n-2} + u_{n-1}x^{n-1} \qquad \text{(식29-1)}$$

부호어의 벡터표현을 다항식표현으로 바꾸었듯이 메시지비트와 생성행렬도 (식29-2)와 같이 다항식형태로 바꾸어야 할 것이다. 각각을 "메시지다항식(message polynominal)" m(x), "생성다항식(generator polynomial)" g(x)라 부른다. 그렇다면 부호화는? 역시 "행렬식의 곱"이 아닌 "다항식의 곱" 형태가 될 것이다. 메시지는 k비트이므로 m(x)는 k-1차식이 될 것이고, u(x)는 n-1차식이므로 g(x)는 당연히 n-k차식이 되어야 할 것이다.

$$m(x) = m_0 + m_1x + m_2x^2 + \cdots + m_{k-1}x^{k-1}$$
$$g(x) = g_0 + g_1x + g_2x^2 + \cdots + g_{n-k-1}x^{n-k-1} + g_{n-k}x^{n-k}$$
$$u(x) = m(x)\cdot g(x) = \left(m_0 + m_1x + m_2x^2 + \cdots + m_{k-1}x^{k-1}\right)\cdot g(x) \qquad \text{(식29-2)}$$

생성행렬 G와 생성다항식 g(x)는 표현 형태만 다를 뿐, 둘 다 동일한 부호어를 만들어 낸다는 사실은 틀림없을 것이다. 여러분은 조직형 선형부호의 G를 만들기 위해 기저벡터를 고르던 과정을 기억할 것이다. 이 과정을 다항식으로 유도할 수 있을까? 선형대

수학의 결론은 아래와 같은 조건을 만족하면 된다는 것이다.

1) 선형부호의 조건 1 : "g(x)는 x^n+1의 인수이어야 한다."
   → g(x)는 x^n+1의 인수분해(당연히 mod-2 연산) 결과로 얻어진다.
2) 선형부호의 조건 2 : "u(x)는 반드시 g(x)로 나누어져야 한다."
   → 나머지가 있어서는 안 된다.

g(x) 구하기의 예로서 다항식 "x^7+1"에 대하여 살펴본다. x^7+1을 인수분해하면(당연히 mod-2연산) (식29-3)과 같이 두 개의 다항식으로 분리되는데, 각 다항식은 고유의 부호어를 생성해 낼 수 있다. 즉 첫째항 "1+x+x^3"은 n=7, n-k=3이므로 "(7,4)부호"의 g(x)가 되고, 둘째항 "1+x+x^2+x^4"은 n=7, n-k=4이므로 "(7,3)부호"의 g(x)가 된다.

$$x^7+1=\left(1+x+x^3\right)\cdot\left(1+x+x^2+x^4\right) \qquad \text{(식29-3)}$$

한편 생성다항식 g(x)는 재미있는 특성을 하나 가지고 있다. 만약 g(x)의 최저차항이 영이라면 g(x)가 x^n+1을 인수분해한 결과라는 사실에 위배되므로 최저차항 g_0는 반드시 1이어야 한다. 한편 g(x)의 최고차항 g_{n-k}가 영이라면 이 또한 x^n+1의 최고차항 x^n항의 계수가 영이라는 이야기가 되므로 선형부호 조건에 위배된다. 따라서 "g(x)는 g_0와 g_{n-k}가 반드시 1인 n-k차다항식"이다. 이러한 다항식을 "모닉다항식(monic polynomial)"이라 한다.

이제 복호과정의 다항식표현을 알아보자. 수신부호어의 다항식표현을 "수신어다항식(received word polynomial)" r(x), 에러패턴의 다항식표현을 "에러다항식(error polynomial)" e(x)라 하면 r(x)와 관련되는 수식들은 (식29-4)와 같이 정리된다. 앞에서 살펴보았듯이 채널코딩의 복호란 수신어로부터 신드롬을 계산하고 이에 대응하는 에러패턴을 찾는 일이다. 다항식 표현에서 신드롬이란 어떤 것일까? 일단 (식29-4)에서 r(x)를 g(x)로 한번 나누어 보자. 이 연산은 우변의 첫째항이 g(x)로 나누어 떨어지므로 결국 e(x)를 g(x)로 나누는 것과 동격이다. 뭔가 감이 잡히는가?

$$r(x)=u(x)+e(x)=m(x)g(x)+e(x) \qquad \text{(식29-4)}$$

당연히 e(x)는 g(x)로 나누어지지 않으므로 (식29-5)와 같이 뭔가 나머지가 남게 되는데, 그러고 보니 이 나머지가 바로 e(x)와 대응되는 무언가 에러의 증상, 즉 신드롬 아니겠는가! g(x)가 n-k차식이므로 나눗셈이 나머지는 n-k-1차식이 되는데, 이것을 벡터로 표시하면 n-k비트가 된다. 즉 행렬식을 사용하는 패리티검사로 구한 신드롬과 동일한 결과를 다항식 연산으로도 얻을 수 있는 것이다. (식29-5)의 나머지를 "신드롬다항식(syndrome polynomial)" s(x)로 표기한다.

$$r(x) = q(x)g(x) + s(x) \qquad \text{(식29-5)}$$

29-3 해밍부호와 최대장부호

앞 절에서 살펴본 선형부호 및 순회부호의 조건을 모두 만족하는 부호는 발견해내기가 그리 만만치 않으리라는 느낌이 오지 않는가? 즉 임의의 (n,k)부호를 마음대로 만들어 낼 수 없다는 뜻이다. 1에러정정용 블록부호의 대표주자인 해밍부호를 예로 들어보자. (식29-3)의 예와 같은 x^n+1의 인수분해는 n이 2^m-1, 즉 n=7, 15, 31,...일 때만 가능하다. 인수분해결과 두 종류의 부호가 만들어지는데, "(2^m-1, 2^m-1-m)부호"와 "(2^m-1, m)"부호이다. 이 둘은 서로 특별한 관계를 가진다는 뜻에서 "쌍대부호(dual codes)"라 부른다. 두 부호의 관계를 [표29-1]에 비교정리한다.

[표 29-1] 해밍부호와 최대장부호의 비교

polynomial	Hammingcodes	Maximal Length Codes
x^7+1	(7, 4)	(7, 3)
$x^{15}+1$	(15, 11)	(15, 4)
$x^{31}+1$	(31, 26)	(31, 5)
.	.	.
.	.	.
$x^{1023}+1$	(1023, 1013)	(1023, 10) 헐...
.	.	.
.	.	.
	(2^m-1, 2^m-1-m)	(2^m-1, m)

두 개의 부호 중에서 메시지비트와 패리티비트의 비율이 적절한 "(2^m-1, 2^m-1-m)"부호가 널리 쓰이는데, 이 부호를 발견한 사람의 이름을 따서 "해밍부호(Hamming Codes)"라 부른다. 그런데 또 하나의 부호 "(2^m-1, m)부호"는 m 비트의 메시지에 대하여 2^m-1-m 비트라는 매우 긴 패리티비트를 내는데, 이거 에러정정용으로 보기에는 도무지 어울리지 않는다. 그러나 관점을 돌려보면, 정연한 선형부호의 논리에 따라 만들어내는 2^m-1-m 길이의 패리티비트는 훌륭한 "난수계열(random sequence)"이 된다! 에러정정과는 동떨어진 이야기지만, "(2^m-1, m)부호"는 효율적인 "난수발생기(random number generator)"로서 매우 요긴하게 쓰이고 있으며, 이 부호를 "최대장부호(maximal length codes)"라 부른다.

이제 마지막으로 남은 과제는 선형순회부호를 조직형부호로 만드는 것이다. 그러고 보니 (식29-2)에 정의된 부호어 u(x)는 m(x)와 g(x)의 단순한 곱으로서 메시지비트가 마구잡이로 섞이므로 조직형부호로 될 턱이 없다. 어떤 꼼수를 쓰면 메시지비트들이 제일 오른쪽에 배치되는 조직형부호가 만들어질까? 아래와 같이 생각해보자.

1) 기본적으로 m(x)는 u(x)의 최우측에 배치되어야
   → k-1차식인 m(x)의 최고차항을 n-1차로 만들어야
   → m(x)에 x^{n-k}을 곱하자. (식29-6)
2) 패리티다항식 p(x) 만들어 u(x)의 0차~n-k-1차항 채우기
   → 패리티비트는 n-k개 이므로 p(x)는 n-k-1차식
   → n-1차식인 x^{n-k}m(x)를 n-k차식인 g(x)로 나누고 그 나머지(remainder)를 구하면 n-k-1차식
   → p(x)네! (식29-7)

$$m(x) = m_0 + m_1 x + m_2 x^2 + \cdots + u_{k-1} x^{k-1}$$
$$x^{n-k} m(x) = m_0 x^{n-k} + m_1 x^{n-k+1} + \cdots + m_{k-1} x^{n-1} \quad \text{(식29-6)}$$

$$x^{n-k} m(x) = q(x) g(x) + p(x)$$
$$p(x) = p_0 + p_1 x + p_2 x^2 + \cdots + p_{n-k-1} x^{n-k-1} \quad \text{(식29-7)}$$

이 방법은 언뜻 보기에 주먹구구 같지만 정교한 대수학적 논거로 얻은 결과이다. 위에

서 얻은 식을 (식29-8)과 같이 정리하면 딱 맞아떨어지는 조직형 선형순회부호어를 얻을 수 있다. 아래의 예를 보면서 이야기를 정리해보자.

$$\begin{aligned} u(x) &= p(x) + x^{n-k}m(x) \\ &= p_0 + p_1x + p_2x^2 + \cdots + p_{n-k-1}x^{n-k-1} \quad \rightarrow parity \\ &+ m_0x^{n-k} + m_1x^{n-k+1} + m_2x^{n-k+2} + \cdots + m_{k-1}x^{n-1} \quad \rightarrow message \end{aligned} \tag{식29-8}$$

예제 29-1 메시지 "1011"을 조직형 (7,4)해밍부호로 부호화 하시오.

| 풀이 |

$g(x) = 1 + x + x^3$

$m(x) = 1 + x^2 + x^3, \quad n = 7, \quad k = 4, \quad n-k = 3$

$x^{n-k}m(x) = x^3\left(1 + x^2 + x^3\right) = x^3 + x^5 + x^6$

$$\begin{array}{r}
x^3 + x^2 + x + 1 \\
x^3 + x + 1 \,\big)\, \overline{x^6 + x^5 \qquad + x^3} \\
\underline{x^6 \qquad + x^4 + x^3} \\
x^5 + x^4 \qquad\qquad \\
\underline{x^5 \qquad + x^3 + x^2} \\
x^4 + x^3 + x^2 \\
\underline{x^4 \qquad + x^2 + x} \\
x^3 \qquad + x \\
\underline{x^3 \qquad + x + 1} \\
1
\end{array}$$

$$x^{n-k}m(x)/g(x) = \underbrace{\left(1 + x + x^2 + x^3\right)}_{quotient\ q(x)} \underbrace{\left(1 + x + x^3\right)}_{generator\ g(x)} + \underbrace{1}_{remainder\ p(x)} \tag{식29-9}$$

$u(x) = p(x) + x^3m(x) = 1 + x^3 + x^5 + x^6$

$\mathbf{u} = \left(1 \quad 0 \quad 0 \quad 1 \quad 0 \quad 1 \quad 1\right)$

| 해설 |

일반적으로 부호기에서 비트의 진행방향은 좌에서 우로 설정된다. 따라서 최우측 비트

를 최고차항으로 간주한다는 입장에서 모든 다항식의 표기는 올림차순으로 정리한다. 하지만 풀이에서 보이듯 실제 mod-2 나눗셈 연산을 위해서는 내림차순으로 재배열 하여야 한다. 이 과정이 번거롭다고 여겨 다항식 표현들을 아예 내림차순으로 정의하여 기술한 문헌도 다수 있다. mod-2연산에서 +1=-1이므로 나눗셈 연산에서 마이너스부호는 보이지 않는 점이 재미있다.

한편 다항식으로 조직형부호를 만드는 법을 이용하면 생성다항식 g(x)로부터 생성행렬 G를 구할 수 있다. 하긴 생성행렬 G와 생성다항식 g(x)는 사실상 같은 역할을 하므로, 하나를 알면 다른 하나도 당연히 유도할 수 있을 것이다. 요령은 간단하다. 조직형부호의 생성행렬은 오른쪽이 단위행렬이 되어야 하므로, 단위행렬에 해당하는 메시지비트를 메시지다항식 m(x)로 놓고 예제29-1)의 요령으로 각각을 조직형부호로 만들면 그것이 바로 기저벡터가 된다. [표29-2]에 (7,4) 해밍부호의 예를 보인다.

[표 29-2] (7,4) 해밍부호의 생성행렬 구하기

message	m(x)	x3m(x)	p(x)	u(x)	G
1 0 0 0	1	x^3	$1+x$	$1+x+x^3$	1 1 0 1 0 0 0
0 1 0 0	x	x^4	$x+x^2$	$x+x^2+x^4$	0 1 1 0 1 0 0
0 0 1 0	x^2	x^5	$1+x+x^2$	$1+x+x^2+x^5$	1 1 1 0 0 1 0
0 0 0 1	x^3	x^6	$1+x^2$	$1+x^2+x^6$	1 0 1 0 0 0 1

29-4 조직형 순회부호와 부호기

조직형부호를 만드는 부호기를 하드웨어로 구현하자면 위에서 살펴 본대로 "곱하기와 나누기를 수행하는 전자회로"를 만들어야 한다. 이 회로는 n-k개의 패리티비트를 계산하기 위한 것이므로 n-k개의 쉬프트레지스터를 배열한다. 다항식에 x를 곱하여 차수를 하나 올리는 과정은 쉬프트레지스터에서 보면 비트를 우측으로 한 칸 쉬프트 시키는 것과 동일하다. 따라서 m(x)에 x^{n-k}를 곱하는 과정은 n-k개 쉬프트레지스터배열 제일 오른쪽에서 비트를 입력시키면 해결된다. 다음으로 $x^{n-k}m(x)$를 $g(x)$로 나누는 과정은 [그림29-1]과 같이 부호기에 귀환선(feedback line)을 배치함으로서 구현한다. 귀환선의 연결여부는 $g(x)$의 계수에 따른다(1:연결, 0:단절). 이 부호기는 n-k개의 쉬프트레지스터로 구성된다는 의미에서 "n-k단부호기(n-k stage encoder)"라 부른다. 부호기의 동작과정은 아래와 같다.

1단계) 메시지비트를 차례로 입력시켜 패리티비트를 생성하는 동시에 채널로 출력
- 스위치1 on, 스위치2 down
- 입력비트는 k번의 클럭 동안 피드백을 통해 나눗셈 수행
- k번의 클럭 후 쉬프트레지스터에 남은 비트가 나눗셈의 나머지, 즉 패리티비트

2단계) 생성이 끝난 패리티비트를 메시지비트에 이어서 채널로 출력
- 스위치1 off, 스위치2 up
- 쉬프트레지스터에 저장된 n-k개 패리티비트를 차례대로 출력

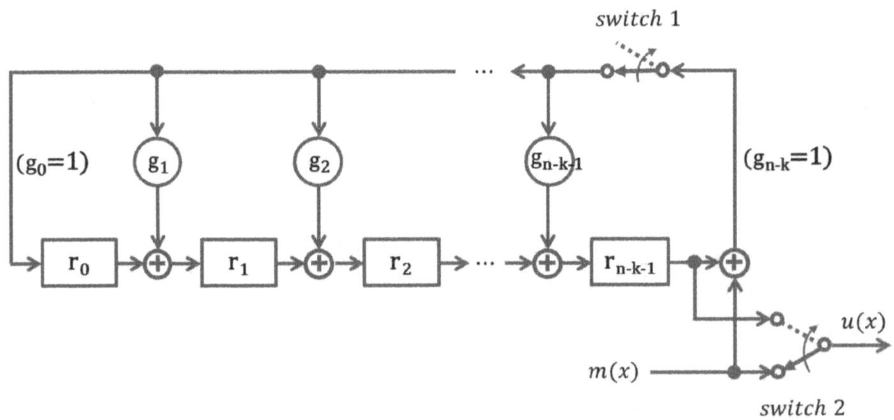

[그림 29-1] n-k단 조직형 순회부호기

예제 29-2 (7,4)해밍부호의 n-k단 조직형 순회부호기로 메시지 "1011"을 부호화 하는 과정을 보이시오.

| 풀이 |

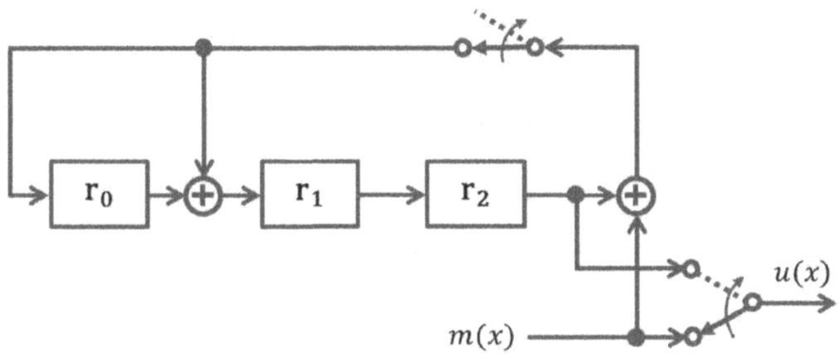

[그림 29-2] (7,4)해밍부호의 3단 조직형 순회부호기

[표 29-3] (7,4)해밍부호의 부호화 과정

clock	Input queue	r'_0 = input + r_2	r'_1= input + r_2 + r_0	r'_2 = r_1	output
0	1 0 1 1	0	0	0	
1	1 0 1	1+0 = 1	1+0+0 = 1	0	1
2	1 0	1+0 = 1	1+0+1 = 0	1	1
3	1	0+1 = 1	0+1+1 = 0	0	0
4	-	1+0 = 1	1+0+1 = 0	0	1
5		-	1	0	0
6		-	-	1	0
7		-	-	-	1

| 해설 |

[표 29-3] 읽는 법.

4번의 클럭 동안은 1단계의 패리티비트 생성과 메시지비트 출력이 동시에 진행된다. 클럭에 맞추어 현재 상태 r이 우측으로 쉬프트 되어나가고 나면, 새로 갱신되는 비트 r'가 입력된다. 4회의 클럭이 가해지고 나면 쉬프트레지스터에 3개의 패리티비트가 생성완료 되고, 이후 3회의 클럭 동안 2단계 패리티비트 출력이 진행된다.

29-5 또 하나의 순회부호기와 그 응용

생성다항식 g(x)를 이용하는 n-k단 부호기를 앞에서 알아보았다. 그런데 자신과 쌍대부호(dual codes) 관계에 있는 부호의 생성다항식(구분을 위해 h(x)로 표기)으로도 부호기를 구성할 수 있지 않을까? 왜냐하면 g(x)와 h(x)는 원래 x^n+1을 인수분해 해서 얻은 한 몸이기 때문이다. (식29-10)은 (7,4)해밍부호에서 g(x)와 h(x)의 관계를 보이고 있다. 훌륭하게 작동하는 부호기가 있는데 또 다른 부호기가 무슨 소용이냐고 하겠지만, h(x)를 이용한 부호기 또한 매우 요긴하게 쓰일 데가 있다.

$$x^7+1=\left(1+x+x^3\right)\cdot\left(1+x+x^2+x^4\right)=g(x)\cdot h(x) \quad \text{(식29-10)}$$

h(x)로 만드는 부호기의 특징은 k개의 쉬프트레지스터를 사용하는 "k단 부호기(k-stage encoder)"라는 점이다. 따라서 (n,k)부호에서 k가 n-x보다 적은 경우라면 n-k단 부호기보다 k단 부호기가 보다 심플하여 구현하기에 유리하다. 흠.. 대개의 에러정정부호라면 패리티비트가 메시지비트보다 적으므로 n-k가 k보다 커질 일은 없는데.. 그렇지만 "최대장부호"가 있다! 이놈은 에러정정용이 아닌 난수발생용으로 쓴다고 했다. 패리티가 메시지보다 압도적으로 긴 최대장부호의 부호기는 당연히 k단 부호기가 절대적으로 유리한 것이다! (1023,10) 최대장부호의 부호기를 n-k단 부호기로 구현한다고 생각해보라. k단 조직형 순회부호기의 구성을 [그림29-3]에 보인다. k단 부호기의 동작과정은 아래와 같다.

1단계) 메시지비트를 차례로 입력시키는 동시에 채널로 출력함

- 스위치1 on, 스위치2 off
- 패리티비트 발생을 위한 연산 없이 단순히 정보비트만 순차입력 됨

2단계) 패리티비트가 하나씩 만들어지는 즉시 채널로 출력 됨

- 스위치1 off, 스위치2 on
- 1단계로 입력된 메시지비트로 패리티비트 생성시작
- 패리티비트는 생성과 동시에 출력 됨

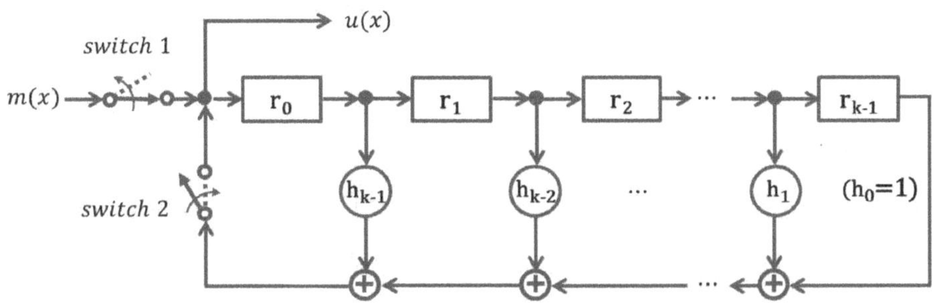

[그림 29-3] k단 조직형 순회부호기

k단 부호기로 생성되는 최대장부호는 통신에서 "PN코드"라는 이름으로 요긴하게 쓰인다. PN은 "Pseudo Noise(의사잡음)"의 약자로서, 의미 없는 난수의 나열이 잡음 비슷하다고 해서 붙인 이름이다. 긴 비트열이란 뜻에서 "M계열(M-sequence)"이라 부르기도 한다. PN부호의 특징을 정리하면 아래와 같다.

1) m개의 메시지비트의 입력으로 길이가 $2^m - 1$ 비트이고, 0과 1이 반반씩 섞인 이진 난수 발생. 부호기의 초기값이 되는 m비트를 "seed"라 부름.
2) 부호기의 출력은 $2^m - 1$ 비트를 주기로 반복됨 (그래서 의사잡음이라 함)
3) PN코드를 자기상관 하면 $2^m - 1$ 비트를 주기로 딱 한번 강한 상관값이 나옴
4) 길이 $2^m - 1$ 비트열은 m비트로 조합가능한 모든 패턴을 나열한 것 임
5) 잡음이라는 이름이 붙었지만 사실은 생성다항식에 따라 정교하게 만들어진 비트열임. 따라서 그 생성다항식을 모르는 쪽에서 보면 거의 완전한 난수(암호)로 보이지만, PN부호를 생성한 쪽에서는 그 비트조합의 시종(始終)을 완벽하게 파악할 수 있음.

PN코드는 어떤 용도로 쓰일까? PN코드는 강력한 자기상관특성과 비밀성(생성다항식)으로 인해 아래와 같은 용도로 요긴하게 쓰인다.

1) 레이다
- 레이다는 송신펄스와 수신펄스을 비교하여 반사체의 거리, 방향을 계산
- 잡음과 간섭 속에서 자신이 송신한 펄스열의 패턴을 정확히 찾기 위해서는 강력한 자기상관특성 필요

- PN부호를 기초로 하여 만들어진 다양한 식별부호가 쓰임

2) 대역확산(Spread Spectrum) 통신

- 메시지비트에 PN부호를 곱하여 송신
- PN부호 길이만큼 전송비트율이 대폭 상승하고 이에 따라 대역폭 역시 넓어짐
- 대역확산 된 메시지를 수신 후 동일 PN부호를 다시 곱하면(상관) 원래의 메시지 비트가 복원 됨
- PN부호를 모르는 제3자는 도청을 하더라도 정보의 복원이 불가능한 비화통신이 가능함

3) 코드분할다중접속(Code Division Multiple Access, CDMA)

- 서로 다른 PN부호(code)로 대역확산 된 신호들을 동일 주파수대역에 뒤섞어 놓더라도(다중화) 자신의 PN부호로 상관을 구함으로서 자신의 신호만을 복원할 수 있음
- 대역확산의 비화성과 함께 FDMA, TDMA보다 훨씬 높은 다중화효율을 얻을 수 있음

[그림29-4]는 [그림29-3]에서 직렬 입력단을 생략하고 쉬프트레지스터에 병렬로 초기치(seed)를 한꺼번에 입력함으로서 부호기의 1단계 과정을 생략하고 곧바로 연속으로 출력을 뽑아내도록 한 PN부호 발생 회로의 예를 보인다. 이 예에서 쓰인 부호는 “(15,4) 최대장부호”이며, 15비트 주기의 PN을 만들어낸다는 뜻에서 “PN-15 코드 발생기”라 부른다. 각자 간단한 프로그래밍으로 임의의 seed 4비트에 대한 15비트의 난수출력을 확인해보기 바란다. (식29-11)는 2세대디지털이동통신시스템에 쓰인 CDMA방식에서 단말기 구분에 쓰이는 PN부호인 “long code”와 기지국 구분에 쓰이는 PN부호인 “short code”의 h(x)를 보인다. 엄청나게 긴 부호주기가 짐작이 갈 것이다.

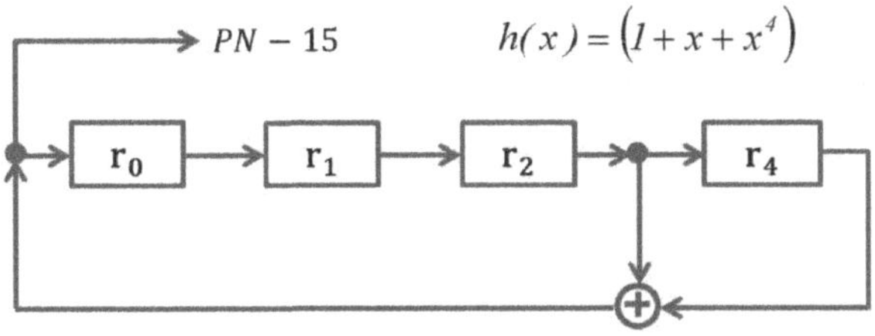

[그림 29-4] PN-15 코드 발생기

$$h(x)_{long\,code} = 1 + x + x^2 + x^3 + x^5 + x^6 + x^7 + x^{10} + x^{16} + x^{17} + x^{18}$$
$$+ x^{19} + x^{21} + x^{22} + x^{25} + x^{26} + x^{27} + x^{31} + x^{33} + x^{35} + x^{42}$$
$$h(x)_{short\,code} = 1 + x^5 + x^7 + x^8 + x^9 + x^{13} + x^{15} \quad \text{(식29-11)}$$

29-6 Cyclic Redundancy Check (CRC)

CRC란 ARQ 등에 쓰이는 에러검출전용부호로서 단축형 순회부호의 일종이다. 즉 순회부호의 생성다항식 g(x)를 이용하여 패리티비트를 생성하기는 하지만, 에러정정이 아닌 에러검출을 위해서만 사용된다. 또한 정교한 선형순회부호 이론에 따라 패리티비트를 생성하므로 단순한 패리티체크에 비하여 훨씬 강력한 에러검출 능력을 가진다.

CRC는 에러위치를 알아내어 정정까지 할 필요가 없으므로 신드롬을 계산하여 에러경보를 내는 것으로 그 역할을 다한다. 따라서 에러정정을 위한 선형순회부호의 정교한 룰을 완벽하게 지킬 필요가 없으므로, 에러정정보다는 에러검출 능력을 향상시키기 위해 g(x)를 조금 변형하여도 무방하다. (식29-12)는 g(x)에 x+1을 곱한 변형 생성다항식 g'(x)로서, 이렇게 함으로서 수신어에 포함된 모든 홀수개 에러를 발견해 내는 패리티체크의 기본기능도 포함하게 된다. g'(x)에 x+1항이 포함됨으로서 r(x)에 x=1을 대입하면 그 결과는 e(x)에 x=1을 대입하는 것과 동일하다. 따라서 짝수개 에러가 나면 e(1)식은 1의 개수가 짝수개가 되어 e(1)=0이 되고, 홀수개 에러가 나면 e(1)식은 1의 개수가 홀수개가 된다. 결론은? 발생되는 에러가 몇 개이든 상관없이 홀수개의 에러에 대해서는 에러검출이 가능하다.

$$g'(x) = g(x)(x+1)$$
$$r(x) = u(x) + e(x) = m(x)g(x)(x+1) + e(x) \quad \rightarrow \quad r(1) = e(1)$$
$$if \;\; even \;\; number \;\; of \;\; error \;\; occured, \;\; r(1) = e(1) = 0$$
$$if \;\; odd \;\; number \;\; of \;\; error \;\; occured, \;\; r(1) = e(1) = 1 \qquad \text{(식29-12)}$$

CRC의 가장 큰 특징은 산발에러(random error) 뿐만 아니라, 연집에러(burst error)에 대해서도 강력한 검출능력을 가진다는 것이다. CRC로 검출 가능한 연집에러의 길이를 알아보자. [그림29-5]는 길이가 n비트인 부호어에서 발생한 길이 L의 연집에러패턴을 보여주고 있다. 연집에러의 길이는 연집에러가 생기기 시작한 비트로부터 끝난 비트 사이를 모두 하나의 에러다항식 B(x)로 간주하여 처리한다. 그림에서 i번째 자리부터 생기기 시작한 연집에러의 에러패턴 e(x)는 $B(x)x^i$으로 표시되며, 그 신드롬은 (식29-13)으로 유도된다.

0 1 2 . . . . . i . . . . . i+L-1 . . . . n-2 n-1

0 0 0 . . . . 0 1 b_1 . . . b_{L-2} 1 . . . . . 0 0

⟵ L ⟶

$$burst \;\; error \;\; pattern \;\; e(x) = B(x)x^i$$

[그림 29-5] 블록부호에서 연집에러패턴의 정의

$$s(x) = r(x)/g(x) = e(x)/g(x) = B(x)x^i/g(x) \qquad \text{(식29-13)}$$

식에서 연집에러가 검출되지 못하는 경우, 즉 신드롬이 제로가 되려면 식이 나머지 없이 나누어 떨어져야 한다. x^i은 결코 g(x)로 나눌 수 없으므로 B(x)의 차수가 g(x)의 차수 n-k보다 낮다면 (식29-13)는 절대로 나누어지지 않는다. 즉 최소한 n-k비트 이하의 연집에러는 반드시 신드롬이 존재하므로 다 찾아낼 수 있다는 이야기다. 게다가 B(x)가 n-k차 이상이라도 g(x)로 나누어진다는 보장이 없으므로 상당수의 n-k비트 이상의 연집에러도 검출이 될 것이다. 이상에서 살펴 본 CRC의 에러검출능력을 요약하면 아래와 같다.

1) $d_{min}-1$ 비트 이하의 모든 산발에러 검출 → 선형부호의 기본성능
2) 모든 홀수개 에러 검출 → 패리티체크의 기본성능
3) 길이 n-k비트 이하인 모든 버스트에러 검출
4) 길이 n-k비트 이상인 버스트에러도 상당수 검출

예를 들어 대표적인 CRC 부호로서 생성다항식이 (식29-14)로 주어지는 "CRC-16"의 성능을 요약하면 아래와 같다.

1) 최소거리 $d_{min}=4$ → 3개 이하의 모든 산발에러 검출
2) g(x)에 (x+1)항이 포함됨 → 모든 홀수개 에러 검출
3) g(x)의 차수는 16 → 길이 16 이하의 모든 버스트에러 검출
4) 덤으로 길이 17, 18인 버스트에러도 대부분 검출

$$\begin{aligned} &genetator\ polynomial\ of\ CRC\text{-}16 \\ &g(x)=x^{16}+x^{12}+x^{5}+1 \\ &\quad =(x^{15}+x^{14}+x^{13}+x^{12}+x^{4}+x^{3}+x^{2}+x+1)(x+1) \end{aligned} \quad \text{(식29-14)}$$

29-7 다중에러정정부호

단일에러정정용 해밍부호는 2개 이상의 산발에러를 정정하는 다중에러정정부호로 확장할 수 있는데, 대표적인 다중에러정정부호로서 BCH부호가 있다. 주요제원은 아래와 같으며, 몇가지 BCH부호의 일부 예를 [표29-4]에 정리한다. BCH부호에서 다중에러를 정정하기 위해서는 효율적인 복호알고리즘이 필요한데 Berlekamp-Massey 알고리즘, Euclid 알고리즘 등이 주로 쓰인다. 정교한 대수학적 복호알고리즘에 대해서는 전문서적을 참조하기 바란다.

1) 부호길이: $n=2^m-1$ (m: 3,4,...)
2) 에러정정능력: t
3) 패리티비트 수: $n-k \geq mt$

[표 29-4] 주요 BCH부호 비교표

n	k	t
7	4	1
15	11	1
15	7	2
15	5	3
31	26	1
31	21	2
31	16	3
31	11	5
63	57	1
63	51	2
63	45	3
63	39	4
63	36	5
63	30	6
63	24	7
…	…	…

다중에러정정부호의 한 부류로서 "Non-binary Codes"가 있다. 이것은 [그림29-6]과 같이 m개의 비트를 하나의 심볼로 묶고, 비트단위가 아닌 심볼단위로 에러를 정정하는 방식이다. 그림의 예에서 3개의 산발에러가 3개의 심볼에 걸쳐서 발생하면 3개의 심볼에러로 처리해야 하지만, 6비트의 에러라도 하나의 심볼 범위에서 집중적으로 발생한다면 1개의 심볼에러로 간단히 처리가 가능하다. 즉 이 부호는 산발에러가 아닌 연집에러의 정정에 특별히 그 능력을 발휘하는 것이다.

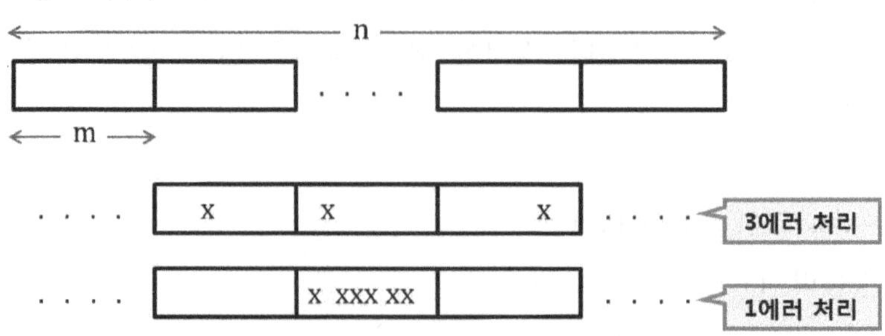

[그림 29-6] Non-binary Codes의 에러 처리 개념

Non-binary Codes의 대표적인 부호로서 "리드솔로몬부호(Reed-Solomon Codes, RS Codes)"가 있다. RS부호가 극적으로 사용된 예로서 CD(compact disc)를 들 수 있다. 고성능 오디오저장매체로서 현재까지도 사랑받고 있는 CD의 에러대책에 얽힌 이야기를 아래에 정리한다.

1) Compact Disc Digital Audio

- 1979. 소니, 필립스 공동규격 제정.
- 지름 120 mm 실리콘디스크. 디스크표면에 파인 홈(pit)을 레이저로 scan
- sampling rate 44.1k sample/sec, A/D 16bit/sample
- dynamic range: 96dB, 용량: 약 10^{10} bit (70분)

2) CD에서 발생하는 에러의 형태

- 먼지, scratch, 지문 등으로 인한 매우 긴 연집에러 발생, 수천~수만 비트에 걸침.
- 전처리: 긴 연집에러를 비교적 짧은 연집에러로 분산 → 인터리빙(interleaving)
- 인터리빙으로 분산된 연집에러의 최종처리 → RS부호

3) CD의 에러제어 단계

- 1단계: 2회의 RS부호화와 3회의 인터리빙
  → CIRC(cross interleaved Reed-Solomon codes)
- 2단계: 연집에러가 너무 길어 부호화와 인터리빙으로도 에러정정이 불가능한 경우 손상된 부분을 보간(補間, interpolation) 처리 → 에러은닉(error concealment)
- 3단계: 에러은닉도 불가능할 정도로 연집에러가 심한 경우 출력을 정지(mute) 시킴. 수 msec정도의 출력정지는 인지(認知) 못함

4) CD의 에러제어 능력

- 정정처리 가능한 최대연집에러 길이: 약 4,000비트 (2.5mm scratch)
- 보간처리 가능한 최대연집에러 길이: 약 12,000비트 (8mm scratch)

또 하나의 부호, 길쌈부호 제30강

블록화가 필요 없는 강력하고 유연한 에러정정부호

30-1 개요

에러정정부호에는 블록부호 계열과 함께 또 하나의 중요한 갈래로 "길쌈부호(convolutional codes)"가 있다. 패리티비트의 부가에 의한 에러검출 및 에러정정이란 다르게 표현하면 패리티비트에 정보를 분산시키는 것이라고도 할 수 있다. 정보의 분산이라는 측면에서 고찰해보면 길쌈부호가 블록부호에 비해 훨씬 넓은 영역에 걸쳐 정보를 분산하는 우수한 특성이 있음을 알 수 있다. 다만 그만큼 복호알고리즘을 찾기가 어려워 블록부호보다 실용화도 늦고 성능도 고만고만했지만, "비터비복호"라는 걸출한 복호알고리즘의 출현과 함께 채널코딩계의 대세로 등극하는 한편, "TCM(Trellis Coded Modulation)", "터보부호" 등으로 획기적인 진화를 이룩한다.

30-2 길쌈부호기 표현

조직형 블록부호와는 달리 길쌈부호는 입력비트를 블록단위로 나눌 필요 없이 연속으로 부호화를 수행하며, 기본적으로 비조직형이다. 길쌈부호의 부호기는 m단의 쉬프트레지스터로 구성되며, k개의 메시지비트가 병렬로 입력되면 n개의 부호어비트가 병렬로 출력된다. 물론 직렬통신을 위한 입/출력용 직/병렬 비트처리회로도 포함된다. 부호화율(code rate)은 R=k/n으로 정의되며, "(n,k,m) 길쌈부호"로 표기된다. 또한 이 부호기에 한 번 입력된 비트는 입력순간부터 m개의 쉬프트레지스터를 차례로 이동하면서 도합 (m+1)개의 시점(時點)에 걸쳐 출력비트의 생성에 영향을 미치는데, 이 길이를 "구속장(constraint length) K"라 부르며 길쌈부호 성능평가의 주요지표로 사용된다. [그림30-1]은 "(2,1,2) 길쌈부호"의 부호기를 보인다. 입력되는 비트는 최초 입력 시, 첫 번째 쉬프트레지스터에서, 두 번째 쉬프트레지스터에서 출력비트 생성에 영향을 주므로 구속장

K=3이다. 일반적으로 길쌈부호는 구속장이 길수록 정보의 분산효과가 크므로 에러정정 능력이 향상된다. 부호기의 수식표현에는 (식30-1)과 같이 여러 가지 방법들이 사용된다.

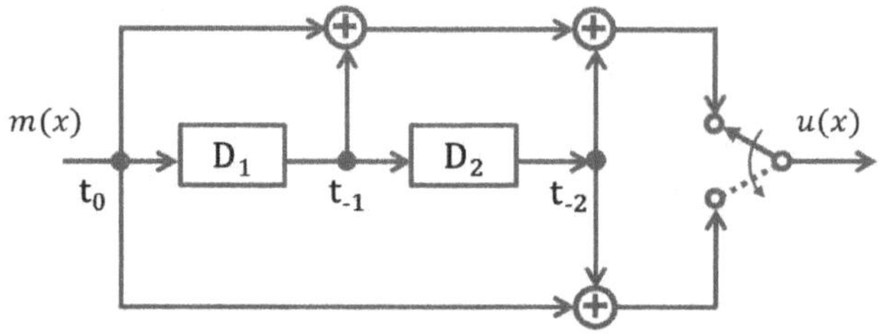

[그림 30-1] (2,1,2) 길쌈부호 부호기

binary form (octal)	*polynomial form*	*delay operator form*	
$g_1 = 1\ 1\ 1\ (7_{oct})$	$g_1(x) = 1 + x + x^2$	$g_1(D) = 1 + D + D^2$	
$g_2 = 1\ 0\ 1\ (5_{oct})$	$g_2(x) = 1 + x^2$	$g_2(D) = 1 + D^2$	(식30-1)

길쌈부호의 복호 역시 블록부호와는 완전히 개념이 다르다. 길쌈부호의 복호는 신드롬에 의한 에러패턴 추정이 아닌, 연속으로 입력되는 부호어로부터 부호기의 부호화 과정을 역으로 추정해나가는 것이다. 이를 위해서는 부호화과정을 체계적으로 표시할 필요가 있는데, 이 때 쓰이는 것이 "상태표(state table)"이다. 여기서 "상태(state)"란 부호기의 쉬프트레지스터에 저장된 비트들의 구성을 말한다. 상태표는 "부호기의 현재 상태와 입력비트"에 대한 "부호기출력과 이에 수반되는 다음 상태로의 천이"를 표로 만든 것이다. [그림30-1]의 부호기에 대한 상태표를 [표30-1]에 보인다.

[표 30-1] (2,1,2) 길쌈부호기의 상태표

present state	input	
	0	1
	output/transition	output/transition
0 0 (S_0)	0 0 / 0 0	1 1 / 1 0
0 1 (S_2)	1 1 / 0 0	0 0 / 1 0
1 1 (S_3)	0 1 / 0 1	1 0 / 1 1
1 0 (S_1)	1 0 / 0 1	0 1 / 1 1

상태표를 기초로 하여 "입력되는 비트에 대한 출력비트와 상태천이"를 일목요연하게 파악할 수 있도록 그림으로 그린 것이 "상태도(state diagram)"이다. 상태도는 상태의 수만큼 점으로 표시하고, 상태의 천이를 화살표로 그린 다음, "입력비트/출력비트"의 형식으로 부호기의 동작 과정을 나타낸 것이다. [표30-1]에 대한 상태도를 [그림30-2]에 보인다. 상태도로부터 길쌈부호기의 출력은 현재 상태와 입력에만 관계하는 프로세스임을 잘 알 수 있다. 이와 같이 입력과 상태가 얼기설기 얽히는 부호화 과정의 모습이 마치 베틀로 베를 짜는 일, 즉 "길쌈"과 흡사하다는 의미에서 "convolutional codes"는 "길쌈부호"로 번역되었다. [이만영, 부호이론, 1984, 희중당 참조]

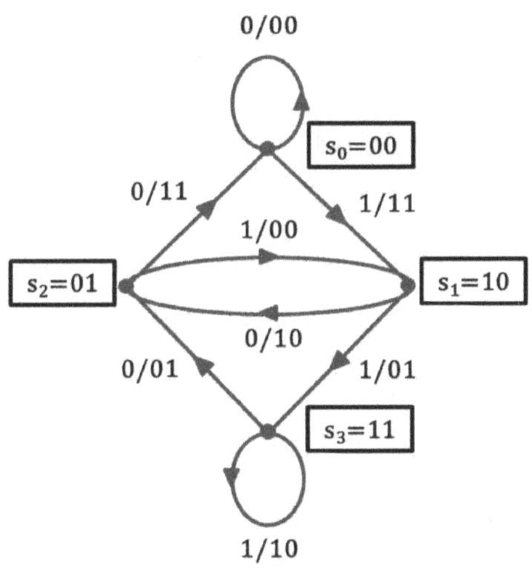

[그림 30-2] (2,1,2) 길쌈부호기의 상태도

예제 30-1 상태도를 이용하여 입력계열(input sequence) (1 0 1 0 1)에 대한 (2,1,2) 길쌈부호기의 출력계열(output sequence)을 구하시오.

| 풀이 |

출력계열 w = 1 1, 1 0, 0 0, 1 0, 0 0

(부호기의 병렬출력을 구분하기 위해 편의상 콤마 표시. 실제로는 직렬로 전송)

(입/출력비트 배열은 시간경과순서에 따름. 즉 제일 왼쪽이 시작시점임)

| 해설 |

그런데 마지막 비트가 입력되더라도 부호기의 내부상태는 "1 0" 이다. 즉 이전의 입력비트가 아직 부호기에 남아있으므로 부호화가 아직 끝나지 않았다는 이야기다! 따라서 입력이 종료되더라도 쉬프트레지스터를 리셋 시키지 않고 0을 계속 입력시켜서 내부상태가 "0 0" 이 될 때까지 부호기를 계속 작동시켜야 한다. 이를 "종결(termination)"이라 하며, 위의 경우 2회의 0 추가입력이 필요하다. 추가되는 0 입력의 결과로 출력되는 비트를 "테일비트(tail bit)"이라고 하며, 이를 포함한 완전한 길쌈부호기 출력은 다음과 같다.

출력계열 w = 1 1, 1 0, 0 0, 1 0, 0 0, **1 0**, **1 1**

한편 길쌈부호의 복호란 수신어로부터 "부호화경로(encoding path)"를 유추하는 과정이다. 그런데 상태도를 이용하면 부호화는 훌륭히 수행할 수 있지만, 입력비트의 시간정보를 표시할 수가 없어서 복호에는 도움이 되지 않는다. 따라서 부호화의 경로를 시점(時點)별로 파악하고자 한다면 상태도는 [그림30-2]와 같이 시간축으로 펼쳐서 시점별로 모든 경우의 수를 다 표시하는 그림으로 고쳐 그려져야 한다. 그 모양이 나뭇가지가 반복적으로 퍼져나가는 모양을 닮았다 하여 이 그림을 "수지상도(樹枝狀圖, tree diagram)"라고 한다. 수지상도에서 부호화경로의 선택은 0 입력시 위쪽 경로, 1 입력시 아래쪽 경로로 향하는 것으로 약속한다. 그리고 각 가로축 가지(branch) 위의 숫자는 부호기 출력비트를 나타낸다. 그림의 우측평행선 부분은 종결을 위한 테일비트 0의 입력으로 인해 더 이상 경로의 분기가 없음을 의미한다. 그림의 점선은 입력 "1 0 1 0 1"과 종결비트 "0 0"에 대한 부호화경로를 표시한 것이다.

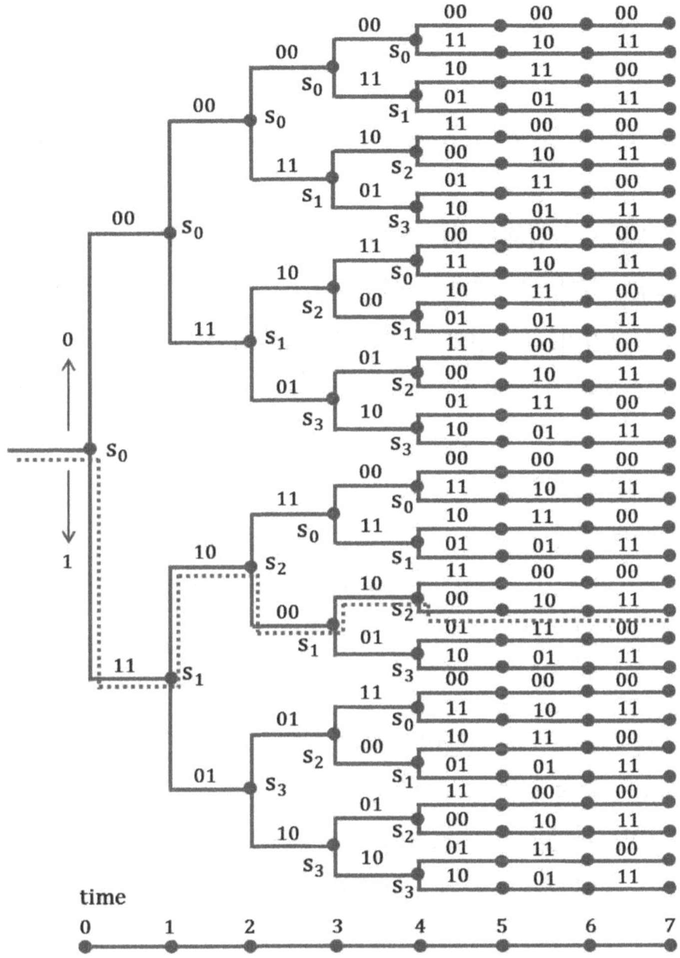

[그림 30-3] (2,1,2) 길쌈부호기의 수지상도

수지상도를 이용한 길쌈부호의 복호는 시점별로 "수신계열(received sequence)"과 "수지상도 경로상의 출력계열"를 비교하여 두 값이 동일하거나 가장 비슷한 경로를 찾아내어 부호화경로를 역으로 추정하는 방식으로 이루어진다. 수신계열과 수지상도의 출력계열를 비교하는 가장 간단한 방법은 둘 사이의 해밍거리를 계산하는 것인데, 이러한 비교값을 "메트릭(metric)" 또는 "평가량"이라고 한다. 만일 채널에러가 없다면 시점별로 메트릭이 영으로 계산되는 확실한 부호화경로가 딱딱 보이므로 복호는 누워 떡먹기다. 하지만 비트에러가 생긴 시점에 이르면 부호화경로가 모호해지는데, 이럴 때는 메트릭이 가장 낮은 경로를 선택함으로서 확률적으로 가장 그럴싸해 보이는 부호화경로를 추정한다. 아래와 같이 시점3에서 에러가 발생한 수신계열을 예로 들어 수지상도를 이용한 복호를 해 보자.

r = 1 1, 1 0, **1** 0, 1 0, 0 0, 1 0, 1 1 (**1**: 비트에러로 0이 1로 바뀜)

수지상도에서 시점3의 수신계열 "1 0"은 출력계열이 "1 1"인 경로와 "0 0"인 경로 중 어디를 택해야 할까? 우선 "1 0"과 맞아떨어지는 경로가 없으므로 에러가 발생했다는 것은 분명히 알 수 있지만, 두 경로가 다 메트릭이 1로서 동일한 확률의 후보가 된다. 이러면 머리를 좀 써야하는데 아래와 같이 생각해보자.

1) 위쪽 경로 선택 ("0"으로 복호)
   - 이어서 시점4에서의 복호를 수행하면, 수신계열은 "1 0", 경로의 출력계열은 "0 0"과 "1 1"이 되고, 또 다시 동일한 메트릭의 경로선택 문제 발생
   - 복호가 진행될수록 점점 더 꼬이면서 애당초 위쪽 경로로의 선택이 잘못되었음을 슬슬 감지
   - 판단을 미스한 지점으로 되돌아가(후진) 다른 경로로 복호 시도
2) 아래쪽 경로 선택 ("1"로 복호)
   - 이어지는 시점4, 시점5에서 수신어와 일치하는 경로로 계속 이어짐
   - 시점3의 경로선택이 올바른 것으로 확신됨

이러한 수순에 의한 복호법을 "축차복호법(逐次, Sequential Decoding)"이라고 하며, 발명자의 이름을 따서 "패노알고리즘(Fano Algorithm)"이라고도 부른다. 축차복호는 채널에러가 비교적 경미하게 산발적으로 발생한다면 큰 시간지연 없이 순조롭게 복호가 진행되겠지만, 심한 채널에러 발생 시에는 경로선택을 위한 전진과 후진을 거듭하다가 "복호불능상태(deadlock)"에 걸릴 위험이 있다. 또한 수지상도는 입력계열이 길어지면 수지상도의 복잡도가 기하급수적으로 증가하면서 다루기가(그리기가) 무척 어려워진다. 두드러지지 않는 성능 탓에 크게 주목받지 못하던 축차복호법은 그러나 그 심플한 알고리즘 덕분에 최근 다시 각광받게 되었는데, ARQ와 FEC를 결합한 "Hybrid ARQ"방식에서 비교적 간단한 에러정정과 에러검출용으로 요긴하게 응용되고 있다.

30-3 길쌈부호의 해결사 비터비복호법

수지상도를 보면 복잡하긴 하지만 동일한 경로패턴이 계속 반복됨을 알 수 있는데, 이러한 반복부분을 잘 처리하면 복잡도를 확 줄일 수 있을 듯하다. [그림30-4]는 부호기의 상태점을 고정해놓고 수지상도를 다시 그린 것이다. 입력비트의 표시는 실선을 "0"으로, 점선을 "1"로 구분한다. 이리하여 시점마다 새로운 가지(branch)를 치는 대신, 고정된 상태점들을 찾아가도록 함으로서 가지가 더 이상 벌어지지 않는 산뜻한 그림이 얻어지는데, 그 모양이 마치 문짝의 창살(격자,格子)을 닮았다하여 "격자상도(Trellis Diagram)"라 부른다. 그리고 이 격자상도는 그 유명한 "비터비복호(Viterbi Decoding)" 알고리즘이 탄생하는 모태가 되기도 한다.

다시 말하자면, 격자상도란 상태점을 고정시켜놓고 입력비트에 따라 정해지는 "출력가지(branch)"로 상태점간을 이어 나가면서 입력비트와 출력비트의 관계를 그린 것이다. 따라서 시점이 아무리 증가해도 그림의 복잡도가 증가하지 않는다! [그림30-4]는 입력계열 "m = 1 1 0 0 1 0"에 대한 부호화 경로 "$S_0 \rightarrow S_1 \rightarrow S_3 \rightarrow S_2 \rightarrow S_0 \rightarrow S_1 \rightarrow S_2$"와 테일비트 "0 0"에 의한 종결 "$\rightarrow S_0 \rightarrow S_0$"까지를 깔끔하게 보여주고 있다. 그림에서 짙은 색의 경로가 부호화경로이며 각 가지마다 출력비트가 표시되어 있다.

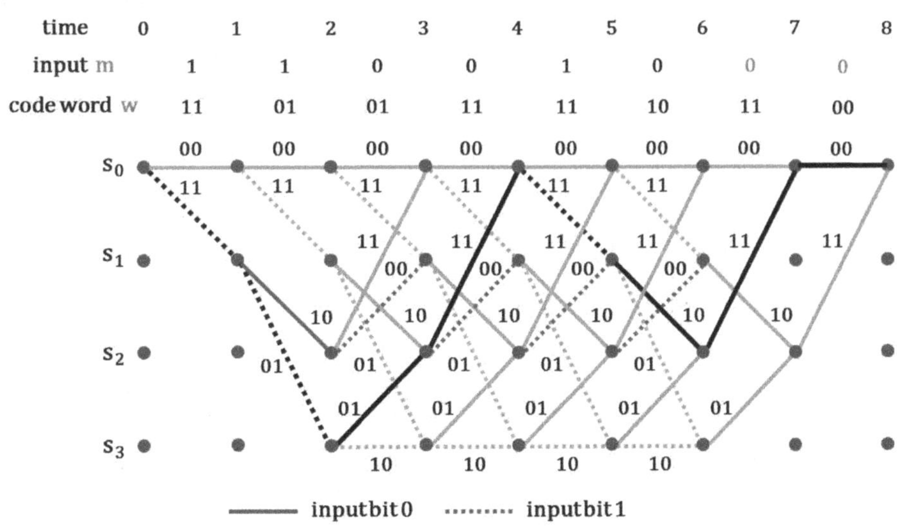

[그림 30-4] (2,1,2) 길쌈부호기의 격자상도

길쌈부호에서 가장 효율적인 복호법으로 알려진 비터비복호에 대하여 자세히 알아보자. 복호의 개념은 축차복호법과 유사하지만, 오로지 하나의 경로를 따라가는 축차복호법에 비해 비터비복호법은 일정 개수의 후보경로들을 동시에 추적하면서 최적경로를 골라낸다는 점이 다르다. 이렇게 함으로서 축차복호법처럼 복호도중 복호경로를 되돌아 나오는 삽질을 하지 않는다. 비터비복호의 복호경로 결정은 아래의 원칙에 따른다.

1) 가지메트릭(branch metric, bm)
   - 축차복호와 마찬가지로 가지마다 메트릭 bm을 계산
   - bm이 작을수록 올바른 경로일 확률이 큼

2) 경로메트릭(path metric, pm)
   - 시점이 증가할 때마다 bm을 누적하여 pm을 계산
   - 각 시점의 상태점에 입력되는 pm을 비교하여, 최저 pm값의 경로만 살리고(생존경로, survival path), 나머지 경로는 포기

3) 격자상도 끝에서 최종 복호경로 판정
   - 각 상태점 생존경로 중 최저치의 pm을 가지는 경로를 최종복호경로로 선택. 이 경로를 역으로 따라가면서 실선은 0 점선은 1로 매핑하면 메시지비트가 복호됨.
   - 채널에러로 인한 오판가능성이 존재하지만, 상태점의 수만큼 생존경로를 기억하면서 후보경로를 끝까지 유지함으로서 오판의 영향으로부터 정상복호를 회복하는 것이 핵심

뭐가 뭔지 [그림30-5]의 (2,1,2) 길쌈부호기의 격자상도를 예로 들어서 비터비복호의 개요를 알아보자. 예는 메시지계열 6비트, 출력부호계열 12비트, 채널에러 3비트의 경우를 고찰한다. 과연 이정도의 채널에러에도 불구하고 상기 부호화경로로 제대로 복호가 되는지를 살펴보자. 메트릭계산은 편의상 수신계열과 격자상도상의 출력계열간 해밍거리(d_H)를 사용한다. (실제 비터비복호에서 메트릭 계산은 훨씬 고차원적임을 기억하자)

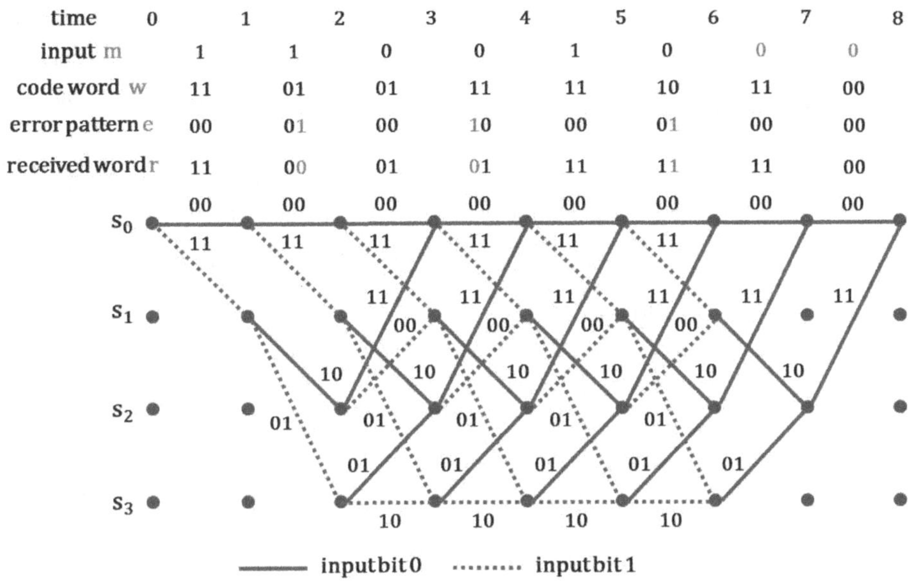

[그림 30-5] (2,1,2) 길쌈부호기의 격자상도를 이용한 비터비복호법의 예

격자상도를 이용한 비터비복호의 예를 아래와 같이 시점별로 하나씩 따라가면서 살펴보자.

1) 시점1: 상태 S_0과 상태 S_1에 각각 입력경로 하나씩 존재. [그림30-6]

- S_0: 수신어 r = 1 1, 격자상도 출력 w = 0 0 → d_H=2 → bm 2, pm 2
- S_1: 수신어 r = 1 1, 격자상도 출력 w = 1 1 → d_H=0 → bm 0, pm 0
- 시점1 노드별 pm 메모리: S_0(2), S_1(0) 그림에서 상태점에 ( )로 표시함
- 판정 : 역시 경로 $S_0 \to S_1$이 유력하지만, 후보로 경로 $S_0 \to S_0$도 기억해 둠

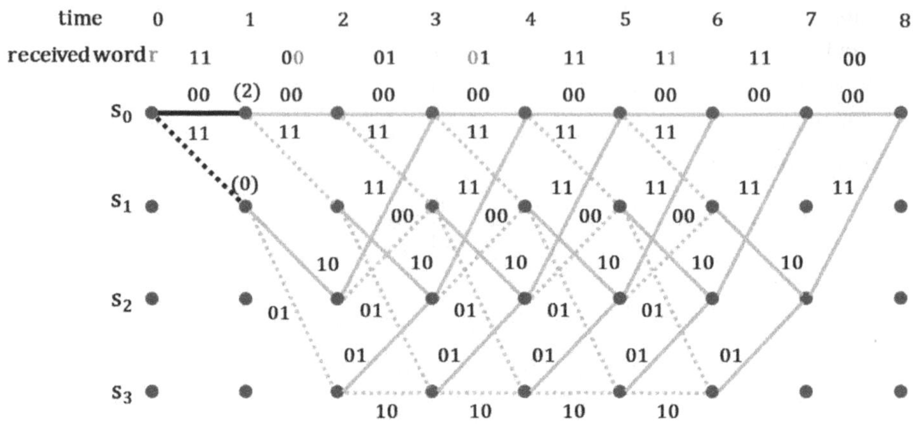

[그림 30-6] (2,1,2) 길쌈부호기의 격자상도를 이용한 비터비복호법: 시점1

2) 시점2: 네 개의 상태에 모두 하나의 입력경로 존재. 에러 발생. [그림30-7]

- S_0: r = 0 0, w = 0 0 → bm 0, pm 2+0=2
- S_1: r = 0 0, w = 1 1 → bm 2, pm 2+2=4
- S_2: r = 0 0, w = 1 0 → bm 1, pm 0+1=1
- S_3: r = 0 0, w = 0 1 → bm 1, pm 0+1=1
- 시점2 노드별 pm 메모리: S_0(2), S_1(4), S_2(1), S_3(1)
- 판정: 경로 $S_0 \rightarrow S_0 \rightarrow S_0$은 영 아닌 듯 하고, S_2와 S_3으로 들어오는 경로가 유력해 보이지만, 일단 4개의 경로를 모두 후보로 유지

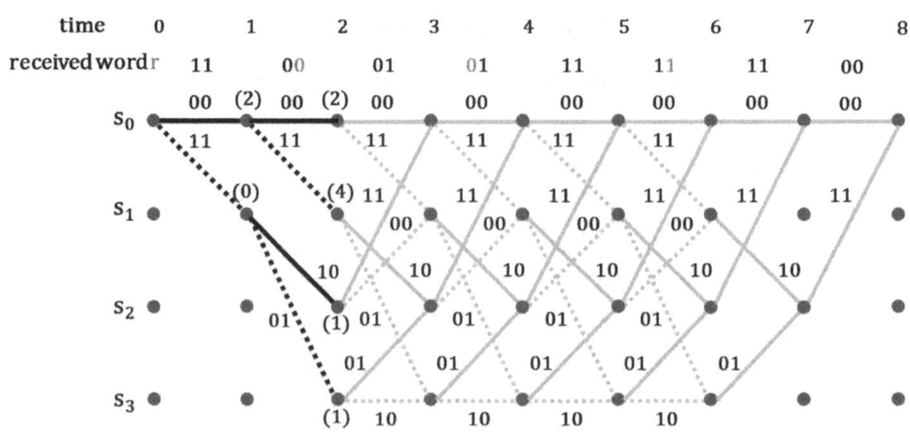

[그림 30-7] (2,1,2) 길쌈부호기의 격자상도를 이용한 비터비복호법: 시점2

3. 시점3: 네 개의 상태로 입력되는 경로는 각각 2개씩으로 경로의 수 2배로 증가. 각 상태점에서 박치기 나는 입력 경로 중 최저 pm의 경로 하나만 선택하고 하나는 포기(그림에서 해당 경로 X표시). [그림30-8]

- S_0: r = 0 1, w1 = 0 0 → bm=1, pm=2+1=3 → 포기

  w2 = 1 1 → bm=1, pm=1+1=2 → survival
- S_1: r = 0 1, w1 = 1 1 → bm=1, pm=2+1=3 → 포기

  w2 = 0 0 → bm=1, pm=1+1=2 → survival
- S_2: r = 0 1, w1 = 1 0 → bm=2, pm=4+2=6 → 포기

  w2 = 0 1 → bm=0, pm=1+0=1 → survival
- S_3: r = 0 1, w1 = 0 1 → bm=0, pm=4+0=4 → 포기

  w2 = 1 0 → bm=2, pm=1+2=3 → survival
- 시점3 노드별 pm 메모리: S_0(2), S_1(2), S_2(1), S_3(3)
- 판정: 4개의 후보 생존경로, 비슷한 pm, 유력한 경로 아직 안보임.

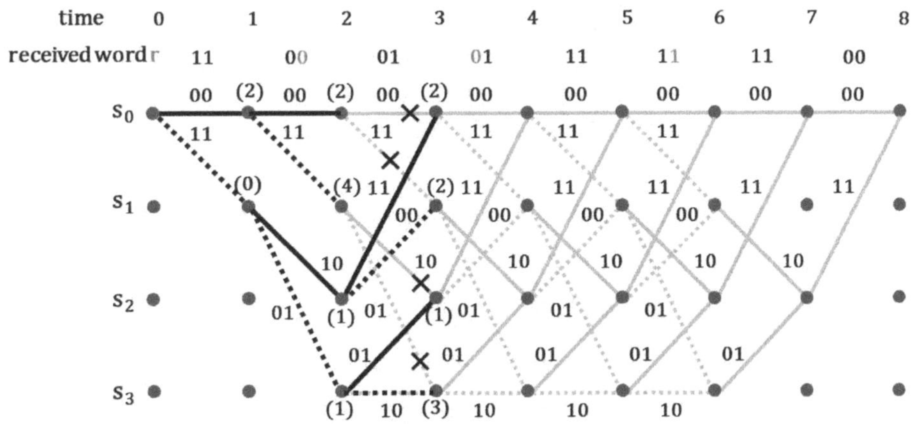

[그림 30-8] (2,1,2) 길쌈부호기의 격자상도를 이용한 비터비복호법: 시점3

4) 시점4: 동일과정 반복. 에러 발생. [그림30-9]

S_0: r = 0 1, w1 = 0 0 → bm=1, pm=2+1=3 → 포기

w2 = 1 1 → bm=1, pm=1+1=2 → survival

S_1: r = 0 1, w1 = 1 1 → bm=1, pm=2+1=3 → 포기

w2 = 0 0 → bm=1, pm=1+1=2 → survival

S_2: r = 0 1, w1 = 1 0 → bm=2, pm=2+2=4 → 포기

w2 = 0 1 → bm=0, pm=3+0=3 → survival

S_3: r = 0 1, w1 = 0 1 → bm=0, pm=2+0=2 → survival

w2 = 1 0 → bm=2, pm=3+2=5 → 포기

- 시점4 노드별 pm 메모리: S_0(2), S_1(2), S_2(3), S_3(2)
- 판정: 4개의 후보 생존경로, 비슷한 pm, 유력한 경로 아직 안보임.

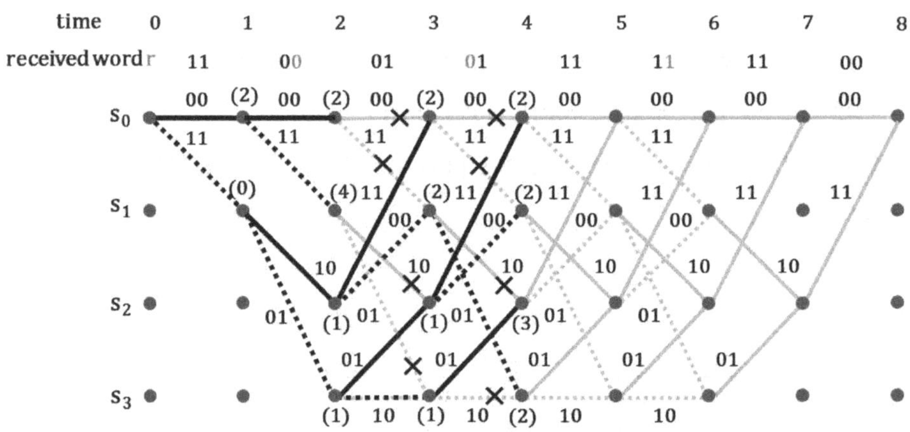

[그림 30-9] (2,1,2) 길쌈부호기의 격자상도를 이용한 비터비복호법: 시점4

5) 시점5: 동일과정 반복. [그림30-10]

- S_0: r = 1 1, w1 = 0 0 → bm=2, pm=2+2=4 → 포기

  w2 = 1 1 → bm=0, pm=3+0=3 → survival
- S_1: r = 1 1, w1 = 1 1 → bm=0, pm=2+0=2 → survival

  w2 = 0 0 → bm=2, pm=3+2=5 → 포기
- S_2: r = 1 1, w1 = 1 0 → bm=1, pm=2+1=3 → survival(※)

  w2 = 0 1 → bm=1, pm=2+1=3 → 포기
- S_3: r = 1 1, w1 = 0 1 → bm=1, pm=2+1=3 → survival(※)

  w2 = 1 0 → bm=1, pm=2+1=3 → 포기

- 시점5 노드별 pm 메모리: $S_0(3)$, $S_1(2)$, $S_2(3)$, $S_3(3)$
  - ※ 고찰: pm 동점상황(tie). 이럴 땐 확률적으로 어느 경로를 선택하든 마찬가지. 대개 이런 상황에서는 두 경로가 다 정답이 아닌 경우가 많다.

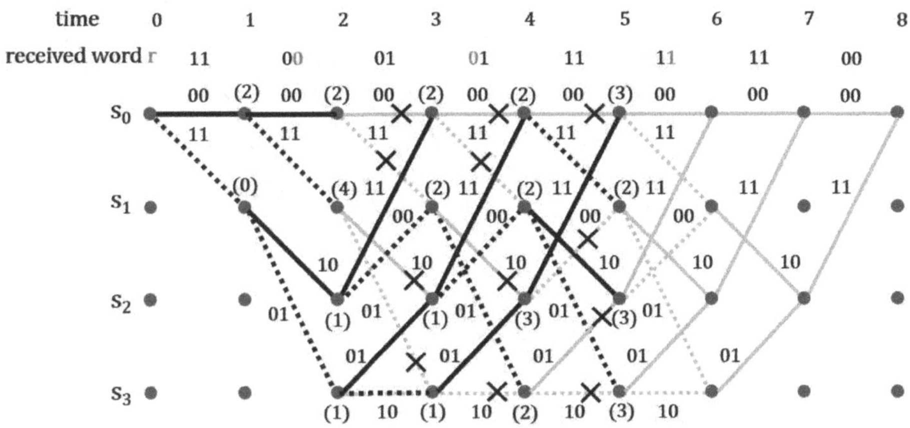

[그림 30-10] (2,1,2) 길쌈부호기의 격자상도를 이용한 비터비복호법: 시점5

6) 시점6: 동일과정 반복, 에러 발생. [그림30-11]

- S_0: r = 1 1, w1 = 0 0 → bm=2, pm=3+2=5 → 포기
  w2 = 1 1 → bm=0, pm=3+0=3 → survival
- S_1: r = 1 1, w1 = 1 1 → bm=0, pm=3+0=3 → survival
  w2 = 0 0 → bm=2, pm=3+2=5 → 포기
- S_2: r = 1 1, w1 = 1 0 → bm=1, pm=2+1=3 → survival
  w2 = 0 1 → bm=1, pm=3+1=4 → 포기
- S_3: r = 1 1, w1 = 0 1 → bm=1, pm=2+1=3 → survival
  w2 = 1 0 → bm=1, pm=3+1=4 → 포기
- 시점6 노드별 pm 메모리: $S_0(3)$, $S_1(3)$, $S_2(3)$, $S_3(3)$
- 판정: 하이고.. 생존경로 4개의 pm이 모두 동점. 정상적인 복호가 불가능한 상황이 되고 말았다. 그렇지만 실망마시라. 올바른 복호경로를 찾아낼 기회가 아직 남아있다. 최종적으로 부호기 내부의 상태가 제로, 즉 상태점 S_0에서 격자상도가 끝나도록 테일비트를 밀어내는 종결(termination) 절차가 기다리고 있다. 종결과정

을 거치면서 결국 최후의 생존경로가 하나만 남게 되므로 선택의 여지없이 하나의 복호경로가 결정된다.

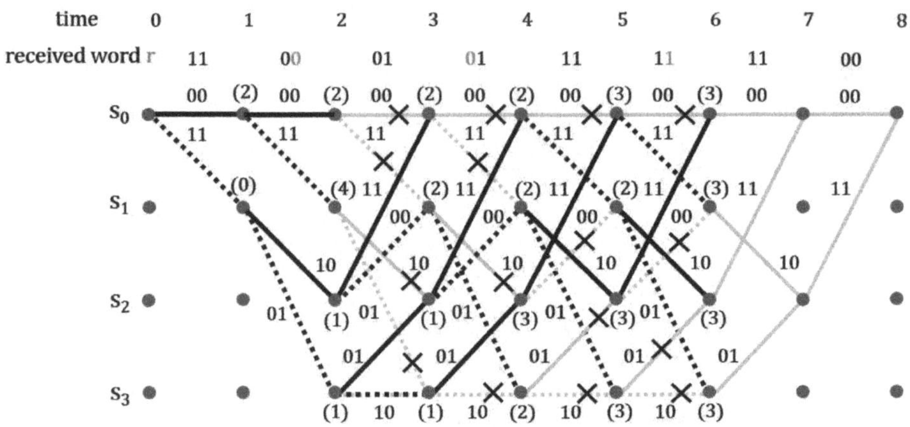

[그림 30-11] (2,1,2) 길쌈부호기의 격자상도를 이용한 비터비복호법: 시점6

7) 시점7: 부호기로 “0”만 입력되므로 점선의 경로는 더 이상 없다. 고로 상태점 S_0, S_2만 대상으로 복호 진행. [그림30-12]

- S_0 r = 1 1, w1 = 0 0 → bm=2, pm=3+2=5 → 포기, 사필귀정
  w2 = 1 1 → bm=0, pm=3+0=3 → survival
- S_2: r = 1 1, w1 = 1 0 → bm=1, pm=3+1=4 → survival(※)
  w2 = 0 1 → bm=1, pm=3+1=4 → 포기
- 시점7 노드별 pm 메모리: S_0(3), S_2(4)
- 판정: 다시 동점이 나왔지만 대세는 기우는 듯..

8) 시점8: 최종 테일비트 “0” 입력되면서 격자상도는 S_0에서 종결! [그림30-12]

- S_0: r = 0 0, w1 = 0 0 → bm=0, pm=3+0=3 → 최종 survival
  w2 = 1 1 → bm=2, pm=4+2=6 → 포기
- 판정: 최종 생존경로는 1개로 종결.

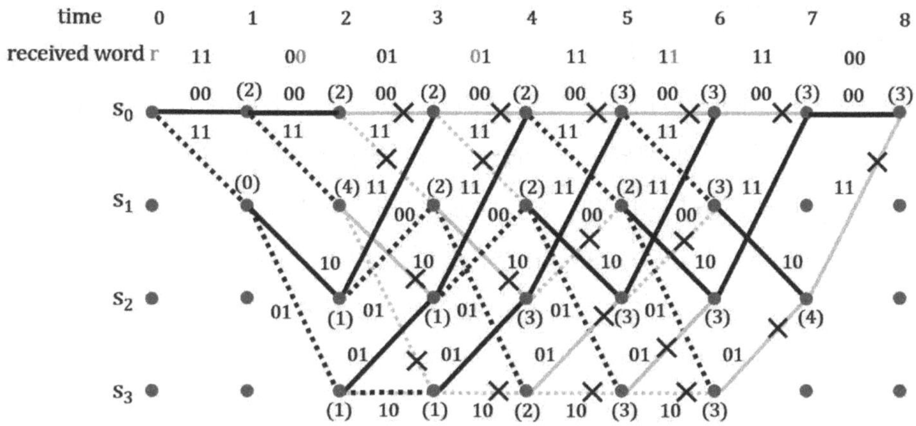

[그림 30-12] (2,1,2) 길쌈부호기의 격자상도를 이용한 비터비복호법: 시점7,8

어떤가? 테일비트에 의한 격자상도의 종결은 비터비복호에서 그 진정한 의미와 위력을 알 수 있을 것이다. 이제 마지막 절차는 단 하나 살아남은 생존경로를 따라 시간축을 거슬러 올라가면서 각 가지에 해당하는 0과 1의 입력비트를 모아 복호를 완성하는 것이다. 각자 "1 1 0 0 1 0"의 메시지계열을 그림에서 찾아보자. 위에서 예로 살펴본 (2,1,2) 길쌈부호는 4개의 상태점으로 산뜻하게 격자상도가 그려지지만, 실제 길쌈부호의 성능은 부호기의 쉬프트레지스터 단수 m이 클수록 좋아진다. 이를테면 m=8정도 되면 상태의 개수는 2^8=256개이니, 그 격자상도의 복잡도가 짐작이 될 것이다.

30-4 비터비복호의 절단과 연판정

블록부호와 대비되는 길쌈부호의 문제점이 하나 있다. 블록부호는 메시지를 n비트 단위로 잘라서 다루지만, 길쌈부호는 이론상 전체 메시지를 하나의 블록으로 처리한다. 그러다보니 메시지의 길이가 길어지면 부호기는 그렇다 치더라도 복호기가 감당을 못하는 상황에 처할 수 있다. 비터비복호의 경우 부호의 길이가 길어지면, 첫째, 각 상태별로 생존경로들와 각 경로의 메트릭을 기억/갱신하기 위해 방대한 메모리를 소모하게 되고, 둘째, 매우 긴 격자상도를 끝까지 가봐야 결과를 알 수 있으므로 상당한 복호지연을 초래되어 실시간통신에 문제가 생긴다.

이에 대한 대책으로 복호기는 격자상도의 일정 시점에서 복호를 중단하고, 그 시점에서 최저 경로메트릭의 생존경로로 복호결과를 내놓은 후, 메모리를 리셋 시키는 소위 "절단(truncation)" 과정을 가진다. 이후 마지막 상태부터 다시 새로이 복호를 시작한다. 이렇게 함으로서 메모리의 부담도 줄어들고, 복호도중에도 그때그때 복호결과가 출력되어 실시간통신이 보장된다. 절단의 길이는 통상 "구속장 K의 5~6배" 정도로 잡는데, 확률적으로 이 정도의 길이라면 최적의 생존경로가 거의 정해지므로 복호성능에 끼치는 영향이 거의 없다고 밝혀져 있다. 하지만 만약 이 과정에서 복호에러가 발생한다면("절단에러(truncation error)"), 정상적인 생존경로를 다시 찾아내기까지 그 영향이 상당기간 지속되면서 연집에러가 출력되는 거북한 결과를 초래할 수도 있다.

위의 예에서 살펴 본 해밍거리를 기초로 하는 "경판정(hard decision)" 복호는 보다시피 경로메트릭에 동점(tie)이 많이 생기는 등, 복호성능이 신통치 않다. 한편 길쌈부호는 블록부호와 달리 메트릭을 계산할 때 손쉽게 복조정보(심볼 판정의 애매모호함의 정도)를 반영할 수 있으므로 "연판정(soft decision)" 복호를 수행하기가 용이하다. 비터비복호에서는 통상 8레벨 연판정 메트릭을 사용하여 3dB 정도의 추가 부호화이득을 올리는 것으로 알려져 있다. 하지만 연판정의 경우 복잡한 메트릭 계산과 메모리 갱신 등의 부담이 매우 크므로 연판정 비터비복호의 구현성(feasibility)에는 한계가 있는데, 통상 구속장 k=9(즉 8단 쉬프트레지스터, 2^8개의 상태) 정도를 한계로 본다.

30-5 길쌈부호의 수정과 연접부호

길쌈부호는 부호화율 1/2, 1/3의 부호기는 간단히 구현할 수 있지만, 부호화율 3/4, 5/6 등 고부호화율 부호기는 구현하기도 매우 복잡하고 격자상도도 기하급수적으로 복잡해진다. 이런 경우 간단한 부호화율 1/2, 1/3의 부호기의 출력비트 중 일부를 일부러 포기하는 "천공길쌈부호(punctured convolutional codes)"라는 편리한 기법이 실용화 되어 있다. 천공이란 그 비트를 버린다는 뜻인데, 천공되는 비트의 위치는 송수신간에 미리 약속(puncture map) 해둔다. 복호기는 천공된 비트부분은 아무 정보가 없는 것으로 취급하여(erasure), 비터비복호 메트릭 계산에서 해당부분을 열외 시킨다. 아래에 천공길쌈부호의 예를 든다.

예제 30-1 R=1/2 길쌈부호기로부터 R=2/3인 길쌈부호 출력을 만드시오.

| 풀이 |

아래와 같이 2개의 부호기 출력블록 중 1비트를 천공한다.

. . 0 0, □ 1, . . → R=k/n=2/(4-1)=2/3

예제 30-2 R=1/2 길쌈부호기로부터 R=3/4인 길쌈부호 출력을 만드시오.

| 풀이 |

아래와 같이 3개의 부호기 출력블록 중 2비트를 천공한다.

. . 0 □, 0 1, □ 1, . . → R=k/n=3/(6-2)=3/4

천공길쌈부호를 응용하면 상황에 따라 탄력적으로 천공비트의 수가 변동되는 "가변부호화율길쌈부호(Rate Compatible Punctured Convolutional Codes, RCPC)"를 만들 수도 있다. 이것은 채널상태가 불량하여 비트에러율이 상승하면 부호기를 저부호화율로 설정하여(R=1/2, 2/3 등) 에러정정능력을 강화함으로서 통신의 안정성을 올리고, 채널상태가 양호하여 비트에러율이 감소하면 고부호화율로 설정하여(R=6/7, 7/8 등) 패리티비트를 절약함으로서 통신의 효율을 올리는 방식이다.

길쌈부호는 그 구성상 산발에러에 강한 특성을 가지고 있다. 산발에러와 연집에러가 공존하는 채널에서는 길쌈부호를 연집에러 전용 블록부호와 함께 묶어서 사용하는 방법이 있는데, 이를 "연접부호(連接, Concatenated Codes)"라고 부른다. 매우 좋은 에러정정성능을 얻을 수 있으나 전체적인 부호화율이 너무 낮아지지 않도록 주의하여야 할 것이다. 대표적인 예로서 비터비복호를 사용하는 길쌈부호와 RS부호의 연접부호가 있는데, 각각의 역할을 정리하면 아래와 같다.

[길쌈부호]

- R=1/2 혹은 1/3의 강력한 산발에러정정능력 가짐

- 랜덤한 채널에러를 대부분 잡지만 복호과정에서 “truncation error”가 발생한다면 대규모 연집에러 발생이 불가피

[RS부호]

- 전송로의 연집에러는 물론 비터비복호 과정에서 생기는 연집에러도 함께 처리
- 중간에 인터리버를 삽입하여 연집에러를 분산하면 보다 적은 패리티로도 좋은 성능 유지

연습문제

1. 선형부호(Linear Codes)란 무엇인가?

2. 선형부호공간에서 해밍무게분포와 최소거리, 그리고 에러정정능력에 대하여 설명하시오.

3. code rate R=1/2로 채널코딩을 하고자 할 경우, 실제 통신시스템에서 이를 수용할 수 있은 방안들에 대하여 설명하시오.

4. 코딩을 하지 않는 경우와 (n,k)블록부호로 코딩을 할 경우의 bit error rate와 word error rate를 비교검토하여 coding gain이 발생함을 수식유도와 그래프로 자세히 설명하시오.

5. 다항식 $1+x^7$은 $(1+x+x^3)(1+x+x^2+x^4)$로 인수분해 된다. 이로부터 조직형 (7,4) 해밍부호의 생성행렬 G를 유도하고, 부호기의 블록도를 그리시오.

6. 성다항식 $g(x)=1+x+x^3$ 인 조직형 해밍부호에서
   1) 생성행렬 G를 유도하시오.

   2) 부호기를 그림으로 그리고, 가능한 모든 부호를 나열하시오.

3) "1 0 1 1" 이 입력될 때 클럭에 따라 부호기의 입력/출력 및 쉬프트레지스터 내부상태의 변화를 표로 만드시오.

7. CRC의 에러검출능력에 대하여 설명하시오.

8. 아래와 같이 표현되는 (2,1,3) 길쌈부호에서

g1 = 1 1 0 1 g2 = 1 1 1 1

1) 부호기를 그리시오.

2) 상태표를 만드시오.

3) 상태도를 그리시오.

4) 수지상도를 그려서 입력"1 0 1 0 1"의 부호기출력을 구하시오.

9. 비터비복호에 있어서 termination과 truncation이란 무엇인가?

10. 길쌈부호에서 RCPC 부호화를 설명하시오.

11. 연접부호(concatenated codes)에 대하여 설명하시오.

찾아보기

ㄱ

ㄴ

ㄷ

ㄹ

ㅁ

ㅂ

ㅇ

ㅈ

ㅊ

A

B

C

D

E

F

G

H

I

J

K

L

M

N

O

P

Q

R

S

T

U

V

W

■ 저자소개

어 윤

한양대학교 전자통신공학과 학사, 석사
일본 동북대학 전기및통신공학연구과 박사
금성전기(주) 기술연구소 연구원
한국전자통신연구원 이동통신단 연구원
국립창원대학교 정보통신공학과 교수

알기 쉬운

통신이론

인　　쇄 : 2016년 2월 10일
초판발행 : 2016년 2월 20일
저　　자 : 어　윤
발 행 처 : 도서출판 한산
서울시 서대문구 수색로6길 43번지 105-602호
TEL : (02)304-3504　FAX : (02)304-3505
발 행 인 : 김 기 영
등록번호 : 제 10-1745 호
I S B N : 978-89-89215-93-6　　93560

정가. 30,000원